建筑钢结构制作工艺学

浙 江 树 人 大 学
浙江东南网架股份有限公司 编
周观根 姚 谏 主编

中国建筑工业出版社

图书在版编目(CIP)数据

建筑钢结构制作工艺学/周观根,姚谏主编. —北京:中国建筑工业出版社,2011.4
ISBN 978-7-112-12983-6

Ⅰ.①建… Ⅱ.①周…②姚… Ⅲ.①建筑结构:钢结构-生活工艺-高等学校-教材 Ⅳ.①TU391

中国版本图书馆CIP数据核字(2011)第030778号

责任编辑:赵梦梅
责任设计:赵明霞
责任校对:赵 颖 王雪竹

建筑钢结构制作工艺学

浙 江 树 人 大 学
浙江东南网架股份有限公司 编
周观根 姚 谏 主编

*

中国建筑工业出版社出版、发行(北京西郊百万庄)
各地新华书店、建筑书店经销
北京华艺制版公司制版
北京富生印刷厂印刷

*

开本:787×1092毫米 1/16 印张:31¾ 插页:2 字数:773千字
2011年4月第一版 2011年11月第二次印刷
定价:50.00元
ISBN 978-7-112-12983-6
(20399)

版权所有 翻印必究
如有印装质量问题,可寄本社退换
(邮政编码 100037)

彩图1.1-1　上海金茂大厦

彩图1.1-2　上海环球金融中心

彩图1.1-3　上海中心

彩图1.1-4　北京央视大楼（新址）

彩图1.1-5　广州珠江新城西塔

彩图1.1-6　广州新电视塔

彩图1.1-7　上海东方明珠电视塔

彩图1.1-8　广州国际会展中心

彩图1.1-9　国家体育场（鸟巢）

彩图1.1-10　南京奥体中心体育场

彩图1.1-11　沈阳奥林匹克体育中心体育场

彩图1.1-12　广东科学中心

彩图1.1-13　大连国际会议中心

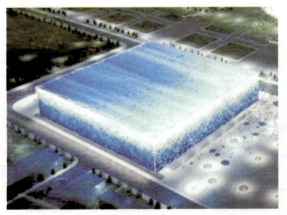

彩图1.1-14　国家游泳中心（水立方）

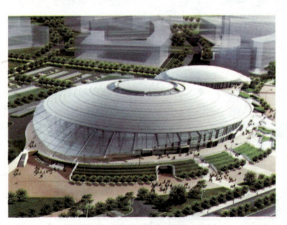

图1.1-15　奥运会羽毛球馆

建筑钢结构制作工艺学
编 委 会

主 编：周观根　姚　谏
编 委：刘贵旺　赵　伟　赵　鑫　邢　丽
　　　　刘　扬　陈志祥　王保胜　陈亚春

前　言

钢结构作为新兴的结构形式，以其材料综合性能好、重量轻、抗震性能好、易实现高度工业化生产、安装周期短、绿色环保、可回收利用等优点，在建筑领域得到越来越广泛的应用。

我国钢产量已保持连续14年居世界首位，2008年已超过5亿吨，2009年再增产13.5%至5.68亿吨；国家对钢材使用的政策也由原来的"节约用钢"发展到"积极用钢"，建筑钢结构事业蓬勃发展的大好时代已经来到。对应于建筑钢结构的大发展，国家相关政策中特别提到了钢结构技术人才的培养问题，因此国内有关高等院校、高职院校先后开设了土木工程专业钢结构方向，本书正是在这一背景下立项编著的。

全书共十一章。第1章绪论，前半部分概述建筑钢结构发展前景及部分典型建筑钢结构工程实例，后半部分讲述了建筑钢结构施工图标注的基本方法。第2章建筑钢结构材料及其性能，介绍了钢结构用材料性能要求及影响材料性能的主要因素，通过学习掌握钢材的基本性能并能正确选材。第3章施工详图设计，介绍了建筑钢结构设计图的两个阶段——即设计图和施工详图，以及施工详图设计与技术的内容和方法，通过本章学习，掌握钢结构设计图转变为施工详图的基本程序。第4章构件加工，讲述的是从材料到钢构件成形的工艺过程，以构件加工工序为顺序，系统地介绍建筑钢结构构件加工的基本方法。第5章钢结构焊接，介绍了建筑钢结构常用的焊接方法、焊接工艺，通过学习进一步掌握焊缝质量的检验和进行焊缝缺陷产生原因的判定方法。第6章典型构件加工制作工艺实例，详细介绍了建筑钢结构常用几种构件的加工制作方法，是第2章至第4章内容的综合应用，通过本章的学习，能将理论与实际相结合，加深对钢结构制作理论知识的理解。第7章螺栓连接，重点介绍了建筑钢结构用高强度螺栓规格、性能以及施工工艺。第8章钢结构预拼装，从钢结构预拼装方法和要求引入，通过几种典型结构的预拼装实例来说明钢结构工厂预拼装的方法和要求。第9章钢结构涂装，从钢材表面处理方法与作用着手，重点介绍了钢结构用防腐、防火涂装材料，施工工艺和涂装材料管理。第10章构件质量检验、包装和运输，前半部分介绍了建筑钢结构质量检验事项、允许偏差和检验方法，后半部分介绍了钢构件包装方式和运输方法。第11章钢结构制作质量控制，讲述的是从材料到钢构件成形整个过程中质量控制的方法和要求，通过本章内容学习，掌握钢结构制作质量控制的基本手段。

书中第1章由周观根、姚谏撰写，第2章由周观根撰写，第3章由周观根、刘扬、陈志祥撰写，第4章由周观根、刘贵旺撰写，第5章由周观根、王保胜撰写，第6章由周观根、赵鑫撰写，第7章由赵伟撰写，第8章由周观根、赵鑫撰写，第9章由刘贵旺撰写，第10章由姚谏、陈亚春撰写，第11章由姚谏、邢丽撰写。全书由周观根、姚谏审定、完善。

在本书的编著过程中，得到了浙江东南网架股份有限公司的大力支持和帮助，书中部分内容引用了同行业专家论著中的成果，在此表示衷心感谢。

本书力求注重理论与实际相结合，通过典型构件制作实例，图文并茂地介绍了建筑钢结构构件制作工艺技术。但随着现代建筑钢结构的快速发展和钢结构加工设备的不断创新，新的加工工艺将不断涌现，因此，书中不能完全覆盖所有的制作技术，同时限于作者水平，书中错误之处难免存在，在此真诚地希望读者发现后能够转告我们，以便今后改进。

周观根　姚　谏

2010年12月于西子湖畔

目 录

第1章 绪论 ·· 1
1.1 概述 ·· 1
1.2 建筑钢结构加工制作特点与方法 ·· 2
1.2.1 加工制作特点 ·· 2
1.2.2 加工制作方法 ·· 3
1.2.3 加工工艺流程 ·· 4
1.3 建筑钢结构节点连接方法 ·· 5
复习思考题 ·· 6

第2章 建筑钢结构材料及其性能 ·· 7
2.1 概述 ·· 7
2.2 建筑钢结构用钢材 ·· 7
2.2.1 钢材分类 ·· 7
2.2.2 主要钢材制品 ·· 9
2.2.3 钢材主要性能 ·· 13
2.2.4 建筑钢结构选材原则 ··· 25
2.2.5 钢材检验 ·· 27
2.3 建筑钢结构用焊接材料 ·· 35
2.3.1 焊条 ··· 35
2.3.2 焊丝 ··· 46
2.3.3 焊剂 ··· 61
2.3.4 焊接材料选用 ·· 72
2.3.5 焊接材料检验 ·· 72
2.4 建筑钢结构用铸钢件材料 ·· 79
2.4.1 铸钢件材料选用 ·· 79
2.4.2 铸钢件材料理化性能 ··· 80
2.4.3 铸钢件材料检验 ·· 82
2.5 建筑钢结构用连接紧固件 ·· 84
2.5.1 高强度螺栓连接副 ·· 84
2.5.2 普通紧固件 ·· 85
复习思考题 ·· 86

第3章 施工详图设计 ... 87
3.1 钢结构设计阶段划分及相互关系 ... 87
3.1.1 钢结构设计阶段划分 ... 87
3.1.2 施工详图与设计图的关系 ... 87
3.1.3 施工详图主要内容 ... 87
3.2 主要构造设计与计算 ... 88
3.2.1 设计计算模型建立 ... 88
3.2.2 材料采购清单编制 ... 89
3.2.3 典型节点构造设计与计算 ... 89
3.2.4 连接板及托板设计与计算 ... 97
3.2.5 加劲肋设计与计算 ... 99
3.2.6 连接构造与计算 ... 101
3.2.7 起拱值计算 ... 107
3.2.8 构件及节点尺寸计算 ... 108
3.3 施工详图编制要求 ... 108
3.3.1 基本规定 ... 108
3.3.2 施工详图绘制内容 ... 116
3.3.3 施工详图绘制方法 ... 117
复习思考题 ... 119

第4章 构件加工 ... 120
4.1 概述 ... 120
4.2 加工制作准备 ... 120
4.2.1 材料准备 ... 120
4.2.2 技术准备 ... 124
4.2.3 资源准备 ... 129
4.3 放样和号料 ... 129
4.3.1 放样 ... 129
4.3.2 号料 ... 138
4.4 切割下料 ... 140
4.4.1 概述 ... 140
4.4.2 气割 ... 140
4.4.3 等离子切割 ... 150
4.4.4 机械切割 ... 152
4.4.5 管材切割加工 ... 158
4.5 边缘加工 ... 160
4.5.1 加工部位 ... 160
4.5.2 常用加工方法 ... 160
4.6 成形加工 ... 163

- 4.6.1 成形加工分类与方法 163
- 4.6.2 板材弯曲成形加工 164
- 4.6.3 管材弯曲成形加工 168
- 4.6.4 型材弯曲成形加工 172
- 4.6.5 模压成型加工 174
- 4.6.6 铸造成型加工 176
- 4.7 制孔 176
  - 4.7.1 制孔方法 176
  - 4.7.2 钻孔加工 176
  - 4.7.3 制孔质量标准及允许偏差 176
- 4.8 构件组装与焊接 177
  - 4.8.1 组装定义 177
  - 4.8.2 组装基本方法 178
  - 4.8.3 组装基本要求 178
  - 4.8.4 装配胎具要求 179
  - 4.8.5 组装工装与工具 179
  - 4.8.6 组装工艺 181
  - 4.8.7 组装检查 184
  - 4.8.8 焊接 185
- 4.9 构件矫正 185
  - 4.9.1 构件变形原因 185
  - 4.9.2 矫正原理及方法 186
  - 4.9.3 冷矫正 186
  - 4.9.4 热矫正 188
  - 4.9.5 矫正后的允许偏差 189
- 4.10 端部加工 189
- 4.11 高强度螺栓摩擦面加工 190
  - 4.11.1 影响摩擦面抗滑移系数值的因素 190
  - 4.11.2 摩擦面处理方法 191
  - 4.11.3 摩擦面抗滑移系数检验 192
  - 4.11.4 连接接头板缝间隙的处理 193
- 复习思考题 194

第5章 钢结构焊接 195
- 5.1 概述 195
- 5.2 焊接方法及适用范围 195
  - 5.2.1 焊接方法分类 195
  - 5.2.2 常用焊接方法的适用范围 197
- 5.3 焊接接头 199

5.3.1	焊接接头的组成、作用和特点	199
5.3.2	焊接接头的基本类型	200
5.3.3	焊缝类型及质量分级	200
5.3.4	焊接节点构造	201

5.4 焊接工艺评定 ... 207
    5.4.1 定义 ... 207
    5.4.2 焊接工艺评定的一般步骤 ... 207
    5.4.3 基本规定 ... 207
    5.4.4 焊接工艺评定原则 ... 208

5.5 焊接工艺 ... 209
    5.5.1 施工准备 ... 209
    5.5.2 基本规定 ... 212
    5.5.3 焊接预热、后热及焊后热处理 ... 215
    5.5.4 焊条电弧焊及焊接工艺 ... 219
    5.5.5 埋弧焊及焊接工艺 ... 222
    5.5.6 气体保护焊及焊接工艺 ... 224
    5.5.7 电渣焊及焊接工艺 ... 228
    5.5.8 栓钉焊及焊接工艺 ... 230
    5.5.9 碳弧气刨 ... 231
    5.5.10 厚板焊接工艺 ... 233
    5.5.11 焊接缺陷 ... 234
    5.5.12 焊接应力与变形控制 ... 239
    5.5.13 焊缝缺陷返修工艺 ... 245

5.6 焊接质量检验 ... 245
    5.6.1 基本规定 ... 245
    5.6.2 外观检验 ... 246
    5.6.3 无损检测 ... 248

复习思考题 ... 249

第6章 典型构件加工制作工艺实例 ... 251
6.1 焊接H型钢制作 ... 251
    6.1.1 概述 ... 251
    6.1.2 焊接H型钢制作工艺流程 ... 252
    6.1.3 焊接H型钢生产线设备及工作过程原理 ... 252
    6.1.4 H型钢组立工艺要领 ... 253
    6.1.5 H型钢焊接工艺 ... 254
    6.1.6 焊接H型钢的允许偏差 ... 255

6.2 箱形截面柱加工 ... 256
    6.2.1 概述 ... 256

  6.2.2 箱形柱制作工艺流程 ·················· 258
  6.2.3 箱形柱制作工艺 ······················ 258
 6.3 十字柱加工 ······························ 266
  6.3.1 概述 ································ 266
  6.3.2 十字柱加工工艺流程 ·················· 266
  6.3.3 T型钢的加工制作 ···················· 267
  6.3.4 十字形组立 ·························· 268
  6.3.5 十字柱焊接 ·························· 268
 6.4 螺栓球和焊接空心球加工 ·················· 269
  6.4.1 概述 ································ 269
  6.4.2 焊接空心球制作 ······················ 270
  6.4.3 螺栓球制作 ·························· 273
 6.5 铸钢节点加工 ···························· 274
  6.5.1 概述 ································ 274
  6.5.2 铸钢节点加工工艺流程 ················ 274
  6.5.3 铸钢节点加工工艺要领 ················ 274
 6.6 圆管和矩形管相贯线加工 ·················· 275
  6.6.1 概述 ································ 275
  6.6.2 圆管相贯线加工 ······················ 275
  6.6.3 矩形管相贯线加工 ···················· 276
 6.7 大直径厚壁圆钢管加工 ···················· 276
  6.7.1 概述 ································ 276
  6.7.2 钢管卷制成形加工工艺 ················ 277
  6.7.3 钢管压制成形加工工艺 ················ 279
 复习思考题 ·································· 282

第7章 螺栓连接 ································ 284
 7.1 普通螺栓连接 ···························· 284
  7.1.1 普通螺栓性能与规格 ·················· 284
  7.1.2 普通螺栓连接工艺 ···················· 291
 7.2 高强度螺栓连接 ·························· 296
  7.2.1 高强度螺栓种类与规格 ················ 296
  7.2.2 高强度螺栓连接工艺 ·················· 303
  7.2.3 高强度螺栓连接的主要检验项目 ·········· 309
  7.2.4 高强度螺栓连接副的储运与保管 ·········· 312
 复习思考题 ·································· 313

第8章 钢结构预拼装 ···························· 315
 8.1 概述 ···································· 315

8.2 预拼装方法及要求 ·· 315
    8.2.1 预拼装分类及方法 ·· 315
    8.2.2 预拼装要求 ·· 315
    8.2.3 预拼装主要工具、量具 ·· 317
8.3 典型结构预拼装实例 ·· 319
    8.3.1 大跨度钢管桁架结构预拼装 ··· 319
    8.3.2 大跨度型钢桁架结构预拼装 ··· 321
    8.3.3 多面体空间刚架结构预拼装 ··· 323
    8.3.4 多、高层钢结构预拼装 ·· 325
    8.3.5 高耸钢结构预拼装 ·· 327
复习思考题 ··· 332

第9章 钢结构涂装 ·· 333

9.1 概述 ··· 333
9.2 涂装前钢材表面处理 ·· 333
    9.2.1 钢材表面处理意义和一般规定 ·· 333
    9.2.2 油污与旧涂层的清除 ·· 333
    9.2.3 除锈方法 ·· 334
    9.2.4 钢材表面锈蚀和除锈等级标准 ·· 336
9.3 钢结构防腐涂装 ·· 341
    9.3.1 防腐原理 ·· 341
    9.3.2 防腐涂装设计 ··· 341
    9.3.3 防腐涂装工艺 ··· 349
    9.3.4 其他防腐工艺 ··· 355
    9.3.5 防腐涂料管理 ··· 355
9.4 钢结构防火涂装 ·· 356
    9.4.1 钢结构防火重要性及防火保护基本原理 ······································· 356
    9.4.2 防火涂料分类及选用 ·· 358
    9.4.3 防火涂料施工工艺 ·· 360
    9.4.4 防火涂料试验及涂层厚度测定 ·· 362
    9.4.5 防火涂料管理 ··· 364
复习思考题 ··· 365

第10章 构件质量检验、包装及运输 ·· 366

10.1 构件质量检验 ·· 366
    10.1.1 概述 ·· 366
    10.1.2 构件检验要求 ·· 366
    10.1.3 常用构件检查重点 ·· 376
    10.1.4 检查工具和仪器 ··· 380

10.1.5 构件的修整 ... 380
10.1.6 构件的验收资料 ... 380
10.2 构件包装 ... 381
10.2.1 构件包装原则 ... 381
10.2.2 标记 ... 382
10.3 构件运输 ... 382
复习思考题 ... 384

第11章 钢结构制作质量控制 ... 385
11.1 概述 ... 385
11.1.1 质量控制特点 ... 385
11.1.2 质量控制要求和依据 ... 385
11.1.3 质量控制方法 ... 386
11.2 原材料质量控制 ... 387
11.2.1 原材料质量控制要点 ... 387
11.2.2 原材料质量控制内容 ... 388
11.3 制作质量控制 ... 392
11.3.1 计量器具统一 ... 392
11.3.2 制作过程要求 ... 393
11.4 焊接质量控制 ... 394
11.4.1 焊接质量控制系统 ... 394
11.4.2 焊接质量控制基本方法和手段 ... 395
11.4.3 焊接质量控制注意事项 ... 395
11.4.4 焊接质量控制标准 ... 397
11.5 高强度螺栓连接质量控制 ... 397
11.5.1 高强度螺栓质量控制 ... 397
11.5.2 连接接触面质量控制 ... 398
11.5.3 高强度螺栓施工质量控制 ... 399
11.6 涂装质量控制 ... 402
11.6.1 防腐涂料质量控制 ... 402
11.6.2 涂装前构件表面处理质量控制 ... 402
11.6.3 涂装质量控制 ... 404
11.6.4 防火涂料质量控制 ... 406
11.7 包装和运输质量控制 ... 406
11.7.1 包装质量控制 ... 406
11.7.2 贮存质量控制 ... 407
11.7.3 运输质量控制 ... 407
11.7.4 交付质量控制 ... 407
复习思考题 ... 408

附录1　型钢规格及截面特性 ·· 409
　附录1.1　常用焊接圆钢管规格及截面特性（摘自 GB/T 21835—2008） ··········· 409
　附录1.2　常用结构用无缝钢管规格及截面特性
　　　　　（摘自 GB/T 17395—2008）·· 425
　附录1.3　建筑结构用冷弯矩形钢管规格及截面特性
　　　　　（摘自 JG/T 178—2005）··· 441
　附录1.4　热轧 H 型钢和剖分 T 型钢规格及截面特性
　　　　　（摘自 GB/T 11263—2005）·· 452

附录2　典型钢结构施工详图示例 ·· 458
　附录2.1　门式刚架结构施工详图示例 ··· 458
　附录2.2　钢管桁架结构施工详图示例 ··· 471
　附录2.3　螺栓球节点网架施工详图示例 ·· 483

主要参考资料 ·· 494

第1章 绪 论

1.1 概 述

自20世纪70年代末以来，随着我国改革开放政策的提出、实施和不断推进，国民经济得到了快速增长，科学技术进步迅速，人们的物质与精神文化生活需求也日益提高。在建设领域，人们对各类建筑物，不再仅仅局限于安全性、实用性、可靠性、经济性的要求，更赋予其应具有一定的精神文化需求，提出了更多、更新、更高和更独特的要求。钢结构因具有综合力学性能好、重量轻、便于拆装、生产周期短、易于实现高度现代工业化生产、可回收利用等优点，以及更易实现新颖和灵巧的结构形式，在当今建筑领域得到了广泛的应用。随着新的结构体系、新的设计计算理论及新的材料、新的制作安装工艺的不断涌现，特别是计算机技术和工程力学理论的飞速发展，钢结构必将得到更大范围的应用和更深层次的发展。

改革开放以来，我国钢产量迅速增加，从1978年的3178万吨到1996年首次突破亿吨大关并位居世界第一；2008年已超过5亿t，2009年再增产13.5%至5.68亿t，已保持连续14年稳居世界首位。同时，随着我国高强度钢材生产工艺的不断提高与完善，建筑钢结构使用钢材已发展到Q420和Q460，钢材的综合性能有了明显的改善，如屈强比较低、塑性和韧性较高、焊接性能和Z向性能大大改善等。而且还可根据特殊结构的需求，生产耐候性能优良的耐候钢材。

钢材产量的迅速增加和质量的不断提高，为发展我国建筑钢结构建设事业创造了极好的时机。建筑钢结构的应用领域已有了很大的扩展，从早期仅有的一些国家重点工程和大型/重型厂房采用钢结构，到今天的普通单层/多层房屋、高层/超高层建筑、大跨度建筑、塔桅建筑等都大量采用了钢结构。目前，年完成单层钢结构轻型房屋已达数千万平方米以上；已建和在建的高层及超高层钢结构建筑有上百幢，如421m高的上海金茂大厦（彩图1.1-1）、492m高的上海环球金融中心（彩图1.1-2）、632m高的上海中心（彩图1.1-3，在建）、234m高的北京央视大楼（彩图1.1-4）；432m高的广州珠江新城西塔（彩图1.1-5）；高耸结构有世界最高观光电视塔——广州新电视塔（高610m，彩图1.1-6）、上海东方明珠电视塔（高468m，彩图1.1-7）等；大跨度结构有广州国际会展中心（跨度126m，彩图1.1-8）、国家体育场——鸟巢（南北向332.3m，东西向297.3m，彩图1.1-9）、南京奥体中心体育场（主拱跨度360m，彩图1.1-10）、沈阳奥林匹克体育中心体育场（主拱跨度360m，彩图1.1-11）等；复杂结构有广东科学中心（彩图1.1-12）、大连国际会议中心（彩图1.1-13）等；我国第一幢多面体空间刚架结构——国家游泳中心，即水立方（彩图1.1-14），以及弦支穹顶结构的代表作奥运会羽毛球馆（彩图1.1-15）等。

上述建筑物、构筑物的建成，标志着我国在钢结构设计、制作和安装等方面均已达到国际先进水平或领先水平。

我国建筑钢结构企业也在建筑钢结构发展的浪潮中茁壮成长，涌现出了一大批优秀的钢结构制造和安装企业，完成了大量大型、复杂、新、特、奇建筑钢结构工程的制作和安装施工，其中许多工程不仅成为当地的标志性建筑物，甚至还登上了世界奇观建筑的排行榜。现在，我国的钢结构制造企业不仅规模大，而且技术先进，自动、半自动生产线以及相配套的数控技术得到普遍应用，基本实现了专业化、机械化、现代化、工业化、规模化生产。钢结构安装企业也蓬勃发展，各类安装设备齐全，安装、测量技术先进，施工阶段的分析验算、信息化控制等技术得到普遍重视和广泛应用。

《建筑钢结构制作工艺学》是一门实践性较强、交叉学科较多的专业课，内容主要包括：建筑钢结构制作的基本概念、建筑钢结构材料及性能、施工详图设计、钢结构构件加工方法及工艺、钢结构焊接方法及焊接工艺、典型构件加工制作工艺、螺栓连接及施工工艺、钢结构预拼装及工艺、钢结构涂装及施工工艺、构件质量验收、构件包装、构件运输、钢结构质量控制等方面的基础理论和实际应用知识。

1.2 建筑钢结构加工制作特点与方法

1.2.1 加工制作特点

建筑钢结构制作的最小单元为零件，它是组成部件和构件的基本单元，如节点板、肋板等；由若干零件组成的单元称为部件，如焊接 H 型钢、钢牛腿等；由零件和部件组成的单元称为构件，如梁、柱、支撑等。构件的连接可以用焊接、栓接、铆接等多种连接形式。完整的钢结构产品，需要将原材料使用机械设备和成熟的工艺方法，进行各种加工处理，达到规定产品的预定目标要求。钢结构制作需要运用剪、冲、切、折、割、钻、焊、铆、喷、压、滚、弯、卷、刨、铣、磨、锯、涂、抛、热处理、无损检测等加工或测试设备，并辅之以各种专用胎具、模具、夹具、吊具等工艺装备，以保证构件形状和尺寸能达到设计要求。

由于建筑钢结构形式多样，不同的建筑、不同的结构形式，构件的形状、尺寸与要求均不同，即使同一结构也很少有完全相同的构件。而且由于工程量大、工期紧、对制造成本控制严，因此，建筑钢结构的加工制作与其他产品相比，具有以下四大特点：

1. 专业化

我国对建筑企业实行严格的专业资质要求制度，作为建筑钢结构的制作必须符合这一制度的要求，从事建筑钢结构制作的单位必须取得相应的资质，并在其资质允许范围内从事加工制作的生产、经营活动。未取得建筑钢结构制作资质的单位和个人不得从事建筑钢结构的加工制作。而且随着建筑结构形式的多样化和新颖化，建筑质量要求更趋严格和专业，使得对建筑钢结构加工制作的专业化要求更高。

2. 规模化

在我国，建筑工程实行招投标制度，每项钢结构工程的制作量都相当大，所以对参与建筑工程钢结构制作的单位的生产规模均有一定要求，必须具备满足工程量和工程进度的生产加工能力。这就使得建筑钢结构的加工制作应具有一定规模。

3. 工业化

钢结构加工制造周期短、建设速度快。为了满足这一需求，提高生产效率，实现规模化生产，有效地降低生产成本，保证产品质量，现代建筑钢结构的加工制作必须是机械化、自动化的工业化生产。自动、半自动生产线以及相配套的全自动数控设备得到普遍应用，钢结构零部件的加工基本采用机械化加工，焊接基本采用自动或半自动焊，质量稳定，可靠度高。

4．多样化

建筑钢结构的加工制作手段涉及钢材的各种冷加工、热加工技术和表面处理技术。冷加工技术主要有：剪切、冲剪、折弯、钻削、滚圆、车削、刨削、铣削、锯切等；热加工技术主要有：火焰切割、等离子切割、焊接、铸造、锻造、热处理等；此外还有除锈、涂料涂装、热喷涂、热镀等金属材料表面处理技术。

1.2.2　加工制作方法

建筑钢结构按结构形式和应用范围，一般可分为：

(1) 大跨度空间钢结构（如桁架结构、网架结构、网壳结构等）；
(2) 高层/超高层钢结构（如写字楼、酒店等）；
(3) 多层钢结构（如多层厂房、超市、办公楼等）；
(4) 单层钢结构（如单层厂房、仓库等）；
(5) 预应力钢结构（如张弦结构、弦支穹顶结构、斜拉结构等）；
(6) 住宅钢结构（如低层/别墅结构、多层结构、高层/小高层结构等）；
(7) 高耸钢结构（如电视塔、发射塔等）；
(8) 钢混组合结构；
(9) 其他钢结构（如桥梁结构、锅炉支架、设备平台等）。

虽然结构形式不同，但其共同点是：均由构件、节点通过某种连接方法（焊缝连接、螺栓连接、铆钉连接或混合连接）连接而成。这些构件、节点是由钢材通过一定的方法加工制作成最小的单元—零件，零件通过组装、焊缝连接制作成部件，然后由零件和部件通过组装、焊接制作成构件或节点。构件或节点经检验合格后进行表面处理加工、防腐加工，最终成为成品构件/节点。

按制作过程，构件制作可分为施工详图设计，原材料采购，零件与部件的加工、组装、焊接、矫正、预拼装，表面处理，涂装，包装，运输等过程。

1．加工

零件与部件的加工分：钢材切割加工、边缘加工、端部铣平加工、弯曲、成形和制孔等。

(1) 切割加工：钢材的切割加工有机械剪切、气割和等离子切割等方法；
(2) 边缘加工：常用的方法主要有铲边、刨边、铣边、碳弧气刨、气割和坡口机加工等；
(3) 端部铣平：主要为端面铣削加工；
(4) 弯曲：钢材的弯曲按加工方法分折弯、压弯、滚弯和拉弯等，按加热方式分冷弯和热弯两种；
(5) 成形（型）：有弯制（卷制）成形和模具压制成形等加工方法；

（6）制孔：通常采用钻孔和冲孔的方法来进行孔的制作。

2. 组装

构件组装根据零部件的定位方法可分为画线定位组装和用样板或定位器组装两类。具体方法有：地样法、仿形复制装配法、立装法、卧装法、胎模装配法等。

3. 焊接

常用的焊接方法有手工电弧焊、气体保护电弧焊、埋弧焊、电渣焊、栓钉焊等。

4. 表面处理

涂装前钢材表面处理（即除锈处理）的方法有：手工和动力工具除锈、喷射或抛射除锈、火焰除锈、酸洗除锈等。

5. 涂装

涂装的主要内容有防腐涂装和防火涂装，目前绝大多数钢结构工程均采用涂料进行防腐和防火。涂装的主要方法有：刷涂法、滚涂法、浸涂法、空气喷涂法、无气喷涂法等。

由于钢结构构件的多样性，不同构件其技术要求和质量标准不同，各钢结构加工制作厂家的技术水平、设备能力等也有差异。因此在制作中具体的加工制作方法也不尽相同。在实际生产中，应根据构件的技术要求和具体特点，以及制作厂家的技术、设备、操作人员技能水平、加工习惯等实际情况，选择合适的加工制作方法。

1.2.3 加工工艺流程

钢结构制作的工序较多，对加工顺序应周密安排，尽可能避免或减少工件倒流，以减少往返运输和周转时间。由于制作厂家设备能力和构件的制作要求各有不同，所以工艺流程略有不同，图1.2-1为大流水作业生产的一般工艺流程示意。

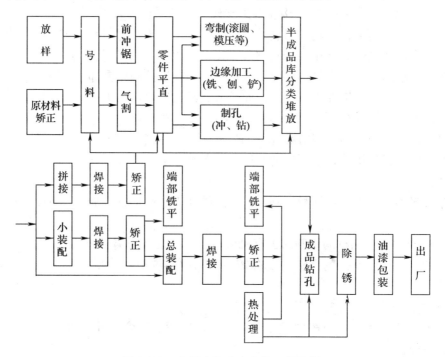

图 1.2-1 大流水作业生产的工艺流程

对于有特殊加工要求的构件,应在制作前制定专门的加工工序,编制专项工艺流程和工序工艺卡。

1.3 建筑钢结构节点连接方法

钢结构是由钢板、型钢等通过必要的连接组成基本构件,如梁、柱、桁架等;再通过一定的安装连接装配成空间整体结构,如屋盖、厂房、钢闸门、钢桥等。可见,连接的构造和计算是钢结构设计的重要组成部分。好的连接应当符合安全可靠、节约钢材、构造简单和施工方便等原则。

钢结构的基本连接方法可分为焊缝连接、铆钉连接和螺栓连接三种(图1.3-1),在一些钢结构中还经常采用混合连接(如栓焊连接等)。

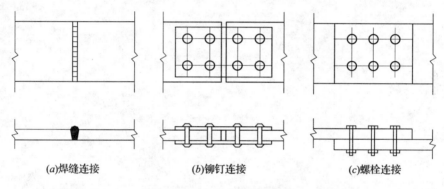

(a)焊缝连接　　　　(b)铆钉连接　　　　(c)螺栓连接

图1.3-1　钢结构的连接方法

1. 焊缝连接

焊缝连接(图1.3-1a)是现代钢结构最主要的连接方法。其优点是不削弱构件截面(不必钻孔),构造简单,节约钢材,加工方便,在一定条件下还可以采用自动化操作,生产效率高。而且,焊缝连接的刚度较大,密封性能好。焊缝连接的缺点是焊缝附近钢材因焊接的高温作用而形成热影响区,热影响区由高温降到常温冷却速度快,会使钢材脆性加大,同时由于热影响区的不均匀收缩,易使焊件产生焊接残余应力及残余变形,甚至可能造成裂纹,导致脆性破坏。焊接结构低温冷脆问题也比较突出。

2. 铆钉连接

铆钉连接(图1.3-1b)的优点是塑性和韧性较好,传力可靠,质量易于检查和保证,可用于承受动载的重型结构。但是,由于铆接工艺复杂、用钢量多,因此,费钢又费工,现已很少采用。

3. 螺栓连接

螺栓连接(图1.3-1c)分为普通螺栓连接和高强度螺栓连接两种。普通螺栓通常用Q235钢制成,而高强度螺栓则用高强度钢材制成并经热处理。高强度螺栓因其连接紧密、耐疲劳,承受动载可靠,成本也不太高,目前在一些重要的永久性结构的安装连接中,已成为代替铆钉连接的优良连接方法。

螺栓连接的优点是安装方便,特别适用于工地安装连接,也便于拆卸,适用于需要装拆的结构和临时性连接。其缺点是需要在板件上开孔和拼装时对孔,增加制造和安装工作量；螺栓孔还使构件截面削弱，且被连接的板件需要相互搭接或另加拼接板或角钢等连接件，因而比焊缝连接多费钢材。

复习思考题

1-1 钢结构加工制作有哪些特点？

1-2 钢结构加工制作主要有哪些过程？各过程包括哪几种方法？

1-3 钢结构通常有哪些连接方式？各有什么优缺点？

第2章 建筑钢结构材料及其性能

2.1 概　　述

钢材作为建筑钢结构的主要材料，与其他建筑结构材料相比，综合性能优势明显。如国际上习惯以材料自身的密度与其屈服强度的比值作为衡量一种结构轻质高强度的指标，钢材的这一指标非常优异，其比值是除铝合金外最低的；同时钢材的弹性模量是铝合金的3倍，表明钢材作为一种结构材料具有良好的刚度，也是其他材料很难比拟的。从结构应用的角度，关注材料性能有两方面，即力学性能和工艺性能，前者要满足结构的功能（强度、刚度、疲劳强度等），后者则需符合加工过程的要求，钢材具有这两方面的优势。

建筑钢结构常用钢材有：碳素结构钢、低合金高强度结构钢、建筑结构用钢板、优质碳素结构钢、合金结构钢、耐候结构钢、铸钢材料等。在我国，建筑钢结构采用的钢材以碳素结构钢、低合金高强度结构钢和建筑结构用钢板为主，尚未形成像桥梁结构钢和锅炉用钢那样的专业用钢标准，这与建筑钢结构的发展历史和使用特点有关，因为建筑钢结构对钢材性能的特殊要求并不突出，钢铁产品的通用标准一般已能满足要求。

建筑钢结构材料除了钢材以外，还有焊接材料、连接紧固件材料、防腐、防火材料等。

2.2 建筑钢结构用钢材

2.2.1 钢材分类

建筑钢结构的钢材分类方法有多种，可按化学成分分类，也可按钢材的用途分类，还可按钢材中有害杂质（S、P）含量和冶炼时脱氧程度分类。在实际应用中，一般按化学成分进行分类。

钢材按化学成分和用途可分为：碳素结构钢、优质碳素结构钢、低合金高强度结构钢、建筑结构用钢板、合金结构钢、耐候结构钢、铸钢材料等。

1. 碳素结构钢（GB 700）

碳素结构钢是常用的工程用钢，按其含碳量的多少，又可分成低碳钢、中碳钢和高碳钢三种。把含碳量在 0.03% ~ 0.25% 范围之内的钢材称为低碳钢，含碳量在 0.26% ~ 0.60% 之间的钢材称为中碳钢，含碳量在 0.6% ~ 2.0% 的钢材称为高碳钢。建筑钢结构主要使用低碳钢。

按现行国家标准《碳素结构钢》GB 700 规定，碳素结构钢的牌号由代表屈服点的字母、屈服点数值、质量等级、脱氧方法符号等四个部分按顺序组成。符号为：

Q—钢材屈服点"屈"字汉字拼音首位字母；

A、B、C、D—分别为质量等级；

F—指沸腾钢；

b—指半镇静钢；

Z—指镇静钢；

TZ—指特殊镇静钢，相当于桥梁钢。

在牌号组成表示方法中，"Z"与"TZ"符号予以省略。例如：Q235-A·F表示屈服点为235N/mm²的A级沸腾钢；Q235-B表示屈服点为235N/mm²的B级镇静钢。

2. 优质碳素结构钢（GB/T 699）

按国家标准《优质碳素结构钢》GB/T 699的规定，优质碳素结构钢根据锰含量的不同可分为：普通锰含量（锰含量<0.8%）钢和较高锰含量（锰含量0.7%~1.2%）钢两组。钢材一般以热轧状态供应，硫、磷等含量要比普通碳素钢少，其他有害杂质的限制也较严格，所以优质碳素结构钢性能好，质量稳定。

优质碳素结构钢的牌号用两位数字表示，其含义是钢中平均含碳量的万分数。如45号钢，表示钢中平均含碳量为0.45%。数字后若有"锰"字或"Mn"，则表示属较高锰含量的钢，否则为普通锰含量钢。如35Mn表示平均含碳量0.35%，含锰量为0.7%~1.0%。

优质碳素钢的性能主要取决于含碳量，含碳量高，则强度高，但塑性和韧性降低。

3. 低合金高强度结构钢（GB/T 1591）

低合金高强度结构钢，是指在炼钢过程中添加了总量不超过5%的某些合金元素的钢材。加入合金元素后钢材的强度等力学性能可明显改善，从而提高钢结构构件的承载能力，尤其在大跨度或重负载结构中优势更为突出，一般可比碳素结构钢节约20%左右的用钢量。

按现行国家标准《低合金高强度结构钢》GB/T 1591规定，钢的牌号表示方法与碳素结构钢一致，即由代表屈服点的汉语拼音字母（Q）、屈服点数值、质量等级符号（A、B、C、D、E）三个部分按顺序排列表示，有Q345、Q390、Q420、Q460、Q500、Q550、Q620和Q690 8种。对于厚度方向性能有要求的钢板，在质量等级后加上厚度方向性能级别（Z15、Z25、Z35），如Q345C-Z25。

4. 合金结构钢（GB/T 3077）

合金结构钢是在碳素结构钢基础上加入一种或几种元素（合金元素），其总量不超过5%。加入合金元素后钢材淬透性能得到提高，经过热处理后获得良好的综合力学性能，具有较高的强度和足够的韧性。

合金结构钢按冶金质量不同分为：优质钢、高级优质钢、特级优质钢；按使用加工用途不同分为：压力加工用钢和切削加工用钢。钢的牌号表示方法和化学成分、力学性能可参考《合金结构钢》GB/T 3077相关规定，该标准适用于直径或厚度不大于250mm的合金结构钢棒材（热轧或锻制）。经供需双方协商，也可供应直径或厚度大于250mm的合金结构钢棒材。

建筑钢结构中一般较少采用合金结构钢，但在预应力拉索、预应力锚具、高强钢棒及一些特殊节点和构件中需要采用。

5. 耐候结构钢（GB/T 4171）

在钢的冶炼过程中，加入少量特定的合金元素，一般为Cu、P、Cr、Ni等，使之在金属基体表面上形成保护层，以提高钢材耐大气腐蚀性能，这类钢称作耐候结构钢，现行国家标准为《耐候结构钢》GB/T 4171。

我国目前生产的耐候结构钢分为高耐候钢和焊接耐候钢两种。

耐候结构钢的牌号由"屈服强度"、"高耐候"或"耐候"的汉语拼音首位字母"Q"、"GNH"或"NH"、屈服强度的下限值以及质量等级（A、B、C、D、E）组成。

高耐候钢的牌号有 Q265GNH、Q295GNH、Q310GNH、Q355GNH 等 4 种。它的耐候性能优于焊接耐候钢，但焊接性能较差。当用作焊接结构时，其厚度一般不应大于 16mm。这类钢包括热轧、冷轧的钢板和型钢，产品通常在交货状态下使用。

焊接耐候钢的牌号有 Q235NH、Q295NH、Q355NH、Q415NH、Q460NH、Q500NH 和 Q550NH 等 7 种。它具有良好的焊接性能，钢板或型材的厚度可达 100mm。

6. 建筑结构用钢板（GB/T 19879）

根据国家标准《建筑结构用钢板》GB/T 19879 规定，建筑结构用钢板的牌号由代表屈服点的汉语拼音字母（Q）、屈服点数值、代表高性能建筑结构用板的汉语拼音字母（GJ）、质量等级符号（B、C、D、E）组成，如 Q345GJC。对于厚度方向性能有要求的钢板，在质量等级后加上厚度方向性能级别（Z15、Z25、Z35），如 Q345GJC—Z15。

2.2.2 主要钢材制品

1. 钢板、钢带

建筑钢结构使用的钢板、钢带按轧制方法分冷轧板和热轧板。而钢板和钢带的区别在于成品形状，钢板是矩形的平板状钢材，它可直接轧制或由钢带剪切而成；钢带是成卷交货的，宽度一般大于或等于 600mm（当宽度小于 600mm 的称为窄钢带，可直接轧制，也可由宽钢带纵剪而成）。钢板按厚度可分为薄板、中板、厚板、特厚板和超厚板，一般 4mm 以下为薄板，4～30mm 为中板，30～80mm 为厚板，80～120mm 为特厚板、120mm 以上为超厚板。

薄板一般用冷轧法轧制生产，国家标准《冷轧钢板和钢带的尺寸、外形、重量及允许偏差》GB/T 708 规定：冷轧钢板厚度为 0.2～4.0mm，宽度为 600～2050mm，公称长度为 1000～6000mm。冷轧钢带成卷交货。

热轧钢板是建筑钢结构应用最多的钢材之一，国家标准《碳素结构钢和低合金结构钢热轧厚钢板和钢带》GB/T 3274 规定了它们的技术条件及适用范围。钢的牌号和化学成分以及力学性能应符合国家标准《碳素结构钢》GB 700 和《低合金高强度结构钢》GB/T 1591 的规定，交货状态一般以热轧控轧或热处理状态交货。热轧钢板的尺寸及允许偏差应符合国家标准《热轧钢板和钢带的尺寸、外形、重量及允许偏差》GB/T 709 的规定。

2. 常用型材

（1）普通型材

工字钢、槽钢和角钢三类型材是工程结构中使用最早的型钢，现行国家标准为《热轧型钢》GB 706。但随着轧制技术的发展，更多截面性能优良的型材相继问世，如圆钢管、方钢管、H 型钢等。

工字钢型号用截面高度（单位为 cm）表示，从 10cm 到 63cm 共有 21 个系列 45 种规格。截面高度为 20～28cm 时，工字钢根据板厚度和翼缘宽度不等，有 a、b 两种规格；截面高度为 30～63cm 时，工字钢根据板厚度和翼缘宽度不等，有 a、b、c 三种规格。其中 a 类腹板最薄、翼缘最窄，b 类较厚较宽，c 类最厚最宽。工字钢长度通常为 5～19m。

槽钢是一种截面形状为槽形（[）的型材，型号用截面高度（单位为cm）表示，从5cm到40cm共有20个系列41种规格。截面高度为14cm到22cm，槽钢根据腹板厚度和翼缘宽度不等，有a、b两种规格；截面高度为24cm到40cm，槽钢根据腹板厚度和翼缘宽度不等，有a、b、c三种规格。槽钢的长度通常为5~19m。

角钢是传统钢结构构件中应用最广泛的轧制型材，有等边角钢和不等边角钢两大类。角钢的型号以肢的长度（单位以cm）表示，等边角钢从2cm到25cm共有24个系列114种规格。一个型号的角钢有2~8种不同肢厚度的产品规格，如常用的10号等边角钢，肢的厚度有6、7、8、9、10、12、14、16mm共八种。角钢长度通常为4~19m。

(2) 热轧H型钢和剖分T型钢

热轧H型钢分为四类：宽翼缘H型钢、代号HW，这一系列常用作柱及支撑，其翼缘较宽，截面宽高比为1:1；弱轴的回转半径相对较大，具有较好的受压性能；截面规格为100mm×100mm~500mm×500mm。

中翼缘H型钢、代号HM，这一系列可用作柱和梁，其翼缘宽度比宽翼缘H型钢窄一些，截面宽高比为1:1.3~1:2；截面规格为150mm×100mm~600mm×300mm。

窄翼缘H型钢、代号HN，这一系列常用作梁，其翼缘较窄，也称梁型H型钢；截面宽高比为1:2~1:3.3，有良好受弯性能，截面高度为100~1000mm。

薄壁H型钢、代号HT，其宽高比为1:1~1:2，截面规格为100m×50mm~400mm×200mm，翼缘和腹板厚度均较薄。

经过剖分H型钢而成的T型钢相应也分为TW、TM、TN三种，其型号、规格参见现行国家标准《热轧H型钢和剖分T型钢》GB/T 11263的规定。

(3) 冷弯型钢

冷弯型钢应符合现行国家标准《冷弯型钢》GB/T 6725的规定。冷弯型钢按产品截面形状分为冷弯闭口型钢和冷弯开口型钢。冷弯闭口型钢主要有：冷弯圆形空心型钢（即圆管）、冷弯方形空心型钢（即方管）、冷弯矩形空心型钢（即矩形管）、冷弯异形空心型钢（即异形管）。冷弯开口型钢主要有：冷弯等边角钢、冷弯不等边角钢、冷弯等边槽钢、冷弯不等边槽钢、冷弯内卷边槽钢、冷弯外卷边槽钢、冷弯Z形钢、冷弯卷边Z形钢（图2.2-1）。冷弯型钢产品屈服强度等级有三种，分别为235、345和390。冷弯型钢是由冷轧或热轧钢板和钢带在连续辊式冷弯机组上生产成型的，冷弯闭口型钢冷弯好后，一般采用高频焊封闭成型。冷弯型钢的壁厚一般为1.2~16mm，长度通常为4~16m。

(a)冷弯圆管　(b)冷弯方管　(c)冷弯等边角钢　(d)冷弯等边槽钢　(e)冷弯内卷边槽钢　(f)冷弯Z形钢　(g)冷弯卷边Z形钢

图2.2-1 部分冷弯型钢示意图

冷弯方、矩形管的技术要求和尺寸规格应符合《建筑结构用冷弯矩形钢管》JG/T 178的规定；冷弯开口型钢的尺寸、外形、重量及允许偏差应符合《通用冷弯开口型钢尺寸、外形、重量及允许偏差》GB/T 6723的规定。空心型钢的尺寸、外形、重量应符合《结构用冷弯空心型钢尺寸、外形、重量及允许偏差》GB/T 6728的规定。

3. 结构用钢管

结构用钢管有热轧无缝钢管和焊接钢管两大类。结构用无缝钢管按国家标准《结构用无缝钢管》GB/T 8162 的规定，分成热轧和冷拔两种。热轧无缝钢管为直径 32～630mm、壁厚 2.5～75mm 范围内的产品。所用的钢材牌号主要有 10 号钢、20 号钢、35 号钢、45 号钢和 Q345 钢。建筑钢结构应用的无缝钢管以 20 号钢（相当于 Q235）和 Q345 为主，管径一般在 180mm 以上，通常长度为 3～12m。冷拔钢管只限于小直径钢管。

焊接钢管由钢带卷焊而成，依据管径大小分为直缝焊和螺旋焊，在建筑钢结构中主要以直缝焊管为主。直缝焊管规格参见现行国家标准《直缝电焊钢管》GB/T 13793 的规定。另外，对一些大口径的钢管还可采用压制和卷制成形的加工方式。在钢网架结构中，还广泛采用国家标准《低压流体输送用焊接钢管》GB/T 3092 规定的钢管。

4. 其他钢材制品

应用于建筑钢结构的其他钢材制品主要有花纹钢板、钢格栅板和网架球节点等。

（1）花纹钢板是用碳素结构钢、船体用结构钢、耐候结构钢热轧成菱形、扁豆形或圆豆形的花纹形状的制品。按国家标准《花纹钢板》GB/T 3277 规定，花纹钢板基本厚度有 mm：2.5、3.0、3.5、4.0、4.5、5.0、5.5、6.0、7.0、8.0；宽度 600～1800mm，按 50mm 进级；长度 2000～12000mm，按 100mm 进级。花纹钢板的力学性能不作保证，以热轧状态交货，表面质量分普通精度和较高精度两级。

（2）压焊钢格栅板（图 2.2-2）是由纵条、横条和四周的包边及挡边板形成的网格状制品；纵条采用扁钢，是主要的承力构件，横条采用扭纹方钢，压焊在纵条（扁钢）上。它适用于工业平台、地板、天桥、栈道的铺板、楼梯踏板、内盖板以及栅栏等场合。

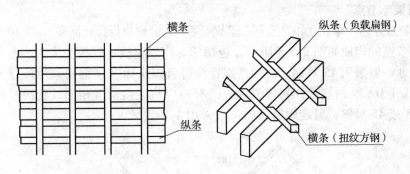

图 2.2-2 压焊钢格栅板

钢格栅板按纵条和横条的间距、纵条的形状共分 54 种规格，如表 2.2-1 所示。其表面状态有热浸镀锌（用 G 表示）、浸渍沥青（B）、涂漆（PT）及不处理（U—可省略）四种，所用钢牌号为 Q235A。

钢格栅板的规格（mm） 表 2.2-1

系列	纵条间距	横条间距	负载扁钢规格（宽×厚）					
			20×3	25×3	32×3	40×3	20×5	25×5
1	30	100	WA203/1	WA253/1	WA323/1	WA403/1	WA205/1	WA255/1
		50	WB203/1	WB253/1	WB323/1	WB403/1	WB205/1	WB255/1

续表

系列	纵条间距	横条间距	负载扁钢规格（宽×厚）					
			20×3	25×3	32×3	40×3	20×5	25×5
2	40	100	WA203/2	WA253/2	WA323/2	WA403/2	WA205/2	WA255/2
		50	WB203/2	WB253/2	WB323/2	WB403/2	WB205/2	WB255/2
1	30	100	WA325/1	WA405/1	WA455/1	WA505/1	WA555/1	WA605/1
		50	WB325/1	WB405/1	WB455/1	WB505/1	WB555/1	WB605/1
2	40	100	WA325/2	WA405/2	WA455/2	WA505/2	WA555/2	WA605/2
		50	WB325/2	WB405/2	WB455/2	WB505/2	WB555/2	WB605/2
3	60	50	WB325/3	WB405/3	WB455/3	WB505/3	WB555/3	WB605/3

钢格栅板的标记方式为：

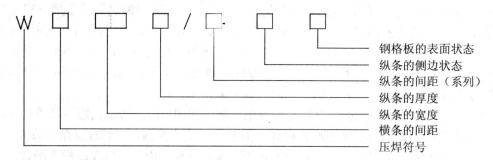

（3）网架球节点

网架球节点分螺栓球节点和焊接空心球节点两类，分别执行行业标准 JG/T 10 和 JG/T 11。

螺栓球节点的构成如图 2.2-3 所示，包括球、高强螺栓、封板或锥头、套筒、紧定螺钉等。螺栓球一般采用 45 号钢；高强度螺栓应符合国家标准《钢网架螺栓球节点用高强度螺栓》GB/T 16939 的规定，封板或锥头的材料应与连接钢管相同；套筒材料一般采用 Q235、Q345 或 45 号钢；紧定螺钉材料一般采用 40Cr。

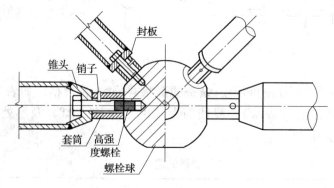

图 2.2-3 螺栓球节点

焊接空心球分不加肋焊接空心球和加肋焊接空心球两种，如图 2.2-4 所示。焊接球材料应与连接钢管相同，一般采用 Q235、Q345、Q390 等。

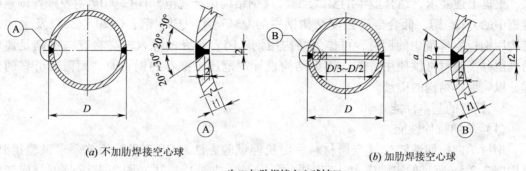

(a) 不加肋焊接空心球　　　　　　　(b) 加肋焊接空心球

为(b)加肋焊接空心球坡口

图 2.2-4　焊接空心球

2.2.3　钢材主要性能

1. 钢材的破坏形式

要深入了解钢结构的性能，首先要从钢结构的材料开始，掌握钢材在不同应力状态、不同生产过程和不同使用条件下的工作性能，从而选择合适的钢材，使结构既安全可靠和满足使用要求，又最大可能地节约钢材和降低造价。

钢材的断裂破坏通常是在受拉状态下发生的，可分为塑性破坏和脆性破坏两种方式。钢材在产生很大的变形以后发生的断裂破坏称为塑性破坏，也称为延性破坏。破坏发生时应力达到抗拉强度 f_u，构件有明显的颈缩现象。由于塑性破坏发生前有明显的变形，并且有较长的变形持续时间，因而易及时发现和补救。在钢结构中未经发现和补救而真正发生塑性破坏的事例很少见。钢材在变形很小的情况下，突然发生断裂破坏称为脆性破坏。脆性破坏发生时的应力常小于钢材的屈服强度 f_y，断口平直，呈有光泽的晶粒状。由于破坏前变形很小且突然发生，事先不易发现，难以采取补救措施，因而危险性很大。

2. 建筑钢结构对材料的要求

钢材的种类繁多，碳素钢有上百种，合金钢有 300 余种，性能差别很大，符合钢结构要求的钢材只是其中的一小部分。用以建筑钢结构的钢材称为结构钢，它必须满足下列要求：

(1) 抗拉强度 f_u 和屈服强度 f_y 较高。钢结构设计把 f_y 作为强度承载力极限状态的标志。f_y 高可减轻结构自重，节约钢材和降低造价。f_u 是钢材抗拉断能力的极限，f_u 高可增加结构的安全保障。

(2) 塑性和韧性好。塑性和韧性好的钢材在静载和动载作用下有足够的应变能力，即可减轻结构脆性破坏的倾向，又能通过较大的塑性变形调整局部应力，使应力得到重分布，提高构件的延性，从而提高结构的抗震能力和抵抗重复荷载作用的能力。

(3) 良好的加工性能。材料应适合冷、热加工，具有良好的可焊性，不能因加工而对结构的强度、塑性和韧性等造成较大的不利影响。

(4) 耐久性好。

(5) 价格便宜。

此外，根据结构的具体工作条件，有时还要求钢材具有适应低温、高温等环境的能力。

根据上述要求，结合多年的实践经验，《钢结构设计规范》GB 50017 主要推荐碳素结构钢中的 Q235 钢、低合金高强度结构钢中的 Q345 钢、Q390 钢、Q420 钢，以及《建筑结构用钢板》标准中的钢材，可作为结构用钢。随着研究的深入，必将有一些满足要求的其他种类钢材可供使用。若选用钢结构设计规范还未推荐的钢材时，则需有可靠的依据，以确保钢结构的质量。

3. 钢材的基本性能

（1）单向拉伸性能

钢材单向拉伸性能按《金属材料室温拉伸试验方法》GB 228 的相关要求试验得到，可用图 2.2-5a 所示的实测应力—应变曲线（$\sigma-\varepsilon$ 曲线）描述。图 2.2-5b 是钢材应变硬化阶段以前的 $\sigma-\varepsilon$ 曲线简化，称为理想弹塑性体 $s-e$ 曲线，用于钢结构的理论推导或说明构件的工作性能。

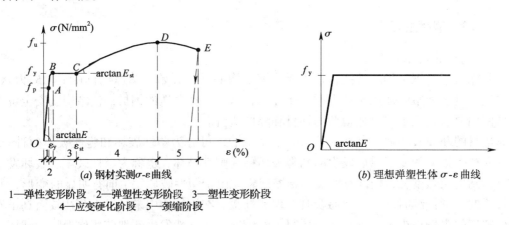

(a) 钢材实测 σ-ε 曲线　　　　　　(b) 理想弹塑性体 σ-ε 曲线

1—弹性变形阶段　2—弹塑性变形阶段　3—塑性变形阶段
4—应变硬化阶段　5—颈缩阶段

图 2.2-5　钢材拉伸试验所得 $\sigma-\varepsilon$ 曲线示意图

单向拉伸试验可得到钢材的一些极为有用的力学性能指标：屈服强度 f_y、抗拉强度 f_u、伸长率 δ、弹性模量 E 等，其中前三项是承重建筑钢结构要求钢材必须合格的三项基本力学性能指标。

（2）冷弯性能

钢材的冷弯性能由冷弯试验确定，试验按照《金属材料弯曲试验方法》GB 232 的要求进行。冷弯试验不仅能直接反映钢材的弯曲变形能力和塑性性能，还能显示钢材内部的冶金缺陷（如分层、非金属夹渣等）状况，是判别钢材塑性变形能力及冶金质量的综合指标。钢结构设计规范 GB 50017 第 3.3.3 条中规定对焊接承重结构及重要的非焊接承重结构采用的钢材还应具有冷弯试验合格的保证。

（3）冲击韧性

钢材的冲击韧性是指钢材在冲击荷载作用下断裂时吸收机械能的一种能力，是衡量钢材抵抗因低温、应力集中、冲击荷载作用等而致脆性断裂能力的一项机械指标。冲击韧性由钢材的缺口试件的冲击试验确定，按《金属材料夏比摆锤冲击试验方法》GB/T 229 的要求进行试验。冲击韧性用 A_{kV} 表示，单位为 J。

冲击韧性与温度有关，当温度低于某一负温值时，冲击韧性值将急剧降低。因此在寒冷地区建造的直接承受动力荷载的钢结构，除应有常温冲击韧性的保证外，还应按钢材的牌号，使其具有-20℃或-40℃的冲击韧性保证。

所谓具有冲击韧性保证，即 A_{kv} 值必须满足规定的要求。我国现行钢材标准规定的 A_{kv} 值取决于钢号和温度条件，如：对温度 $t \geq -20℃$ 的 Q235B、C、D 级钢材，要求 $A_{kv} \geq 27J$；对温度 $t \geq -40℃$ 的 Q345、Q390 和 Q420 B、C、D、E 级钢材，当厚度为 12~150mm 时，$A_{kv} \geq 34J$。

（4）钢材受压和受剪时的性能

钢材在单向受压（短试件）时，受力性能基本上与单向受拉相同。受剪的情况也相似，但抗剪屈服点 τ_y 及抗剪强度 τ_u 均低于 f_y 和 f_u；剪变模量 G 也低于弹性模量 E。

钢材的弹性模量 E、剪变模量 G、线膨胀系数 α 和质量密度 ρ 见表 2.2-2。

钢材的物理性能指标 表 2.2-2

弹性模量 E（N/mm²）	剪变模量 G（N/mm²）	线膨胀系数 α	质量密度 ρ（kg/m³）
2.06×10^5	7.9×10^4	$1.2 \times 10^{-5}/℃$	7.85×10^3

（5）焊接性

焊接性是钢材对焊接加工的适应性，指在一定的焊接工艺条件下能获得优质焊接接头的难易程度，焊接性好的钢材，焊接质量易于保证。含碳量小于 0.20% 的碳素钢具有良好的焊接性。随含碳量增加，钢材强度提高，但同时钢材的塑性、韧性、冷弯性能及抗锈能力下降，冷脆性增加，使钢材的焊接性能显著下降，所以焊接结构要求含碳量控制在 0.12%~0.20%，并希望变化越小越好，这样焊接性能就有保证，力学性能也稳定。

（6）抗火和抗锈性能

钢材虽然属于不燃烧材料，但在火灾发生时的高温作用下，其力学性能如屈服强度等都会随温度升高而急剧降低，所以裸露的钢结构防火性能极差，其耐火极限仅为 15min，因此对有防火要求的建筑要慎用，如采用就需考虑防火措施，以达到该建筑物要求的梁、柱耐火极限。根据这一特点，在原有处于受荷状态的结构上施焊，事先必须采取加固措施，以防结构失稳破坏。

钢材在大气作用下会产生锈蚀，锈蚀的程度与建筑物周围的环境和钢材的材质有关。低合金钢的抗锈蚀能力优于碳素结构钢，室外钢结构的锈蚀速度约为室内的 5 倍，有防锈涂层的钢结构锈蚀速度比无涂层的约慢 5~10 倍。锈蚀将减小结构有效截面，影响结构的安全度，所以对钢结构要进行防锈处理，根据周围环境和使用要求，进行相应的涂装保护。

4. 钢材的主要技术性能

从钢结构应用的情况分析，对钢材有三方面的技术性能要求，即化学成分、力学性能和工艺性能（也叫加工性能），前两项应满足结构的功能要求（如强度、刚度、疲劳等），第三项则应满足加工过程的要求。

（1）化学成分和力学性能

① 碳素结构钢（GB 700）

碳素结构钢按不同牌号、不同等级的钢材对化学成分和力学性能指标要求不同，具体要求见表 2.2-3~表 2.2-5。

碳素结构钢的牌号和化学成分（熔炼分析） 表 2.2-3

牌号	统一数字代号[a]	等级	厚度（或直径）(mm)	脱氧方法	化学成分（质量分数）%，不大于				
					C	Si	Mn	P	S
Q195	U11952	—	—	F、Z	0.12	0.30	0.50	0.035	0.040
Q215	U12152	A	—	F、Z	0.15	0.35	1.20	0.045	0.050
Q215	U12155	B							0.045
Q235	U12352	A	—	F、Z	0.22	0.35	1.40	0.045	0.050
Q235	U12355	B		F、Z	0.20[b]			0.045	0.045
Q235	U12358	C		Z	0.17			0.040	0.040
Q235	U12359	D		TZ				0.035	0.035
Q275	U12752	A	—	F、Z	0.24	0.35	1.50	0.045	0.050
Q275	U12755	B	≤40	Z	0.21			0.045	0.045
Q275	U12755	B	>40	Z	0.22			0.045	0.045
Q275	U12758	C	—	Z	0.20			0.040	0.040
Q275	U12759	D		TZ				0.035	0.035

[a] 表中为镇静钢、特殊镇静钢牌号的统一数字，沸腾钢牌号的统一数字代号如下：
Q195F - U11950；Q215AF - U12150，Q215BF - U12153；Q235AF - U12350，Q235BF - U12353；Q275AF - U12750；

[b] 经需方同意，Q235B 的碳含量可不大于 0.22%。

碳素结构钢的拉伸和冲击试验 表 2.2-4

牌号	等级	屈服强度[a] R_{eH} (N/mm²)，不小于						抗拉强度[b] R_m (N/mm²)	断后伸长率 A/%，不小于						冲击试验（V型缺口）	
		厚度（或直径）(mm)							厚度（或直径）(mm)						温度(℃)	冲击吸收功（纵向）(J) 不小于
		≤16	>16~40	>40~60	>60~100	>100~150	>150~200		≤40	>40~60	>60~100	>100~150	>150~200		
Q195	—	195	185	—	—	—	—	315~430	33	—	—	—	—	—	—
Q215	A	215	205	195	185	175	165	335~450	31	30	29	27	26	—	—
Q215	B													+20	27
Q235	A	235	225	215	215	195	185	370~500	26	25	24	22	21	—	—
Q235	B													+20	27[c]
Q235	C													0	
Q235	D													-20	
Q275	A	275	265	255	245	225	215	410~540	22	21	20	18	17	—	—
Q275	B													+20	27[c]
Q275	C													0	
Q275	D													-20	

[a] Q195 的屈服强度值仅供参考，不作交货条件；
[b] 厚度大于 100mm 的钢材，抗拉强度下限允许降低 20N/mm²。宽带钢（包括剪切钢板）抗拉强度上限不作交货条件；
[c] 厚度小于 25mm 的 Q235B 级钢材，如供方能保证冲击吸收功值合格，经需方同意，可不做检验。

碳素结构钢弯曲试验要求   表 2.2-5

牌号	试样方向	冷弯试验 180° $B=2a$ [a]	
		钢材厚度（或直径）[b] mm	
		≤60	>60～100
		弯心直径 d	
Q195	纵	0	—
Q195	横	0.5a	—
Q215	纵	0.5a	1.5a
	横	a	2a
Q235	纵	a	2a
	横	1.5a	2.5a
Q275	纵	1.5a	2.5a
	横	2a	3a

[a] B 为试样宽度，a 为试样厚度（或直径）；
[b] 钢材厚度（或直径）大于 100mm 时，弯曲试验由双方协商确定。

② 优质碳素结构钢（GB/T 699）

优质碳素结构钢化学成分和力学性能见表 2.2-6 和表 2.2-7。

优质碳素结构钢化学成分（熔炼分析）   表 2.2-6

统一数字代号	牌号	化学成分（%）							
		C	Si	Mn	Cr	Ni	Cu	P	S
					不大于				
U20152	15	0.12～0.18	0.17～0.37	0.35～0.65	0.25	0.30	0.25	0.035	0.035
U20202	20	0.17～0.23	0.17～0.37	0.35～0.65	0.25	0.30	0.25	0.035	0.035
U21152	15Mn	0.12～0.18	0.17～0.37	0.70～1.00	0.25	0.30	0.25	0.035	0.035
U21202	20Mn	0.17～0.23	0.17～0.37	0.70～1.00	0.25	0.30	0.25	0.035	0.035
U20452	45	0.42～0.50	0.17～0.37	0.50～0.80	0.25	0.25	0.25	0.035	0.035

优质碳素结构钢力学性能   表 2.2-7

牌号	力学性能			
	屈服强度 f_y（N/mm²）	抗拉强度 f_u（N/mm²）	断后伸长率 δ_5（%）	截面收缩 ψ（%）
15	225	375	27	55
20	245	410	25	55
15Mn	245	410	26	55
20Mn	275	450	24	50
45	355	600	16	40

③ 低合金高强度结构钢（GB/T 1591）

低合金高强度结构钢牌号按屈服点大小，分为 Q345、Q390、Q420、Q460、Q500、

Q550、Q620 和 Q690 八种；其化学成分和力学性能见表 2.2-8 ~ 表 2.2-10 和表 2.2-11。

低合金高强度结构钢的化学成分（熔炼分析）　　　表 2.2-8

牌号	质量等级	化学成分 a,b（质量分数）(%)													
		C	Si	Mn	P	S	Nb	V	Ti	Cr	Ni	Cu	N	Mo	B	Als
					不大于											不小于
Q345	A	≤0.20	≤0.50	≤1.70	0.035	0.035	0.07	0.15	0.20	0.30	0.50	0.30	0.012	0.10	—	—
	B				0.035	0.035										—
	C				0.030	0.030										
	D	≤0.18			0.030	0.025										0.015
	E				0.025	0.020										
Q390	A	≤0.20	≤0.50	≤1.70	0.035	0.035	0.07	0.20	0.20	0.30	0.50	0.30	0.015	0.10	—	—
	B				0.035	0.035										—
	C				0.030	0.030										
	D				0.030	0.025										0.015
	E				0.025	0.020										
Q420	A	≤0.20	≤0.50	≤1.70	0.035	0.035	0.07	0.20	0.20	0.30	0.80	0.30	0.015	0.20	—	—
	B				0.035	0.035										—
	C				0.030	0.030										
	D				0.030	0.025										0.015
	E				0.025	0.020										
Q460	C	≤0.20	≤0.60	≤1.80	0.030	0.030	0.11	0.20	0.20	0.30	0.80	0.55	0.015	0.20	0.004	0.015
	D				0.030	0.025										
	E				0.025	0.020										
Q500	C	≤0.18	≤0.60	≤1.80	0.030	0.030	0.11	0.12	0.20	0.60	0.80	0.55	0.015	0.20	0.004	0.015
	D				0.030	0.025										
	E				0.025	0.020										
Q550	C	≤0.18	≤0.60	≤2.00	0.030	0.030	0.11	0.12	0.20	0.80	0.80	0.80	0.015	0.30	0.004	0.015
	D				0.030	0.025										
	E				0.025	0.020										
Q620	C	≤0.18	≤0.60	≤2.00	0.030	0.030	0.11	0.12	0.20	1.00	0.80	0.80	0.015	0.30	0.004	0.015
	D				0.030	0.025										
	E				0.025	0.020										
Q690	C	≤0.18	≤0.60	≤2.00	0.030	0.030	0.11	0.12	0.20	1.00	0.80	0.80	0.015	0.30	0.004	0.015
	D				0.030	0.025										
	E				0.025	0.020										

a 型材和棒材 P、S 含量可提高 0.005%，其中 A 级钢上限可为 0.045%；
b 当细化晶粒元素组合加入时，20(Nb+V+Ti)≤0.22%，20(Mo+Cr)≤0.30%。

低合金高强度结构钢的拉伸试验 表 2.2-9

牌号	质量等级	拉伸试验[a,b,c]																				
		以下公称厚度(直径,边长)(mm) 下屈服强度(R_{eL})(MPa)								以下公称厚度(直径,边长)(mm) 抗拉强度(R_m)(MPa)						断后伸长率(A)(%) 公称厚度(直径,边长)(mm)					
		≤16	>16~40	>40~63	>63~80	>80~100	>100~150	>150~200	>200~250	>250~400	≤40	>40~63	>63~80	>80~100	>100~150	>150~250	>250~400	≤40	>40~63	>63~100	>100~150	>150~250	>250~400
Q345	A	≥345	≥335	≥325	≥315	≥305	≥285	≥275	≥265	—	470~630	470~630	470~630	470~630	450~600	450~600	450~600	≥20	≥19	≥19	≥18	≥17	
	B																						
	C									≥265								≥21	≥20	≥20	≥19	≥18	≥17
	D																						
	E																						
Q390	A	≥390	≥370	≥350	≥330	≥330	≥310				490~650	490~650	490~650	490~650	470~620			≥20	≥19	≥19	≥18		
	B																						
	C																						
	D																						
	E																						
Q420	A	≥420	≥400	≥380	≥360	≥360	≥340				520~680	520~680	520~680	520~680	500~650			≥19	≥18	≥18	≥18		
	B																						
	C																						
	D																						
	E																						
Q460	C	≥460	≥440	≥420	≥400	≥400	≥380				550~720	550~720	550~720	550~720	530~700			17	16	16	16		—
	D																						
	E																						
Q500	C	≥500	≥480	≥470	≥450	≥440					610~770	600~760	590~750	540~730				17	17	17			
	D																						
	E																						
Q550	C	≥550	≥530	≥520	≥500	≥490					670~830	620~810	600~790	590~780				16	16	16			
	D																						
	E																						
Q620	C	≥620	≥600	≥590	≥570						710~880	690~880	670~860					15	15	15			
	D																						
	E																						
Q690	C	≥690	≥670	≥660	≥640						770~940	750~920	730~900					14	14	14			
	D																						
	E																						

[a] 当屈服不明显时,可测量 $R_{p0.2}$ 代替下屈服强度;
[b] 宽度不小于600mm扁平材,拉伸试验取横向试样;宽度小于600mm的扁平材、型材及棒材取纵向试样,断后伸长率最小值相应提高1%(绝对值);
[c] 厚度>250mm~400mm的数值适用于扁平材。

夏比（V型）冲击试验的试验温度和冲击吸收能量　　　　　　　　　表 2.2-10

牌号	质量等级	试验温度/℃	冲击吸收能量 $(KV_2)^a$/J 公称厚度（直径、边长）		
			12～150mm	>150～250mm	>250～400mm
Q345	B	20	≥34	≥27	—
Q345	C	0	≥34	≥27	—
Q345	D	-20	≥34	≥27	27
Q345	E	-40	≥34	≥27	27
Q390	B	20	≥34	—	—
Q390	C	0	≥34	—	—
Q390	D	-20	≥34	—	—
Q390	E	-40	≥34	—	—
Q420	B	20	≥34	—	—
Q420	C	0	≥34	—	—
Q420	D	-20	≥34	—	—
Q420	E	-40	≥34	—	—
Q460	C	0	≥34	—	—
Q460	D	-20	≥34	—	—
Q460	E	-40	≥34	—	—
Q500、Q550、Q620、Q690	C	0	≥55	—	—
Q500、Q550、Q620、Q690	D	-20	≥47	—	—
Q500、Q550、Q620、Q690	E	-40	≥31	—	—

a 冲击试验取纵向试样。

弯曲试验　　　　　　　　　表 2.2-11

牌号	试样方向	180°弯曲试验 [d-弯心直径，a-试样厚度（直径）] 钢材厚度（直径、边长）	
		≤16mm	>16～100mm
Q345 Q390 Q420 Q460	宽度不小于600mm扁平材，拉伸试验取横向试样。宽度小于600mm的扁平材、型材及棒材取纵向试样	$2a$	$3a$

④ 合金结构钢（GB/T 3077）

建筑钢结构应用的合金结构钢有钢拉杆、索具和锚具等，其主要材质为 Q345、45 号钢、Cr 系列钢组、CrNi 系列钢组等。其中 45 号钢和 Q345 钢材的性能分别参见优质碳素结构钢和低合金高强度结构钢，表 2.2-12 和表 2.2-13 分别为 Cr 系列钢组、CrNi 系列钢组的化学成分和力学性能。

Cr 和 CrNi 系列合金结构钢化学成分　　　　表 2.2-12

钢组	牌号	化学成分（质量分数）（%）					
		C	Si	Mn	Cr	Mo	Ni
Cr	15Cr	0.12~0.18	0.17~0.37	0.40~0.70	0.70~1.00	—	—
	15CrA	0.12~0.17	0.17~0.37	0.40~0.70	0.70~1.00	—	—
	20Cr	0.18~0.24	0.17~0.37	0.50~0.80	0.70~1.00	—	—
	30Cr	0.27~0.34	0.17~0.37	0.50~0.80	0.80~1.10	—	—
	35Cr	0.32~0.39	0.17~0.37	0.50~0.80	0.80~1.10	—	—
	40Cr	0.37~0.44	0.17~0.37	0.50~0.80	0.80~1.10	—	—
	45Cr	0.42~0.49	0.17~0.37	0.50~0.80	0.80~1.10	—	—
	50Cr	0.47~0.54	0.17~0.37	0.50~0.80	0.80~1.10	—	—
CrMo	12CrMo	0.08~0.15	0.17~0.37	0.40~0.70	0.40~0.70	0.40~0.55	—
	15CrMo	0.12~0.18	0.17~0.37	0.40~0.70	0.80~1.10	0.40~0.55	—
	20CrMo	0.17~0.24	0.17~0.37	0.40~0.70	0.80~1.10	0.15~0.25	—
CrMo	30CrMo	0.26~0.34	0.17~0.37	0.40~0.70	0.80~1.10	0.15~0.25	—
	30CrMoA	0.26~0.33	0.17~0.37	0.40~0.70	0.80~1.10	0.15~0.25	—
	35CrMo	0.32~0.40	0.17~0.37	0.40~0.70	0.80~1.10	0.15~0.25	—
	42CrMo	0.38~0.45	0.17~0.37	0.50~0.80	0.90~1.20	0.15~0.25	—
CrNi	20CrNi	0.17~0.23	0.17~0.37	0.40~0.70	0.45~0.75	—	1.00~1.40
	40CrNi	0.37~0.44	0.17~0.37	0.50~0.80	0.45~0.75	—	1.00~1.40
	45CrNi	0.42~0.49	0.17~0.37	0.50~0.80	0.45~0.75	—	1.00~1.40
	50CrNi	0.47~0.54	0.17~0.37	0.50~0.80	0.45~0.75	—	1.00~1.40
CrNi	12CrNi2	0.10~0.17	0.17~0.37	0.30~0.60	0.60~0.90	—	1.50~1.90
	12CrNi3	0.10~0.17	0.17~0.37	0.30~0.60	0.60~0.90	—	2.75~3.15
	20CrNi3	0.17~0.24	0.17~0.37	0.30~0.60	0.60~0.90	—	2.75~3.15
	30CrNi3	0.27~0.33	0.17~0.37	0.30~0.60	0.60~0.90	—	2.75~3.15
	37CrNi3	0.34~0.41	0.17~0.37	0.30~0.60	1.20~1.60	—	3.00~3.50
	12Cr2Ni4	0.10~0.16	0.17~0.37	0.30~0.60	1.25~1.65	—	3.25~3.65
	20Cr2Ni4	0.17~0.23	0.17~0.37	0.30~0.60	1.25~1.65	—	3.25~3.65
CrNiMo	20CrNiMo	0.17~0.23	0.17~0.37	0.60~0.95	0.40~0.70	0.20~0.30	0.35~0.75
	40CrNiMoA	0.37~0.44	0.17~0.37	0.50~0.80	0.60~0.90	0.15~0.25	1.25.1.65

⑤ 建筑结构用钢板（GB/T 19879）

建筑结构用钢板按屈服点大小，分为 Q235GJ、Q345 GJ、Q390 GJ、Q420 GJ 和 Q460 GJ 五个系列，其化学成分和力学性能分别见表 2.2-14 和表 2.2-15。

⑥ 厚度方向性能钢板（GB/T 5313）

国家标准《厚度方向性能钢板》GB/T 5313 是对有关标准的钢板要求作厚度方向性能试验时的专用规定，适用于板厚为 15mm~150mm，屈服点不大于 500MPa 的镇静钢板。要求内容有两方面：含硫量的限制和厚度方向断面收缩率的要求值，据此分成 Z15、Z25、Z35 三个级别，相应的技术要求见表 2.2-16。

Cr 和 CrNi 系列合金结构钢力学性能　　　表 2.2-13

钢组	牌号	力学性能					钢材退火或高温回火供应状态布氏硬度 HB100/3000 ≤
		抗拉强度 σ_b (MPa)	屈服点 σ_s (MPa)	断后伸长率 δ_5 (%)	断面收缩率 ψ (%)	冲击吸收功 A_{kV} (J)	
		≥					
Cr	15Cr	735	490	11	45	55	179
	15CrA	685	490	12	45	55	179
	20Cr	835	540	10	40	47	179
	30Cr	885	685	11	45	47	187
Cr	35Cr	930	735	11	45	47	207
	40Cr	980	785	9	45	47	207
	45Cr	1030	835	9	40	39	217
	50Cr	1080	930	9	40	39	229
CrMo	12CrMo	410	265	24	60	110	179
	15CrMo	440	295	22	60	94	179
	20CrMo	885	685	12	50	78	197
	30CrMo	930	785	12	50	63	229
	30CrMoA	930	735	12	50	71	229
	35CrMo	980	835	12	45	63	229
	42CrMo	1080	930	12	45	63	217
CrNi	20CrNi	785	590	10	50	63	197
	40CrNi	980	785	10	45	55	241
	45CrNi	980	785	10	45	55	255
	50CrNi	1080	835	8	40	39	255
	12CrNi2	785	590	12	50	63	207
	12CrNi3	930	685	11	50	71	217
	20CrNi3	930	735	11	55	78	241
	30CrNi3	980	785	9	45	63	241
	37CrNi3	1130	980	10	50	47	269
	12Cr2Ni4	1080	835	10	50	71	269
	20Cr2Ni4	1180	1080	10	45	63	269
CrNiMo	20CrNiMo	980	785	9	40	47	197
	40CrNiMoA	980	835	12	55	78	269

建筑结构用钢板化学成分（熔炼分析）　　表 2.2-14

牌号	质量等级	厚度 (mm)	化学成分（质量分数）%										
			C≤	Si≤	Mn	P≤	S≤	V	Nb	Ti	Als≥	Cr	Cu	Ni≤
Q235GJ	B	6~100	0.20	0.35	0.60~1.20	0.025	0.015	—	—	—	0.015	0.30	0.30	0.30
	C													
	D		0.18	0.35		0.020	0.015	—	—	—	0.015	0.30	0.30	0.30
	E													
Q345GJ	B	6~100	0.20	0.55	≤1.6	0.025	0.015	0.020~0.150	0.015~0.060	0.010~0.030	0.015	0.30	0.30	0.30
	C													
	D		0.18			0.020								
	E													
Q390GJ	C	6~100	0.20	0.55	≤1.6	0.025	0.015	0.020~0.200	0.015~0.060	0.010~0.030	0.015	0.30	0.30	0.70
	D													
	E		0.18			0.020								
Q420GJ	C	6~100	0.20	0.55	≤1.6	0.025	0.015	0.020~0.200	0.015~0.060	0.010~0.030	0.015	0.40	0.30	0.70
	D													
	E		0.18			0.020								
Q460GJ	C	6~100	0.20	0.55	≤1.6	0.025	0.015	0.020~0.200	0.015~0.060	0.010~0.030	0.015	0.70	0.30	0.70
	D													
	E		0.18			0.020								

建筑结构用钢板的力学性能　　表 2.2-15

牌号	质量等级	屈服强度 R_{eH}（N/mm²）				抗拉强度 R_m（N/mm²）	伸长率 A（%）	冲击功（纵向）A_{kv}（J）		180°弯曲试验 d=弯心直径 a=试样厚度		屈强比不大于
		钢板厚度（mm）						温度℃	≥	钢板厚度/mm		
		6~16	>16~35	>35~50	>50~100					≤16	>16	
Q235GJ	B	≥235	235~355	225~345	215~335	400~510	≥23	20	34	$d=2a$	$d=3a$	0.8
	C							0				
	D							-20				
	E							-40				
Q345GJ	B	≥345	345~465	335~455	325~445	490~610	≥22	20	34	$d=2a$	$d=3a$	0.83
	C							0				
	D							-20				
	E							-40				
Q390GJ	C	≥390	390~510	380~500	370~490	490~650	≥20	0	34	$d=2a$	$d=3a$	0.85
	D							-20				
	E							-40				

续表

牌号	质量等级	屈服强度 R_{eH}（N/mm²）				抗拉强度 R_m（N/mm²）	伸长率 A（%）	冲击功（纵向）A_{kv}（J）		180°弯曲试验 d=弯心直径 a=试样厚度		屈强比不大于
		钢板厚度（mm）						温度 ℃	≥	钢板厚度/mm		
		6~16	>16~35	>35~50	>50~100					≤16	>16	
Q420GJ	C	≥420	420~550	410~540	400~530	520~680	≥19	0	34	$d=2a$	$d=3a$	0.85
	D							-20				
	E							-40				
Q460GJ	C	≥460	460~600	450~590	440~580	550~720	≥17	0	34	$d=2a$	$d=3a$	0.85
	D							-20				
	E							-40				

注 1. 1N/mm²=1MPa；
2. 拉伸试样采用系数为 5.65 的比例试样；
3. 伸长率按有关标准进行换算时，表中伸长率 A=17% 与 A_{50mm}=20% 相当。

厚度方向性能钢板的级别和技术要求　　　　　表 2.2-16

厚度方向性能级别	含硫量（%）不大于	断面收缩率 ψ_z（%）	
		三个试样平均值	单个试样值
		不小于	
Z15	0.01	15	10
Z25	0.007	25	15
Z35	0.005	35	25

（2）加工性能

钢材在加工成构件时，要经过切割、折边、弯曲、冷压、焊接、矫正、铣削、磨削、车削等加工工序，在这一系列工序加工过程中所表现出来的性能称为钢材的加工性能，建筑钢结构使用的钢材需要有良好的加工性能，按加工状态时温度的不同可分为热加工性能和冷加工性能。

① 钢材热加工性能

钢材的热加工性能主要表现为焊接性能、热加工和热矫正性能。钢材在加热到 500℃ 以上时，随着温度升高，材料极限强度及屈服点将大大降低，这时钢材的塑性很好，加工比较容易。当加热温度超过 1350℃，达到了钢材的熔点。

钢材在加热到 200~300℃ 时，塑性显著降低，这一现象称为"蓝脆"。在这个温度范围，凡是受到加工而变形的钢材，无论是在受热状态或冷却至室温以后，性能都会变脆。为了避免"蓝脆"现象的发生，热加工时钢材的加热温度最低不能低于 500℃，最高温度应比钢材的熔点低 200℃ 左右（一般控制在 1000~1100℃）。

钢材温度在 720℃ 以上用水冷却时将出现淬火组织，性质变脆。在 720℃ 以下用水冷却时，虽能加速材料的收缩变形，但一般不会出现淬火组织。而在实际生产中，应尽量避免钢材采用水冷却，特别是一些低合金高强度结构钢，热加工后是严禁采用水冷却的。

② 钢材冷加工性能

钢材的冷加工性能主要表现为剪切、锯切、铣削、刨、车、磨、冷弯、冷压等性能。钢材冷加工会使材料内部组织发生变化，使强度提高5%~9%，延伸率降低20%~30%，脆性增加，这种现象叫冷作硬化。距离加工区域越远，冷作硬化的影响越小。普通钢材一般可以不考虑其硬化影响；对于低合金高强度结构钢，因其延伸率降低，必要时可以对加工区域采取退火或回火处理，以提高其塑性。

钢材在低温状态时，性能会发生变化，如塑性会降低、变脆。所以碳素结构钢冷加工环境温度不得低于 -16℃，低合金高强度结构钢冷加工环境温度不得低于 -12℃。

2.2.4 建筑钢结构选材原则

1. 一般选材原则

各种结构对钢材性能各有要求，选用时需根据要求对钢材的强度、塑性、韧性、耐疲劳性能、焊接性能、耐锈蚀性能等全面考虑。对厚钢板结构、焊接结构、低温结构和采用含碳量高的钢材制作的结构，还应防止脆性破坏。

结构钢材的选择应符合设计图纸要求的规定，表 2.2-17 为一般选择原则。

钢材牌号及级别选用表 表 2.2-17

项号	荷载性质	结构类别	工作环境温度	焊接结构			非焊接结构		
				钢材牌号及质量等级	力学性能保证项目	化学成分保证项目	钢材牌号及质量等级	力学性能保证项目	化学成分保证项目
1	承受静载及间接动荷载	一般承重结构	高于 -30℃	Q235B Q345A Q390A	f_y f_u δ_5	C P S	Q235A Q345A Q390A	f_y f_u δ_5	P S
2			低（等）于 -30℃	Q235B Q345A（或B） Q390A			Q235B Q345A（或B） Q390A		
3	承受静载及间接动荷载	重要承重结构	高于 -20℃	Q235B Q345A（或B） Q390A（或B）	f_y f_u δ_5	P C S	Q235B Q345A（或B） Q390A（或B）	f_y f_u δ_5	P S
4			低（等）于 -20℃	Q235B·Z Q345B Q390B	冷弯		Q235B Q345B Q390B	冷弯	
5	直接承受动荷载	不需验算疲劳的结构	高于 -20℃	同第3项结构并增加冷弯			同第3项结构并增加冷弯		
6	直接承受动荷载	不需验算疲劳的结构	低（等）于 -20℃	同第4项结构			同第4项结构		

续表

项号	荷载性质	结构类别	工作环境温度	焊接结构 钢材牌号及质量等级	焊接结构 力学性能保证项目	焊接结构 化学成分保证项目	非焊接结构 钢材牌号及质量等级	非焊接结构 力学性能保证项目	非焊接结构 化学成分保证项目
7	直接承受动荷载	需验算疲劳的结构	常温（≥0℃）	同第4项结构，附加常温冲击功			同第4项结构，附加常温冲击功		
8			低于0℃但高于-20℃	Q235C Q345C Q390C	f_y f_u δ_5 冷弯冲击功	C P S （或碳当量）	Q235B Q345B Q390C	f_y f_u δ_5 冷弯冲击功	P S
9			等于或低于-20℃	Q235D Q345D Q390D			Q235C Q345C Q390D		

注：1. 各表中钢材 A、B、C、D、E 代号表示钢材的性能质量等级；z 表示镇静钢；
2. 力学性能 f_y、f_u 及 δ_5 分别表示屈服强度、抗拉强度及伸长率（标距50mm）；化学成分 C、P、S 分别表示碳、磷、硫；
3. 当需要选用 Q420 钢时，其质量等级可参照 Q390 钢选用；
4. 环境温度对非采暖房屋，可采用国标《采暖通风和空气调节设计规范》GB 50019 中所列的最低日平均温度；对采暖房屋内的结构可提高10℃采用；
5. 当钢材厚度 $t \geq 50mm$（Q235钢）或 $t \geq 40mm$（Q345、390钢）时，宜适当从严选用；
6. 使用 Q235C、D，Q345C、D 和 Q390C、D 级钢时，宜增加限制碳当量的要求；
7. 当选用各种牌号的钢材时一般按热轧状态交货，当有技术经济性依据时，亦可要求各种牌号的 B 级钢可控轧交货，C、D 级钢正火或控轧交货，E 级钢正火交货，Q420 钢淬火加回火交货。交货状态应在设计中注明。

2. 其他选材原则

（1）当选用 Q235-A、Q235-B 级钢时，还应遵守以下规定：
① Q235-A、Q235-B 级钢宜优先选用镇静钢（即 Q235-A·Z、Q235-B·Z）；
② 焊接承重钢结构不应采用 Q235-A 钢；
（2）下列各类钢结构不应采用 Q235-A、Q235-B 级的沸腾钢（即 Q235-A·F 或 Q235-B·F）
① 直接承受动力荷载，并需验算疲劳的焊接结构；
② 直接承受动力荷载，不需验算疲劳但工作温度低于-20℃的焊接结构；
③ 直接承受动力荷载，不需验算疲劳但工作温度低于-30℃的非焊接结构；
④ 工作温度低于-20℃的受弯、受拉的重要焊接结构，或工作温度低于-30℃的所有承重焊接结构。
（3）有特殊使用条件或要求的钢结构选材补充规定：
① 按抗震设防设计计算的承重钢结构，其钢材材性应符合以下要求：
a）钢材的强屈比，即抗拉强度与屈服强度之比（按实物性能值）不应小于1.2；
b）钢材应有明显的屈服台阶，且伸长率 δ_5 应大于20%；
c）具有良好的可焊性及合格的冲击韧性。
② 高烈度（8度及8度以上）抗震设防地区的主要承重钢结构，以及高层、大跨等建筑的主要承重钢结构所用的钢材宜参照表 2.2-17 中直接承受动荷载的结构钢材选用。

当为下列应用条件时，其主要承重结构（框架、大梁、主桁架等）钢材的质量等级不宜低于C级，必要时还可要求碳当量的附加保证。

  a）设计安全等级为一级的工业与民用建筑钢结构；

  b）抗震设防类别为甲级的建筑钢结构。

  ③ 重要承重钢结构（高层或多层钢结构框架等）的焊接节点，当截面板件厚度 $t \geq 40mm$，并承受沿板厚方向拉力（撕裂作用）时，该部位或构件的钢材应按《厚度方向性能钢板》GB 5313 的规定（分 Z15、Z25、Z35 三个级别），附加保证板 Z 向的断面收缩率，一般可选用 Z15 或 Z25。

  ④ 高层钢结构或大跨钢结构等的主要承重焊接构件，其钢材应选用符合《建筑结构用钢板》GB/T 19879 标准的 Q235GJ 钢或 Q345GJ 钢。当所用钢材厚度 $t \geq 40mm$ 并有抗撕裂 Z 向性能要求时，该部位钢材应选用标准中有保证 Z 向性能的 Q235GJZ 钢或 Q345GJZ 钢。并在设计文件中应注明所选钢材的牌号、质量等级、Z 向性能等级（Z15、Z25、Z35）及碳当量要求。

2.2.5 钢材检验

1. 一般说明

钢结构工程所采用的钢材，都应具有质量证明书，当对钢材的质量有疑义时，应按国家现行有关标准的规定进行抽样检验。作为钢厂的产品，通用的检验项目、取样数量和试验方法可按表 2.2-18 规定进行。检验规则明确产品由供方技术监督部门检查和验收，需方有权进行验证。钢材应成批验收，每批由同一牌号、同一炉号、同一质量等级、同一品种、同一尺寸、同一交货状态的钢材组成，每批钢材重量不得大于 60t。只有 A 级钢或 B 级钢允许同一牌号、同一质量等级、同一冶炼和浇注方法、不同炉号组成混合批，但每批不得多于 6 个炉号，且各炉号含碳量之差不得大于 0.02%，含锰量之差不得大于 0.15%。

钢材的检验项目、取样数量和试验方法   表 2.2-18

序号	检验项目	取样数量/个	取样方法	试验方法
1	化学分析	1（每炉号）	GB/T 20066	GB 223、GB/T 4336、GB/T 20125
2	拉伸	1	GB/T 2975	GB 228 GB/T 6397
3	弯曲	1		GB 232
4	冲击	3		GB/T 229
5	厚度方向性能	3	GB/T 5313	GB/T 5313
6	超声波检验	逐张	—	GB/T 2970
7	表面质量	逐张（根）	—	目视及测量
8	尺寸、外形	逐张（根）	—	合适的量具

  属于下列情况之一，钢结构工程用的钢材须同时具备材质质量保证书和试验报告：① 国外进口的钢材；② 钢材质量保证书的项目少于设计要求（应提供缺少项目的试验报

告）；③钢材混批；④设计有特殊要求的钢结构用钢材。

2. 钢材性能复验内容

钢材复验分化学成分分析和力学性能试验两部分。

(1) 钢材的化学成分分析取样

钢材的化学成分分析方法及允许偏差应分别符合国家标准《钢铁及铁合金化学分析方法》GB 223 和《钢的成品化学成分允许偏差》GB/T 222 的规定。钢的化学成分分析主要采用试样取样法，取样和制样应符合国家标准《钢和铁化学成分测定用试样取样和制样方法》GB/T 20066 的规定，复验属于成品分析（相对于钢材的产品质保书上规定的是熔炼分析），成品分析的试样必须在钢材具有代表性的部位采取。试样应均匀一致，能代表每批钢材的化学成分，并应具有足够的数量，以满足全部分析要求。化学分析用试样样屑，可以钻取、刨取或用某些工具机制取。样屑应粉碎并混合均匀。制取样屑时，不能用水、油或其他润滑剂，并应去除表面氧化铁皮和脏物。成品钢材还应除去脱碳层、渗碳层、涂层、涂层金属或其他外来物质。成品分析用的试样样屑应根据不同的型材（板材、管材、棒材、角钢、工字钢、槽钢、H 型钢等）按不同要求取得，具体获取部位可参见 GB/T 20066 中 10.3 条的规定。

(2) 钢材的力学性能试验及试样取样

钢材力学性能试验包括拉伸试验、冲击韧性试验和弯曲试验三部分。

① 试样取样规定

各种试验的试样取样，应遵循国家标准《钢及钢产品力学性能试验取样位置及试样制备》GB 2975 的要求（在产品标准或双方协议对取样另有规定时，则按规定执行）。标准规定样坯应在外观及尺寸合格的钢材上切取，切取时应防止因受热、加工硬化及变形而影响其力学及工艺性能。用烧割法切取样坯时，必须留有足够的加工余量，一般应不小于钢材的厚度，且不得小于 20mm。

工字钢、槽钢、角钢、H 形钢、T 形钢应按图 2.2-6 所示部位切取拉伸、弯曲和冲击样坯。

钢板应分别按图 2.2-7 和图 2.2-8 所示部位切取拉伸、弯曲和冲击试样的样坯。

钢管应分别按图 2.2-9 和图 2.2-10 所示部位切取拉伸、弯曲和冲击试样的样坯。

方形钢管应分别按图 2.2-11 和图 2.2-12 所示部位切取拉伸、弯曲和冲击试样的样坯。

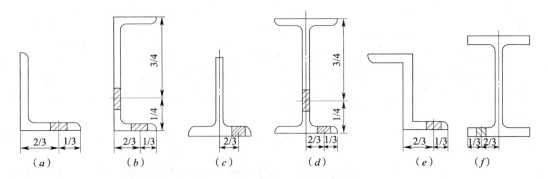

图 2.2-6 在型钢腿部宽度方向切取样坯的位置

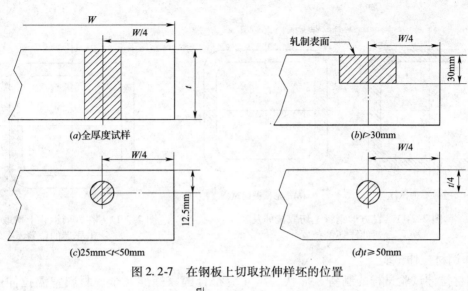

图 2.2-7　在钢板上切取拉伸样坯的位置

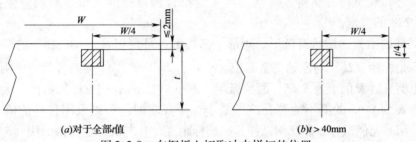

图 2.2-8　在钢板上切取冲击样坯的位置

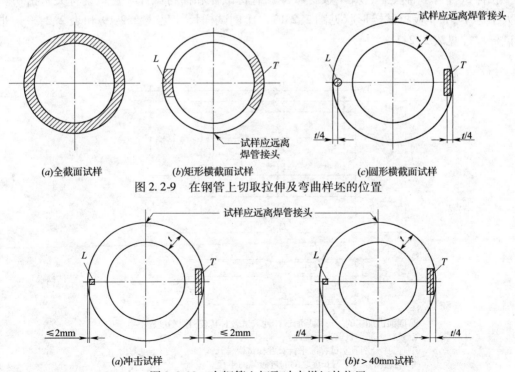

图 2.2-9　在钢管上切取拉伸及弯曲样坯的位置

图 2.2-10　在钢管上切取冲击样坯的位置

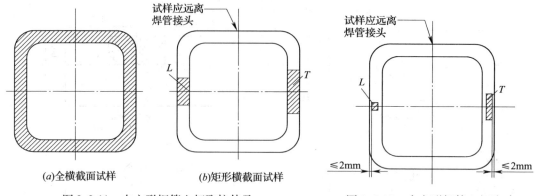

图 2.2-11　在方形钢管上切取拉伸及弯曲样坯的位置

图 2.2-12　在方形钢管上切取冲击样坯的位置

② 钢材拉伸试验

钢材拉伸试验试样的制备、形状和尺寸应符合国家标准《金属材料室温拉伸试验方法》GB/T 228 的规定。

拉伸试样的横截面形状有圆形、矩形、多边形、环形以及不经机加工的全截面等。

试样原始标距（L_0）与原始横截面积（S_0）有 $L_0 = K\sqrt{S_0}$ 关系者称为比例试样。国际上使用的比例系数 K 的值为 5.65，原始标距应不小于 15mm；当试样横截面积太小，以致采用比例系数 K 为 5.65 的值不能符合这一最小标距要求时，可以采用较高的值（优先采用 11.3）或采用非比例试样。非比例试样其原始标距（L_0）与其原始横截面积（S_0）无关。

拉伸试样有多种类型，其中板材试样、管材试样和棒材试样与建筑钢材关系密切。厚度大于等于 3mm 板材试样形状见图 2.2-13，比例试样尺寸见表 2.2-19 和表 2.2-20，非比例试样尺寸见表 2.2-21。

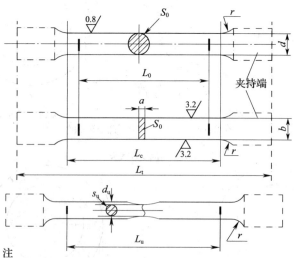

注
① 四面机加工的矩形横截面试样仲裁试验时其表面粗糙度应不劣于 0.8。
② 试样头部形状仅为示意性。
③ L_c、L_t 分别表示试样的平行长度和试样总长。
④ r 为夹持端与平行长度之间的过渡弧的半径。

图 2.2-13　比例试样

圆形横截面比例试样[a]　　　　　　　　　　　　　　　　　　　　　　　表 2.2-19

d (mm)	r (mm)	$K=5.65$			$K=11.3$		
		L_0 (mm)	L_c (mm)	试样编号	L_0 (mm)	L_c (mm)	试样编号
25	≥0.75d	5d	≥$L_0+d/2$ 仲裁试验: L_0+2d	R1	10d	≥$L_0+d/2$ 仲裁试验: L_0+2d	R01
20				R2			R02
15				R3			R03
10				R4			R04
8				R5			R05
6				R6			R06
5				R7			R07
3				R8			R08

注: 1. 如相关产品标准无具体规定, 优先采用 R2、R4 或 R7 试样;
　　2. 试样总长度取决于夹持方法, 原则上 $L_t > L_0 + 4d$;
　　3. [a] 国际标准仅规定直径 20mm、10mm 和 5mm 试样 (R2、R4 和 R7 号试样)。表中增加的试样为产品标准常用的圆形横截面试样。

矩形横截面比例试样[a]　　　　　　　　　　　　　　　　　　　　　　　表 2.2-20

b (mm)	r (mm)	$K=5.65$			$K=11.3$		
		L_0 (mm)	L_c (mm)	试样编号	L_0 (mm)	L_c (mm)	试样编号
12.5	≥12	5.65$\sqrt{s_0}$	≥$L_0+1.5\sqrt{s_0}$ 仲裁试验: $L_0+2\sqrt{s_0}$	P7	11.3$\sqrt{s_0}$	≥$L_0+1.5\sqrt{s_0}$ 仲裁试验: $L_0+2\sqrt{s_0}$	P07
15				P8			P08
20				P9			P09
25				P10			P010
30				P11			P011

注: 1. 如相关产品标准无具体规定, 优先采用比例系数 $k=5.65$ 的比例试样;
　　2. [a] 国际标准未规定这些试样。表中增加的矩形横截面比例试样是产品标准常用的试样。

矩形横截面非比例试样[a]　　　　　　　　　　　　　　　　　　　　　　表 2.2-21

b (mm)	r (mm)	L_0 (mm)	L_c (mm)	试样编号
12.5	≥12	50	≥$L_0+1.5\sqrt{s_0}$ 仲裁试验: $L_0+2\sqrt{s_0}$	P12
20		80		P13
25		50		P14
38		50		P15
40		200		P16

注: [a] 国际标准未规定这些试样。表中增加的矩形横截面非比例试样是产品标准常用的试样。

管材试样可以为全壁厚纵向弧形试样、管段试样、全壁厚横向试样和管壁厚度机加工的圆形横截面试样, 参见图 2.2-14 和图 2.2-15。管材纵向弧形试样尺寸、管段试样尺寸和管壁厚机加工的纵向圆形横截面试样尺寸分别见表 2.2-22、表 2.2-23 和表 2.2-24。

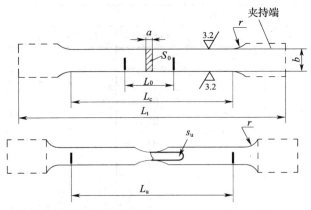

图 2.2-14 管的纵向弧形试样

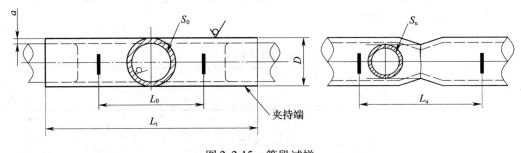

图 2.2-15 管段试样

纵向弧形试样　　　　　　　　　　　　　　　　表 2.2-22

D (mm)	b (mm)	a (mm)	r (mm)	$k=5.65$			$k=11.3$		
				L_0 (mm)	L_c (mm)	试样编号	L_0 (mm)	L_c (mm)	试样编号
30~50	10	原壁厚	≥12	5.65$\sqrt{s_0}$	≥L_0+1.5$\sqrt{s_0}$ 仲裁试验: L_0+2$\sqrt{s_0}$	S1	11.3$\sqrt{s_0}$	≥L_0+1.5$\sqrt{s_0}$ 仲裁试验: L_0+2$\sqrt{s_0}$	S01
>50~70	15					S2			S02
>70	20					S3			S03
≤100	19			50		S4	/		
>100~200	25					S5			
>200	38					S6			

注：采用比例试样时，优先采用比例系数 $k=5.65$ 的比例试样。

钢材的拉伸试验应遵循国家标准《金属材料室温拉伸试验方法》GB/T 228 的规定，在误差符合要求的各种类型试验机上对试样进行拉伸，一直拉到断裂，并用图解法等多种方法测定各项力学指标。试验中应控制拉伸速度（根据应力水平分别为控制应力速率 6~

60N/（mm²）·s⁻¹、应变速率0.00025～0.0025/s，测定抗拉强度 R_m 的应变速率应不超过0.008/s）。

管段试样　　　　　　　　　　　　　　　　　　　表 2.2-23

L_o（mm）	L_c（mm）	试样编号
$5.65\sqrt{s_0}$	$\geq L_o + D/2$ 仲裁试验：$L_o + 2D$	S7
50	≥100	S8

管壁厚度机加工的纵向圆形横截面试样　　　　表 2.2-24

管壁厚度（mm）	采用试样
8～13	R7 号
>13～16	R5 号
>16	R4 号

③ 钢材弯曲试验

钢材弯曲试验应遵循国家标准《金属材料弯曲试验方法》GB/T 232 的规定。该标准适用于检验金属材料承受规定弯曲角度的弯曲变形性能。其试验过程是将一定形状和尺寸的试样放置于弯曲装置上，以规定直径的弯心将试样弯曲到所要求的角度后，卸除试验力检查试样承受变形能力。弯曲试验在压力机或万能试验机上进行，试验机上装备有足够硬度的支承辊，其长度大于试样宽度，支座辊的距离可调节，另备有不同直径的弯心。

弯曲试样可以有不同形状的横截面，但钢结构常用的为板状试样。板厚不大于25mm时，试样厚度与材料厚度相同，试样宽度为其厚度的 2 倍，但不得小于10mm；当材料厚度大于25mm时，试样厚度加工成25mm，保留一个原表面，宽度加工成30mm。试验机能力允许时，厚度大于25mm 的材料，也可用全厚度试样进行试验，试样宽度取为厚度的 2 倍。弯曲时，原表面位于弯曲的外侧。弯曲试样长度根据试样厚度和弯曲试验装置而定，长度 $L \approx 5a + 150$mm，a 为试样厚度。

弯曲试验结果评定标准如下：

a）完好——试样弯曲处的外表面金属基体上无肉眼可见因弯曲变形产生的缺陷时称为完好。

b）微裂纹——试样弯曲外表面金属基体上出现的细小裂纹，其长度不大于2mm，宽度不大于0.2mm 时称为微裂纹。

c）裂纹——试样弯曲外表面金属基体上出现开裂，其长度大于 2mm、小于等于5mm，宽度大于0.2mm、小于等于0.5mm 时称为裂纹。

d）裂缝——试样弯曲外表面金属基体上出现明显开裂，其长度大于5mm，宽度大于0.5mm 时称为裂缝。

e）裂断——试样弯曲外表面出现沿宽度贯穿的开裂，其深度超过试样厚度的 1/3 时称为裂断。

钢结构用钢材弯曲试验合格的要求为达到完好标准。

④ 钢材冲击试验

钢材冲击试验应遵循国家标准《金属材料夏比摆锤冲击试验方法》GB/T 229 的规定。标准试样为尺寸是 10mm×10mm×55mm 并带有 V 形或 U 形缺口的试样（如试料不够制备标准尺寸试样，可使用宽度 7.5mm、5mm 或 2.5mm 的小尺寸试样），试样可以保留一或两个轧制面，缺口的轴线应垂直于轧制面，缺口底部应光滑，无与缺口轴线平行的明显划痕。试样尺寸及偏差应符合图 2.2-16 和表 2.2-25 的规定。

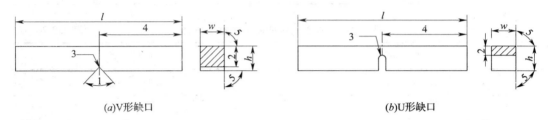

(a) V 形缺口　　　　　　　　　　　　　(b) U 形缺口

注：符号 l、h、w 和数字 1~5 的尺寸见表 2.2-25

图 2.2-16　夏比冲击试样

试样的尺寸与偏差　　　　　　　　　　表 2.2-25

名称	符号及序号	V 形缺口试样		U 形缺口试样	
		公称尺寸	机加工偏差	公称尺寸	机加工偏差
长度	l	55mm	±0.60mm	55mm	±0.60mm
高度[a]	h	10mm	±0.075mm	10mm	±0.11mm
宽度[a]	w				
——标准试样		10mm	±0.11mm	10mm	±0.11mm
——小试样		7.5mm	±0.11mm	7.5mm	±0.11mm
——小试样		5mm	±0.06mm	5mm	±0.06mm
——小试样		2.5mm	±0.04mm	—	—
缺口角度	1	45°	±2°	—	—
缺口底部高度	2	8mm	±0.075mm	8mm[b] 5mm[b]	±0.09mm ±0.09mm
缺口根部半径	3	0.25m	±0.025mm	1mm	±0.07mm
缺口对称面—端部距离[a]	4	27.5mm	±0.42mm[c]	27.5mm	±0.42mm[c]
缺口对称面—试样纵轴角度	—	90°	±2°	90°	±2°
试样纵向面间夹角	5	90°	±2°	90°	±2°

[a]　除端部外，试样表面粗糙度应优于 Ra5μm；

[b]　如规定其他高度应规定相应偏差；

[c]　对自动定位试样的试验机，建议偏差用 ±0.165mm 代替 ±0.42mm。

冲击韧性值 A_{kv} 按一组 3 个试样算术平均值计算，允许其中 1 个试样单值低于标准规定，但不得低于规定值的 70%。

2.3 建筑钢结构用焊接材料

金属的焊接方法有多种多样,由于成本、应用条件等原因,在建筑钢结构制造与安装领域,广泛使用的是电弧焊。电弧焊是以高温集中热源加热待连接金属,使之局部熔化、冷却后形成牢固连接的焊接方法。

建筑钢结构焊接按焊接方法不同可分为:焊条电弧焊、埋弧焊、CO_2气体保护焊(自动或半自动)、螺柱焊以及电渣焊等。这些焊接方法涉及到的焊接材料有:焊条、焊丝、焊剂、CO_2气体等。焊接材料质量的优劣,不仅直接影响焊缝质量的稳定,还影响生产效率和生产成本。

在建筑钢结构的制造中,应用于焊接结构的焊接材料性能必须符合现行国家标准相关规定。

2.3.1 焊条

涂有药皮的供弧焊用的熔化电极称为电焊条,简称焊条,见图2.3-1。它一方面起传导电流和引燃电弧的作用,另一方面作为填充金属与熔化的母材结合形成焊缝。因此,正确了解和选择焊条,是获得优质焊缝质量的重要保证。

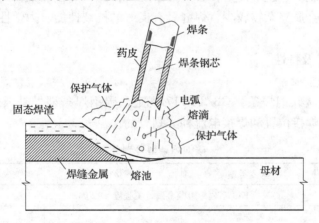

图2.3-1 焊条示意图

1. 焊条的组成

焊条由焊芯和药皮两部分组成,焊条的两端分别称为引弧端和夹持端。

(1)焊芯

焊芯是指焊条中被药皮包覆的金属芯,焊芯的作用是传导电流、引燃电弧、过渡合金元素。

通常人们所说的焊条直径是指焊芯直径,结构钢焊条直径从1.6~6.0mm,共有7种规格。生产上应用最多的是$\phi3.2mm$、$\phi4.0mm$和$\phi5.0mm$三种焊条。

焊条长度是指焊芯的长度,一般为200~550mm。

(2)药皮

焊条上压涂在焊芯表面上的涂料层称为药皮。涂料是指在焊条制造过程中,由各种粉料和黏结剂按一定比例配制的药皮原料。

① 药皮的作用

焊条药皮在焊接过程中起着极为重要的作用，主要有：机械保护作用、冶金处理作用和改善焊接工艺性能作用。

② 药皮的组成

根据焊条药皮的作用，药皮的组成通常包含作为造气剂、造渣剂的矿物质，作为脱氧剂的铁合金、金属粉，作为稳弧剂的易电离物质以及为制造工艺所需要的黏结剂。

③ 药皮的类型

根据药皮主要组成物的不同，目前国产焊条的药皮可分为 8 种类型，分别为：氧化钛型、钛钙型、钛铁矿型、氧化铁型、纤维素型、低氢型、石墨型和盐基型。

2. 焊条的分类

焊条的分类方法很多，可以从不同的角度对焊条进行分类。一般可根据用途、熔渣的酸碱性、性能特征或药皮类型等分类。

在钢结构制造中，应用比较多的是按焊条熔渣的碱度分类，将焊条分为酸性和碱性焊条（又称为低氢型焊条）两类。

碱性焊条药皮组分中含有较多的大理石、氟石和较多的铁合金，熔渣呈碱性。此药皮具有足够的脱氧、脱硫、脱磷能力，合金元素烧损较少，并且因氟石的去氢能力强，降低了焊缝含氢量。非金属夹杂物较少，焊缝具有良好的抗裂性能、力学性能，所以被广泛应用于钢结构的焊接。

3. 焊条的型号及特性

（1）碳钢焊条

按照国家标准《碳钢焊条》GB/T 5117 规定，碳钢焊条型号是根据熔敷金属的力学性能、药皮类型、焊接位置和焊接电流种类划分的，见表 2.3-1。

碳钢焊条型号划分　　　　　　　　　　表 2.3-1

焊条型号	药皮类型	焊接位置	电流种类
E43 系列－熔敷金属抗拉强度≥420MPa			
E4300	特殊型	平、立、仰、横	交流或直流正、反接
E4301	钛铁矿型		
E4303	钛钙型		
E4310	高纤维素钠型	平、立、仰、横	直流反接
E4311	高纤维素钾型		交流或直流反接
E4312	高钛钠型		交流或直流正接
E4313	高钛钾型		交流或直流正、反接
E4315	低氢钠型		直流反接
E4316	低氢钾型		交流或直流反接
E4320	氧化铁型	平	交流或直流正、反接
		平角焊	交流或直流正接
E4322	氧化铁型	平	交流或直流正接

续表

焊条型号	药皮类型	焊接位置	电流种类
E4323	铁粉钛钙型	平、平角焊	交流或直流正、反接
E4324	铁粉钛型		
E4327	铁粉氧化铁型	平	交流或直流正、反接
		平角焊	交流或直流正接
E4328	铁粉低氢型	平、平角焊	交流或直流反接
E50 系列－熔敷金属抗拉强度≥490MPa			
E5001	钛铁矿型	平、立、仰、横	交流或直流正、反接
E5003	钛钙型		
E5010	高纤维素钠型		直流反接
E5011	高纤维素钾型		交流或直流反接
E5014	铁粉钛型		交流或直流正、反接
E5015	低氢钠型		直流反接
E5016	低氢钾型	平、立、仰、横	交流或直流反接
E5018	铁粉低氢钾型		
E5018M	铁粉低氢型		直流反接
E5023	铁粉钙钛型	平、平角焊	交流或直流正、反接
E5024	铁粉钛型		交流或直流正、反接
E5027	铁粉氧化铁型	平、平角焊	交流或直流正接
E5028	铁粉低氢型		交流或直流反接
E5048		平、仰、横、立向下	

注：1. 焊接位置栏中文字涵义：平—平焊、立—立焊、仰—仰焊、横—横焊、平角焊—水平角焊，立向下—向下立焊；

2. 焊接位置栏中立和仰系指适用于立焊和仰焊的直径不大于 4.0mm 的 E5014、EXX15、EXX16、E5018 和 E5018M 型焊条及直径不大于 5.0mm 的其他型号焊条；

3. E4322 型焊条适宜单道焊。

碳钢焊条型号各部分含义：字母"E"表示焊条，前两位数字表示熔敷金属抗拉强度最小值，单位 MPa；第三位数字表示焊条的焊接位置，"0"或"1"表示适用于全位置焊条（平、立、仰、横），"2"表示适用于平焊及平角焊，"4"表示适用于向下立焊，第三和第四位数字组合表示焊接电流种类及药皮类型。在第四位数字后附加"R"表示耐吸潮焊条，附加"M"表示耐吸潮和力学性能有特殊规定的焊条，附加"1"表示冲击性能有特殊规定的焊条。

如碳钢焊条 E4315 的含义：

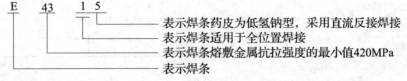

碳钢焊条熔敷金属化学成分见表 2.3-2，力学性能见表 2.3-3 和表 2.3-4。

熔敷金属化学成分（%） 表2.3-2

焊条型号	C	Mn	Si	S	P	Ni	Cr	Mo	V	MnNiCrMoV 总量
E4300、E4301 E4303、E4310 E4311、E4312 E4313、E4320 E4322、E4323 E4324、E4327	—			0.035	0.04					—
E5001、E5003 E5010、E5011	—									—
E5015、E5016 E5018、E5027	—	1.60	0.75	0.035	0.04	0.30	0.20	0.30	0.08	1.75
E4315、E4316 E4328、E5014 E5023、E5024	—	1.25	0.90							1.50
E5028、E5048	—	1.60								1.75
E5018M	0.12	0.40~1.60	0.80	0.020	0.030	0.25	0.15	0.35	0.05	—

注：表中单值均为最大值。

熔敷金属拉伸试验 表2.3-3

焊条型号	抗拉强度 σ_b		屈服强度 σ_s		伸长率 δ_5
	MPa	(kgf/mm²)	MPa	(kgf/mm²)	%
E43 系列					
E4300、E4301、E4303、 E4310、E4311、E4315、 E4316、E4320、E4323、 E4327、E4328	420	(43)	330	(34)	22
E4312、E4313、E4324					17
E4322			不要求		
E50 系列					
E5001、E5003、E5010、E5011	490	(50)	400	(41)	20
E5015、E5016、E5018、 E5027、E5028、E5048、					22
E5014、E5023、E5024	490	(50)	400	(41)	17
E5018M					24

注：1. 表中的单值均为最小值；
2. E5024-1型焊条的伸长率最低值为22%；
3. E5018M型焊条熔敷金属抗拉强度名义上是490MPa（50kgf/mm²），直径为2.5mm焊条的屈服点不大于530MPa（54kgf/mm²）。

熔敷金属 V 形缺口冲击试验 表 2.3-4

焊条型号	夏比 V 形缺口冲击吸收功 J（不小于）	试验温度,℃
	5 个试样中 3 个值的平均值[1]	
E××10、E××11、E××15、E××16、E××18、E××27、E5048	27	-30
E××01、E××28、E5024-1		-20
E4300、E××03、E××23		0
E5015-1 E5016-1 E5018-1	27	-46
	5 个试样的平均值[2]	
E5018M	67	-30
E4312、E4313、E4320、E4322、E5014、E××24	—	

注：1. 在计算 5 个试样中 3 个值的平均值时，5 个值中的最大值和最小值应舍去，余下的 3 个值要有两个值不小于 27J，另一个值不小于 20J；
2. 用 5 个试样的值计算平均值，这 5 个值中要有 4 个值不小于 67J，另一个值不小于 54J。

（2）低合金钢焊条

按照国家标准《低合金钢焊条》GB/T 5118 规定，低合金钢焊条型号是按熔敷金属力学性能、化学成分、药皮类型、焊接位置和电流种类划分的，见表 2.3-5。

低合金钢焊条型号划分 表 2.3-5

焊条型号	药皮类型	焊接位置	电流种类
E50 系列 – 熔敷金属抗拉强度≥490MPa			
E5003-×	钛钙型	平、立、仰、横	交流或直流正、反接
E5010-×	高纤维素钠型		直流反接
E5011-×	高纤维素钾型		交流或直流反接
E5015-×	低氢钠型	平、立、仰、横	直流反接
E5016-×	低氢钾型		交流或直流反接
E5018-×	铁粉低氢型		交流或直流反接
E5020-×	高氧化铁型	平角焊	交流或直流正接
		平	交流或直流正、反接
E5027-×	铁粉氧化铁型	平角焊	交流或直流正接
		平	交流或直流正、反接
E55 系列 – 熔敷金属抗拉强度≥540MPa			
E5500-×	特殊型	平、立、仰、横	交流或直流正、反接
E5503-×	钛钙型		
E5510-×	高纤维素钠型		直流反接
E5511-×	高纤维素钾型		交流或直流反接

续表

焊条型号	药皮类型	焊接位置	电流种类
E5513 - × ×	高钛钾型	平、立、仰、横	交流或直流正、反接
E5515 - ×	低氢钠型		直流反接
E5516 - ×	低氢钾型		交流或直流反接
E5518 - ×	铁粉低氢型		

注：1. 后缀字母×代表熔敷金属化学成分分类代号，如A1、B1、B2等；
  2. 表中立和仰系指适用于立焊和仰焊的直径不大于4.0mm的E××15-×、E××16-×及E××18-×型及直径不大于5.0mm的其他型号焊条。

  低合金钢焊条型号编制方法与碳钢焊条基本相同，但后缀字母为熔敷金属化学成分分类代号，并以短划"-"与前面数字分开，若还具有附加化学成分时，附加化学成分直接用元素符号表示，并以短划"-"与前面后缀字母分开。对于E50××-×、E55××-×、E60××-×型低氢焊条的熔敷金属化学成分分类后缀字母或附加化学成分后面加字母"R"时，表示耐吸潮焊条。
  如低合金钢焊条E5515—B3—VWB的含义：

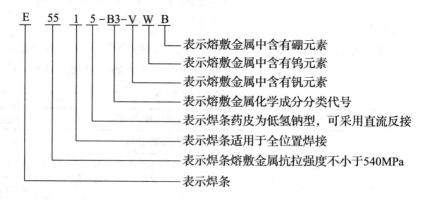

  低合金钢焊条熔敷金属化学成分见表2.3-6，力学性能见表2.3-7和表2.3-8。

低合金钢焊条熔敷金属化学成分   表2.3-6

焊条型号	化学成分（%）												
	C	Mn	P	S	Si	Ni	Cr	Mo	V	Nb	W	B	Cu
碳钼碳焊条													
E5010 - A1	0.12	0.60	0.035	0.035	0.40	—	—	0.40 ~ 0.65	—	—	—	—	—
E5011 - A1													
E5003 - A1													
E5015 - A1		0.90			0.60								
E5016 - A1													
E5018 - A1					0.80								
E5020 - A1		0.60			0.40								
E5027 - A1		1.00											

续表

焊条型号	化学成分（%）												
	C	Mn	P	S	Si	Ni	Cr	Mo	V	Nb	W	B	Cu
铬钼钢焊条													
E5500 - B1	0.05 ~ 0.12	0.90	0.035	0.035	0.60	—	0.40 ~ 0.65	0.40 ~ 0.65	—	—	—	—	—
E5503 - B1													
E5515 - B1													
E5516 - B1													
E5518 - B1					0.80		0.80 ~ 1.50						
E5515 - B2					0.60								
E5515 - B2L	0.05	0.90			1.00		0.80 ~ 1.50	0.40 ~ 0.65	—	—	—		
E5516 - B2	0.05 ~ 0.12				0.60								
E5518 - B2					0.80								
E5518 - B2L	0.05												
R5500 - B2 - V	0.05 ~ 0.12	0.70 ~ 1.10	0.035	0.035	0.60		0.80 ~ 1.50		0.10 ~ 0.35				
E5515 - B2 - V													
E5515 - B2 - VNb							0.70 ~ 1.00		0.15 ~ 0.40	0.10 ~ 0.25			
E5515 - B2 - VW								0.20 ~ 0.35		0.25 ~ 0.50			
E5500 - B3 - VWB		1.00					1.50 ~ 2.50	0.30 ~ 0.80	0.20 ~ 0.60		0.20 ~ 0.60	0.001 ~ 0.003	
E5515 - B3 - VWB												—	
E5515 - B3 - VNb							2.40 ~ 3.00	0.70 ~ 1.00	0.25 ~ 0.50	0.35 ~ 0.65	—		
E6000 - B3	0.05 ~ 0.12	0.90			0.60		2.00 ~ 2.50	0.90 ~ 1.20					
E6015 - B3L	0.05				1.00								
E6015 - B3	0.05 ~ 0.12				0.60								
E6016 - B3													
E6018 - B3					0.80								
E6018 - B3L	0.05												
E5515 - B4L					1.00		1.75 ~ 2.25	0.40 ~ 0.65					
E5516 - B5	0.07 ~ 0.15	0.40 ~ 0.70			0.30 ~ 0.60		0.40 ~ 0.60	1.00 ~ 1.25	0.05				

续表

焊条型号	化学成分（%）												
	C	Mn	P	S	Si	Ni	Cr	Mo	V	Nb	W	B	Cu
镍钢焊条													
E5515－C1	0.12	1.25	0.035	0.035	0.60	2.00～2.75	—	—	—	—	—	—	—
E5516－C1	0.12	1.25	0.035	0.035	0.60	2.00～2.75	—	—	—	—	—	—	—
E5518－C1	0.12	1.25	0.035	0.035	0.80	2.00～2.75	—	—	—	—	—	—	—
E5015－C1L	0.05	1.25	0.035	0.035	0.50	2.00～2.75	—	—	—	—	—	—	—
E5016－C1L	0.05	1.25	0.035	0.035	0.50	2.00～2.75	—	—	—	—	—	—	—
E5018－C1L	0.05	1.25	0.035	0.035	0.50	2.00～2.75	—	—	—	—	—	—	—
E5516－C2	0.12	1.25	0.035	0.035	0.60	3.00～3.75	—	—	—	—	—	—	—
E5518－C2	0.12	1.25	0.035	0.035	0.80	3.00～3.75	—	—	—	—	—	—	—
E5015－C2L	0.05	1.25	0.035	0.035	0.50	3.00～3.75	—	—	—	—	—	—	—
E5016－C2L	0.05	1.25	0.035	0.035	0.50	3.00～3.75	—	—	—	—	—	—	—
E5018－C2L	0.05	1.25	0.035	0.035	0.50	3.00～3.75	—	—	—	—	—	—	—
E5515－C3	0.12	0.40～1.25	0.03	0.03	0.80	0.80～1.10	0.15	0.35	0.05	—	—	—	—
E5516－C3	0.12	0.40～1.25	0.03	0.03	0.80	0.80～1.10	0.15	0.35	0.05	—	—	—	—
E5518－C3	0.12	0.40～1.25	0.03	0.03	0.80	0.80～1.10	0.15	0.35	0.05	—	—	—	—
镍钼钢焊条													
E5518－NM	0.10	0.80～1.25	0.02	0.03	0.60	0.80～1.10	0.05	0.40～0.65	0.02	—	—	—	0.10
锰钼钢焊条													
E6015－D1	0.12	1.25～1.75	0.035	0.035	0.60	—	—	0.25～0.45	—	—	—	—	—
E6016－D1	0.12	1.25～1.75	0.035	0.035	0.60	—	—	0.25～0.45	—	—	—	—	—
E6018－D1	0.12	1.25～1.75	0.035	0.035	0.80	—	—	0.25～0.45	—	—	—	—	—
E5515－D3	0.12	1.00～1.75	0.035	0.035	0.60	—	—	0.25～0.45	—	—	—	—	—
E5516－D3	0.12	1.00～1.75	0.035	0.035	0.60	—	—	0.25～0.45	—	—	—	—	—
E5518－D3	0.12	1.00～1.75	0.035	0.035	0.80	—	—	0.25～0.45	—	—	—	—	—
E7015－D2	0.15	1.65～2.00	0.035	0.035	0.60	—	—	0.25～0.45	—	—	—	—	—
E7016－D2	0.15	1.65～2.00	0.035	0.035	0.60	—	—	0.25～0.45	—	—	—	—	—
E7018－D2	0.15	1.65～2.00	0.035	0.035	0.80	—	—	0.25～0.45	—	—	—	—	—
所有其他低合金钢焊条													
E××03－G	—	≥1.00	—	—	≥0.80	≥0.50	≥0.30	≥0.20	≥0.10	—	—	—	—
E××10－G	—	≥1.00	—	—	≥0.80	≥0.50	≥0.30	≥0.20	≥0.10	—	—	—	—
E××11－G	—	≥1.00	—	—	≥0.80	≥0.50	≥0.30	≥0.20	≥0.10	—	—	—	—
E××13－G	—	≥1.00	—	—	≥0.80	≥0.50	≥0.30	≥0.20	≥0.10	—	—	—	—
E××15－G	—	≥1.00	—	—	≥0.80	≥0.50	≥0.30	≥0.20	≥0.10	—	—	—	—
E××16－G	—	≥1.00	—	—	≥0.80	≥0.50	≥0.30	≥0.20	≥0.10	—	—	—	—

续表

焊条型号	化学成分（%）												
	C	Mn	P	S	Si	Ni	Cr	Mo	V	Nb	W	B	Cu
E××18-G	—	≥1.00	—	—	≥0.80	≥0.50	≥0.30	≥0.20	≥0.10				
E5020-G													
E6018-M	0.1	0.60~1.25	0.03	0.03	0.80	1.40~1.80	0.15	0.35	0.05	—	—	—	—
E7018-M		0.75~1.70			0.60	1.40~2.10	0.35	0.25~0.50					
E7518-M		1.30~1.80				1.25~2.50	0.4						
E8518-M		1.30~2.25				1.75~2.50	0.30~1.50	0.30~0.55					
E8518-M1		0.80~1.60	0.015	0.012	0.65	3.00~3.80	0.65	0.20~0.55					
E5018-W	0.12	0.40~0.70	0.025	0.025	0.40~0.70	0.20~0.40	0.15~0.30	—	0.08				0.30~0.60
E5518-W		0.50~1.30	0.035	0.035	0.35~0.80	0.40~0.80	0.45~0.70	—					0.30~0.75

注：1. 焊条型号中的"××"代表焊条的不同抗拉强度等级（50、55、60、70、75、80、85、90及100）；
2. 表中单值除特殊规定外，均为最大百分比；
3. E5518-NM型焊条铌不大于0.05%；
4. E××××-G型焊条只要1个元素符合表中规定即可，当有-40℃冲击性能要求≥54J时，该焊条型号标志为E××××-E。

低合金钢焊条熔敷金属拉伸试验　　表 2.3-7

焊条型号	抗拉强度 σ_b MPa（kgf/mm²）	屈服点或屈服强度 σ_s 或 $\sigma_{0.2}$ MPa（kgf/mm²）	伸长率 δ_5 %
E5003-×	490（50）	390（40）	20
E5010-×	490（50）	390（40）	22
E5011-×			
E5015-×			
E5016-×			
E5018-×			
E5020-×			
E5027-×			
E5500-X	540（55）	440（45）	16
E5503-X			
E5510-X			17
E5511-X			

续表

焊条型号	抗拉强度 σ_b MPa（kgf/mm²）	屈服点或屈服强度 σ_s 或 $\sigma_{0.2}$ MPa（kgf/mm²）	伸长率 δ_5 %
E5513-×	540（55）	440（45）	16
E5515-×			17
E5516-×	540（55）	440（45）	17
E5518-×			17
E5516-C3		440-540（45-55）	22
E5518-C3			22
E6000-×	590（60）	490（50）	14
E6010-×			15
E6011-×			15
E6013-×	590（60）	490（50）	14
E6015-×			15
E6016-×			15
E6018-×			15
E6018-M			22
E7010-×	690（70）	590（60）	15
E7011-×			15
E7013-×			13
E7015-×			15
E7016-×			15
E7018-×			15
E7018-M			18
E7515-×	740（75）	640（65）	13
E7516-×			13
E7518-×			13
E7518-M			18
E8015-×	780（80）	690（70）	13
E8016-×			13
E8018-×			13
E8515-×	830（85）	740（75）	12
E8516-×			12
E8518-×			12
E8518-M	830（85）	740（75）	15
E8518-M1			15
E9015-×	880（90）	780（80）	12
E9016-×			12

续表

焊条型号	抗拉强度 σ_b		屈服点或屈服强度 σ_s 或 $\sigma_{0.2}$		伸长率 δ_5
	MPa	(kgf/mm²)	MPa	(kgf/mm²)	%
E9018－×	880	(90)	780	(80)	
E10015－×					
E10016－×	980	(100)	880	(90)	12
E10018－×					

注：1. 表中的单值均为最小值；
    2. E50××－×型焊后状态下的屈服强度不小于410MPa（42kgf/mm²）；
    3. E8518－M1焊条的抗拉强度一般不小于830MPa（85kgf/mm²）。如果供需双方达成协议时，也可例外；
    4. 带附加化学成分的焊条型号应符合相应不带附加化学成分的力学性能；
    5. 对E55××－B3－VWB型焊条的屈服强度不小于340MPa（35kgf/mm²）。

低合金钢焊条熔敷金属V形缺口冲击试验   表 2.3-8

焊条型号	夏比V形缺口冲击吸收功，不小于 J	试验温度（℃）
E5015－A1		
E5016－A1		
E5018－A1		
E5515－B1		
E5516－B1	27	常温
E5518－B1		
E5515－B2		
E5515－B2L		
E5516－B2		
E5518－B2		
E5518－B2L		
E5500－B2－V		
E5515－B2－V		
E5515－B2－VNb		
E5515－B2－VW		
E5515－B3－VWB		
E5515－B3－VNb		
E6000－B3	27	常温
E6015－B3L		
E6015－B3		
E6016－B3		
E6018－B3		
E6018－B3L		
E5515－B4L		
E5516－B5		

续表

焊条型号	夏比V形缺口冲击吸收功，不小于J	试验温度（℃）
E5518 – NM	27	-40
E5515 – C3		
E5516 – C3		
E5518 – C3		
E5516 – D3		-30
E5518 – D3		
E6015 – D1	27	-30
E6016 – D1		
E6018 – D1		
E7015 – D2	27	-30
E7016 – D2		
E7018 – D2		
E6018 – M	27	-50
E7018 – M		
E7518 – M		
E8518 – M		
E8518 – M1	68	
E5018 – W	27	-20
E5518 – W		
E5515 – C1	27	-60
E5516 – C1		
E5518 – C1		
E5015 – C1L		-70
E5016 – C1L		
E5018 – C1L		
E5516 – C2	27	-70
E5518 – C2		
E5015 – C2L		-100
E5016 – C2L		
E5018 – C2L		
EXXXX – E	54	-40
所有其他型号	协议要求	

注：E××××-C1、E××××-C1L、E××××-C2及E××××-C2L为消除应力后的冲击性能。

2.3.2 焊丝

焊接时作为填充金属或同时用来导电的金属丝，称为焊丝。它是广泛使用的焊接材料，根据焊接方法的不同，焊丝分为埋弧焊焊丝、CO_2气体保护焊用焊丝、电渣焊焊丝、自保护焊焊丝和气焊焊丝等。在建筑钢结构焊接领域，常用焊丝主要有埋弧焊焊丝、CO_2 气体保护焊用焊丝和电渣焊焊丝三种。按焊丝的截面形状结构，分为实芯焊丝、药芯焊丝。焊丝的选用应符合现行国家相关规范要求，气体保护焊焊丝应符合国家标准《气体保护电弧焊用碳钢、低合金钢焊丝》GB/T 8110 的规定，埋弧焊焊丝应符合国家标准《埋弧焊用碳钢焊丝和焊剂》GB/T 5293 和《埋弧焊用低合金钢焊丝和焊剂》GB/T 12470 的规定。

1. 实芯焊丝

大多数熔焊方法，如埋弧焊、电渣焊等普遍使用实芯焊丝。实芯焊丝主要起填充金属及合金化的作用，有时也作为导电电极。焊丝的种类很多，按材质主要分为钢焊丝和有色金属焊丝。

（1）埋弧焊、电渣焊用钢焊丝

《熔化焊用钢丝》GB/T 14957 标准规定了埋弧焊、电渣焊用冷拉钢丝的牌号和化学成分，及其质量、技术要求。焊丝分为碳素结构钢和合金结构钢两大类，现仅列举埋弧焊常用焊丝，见表 2.3-9。

埋弧焊常用焊丝牌号及化学成分　　　　　　表 2.3-9

牌号	化学成分（质量分数）/%										
	C	Mn	Si	Cr	Ni	Cu	Mo	V	其他	S	P
										≤	
H08A	≤0.10	0.30~0.60	≤0.03	≤0.20	≤0.30	≤0.20	—	—	—	≤0.030	≤0.030
H08E										≤0.020	≤0.020
H08C				≤0.10	≤0.10					≤0.015	≤0.015
H08MnA	≤0.10	0.80~1.10	≤0.07	≤0.20	≤0.30	≤0.20	—	—	—	0.030	0.030
H10Mn2	≤0.12	1.50~1.90	≤0.07	≤0.20	≤0.30	≤0.20	—	—	—	0.035	0.035
H10MnSi	≤0.14	0.80~1.10	0.60~0.90	≤0.20	≤0.30	≤0.20	—	—	—	0.035	0.035
H08MnMoA	≤0.10	1.20~1.60	≤0.25	≤0.20	≤0.30	≤0.20	0.30~0.50	—	Ti：0.15（加入量）	0.030	0.030
H08Mn2MoA	0.06~0.11	1.60~1.90	≤0.25	≤0.20	≤0.30	≤0.20	0.50~0.70	—	Ti：0.15（加入量）	0.030	0.030
H10Mn2MoA	0.08~0.13	1.70~2.00	≤0.40	≤0.20	≤0.30	≤0.20	0.60~0.80	—	Ti：0.15（加入量）	0.030	0.030
H08Mn2MoVA	0.06~0.11	1.60~1.90	≤0.25	≤0.20	≤0.30	≤0.20	0.50~0.70	0.06~0.12	Ti：0.15（加入量）	0.030	0.030

（2）熔化极气体保护焊焊丝

熔化极气体保护焊焊丝应符合《气体保护电弧焊用碳钢、低合金钢焊丝》GB/T 8110 标准的要求。适用于熔化极气体保护焊用实芯焊丝的化学成分和熔敷金属力学性能分别见表 2.3-10 和表 2.3-11。

焊丝化学成分（质量分数） 表2.3-10

焊丝牌号	C	Mn	Si	P	S	Ni	Cr	Mo	V	Ti	Zr	Al	Cu[a]	其他元素总量
碳 钢														
ER50-2	0.07	0.90~1.40	0.40~0.70	0.025	0.025	0.15	0.15	0.15	0.03	0.05~0.15	0.02~0.12	0.05~0.15	0.50	—
ER50-3			0.45~0.75											
ER50-4	0.06~0.15	1.00~1.50	0.65~0.85							—	—	—		
ER50-6		1.40~1.85	0.80~1.15											
ER50-7	0.07~0.15	1.50~2.00[b]	0.50~0.80											
ER49-1	0.11	1.80~2.10	0.65~0.95	0.030	0.030	0.30	0.20	—	—					
碳 钼 钢														
ER49-A1	0.12	1.30	0.30~0.70	0.025	0.025	0.20	—	0.40~0.65	—	—	—	—	0.35	0.50
铬 钼 钢														
ER55-B2	0.07~0.12	0.40~0.70	0.40~0.70	0.025	0.025	0.20	1.20~1.50	0.40~0.65	—	—	—	—	0.35	0.50
ER49-B2L	0.05													
ER55-B2-MnV	0.06~0.10	1.20~1.60	0.60~0.90	0.030	0.025	0.25	1.00~1.30	0.50~0.70	0.20~0.40	—	—	—	0.35	0.50
ER55-B2-Mn		1.20~1.70					0.90~1.20	0.45~0.65	—					
ER62-B3	0.07~0.12	0.40~0.70	0.40~0.70	0.025	0.025	0.20	2.30~2.70	0.90~1.20	—	—	—	—	0.35	0.50
ER55-B3L	0.05													
ER55-B6	0.10	0.40~0.70	0.40~0.70	0.025	0.025	0.60	2.30~2.70 / 4.50~6.00	0.90~1.20 / 0.45~0.65	—	—	—	—	0.35	0.50
ER55-B8	0.10		0.50			0.50		0.80~1.20						
ER62-B9[c]	0.07~0.13	1.20	0.15~0.50	0.010	0.010	0.80	8.00~10.50	0.85~1.20	0.15~0.30			0.04	0.20	

续表

焊丝牌号	C	Mn	Si	P	S	Ni	Cr	Mo	V	Ti	Zr	Al	Cu[a]	其他元素总量
镍 钢														
ER55-Ni1						0.8~1.10	0.15	0.35	0.05					
ER55-Ni2	0.12	1.25	0.40~0.80	0.025	0.025	2.00~2.75	—	—	—			—	0.35	0.50
ER55-Ni3						3.00~3.75								
锰 钼 钢														
ER55-D2	0.07~0.12	1.60~2.10	0.50~0.80	0.025	0.025	0.15		0.40~0.60					0.50	0.50
ER62-D2														
ER55-D2-Ti	0.12	1.20~1.90	0.40~0.80					0.20~0.50		0.20				
其他低合金钢														
ER55-1	0.10	1.20~1.60	0.60	0.025	0.020	0.20~0.60	0.30~0.90	—				—	0.20~0.50	
ER69-1	0.08	1.25~1.80	0.20~0.55			1.40~2.10	0.30	0.25~0.55	0.05					0.50
ER76-1	0.09	1.40~1.80		0.010	0.010	1.90~2.60	0.50		0.04	0.10	0.10	0.10	0.25	
ER83-1	0.10		0.25~0.60			2.00~2.80	0.60	0.30~0.65	0.03					

[a] 如果焊丝镀铜，则焊丝中 Cu 含量和镀铜层中 Cu 含量之和不应大于 0.50%；
[b] Mn 的最大含量可以超过 2.00%，但每增加 0.05% 的 Mn，最大含 C 量应降低 0.01%；
[c] Nb(Cb)：0.02%~0.10%；N：0.03%~0.07%；(Mn+Ni)≤1.50%。

熔敷金属力学性能　　　　　　　　　　　　　　　　　　　　表 2.3-11

焊丝型号	保护气体[a]	抗拉强度[b] R_m (MPa)	屈服强度[b] $R_{p0.2}$ (MPa)	伸长率 A (%)	试验温度 (℃)	V 形缺口冲击吸收功 (J)
碳 钢						
ER50-2	CO_2	≥500	≥420	≥22	−30	≥27
ER50-3					−20	不要求
ER50-4		≥500	≥420	≥22		
ER50-6	CO_2				−30	≥27
ER50-7						
ER49-1		≥490	≥372	≥20	室温	≥47

续表

焊丝型号	保护气体[a]	抗拉强度[b] R_m （MPa）	屈服强度 [b]$R_{p0.2}$ （MPa）	伸长率 A （%）	试验温度 （℃）	V 形缺口冲击吸收功（J）
碳 钼 钢						
ER49－A1	Ar＋（1%～5%）O_2	≥515	≥400	≥19	不要求	
铬 钼 钢						
ER55－B2	Ar＋（1%～5%）O_2	≥550	≥470	≥19	不要求	
ER49－B2L		≥515	≥400			
ER55－B2－MnV	Ar＋20% CO_2	≥550	≥440		室温	≥27
ER55－B2－Mn		≥550	≥440	≥20		
ER62－B3	Ar＋（1%～5%）O_2	≥620	≥540	≥17	不要求	
ER55－B3L		≥550	≥470			
ER55－B6						
ER55－B8						
ER62－B9	Ar＋5% O_2	≥620	≥410	≥16		
镍 钢						
ER55－Ni1	Ar＋（1%～5%）O_2	≥550	≥470	≥24	－45	≥27
ER55－Ni2					－60	
ER55－Ni3					－75	
锰 钼 钢						
ER55－D2	CO_2	≥550	≥470	≥17	－30	≥27
ER62－D2	Ar＋（1%～5%）O_2	≥620	≥540	≥17	－30	≥27
ER55－D2－Ti	CO_2	≥550	≥470	≥17	－30	≥27
其他低合金钢						
ER55－1	Ar＋20% CO_2	≥550	≥450	≥22	－40	≥60
ER69－1	Ar＋2% O_2	≥690	≥610	≥16	－50	≥68
ER76－1		≥750	≥660	≥15		
ER83－1		≥830	≥730	≥14		

  [a] 本标准分类时限定的保护气体类型，在实际应用中并不限制采取其他保护气体类型，但力学性能可能会产生变化；
  [b] 对于 ER50－2、ER50－3、ER50－4、ER50－6、ER50－7 型焊丝，当伸长率超过最低值时，每增加 1%，抗拉强度和屈服强度可减少 10MPa，但抗拉强度最低值不得小于 480MPa，屈服强度最低值不得小于 400MPa。

  焊丝型号表示方法为 ER××－×，字母 ER 表示焊丝，ER 后面的两位数字表示熔敷金属的最低抗拉强度，短划"－"后面的字母或数字表示焊丝化学成分分类代号。如还附加其他化学成分时，直接用元素符号表示，并以短"－"与前面数字分开。根据需要，还可在型号后附加扩散氢代号 HX，其中 X 代表 15、10 或 5。

  如 ER50－2H5 的含义如下

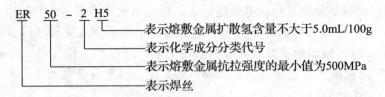

2. 药芯焊丝
（1）药芯焊丝的特点

药芯焊丝是将薄钢带卷成圆形钢管或异形钢管的同时，在其中填满一定成分的药粉，经拉制而成的一种焊丝，又称粉芯焊丝或管状焊丝。药粉的作用与焊条药皮相似，区别在于焊条药皮敷涂在焊芯的外层，而药芯焊丝的药粉被薄钢带包裹在芯里。药芯焊丝绕制成盘状供应，易于实现机械化自动化焊接。

① 优点

a）对各种钢材的焊接，适应性强。调整焊剂的成分和比例极为方便和容易，可以提供所要求的焊缝化学成分。

b）工艺性能好，焊缝成形美观。采用气渣联合保护，获得良好成形。加入稳弧剂使电弧稳定，熔滴过渡均匀。飞溅少，且颗粒细，易于清除。

c）熔敷速度快，生产效率高。在相同焊接电流下药芯焊丝的电流密度大，熔化速度快，其熔敷率约85%～90%，生产效率比焊条电弧焊高约3～5倍。

d）可用较大焊接电流进行全位置焊接。

② 缺点

a）焊丝制造过程复杂。

b）焊接时，送丝较实心焊丝困难。

c）焊丝外表容易锈蚀，粉剂易吸潮，因此对药芯焊丝储存与管理的要求更为严格。

（2）药芯焊丝的种类及其焊接特性

① 按焊丝结构分类

药芯焊丝按其结构分为无缝焊丝和有缝焊丝两类。无缝焊丝是由无缝钢管压入所需的粉剂后，再经拉拔而成，这种焊丝可以镀铜、性能好、成本低。

有缝焊丝按其截面形状又可分为简单截面的"O"形和复杂截面的折叠形两类。折叠形又分梅花形、T形、E形和中间填丝形等，见图2.3-2。

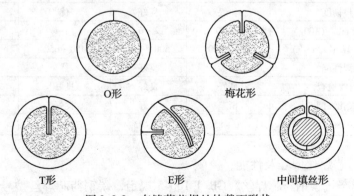

图2.3-2 有缝药芯焊丝的截面形状

药芯截面形状越复杂越对称,电弧越稳定,焊丝熔化越均匀,药芯的冶金反应和保护作用越充分。"O"形焊丝因药芯不导电,电弧容易沿四周钢皮旋转,稳定性较差。当焊丝直径小于 2mm 时,截面形状差别的影响已不明显。所以小直径($\leqslant 2.0$mm)药芯焊丝一般采用"O"形截面,大直径($\geqslant 2.4$mm)多采用折叠形复杂截面。

② 按保护方式分类

药芯焊丝有外加保护和自保护之分。外加保护的药芯焊丝在焊接时需外加气体或熔渣保护。气体保护焊时多用 CO_2,也有用 $Ar+25\% CO_2$ 或 $Ar+2\% O_2$ 混合气体进行保护;熔渣保护是指药芯焊丝和焊剂配合用于埋弧焊、堆焊和电渣焊。

自保护焊丝是依赖药芯燃烧分解出的气体来保护焊接区,不需外加保护气体。药芯产生气体的同时,也产生熔渣保护了熔池和焊缝金属。

③ 按药芯性质分类

药芯焊丝芯部粉剂的组分与焊条药皮相类似,一般含有稳弧剂、脱氧剂、造渣剂和合金剂等。如果粉剂中不含造渣剂,则称无造渣剂药芯焊丝,又称"金属粉"型药芯焊丝。如果含有造渣剂,则称有造渣剂药芯焊丝或"粉剂"型药芯焊丝。

有造渣剂的药芯焊丝,按其渣的碱度可分钛型(酸性渣)、钛钙型(中性或弱碱性渣)和钙型(碱性渣)药芯焊丝。"金属粉"型药芯中大部分是铁粉、脱氧剂和稳弧剂等。表 2.3-12 为这几种药芯类型焊丝的特性比较。

各种药芯焊丝的焊接特性比较 表 2.3-12

项 目		填充粉类型			
		钛型	钙钛型	氧化钙-氟化钙	"金属粉"型
工艺性能	焊道外观	美观	一般	稍差	一般
	焊道形状	平滑	稍凸	稍凸	稍凸
	电弧稳定性	良好	良好	良好	良好
	熔滴过渡	细小滴过渡	滴状过渡	滴状过渡	滴状过渡(低电流时短路过渡)
工艺性能	飞溅	细小、极少	细小、少	粒大、多	细小、极少
	熔渣覆盖	良好	稍差	差	渣极少
	脱渣性	良好	稍差	稍差	稍差
	烟尘量	一般	稍多	多	少
焊缝性能	缺口韧度	一般	良好	优	良好
	扩散氢含量 mL·$(100g)^{-1}$	2~10	2~6	1~4	1~3
	氧质量分数($\times 10^{-6}$)	600~900	500~700	450~650	600~700
	抗裂性能	一般	良好	优	优
	X射线检查	良好	良好	良好	良好
	抗气孔性能	稍差	良好	良好	良好
熔敷效率(%)		70~85	70~85	70~85	90~95

(3) 碳钢药芯焊丝型号及性能

按照国家标准《碳钢药芯焊丝》GB/T 10045 规定,碳钢药芯焊丝型号是根据其熔敷金属力学性能,焊接位置及焊丝类别特点(保护类型、电流类型及渣系特点等)进行划分。

焊丝型号的表示方法为：E×××T—×ML，各部分含义如下：

① "E"表示焊丝；

② "E"后面的两个符号"××"表示熔敷金属的力学性能；

③ "E"后面的第三个符号"×"表示推荐的焊接位置，其中"0"表示平焊和横焊位置，"1"表示全位置；

④ "T"表示药芯焊丝；

⑤ 短划后面的符号"×"表示焊丝的类别特点；

⑥ "M"表示保护气体为75%~80% Ar+CO_2。当无字母"M"时，表示保护气体为CO_2或为自保护类型；

⑦ "L"表示焊丝熔敷金属的冲击性能在-40℃时，其U型缺口冲击功不小于27J。当无字母"L"时，表示焊丝熔敷金属的冲击性能符合一般要求。

碳钢药芯焊丝型号示例如下：

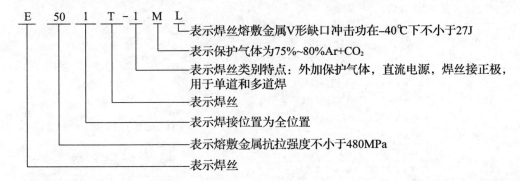

碳钢药芯焊丝熔敷金属力学性能见表2.3-13，焊接位置、保护类型及适用性要求见表2.3-14，化学成分见表2.3-15。

熔敷金属力学性能要求[①]　　　表2.3-13

型号	抗拉强度σ_b MPa	屈服强度σ_s或$\sigma_{0.2}$ MPa	伸长率δ_5 %	V形缺口冲击功	
				试验温度 ℃	冲击功 J
E50×T-1, E50×T-1M[②]	480	400	22	-20	27
E50×T-2, E50×T-2M[③]	480	—	—	—	—
E50×T-3[③]	480				
E50×T-4	480	400	22	—	—
E50×T-5, E50×T-5M[②]	480	400	22	-30	27
E50×T-6[②]	480	400	22	-30	27
E50×T-7	480	400	22	—	—
E50×T-8[②]	480	400	22	-30	27
E50×T-9, E50×T-9M[②]	480	400	22	-30	27
E50×T-10[③]	480	—	—	—	—
E50×T-11	480	400	20	—	—

续表

型　　号	抗拉强度 σ_b MPa	屈服强度 σ_s 或 $\sigma_{0.2}$ MPa	伸长率 δ_5 %	V形缺口冲击功 试验温度 ℃	V形缺口冲击功 冲击功 J
E50×T-12，E50×T-12M[②]	480~620	400	22	-30	27
E43×T-13[③]	415	—	—	—	—
E50×T-13[③]	480	—	—	—	—
E50×T-14[③]	480	—	—	—	—
E43×T-G	415	330	22	—	—
E50×T-G	480	400	22	—	—
E43×T-GS[③]	415	—	—	—	—
E50×T-GS[③]	480	—	—	—	27

① 表中所列单值均为最小值；
② 型号带有字母"L"的焊丝，其熔敷金属冲击性能应满足以下要求：

型　　号	V形缺口冲击性能要求
E50×T-1L，E50×T-1ML E50×T-5L，E50×T-5ML E50×T-6L E50×T-8L E50×T-9L，E50×T-9ML E50×T-12L，E50×T-12ML	-40℃，≥27J

③ 这些型号主要用于单道焊接而不用于多道焊接。因为只规定了抗拉强度，所以只要求做横向拉伸和纵向辊筒弯曲（缠绕式导向弯曲）试验。

焊接位置、保护类型、极性和适用性要求　　　表 2.3-14

型号	焊接位置[①]	外加保护气[②]	极性[③]	适用性[④]
E500T-1	H，F	CO_2	DCEP	M
E500T-1M	H，F	75%~80% Ar+CO_2	DCEP	M
E501T-1	H，F，VU，OH	CO_2	DCEP	M
E501T-1M	H，F，VU，OH	75%~80% Ar+CO_2	DCEP	M
E500T-2	H，F	CO_2	DCEP	S
E500T-2M	H，F	75%~80% Ar+CO_2	DCEP	S
E501T-2	H，F，VU，OH	CO_2	DCEP	S
E501T-2M	H，F，VU，OH	75%~80% Ar+CO_2	DCEP	S
E500T-3	H，F	无	DCEP	S
E500T-4	H，F	无	DCEP	M
E500T-5	H，F	CO_2	DCEP	M
E500T-5M	H，F	75%~80% Ar+CO_2	DCEP	M
E501T-5	H，F，VU，OH	CO_2	DCEP 或 DCEN[⑤]	M
E501T-5M	H，F，VU，OH	75%~80% Ar+CO_2	DCEP 或 DCEN[⑤]	M
E500T-6	H，F	无	DCEP	M

续表

型号	焊接位置①	外加保护气②	极性③	适用性④
E500T-7	H, F	无	DCEN	M
E501T-7	H, F, VU, OH	无	DCEN	M
E500T-8	H, F	无	DCEN	M
E501T-8	H, F, VU, OH	无	DCEN	M
E500T-9	H, F	CO_2	DCEP	M
E500T-9M	H, F	75%~80% Ar+CO_2	DCEP	M
E501T-9	H, F, VU, OH	CO_2	DCEP	M
E501T-9M	H, F, VU, OH	75%~80% Ar+CO_2	DCEP	M
E500T-10	H, F	无	DCEN	S
E500T-11	H, F	无	DCEN	M
E501T-11	H, F, VU, OH	无	DCEN	M
E500T-12	H, F	CO_2	DCEP	M
E500T-12M	H, F	75%~80% Ar+CO_2	DCEP	M
E501T-12	H, F, VU, OH	CO_2	DCEP	M
E501T-12M	H, F, VU, OH	75%~80% Ar+CO_2	DCEP	M
E431T-13	H, F, VU, OH	无	DCEN	S
E501T-13	H, F, VU, OH	无	DCEN	S
E501T-14	H, F, VU, OH	无	DCEN	S
E××0T-G	H, F	—	—	M
E××1T-G	H, F, VD 或 VU, OH	—	—	M
E××0T-GS	H, F	—	—	S
E××1T-GS	H, F, VD 或 VU, OH	—	—	S

① H 为横焊, F 为平焊, OH 为仰焊, VD 为立向下焊, VU 为立向上焊;
② 对于使用外加保护气的焊丝 (E×××T-1, E×××T-1M, E×××T-2, E×××T-2M, E×××T-5, E×××T-5M, E×××T-9, E×××T-9M 和 E×××T-12, E×××T-12M), 其金属的性能随保护气类型不同而变化。用户在未向焊丝制造商咨询前不应使用其他保护气;
③ DCEP 为直流电源, 焊丝接正极; DNEN 为直流电源, 焊丝接负极;
④ M 为单道和多道焊, S 为单道焊;
⑤ E501T-5 和 E501T-5M 型焊丝可在 DCEN 极性下使用以改善不适当位置的焊接性, 推荐的极性请咨询制造商。

熔敷金属化学成分要求①、② (%) 表 2.3-15

型号	C	Mn	Si	S	P	Cr③	Ni③	Mo③	V③	Al③、④	Cu③
E50×T-1 E50×T-1M E50×T-5 E50×T-5M E50×T-9 E50×T-9M	0.18	1.75	0.90	0.03	0.03	0.20	0.50	0.30	0.08	—	0.35
E50×T-4 E50×T-6 E50×T-7 E50×T-8 E50×T-11	—⑤	1.75	0.60	0.03	0.03	0.20	0.50	0.30	0.08	1.8	0.35

续表

型 号	C	Mn	Si	S	P	Cr③	Ni③	Mo③	V③	Al③、④	Cu③
E××T-G⑥	—⑤	1.75	0.90	0.03	0.03	0.20	0.50	0.30	0.08	1.8	0.35
E50×T-12 E50×T-12M	0.15	1.60	0.90	0.03	0.03	0.20	0.50	0.30	0.08	—	0.35
E50×T-2 E50×T-2M E50×T-3 E50×T-10 E50×T-13 E50×T-13 E50×T-14 E××T-GS	无规定										

① 应分析表中列出值的特定元素；
② 单值均为最大值；
③ 这些元素如果是有意添加的，应进行分析并报出数值；
④ 只适用于自保护焊丝；
⑤ 该值不做规定，但应分析其数值并出示报告；
⑥ 该类焊丝添加的所有元素总和不应超过5%。

（4）低合金钢药芯焊丝型号及性能

按照国家标准《低合金钢药芯焊丝》GB/T 17493 的规定，焊丝按药芯类型分为非金属粉型药芯焊丝和金属粉型药芯焊丝。非金属粉型药芯焊丝型号按熔敷金属的抗拉强度、化学成分、焊接位置、药芯类型和保护气体进行划分；金属粉型药芯焊丝型号按熔敷金属的抗拉强度和化学成分进行划分。

非金属粉型药芯焊丝型号表示方法为：E×××T×—××（—JH×），各部分含义如下：

① "E"表示焊丝；
② "E"后面的两个符号"××"表示熔敷金属的最低抗拉强度；
③ "E"后面的第三个符号"×"表示推荐的焊接位置；
④ "T"表示非金属粉型药芯焊丝；
⑤ "T"后面的符号"×"表示药芯类型及电流种类；
⑥ 第一个短划后面的符号"×"表示熔敷金属化学成分代号；
⑦ 第一个短划后面第二个符号"×"表示保护气体类型；"C"表示 CO_2 气体，"M"表示 Ar+（20%～25%）CO_2 混合气体，当该位置没有符号时，表示不采用保护气体，为自保护型；
⑧ 第二个短划及字母"J"表示焊丝具有更低温度的冲击性能；
⑨ 第二个短划及字母"H×"表示熔敷金属扩散氢含量，"×"为扩散氢含量最大值。

金属粉型药芯焊丝型号表示方法为：E××C—×（—H×），各部分含义如下：

① "E"表示焊丝；
② "E"后面的两个符号"××"表示熔敷金属的最低抗拉强度；
③ "C"表示金属粉型药芯焊丝；

④ 第一个短划后面的符号"×"表示熔敷金属化学成分代号；
⑤ 第二个短划及字母"H×"表示熔敷金属扩散氢含量，"×"为扩散氢含量最大值。
非金属粉型低合金钢药芯焊丝型号示例如下：

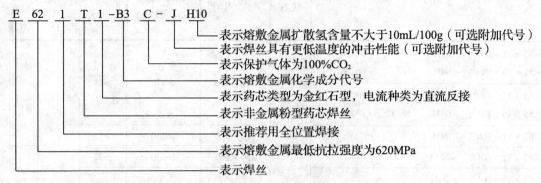

金属粉型低合金钢药芯焊丝型号示例如下：

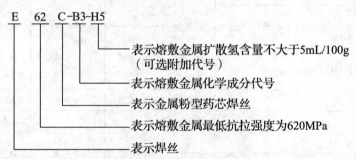

低合金钢药芯焊丝熔敷金属力学性能见表 2.3-16，药芯类型、焊接位置等见表 2.3-17，化学成分见表 2.3-18。

熔敷金属力学性能　　　　　　　　　　　　　　　　表 2.3-16

型号[a]	试样状态	抗拉强度 R_m（MPa）	规定非比例延伸强度 $R_{p0.2}$（MPa）	伸长率 A（%）	冲击性能[b] 吸收功 A_{kv}（J）	试验温度（℃）
非金属粉型						
E49×T5-A1C, -A1M	焊后热处理	490~620	≥400	≥20	≥27	-30
E55×T1-A1C, -A1M						
E55×T1-B1C, -B1M-B1LC, -B1LM						
E55×T1-B2C, -B2M, -B2LC, -B2LM, -B2HC, -B2HM　E55×T5-B2C, -B2M, -B2LC, -B2LM		550~690	≥470	≥19	—	
E62×T1-B3C, -B3M, B3LC, -B3LM, -B3HC-B3HM　E62×T5-B3C, -B3M		670~760	≥540	≥17		
E69×T1-B3C, -B3M		690~830	≥610	≥16		

续表

型号[a]	试样状态	抗拉强度 R_m (MPa)	规定非比例延伸强度 $R_{p0.2}$ (MPa)	伸长率 A (%)	冲击性能[b] 吸收功 A_{kv} (J)	试验温度 (℃)
E55×T1-B6C, -B6M, -B6LC, -B6LM E55×T5-B6C, -B6M, -B6LC, -B6LM	焊后热处理	550~690	≥470	≥19	—	
E55×T1-B8C, -B8M, -B8LC, -B8LM E55×T5-B8C, -B8M, -B8LC, -B8LM						
E62×T1-B9C, -B9M		620~830	≥540	≥16		
E43×T1-Ni1C, -Ni1M	焊态	430~550	≥340	≥22	≥27	-30
E49×T1-Ni1C, -Ni1M		490~620	≥400	≥20		
E49×T6-Ni1						
E49×T8-Ni1						
E55×T1-Ni1C, -Ni1M	焊后热处理	550~690	≥470	≥19		-50
E55×T5-Ni1C, -Ni1M						
E49×T8-Ni2	焊态	490~620	≥400	≥20		-30
E55×T8-Ni2						-40
E55×T1-Ni2C, -Ni2M		550~690	≥470	≥19		
E55×T5-Ni2C, -Ni2M	焊后热处理					-60
E62×T1-Ni2C, -Ni2M	焊态	620~760	≥540	≥17		-40
E55×T5-Ni3C, -Ni3M	焊后热处理	550~690	≥470	≥19	≥27	-70
E62×T5-Ni3C, -Ni3M		620~760	≥540	≥17		
E55×T11-Ni3	焊态	550~690	≥470	≥19		-20
E62×T1-D1C, -D1M	焊态	620~760	≥540	≥17	≥27	-40
E62×T5-D2C, -D2M	焊后热处理					-50
E69×T5-D2C, -D2M		690~830	≥610	≥16		-40
E62×T1-D3C, -D3M	焊态	620~760	≥540	≥17		-30
E55×T5-K1C, -K1M		550~690	≥470	≥19		-40
E49×T4-K2	焊态	490~620	≥400	≥20	≥27	-20
E49×T7-K2						
E49×T8-K2						-30
E49×T11-K2						
E55×T8-K2		550~690	≥470	≥19		0
E55×T1-K2C, -K2M						
E55×T5-K2C, -K2M						-30

续表

型号[a]	试样状态	抗拉强度 R_m (MPa)	规定非比例延伸强度 $R_{p0.2}$ (MPa)	伸长率 A (%)	冲击性能[b] 吸收功 A_{kv} (J)	试验温度 (℃)
E62×T1-K2C, -K2M	焊态	620~760	≥540	≥17	≥27	-20
E62×T5-K2C, -K2M						-50
E69×T1-K3C, -K3M		690~830	≥610	≥16		-20
E69×T5-K3C, -K3M						-50
E76×T1-K3C, -K3M		760~900	≥680	≥15		-20
E76×T5-K3C, -K3M						-50
E76×T1-K4C, -K4M						-20
E76×T5-K4C, -K4M						-50
E83×T5-K4C, -K4M		830~970	≥745	≥14		—
E83×T1-K5C, -K5M						
E49×T5-K6C, -K6M		490~620	≥400	≥20		-60
E43×T8-K6		430~550	≥340	≥22		-30
E49×T8-K6		490~620	≥400	≥20		-50
E69×T1-K7C, -K7M		690~830	≥610	≥16		-30
E62×T8-K8		620~760	≥540	≥17		
E69×T1-K9C, -K9M		690~830[c]	560~670	≥18	≥47	-50
E55×T1-W2C, -W2M		550~690	≥470	≥19	≥27	-30
金属粉型						
E49C-B2L	焊后热处理	≥515	≥400	≥19	—	
E55C-B2		≥550	≥470	≥17		
E55C-B3L						
E62C-B3		≥620	≥540			
E55C-B6		≥550	≥470			
E55C-B8						
E62C-B9	焊后热处理	≥620	≥410	≥16	—	
E49C-Ni2		≥690	≥400	≥24	≥27	-60
E55C-Ni1	焊态	≥550	≥470			-45
E55C-Ni2	焊后热处理	≥550	≥470	≥24		-60
E55C-Ni3						-75
E62C-D2	焊态	≥620	≥540	≥17		-30
E62C-K3				≥18		-50
E69C-K3		≥690	≥610	≥16		

续表

型号[a]	试样状态	抗拉强度 R_m（MPa）	规定非比例延伸强度 $R_{p0.2}$（MPa）	伸长率 A（%）	冲击性能[b]	
					吸收功 A_{kv}（J）	试验温度（℃）
E76C-K3	焊态	≥760	≥680	≥15	≥27	-50
E76C-K4	焊态	≥760	≥680	≥15	≥27	-50
E83C-K4	焊态	≥830	≥750	≥15	≥27	-50
E55C-W2	焊态	≥550	≥470	≥22	≥27	-30

注 1. 对于 E×××T×-G、-GC、-GM、E×××TG-× 和 E×××TG-G 型焊丝，熔敷金属冲击性能由供需双方商定；
    2. 对于 E××C-G 型焊丝，除熔敷金属抗拉强度外，其他力学性能由供需双方商定。

[a] 在实际型号中"×"用相应的符号代替；
[b] 非金属粉型焊丝型号中带有附加代号"J"时，对于规定的冲击吸收功，试验温度应降低10℃；
[c] 对于 E69×T1-K9C、-K9M 所示的抗拉强度范围不是要求值，而是近似值。

药芯类型、焊接位置、保护气体及电流种类   表 2.3-17

焊丝	药芯类型	药芯特点	型号	焊接位置	保护气体[a]	电流种类
非金属粉型	1	金红石型，熔滴呈喷射过渡	E××0T1-×C	平、横	CO_2	直流反接
			E××0T1-×M	平、横	Ar+（20%~25%）CO_2	
			E××1T1-×C	平、横、仰、立向上	CO_2	
			E××1T1-×M	平、横、仰、立向上	Ar+（20%~25%）CO_2	
	4	强脱硫、自保护型，熔滴呈粗滴过渡	E××0T4-×	平、横	—	
	5	氧化钙-氟化物型，熔滴呈粗滴过渡	E××0T5-×C	平、横	CO_2	
			E××0T5-×M	平、横	Ar+（20%~25%）CO_2	
			E××1T5-×C	平、横、仰、立向上	CO_2	直流反接或正接[b]
			E××1T5-×M	平、横、仰、立向上	Ar+（20%~25%）CO_2	
	6	自保护型，熔滴呈喷射过渡	E××0T6-×	平、横	—	直流反接
	7	强脱硫、自保护型，熔滴呈喷射过渡	E××0T7-×	平、横	—	
			E××1T7-×	平、横、仰、立向上	—	
	8	自保护型，熔滴呈喷射过渡	E××0T8-×	平、横	—	直流正接
			E××1T8-×	平、横、仰、立向上	—	
	11	自保护型，熔滴呈喷射过渡	E××0T11-×	平、横	—	
			E××1T11-×	平、横、仰、立向上	—	

续表

焊丝	药芯类型	药芯特点	型号	焊接位置	保护气体[a]	电流种类
非金属粉型	X[c]	c	E××0T×-G	平、横	—	c
			E××1T×-G	平、横、仰、立向上或向下		
			E××0T×-GC	平、横	CO_2	
			E××1T×-GC	平、横、仰、立向上或向下		
			E××0T×-GM	平、横	Ar+（20%~25%）CO_2	
			E××1T×-GM	平、横、仰、立向上或向下		
	G	不规定	E××0TG-×	平、横	不规定	不规定
			E××1TG-×	平、横、仰、立向上或向下		
	G	不规定	E××0TG-G	平、横	不规定	不规定
			E××1TG-G	平、横、仰、立向上		
金属粉型		主要为纯金属和合金，熔渣极少，熔滴呈喷射过渡	E××C-B2，-B2L E××C-B3，-B3L E××C-B6，-B8 E××C-Ni1，-Ni2，-Ni3 E××C-D2	不规定	Ar+（1%~5%）O_2	不规定
			E××C-B9 E××C-K3，-K4 E××C-W2		Ar+（5%~25%）CO_2	
	不规定		E××C-G		不规定	

a 为保证焊缝金属性能，应采用表中规定的保护气体。如供需双方协商也可采用其他保护气体；
b 某些E××1T5-×C，-×M焊丝，为改善立焊和仰焊的焊接性能，焊丝制造厂也可能推荐采用直流正接；
c 可以是上述任一种药芯类型，其药芯特点及电流种类应符合该类药芯焊丝相对应的规定。

2.3.3 焊剂

焊剂是埋弧焊和电渣焊焊接时能够形成熔渣和气体，对熔化金属起保护和复杂冶金反应作用的一种颗粒状物质。焊剂是不可缺少的焊接材料。

1. 焊剂的分类

焊剂的分类方法很多，可按制造方法、用途、化学成分等进行分类，见图2.3-3。

（1）熔炼焊剂

它是将设计好的配方原料按比例调和成炉料，放到电炉或火焰炉中熔炼，然后经过水冷粒化、烘干、筛选而制成的焊剂。

熔敷金属化学成分质量分数（%） 表 2-3-18

型号	C	Mn	Si	S	P	Ni	Cr	Mo	V	Al	Cu	其他元素总量
非金属粉型　钼钢焊丝													
E49×T5－A1C，－A1M E55×T1－A1C，－A1M	0.12	1.25	0.80	0.030	0.030	—	—	0.40~0.65	—	—	—	—
E55×T1－B1C，－B1M	0.05~0.12						0.40~0.65					
E55×T1－B1LC，－B1LM	0.05											
E55×T1－B2C，－B2M E55×T5－B2C，－B2M	0.05~0.12							0.40~0.65				
E55×T1－B2LC，－B2LM E55×T5－B2LC，－B2LM	0.05						1.00~1.50					
E55×T1－B2HC，－B2HM	0.10~0.15		0.80		0.030	—						
E62×T1－B3C，－B3M E62×T5－B3C，－B3M E69×T1－B3C，－B3M	0.05~0.12	1.25		0.030					—	—		—
E62×T1－B3LC，－B3LM	0.05						2.00~2.50	0.90~1.20				
E62×T1－B3HC，－B3HM	0.10~0.15											
E55×T1－B6C，－B6M E55×T5－B6C，－B6M	0.05~0.12											
E55×T1－B6LC，－B6LM E55×T5－B6LC，－B6LM	0.05				0.040		4.0~6.0	0.45~0.65				
			1.00			0.40					0.50	
E55×T1－B8C，－B8M E55×T5－B8C，－B8M	0.05~0.12											
E55×T1－B8LC，－B8LM E55×T5－B8LC，－B8LM	0.05				0.030		8.0~10.5	0.85~1.20				
E62×T1－B9C[a]，－B9M[a]	0.08~0.13	1.20	0.50	0.015	0.020	0.80			0.15~0.30	0.04	0.25	

续表

型号	C	Mn	Si	S	P	Ni	Cr	Mo	V	Al	Cu	其他元素总量
非金属粉型 镍钢焊丝												
E43×T1–Ni1C,–Ni1M E49×T1–Ni1C,–Ni1M E49×T6–Ni1 E49×T8–Ni1 E55×T1–Ni1C,–Ni1M E55×T5–Ni1C,–Ni1M	0.12	1.50	0.80	0.030	0.030	0.80~1.10	0.15	0.35	0.05	1.8[b]	—	—
E49×T8–Ni2 E55×T8–Ni2 E55×T1–Ni2C,–Ni2M E55×T5–Ni2C,–Ni2M E62×T1–Ni2C,–Ni2M						1.75~2.75	—	—	—			
E55×T5–Ni3C,–Ni3M[c] E62×T5–Ni3C,–Ni3M E55×T11–Ni3						2.75~3.75						
非金属粉型 锰钼钢焊丝												
E62×T1–D1C,–D1M	0.12	1.25~2.00	0.80	0.030	0.030	—	—	0.25~0.55				
E62×T5–D2C,–D2M E69×T5–D2C,–D2M	0.15	1.65~2.25										
E62×T1–D3C,–D3M	0.12	1.00~1.75						0.40~0.65				
非金属粉型 其他低合金钢焊丝												
E55×T5–K1C,–K1M	0.15	0.80~1.40				0.80~1.10		0.20~0.65		—		
E49×T4–K2 E49×T7–K2 E49×T8–K2 E49×T11–K2 E55×T8–K2 E55×T1–K2C,–K2M E55×T5–K2C,–K2M E62×T1–K2C,–K2M E62×T5–K2C,–K2M	0.15	0.50~1.75	0.80	0.30	0.03	1.00~2.00	0.15	0.35	0.05	1.8[b]	—	—

续表

型号	C	Mn	Si	S	P	Ni	Cr	Mo	V	Al	Cu	其他元素总量
E69×T1－K3C，－K3M E69×T5－K3C，－K3M E76×T1－K3C，－K3M E76×T5－K3C，－K3M	0.15	0.75~2.25	0.80	0.30	0.03	1.25~2.60	0.15	0.25~0.65	0.05	—	—	—
E76×T1－K4C，－K4M E76×T5－K4C，－K4M E83×T5－K4C，－K4M		1.20~2.25				1.75~2.60	0.20~0.60	0.20~0.65	0.03			
E83×T1－K5C，－K5M	0.10~0.25	0.60~1.60				0.75~2.00	0.20~0.70	0.15~0.55				
E49×T5－K6C，－K6M E43×T8－K6 E49×T8－K6	0.15	0.50~1.50				0.40~1.00	0.20	0.15	0.05	1.8[b]		
E69×T1－K7C，－K7M		1.00~1.75				2.00~2.75	—	—	—	—		
E62×T8－K8		1.00~2.00	0.40			0.50~1.50	0.20	0.20		1.8[b]		
E69×T1－K9C，－K9M	0.07	0.50~1.50	0.60			1.30~3.75	—	0.50	0.05	—	0.06	
E55×T1－W2C，－W2M	0.12	0.50~1.30	0.35~0.80			0.40~0.80	0.45~0.70	—			0.30~0.75	
E×××T×－G[c]，－GC[c]，－GM[c] E×××TG－G[c]	—	≥0.50	1.00	0.030	0.030	≥0.50	≥0.30	≥0.20	≥0.10	1.8[b]	—	—

金属粉型　铬钼钢焊丝

型号	C	Mn	Si	S	P	Ni	Cr	Mo	V	Al	Cu	其他元素总量
E55C－B2	0.05~0.12	0.40~1.00	0.25~0.60	0.030	0.025	0.20	1.00~1.50	0.40~0.65	0.03	—	0.35	0.50
E49C－B2L	0.05											
E62C－B3	0.05~0.12						2.00~2.50	0.90~1.20				
E55C－B3L	0.05											
E55C－B6	0.10			0.025		0.60	4.50~6.00	0.45~0.65				
E55C－B8							8.00~10.50	0.80~1.20				
E62C－B9[d]	0.08~0.13	1.20	0.50	0.015	0.020	0.80	0.85~1.20	0.15~0.30	0.04	0.20		

64

续表

型号	C	Mn	Si	S	P	Ni	Cr	Mo	V	Al	Cu	其他元素总量
金属粉型 镍钢焊丝												
E55C–Ni1	0.12	1.50	0.90	0.030	0.025	0.80~1.10	—	0.30	0.03	—	0.35	0.50
E49C–Ni2	0.08	1.25	0.90	0.030	0.025	1.75~2.75	—	—	0.03	—	0.35	0.50
E55C–Ni2												
E55C–Ni3	0.12	1.50				2.75~3.75						
金属粉型 锰钼钢焊丝												
E62C–D2	0.12	1.00~1.90	0.90	0.030	0.025	—	—	0.40~0.60	0.03	—	0.35	0.50
金属粉型 其他低合金钢焊丝												
E62C–K3	0.15	0.75~2.25	0.80	0.025	0.025	0.50~2.50	0.15	0.25~0.65	0.03	—	0.35	0.50
E69C–K3												
E76C–K3												
E76C–K4							0.15~0.65					
E83C–K4												
E55C–W2	0.12	0.50~1.30	0.35~0.80	0.030	0.025	0.40~0.80	0.45~0.70	—	—	—	0.30~0.75	
E××C–G[e]	—	—	—	—	—	≥0.50	≥0.30	≥0.20	—	—	—	—

注：除另有注明外，所列单值均为最大值。
a Nb：0.02%~0.10%；N：0.02%~0.07%；(Mn+Ni)≤1.50%；
b 仅适用于自保护焊丝；
c 对于E×××T×–G和E×××TG–G型号，元素Mn、Ni、Cr、Mo或V至少有一种应符合要求；
d Nb：0.02%~0.10%；N：0.03%~0.07%；(Mn+Ni)≤1.50%；
e 对于E××C–G型号，元素Ni、Cr或Mo至少有一种应符合要求。

（2）非熔炼焊剂

焊剂所用粉状配料不经熔炼，而是加入粘结剂后经造粒和焙烧而成。按焙烧温度不同可分为粘结焊剂和烧结焊剂。

① 粘结焊剂

又称陶质焊剂或低温烧结焊剂，它是将粉状原料按配比混拌均匀后，加入适量粘结剂（水玻璃）制成湿料，再将其制成一定尺寸的颗粒，经低温烘干（一般在400℃以下）而制成的焊剂。

② 烧结焊剂

制造方法与粘结焊剂相似，主要区别是烧结焊剂烘干温度较高，通常在600~1000℃烧结成块，再经粉碎、筛选而制成。

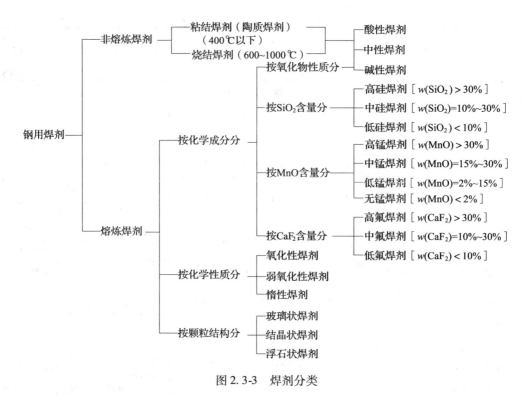

图 2.3-3 焊剂分类

2．焊剂的牌号和型号

（1）熔炼焊剂牌号

① 埋弧焊及电渣焊用熔炼焊剂，牌号前加"焊剂"（或 HJ）以表示熔炼型焊剂。

② 牌号中第一位数字表示焊剂中氧化锰的平均含量，见表 2.3-19。

③ 牌号第二位数字表示焊剂中二氧化硅、氟化钙的平均含量，见表 2.3-20。

熔炼焊剂牌号第一位数字系列　　　　　　　　　　表 2.3-19

牌号	焊剂类型	氧化锰平均含量（%）
HJ1××	无锰型	<2
HJ2××	低锰型	2～15
HJ3××	中锰型	15～30
HJ4××	高锰型	>30

熔炼焊剂牌号第二位数字系列　　　　　　　　　　表 2.3-20

牌号	焊剂类型	二氧化硅及氟化钙含量（%）
HJ×1×	低硅低氟	$SiO_2<10$　$CaF_2<10$
HJ×2×	中硅低氟	$SiO_2=10$～30　$CaF_2<10$
HJ×3×	高硅低氟	$SiO_2>30$　$CaF_2<10$
HJ×4×	低硅中氟	$SiO_2<10$　$CaF_2=10$～30

续表

牌号	焊剂类型	二氧化硅及氟化钙含量（%）
HJ×5×	中硅中氟	$SiO_2 = 10\sim30$ $CaF_2 = 10\sim30$
HJ×6×	高硅中氟	$SiO_2 > 30$ $CaF_2 = 10\sim30$
HJ×7×	低硅高氟	$SiO_2 < 10$ $CaF_2 > 30$
HJ×8×	中硅高氟	$SiO_2 = 10\sim30$ $CaF_2 > 30$
HJ×9×	其他	

④ 牌号第三位数字表示同一类型焊剂的不同牌号，按0，1，2，…，9顺序排列。

⑤ 当同一牌号焊剂生产两种颗粒时，在细颗粒产品后加一"细"字表示。

⑥ 熔炼焊剂的化学成分见表2.3-21（最常用的熔炼焊剂是HJ330、HJ431）。

熔炼焊剂的标准化学成分（%）　　　　　　表2.3-21

焊剂型号	焊剂类型	SiO_2	Al_2O_3	MnO	CaO	MgO	TiO_2	CaF_2	FeO	S	P	R_2O (K_2O+Na_2O)
HJ130	无锰高硅低氟	35~40	12~16	—	10~18	14~19	7~11	4~7	2.0	≤0.05	≤0.05	—
HJ230	低锰高硅低氟	40~46	10~17	5~10	8~14	10~14	—	7~11	≤1.5	≤0.05	≤0.05	—
HJ250	低锰中硅中氟	18~22	18~23	5~8	4~8	12~16	—	23~30	≤1.5	≤0.05	≤0.05	≤3.0
HJ330	中锰高硅低氟	44~48	≤4.0	22~26	≤3.0	16~20	—	3~6	≤1.5	≤0.06	≤0.08	≤1.0
HJ350	中锰中硅中氟	30~35	13~18	14~19	10~18	—	—	14~20	≤1.0	≤0.06	≤0.07	—
HJ360	中锰高硅中氟	33~37	11~15	20~26	4~7	5~9	—	10~19	≤1.0	≤0.1	≤0.1	—
HJ430	高锰高硅低氟	38~45	≤5.0	38~47	≤6.0	—	—	5~9	≤1.8	≤0.06	≤0.08	—
HJ431	高锰高硅低氟	40~44	≤4.0	34~38	≤6.0	5~8	—	3~7	≤1.8	≤0.06	≤0.08	—
HJ433	高锰高硅低氟	42~45	≤3.0	44~47	≤4.0	—	—	2~4	≤1.8	≤0.06	≤0.08	≤0.5

（2）烧结焊剂牌号

① SJ表示烧结焊剂。

② SJ 后第一位是数字,表示渣系类型,见表 2.3-22。

烧结焊剂第一位数字系列 表 2.3-22

焊剂牌号	熔渣渣系类型	主要组分范围
SJ1××	氟碱型	$CaF_2 \geq 15\%$ $CaO + MgO + MnO + CaF_2 > 50\%$ $SiO_2 \leq 20\%$
SJ2××	高铝型	$Al_2O_3 \geq 20\%$ $Al_2O_3 + CaO + MgO > 45\%$
SJ3××	硅钙型	$CaO + MgO + SiO_2 > 60\%$
SJ4××	硅锰型	$MgO + SiO_2 > 50\%$
SJ5××	铝钛型	$Al_2O_3 + TiO_2 > 45\%$
SJ6××	其他型	

（3）SJ 后第二位、第三位都是数字,表示同一渣系类型中的编号,如 01、02……

（4）常用烧结焊剂的化学成分见表 2.3-23。

常用烧结焊剂的化学成分 表 2.3-23

型号	焊剂类型	组成成分（%）
SJ101	氟碱型	$(SiO_2 + TiO_2) = 25$,$(CaO + MgO) = 30$,$(Al_2O_3 + MnO) = 25$,$CaF_2 = 20$
SJ301	硅钙型	$(SiO_2 + TiO_2) = 40$,$(CaO + MgO) = 25$,$(Al_2O_3 + MnO) = 25$,$CaF_2 = 10$

（5）焊剂的型号编制

埋弧焊时在给定的焊接参数条件下,熔敷金属的力学性能主要取决于焊丝、焊剂及两者的匹配。所以选择焊接材料时,必须按焊缝性能要求选择适宜的焊剂和焊丝。为了准确、合理地选择好焊接材料,制订了焊剂型号的组合表示方法。

① 埋弧焊用碳钢焊剂 – 焊丝组合

埋弧焊用碳钢焊剂型号应符合国家标准《埋弧焊用碳钢焊丝和焊剂》GB/T 5293 的规定。

a）型号分类根据焊丝 – 焊剂组合的熔敷金属力学性能、热处理状态进行划分。

b）焊丝—焊剂组合的型号编制方法如下：字母"F"表示焊剂；第一位数字表示焊丝 – 焊剂组合的熔敷金属抗拉强度的最小值；第二位字母表示试件的热处理状态；"A"表示焊态,"P"表示焊后热处理状态；第三位数字表示熔敷金属冲击吸收功不小于 27J 时的最低试验温度；"–"后面表示焊丝的牌号,焊丝牌号按国家标准《熔化焊用钢丝》GB/T 14957 的规定。

c）焊丝—焊剂型号示例如下：

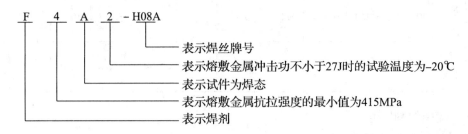

d) 熔敷金属力学性能见表 2.3-24 和表 2.3-25。

拉伸试验　　　　　　　　　　　　　　　　　　　　　　　　　表 2.3-24

焊剂型号	抗拉强度 σ_b/MPa	屈服强度 σ_s/MPa	伸长率 δ_5/%
F4××–H×××	415~550	≥330	≥22
F5××–H×××	480~650	≥400	≥22

冲击试验　　　　　　　　　　　　　　　　　　　　　　　　　表 2.3-25

焊剂型号	冲击吸收功 A_{kV}（J）	试验温度（℃）
F××0–H×××	≥27	0
F××2–H×××		–20
F××3–H×××		–30
F××4–H×××		–40
F××5–H×××		–50
F××6–H×××		–60

② 埋弧焊用低合金钢焊剂–焊丝组合

埋弧焊用低合金钢焊剂型号应符合《埋弧焊用低合金钢焊丝和焊剂》GB/T 12470 的规定。

a) 型号分类根据焊丝—焊剂组合的熔敷金属力学性能，热处理状态进行划分。

b) 焊丝—焊剂组合的型号编制方法为 F×××–H××××。其中：字母"F"表示焊剂；"F"后面的两位数字表示焊丝–焊剂组合的熔敷金属抗拉强度的最小值；第二位字母表示试件的状态，"A"表示焊态，"P"表示焊后热处理状态；第三位数字表示熔敷金属冲击吸收功不小于 27J 时的最低试验温度；"–"后面表示焊丝的牌号，焊丝的牌号按国家标准《熔化焊用钢丝》GB/T 14957 和《焊接用钢盘条》GB/T 3492 的规定。如需要标注熔敷金属中扩散氢含量时，可用后缀"H×"表示。

c) 焊丝–焊剂型号示例如下：

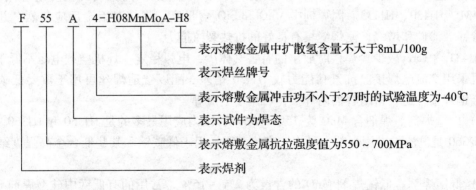

d) 熔敷金属力学性能见表 2.3-26 和表 2.3-27。

拉伸试验　　　　　　　　　　　　　　　　表 2.3-26

焊剂型号	抗拉强度 σ_b/（MPa）	屈服强度 $\sigma_{0.2}$ 或 σ_s/（MPa）	伸长率 δ_5（%）
F48××-H×××	480～660	400	22
F55××-H×××	550～700	470	20
F62××-H×××	620～760	540	17
F69××-H×××	690～830	610	16
F76××-H×××	760～900	680	15
F83××-H×××	830～970	740	14

注：表中单值均为最小值。

冲击试验　　　　　　　　　　　　　　　　表 2.3-27

焊剂型号	冲击吸收功 A_{kV}（J）	试验温度（℃）
F×××0-H×××	≥27	0
F×××2-H×××	≥27	-20
F×××3-H×××	≥27	-30
F×××4-H×××	≥27	-40
F×××5-H×××	≥27	-50
F×××6-H×××	≥27	-60
F×××7-H×××	≥27	-70
F×××10-H×××	≥27	-100
F×××Z-H×××	不要求	

3．焊剂的性能和用途

（1）对焊剂的要求

焊剂应使焊缝金属具有较强的抗冷裂纹和热裂纹的能力。焊接时，电弧燃烧稳定，焊渣具有适宜的熔点、黏度和表面张力，并有利于焊缝良好成形且脱渣容易。

（2）常用焊剂的性能和用途

① 熔炼焊剂

a）高锰焊剂。含 MnO 在 30% 以上的焊剂为高锰焊剂。高锰高硅型焊剂应用最广，如 HJ431、HJ430、HJ433。因焊剂中 MnO 和 SiO_2 含量高，焊接时冶金反应激烈，并向焊缝中渗锰、渗硅和增氧，使焊缝具有良好的抗热裂纹能力。

HJ431 含 CaF_2 较少，焊接时放出的有害气体少，电弧稳定。焊机空载电压不低于 60V 时，可采用交流电焊接。抗气孔能力较 HJ430 稍差。配以合适焊丝可用于重要低碳钢及低合金钢焊接，适合密闭容器内焊接，可用于电渣焊。

b）中锰焊剂。焊剂含 MnO 为 15%～30%，国内应用最多的是 HJ350 和 HJ360。

HJ360 是电渣焊专用焊剂，可交、直流两用，用于低碳钢和某些低合金高强度结构钢焊接。

c）低锰焊剂。低锰焊剂 MnO 的含量为 2%～15%，常用的有低锰中硅型焊剂 HJ250 和低锰高硅焊剂 HJ230。

HJ250 的焊接工艺性能良好，其焊缝含 S、P 及非金属夹杂物均减少，所以焊缝的低温冲击韧性较高，且其塑性也较 HJ431、HJ350 更高些。其缺点是：焊缝扩散氢含量较高，冷裂纹敏感性较强。

d) 无锰焊剂。含 MnO 小于 2%。无锰低硅型焊剂的氧化性很小，对合金元素的烧损少，主要用于高合金钢。无锰高硅焊剂 HJ130，用于低碳钢和低合金钢焊接应配合含锰焊丝，以满足焊缝强度和韧性要求。

② 烧结焊剂

烧结焊剂的特点如下：

a) 烧结焊剂碱度调节范围较大，可达到 3.5，而熔炼焊剂最高为 2.5。碱度虽然高，但仍具有良好的稳弧性和脱渣性，可交、直流两用。

b) 烧结焊剂中可加入脱氧剂，故脱氧充分，而熔炼焊剂则不能加脱氧剂。

c) 烧结焊剂可加入合金剂，合金化作用较强。以低碳钢焊丝配合适当的焊剂，焊缝金属可获得需要的化学成分，而熔炼焊剂则需要配以特殊焊丝。由于烧结焊剂碱度高，合金化效果显著，可获得较高的强度，良好的塑性、韧性的配合。特殊钢焊接，宜选用烧结焊剂。此外窄间隙埋弧焊也普遍选用高碱度烧结焊剂。

d) 烧结焊剂比熔炼焊剂具有更好的抗锈、抗气孔能力。

但烧结焊剂较熔炼焊剂吸湿性大，容易增加焊缝含氢量，使用前必须很好地烘干。另外烧结焊剂对焊接参数的变化较敏感，其溶化量与焊接参数有关。所以焊缝成分易随参数变化而波动，须加以重视。

根据不同使用要求，也可以把熔炼焊剂与烧结焊剂混合起来使用，称之为混合焊剂。

SJ101、SJ107 是碱性和高碱度氟碱型烧结焊剂，可交、直流两用，直流焊时焊丝接正极。电弧稳定、脱渣容易、焊缝成形美观，焊缝金属具有较高的低温冲击韧性。

4. 焊剂选用

（1）熔炼焊剂选用

目前我国生产的焊剂大部分是熔炼焊剂，有 30 多个品种，其中 HJ431 的用量占熔炼焊剂总用量的 80% 左右。

碳钢焊接结构常用 H08A 或 H08MnA 焊丝，一般选用高锰高硅焊剂（如 HJ431），通过焊剂可向焊缝熔敷金属中过渡一定的 Si、Mn 合金元素，使焊缝金属具有良好的综合力学性能。如选用无锰、低锰或中锰焊剂，则采用高锰焊丝（如 H08MnA）。

焊接低合金钢结构时，应选用中性或碱性焊剂（如 HJ350、HJ250 等）。特别当焊接强度级别高而低温韧性好的低合金钢时，须选用碱度较高的焊剂。

（2）烧结焊剂选用

我国烧结焊剂生产起步较晚，但发展较快。随着焊接自动化水平不断提高，烧结焊剂将会有较大的发展。常用国产烧结焊剂的特点及用途见表 2.3-28。

常用国产烧结焊剂的特点及用途　　　　　　　　　　表 2.3-28

牌号	渣系	特点	用途
SJ101	氟碱型	电弧燃烧稳定，脱渣容易，焊缝成形美观，焊缝金属具有较高的低温韧性；可交、直流两用。	配合 H08MnA、H10Mn2、H08MnMoA、H08Mn2MoA 等焊丝，可焊接多种低合金钢；适于多丝焊接

续表

牌号	渣系	特点	用途
SJ301	硅钙型	焊接工艺性能良好，电弧稳定，脱渣容易，成形美观，可交、直流两用。	配合适当焊丝可焊接普通结构钢、锅炉用钢，管线用钢等；适于多丝快速焊接，特别是双面单道焊
SJ401	硅锰型	具有良好的焊接工艺性能和较高的抗气孔能力。	配合H08A焊丝可焊接低碳钢和某些低合金钢
SJ501	铝钛型	具有良好的焊接工艺性能和较高的抗气孔能力，对少量铁锈和氧化膜不敏感。	配合H08A、H08MnA等焊丝焊接低碳钢及某些低合金钢；适于多丝快速焊
SJ502	铝钛型	具有良好的焊接工艺性能，焊缝强度比用SJ501时稍高。	配合H08A焊丝可焊接重要低碳钢及某些低合金钢结构，适于快速焊

2.3.4 焊接材料选用

1．焊条的选用

焊条选用原则：等强度原则、同性能原则和等条件原则。

（1）等强度原则

对于承受静载或一般载荷的构件或结构，通常选用抗拉强度与母材相等的焊条。例如Q235钢抗拉强度在400MPa左右，可以选用E43系列的焊条。

（2）同性能原则

在特殊环境下工作的结构如要求具有耐磨、耐腐蚀、耐高温或低温等较高的力学性能，应选用能够保证熔敷金属的性能与母材相近或近似的焊条。如焊接不锈钢时，应选用不锈钢焊条。

（3）等条件原则

根据构件或结构的工作条件或特点选择焊条。如焊件需要承受动载荷或冲击载荷，应选用熔敷金属冲击韧性较高的低氢型碱性焊条。

此外，对于由不同强度等级钢材组成的焊接接头，则应按强度级别较低的钢材来选用焊条。

常用结构钢材手工电弧焊焊接材料的选配见表2.3-29。

2．CO_2气体保护焊与埋弧焊焊接材料的选用

同焊条一样，首先应满足设计强度要求，符合焊接规程及焊材产品标准等规定要求，相互匹配，达到等强度、同性能、等条件原则。常用结构钢CO_2气体保护焊实芯焊丝的选配见表2.3-30；常用结构钢埋弧焊焊接材料的选配见表2.3-31。

2.3.5 焊接材料检验

1．一般说明要求

建筑钢结构需要检验的焊接材料通常有焊条、焊丝和焊剂，它们都应具有质量证明书。当对焊接材料的质量有疑义时，应按国家现行有关标准的规定进行抽样检验。

常用结构钢材手工电弧焊焊条的选用 表2.3-29

牌号	等级	抗拉强度[3] σ_b (MPa)	屈服强度[3] σ_s (MPa) $\delta \leq 16$ (mm)	屈服强度[3] σ_s (MPa) $\delta > 50 \sim 100$ (mm)	冲击功[3] T (℃)	冲击功[3] A_{kV} (J)	型号示例	熔敷金属性能[3] 抗拉强度 σ_b (MPa)	熔敷金属性能[3] 屈服强度 σ_s (MPa)	熔敷金属性能[3] 伸长率 δ_5 (%)	冲击功≥27J时试验温度 (℃)
Q235	A	375~460	235	205[4]	—	—	E4303[1]	420	330	22	0
	B				20	27	E4303[1]				0
	C				0	27	E4328				-20
	D				-20	27	E4315 E4316				-30
Q295	A	390~570	295	235	—	—	E4303[1]	420	330	22	0
	B				20	34	E4315 E4316 E4328				-30 / -20
Q345	A	470~630	345	275	—	—	E5003[1]	490	390	22	20 / 0
	B				20	34	E5003[1] E5015 E5016 E5018				-30
	C				0	34	E5015 E5016 E5018				
	D				-20	34					
	E				-40	27	[2]				[2]
Q390	A	490~650	390	330	—	—	E5015 E5016	490	390	22	-30
	B				20	34					
	C				0	34	E5515-D3、-G	540	440	17	
	D				-20	34	E5516-D3、-G				
	E				-40	27	[2]				[2]
Q420	A	520~680	420	360	—	—	E5515-D3、-G E5516-D3、-G	540	440	17	-30
	B				20	34					
	C				0	34					
	D				-20	34					
	E				-40	27	[2]				[2]
Q460	C	550~720	460	400	0	34	E6015-D1、-G E5516-D1、-G	590	490	15	-30
	D				-20	34					
	E				-40	27	[2]				[2]

注：① 用于一般结构；
② 由供需双方协议；
③ 表中钢材及焊材熔敷金属力学性能的单值均为最小值；
④ 板厚 $\delta > 60 \sim 100$mm 时的 σ_s 值。

常用结构钢 CO_2[①] 气体保护焊实芯焊丝选配   表 2.3-30

钢材		焊丝型号示例	熔敷金属性能[④]				
牌号	等级		抗拉强度 σ_b (MPa)	屈服强度 σ_s (MPa)	延伸率 δ_5 (%)	冲击功 T (℃)	A_{kV} (J)
Q235	A	ER49-1[②]	490	372	20	常温	47
	B						
	C	ER50-6	500	420	22	-29	27
	D					-18	
Q295	A	ER49-1[②] ER49-6	490	372	20	常温	47
	B	ER50-3 ER50-6	500	420	22	-18	27
Q345	A	ER49-1[②]	490	372	20	常温	47
	B	ER50-3	500	420	22	-20	27
	C	ER50-2	500	420	22	-29	27
	D						
	E	③	③			③	
Q390	A	ER50-3	500	420	22	-18	27
	B						
	C						
	D	ER50-2	500	420	22	-29	27
	E	③	③			③	
Q420	A	ER55-D2	550	470	17	-29	27
	B						
	C						
	D						
	E	③	③			③	
Q460	C	ER55-D2	550	470	17	-29	27
	D						
	E	③	③			③	

注：① 含 Ar-CO_2 混合气体保护焊；
② 用于一般结构，其他用于重大结构；
③ 按供需协议；
④ 表中焊材熔敷金属力学性能的单位均为最小值。

常用结构钢埋弧焊焊接材料选配   表 2.3-31

钢材		焊剂型号—焊丝牌号示例
牌号	等级	
Q235	A、B、C	F4A0-H08A
	D	F4A2-H08A
Q295	A	F48A0-H08A[①]、F48A0-H08MnA[②]
	B	F48A1-H08A[①]、F48A1-H08MnA[②]

续表

钢材		焊剂型号—焊丝牌号示例
牌号	等级	
Q345	A	F48A0 – H08A①、F48A0 – H08MnA②、F48A0 – H10Mn2②
	B	F48A1 – H08A①、F48A1 – H08MnA②、F48A1 – H10Mn2②
	C	F48A2 – H08A①、F48A2 – H08MnA②、F48A2 – H10Mn2②
	D	F48A3 – H08A①、F48A3 – H08MnA②、F48A3 – H10Mn2②
	E	F48A4③
Q390	A、B	F48A1 – H08MnA①、F48A1 – H10Mn2②、F48A1 – H08MnMoA②
	C	F48A2 – H08MnA①、F48A2 – H10Mn2②、F48A2 – H08MnMoA②
	D	F48A3 – H08MnA①、F48A3 – H10Mn2②、F48A3 – H08MnMoA②
	E	F48A4③
Q420	A、B	F55A1 – H10Mn2②、F55A1 – H08MnMoA②
	C	F55A2 – H10Mn2②、F55A2 – H08MnMoA②
	D	F55A3 – H10Mn2②、F55A3 – H08Mn2MoA②
	E	F55A4③
Q460	C	F55A2 – H08MnMoA②
	D	F55A3 – H08Mn2MoVA②
	E	F55A4③

注：① 薄板I形坡口对接；
　　② 中、厚板坡口对接；
　　③ 供需双方协议。

附：牌号 Q235 钢配套焊材执行标准为 GB/T 5293—1999，其余牌号钢材配套焊材应执行 GB/T 12470—2003 标准。

（1）焊条检验
成品焊条由制造厂质量检验部门按批检验。
① 批量划分
每批焊条由同一批号焊芯、同一批号主要涂料原料、以同样涂料配方及制造工艺制成。E××01、E××03 及 E4313 型焊条的每批最高量为 100t，其他型号焊条的每批最高量为 50t。
② 验收的基本规定
焊条检验项目按表 2.3-32 规定进行。

焊条检验项目　　　　表 2.3-32

序号	检验项目	取样数量/个	验收标准
1	角焊缝	3	GB 5117、GB 5118
2	熔敷金属化学成分		
3	熔敷金属力学性能		
4	焊缝射线探伤		
5	药皮含水量/扩散氢含量	3	GB 5117、GB 5118

注：直径不大于 3.2mm 焊条一般不进行角焊缝、力学性能及射线探伤。其性能可以根据直径 4.0mm 焊条的检验结果判定。如需要检验时，按相应条款规定进行。

(2) 气体保护电弧焊用碳钢、低合金钢焊丝检验

成品焊丝由制造厂质量检验部门按批检验。

① 批量划分

每批焊丝应由同一炉号、同一形状、同一尺寸、同一交货状态的焊丝组成。

每批焊丝的最大质量应符合表 2.3-33 的规定。

每批焊丝最大质量要求　　　　　　　　　　　　表 2.3-33

焊丝型号	每批最大质量/吨
ER50 - ×、ER49 - 1	200
其他型号	30

② 取样方法

每批任选一盘（卷、桶），直条焊丝任选一最小包装单位，进行焊丝化学成分、熔敷金属力学性能、熔敷金属射线探伤、尺寸和表面质量等检验。

③ 验收的基本规定

焊丝检验验收项目按表 2.3-34 规定进行。

焊丝检验验收项目　　　　　　　　　　　　表 2.3-34

序号	检验项	气体保护电弧焊	
		取样数量/盘（卷、桶）	验收标准
1	化学成分	1	GB/T 8110
2	熔敷金属力学性能		
3	射线探伤		
4	扩散氢含量		

(3) 埋弧焊用碳钢、低合金钢焊丝检验

成品焊丝由制造厂质量检验部门按批检验。

① 批量划分

每批焊丝由同一炉号、同一形状、同一尺寸、同一交货状态的焊丝组成。

② 取样方法

从每批焊丝中抽取 3%，但不少于 2 盘（卷、捆），进行化学成分、尺寸和表面质量检验。

(4) 焊剂检验

成品焊剂由制造厂质量检验部门按批检验。

① 批量划分

每批焊剂应由同一批原材料，以同一配方及制造工艺制成。每批焊剂最多不超过 60t。

② 取样方法

焊剂取样，若焊剂散放时，每批焊剂抽样不少于 6 处。若从包装的焊剂中取样，每批焊剂至少抽取 6 袋，每袋中抽取一定量的焊剂，总量不少于 10kg。把抽取的焊剂混合均匀，用四分法取出 5kg 焊剂，供焊接试件用，余下的 5kg 用于其他项目检验。

③ 焊剂质量检验

a）焊剂颗粒度检验

检验普通焊剂颗粒度时，把0.450mm（40目）筛下颗粒和2.50mm（8目）筛下颗粒的焊剂分别称量。检验细颗粒度焊剂时，把0.280mm（60目）筛下颗粒和2.00mm（10目）筛下颗粒的焊剂分别称重。分别计算出0.450mm（40目）、0.280mm（60目）筛下和2.00mm（10目）、2.50mm（8目）筛上的焊剂占总质量的百分比。要求<0.450mm（40目）或<0.280mm（60目）的比例不大于5.0%；>2.50mm（8目）或>2.00mm（10目）的比例不大于2.0%。

b）焊剂含水量检验

把焊剂放在温度为350℃±10℃的炉中烘干2h，从炉中取出后立即放入干燥器中冷却至室温，称其重量。要求焊剂含水量不大于0.10%。

c）焊剂机械夹杂物检验

用目测法选出机械夹杂物，称其质量，要求不大于0.30%。

d）焊剂焊接工艺性能检验

焊接力学性能试验时，同时检验焊剂的焊接工艺性能，逐道观察脱渣性能、焊道熔合、焊道成形及咬边情况，其中有一项不合格时，认为该批焊剂未通过焊接工艺性能检验。

2．焊接材料熔敷金属性能试验

（1）试验用母材要求

试验用母材应采用与熔敷金属化学成分性能相当的钢材。若采用其他母材，应采用试验焊丝在坡口面和垫板面焊接隔离层，隔离层的厚度加工后不小于3mm。在确保熔敷金属不受母材影响的情况下，也可采用其他方法。

（2）熔敷金属力学性能试验

① 力学性能试件制备

a）熔敷金属力学性能试验试件应根据所需试验的要求，按国家现行规范（如：焊条按GB/T 5117及GB/T 5118、气体保护焊接按GB/T 8110、埋弧焊接按GB/T 5293）相关要求进行施焊。

b）试件应按图2.3-4要求在平焊位置制备，试板焊前予以反变形或拘束，以防止角变形。试件焊后不允许矫正，角变形超过5°的试件应予报废。

② 焊后热处理

试件放入炉内时，炉温不得高于320℃，以不大于220℃/h的速率加热到规定温度。保温1h后，以不大于200℃/h的速率冷却到320℃以下，从炉中取出，在静态大气中冷却至室温。

③ 熔敷金属拉伸试验

按图2.3-5规定，从射线探伤后的试件上加工一个熔敷金属拉伸试样进行拉伸。拉伸试验应符合《焊缝及熔敷金属拉伸试验方法》GB/T 2652相关规定。

④ 熔敷金属冲击试验

按图2.3-6要求从截取熔敷金属拉伸试样的同一试件上加工5个熔敷金属夏比V形、U形缺口冲击试样。

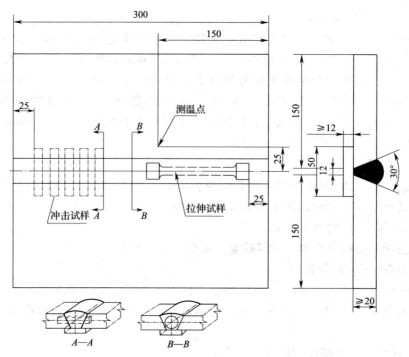

图 2.3-4 射线探伤和力学性能试验的试件制备（图中尺寸单位：mm）

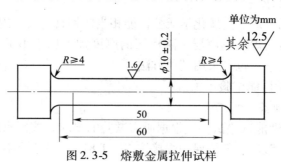

图 2.3-5 熔敷金属拉伸试样

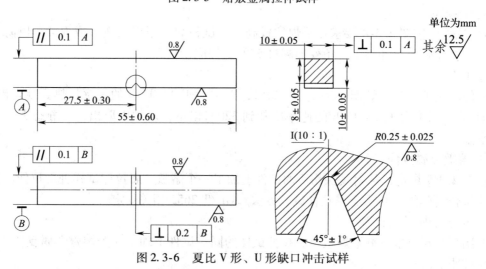

图 2.3-6 夏比 V 形、U 形缺口冲击试样

熔敷金属冲击试验按《焊接接头冲击试验方法》GB/T 2650 和规定的试验温度条件

进行，在计算5个冲击吸收功的平均值时，去掉一个最大值和一个最小值，余下的3个值应有至少两个大于27J，另一个不得小于20J，三个平均值不得小于27J。

2.4 建筑钢结构用铸钢件材料

2.4.1 铸钢件材料选用

铸钢件材料的选用应符合中国工程建设标准化协会标准《铸钢节点应用技术规程》CECS235的规定，同时应综合考虑结构的重要性、荷载特性、节点形式、应力状态、铸件厚度、工作环境和铸造工艺等多种因素，选用合适的铸钢牌号与热处理工艺。

焊接结构用铸钢件材料应符合《焊接结构用碳素钢铸件》GB/T 7659规定的ZG200-400H、ZG230-450H、ZG275-485H铸钢或德国（DINEN10293：2005）标准焊接结构用铸钢规定的G17Mn5QT、G20Mn5N或G20Mn5QT铸钢。非焊接结构用铸钢件材料的选用应符合《一般工程用铸造碳钢件》GB/T 11352规定的ZG230-450、ZG270-500、ZG310-570、ZG340-640等牌号铸钢。

焊接结构用铸钢件与构件母材焊接时，在碳当量与构件母材基本相同的条件下，按照与构件母材相同技术要求选用相应的焊条、焊丝与焊剂，同时应进行焊接工艺评定试验。

铸钢材料应具有屈服强度、抗拉强度、伸长率、断面收缩率、冲击功（考虑环境温度）和碳、硅、锰、硫、磷、合金元素等含量的合格保证，对焊接铸钢还应有碳当量的合格保证。

铸钢件壁厚不宜大于100mm，当壁厚超过100mm时应考虑厚度效应引起的屈服强度、伸长率、冲击功等性能的降低。各类可焊铸钢件材料与材性要求可参照表2.4-1选用。非焊接铸钢件材料与材性要求亦可参照表2.4-1选用，但可不要求碳当量作为保证条件。

可焊铸钢件材性选用要求 表2.4-1

序号	荷载特性	节点类型与受力状态	工作环境温度	要求性能项目	适用铸钢牌号
1	承受静力荷载或间接动力荷载	单管节点、单、双向受力状态	高于-20℃	屈服强度、抗拉强度、伸长率、断面收缩率、碳当量、常温冲击功 $A_{kV} \geqslant 27J$	ZG230-450H ZG275-485H G20Mn5N
2			低于或等于-20℃	同第1项 但-20℃冲击功 $A_{kV} \geqslant 27J$	ZG275-485H G20Mn5N
3		多管节点、三向受力复杂受力状态	高于-20℃	同第1项	
4			低于或等于-20℃	同第2项	G20Mn5N

续表

序号	荷载特性	节点类型与受力状态	工作环境温度	要求性能项目	适用铸钢牌号
5	承受直接动力荷载或7~9度设防的地震作用	单管节点、单、双向受力状态	高于-20℃	同第2项	同第2、3项
6			低于或等于-20℃	同第1项 但-20℃冲击功 A_{kV}≥27J	ZG275-485H G17Mn5QT G20Mn5N
7		多管节点、三向受力复杂受力状态	高于-20℃	同第2项	G17Mn5QT G20Mn5N G20Mn5QT
8			低于或等于-20℃	同第6项。但9度地震设防时-40℃冲击功 A_{kV}≥27J	

2.4.2 铸钢件材料理化性能

1. 焊接结构用铸钢性能

焊接结构用铸钢 ZG200-400H、ZG230-450H、ZG275-485H 的化学成分应符合表2.4-2的规定，碳当量应符合表2.4-3的规定，室温下力学性能应符合表2.4-4的规定。

化学成分要求（上限值）（质量分数，%）　　　表2.4-2

铸钢牌号	C≤	Si≤	Mn≤	S≤	P≤	残余元素					
						Ni	Cr	Cu	Mo	V	总和
ZG200-400H	0.20	0.50	0.80	0.04	0.04	0.30	0.30	0.30	0.15	0.05	0.80
ZG230-450H	0.20	0.50	1.20	0.04	0.04	0.30	0.30	0.30	0.15	0.05	0.80
ZG275-485H	0.25	0.50	1.20	0.04	0.04	0.30	0.30	0.30	0.15	0.05	0.80

注：C的质量分数每降低0.01%，允许Mn质量分数上限增加0.04%，但Mn总质量分数增加不得超过0.20%。

碳当量（质量分数，%）　　　表2.4-3

铸钢牌号	碳当量≤
ZG200-400H	0.38
ZG230-450H	0.42
ZG275-485H	0.46

注：碳当量CE应根据铸钢的化学成分（质量分数，%）按公式 $CE = C + Mn/6 + (Cr + Mo + V)/5 + (Ni + Cu)/15$ 计算。

2. 德国标准焊接结构用铸钢性能

德国（DINEN10293:2005）标准焊接结构用铸钢 G17Mn5、G20Mn5 的化学成分应符合表2.4-5的规定，力学性能应符合表2.4-6的规定。

力学性能要求（室温） 表 2.4-4

铸钢牌号	拉伸性能				冲击性能	
	屈服强度 σ_s 或 $\sigma_{0.2}$	抗拉强度 σ_b	断后伸长率 δ_5	断面收缩率 ψ	A_{kV} (J)	a_{kU} (J/cm²)
	MPa		%			
	≥				≥	
ZG200-400H	200	400	25	40	30	59
ZG230-450H	230	450	22	35	25	44
ZG275-485H	275	485	20	35	22	34

注：1. 表中各力学性能指标适用于厚度不超过 100mm 的铸件，当铸件壁厚超过 100mm 时，表中规定的 $\sigma_{0.2}$ 屈服强度仅供设计使用；
　　2. 当需从经过热处理的铸件或从代表铸件的大型试块上取样时，其性能指标由供需双方商定。

化学成分（%） 表 2.4-5

铸钢钢种		C	Si ≤	Mn	P ≤	S ≤	Ni ≤
牌号	材料号						
G17Mn5	1.1131	0.15~0.20	0.60	1.00~1.60	0.020	0.020	—
G20Mn5	1.6220	0.17~0.23	0.60	1.00~1.60	0.020	0.020	0.80

注：1. 铸件厚度 t<28mm 时，可允许 S 含量不大于 0.03%；
　　2. 非经订货方同意，不得随意添加本表中未规定的化学元素。

力学性能 表 2.4-6

铸钢钢种		热处理条件		铸件壁厚 (mm)	室温下			冲击功值	
牌号	材料号	状态与代号	正火或奥氏体化 (℃)	回火 (℃)		屈服强度 $R_{p0.2}$ (MPa)	抗拉强度 R_m (MPa)	伸长率 A (%)	温度 (℃)	冲击功 (J) ≥
G17Mn5	1.1131	调质 QT	920~980①②	600~700	t≤50	240	450~600	≥24	室温 / -40℃	70 / 27
G20Mn5	1.6220	正火 N	900~980①	—	t≤30	300	480~620	≥20	室温 / -30℃	50 / 27
G20Mn5	1.6220	调质 QT	900~980②	610~660	t≤100	300	500~650	≥22	室温 / -40℃	60 / 27

注：1. 热处理条件栏内的温度值仅为资料性数据；
　　2. 本表对冲击功列出了室温与负温两种值，由买方按使用条件选用其中的一种，当无约定时，按保证室温冲击功指标供货；
　　3. N 为正火处理的代号，QT 表示淬火（空冷或水冷）加回火；
　　　① 为空冷；
　　　② 为水冷。

3. 非焊接结构用铸钢性能

非焊接结构用铸钢 ZG200-400、ZG230-450、ZG270-500、ZG310-570、ZG340-640 的化学成分应符合表 2.4-7 的规定，常温下力学性能应符合表 2.4-8 的规定。

化学成分要求（上限值）（质量分数,%） 表2.4-7

铸钢牌号	C≤	Si≤	Mn≤	S≤	P≤	残余元素				
						Ni	Cr	Cu	Mo	V
ZG200–400	0.20	0.50	0.80	0.04	0.30	0.35	0.30	0.20	0.05
ZG230–450	0.30	0.50	0.90							
ZG270–500	0.40									
ZG310–570	0.50	0.60								
ZG340–640	0.60									

注：1. 对上限每减少0.01%的碳，允许增加0.04%的锰。对ZG200–400锰的质量分数最高至1.00%，其余4个牌号锰的质量分数最高至1.20%；
2. 残余元素量不超过1.00%，如需方无要求，残余元素可不进行分析。

常温下的力学性能（最小值） 表2.4-8

铸钢牌号	屈服强度 σ_s 或 $\sigma_{0.2}$ (MPa)	抗拉强度 σ_b (MPa)	断后伸长率 δ (%)	根据合同选择		
				断面收缩率 ψ (%)	冲击性能	
					A_{kV} (J)	a_{kU} (J/cm²)
ZG200–400	200	400	25	40	30	59
ZG230–450	230	450	22	32	25	44
ZG270–500	270	500	18	25	22	34
ZG310–570	310	570	15	21	15	30
ZG340–640	340	640	10	18	10	20

注：表中的力学性能适用于厚度为100mm以下的铸钢件。当铸件厚度超过100mm时，表中规定的 $\sigma_{0.2}$ 屈服强度仅供设计使用。

2.4.3 铸钢件材料检验

1. 一般要求

建筑结构用铸钢件的外观要求较高，对其表面粗糙度和表面缺陷必须逐个进行检查。按照现行国家标准《一般工程用铸造碳钢件》GB 11352的规定，铸钢件材料几何形状和尺寸首件必检、单件必检、批量抽检的检验原则，检查规则明确产品由供货方技术监督检查和验收。检验批量划分一般有以下三种方式，具体要求可由供需双方商定：

（1）按炉次分：铸钢件为同一类型，由同一炉次浇注，在同一炉作相同热处理的为一批。

（2）按数量和重量分：同一牌号在熔炼工艺稳定的条件下，几个炉次浇注的并经相同工艺多次热处理后，以一定数量或以一定重量的铸件为一批。

（3）按件分：指某些铸件技术上有特殊要求的，以一件或几件为一批。

对于精度要求较高的铸钢件，则应逐个检验。

2. 铸钢件外部质量检验

铸钢件表面粗糙度比较样块应按现行国家标准《表面粗糙度比较样块铸造表》GB/T 6060.1的要求选定，表面粗糙度评审按现行国家标准《铸造表面粗糙度评定方法》

GB/T 15056进行。

（1）铸钢件材料表面粗糙度应根据所用涂料种类确定，不同涂料有不同的要求，应根据产品说明书确定，一般宜为25~50μm。对需要超声波探伤和焊接的部位，应进行打磨或机械加工，其表面粗糙度宜为Ra≤25μm。

（2）铸钢件的几何形状与尺寸应符合订货图样、模样或合同的要求，尺寸偏差应符合现行国家标准《铸件尺寸公差与机械加工余量》GB/T 6414规定。

（3）铸钢件端口圆和孔机械加工的允许偏差应符合表2.4-9规定或设计要求。平面、端面、边缘机械加工的允许偏差应符合表2.4-10规定或设计要求。

端口圆和孔机械加工的允许偏差（mm） 表2.4-9

项目	允许偏差
端口圆直径	0 -2.0
孔直径	+2.0 0
圆度	$d/200$，且不大于2.0
端面垂直度	$d/200$，且不大于2.0
管口曲线	2.0
同轴度	1.0
相邻两轴线夹角	30′

注：d为铸钢件端口圆直径或孔径。

平面、端面、边缘机械加工的允许偏差（mm） 表2.4-10

项目	允许偏差
宽度、长度	±1.0
平面平行度	0.5
加工面对轴线的垂直度	$L/1500$，且不大于2.0
平面度	$0.3/m^2$
加工边直线度	$L/3000$，且不应大于2.0
相邻两轴线夹角	30′

注：L为平面的边长。

3. 铸钢件材料理化性能检验

铸钢件材料按熔炼炉次进行化学成分分析，化学分析和试样的取样方法按现行国家标准《钢的成品化学成分允许偏差》GB/T 222和《钢和铁化学成分测定用试样的取样和制样方法》GB/T 20066的规定执行。

拉力试验按现行国家标准《金属材料室温拉伸试验方法》GB/T 228的规定执行，冲击试验按现行国家标准《金属夏比缺口冲击试验方法》GB/T 229的规定执行。力学性能试验，每一批量取一个拉伸试样，试验结果应符合技术条件的要求。做冲击试验时，每一批量取三个冲击试样进行试验，三个试样的平均值应符合技术条件或合同中的规定，其中一个试样的值可低于规定值，但不得低于规定值的70%。

4. 铸钢件材料无损检验

铸钢件材料超声波检测质量应按现行国家标准《铸钢件超声波探伤及质量评级方法》GB/T 7233 的规定执行,当检测部位是与其他构件相连接的部位时应为Ⅱ级,当检测部位是铸钢件本体的其他部位时应为Ⅲ级。

2.5 建筑钢结构用连接紧固件

2.5.1 高强度螺栓连接副

高强度螺栓连接副应分别符合国家标准《钢结构用高强度大六角头螺栓、大六角头螺母、垫圈技术条件》GB/T 1231 和《钢结构用扭剪型高强度螺栓连接副》GB/T 3632 的规定。高强度螺栓从外形上可分为大六角头和扭剪型两种;按性能等级可分为 8.8 级、10.9 级、12.9 级等,目前我国使用的大六角头高强度螺栓有:8.8 级和 10.9 级两种,扭剪型高强度螺栓只有 10.9 级一种。从世界各国高强度螺栓发展过程来看,过高的螺栓强度会带来螺栓的滞后断裂问题,造成工程隐患,经过试验研究和工程实践,发现强度在 1000MPa 左右的高强度螺栓既能满足使用要求,又可最大限制地控制因强度太高而引起的滞后断裂的发生。

1. 大六角头高强度螺栓连接副

大六角头高强度螺栓连接副含一个螺栓、一个螺母、两个垫圈(螺头和螺母两侧各一个垫圈)。螺栓应符合国家标准《钢结构用高强度大六角头螺栓》GB/T 1228 的规定,螺母应符合《钢结构用高强度大六角头螺母》GB/T 1229 的规定,垫圈应符合《钢结构用高强度垫圈》GB/T 1230 的规定。螺栓、螺母、垫圈在组成一个连接副时,其性能等级应匹配,表 2.5-1 列出了钢结构用大六角头高强度螺栓连接副匹配组合,表 2.5-2 列出了大六角头高强度螺栓型号及推荐材料。

大六角头高强度螺栓连接副匹配表　　　　表 2.5-1

螺栓	螺母	垫圈
8.8 级	8H	HRC 35~45
10.9 级	10H	HRC 35~45

大六角头高强度螺栓型号及推荐材料　　　　表 2.5-2

类别	性能等级	材料	标准编号	适用规格
螺栓	10.9 级	20MnTiB	GB/T 3077	≤M24
		ML20MnTiB	GB/T 6478	
		35VB		≤M30
	8.8 级	45、35	GB/T 699	≤M20
		20MnTiB、40Cr	GB/T 3077	≤M24
		ML20MnTiB	GB/T 6478	
		35CrMo	GB/T 3077	≤M30
		35VB		

续表

类别	性能等级	材 料	标准编号	适用规格
螺母	10H	45、35	GB/T 699	
	8H	ML35	GB/T 6478	
垫圈	35HRC~45HRC	45、35	GB/T 699	

注：GB/T 6478 标准名称为：《冷镦和冷挤压用钢》。

2. 扭剪型高强度螺栓连接副

扭剪型高强度螺栓连接副含一个螺栓、一个螺母、一个垫圈；目前国内只有 10.9 级一个性能等级。扭剪型高强度螺栓连接副性能等级匹配及推荐材料见表 2.5-3。

3. 高强度螺栓连接副螺栓材料性能

高强度螺栓连接副螺栓、螺母、垫圈力学性能应符合表 2.5-4 要求。

扭剪型高强度螺栓连接副性能等级匹配及推荐材料表（mm）　　表 2.5-3

类别	性能等级	推荐材料	标准编号	适用规格
螺栓	10.9 级	20MnTiB ML20MnTiB	GB/T 3077 GB/T 6478	≤M24
		35VB 35CrMo	GB/T 3077	M27、M30
螺母	10H	45、35 ML35	GB/T 699 GB/T 6478	≤M30
垫圈	35HRC~45HRC	45、35	GB/T 699	

高强度螺栓、螺母、垫圈力学性能　　表 2.5-4

类别		性能等级	抗拉强度 R_m（MPa）	规定非比例延伸强度 $R_{p0.2}$（MPa）	断后伸长率 A（%）	断后收缩率 Z/（%）	冲击吸收功 A_{ku2}（J）（-20℃）	洛氏硬度（HRC）
					不小于			
大六角头高强度螺栓连接副	螺栓	10.9 级	1040~1240	940	10	42	47	33~39
		8.8 级	830~1030	660	12	45	63	24~31
	螺母	10H	—	—				≤32
		8H	—	—				≤30
	垫圈	硬度						35~45
扭剪型高强度螺栓连接副	螺栓	10.9S	1040~1240	940	10	42	27	33~39
	螺母	10H	—	—				≤32
	垫圈	硬度						35~45

2.5.2 普通紧固件

1. 普通螺栓的钢号与规格

螺栓按照性能等级划分，一般8.8级以下（不含8.8级）通称普通螺栓。建筑钢结构中常用的普通螺栓钢号一般为Q235。

建筑钢结构中使用的普通螺栓，一般为六角头螺栓。螺栓的标记通常为 M $d \times z$，其中 d 为螺栓规格（即直径）、z 为螺栓的公称长度。普通螺栓按制作精度可分为 A、B、C 三个等级，A、B 级为精制螺栓，C 级为粗制螺栓。钢结构用连接螺栓除特殊注明外，一般即为普通粗制 C 级螺栓。

普通螺栓的通用规格为 M8、M10、M12、M16、M20、M24、M30、M36、M42、M48、M56 和 M64 等。

2. 常用普通螺栓材性

常用普通螺栓材料性能见表2.5-5。

普通螺栓材料性表　　　　　　　　表 2.5-5

性能等级		3.6	4.6	4.8	5.6	5.8	6.8
材料		低碳钢	低碳钢或中碳钢	低碳钢或中碳钢	低碳钢或中碳钢	低碳钢或中碳钢	低碳钢或中碳钢
化学成分	C	≤0.2	≤0.55	≤0.55	≤0.55	≤0.55	≤0.55
	P	≤0.05	≤0.05	≤0.05	≤0.05	≤0.05	≤0.05
	S	≤0.06	≤0.06	≤0.06	≤0.06	≤0.06	≤0.06
抗拉强度 N/mm^2	公称	300	400	400	500	500	600
	min	330	400	420	500	520	600
维氏硬度 HV30	min	95	115	121	148	154	178
	max	206	206	206	206	206	227

复习思考题

2-1　碳素结构钢按含碳量不同可分哪几类？目前国内建筑钢结构中主要使用的碳素钢有哪些？

2-2　说明 Q390GJE 钢材牌号中各部分的含义。

2-3　Q420 钢材按质量等级分有哪几类？主要区别是什么？

2-4　厚度方向性能钢板分几级？各有什么技术要求？

2-5　Q345C 钢材性能复验的主要内容有哪些？

2-6　焊条根据熔敷金属的力学性能划分，包括哪几种类型？

2-7　分别说明 ER55-B2-MnV 和 F48A3-H10Mn2-H5 的含义。

2-8　Q345B 材料采用手工电弧焊、埋弧焊和 CO_2 气体保护焊时，分别选用什么焊材？

2-9　比较实芯焊丝和药芯焊丝的区别。

2-10　焊接结构用铸钢件按牌号划分，可分为哪几种？

2-11　高强度螺栓有哪两类？对应的性能等级分别是什么？

第3章 施工详图设计

3.1 钢结构设计阶段划分及相互关系

20世纪50年代我国钢结构设计制图沿用前苏联的编制方法分为KM图和KMⅡ图两个阶段，即钢结构设计图和钢结构施工详图两个阶段。由于各行业、各系统、各单位采用的编制方法有所不同，并且随着钢结构的快速发展和工程的日益大型化、复杂化，加之国内各设计单位的钢结构设计能力参差不齐，设计图内容不够统一、不够规范。

为了规范设计图纸，根据国际惯例、我国实际情况和钢结构特点，需要对钢结构的设计阶段进行划分，并对每个阶段的设计内容和图纸要求进行明确规定。

3.1.1 钢结构设计阶段划分

欧美、日本等国钢结构工程的设计普遍采用设计图与工厂详图（shop drawing）两个阶段出图的做法。我国1983年颁布的《钢结构施工验收规范》GBJ 205—83对钢结构施工设计的两个阶段做法予以肯定，并分别定义为设计图和施工详图。2003年出版的《钢结构设计制图深度和表示方法》03G102标准图集则进一步明确了设计图和施工详图两个阶段的划分，并详细规定了设计图和施工详图中应包含的内容，明确了钢结构施工详图编制必须以设计图为依据，构件的加工、制作和安装必须以施工详图为依据。钢结构设计图由具有相应设计资质的设计单位设计完成，钢结构施工详图由具有相应设计能力的钢结构加工制造企业或委托专业设计单位完成。

根据钢结构工程不同的特点及复杂程度，有时把施工详图进一步划分为深化设计图和加工图（也称翻样图）。深化设计图以设计图为依据，加工图以深化设计图为依据，并直接作为工厂加工的依据。

由于施工详图的编制工作较为琐细、费工（其图纸量约为设计图图纸量的2.5~10倍），且需一定设计周期，建设及承包单位应在编制施工计划中对此予以考虑。作为一项基本功，钢结构加工厂的设计人员应对施工详图设计有深入的了解和并熟练掌握。

3.1.2 施工详图与设计图的关系

设计图由设计单位编制完成，施工详图以设计图为依据，由钢结构制造厂家（或钢结构安装单位）编制完成，并直接作为加工和安装的依据。二者的区别见表3.1-1所示。

3.1.3 施工详图主要内容

施工详图内容包括两部分：构造设计和施工详图绘制。

1. 构造设计

钢结构设计图在深度上一般只绘出构件布置、构件截面与内力及主要节点构造，故在详图设计中尚需进行构造设计与连接计算，一般包括以下内容：

| 设计图与施工详图的区别 | 表3.1-1 |

设计图	施工详图
1. 根据工艺、建筑要求及初步设计等,并经施工设计方案与计算等工作而编制的较高阶段施工设计图; 2. 目的、深度及内容均仅为编制详图提供依据; 3. 由设计单位编制; 4. 图纸表示较简明,图纸量较少;其内容一般包括:设计总说明及结构布置图,剖、立面图,构件截面图,典型节点图,钢材材料表等	1. 直接根据设计图编制的工厂加工及安装详图(含连接、构造等计算); 2. 目的为直接供制造、加工及安装的施工用图; 3. 一般由制造厂家或安装单位编制; 4. 图纸表示详细,数量多,内容包括:施工详图总说明、结构和构件布置图、构件(包括节点)加工详图、零件加工图、安装图和材料清单等

(1) 构造设计

① 焊缝连接设计。如焊缝计算、焊接构造、拼接位置、坡口要求、焊脚尺寸、焊缝检验要求等。

② 螺栓连接设计。如螺栓计算、螺栓构造与布置、螺栓尺寸、施工要求等。

③ 节点板及加劲肋设计。如桁架节点板、支撑节点板、横隔板、端板、缀板、填板、连接板、耳板、檩托板等设计。

④ 支座设计。如滚轴支座、橡胶支座、销轴支座、轴承支座等设计。

⑤ 铸钢节点(含铸钢支座)设计。

⑥ 桁架或大跨实腹钢梁起拱构造与设计。

⑦ 桁架、大跨实腹钢梁、高层/超高层钢结构钢柱等分段构造设计。

⑧ 其他设计。如吊装耳板、定位夹板、人孔、手孔、切槽、抗剪键等设计。

(2) 构造及连接计算

① 节点力学计算分析。节点板计算、铸钢节点有限元分析、支座节点分析计算等。

② 焊缝计算。如焊缝长度计算、角焊缝焊脚尺寸计算等。

③ 螺栓计算。如螺栓数量计算、螺栓尺寸计算等。

④ 各种尺寸计算。如加工余量计算、变形量计算、起拱计算、构件几何尺寸计算、相贯线计算等。

2. 施工详图绘制

应按结构类别和形式绘制图纸目录、施工详图总说明、结构和构件布置图、构件(包括节点)加工详图、零件加工图、安装图和材料清单等。

3.2 主要构造设计与计算

施工详图中的构造设计,应按设计图所给出的典型节点图或连接条件及设计规范要求进行设计。

3.2.1 设计计算模型建立

对于大型复杂的钢结构,仅仅依靠平面图无法全面反映各构件的相对位置关系和自身的构造关系,因此进行施工详图设计时,必须首先根据设计图纸或设计单位提供的单线模型（即计算模型）建立结构的空间实体模型（即三维实体模型）。三维实体模型一方面供构件设计计算使用，另一方面供绘制构件详图使用，并能清楚观察节点连接处的相互关系，避免杆件相互碰撞情况的发生。三维实体模型可用 AutoCAD、Xsteel 以及一些专门软件进行绘制。

3.2.2 材料采购清单编制

材料采购需要一定的时间周期，在编制施工详图时，常常先编制材料采购清单，及时进行材料采购，以保证施工详图设计完成后即可进行构件加工。

材料采购清单需注明待采购材料的材质、尺寸、规格、型号、数量、重量、加工方法和其他技术要求以及厚钢板 Z 向性能要求、产地要求等。材料采购清单中还应考虑材料损耗率（包括复检抽样需要的材料）和其他特殊要求。

3.2.3 典型节点构造设计与计算

节点起着连接构件、保证构件间可靠传力的重要作用，其构造要求应传力直接，外形合理，不应或尽量少产生附加偏心或焊接应力。设计完成后一般以不小于1:5的比例进行绘图。

钢结构常见的节点类型有：螺栓球节点、焊接空心球节点、铸钢节点、钢管相贯节点、销轴式节点、板节点等。

1. 螺栓球节点

螺栓球节点由高强度螺栓、螺栓球、紧固螺钉、套筒和锥头或封板等零件组成，适用于连接网架和双层网壳的钢管杆件，见图 3.2-1。

（1）螺栓球直径的计算

螺栓球直径（见图 3.2-2）应根据相邻螺栓在球体内不相碰并满足套筒接触面的要求分别按下列公式进行计算，并按计算结果中的较大者选用。

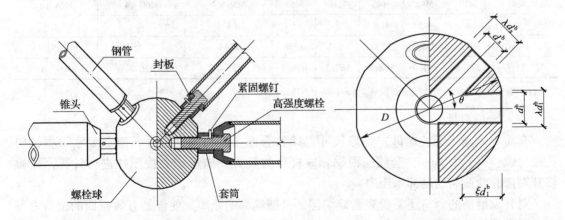

图 3.2-1　螺栓球节点图　　　　图 3.2-2　螺栓球与直径有关的尺寸

$$D \geqslant \sqrt{\left(\frac{d_s^b}{\sin\theta} + d_1^b \operatorname{ctg}\theta + 2\xi d_1^b\right)^2 + (\lambda d_1^b)^2} \tag{3.2-1}$$

$$D \geq \sqrt{\left(\frac{\lambda d_s^b}{\sin\theta} + \lambda d_1^b \operatorname{ctg}\theta + (\lambda d_1^b)^2\right)} \tag{3.2-2}$$

式中 D ——螺栓球直径（mm）；

θ ——两相邻螺孔之间的最小夹角（弧度）；

d_1^b ——两相邻螺孔的较大直径（mm）；

d_s^b ——两相邻螺孔的较小直径（mm）；

ξ ——螺栓拧入螺栓球长度与高强度螺栓直径的比值，可取为 1.1；

λ ——套筒外接圆直径与高强度螺栓直径的比值，可取为 1.8。

当相邻杆件夹角 θ 较小时，还应根据相邻杆件及相关封板、锥头、套筒等零部件不相碰的要求核算螺栓球直径。此时，可通过检查可能相碰点至球心的连线与相邻杆件轴线间的夹角之和不大于 θ 的条件进行核算。

（2）高强度螺栓的确定

受拉杆件的高强度螺栓直径由计算软件按等强度原则配置。受压杆件的高强度螺栓直径，按其设计内力绝对值求得高强度螺栓直径计算值后，按表 3.2-1 的螺栓直径系列减小 1~3 个级差选用，但必须保证套筒任何截面都具有足够的抗压强度。

常用螺栓在螺纹处的有效截面面积 A_{eff} 及承载力设计值 N_b^t　　表 3.2-1

性能等级	10.9S										
螺纹规格 d	M12	M14	M16	M18	M20	M22	M24	M27	M30	M33	M36
螺距 p（mm）	1.75	2	2	2.5	2.5	2.5	3	3	3.5	3.5	4
A_{eff}（mm²）	84.3	115	157	192	245	303	353	459	561	694	817
N_b^t（kN）	36.2	49.5	67.5	82.7	105	130.5	151.5	197.5	241.0	298	351

性能等级	9.8S							
螺纹规格 d	M39	M42	M45	M48	M52	M56×4	M60×4	M64×4
螺距 p（mm）	4	4.5	4.5	5	5	4	4	4
A_{eff}（mm²）	967	1121	1306	1473	1758	2144	2485	2851
N_b^t（kN）	375.6	431.5	502.8	567.1	676.7	825.4	956.6	1097.6

注：螺栓在螺纹处的有效截面面积 $A_{eff} = \pi(d - 0.9382p)^2/4$。

（3）套筒设计

套筒（六角形无纹螺母）外形尺寸必须符合搬手开口系列尺寸，端部要求平整，内孔径比螺栓直径大 1mm。套筒应根据相应杆件的最大轴向承载力按压杆进行计算，并验算其端部有效截面的局部承压力。

对开设滑槽的套筒还需验算套筒端部到滑槽端部的距离，使该处有效截面的抗剪力不低于紧固螺钉的抗剪力，并且不小于 1.5 倍滑槽宽度。

套筒长度 l_s 和螺栓长度 l 分别按下列公式（3.2-3）和（3.2-4）计算（参阅图 3.2-3）：

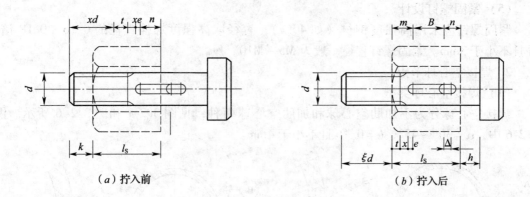

(a) 拧入前　　　　　　　　　　(b) 拧入后

图 3.2-3　套筒长度及螺栓长度

$$l_s = m + B + n \tag{3.2-3}$$
$$l = \xi d + l_s + h \tag{3.2-4}$$

式中　B——滑槽长度，$B = \xi d - K$；
　　　ξd——螺栓伸入螺栓球的长度，d 为螺栓直径，ξ 一般取 1.1；
　　　m——滑槽端部紧固螺钉中心到套筒端部的距离；
　　　n——滑槽顶部紧固螺钉中心至套筒顶部的距离；
　　　K——螺栓露出套筒距离，预留 4~5mm，但不少于 2 个丝扣；
　　　h——锥头端部厚度或封板厚度；
　　　t——螺纹根部到滑槽附加余量，取 2 个丝扣；
　　　x——螺纹收尾长度；
　　　e——紧固螺钉的半径；
　　　Δ——滑槽预留量，一般取 4mm。

（4）锥头或封板设计

杆件端部采用锥头（图 3.2-4a）或封板连接（图 3.2-4b），其连接焊缝以及锥头的任何截面必须与连接的钢管等强。封板厚度和锥头底板厚度应按实际受力大小计算确定，封板厚度一般不小于钢管外径的 1/5，锥头底板厚度一般不小于锥头底部内径的 1/4。

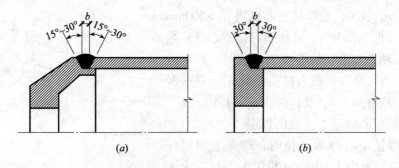

图 3.2-4　杆件端部连接焊缝

锥头底板外径必须比套筒外接圆直径或高强度螺栓尾部直径大 1~5mm，锥头底板孔径和封板孔径一般比高强度螺栓直径大 1mm。锥头斜度一般取 30°~40°。

(5) 紧固螺钉设计

紧固螺钉应采用高强度钢材（如40Cr），直径取高强度螺栓直径的0.16～0.18倍，并且不小于3mm。紧固螺钉直径一般为M5～M10。

2. 焊接空心球节点

(1) 焊接空心球类型

焊接空心球分为不加肋空心球和加肋空心球两种，见图3.2-5和图3.2-6所示。图3.2-6中，$\alpha = 30° \sim 45°$，$b = 0.4t_2$且不小于4mm。

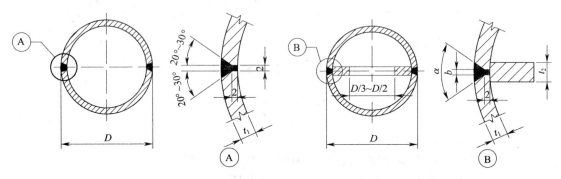

图3.2-5 不加肋空心球　　　　　　图3.2-6 加肋空心球

(2) 焊接空心球承载力计算

当焊接空心球直径为120～900mm时，其受压和受拉承载力设计值N_R（N）可按下式计算：

$$N_R = \eta_0 \left(0.29 + 0.54 \frac{d}{D}\right) \pi t d f \tag{3.2-5}$$

式中　D——焊接空心球外径（mm）；

　　　d——与焊接空心球相连的主钢管杆件外径（mm）；

　　　t——焊接空心球壁厚（mm）；

　　　f——钢材的抗拉强度设计值（N/mm²）；

　　　η_0——大直径焊接空心球节点承载力调整系数。当焊接空心球直径≤500mm时，$\eta_0 = 1.0$；当焊接空心球直径>500mm时，$\eta_0 = 0.9$。对加肋焊接空心球，当轴力方向和加肋方向一致时，其承载力可乘以承载力提高系数η_d，受压时取$\eta_d = 1.4$，受拉时取$\eta_d = 1.1$。

(3) 焊接空心球最小直径的规定

在确定焊接空心球的外径时，球面上相邻杆件间的净距一般不小于10mm（见图3.2-7）。为了保证净距，空心球的最小直径按下式计算：

$$D_{\min} = (d_1 + 2a + d_2)/\theta \tag{3.2-6}$$

式中　d_1、d_2——组成θ角的杆件外径（mm）；

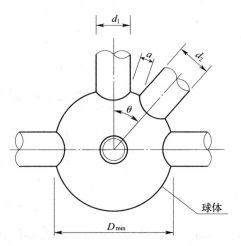

图3.2-7 焊接空心球相邻杆件示意

a——两相邻杆件间的净距（mm），一般 $a \geqslant 10$ mm；

θ——两相邻杆件轴线间的夹角（弧度）。

3．铸钢节点

（1）常用铸钢节点形式

常用的铸钢节点形式有：铸钢相贯节点、铸钢空心球节点、铸钢板式节点、铸钢销轴节点、铸钢支座节点、铸钢组合节点和其他类型的铸钢节点。

铸钢节点与钢结构构件的连接方式可采用焊接连接、螺纹连接和销轴连接。

（2）铸钢节点设计的一般规定

① 铸钢节点的壁厚在满足强度要求的条件下可按表3.2-2给出的数值选用，最小壁厚应满足表3.2-3的规定。

铸钢节点的合理铸造壁厚　　　　　　　　　　　　表3.2-2

铸钢节点最大轮廓尺寸	铸钢节点次大轮廓尺寸			
	≤350	351~700	701~1500	1501~3500
≤1500	15~20	20~25	25~30	—
1501~3500	20~25	25~30	30~35	35~40
3501~5500	25~30	30~35	35~40	40~45
5501~7000	—	35~40	40~45	45~50

注：形状复杂的铸件及流动性较差的钢种，其合理壁厚应适当增加。

铸钢节点的最小铸造壁厚　　　　　　　　　　　　表3.2-3

铸钢节点最大轮廓尺寸	<200	200~400	400~800	800~1250	1250~2000	2000~3200
壁厚	9	10	12	16	20	25

② 铸钢节点设计应避免壁厚急剧变化，铸钢节点的壁厚变化斜率一般小于1/5。

③ 铸钢节点内部薄壁部位（如筋板、加劲肋）的壁厚一般应小于外部薄壁部位的壁厚。

④ 铸钢节点的内圆角按表3.2-4设计，外圆角按表3.2-5设计。

⑤ 铸钢节点构造应力求简单，便于制模、清砂、合箱、造型和制芯。

⑥ 铸钢节点的设计一般先用专用绘图软件建立三维实体模型，然后用ANSYS等软件进行有限元分析，并结合铸造工艺经优化后确定。

铸钢节点内圆角半径　　　　　　　　　　　　表3.2-4

$(t_1+t_2)/2$	内圆角半径					
	铸钢节点内夹角					
	<50°	51°~75°	75°~105°	106°~135°	136°~165°	>165°
≤8	4	4	6	8	16	20
9~12	4	4	8	10	16	25
13~16	4	6	8	12	20	30
17~20	6	8	10	16	25	40

续表

$(t_1+t_2)/2$	内圆角半径					
	铸钢节点内夹角					
	<50°	51°~75°	75°~105°	106°~135°	136°~165°	>165°
21~27	6	10	12	20	30	50
28~35	8	12	16	25	40	60
36~45	10	16	20	30	50	80
46~60	12	20	25	35	60	100
61~80	16	25	30	40	80	120
81~110	20	25	35	50	100	160
111~150	20	30	40	60	100	160
151~200	25	40	50	80	120	200
201~250	30	50	60	100	160	250
251~300	40	60	80	120	200	300
>300	50	80	100	160	250	400

铸钢节点外圆角半径 表 3.2-5

$(t_1+t_2)/2$	外圆角半径					
	铸钢节点内夹角					
	<50°	51°~75°	76°~105°	106°~135°	136°~165°	>165°
≤25	2	2	2	4	6	8
25~60	2	4	4	6	10	16
60~160	4	4	6	8	16	25
160~250	4	6	8	12	20	30
250~400	6	8	10	16	25	40
400~600	6	8	12	20	30	50
600~1000	8	12	16	25	40	60
1000~1600	10	16	20	30	50	80
1600~2500	12	20	25	40	60	100
>2500	16	25	30	50	80	120

4. 钢管相贯节点

（1）钢管相贯节点的构造要求

① 钢管相贯节点形式一般有 T 形、X 形、Y 形、K 形、T-K 形等，如图 3.2-8 所示。

② 主管外部尺寸应大于支管外部尺寸，主管壁厚应大于支管壁厚，在支管与主管连接处不允许将支管插入主管内。

③ 主管与支管或两支管轴线之间的夹角不宜小于 30°。

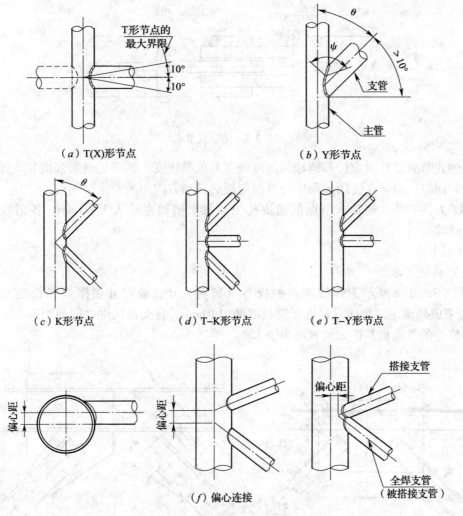

图 3.2-8 钢管相贯节点形式示意

④ 支管与主管的连接节点处应尽量避免偏心。

⑤ 当采用搭接型节点时,其搭接率 $Q_V = q/p \times 100\%$（q 为搭接管趾部与被搭接管趾部间的距离，p 为搭接管趾部与跟部间的距离）应满足 $25\% \leqslant Q_V \leqslant 100\%$ 的要求，但应保证搭接支管间的连接焊缝能可靠传递内力。

⑥ 在钢管相贯节点中有多根钢管搭接时，一般按下列要求搭接：直径较大支管作为被搭接管；管壁较厚支管作为被搭接管；承受轴心压力的支管作为被搭接管。

（2）钢管相贯节点的计算可参照现行行业标准《钢管结构技术规程》的规定进行计算。

5. 销轴式节点

销轴式节点在建筑领域应用十分广泛，如桁架节点、预应力结构撑杆端部节点、幕墙构件节点、摇摆柱端部连接节点、吊杆端部节点等，如图 3.2-9 所示。销轴式节点由销轴和销板组成，适用于约束线位移、放松角位移的转动铰节点。

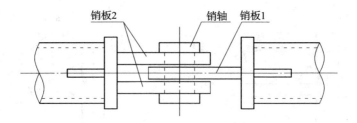

图 3.2-9 销轴式节点

销轴式节点设计时应计算销轴的抗弯强度和抗剪强度,销板的抗剪强度和抗拉强度满足要求,同时应保证在使用过程中杆件与销板的转动方向一致。

为了方便安装,销轴式节点的销板孔径一般比销轴直径大 1~2mm,各销板之间留 2~4mm 间隙。

6. 板节点

(1) 构造要求

① 图 3.2-10a 所示为焊接连接的板节点实例。节点板尺寸根据焊缝长度 L_{f1}、L_{f2}、L_{f3}、L_{f4} 来放样确定,放样时每道焊缝长度增加 10mm,各交汇构件之间间距不小于 25mm。对单根杆件的节点板其扩大角 θ 不小于 15°。

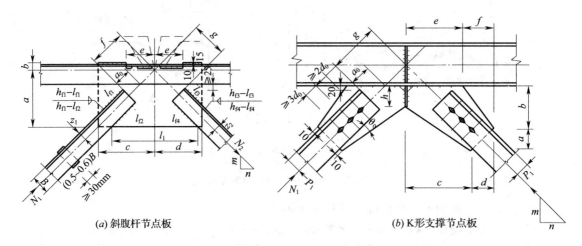

(a) 斜腹杆节点板 (b) K形支撑节点板

图 3.2-10 板节点示例

② 图 3.2-10b 所示为螺栓连接的板节点实例。构件轴线应与螺栓群轴线重合,放样时螺栓一般按较小的栓距紧凑排列,尽量减小连接板尺寸,以减少连接偏心;在同一节点中同类构件的螺栓直径一般不能多于两种。

(2) 节点板设计

① 节点板的强度可用有效宽度法按下式计算:

$$\sigma = \frac{N}{b_e \cdot t} \leq f \tag{3.2-7}$$

式中,b_e 为板件的有效宽度(图 3.2-11),当用螺栓连接时,应取净宽度(图 3.2-11b),图中 α 为应力扩散角,一般取为 30°;t 为节点板厚度。

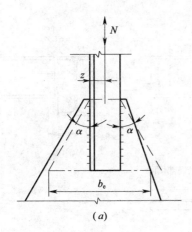 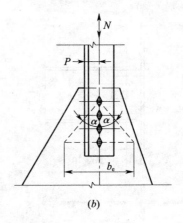

图 3.2-11 节点板的有效宽度

② 节点板稳定性应满足下列要求：

a）节点板的自由边长度 l_1（图 3.2-10a）与厚度 t 之比不得大于 $60\sqrt{235/f_y}$，否则应沿自由边设加劲肋予以加强。

b）对有竖腹杆的节点板，当 $a_0/t \leq 15\sqrt{235/f_y}$ 时（a_0 为受压腹杆连接肢端面中点沿腹杆轴线方向至弦杆的净距离，如图 3.2-10 所示），可不计算稳定。如不满足，应按《钢结构设计规范》GB 50017 进行稳定计算。但在任何情况下，a_0/t 都不能大于 $22\sqrt{235/f_y}$。

c）对无竖腹杆的节点板，当 $a_0/t \leq 10\sqrt{235/f_y}$ 时，节点板的稳定承载力一般取为 $0.8b_e tf$，否则，亦应按《钢结构设计规范》GB 50017 进行稳定计算。但在任何情况下，a_0/t 不得大于 $17.5\sqrt{235/f_y}$。

3.2.4 连接板及托板设计与计算

1. 连接板设计与计算

梁柱间或主次梁间的铰接连接节点构造如图 3.2-12 所示。连接板一般在工厂内焊于柱上或主梁上，当荷载较大需设双块连接板时，其中一块在工厂内焊好，另一块随梁带到现场焊接，主梁上的连接板可兼做腹板加劲肋。当荷载或偏心较大时，一般在背面对应增设加劲肋（如图 3.2-12c 虚线所示）。

连接板的尺寸、厚度按计算确定，并应满足焊缝、螺栓的构造要求。当为螺栓连接时应采用较紧凑的栓距布置。

图 3.2-12b 为次梁端伸入主梁的平齐连接板连接，此时次梁端部上翼缘及半侧下翼缘需局部切除，增加了梁的加工工序但传力偏心较小，同时还应注意其端头净距 a 不能过大，以保证次梁安装就位要求，可通过计算确定其数值。

图 3.2-12c 为连接板外伸式连接，次梁无需加工，安装更为方便，但此时偏心比较大。图 3.2-12b、图 3.2-12c 中凡腹板切槽阴角和连接板外伸部位的阴角均做成圆弧过渡（$r = 10 \sim 15$mm），并应注意在作施工详图时，连接板边的定位线应按偏离所连接梁半个腹板厚度定位。

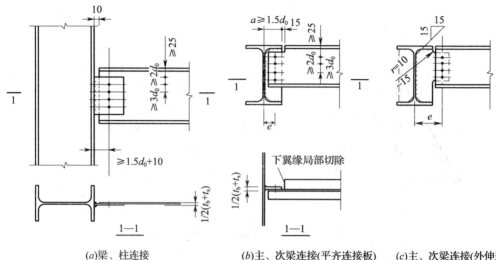

(a)梁、柱连接　　　　(b)主、次梁连接(平齐连接板)　　(c)主、次梁连接(外伸连接板)

图 3.2-12　连接板构造

连接板的截面尺寸、连接焊缝长度、连接螺栓数量按计算确定，必须保证连接板极限承载力不小于梁端最大反力 R。同时还应考虑偏心作用（偏心距 e）而增加的附加弯矩的不利影响，一般将梁端反力乘以增大系数 α_0 近似处理，α_0 可参考表 3.2-6 采用。

增大系数 α_0　　　　　　　　　　　　表 3.2-6

连接类别	计算部位	α_0	
		梁－柱、梁－梁螺栓连接	梁－柱、梁－梁现场焊接
梁－柱连接 (图 3.2-12a)	1. 连接板抗剪； 2. 连接板与梁的连接螺栓或梁的连接焊缝； 3. 连接板与柱的连接焊缝	1.1 1.1 1.2	1.1 1.2 1.2
梁－梁连接 (图 3.2-12b、 图 3.2-12c)	1. 连接板抗剪； 2. 连接板与次梁的连接螺栓或与次梁的连接焊缝； 3. 连接板与次梁的连接焊缝	1.1 1.1 1.2~1.3	1.1~1.2 1.2~1.3 1.2~1.3

注：表中系数为 1.1~1.2 或 1.2~1.3 者，可按偏心大小分别选用较大值或较小值。

连接板承载能力按平均剪应力公式进行验算：

$$\frac{\alpha_0 R}{h \cdot t} \leqslant f_v \quad (3.2\text{-}8)$$

式中，h 为连接板截面高度；t 为连接板截面厚度。

当荷载较大时，对图 3.2-12b 中次梁上翼缘局部切槽后的腹板连接处（图 3.2-13），还应按下式进行沿孔中心线净截面的抗拉剪撕裂验算：

$$\frac{R}{(L_{1n}+L_{2n})t} \leqslant f \quad (3.2\text{-}9)$$

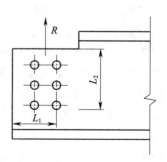

图 3.2-13　梁端腹板撕裂计算简图

式中，L_{1n}、L_{2n}为腹板撕裂面净长度（扣除孔径）；t为腹板厚度。

2. 托板设计与计算

支承托板（图3.2-14）主要用于支撑端板式支座，其上端面应进行刨平加工以提高承压强度，托板可采用钢板，亦可采用较厚的不等肢角钢（将短肢部分切肢），前者厚度一般比所支承端板厚 4～5mm（图3.2-14a），后者可在切肢时留出稍大的支承面宽度（图3.2-14b）。

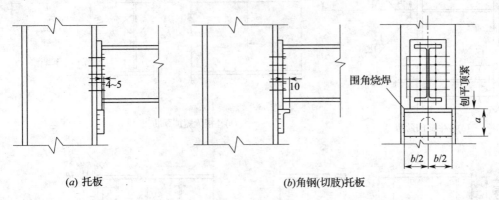

图 3.2-14 托板构造

托板的承载力由板侧竖向焊缝来保证（必要时也可增加板底端正面焊缝），计算侧焊缝时一般考虑两侧不均等受力的影响，将支承反力乘以增大系数1.3计算，托板厚度 t 一般不小于16mm（角钢不小于14mm），其焊脚尺寸 h_f 不得小于 $1.5\sqrt{t}$，同时两侧焊缝之间距离 b 一般不大于 $16t$（t 为托板厚度），若不能满足时可按图示虚线将托板开槽后焊接。为减小托板"张开"的影响，两侧焊缝上顶端尽量作一小段水平绕角焊，长度 20～25mm。

3.2.5 加劲肋设计与计算

加劲肋是保证板件局部不失稳的构造措施，其一般构造如图3.2-15所示。

1. 柱体加劲肋

柱体加劲肋一般设于梁、柱刚接节点的梁翼缘对应处或牛腿翼缘对应处的柱身处（图3.2-15a）。加劲肋的厚度 t_s 不应小于 $0.7t_f$（t_f 为所对应翼缘的厚度），其宽度 b_s 与厚度 t_s 之比应满足 $\dfrac{b_s}{t_s} \leq 15\sqrt{\dfrac{235}{f_y}}$，同时加劲肋的中心应与梁或牛腿的翼缘中心对齐。

加劲肋的截面面积 A_s 按下式计算：

$$A_s = 2b_s t_s \geq N_f/f - t_{cw}[t_{bf} + 5(r + t_{cf})] \tag{3.2-10}$$

式中：N_f——翼缘集中作用力；对固端梁 $N_f = M_b/h_b$；对牛腿 $N_f = p \cdot e/h_b$；

f——钢材强度设计值；

t_{cw}、t_{cf}——柱腹板与翼缘板厚度；

t_{bf}——传力翼缘的厚度；

r——对轧制H型钢，为腹板上下边缘的圆弧半径，可由截面规格表查得；对焊接H型钢 $r=0$。

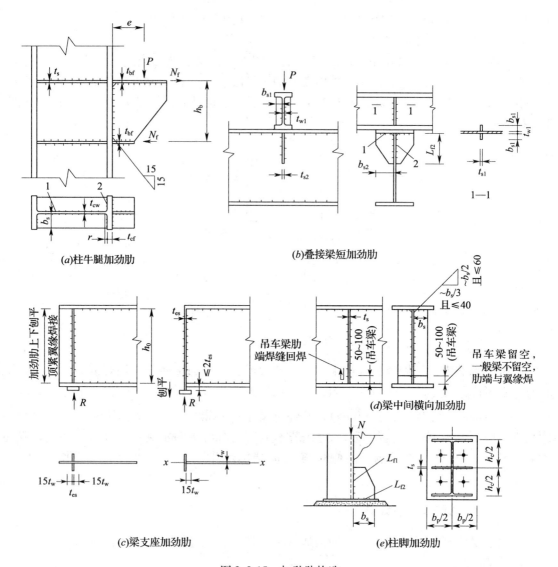

图 3.2-15 加劲肋构造

加劲肋端焊缝（2区端焊缝）与肋身侧焊缝（1区焊缝），应分别保证传递加劲肋力 N_s（$N_s = A_s \cdot f_s$，A_s 按式（3.2-10）计算），当需要时2区焊缝可采用熔透焊缝。

2. 传力短加劲肋

传力短加劲肋应保证将梁翼缘所受的局部集中荷载传递到梁的腹板上，图3.2-15中主梁短加劲肋的厚度 t_{s2} 不应小于次梁腹板厚度 t_{w1}，其内角应按图3.2-15要求进行切角，短加劲肋的截面积可按下式计算：

$$A_{s2} = 2b_{s2}t_{s2} \geqslant \frac{2b_{s2}t_{w1}P_1}{[(2b_{s1}+t_{w1})t_{s1}+2b_{s2}t_{w1}]f} \quad (3.2\text{-}11)$$

短加劲肋的端焊缝（2区焊缝）及侧焊缝（1区焊缝）应分别按保证传递加劲肋力 $A_{s2}f$ 来计算确定，当力很大时，亦可将肋上端刨平顶紧上翼缘后焊接，此时端焊缝可按传力为 $0.15A_{s2}f$ 计算。

3. 梁横向加劲肋

梁中间横向加劲肋主要用于保证腹板的局部稳定。中间加劲肋一般在腹板两侧对称布置，除吊车梁外，也可单侧交错配置，两侧对称布置的加劲肋其外伸宽度 b_s 与厚度 t_s 应符合下式要求：

$$b_s \geq h_0/30 + 40\text{mm} \quad (3.2\text{-}12)$$
$$t_s \geq b_s/15 \quad (3.2\text{-}13)$$

式中 h_0 为腹板高度，当加劲肋单侧配置时，其宽度 b_s 应较上式增加 20%；一般梁加劲肋的上下端应分别与梁上下翼缘焊接，其肋端肋身的焊缝均宜采用较薄的焊缝。吊车梁的加劲肋上端应刨平顶紧上翼缘，加劲肋的下端宜在距受拉翼缘 50～100mm 处断开，但肋端焊缝应绕焊或回焊（不允许在端点起、灭弧）。

4. 梁支座加劲肋

图 3.2-15 中分别表示平板式支座及端板式支座的加劲肋构造，平板加劲肋厚度不应小于 $1.2t_w$（t_w 为梁腹板厚），端板加劲肋厚度不应小于 $1.5t_w$。梁支座加劲肋应按承受支座反力的轴心受压杆件计算其在腹板平面外的稳定性，杆件截面为由加劲肋及与其相连的部分腹板（$15t_w\sqrt{235/f_y}$）组成的十字形截面或 T 形截面，杆件计算长度取腹板计算高度 h_0。

5. 柱脚加劲肋

柱脚加劲肋均为短加劲肋，其主要作用是合理划分柱底板受力区格，减少柱底板在地基反力作用下的内力及其厚度。图 3.2-15 为简单铰接柱脚的加劲肋构造，加劲肋厚度一般不小于 $1.2t_w$（t_w 为柱腹板厚），其截面可近似按传递其分担区内总地基反力由下式计算：

$$A_s = 2b_s t_s \geq \frac{b_p h_c}{2}\sigma_f \quad (3.2\text{-}14)$$

式中 σ_f 为肋分担区内最大的地基反力设计值，其端焊缝或侧焊缝应按分别保证传递 N_s 的加劲肋力计算确定。

3.2.6 连接构造与计算

连接构造与计算是钢结构施工详图设计中的重要组成部分，设计时应根据设计图所示的节点构造及杆件内力，布置并计算所要求的焊接连接或螺栓连接。

1. 焊接连接

焊接连接分为对接焊缝连接及角焊缝连接，前者又可分为熔透焊缝连接与非熔透焊缝连接。熔透焊缝质量等级为一、二级，角焊缝和非熔透焊缝质量等级为三级。

(1) 对接焊缝的强度计算公式见表 3.2-7。
(2) 角焊缝的强度计算公式见表 3.2-8。
(3) 焊接连接构造应满足下列要求：
① 焊缝的布置应尽量对称于构件或节点板截面中和轴，避免连接偏心传力。
② 为方便焊接操作，尽量选用平焊或横焊的焊接位置，并有合理的施焊空间。
③ 焊缝长度和焊脚尺寸由计算确定，不要随意增大、增厚。
④ 尽量采用刚性较小的接头形式，避免焊缝密集的小面积围焊或三向焊缝相交，以减少焊接应力和应力集中。

对接焊缝连接的强度计算公式　　　　表 3.2-7

项次	连接形式及受力情况	计算内容	计算公式	说明
1	(图示：受拉/压板对接)	抗（压）应力 抗拉承载力 抗压承载力	$\sigma = \dfrac{N}{l_w t} \leq f_t^w$ 或 f_c^w $N_t^w = l_w t f_t^w \geq N$ $N_c^w = l_w t f_c^w \geq N$	t 为连接构件的最小厚度，在 T 形接头中，t 为腹板厚度，f_t^w、f_c^w 为对接焊缝的抗拉、抗压强度
2	(图示：斜焊缝对接)	正应力 剪应力 抗弯承载力 抗剪承载力	$\sigma = \dfrac{N\sin\theta}{l_w t} \leq f_t^w$ 或 f_c^w $N_t^w = \dfrac{1}{\sin\theta} l_w t f_t^w \geq N$ $N_v^w = \dfrac{1}{\cos\theta} l_w t f_v^w \geq N$	f_v^w 为对接焊缝的抗剪强度，当 $\tan\theta \leq 1.5$ 时其强度可不计算
3	(图示：受弯剪对接)	正应力 剪应力 抗弯承载力 抗剪承载力	$\sigma = \dfrac{6M}{l_w^2 t} \leq f_t^w$ 或 f_c^w $\tau = \dfrac{1.5V}{l_w t} \leq f_v^w$ $M^w = \dfrac{1}{6} l_w^2 t f_t^w \geq M$ $V^w = \dfrac{1}{1.5} l_w t f_v^w \geq V$	
4	H 型钢梁柱 T 形对接	正应力 剪应力 折算应力	$\sigma = \dfrac{M}{W_w} \leq f_t^w$ 或 f_c^w $\tau = \dfrac{V}{A_{ww}} \leq f_v^w$ $\sigma_{zs} = \sqrt{\sigma^2 + 3\tau^2}$ $= \sqrt{\left(\dfrac{M}{W_w}\right)^2 + 3\left(\dfrac{V}{A_{ww}}\right)^2}$ $\leq 1.1 f_t^w$	W_w 为对接焊缝全截面的抵抗矩，A_{ww} 为梁腹板对接焊缝的有效截面

注：1. 当对接焊缝无法采用引弧板施焊时，每条焊缝的计算长度应减去 10mm。
　　2. 加引弧板的熔透焊接（焊缝质量为一级或二级）可与母材等强，一般不再计算焊缝强度；当板厚 $t > 8$mm 时，钢板应作剖口加工。
　　3. 焊缝质量等级检验标准按现行国家标准《钢结构工程施工质量验收规范》GB 50205 的规定。

⑤ 选用的焊接材料应与主体金属相匹配。当焊接两种不同的钢材时，应采用与低强度钢材相适宜的焊接材料。

⑥ 在采用对接焊缝的板材拼接中，其纵横两方向的对接焊缝一般采用十字形交叉布置，也可采用 T 型交叉布置，交叉点的间距不得小于 200mm。

⑦ 当板件采用搭接接头时，其沿受力方向的搭接长度一般不小于 $5t$（t 为较薄焊件的厚度）且不小于 25mm。

角焊缝连接的强度计算公式　　　　　　　表 3.2-8

序号	接头形式及受力状态	公式	说明
1	单向轴向力 外力垂直于焊缝长度方向	端焊缝应力 $\sigma_f = \dfrac{N}{(h_{fe1}+h_{fe2})L_w} \leqslant \beta_f f_f^w$ 端焊缝承载力 $N^w = (h_{fe1}+h_{fe2})L_w \beta_f f_f^w \geqslant N$	f_f^w—角焊缝强度设计值 β_f—正面角焊缝强度增大系数，$\beta_f = 1.22$； h_{fe1}、h_{fe2}—角焊缝 1、2 的有效厚度，角焊缝有效厚度 $h_{fe} = 0.7 h_f$
2	单向轴向力 外力平行于焊缝长度方向	侧焊缝应力 $\tau = \dfrac{N}{h_{fe}\sum L_w} \leqslant f_f^w$ 侧焊缝承载力 $N^w = h_{fe}\sum L_w f_f^w \geqslant N$	
3	单向轴向力 角钢连接	角钢肢背、肢尖所需焊缝长度 L_{w1}、L_{w2} 应满足： $L_{w1} \geqslant \dfrac{K_1 N}{0.7 h_{fe1} f_f^w}$ $L_{w2} \geqslant \dfrac{K_2 N}{0.7 h_{fe2} f_f^w}$	K_1—角钢背棱的分配系数； K_2—角钢肢尖的分配系数； （1）等边角钢： $K_1 = 0.7$，$K_2 = 0.3$； （2）不等边角钢： 当短肢连接时 $K_1 = 0.75$，$K_2 = 0.25$； 当长肢连接时 $K_1 = 0.65$，$K_2 = 0.35$。 当为单角钢单面连接时，应考虑强度折减系数 0.85
4	弯剪共同作用 H 型钢梁柱连接	1 点应力 $\sigma_{M1} = \dfrac{M}{W_{w1}} \leqslant \beta_f f_f^w$ 2 点应力 $\sigma_{f2} = \sqrt{\left(\dfrac{\sigma_{M2}}{\beta_f}\right)^2 + (\tau_v)^2}$ $= \sqrt{\left(\dfrac{M}{\beta_f W_{w2}}\right)^2 + \left(\dfrac{V}{A_{ww}}\right)^2} \leqslant f_f^w$	W_{w1}、W_{w2}—角焊缝有效截面对 1 点、2 点的抵抗矩； A_{ww}—腹板角焊缝的有效截面积

续表

序号	接头形式及受力状态	公式	说明
5	弯剪共同作用 牛腿连接 $M=F \cdot e$ 焊缝截面	1 点应力 $\sigma_{M1} = \dfrac{M}{W_{w1}} \leqslant \beta_f f_f^w$ 2 点应力 $\sigma_{f2} = \sqrt{\left(\dfrac{\sigma_{M2}}{\beta_f}\right)^2 + (\tau_v)^2}$ $= \sqrt{\left(\dfrac{Fe}{\beta_f W_{w2}}\right)^2 + \left(\dfrac{F}{A_{ww}}\right)^2} \leqslant f_f^w$	W_{w1}、W_{w2}—角焊缝有效截面对 1 点、2 点的抵抗矩； A_{ww}—腹板角焊缝的有效截面积

注：1. 计（验）算焊缝强度时，每道角焊缝长度均应减去 10mm（起灭弧处无效长度）；
  2. 计算焊缝强度时，焊缝截面及抵抗矩均应按焊缝有效厚度 h_{fe} 计算，等边直角焊缝的有效厚度均取为焊脚厚度的 0.7 倍，即 $h_{fe} = 0.7 h_f$。

⑧ 角焊缝的最小焊缝尺寸不能小于 $1.5\sqrt{t}$，角焊缝的最大焊脚尺寸一般不大于焊件厚度 t，当有必要加大时一般不大于较薄焊件厚度的 1.2 倍。

⑨ 侧面角焊缝或正面角焊缝的最小有效计算长度为 $8h_f$ 或 40mm，设计时应尽量避免采用短而厚的焊缝段。

⑩ 侧面角焊缝的最大有效计算长度，一般不大于 $60h_f$（对承受静力荷载或间接承受动力荷载的连接）及 $40h_f$（对承受动力荷载的连接），当大于上述数值时，其超过部分在计算中不考虑。

2. 螺栓连接

螺栓连接分为普通螺栓连接和高强度螺栓连接，高强度螺栓连接又分为承压型连接与摩擦型连接。高强度螺栓连接要求连接板进行摩擦面处理并对螺栓施加预拉力；高强度螺栓产品有扭剪型和大六角两种，其施工应满足《钢结构高强度螺栓连接的设计、施工及验收规程》JGJ 82 的要求。

（1）普通螺栓（C 级螺栓）连接的强度计算公式见表 3.2-9。

普通螺栓连接的计算公式　　表 3.2-9

连接种类		一个螺栓的承载力设计值	承受轴心力时所需螺栓数量	说明
普通螺栓连接	抗剪连接	抗剪 $N_v^b = n_v \times \dfrac{\pi d^2}{4} \times f_v^b$ 承压 $N_c^b = d \sum t f_c^b$	$n \geqslant \dfrac{N}{N_{min}^b}$	N_{min}^b 为 N_v^b 和 N_c^b 中的较小者

续表

连接种类		一个螺栓的承载力设计值	承受轴心力时所需螺栓数量	说明
普通螺栓连接	杆轴方向的抗拉连接	$N_t^b = \dfrac{\pi d_e^2}{4} \times f_t^b$	$n \geq \dfrac{N}{N_t^b}$	
	同时承受剪力和杆轴方向拉力的连接	$\sqrt{\left(\dfrac{N_t}{N_t^b}\right)^2 + \left(\dfrac{N_v}{N_v^b}\right)^2} \leq 1$ $N_v \leq N_c^b$		

注:f_v^b、f_c^b、f_t^b—分别为螺栓的抗剪、承压、抗拉强度设计值;n_v—每一个螺栓受剪面数目;d——螺栓杆直径;d_e—螺栓在螺纹处的有效直径;$\sum t$—在同一受力方向的承压构件的较小总厚度;N—作用于连接的轴心拉力或剪力。

(2) 高强度螺栓承压型连接的强度计算公式,见表 3.2-10。

承压型连接中每个高强度螺栓的承载力(设计值)计算公式　　表 3.2-10

项次	受力情况		一个螺栓的承载力设计值	承受轴力 N 所需螺栓数量	说明
1	抗剪连接	按抗剪计算	$N_v^{bHc} = n_v \dfrac{\pi d^2}{4} \times f_v^{bHc}$ $N_c^{bHc} = d \sum t f_c^{bHc}$	$n \geq \dfrac{N}{N_{\min}^{bHc}}$	$N_{\min}^{bHc}$ 取抗剪或承压承载力两者中的较小者;当剪切面在螺纹处时,应按螺纹处的有效直径 d_e 进行抗剪计算
		按承压计算			
2	螺栓杆轴方向受拉的连接		$N_t^{bHc} = 0.8P$	$n \geq \dfrac{N}{N_t^{bHc}}$	
3	同时承受剪力和杆轴方向拉力的连接		$\sqrt{\left(\dfrac{N_v}{N_v^{bHc}}\right)^2 + \left(\dfrac{N_t}{N_t^{bHc}}\right)^2} \leq 1$ $N_v \leq N_c^{bHc}/1.2$		
4	抗剪连接以及同时承受剪力和杆轴方向拉力的连接		$N_v^{bHc} \leq 1.3 N_v^{bH} = (1.3 \times 0.9 n_f \mu P)$ 或 $N_{vt}^{bHc} \leq 1.3 N_v^{bH}$ $= [1.3 \times 0.9 n_f \mu (P - 1.25 N_t)]$		当进行上述计算后,还应按本项与摩擦型连接承载力 N^{bH} 相比较的控制性验算

注:1. f_v^{bHc}、f_c^{bHc}—承压型连接中高强度螺栓的抗剪和承压强度设计值;N_v、N_t 承压型连接中每个高强度螺栓所受的剪力和拉力;N_v^{bHc}、N_t^{bHc}、N_c^{bHc}、N_{vt}^{bHc}—承压型连接中每个高强度螺栓的抗剪、抗拉、承压及抗剪拉承载力;

2. 高强度螺栓承压型连接的材质要求、摩擦面处理及预拉力等要求均与摩擦型连接相同。

(3) 高强度螺栓摩擦型连接的强度计算公式见表 3.2-11。
(4) 螺栓连接构造应满足下列要求:
① 普通螺栓连接一般采用 C 级螺栓,螺栓孔应采用钻成孔。

摩擦型连接中每个高强度螺栓的承载力（设计值）计算公式　　　表 3.2-11

项次	受力情况	一个螺栓的承载力设计值	承受轴心力 N 所需螺栓数量
1	抗剪连接（承受摩擦面间的剪力）	$N_v^{bH} = 0.9 n_f \mu P$	$n \geq \dfrac{N}{N_v^{bH}}$
2	螺栓杆轴方向受拉的连接	$N_t^{bH} = 0.8 P$	$n \geq \dfrac{N}{N_t^{bH}}$
3	同时承受摩擦面间的剪切和螺栓杆轴方向的外拉力	$N_{vt}^{bH} = 0.9 n_f \mu (P - 1.25 N_t)$	

注：n_f—传力摩擦面数目；μ—摩擦面的抗滑移系数，按表 3.2-12 采用；P—每个高强度螺栓的设计预应力，按表 3.2-13 采用；N_t—每个摩擦型高强度螺栓在其杆轴方向所受的外拉力，此拉力不能大于设计预应力 P 的 80%（即 $N_t < 0.8P$）；N_v^{bH}、N_t^{bH}—摩擦型连接中每个高强度螺栓的抗剪、抗拉承载力；N_{vt}^{bH}—同时承受剪力和杆轴方向的拉力时，每个高强度螺栓的抗剪承载力设计值。

摩擦面的抗滑移系数 μ 值　　　表 3.2-12

在连接处构件接触面的处理方法	构件的钢号		
	Q235 钢	Q345 钢、Q390 钢	Q420 钢
喷砂（丸）	0.45	0.50	0.50
喷砂（丸）后涂无机富锌漆	0.35	0.40	0.40
喷砂（丸）后生赤锈	0.45	0.50	0.50
钢丝刷清除浮锈或未经处理的干净轧制表面	0.30	0.35	0.40

每个高强度螺栓设计预拉力 P（kN）　　　表 3.2-13

螺栓性能等级	螺栓公称直径（mm）					
	M16	M20	M22	M24	M27	M30
8.8 级	70	110	135	155	205	250
10.9 级	100	155	190	225	290	355

② 普通螺栓连接不能用于重要的抗剪连接，且连接构造应尽量使螺纹不进入剪切面。

③ 每一构件在节点上或拼装连接一侧的永久性螺栓数目不能少于 2 个，但对组合结构的小截面杆件（如输电塔架等），端部连接可采用 1 个螺栓。

④ 普通 C 级螺栓的孔径 d_0 一般应比螺栓公称直径 d 大 1.5mm，当 $d \geq 30$mm 时可大 2.0mm；摩擦型高强度螺栓连接孔径比螺栓直径大 1.5～2.0mm；承压型高强度螺栓连接孔径比螺栓直径大 1.0～1.5mm。

⑤ 对有防松要求的普通螺栓连接，应采用弹簧垫圈或双螺帽以防止螺帽松动。

⑥ 螺栓排列的间距应符合表 3.2-14 的要求。

螺栓排列间距要求　　　　表 3.2-14

类别	位置和方向			最大容许距离（取两者的较小值）	最小容许距离
孔中心间距	任意方向	外排		$8d_0$ 或 $12t$	$3d_0$
孔中心间距	任意方向	中间排	连接构件受压时	$12d_0$ 或 $18t$	
			连接构件受拉时	$16d_0$ 或 $24t$	
孔中心至构件边缘距离	顺内力方向			$4d_0$ 或 $8t$	$2d_0$
	垂直内力方向	切割边			$1.5d_0$
		轧制边	高强度螺栓		
			其他螺栓或铆钉		$1.2d_0$

注：1. d_0 为螺栓的孔径，t 为外层较薄板件厚度。
　　2. 钢板边缘与刚性构件（如角钢、槽钢等）相连的螺栓最大间距，可按中间排的数值采用。

⑦ 在下列情况的连接中，螺栓的数量应适当增加：

a）一个构件借助填板或其他中间板件与另一构件连接时的螺栓数量，应按计算增加 10%。

b）搭接或用拼接板的单面连接，螺栓数量应按计算增加 10%。

c）在构件的端部连接中，当增加辅助短角钢连接型钢的外伸肢以减少连接长度时，在短角钢两肢中的任一肢上，所用的螺栓数量应按计算增加 50%。

⑧ 高强度螺栓连接范围内板面摩擦面处理方法及抗滑移系数 μ 值应在施工详图中注明。

⑨ 在抗弯或抗弯剪的法兰板或端板连接中，其法兰板或端板的厚度不小于连接螺栓的直径。

⑩ 当板件的节点处或拼接接头的一端，高强度螺栓沿受力方向的连接长度 L_1 大于 $15d_0$（d_0 为栓孔直径）并小于等于 $60d_0$ 时，应将高强度螺栓的承载力乘以折减系数 $[1.1 - L_1/(150d_0)]$，当 $L_1 > 60d_0$ 时，取折减系数 0.7。

⑪ 在同一构件中的连接螺栓一般采用同一直径；在同一工程项目中，螺栓直径种类不宜过多。

⑫ 对高强度螺栓临近焊缝的节点连接，当采用先拧后焊的工序（如栓-焊并用节点连接）时，其高强度螺栓的承载力应降低 10% 考虑。

3.2.7 起拱值计算

为改善外观和使用条件，可将横向受力构件预先起拱，起拱大小应视实际需要而定。对跨度 $L \geq 15m$ 的三角形屋架或跨度 $L \geq 24m$ 的梯形或平行弦屋架，当下弦无曲折时应起拱，拱度约为跨度 L 的 1/500。凡在设计图中注明需要起拱的屋架、桁架，在施工详图设计时应按起拱后的几何尺寸及杆件长度绘制详图。

施工梯形或平行弦桁架的起拱应保持桁架高度不变，且上下弦仍为直线而在中点拐折（见图 3.2-16）。假定起拱前后竖杆高度不变，则各杆长度可按如下计算：

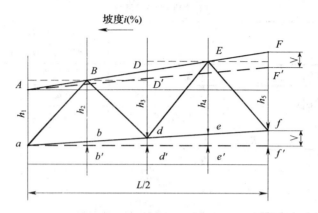

图 3.2-16 梯形或平行桁架起拱示意图

当上弦坡度为 i（%）时，各竖腹杆长度为：

$$h_2 = h_1 + i(ab') \qquad h_3 = h_1 + i(ad')$$
$$h_4 = h_1 + i(ae') \qquad h_5 = h_1 + iL/2$$

上弦杆：$AF = \sqrt{\left(\dfrac{L}{2}\right)^2 + \left(V + \dfrac{iL}{2}\right)^2}$

下弦杆：$af = \sqrt{\left(\dfrac{L}{2}\right)^2 + V^2}$

斜腹杆：$aB = \sqrt{(ab')^2 + (Bb')^2} = \sqrt{(ab')^2 + \left[h_1 + i(ab') + \dfrac{2V(ab')}{L}\right]^2}$

$$bd = \sqrt{(b'd')^2 + (D'd)^2} = \sqrt{(b'd')^2 + \{h_3 - [dd' + i(b'd')]\}^2}$$

$$dE = \sqrt{(d'e')^2 + (Ee)^2} = \sqrt{(d'e')^2 + \left[h_4 + \dfrac{2V(ae')}{L}\right]^2}$$

$$Ef = \sqrt{(e'f')^2 + (F'f)^2} = \sqrt{(e'f')^2 + \{h_5 - [V + i(e'f')]\}^2}$$

当为平行弦桁架时，可按 $i = 0$ 代入以上各式计算。

3.2.8 构件及节点尺寸计算

构件及节点的尺寸主要通过设计图和放样计算确定。首先按1:1比例建立三维实体模型，然后对每一零部件进行放样和尺寸标注。尺寸计算和标注可采用 AutoCAD 和 Xsteel 等绘图软件进行，尺寸标注应符合相关制图标准的规定。

尺寸计算时应考虑构件和节点的加工工艺、安装方法，对加工余量、焊接收缩量和其他工艺要求预放量应在计算时充分考虑。

对计算完成的尺寸应经校对和审核，保证所有尺寸做到准确无误。

3.3 施工详图编制要求

3.3.1 基本规定

建筑钢结构施工详图所用的图线、字体、比例、符号、定位轴线图样画法、尺寸标注及常用建筑材料图例等均按照现行国家标准《房屋建筑制图统一标准》GB 50001 和《建筑结构制图标准》GB 50105 的有关规定采用。

1. 图样画法规定

（1）图幅。钢结构施工详图常用的图幅一般为国标统一规定的 A_0、A_1、A_2、A_2 加长、A_3、A_4 图幅，如表 3.3-1 所示，在同一套图纸中，尽量使用一类图幅。

常用图幅尺寸 表 3.3-1

幅面代号 \ 图幅	A_0	A_1	A_2	A_0加长	A_3	A_4	图形
$b \times L$	841×1189	594×841	420×594	420×841	297×420	210×297	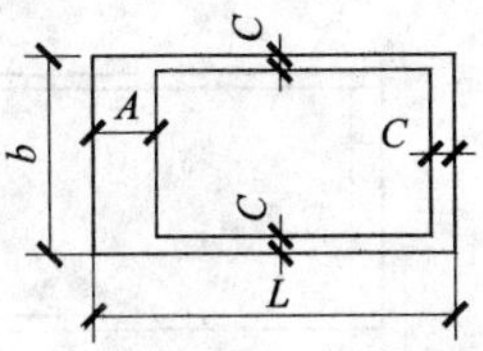
C	10				5		
A	25						

（2）图线及画法。图纸上的线型根据用途不同，按表 3.3-2 采用，并应符合国标的规定。

线型分类表 表 3.3-2

种类	线型	线宽	一般用途
粗实线	———	b	螺栓、结构平面布置图中单线构件线、钢支撑线
中实线	———	$0.5b$	钢构件轮廓线
粗虚线	— — —	b	不可见的螺栓线、布置图中不可见的单线构件线
中虚线	- - - -	$0.5b$	不可见的钢构件轮廓线
粗点画线	—·—·—	b	垂直支撑、柱间支撑线
细点画线	—·—·—	$0.25b$	中心线、对称线、定位轴线
折断线	—/\—	$0.25b$	断开界线
波浪线	～～～	$0.25b$	断开界线

注：b 的宽度宜取为 2.0、1.4、1.0、0.7mm。

（3）字体及计量单位。钢结构施工详图中所使用的文字一般采用仿宋体书写，字母一般采用手写体的大写书写，图纸上字体应书写端正，笔画清晰，标点符号清楚，汉字应采用国家公布实施的简化汉字，计量单位应采用国家法定计量单位；字体高度一般不小于 4mm，数字均用工程数字书写，数字高度一般为 3~4mm。

（4）比例。所有图形均应尽按比例绘制，平面、立面图一般采用 1:100、1:200，也可用 1:150；结构构件图一般为 1:50，也可用 1:30、1:40；节点详图一般为 1:10、1:20。如确实需要，可在一个图形中采用两种比例（如桁架图中的桁架尺寸与截面尺寸）。

（5）尺寸标注（见图 3.3-1）。施工详图的尺寸由尺寸线、尺寸界线、尺寸起止点

(45°短斜线)组成；尺寸单位除标高以 m 为单位外，其余尺寸均以 mm 为单位，且尺寸标注时不再书写单位。一个构件的尺寸线一般为三道，由内向外依次为：加工尺寸线、装配尺寸线、安装尺寸线。

当构件图形相同，仅零件布置或构件长度不同时，可用一个构件图形及多道尺寸线表示 A、B、C……多个构件，但最多不超过 5 个。

（6）符号及投影。如图 3.3-2 所示，详图常用符号有剖面符号、剖切符号、对称符号，此外还有折断省略符号及连接符号、索引符号等，同时还可利用自然投影表示上下及侧面的图形。

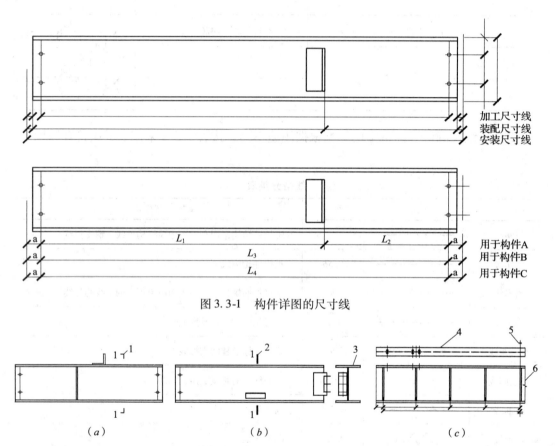

图 3.3-1　构件详图的尺寸线

图 3.3-2　详图符号及投影之一
1—剖面符号；2—剖切符号；3—右侧自然投影；4—上侧自然投影；5—对称符号；6—断开符号

① 剖面符号。用以表示构件主视图中无法看到或表达不清楚的截面形状及投影关系，剖面线用粗实线绘制，编号字体应比图中数字大一号。

② 剖切符号。剖切符号图形只表示剖切处的截面形状，并以粗线绘制，不做投影。

③ 对称符号。若构件图形是中心对称的，可只画出该图形的一半，并在对称轴上标注对称符号即可。

④ 折断省略符号及连接符号（图 3.3-3）。二者均为可以简化图形的符号。即当构件较长，且沿长度方向形状相同时，可用折断省略号断开，省略绘制（图中 a）。若构件 B 与构件 A 只有某一端不相同，则可在构件 A 图形（图中 b）上一确定位置加连接符号

(旗号)，再将构件 B 中与构件 A 不同的部位以连接符号为基线绘制出来，即为构件 B（图中 c）。

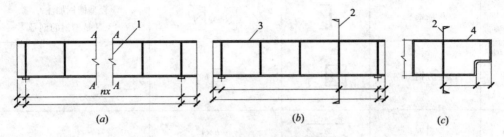

图 3.3-3　详图符号之二
1—折断省略符号；2—连接符号；3—构件 A；4—构件 B

⑤ 索引符号。为了表示详图中某一局部的节点大样或连接详图，可用索引符号进行索引，然后将节点放大显示。索引符号的圆及直径均以细实线绘制，圆的直径一般为 10mm，被索引的节点可在同一张图中绘制，也可在另外的图纸绘制，并分别以图 3.3-4 表示：

同时索引符号也可用于索引剖面详图，在被剖切的部位绘制剖切位置线，并以引出线引出索引符号（图 3.3-5），引出线所在的一侧应为剖视方向。

图 3.3-4　详图中索引符号　　　　　　　　图 3.3-5　索引剖面详图的索引符号

⑥ 定位轴线。绘制平、立面布置图以及构件定位轴线时，应标注轴线，详图轴线编号应与设计图相同，轴线编号应以圆圈中字母表示柱列线，圆圈中数字表示柱行线。

2．常用型钢标注方法

施工详图中常用型钢的标注方法如表 3.3-3 所示。

常用型钢标注方法　　　　　　　　　　　　　　　表 3.3-3

序号	名称	截面	标注	说明
1	等边角钢	∟	∟ $b \times t$	b 为肢宽 t 为肢厚
2	不等边角钢	∟	∟ $B \times b \times t$	B 为长肢宽；b 为短肢宽 t 为肢厚
3	工字钢	I	I N Q N	轻型工字钢加注 Q 字 N 是工字钢型号

续表

序号	名称	截面	标注	说明
4	槽钢	 ⊏	[N Q N	轻型槽钢加注 Q 字 N 是槽钢的型号
5	方钢	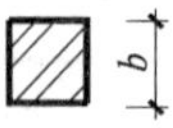 ▨	□ b	
6	扁钢	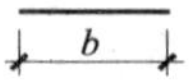 — b —	$-b \times t$	
7	钢板	—	$\dfrac{-b \times t}{t}$	$\dfrac{宽 \times 厚}{板长}$
8	圆钢	 ⊘	d	
9	钢管	 ○	$DN \times \times$ $d \times t$	内径 外径×壁厚
10	薄壁方钢管	□	$B□ b \times t$	薄壁型钢加注 B 字 t 为壁厚
11	薄壁等肢角钢	 ∟	$B∟ b \times t$	
12	薄壁等肢卷边角钢	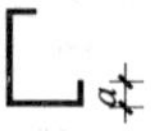 ⌐	$B⌐ b \times a \times t$	薄壁型钢加注 B 字 t 为壁厚
13	薄壁槽钢	 ⊏	$B⊏ h \times b \times t$	
14	薄壁卷边槽钢	 ⊏	$B⊏ h \times b \times a \times t$	
15	薄壁卷边 Z 型钢	 ⌐⌐	$B⌐⌐ h \times b \times a \times t$	
16	T 型钢	 T	TW×× TM×× TN××	TW 为宽翼缘 T 型钢 TM 为中翼缘 T 型钢 TN 为窄翼缘 T 型钢
17	H 型钢	H	HW×× HM×× HN××	HW 为宽翼缘 H 型钢 HM 为中翼缘 H 型钢 HN 为窄翼缘 H 型钢
18	起重机钢轨	 ⊥	⊥ QU××	详细说明见产品规格型号
19	轻轨及钢轨	 ⊥	⊥ ××kg/m 钢轨	

3. 螺栓、螺栓孔及电焊铆钉的表示方法

施工详图中螺栓、螺栓孔及电焊铆钉的表示方法如表 3.3-4 所示。

螺栓、螺栓孔、电焊铆钉的表示方法　　　　　表 3.3-4

序号	名称	图例	说明
1	永久螺栓	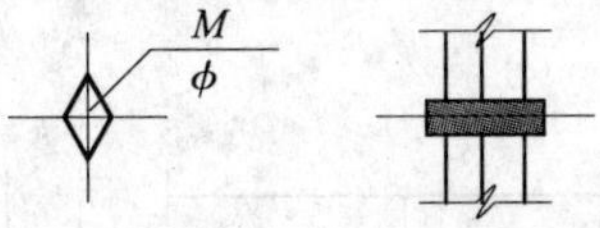	
2	高强螺栓	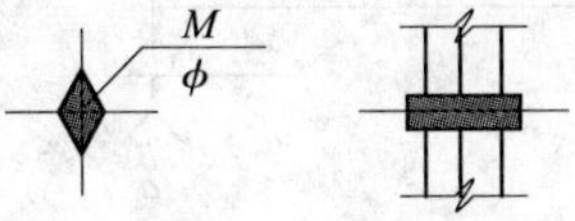	
3	安装螺栓	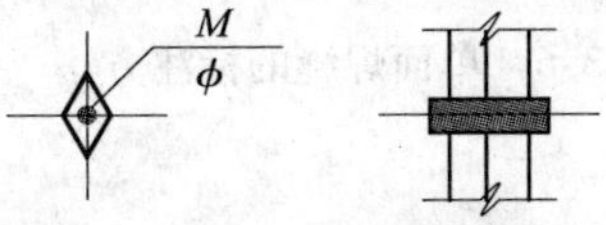	1. 细"+"线表示定位线； 2. M 表示螺栓型号； 3. ϕ 表示螺栓孔直径； 4. d 表示膨胀螺栓、电焊铆钉直径； 5. 采用引出线标注螺栓时，横线上标注螺栓规格，横线下标注螺栓孔直径
4	胀锚螺栓	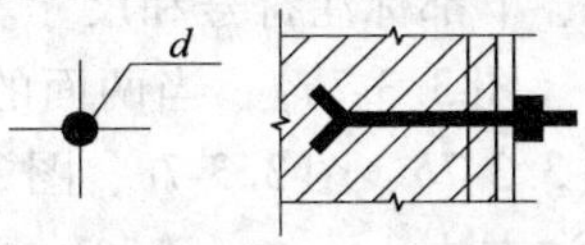	
5	圆形螺栓孔	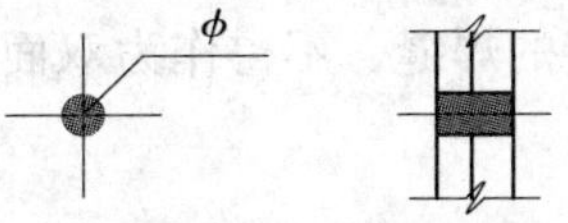	
6	长圆形螺栓孔	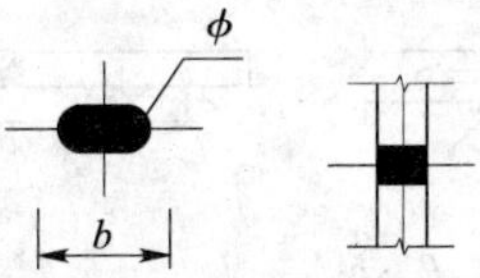	
7	电焊铆钉	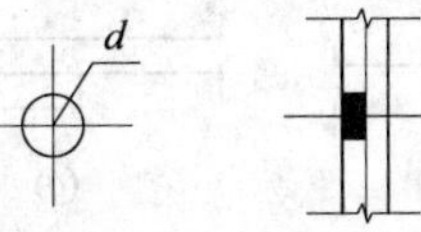	

4. 常用焊缝符号表示方法

施工详图中焊缝符号表示方法应符合《建筑结构制图标准》GB 50105 和《焊缝符号表示法》GB/T 324 的规定，完整的焊缝符号一般包括基本符号、指引线、补充符号、尺寸符号及数据等。为了简化，在图样上标注焊缝时通常只采用基本符号和指引线，其他内容一般在焊接工艺规程中明确。常用焊缝符号表示方法如下：

（1）单面焊缝标注方法

① 当箭头指向焊缝所在的一面时，应将图形符号和尺寸标注在横线的上方（图 3.3-6a）；当箭头指向焊缝所在另一面（相对应的那面）时，应将图形符号及尺寸标注在横线的下方（图 3.3-6b）。

② 表示环绕工件周围的焊缝时，其围焊焊缝符号为圆圈，绘在引出线的转折处，并标注焊脚尺寸 K（图 3.3-6c）。

113

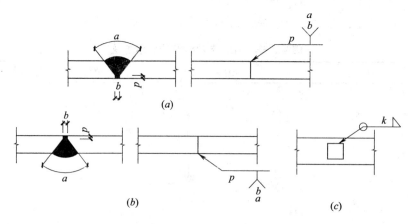

图 3.3-6 单面焊缝的标注方法

（2）双面焊缝标法方法

双面焊缝的标注，应在横线的上、下都标注符号和尺寸。上方表示箭头一面的符号和尺寸，下方表示另一面的符号和尺寸（图 3.3-7a）；当两面的焊缝尺寸相同时，只需要在横线上方标注焊缝的符号和尺寸（图 3.3-7b、图 3.3-7c、图 3.3-7d）。

（3）3 个或 3 个以上焊件焊缝标注方法

3 个和 3 个以上的焊件相互焊接的焊缝，不得作为双面焊缝标注。其焊缝符号和尺寸应分别标注（图 3.3-8）。

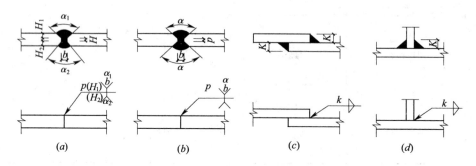

图 3.3-7 双面焊缝的标注方法

图 3.3-8 3 个以上焊件的焊缝标注方法

（4）一个焊件带坡口的焊缝标注方法

相互焊接的 2 个焊件中，当只有 1 个焊件带坡口时（如单面 V 形），引出线箭头必须指向带坡口的焊件（图 3.3-9）。

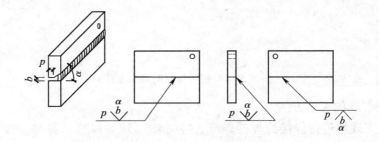

图 3.3-9　1 个焊件带坡口的焊缝标注方法

（5）不对称坡口焊缝的标注方法

相互焊接的 2 个焊件，当为单面带双边不对称坡口焊缝时，引出线箭头必须指向较大坡口的焊件（图 3.3-10）。

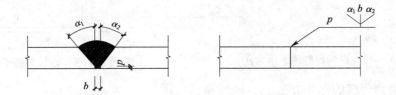

图 3.3-10　不对称坡口焊缝的标注方法

（6）不规则焊缝的标注方法

当焊缝分布不规则时，在标注焊缝符号的同时，宜在焊缝处加中实线（表示可见焊缝），或加细栅线（表示不可见焊缝）（图 3.3-11）。

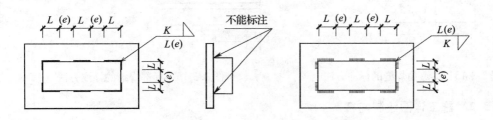

图 3.3-11　不规则焊缝的标注方法

（7）相同焊缝符号标注方法

① 在同一图形上，当焊缝形式、断面尺寸和辅助要求均相同时，可只选择一处标注焊缝的符号和尺寸，并加注"相同焊缝符号"，相同焊缝符号为 3/4 圆弧，绘在引出线的转折处（图 3.3-12a）。

② 在同一图形上，当有数种相同的焊缝时，可将焊缝分类编号标注。在同一类焊缝中可选择一处标注焊缝符号和尺寸。分类编号采用大写的英文字母 A、B、C……（图 3.3-12b）。

图 3.3-12 相同焊缝的表示方法

（8）现场焊缝的表示方法

需要在施工现场进行焊接的焊件焊缝，应标注"现场焊缝"符号。现场焊缝符号为涂黑的三角形旗号，绘在引出线的转折处（图3.3-13）。

（9）较长焊缝的标注方法

图样中较长的角焊缝（如焊接实腹钢梁的翼缘焊缝），可不用引出线标注，而直接在角焊缝旁标注焊缝尺寸值 K（图3.3-14）。

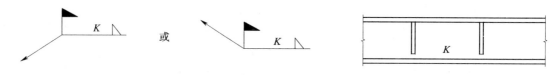

图 3.3-13 现场焊缝的表示方法　　　　图 3.3-14 较长焊缝的标注方法

（10）熔透角焊缝的标注方法

熔透角焊缝的符号应按图 3.3-15 方式标注。熔透角焊缝的符号为涂黑的圆圈，绘在引出线的转折处。

（11）局部焊缝应按图 3.3-16 方式标注。

图 3.3-15 熔透角焊缝的标注方法　　　　图 3.3-16 局部焊缝的标注方法

3.3.2 施工详图绘制内容

施工详图的图纸内容主要有：

（1）图纸目录。

（2）施工详图总说明。根据设计图总说明编写，内容一般应有设计依据、设计荷载、工程概况和对材料、焊接、焊缝质量等级、高强度螺栓摩擦面抗滑移系数、预拉力、构件加工、预拼装、防锈与涂装、安装等施工要求及注意事项等。

（3）结构和构件布置图。依据设计图，以同一类构件系统（如屋盖、刚架、吊车梁、平台等）为绘制对象，绘制本系统构件的平面布置和剖面布置，并对所有的构件编号。布置图尺寸应标明各构件的定位尺寸、轴线关系、标高以及构件表、设计说明等。

（4）构件（节点）加工详图。构件加工详图按设计图及布置图中的构件编制，一般包括节点详图、杆件详图和板件详图，主要供工厂加工构件和组装构件用，也是构件出厂运输的构件单元图，绘制时应按主要表示面绘制每一构件的图形零配件及组装关系，并对每一构件中的零件编号，编制各构件的材料表和本图构件的加工说明等。绘制桁架式构件时，应放大样确定杆件端部尺寸和节点板尺寸。

（5）零件加工图。包括各板件的下料图、各零件的机械加工图等图纸，是生产车间加工用的图纸。

（6）安装图。包括锚栓布置图、结构布置图和构件相互连接处的构造关系图等，是现场施工安装最重要的指导性文件。

（7）材料清单。材料清单是施工详图中的一项主要内容，是计算工程量的重要依据。材料清单常随构件详图一起编制。

3.3.3 施工详图绘制方法

1. 布置图的绘制方法

（1）绘制结构的平面、立面布置图，构件以粗单线或简单外形图表示，并在其旁侧注明标号，对布置统一的同号构件，可以用指引线统一注明标号。

（2）构件编号一般标注在表示构件的主要平、剖面上，在一张图上同一构件编号不宜在不同图形中重复表示。

（3）细节不同（如孔、切槽等）的构件均应单独编号，对安装关系相反的构件，一般可将标号加注角标来区别，杆件编号均应有字母代号，一般可采用同音的拼音字母，如：钢柱——GZ，钢梁——GL，刚架——GJ，檩条——LT，钢屋架——GWJ，支撑——ZC 等。

（4）构件均应与轴线有定位关系尺寸，对槽钢、C 型钢截面应标示肢背方向。

（5）平面布置图一般可用 1:100、1:200 比例绘制。

（6）图中剖面尽可能利用对称关系，参照关系或转折剖面简化图形。

2. 构件图的绘制方法

构件图以粗实线绘制。

（1）每个构件均应按布置图上的构件编号绘制成详图，构件编号用粗线标注在图形下方，图纸内容及深度应能满足制造加工要求。一般包括：

① 构件的定位尺寸、几何尺寸；
② 零件间的相互定位尺寸，连接关系；
③ 零件间的连接焊缝符号及零件上的孔、洞及其相互关系尺寸；
④ 零件的切口、切槽、裁剪的大样尺寸；
⑤ 零件编号及材料表；
⑥ 有关本图构件制作的说明（相关布置图号、制孔要求、焊缝要求等）。

（2）构件的图形应按实际位置绘制，以有较多尺寸的一面为主要投影面，必要时再以顶视、底视或侧视图等作为补充投影，或另剖剖面图表示。

（3）构件与构件间的连接部位，应按设计图提供的内力及节点构造进行连接计算及螺栓与焊缝的布置，选定螺栓数量，焊脚厚度及焊缝长度；对组合截面构件还应确定缀板的截面与间距。对连接板、节点板、加劲板等，按构造要求进行配置放样及必要的计算。

（4）构件图形一般应选用合适的比例绘制（1:10、1:15、1:20、1:50 等），对于较长、较高的构件,其长度、高度和截面尺寸可用不同的比例表示。

(5) 构件中每一零件均应编零件号,编号应尽量按主次部位顺序编号,相反零件可用相同编号,但需在材料表中的正反栏内注明。材料表中应注明零件规格、数量、重量及制作要求(如刨边、端铣、热处理等),对焊接构件宜在材料表中附加构件重量 1.5% 的焊缝重量。

(6) 除标高外,图中所有尺寸均以 mm 为单位,一般应分别标注构件控制尺寸,各零件相关尺寸,对斜尺寸应注明其斜度,当构件为多弧形构件时,应分别注明每一弧形尺寸相对应的曲率半径。

(7) 对较复杂的零件或交汇尺寸,应通过放样(比例不小于 1:5)或绘制展开图来确定尺寸(图 3.3-17)。

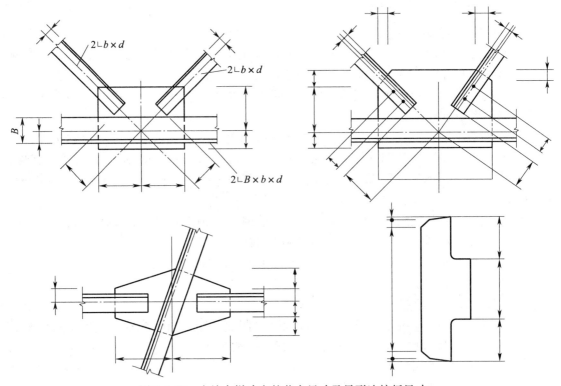

图 3.3-17 由放大样确定的节点尺寸及异形连接板尺寸

(8) 构件间以节点板相连时,应在节点板连接孔中心线上注明斜度及相连的构件号(如图 3.3-18 所示)。

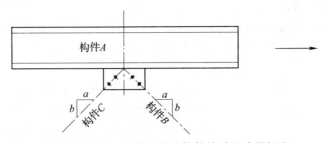

图 3.3-18 节点板相连构件关系尺寸的标注

3. 施工详图绘制软件

施工详图绘制是一项劳动量大且繁琐的工作，如果完全靠手工操作，既费时费力，又容易出错。因此国内外很多单位和研究人员开发了大量施工详图绘图软件进行辅助设计，如 AutoCAD、Xsteel 等；有的在计算分析软件的基础上，开发后处理系统（即详图绘制系统），如 MstCAD、3D3S 等；还有的是直接在数控机床上设置链接口，把数据直接链接到加工设备，完成加工任务，如数控相贯线切割机等。随着科学技术的不断发展，必将开发出有更方便的专用软件，解决繁琐的详图绘制工作。

复习思考题

3-1 简述施工详图与设计图的相互关系。

3-2 施工详图的主要内容有哪些？构件截面大小有哪个阶段进行设计？

3-3 材料采购清单编制有哪些要求？

3-4 计算加肋焊接空心球 $\phi 650 \times 25$ 分别与 $\phi 180 \times 10$ 和 $\phi 299 \times 10$ 钢管匹配时的承载力设计值。

3-5 对于图 3.2-10a，当 $l_1 = 300\text{m}$，$t = 10\text{mm}$，材质为 Q235B 时，节点板自由边是否需要加强？为什么？

3-6 对于表 3.2-8 中序号"2"的图，当 $N = 100000\text{N}$，$h_f = 6\text{mm}$，$L_w = 80\text{mm}$，$f_f^w = 160\text{N/mm}^2$，试问侧焊缝是否满足要求。

3-7 对摩擦型高强度螺栓（螺栓直径为 M20，强度等级为 10.9 级），试问当 $N = 500\text{kN}$ 时需多少高强度螺栓？已知：材质为 Q345B，摩擦面经喷丸后涂无机富锌漆，$n_f = 1$。

3-8 在常用焊缝的表示方法中，熔透角焊缝的符号是什么？应标注在引出线的什么位置？

3-9 写出不对称双面坡口焊缝的标注方法，说明各符号的含义。

3-10 完整的焊缝符号一般应包含哪些内容？举例说明。

第4章 构件加工

4.1 概述

建筑钢结构构件加工是将钢材从原材料,经切割、折边、弯曲、冷压、热压、焊接等多种加工方法后形成成品,这些加工方法可概括为冷加工和热加工。

钢材受加工外力的作用会产生变形,外力越大,则变形越大。当加工的外力小于材料弹性极限,这时产生的变形是弹性变形。当加工的外力达到材料屈服点,材料产生永久性变形,即塑性变形。这种塑性变形正是我们所需要的加工成形。当加工外力达到材料极限强度,材料由于变形过大,将产生断裂。机械剪切下料方法就是利用这种原理。

冷加工会使钢材内部组织发生变化,强度提高5%~10%;延伸率降低10%~30%,脆性增加,这种现象叫冷作硬化。离开加工区越远,硬化的影响越小。剪切变形造成的硬化比弯曲变形引起的硬化要严重得多。普通钢材,一般可以不考虑其硬化影响。对于低合金高强度结构钢,因其延伸率略低,必要时可以对加工区域采取退火或回火处理,以提高其塑性。

材料低温时,塑性降低,性质变脆,称为"冷脆",这时锤击加工,容易产生裂缝。因此,应注意低温时不宜进行冷加工。对于普通碳素结构钢,加工地点温度低于-20℃时,或低合金高强度结构钢加工地点温度低于-16℃时,不允许进行冷矫正和冷弯曲加工。所以一般应避免在-20℃以下进行冷加工。

钢材加热到200~400℃时,塑性显著降低,称为"蓝脆"。在这个温度范围,凡是受到加工而变形的钢材,无论是在受热状态或冷却至室温以后,性质都会变脆。为了避开"蓝脆",钢材的加热温度最低不能低于500℃,最高应比钢材的熔点低200℃(一般控制在1000~1100℃)。

当钢材加热到500℃以上,随着温度升高,极限强度及屈服点大大降低,这时塑性很好,加工特别方便。当加热温度超过1350℃,达到了钢材的熔点。加温到720℃以上时用水激冷,钢材将出现淬火组织,性质变脆。在720℃以下用水激冷,能加速材料的收缩变形,但一般不会出现淬火组织。对低合金高强度结构钢严禁用水冷却。

4.2 加工制作准备

4.2.1 材料准备

1. 钢材准备

(1)材料采购(备料)

根据施工详图中材料清单表算出各种材质、规格的材料净用量,加上一定数量的损耗,提出材料采购计划。在采购材料时,应根据使用尺寸合理订货,以减少不必要的拼接和损耗。若钢材不能按使用尺寸或使用尺寸的倍数订货,则损耗必然会增加。钢材的损耗率一般为3%~6%，实际损耗率应根据工程的结构形式、构件特点、技术要求等综合考虑，如焊接空心球，实际材料损耗率达到30%。材料采购一般可按实际用量增加10%进行备料。如技术要求不允许拼接，则实际损耗还应增加。

（2）验收入库

① 核对

a）仔细核对采购材料的规格、重量和材质是否与质量保证书上所载明的一致。

b）核对钢材的尺寸。各类钢材尺寸的容许偏差，可参照有关国标或行业标准中的规定进行核对。

② 钢材验收、入库和标识

钢材检验制度是保证钢结构工程质量的重要环节。因此，钢材在正式入库前必须严格执行检验制度，经检验合格的钢材方可办理入库手续。

钢材检验的主要内容：

a）钢材的数量和品种应与订货合同相符。

b）钢材的质量保证书应与钢材上打印的记号符合。每批钢材必须具备生产厂提供的材质证明书，写明钢材的炉号、钢号、化学成分和机械性能。钢材的各项指标可根据相应国家标准的规定进行核验。

c）表面质量检验。不论扁钢、钢板和型钢，其表面均不允许有结疤、裂纹、折叠和分层等缺陷。有上述缺陷的应另行堆放，以便进行相应处理。钢材表面的锈蚀深度，不得超过其厚度负偏差的1/2。

经检验发现"钢材质量保证书"上数据不清、不全，材质标记模糊，表面质量、外观尺寸不符合有关标准要求时，应视具体情况重新进行复验鉴定。经复核复验鉴定合格的钢材方准正式入库，不合格钢材应另作处理。

在入库后的钢材端部竖立标牌，标牌要标明钢材的规格、钢号、数量和材质验收证明书编号。钢材端部根据其钢号涂以不同颜色的油漆，油漆的颜色可按表4.2-1选用。

钢材钢号和色漆对照 表4.2-1

钢号	Q195	Q215	Q235	Q255	Q275	Q345
油漆颜色	白+黑	黄色	红色	黑色	绿色	白色

钢材的标牌应定期检查。余料退库时要检查有无标识，当退料无标识时，要及时核查清楚，重新标识后再入库。

③ 钢材的储存和堆放

钢材储存可露天堆放，也可堆放在有顶棚的仓库里。露天堆放时，堆放场地应平整，并应高于周围地面，四周留有排水沟，雪后要易于清扫。堆放时要尽量使钢材截面的开口向下或向外，以免积雪、积水（图4.2-1），两端应有高差，以利排水。

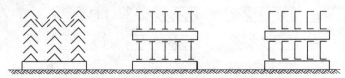

图4.2-1 钢材露天堆放示意

堆放在有顶棚的仓库时，可直接堆放在地坪上，下垫楞木。对于小钢材亦可堆放在架子上，堆与堆之间应留出走道（图 4.2-2）。

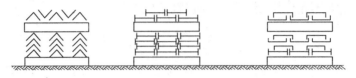

图 4.2-2　钢材在仓库内堆放

钢材的堆放要尽量减少钢材的变形和锈蚀，钢材堆放的方式既要节约用地，也要注意提取方便。

钢材堆放时每隔 5~6 层需放置楞木，其间距以不引起钢材明显的弯曲变形为宜。楞木要上下对齐，在同一垂直平面内。

为增加堆放钢材的稳定性，可使钢材互相勾连，或采取其他措施。这样，钢材的堆放高度可达到所堆宽度的两倍，否则，钢材堆放的高度不应大于其宽度。一般应一端对齐，在前面立标牌注明工程名称、钢号、长度、数量。

角钢、槽钢和工字钢等型材可按图 4.2-1 和图 4.2-2 方式堆放。钢板和扁钢的堆放方式如图 4.2-3 所示。

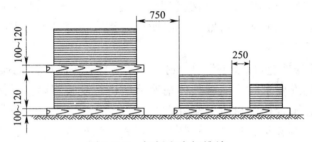

图 4.2-3　钢板和扁钢堆放

选用钢材时要顺序寻找，不准乱翻。考虑材料堆放时便于搬运，要在料堆之间留有一定宽度的通道以便运输（图 4.2-4）。

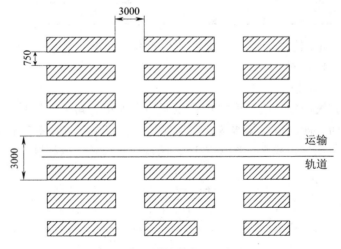

图 4.2-4　材料堆放平面布置

④ 领料

钢材发放的依据是"领料单"。发料时要仔细核对工程名称、钢材牌号、规格、型号、数量等；未经检验合格入库的钢材不得发放投入生产。

⑤ 材料代用

如进行材料代用，必须经原设计部门同意，办理书面代用手续后方可实施代用，并将图纸上所有的相应规格和有关尺寸全部进行修改。材料代用时还应注意以下要求：

a) 所有需代用的钢材必须经计算复核后才能代用；

b) 材料代用应遵循以大代小，以高代低（如 Q345C 代替 Q345B）的原则；

c) 代用的材料应保证在性能上优于或等于原设计的材料。

2. 焊接材料准备

(1) 焊接材料选购

焊接材料的采购人员应具备相应的焊接材料基本知识，了解焊接材料在焊接生产中的用途及重要性。

焊接材料应遵循择优、定点选购的原则。可根据以往采购、使用焊材的经验，优先选购质量稳定、可靠、有信誉、知名的厂家的产品，一般不宜随意变更。同时，应直接从厂家进货，减少中间环节。

焊材采购部门应根据焊材型号（或牌号）、规格、数量编制采购计划，并经有关部门（负责人）批准。特殊焊接材料应由焊接主管人员和材料采购人员共同选购。

(2) 焊接材料管理

① 焊接材料的验收

钢结构用焊接材料（包括焊条、焊丝、焊剂等）的质量应符合现行国家标准的要求，且必须具有完整的质量证明书和合格证，并有清晰的标记。

焊材到货、入厂应按相应程序进行审查、验收，合格后入库。

重要钢结构采用的焊接材料应进行抽样复验，复验结果应符合现行国家产品标准和设计要求。焊条外观不应有药皮脱落、焊芯生锈等缺陷。

② 焊材的保管

焊材保管的好坏直接影响焊接质量。焊条、焊丝、焊剂如果保管不善或存放时间过长，可能发生吸潮、焊芯、焊丝锈蚀，焊条药皮疏松、开裂或脱落等缺陷。不仅影响焊接工艺性能，造成飞溅增大、电弧不稳，还会产生气孔、白点、降低焊缝塑性、韧性，甚至产生裂纹等质量问题。焊材保管的具体要求如下：

a) 焊材必须存放在干燥、通风良好的室内库房，库房不允许有腐蚀性介质和有害气体，并应保持整洁。

b) 焊条、焊丝、焊剂应摆放在架子上，架子离地面高度应≥300mm，离墙壁距离≥300mm。有条件时可以在货架下放置干燥剂。

c) 焊材应按种类、检验号（或牌号、批号）、入库时间、规格，分类堆放，并应有明确标记，避免混乱、发错。

库房内应设置温度计、湿度计，保持室内温度不低于5℃，当相对湿度≥60%时，必须安装除湿设备。对室内温度、湿度应每天定时检查并认真记录。

d) 库房应建立完善的管理制度和账目，做到账、物、卡相符，要定期进行核查。

e）仓库保管员应熟悉焊材的基本知识和管理制度，定期检查库存焊材有无受潮、污损、变质等质量问题。发现问题及时报告、处理。

③ 焊材的烘干、发放和回收

焊条、焊剂、药芯焊丝施焊前应按工艺要求进行烘焙，烘焙温度一般为 150℃，恒温 1~2h；碱性焊条烘焙温度为 350~400℃，恒温 1~2h。

熔炼焊剂烘焙温度为 250~350℃，恒温 2h；烧结焊剂烘焙温度为 300~400℃，恒温 2h。

低氢焊条和烧结焊剂经高温烘焙后放置于 100℃ 的保温箱中保存，随用随取。

当天没有用完的焊条或焊剂应进行回收，回收的焊材必须经过重新烘干方可使用。低氢焊条重复烘焙的次数不应超过 2 次，酸性焊条重复烘焙的次数不应超过 3 次。

4.2.2 技术准备

1. 施工图审查

施工图审查的目的主要是为了审查设计的安全性、合理性、经济性以及能否满足加工图的要求。审查的主要内容包括：

（1）设计文件是否齐全，结构体系是否安全、合理，节点构造是否详细、完整，设计说明是否完整。

（2）构件的几何尺寸是否标注齐全。

（3）相关构件的尺寸是否正确。

（4）构件之间的连接形式是否合理。

（5）焊缝要求是否合理，焊缝符号是否齐全。

（6）构件设计是否能满足本单位设备和技术条件的要求。

（7）图的标准化是否符合国家有关标准规定。

（8）有无其他特殊要求。

2. 施工详图设计

钢结构工程的施工详图设计一般由加工单位负责进行。目前，国内一些大型工程基本采用这种做法。为适应这种新的要求，一项钢结构工程的加工制作，一般应遵循下述的工作顺序：

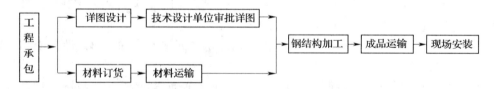

在加工厂进行详图设计，其优点是能够结合工厂条件和加工习惯，便于采用先进的技术，经济效益较高。

详图的设计应根据建设单位的技术设计图纸以及发包文件中所规定采用的规范、标准和要求进行。这就要求加工单位应具有足够的详图设计能力。

为了尽快采购（定购）钢材，一般应在详图设计的同时定购钢材。这样，在详图审批完成时钢材即可到达，立即开工生产。

3. 工艺规程设计

根据钢结构工程加工制作的要求，加工制作单位应在钢结构工程制造前，按施工图的要求编制出完整正确的制作工艺规程。

制定工艺规程的原则是在一定的生产条件下，操作时能以最快的速度、最省的劳动量和最低的费用，可靠地加工出符合设计图纸要求的产品。制定工艺规程时，应注意如下三个方面的问题：

（1）技术上的先进性。在制定工艺规程时，要了解国内外本行业工艺技术的发展，通过必要的工艺试验，充分利用现有设备，结合具体生产条件，采用先进的工艺和工艺装备。

（2）经济上的合理性。在相同的生产条件下，可以有多种能保证达到技术要求的工艺方案，此时应全面考虑，通过核算对比，选择出经济上最合理的方案。

（3）有良好的劳动条件和安全性。为使制作过程具有良好而安全的劳动条件，编制的工艺规程应尽量采用机械化和自动化操作，以减轻繁重的体力劳动。

工艺规程设计的内容应包括：

（1）根据执行的标准编写成品技术要求。

（2）为保证成品达到规定的标准而制订的具体措施：① 关键零件的加工方法、精度要求、检查方法和检查工具。② 主要构件的工艺流程、工序质量标准、为保证构件达到工艺标准而采用的工艺措施（如组装次序、焊接方法）。③ 采用的加工设备和工艺装备。

工艺规程设计的依据：

（1）工程设计图纸及根据设计图纸绘制的施工详图。

（2）图纸设计总说明和相关技术文件。

（3）图纸和合同中规定的国家标准、技术规范和相关技术条件。

（4）制作厂的作业面积，动力、起重和设备的加工制作能力，生产者的组成和技术等级状况，运输方法和能力情况等。对于普遍通用的问题，可不必单独制订工艺规程，可以制订工艺守则，说明工艺要求和工艺过程，作为通用性的工艺文件用于指导生产过程。

工艺规程是钢结构制造中主要的和根本性的指导性技术文件，也是生产制作中最可靠的质量保证措施。因此，工艺规程设计必须经过一定的审批手续，一经制订就必须严格执行，不得随意更改。

4. 其他技术准备

（1）工号划分

根据产品的特点、工程的大小和安装施工进度，将整个工程划分成若干个生产工号（或生产单元），以便分批投料，配套加工，配套出成品。

生产工号（单元）的划分一般可遵循以下几点原则：

① 条件允许的情况下，同一张图纸上构件宜安排在同一生产工号中加工。

② 相同构件或特点类似、加工方法相同的构件宜放在同一生产工号中加工。如按钢柱、钢梁、桁架、支撑分类划分工号进行加工。

③ 工程量较大的工程划分生产工号时要考虑安装施工的顺序，先安装的构件要优先

安排工号进行加工,以保证顺序安装的需要。

④ 同一生产工号中的构件数量不要过多,可与工程量统筹考虑。

(2) 编制工艺流程表

从施工详图中选出零件,编制出工艺流程表(或工艺流程卡)。加工工艺过程由若干个顺序排列的工序组成,工序内容是根据零件加工的性质而定的,工艺流程表就是反应这个过程的工艺文件。工艺流程表的具体格式随各厂不同,但所包括的内容基本相同,其中有零件名称、件号、材料牌号、规格、件数、工序顺序号、工序名称和内容、所用设备和工艺装备名称及编号、工时定额等。除上述内容外,关键零件要标注加工尺寸和公差,重要工序要画出工序图等。

(3) 配料与材料拼接

根据进料尺寸和用料要求,可统筹安排合理配料。当钢材不是根据所需尺寸采购或零件尺寸过于长、大,无法生产运输时,还应根据材料的实际需要安排拼接,确定拼接位置。

当工程设计对拼接无具体要求时,材料拼接应遵循以下原则进行:

① 板材拼接采取全熔透坡口形式和工艺措施,明确检验手段,以保证接口等强连接。

② 拼接位置应避开安装孔和复杂部位。

③ 双角钢断面的构件,两角钢应在同一处进行拼接。

④ 一般接头属于等强度连接,其拼接位置一般无严格规定,但应尽量在受力较小部位。

⑤ 焊接 H 型钢的翼、腹板拼接缝应尽量避免在同一断面处,上下翼缘板拼接位置应与腹板拼接位置错开 200mm 以上。翼缘板拼接长度不应小于 2 倍板宽;腹板拼接宽度不应小于 300mm,长度不应小于 600mm,如图 4.2-5 所示。

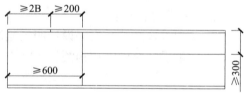

图 4.2-5 H 型钢翼、腹板拼接要求
注:B 为翼缘板宽度,尺寸单位为 mm。

(4) 工艺装备设计

钢结构制作过程中的工装一般分为两大类:① 原材料加工过程中所需的工艺装备:下料、加工用的定位靠模,各种冲切模、压模、切割套模、钻孔钻模等均属此类。这一类工艺装备主要应能保证构件符合图纸的尺寸要求。② 拼装焊接所需的工艺装备:拼装用的定位器、夹紧器、拉紧器、推撑器,以及装配焊接用的各种拼装胎、焊接转胎等均属此类。这一类工艺装备主要是保证构件的整体几何尺寸和减少变形量。

工艺装备的制作是保证钢结构产品质量的重要环节,因此,工艺装备的制作要满足以下要求:① 工装夹具的使用要方便,操作容易,安全可靠;② 结构要简单,加工方便,经济合理;③ 容易检查构件尺寸和取放构件;④ 容易获得合理的装配顺序和精确的装配尺寸;⑤ 方便焊接位置的调整,并能迅速地散热,以减少构件变形;⑥ 减少劳动量,提高生产效率。

工艺装备的设计方案取决于生产规模的大小、产品结构形式和制作工艺的过程等。由于工艺装备的生产周期较长,因此,要根据工艺要求提前做出准备,争取先行安排加工,以确保使用。

(5) 编制工艺卡和零件流水卡

根据工程设计图纸和技术文件提出的构件成品要求，确定各加工工序的精度要求和质量要求，结合单位的设备状态和实际加工能力、技术水平，确定各个零件下料、加工的流水顺序，即编制出零件流水卡。

零件流水卡是编制工艺卡和配料的依据。一个零件的加工制作工序是根据零件加工的性质而定的，工艺卡是具体反映这些工序的工艺文件，是直接指导生产的文件。工艺卡所包含的内容一般为：确定各工序所采用的设备；确定各工序所采用的工装模具；确定各工序的技术参数、技术要求、加工余量、加工公差和检验方法及标准，以及确定材料定额和工时定额等。

(6) 工艺试验

工艺试验一般可分为三类：

① 焊接试验。钢材可焊性试验、焊材工艺性试验、焊接工艺评定试验等均属焊接试验，而焊接工艺评定试验是各工程制作时最常遇到的试验。

焊接工艺评定是焊接工艺的验证，属生产前的技术准备工作，是衡量制造单位是否具备生产能力的一个重要的基础技术资料。焊接工艺评定对提高劳动生产率、降低制造成本、提高产品质量、做好焊工技能培训是必不可少的，未经焊接工艺评定的焊接方法、技术参数不能用于工程施工。

焊接工艺评定的一般程序：a) 提出焊接工艺评定任务书；b) 编制焊接工艺说明书；c) 制定焊接工艺评定计划；d) 焊接试件并填写焊接记录；e) 加工试样及焊后检验（包括表面检验、无损探伤、理化试验、金相检验及任务书中所要求的各种检验）；f) 填写焊接工艺评定报告；g) 评定为不合格时，找出产生缺陷的原因，修改参数，重新编制焊接工艺说明书，再试验评定，直至合格。

② 摩擦面抗滑移系数试验。当钢结构件的连接采用高强度螺栓摩擦连接时，应对连接面进行技术处理，使其连接面的抗滑移系数达到设计规定的数值。

连接处摩擦面的技术处理方法一般有四种：a) 喷砂、喷丸处理；b) 酸洗处理；c) 砂轮打磨处理；d) 经喷砂、酸洗或砂轮打磨处理后，生成赤锈，除去浮锈的处理方法，该方法在上海宝钢一期钢结构工程中普遍采用，效果良好。经过技术处理的摩擦面是否能达到设计规定的抗滑移系数 μ 值，需对摩擦面进行必要的检验性试验，以求得对摩擦面处理方法是否正确、可靠的验证。

③ 工艺性试验。对构造复杂的构件，必要时应在正式投产前进行工艺性试验。工艺性试验可以是单工序，也可以是几个工序或全部工序；可以是个别零部件，也可以是整个构件，甚至是一个安装单元或全部安装构件。

通过工艺性试验获得的技术资料和数据是编制技术文件的重要依据，试验结束后应将试验数据纳入工艺文件，用以指导工程施工。

(7) 确定焊接收缩量和加工余量

由于铣刨加工时常常成叠进行操作，尤其当长度较大时，材料不易对齐。所以，在编制加工工艺时要对所有加工边预留加工余量，加工余量一般预留5mm为宜。

焊接收缩量由于受焊肉大小、气候条件、施焊工艺和结构断面等多种因素的影响，其变化较大。表4.2-2中的数值仅供参考。

焊接结构中各种焊缝的预放收缩量　　　　　　　　　　　　　　　表 4.2-2

序号	结构种类	特　点	焊缝收缩量
1	实腹结构	断面高度在1000mm以内 钢板厚度在25mm以内	纵长焊缝——每米焊缝为0.1~0.5mm（每条焊缝）； 接口焊缝——每一个接口为1.0mm； 加劲板焊缝——每对加劲板为1.0mm
		断面高度在1000mm以上 钢板厚度在25mm以上	纵长焊缝——每米焊缝为0.05~0.20mm（每条焊缝）； 接口焊缝——每一个接口为1.0mm； 加劲板焊缝——每对加劲板为1.0mm
2	格构式结构	轻型（屋架、架线塔等）	接口焊缝——每一个接口为1.0mm； 搭接接头——每一条焊缝为0.50mm
		重型（如组合断面柱子等）	组合断面的托梁、柱的加工余量，按本表第1项采用； 焊接搭接头焊缝——每一个接头为0.5mm
3	筒体结构	厚16mm以下的钢板 （含16mm）	环向焊缝（环缝）产生的圆周长度收缩量——每一个接口1.0mm； 纵向焊缝（纵缝）产生的高度方向的收缩量——每一个接口1.0mm
		厚16mm以上的钢板	环向焊缝（环缝）产生的圆周长度收缩量——每一个接口2.0mm； 纵向焊缝（纵缝）产生的高度方向的收缩量——每一个接口2.5~3.0mm

高层钢结构的框架柱还应预留弹性压缩量。高层钢框架柱的弹性压缩量应按结构自重（包括钢结构、楼板、幕墙等的重量）和实际作用的活荷载产生的柱轴力计算。相邻柱的弹性压缩量相差不超过5mm时，允许采用相同的增长。柱压缩量应由设计者提出，由制作厂和设计者协商确定其值。

5．技术交底

钢结构构件的生产从投料开始，经过下料、加工、装配、焊接等一系列的工序过程，最后成为成品。在这样一个综合性的加工生产过程中，要执行设计部门提出的技术要求，要贯彻国家标准和技术规范，要确保工程质量，这就要求制作单位在投产前必须组织技术交底的专题讨论会。

技术交底会的目的是对某一项钢结构工程中的技术要求进行全面的交底，同时亦可对制作中的难题进行研究讨论和协商，以求达到意见统一，解决生产过程中的具体问题，确保工程质量。

技术交底会按工程的实施阶段可分为两个层次。第一个层次是工程开工前的技术交底会，参加的人员主要有：工程图纸的设计单位，工程建设单位，工程监理及制作单位的有关部门和有关人员。技术交底的主要内容由以下几个方面组成：① 工程概况；② 工程结构件的类型和数量；③ 图纸中关键部位的说明和要求；④ 设计图纸的节点情况介绍；⑤ 对钢材、辅料的要求和原材料对接的质量要求；⑥ 工程验收的技术标准说明；⑦ 交货期限、交货方式的说明；⑧ 构件包装和运输要求；⑨ 涂层质量要求；⑩ 其他需要说明的技术要求。

第二层次的技术交底会是在投料加工前进行的本工厂施工人员交底会,参加的人员主要有:制作单位技术、质量负责人,技术部门和质检部门的技术人员、质检人员,生产部门的负责人、施工员及相关工序的代表人员等。此类技术交底的主要内容除上述10点外,还应增加工艺方案、工艺规程、施工要点、主要工序的控制方法、检查方法等与实际施工相关的内容。这种制作过程中的技术交底在贯彻设计意图,落实工艺措施方面起着不可替代的作用,同时也为确保工程质量创造了良好的条件。

4.2.3 资源准备

1. 设备、仪器仪表准备

钢结构的生产是根据工程合同要求来定做的,依据产品的品种、特点和批量、工艺流程、进度等要求进行生产组织,所以在钢结构生产前,需要进行生产设备的准备,按流水顺序安排生产,尽量减少构件运输量,避免倒流水作业。

钢结构生产为工业化流水作业,机械设备使用程度高,牵涉到的仪器仪表类型范围非常广泛;仪器仪表是否正常工作直接影响生产顺利进行,在批量生产前,需对将投入的设备、仪器仪表等进行检修、调试,确保投入时处于正常工作状态,符合产品加工精度需求。如焊接设备的电流、电压表,它显示的是焊工在焊接操作时所使用电流、电压的大小,是影响焊缝焊接质量的必要条件;所以设备、仪器仪表准备是钢结构生产前必不可少的工作内容。

2. 工装夹具准备

钢结构构件形式一般都比较复杂,生产中的组、拼装等加工工序均需要在通用或专用工装胎架上完成。不同构件的加工方法不同,所需的工装夹具也不一样,在进行构件生产前,应根据所需加工的构件特点和生产工艺文件的要求,准备好加工所需的各种工装夹具。

3. 检验、测量仪器准备

检验、测量仪器主要用于钢结构生产作业时的度量、产品检验和其他辅助工作。它是钢结构按设计要求进行产品科学化生产的依据,实际的生产中应用非常广泛,基本上覆盖了钢结构生产的所有加工工序。生产中常用的检验、测量仪器有度量工具如:卷尺、钢直尺、角尺、游标卡尺,画线工具如:各种划笔、粉线团、圆规,检验、测量仪器如:线锤、水平尺和水平仪、水准仪、激光经纬仪、焊缝量规、超声波探伤仪等。这些检验、测量仪器都应完好并在有效期内。

4.3 放样和号料

4.3.1 放样

1. 放样的概念

放样,就是在正确识图基础上,根据产品的结构特点、施工要求等条件,按一定比例(通常取1∶1)准确绘制出结构的全部或部分投影图,并进行结构的工艺处理,有时还要进行展开和必要的计算，最后获得施工所需要的数据、样杆、样板和草图。

按照不同产品的结构特点，放样可分为线型放样、结构放样、展开放样三类，后者是在前者基础上进行的。线型放样，就是在投影平面上用几何作图的方法绘出实际投影线。结构放样，就是在绘制出投影线图的基础上，只进行立体工艺性处理和必要的计算，而不需要进行展开。展开放样，就是在结构放样的基础上，再对构件表面进行展开处理的放样。并不是所有的钢结构放样都包括上述的三个过程，有些构件（如桁架类）完全有平板或杆件组成则无需展开，放样时自然省去了展开放样过程。因此本节主要讲述线型放样和结构放样。

2. 放样的内容和方法
(1) 放样内容
① 复核施工详图

详细复核施工详图所表现的构件各部分的投影关系、尺寸及外部轮廓形状（曲线或曲面）是否正确并符合设计要求。

施工详图一般是缩小比例绘成的，各部分投影及尺寸关系未必十分准确，外部轮廓形状（尤其为曲面时）能否完全符合设计要求，较难确定。而放样图因可采用1:1比例绘制，故设计中的问题将充分显露，并得到解决。这类问题在大型产品放样和新产品试制中比较突出。

② 结构处理

在不违背原设计要求的前提下，依工艺要求进行结构处理。这是每一产品放样时都必须解决的问题。结构处理应在结构放样以后进行。

结构处理主要是考虑原设计结构从工艺性看是否合理、是否优化，并处理因受所用材料、设备能力和生产条件等因素影响而出现的结构问题。结构处理涉及面较广，有时还很复杂，需要放样者有较丰富的专业知识和实际经验，并对相关专业（如焊接等）知识有所了解。下面是放样时对结构处理实例。

图 4.3-1 所示为某一焊接 H 型钢桁架，腹杆与弦杆直接相贯焊，如图 4.3-1 (a) 所示。由于桁架外形尺寸大，整体组装后无法运输出厂；根据桁架的构造特点，确定在不降低桁架原设计连接强度的条件下，将桁架改为图 4.3-1 (b) 所示的腹杆与桁架弦杆牛腿连接的节点形式。改进后的桁架可以在安装现场进行整体组装，此法不仅改善了生产条件，提高了效率，也保证了桁架制作质量。

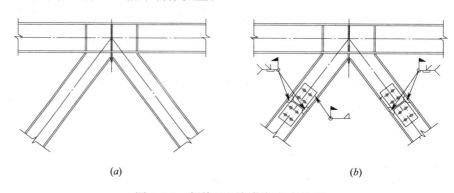

图 4.3-1 焊接 H 型钢桁架节点处理

结构处理要考虑的问题是多种多样的，特别要注意结构或构件质量和工艺条件，放样者要根据结构或构件的具体情况和工厂条件合理解决。

③ 算料与展开

利用放样图，结合必要的计算，求出构件用料的真实形状和尺寸，有时还要画出与之连接的构件的位置线，即相互位置关系。

④ 设计胎膜

依据构件加工要求，利用放样图样的形状和尺寸，设计所需胎模的形状和尺寸。

⑤ 为后续工序作准备

为后续工序提供数据资料，即绘制供号料、画线用的草图，制作各类加工样板、样杆和样箱。

（2）放样方法

建筑钢结构放样常用的方法有：实尺放样、光学放样、计算机放样等。而实尺放样是各种放样方法的基础。

1）放样准备

实尺放样在放样平台上进行。放样平台应光滑平整牢固，一般可用钢制和木制做成。放样应在专门的工作间内进行，放样室内还应配备绘图桌、台虎钳、划针、石笔等钢结构放样画线的常用工具。

2）放样画线

就是在放样平台上采用1:1比例进行放样。

① 线性放样。线性放样就是根据施工需要，绘制构件整体或局部在平面上的投影轮廓（1:1）。进行线性放样应注意以下几点：

a）根据所要绘制的图样大小和数量，安排好各个图样在放样面上的位置。对对称图样可减半放样。

b）选定放样划线基准。放样划线基准就是放样划线时，用以确定其他点、线、面位置的依据。在施工图上，本身就有确定点、线、面相对位置的基准，称为设计基准。在线性放样时的基准通常与设计基准一致。

c）线性放样以划出保证设计要求的轮廓线为主，而那些在工艺加工中需补充的线条可以暂时不画出来，以免造成放样划线的混乱。这些线条可以在工艺加工时，以基准为依据进行补充划线。

d）进行划线放样必须严格遵循正投影的规律，放样时采取整体或局部的方式放样划线。

e）标记和检验。为了使在钢板平面所划的线条保存下来，在完成放样后应及时用样冲沿线条冲出孔痕作为标记（孔采用十字线作为标记），为检验和下步工序施工提供依据。

② 结构放样。结构放样也称立体放线，是指在立体工件的几个面上划出有联系的线，作为确定结构处理和装配的依据。

结构放样是在线性放样的基础上，依据施工要求进行工艺性处理的过程，它一般包括以下内容：

a）确定各种组合位置及连接形式。在实际生产中，由于材料规格及加工条件等限

制，往往需要将原设计中的整件分为几部分加工、组合或拼装。这时，就需要合理确定组合部位及连接形式。

b) 根据加工工艺及工厂实际生产加工能力，对结构中的某些部位或部件给予必要的修改，但这些修改要保证符合设计要求。

c) 计算或量取零部件料长及平面零件的实际形状，绘制号料图，制作号料样板、样杆及样箱；或按一定规格编制数据资料，供下道工序加工使用。

d) 根据各加工工序的需要，设计胎具或胎架；绘制各类加工、装配图；制作各类加工、装配用样板。

3. 放样的工具和设备

在放样划线时，常使用的工具有划针、直尺、圆规、角尺、曲线尺、粉线、墨线、样冲、手锤等。

(1) 划针

划针主要用于在钢板表面上划出凹痕的线段。通常采用直径 4~6mm，长约 200~300mm 的弹簧钢或高速钢制成。划针的尖端必须经过淬火，以增强其硬度。有的划针还在尖端焊上一段硬质合金，然后磨尖，以保持长期锋利。

为使所划线清晰正确，针尖必须磨得锋利，并通过淬火以提高针尖硬度；划线的针尖角度应为 15°~20°。

(2) 直尺和角尺

直尺，也称"钢板尺"，是用不锈钢板条制成的长度度量工具。直尺有 200mm、300mm、500mm 和 1000mm 等长度品种。

角尺，有扁平和带筋两种。扁平角尺主要用于划直线，以及检验工件装配角度的正确性。这种角尺也适用于在钢板上划线，它一般采用 2~3mm 厚的钢板、不锈钢板制成。

(3) 圆规

用于在钢板上划圆、圆弧或分量线段的长度。常用的有普通圆规和弹簧圆规两种。普通圆规的开启调节方便，适用于量取变动的尺寸，为避免工作中受振动而使圆规张开角度变动，可用螺栓和螺母锁紧。弹簧圆规的开启用螺母来调节，两脚尖张开角度在操作中不易变动，所以在分量尺寸时应用。

(4) 粉线和墨线

划较长的直线时，很难一次用直尺完成，如果用直尺分几段划出的直线则不易准确。只有应用粉线或墨线才可以提高划长直线工作的效率与质量。

(5) 样冲与手锤

样冲：为使钢板上所划的线段能保存下来，作为生产过程中的依据或检查标准，在划线后用样冲沿线冲出小眼痕迹作为标记。样冲的尖端要经过淬火并磨成 45°~60° 的圆锥形。一般样冲使用 $\phi 8mm~\phi 10mm$、长度 60~80mm 的弹簧钢或工具钢制成。

样冲冲出的孔痕迹可以长期保存作为放样划线的依据。

手锤是样冲使用时的配合工具，一般采用小磅量的手锤（大约在 0.2kg 左右）。手锤也可以用于调整样板、进行其他轻微敲击。

(6) 电脑放样

电脑放样，又称计算机辅助放样、数字放样，目前在国内大、中型建筑钢结构企业中已广泛应用。通常是指把电子版形式的单一零件图纸在电脑上模拟放样,并排版、优化,通过数控编程软件将排版图转化为数控切割程序,再以合适的传输设备将数控程序加载到数控切割机,从而完成数控下料的过程。电脑放样方便快捷,主要应用于钢结构的板材切割。

4. 样板和样杆

(1) 分类

1) 样板按其用途通常分为以下几种。

① 号料样板　它是供号料、号孔的样板。如需制造胎模,还应包括胎模号料用样板。如图 4.3-2 所示,即为一个单一号料样板。如果样板较大,可用文字资料记录。

例如图 4.3-2 样板可记为 $\phi 1800$ mm,材料为 Q235B,$\delta = 20$ mm。

其中圆心用十字线(即相互垂直的两条直径)表示,并打样冲进行标记。

② 成形样板　它是用于检验成形加工的零件的形状、角度、曲率半径及尺寸的样板。它又可分为以下两种:

a) 卡形样板　主要用于检查弯曲件的角度或曲率。

b) 验型样板　主要用于检查成形加工后零件整体或某一局部的形状和尺寸。对于具有双重曲度的复杂构件,常常需要制作一组样板或样箱。验型样板有时也兼做二次号料用。

③ 定位样板　用于确定构件之间相对位置(如装配线、角度、斜角)和各种孔口的位置和形状。如图 4.3-3 所示为一装配定位样板。即用于构件组对角位置的样板。

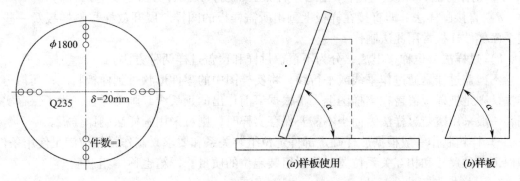

图 4.3-2　圆形板号料样板　　　　图 4.3-3　装配角度样板

2) 样杆　主要用于定位,有时也用于简单零件的号料。定位样杆上标有定位基准线。样杆常用于钢管、型钢工件的下料。如图 4.3-4 为角钢工件下料样杆。

图 4.3-4　角钢工件下料样杆

1—号料样杆;2—角钢工件

3) 样箱　在组装工序中常用样箱作为组装样板。样箱也称组装胎具,在构件的组装时经常应用。

(2) 样板、样杆和样箱的制作

① 材料

a）制作样板的材料一般采用 0.5~2.0mm 的薄钢板。当样板较大时，可用条板拼成花格骨架，以减轻质量。中、小型件大多采用 0.5~0.7mm 薄板制作。为节约钢材，对精度要求不高的一次性样板，可用黄板纸和油毡纸制作。

样板制作的允许偏差见表 4.3-1。

样板制作的允许偏差　　　　　表 4.3-1

项　目	允许偏差
平行线距离和分段尺寸	±0.5mm
对角线差	1.0mm
宽度、长度	±0.5mm
孔　距	±0.5mm
加工样板的角度	±20′

b）样杆一般用 25mm×3mm 或 20mm×3mm 的扁钢条制作，木制样杆其断面尺寸通常为 18mm×20mm 和 25mm×25mm 两种规格。样杆还可以用细钢管或小型钢板制作。图 4.3-4 角钢工件号料样杆为小型角钢与薄钢板焊接的组合样板，使用时将组合样板扣在需下料的角钢上完成长度切口号料。对于孔可在二次号料时完成。

c）样箱按使用要求一般用钢板组焊加工而成。

② 制作方法　样板、样杆采用画样后加工而成。其画样方法主要有两种。

a）直接画样法　即直接在样板上画出所需样板的图样。展开放样号料样板及一些小型平面零件样板常用此法制作。

b）过样法　也称移出法，分为不覆盖过样和覆盖过样两种方法。

不覆盖过样是通过作垂线或平行线，将实样图中的零件形状过到样板料上；而覆盖过样法，则是把样板覆盖在实样图上，再根据事前作出的延长线，画出样板。为了保存实样图，一般采用覆盖过样法，而当不需要保存实样时，则可采用画样法制作样板。

c）样箱制作一般根据放样确定部件定位组装关系和要求，制作样箱应满足使用条件，即保证定位尺寸和相互关系位置，确保组装定位的质量。样箱也称"组装胎架"。

（3）样板与工艺余量

1）工艺余量　构件在加工过程中，要经过许多工序，因各种原因不可避免地产生加工误差和变形缺陷。为了消除这些误差、变形和损耗的影响，保证构件制成后的形状和尺寸达到规定的精度，应在加工过程中，采取加放余量的措施，即所谓"工艺余量"。

在确定工艺余量时，主要应考虑下列因素：

① 放样误差的影响。包括放样过程和号料过程中的误差。

② 零件下料切割误差的影响。

③ 零件加工过程中误差的影响。

④ 装配误差的影响。

⑤ 焊接变形的影响。

⑥ 火工矫正的影响。

放样时，应全面考虑各种因素并参照经验，合理确定余量应放的部位、方向及数值。

2) 放样误差和工艺余量

① 放样允许偏差 放样过程中，由于受到放样量具及工具精度以及操作水平等因素的影响，放样图会出现一定的尺寸偏差。把这种偏差限制在一定的范围内，就叫做放样的允许偏差。放样过程应精益求精，严格控制放样误差。

常用放样允许偏差可参考表4.3-2。

常用放样允许偏差（mm） 表4.3-2

序号	名称	允许偏差	序号	名称	允许偏差
1	十字线	±0.5	6	两孔之间	±0.5
2	平行线和基准线	±0.5	7	样杆、样条和地样	±1.0
3	轮廓线	±1.0	8	角度板	±30′
4	结构线	±1.0	9	加工样板	±1.0
5	样板和地样	±1.0	10	装配用样杆、样条	±1.0

② 放样工艺余量（加工余量）

放样后下步工序一般是下料工序，为了保证产品质量，防止由于下料失误使零件造成废品，有的样板、样杆应根据加工的实际情况，适当留出加工余量，一般可按下列数据考虑。

a) 自动氧－乙炔切割时的加工余量为2~3mm。
b) 手动氧－乙炔切割时的加工余量为3~4mm。
c) 氧－乙炔切割后还需切削加工的加工余量为4~5mm。
d) 剪切后尚需切削加工的加工余量为3~4mm。
e) 板材厚度方向加工余量应按工艺规定留出加工量。

③ 焊接收缩余量

焊接构件要按工艺要求放出焊接收缩量，除表4.2-2中给出的预放收缩量外，还可参考表4.3-3~表4.3-7所给出的预放收缩量数值。

各种钢材焊接头的预放收缩量（手工焊或半自动焊）（mm） 表4.3-3

名称	接头式样	预放收缩量（一个接头处）		注释
		$\delta = 8 \sim 16$	$\delta = 20 \sim 40$	
钢板对接	V形单面坡口 X形双面坡口	1.5~2.0	2.5~3.0	无坡口的对接预放收缩比较小些
槽钢对接		1~1.5		大规格型钢的预收缩量比较小些
工字钢对接		1~1.5		大规格型钢的预收缩量比较小些

自动焊工字型构件（梁柱为主或其他部件）的预放收缩量　　表4.3-4

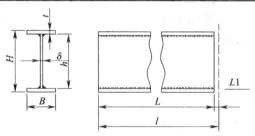

t—翼脉板厚度；H—工字型高度；
B—翼缘板宽度；l—件长；
δ—腹板厚度；L—收缩后的长度；
h—腹板高度；L_1—预放收缩量；
▲—焊缝高度；
（注：10m长预放收缩量表）（mm）

H	δ	B	t	▲	预放量	H	δ	B	t	▲	预放量	H	δ	B	t	▲	预放量
400	8	160	15	6~7	5~6	600	14	600	20	10~11	3.5	1000	12	420	25	10~11	3.5
400	8	200	15	6~7	5~6	600	14	600	25	10~11	3	1000	16	500	25	10~11	3
400	8	300	15	6~7	4~4.5	600	16	600	30	10~11	2.5	1000	18	500	30	10~11	3
400	10	360	15	6~7	3	800	16	600	40	10~11	2	1000	20	600	30	10~11	3
400	12	420	15	8~9	6	800	10	240	15	8~9	3	1000	20	600	40	10~11	2
400	14	420	20	8~9	4	800	10	240	20	8~9	6	1200	14	600	25	10~11	3
400	14	420	20	8~9	3.5	800	10	300	20	8~9	5	1200	14	600	25	10~11	3
400	16	420	30	8~9	2.5	800	10	360	20	8~9	4	1500	14	600	25	10~11	3
400	16	420	40	10~11	3.5	800	10	360	25	8~9	3.5	1500	16	600	30	10~11	2.5
500	8	200	15	6~7	5~6	800	12	420	25	8~9	3	1600	16	600	25	10~11	2
500	8	240	15	6~7	4.5	800	14	500	25	10~11	3.5	1600	18	600	30	10~11	2
600	8	240	15	6~7	4	800	14	600	25	10~11	3	1800	16	600	30	10~11	2
600	8	300	15	6~7	3	1000	12	300	25	8~9	3.5	1800	20	600	40	10~11	1.5
600	12	420	15	8~9	4	1000	12	300	25	8~9	3.5	2000	16	600	30	10~11	1.5
600	12	420	20	8~9	3.5	1000	12	360	25	8~9	3	2000	16	600	30	10~11	1.5
600	12	420	25	8~9	2.5	1000	12	420	25	10~11	3.5	2000	20	600	40	10~11	1.5

工字型钢构件梁或柱身焊接加劲板时的预放收缩量　　表4.3-5

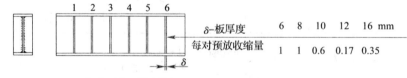

δ—板厚度	6	8	10	12	16 mm
每对预放收缩量	1	1	0.6	0.17	0.35

1~6—即表示有6对加劲板

焊接屋架、桁架的预放收缩量（mm）　　表4.3-6

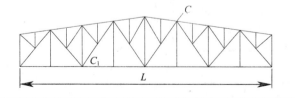

L—构件长
C—上弦杆　主杆
C_1—下弦杆

续表

| 平面桁架 | 立体桁架 | 弧形屋架 | 人字屋架 | 嵌入钢柱屋架 |

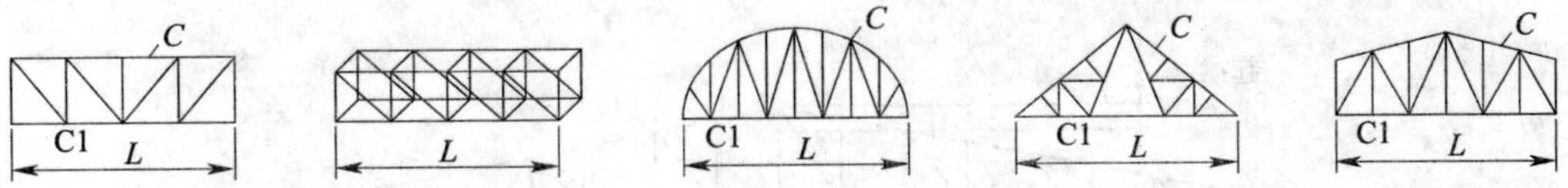

名　称	C 及 C_1 主杆的角钢规格	主杆夹的节点板厚	焊缝高度	预放（在 $L=1m$ 时预放收缩量数值）
等边角钢	L36×36×4	5	4	1.2
	L40×40×4	5	4	1.2
等边角钢	L50×50×5	6	5	1.1
	L63×63×6	6	5	1.0
等边角钢	L70×70×7	8	6	0.9
	L75×75×8	8	6	0.9
	L90×90×8~10	8	6	0.6
	L100×100×10	10	8	0.55
	L120×120×12	12	10	0.5
	L130×130×14	14	10	0.45
	L150×150×16	16	10	0.4
	L200×200×14~24	16	10	0.2
不等边角钢	L75×100×8	8	6	0.65
	L120×80×8~10	10	6	0.5
	L150×100×12	12	8	0.4

焊接钢板结构如筒体钢管预放收缩量（mm）　　表 4.3-7

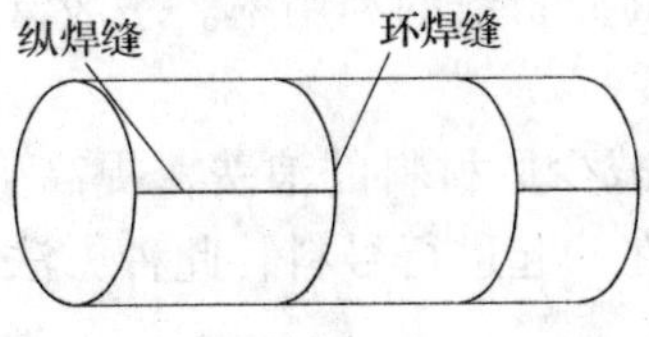

δ—板厚	8~16	20~40
纵焊缝	1~1.5	2~2.5
环焊缝	1~1.5	2~2.5

如果图纸要求桁架起拱，放样时上、下弦应同时起拱，起拱时，一般规定垂直杆的方向仍然垂直于水平线，而不与下弦杆垂直。

图 4.3-5 为上、下弦同时起拱示意图。

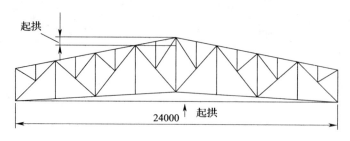

图 4.3-5 起拱示意图

综上所述，在样板和样杆的设计、制作中应综合考虑放样允许误差和工艺（加工）余量，既要保证钢结构（构件）质量，又要不浪费材料和增加加工成本，这是在样板和样杆设置当中应充分考虑的问题。

（4）样板和样杆的标记和保管

① 标记　样板和样杆应注明零件名称、图名、件数、材料、规格、主要尺寸、基准线、加工符号及其他必要的说明。留有工艺（加工）余量的还应标明留有加工余量的部位和数值。

样板还应标记检验人及日期。样板和样杆是质量控制的重要环节，所以样板和样杆在制作后经检验符合要求后，才能投入使用。

② 保管　样板和样杆是非常重要的加工和检验工具，应妥善保管，应建立专门的台账进行管理，确保不损坏、不变形、不遗失。

4.3.2　号料

1. 号料概念

利用样板、样杆、号料图及放样得出的数据，在板料或型钢上画出零件真实的轮廓和孔口的真实形状，以及与之连接构件的位置线、加工线等，并标注出加工符号，这一工作过程称为号料。号料通常由手工操作完成。但随着计算机数控技术的广泛应用，数控号料已成为新的发展趋势。

号料是一项细致而重要的工作，必须按有关的技术要求进行。同时，还要着眼于产品的整个制造工艺，充分考虑合理用料，灵活而又准确地在各种板料、型钢及成形零件上进行号料画线。

2. 号料方法

为了合理使用和节约原材料，必须最大限度地提高原材料的利用率。一般常用的号料方法有如下几种：

（1）集中号料法。由于钢材的规格多种多样，为减少原材料的浪费，提高生产效率，应把同厚度的钢板零件和相同规格的型钢零件，集中在一起进行号料，此种方法称为集中号料法。

（2）套料法。在号料时，要精心安排板料零件的形状位置，把同厚度的各种不同形状的零件和同一形状的零件,进行套料,这种方法称为套料法。

(3) 统计计算法。统计计算法是在型钢下料时采用的一种方法。号料时应将所有同规格型钢零件的长度归纳在一起,先把较长的排出来,再算出余料的长度,然后把和余料长度相同或略短的零件排上,直至整根料被充分利用为止。这种先进行统计安排再号料的方法,称为统计计算法。

(4) 余料统一号料法。将号料后剩下的余料按厚度、规格与形状基本相同的集中在一起,把较小的零件放在余料上进行号料,此法称为余料统一号料法。

号料应有利于切割和保证零件质量。号料所画的石笔线条粗细以及粉线在弹线时的粗细均不得超过1mm;号料敲錾子印间距,直线为40~60mm,圆弧为20~30mm。号料的允许偏差应符合表4.3-8的要求。

号料的允许偏差(mm)　　表4.3-8

项 目	允许偏差
零件外形尺寸	±1.0
孔 距	±0.5

3. 号料注意事项

号料时应注意以下事项:

(1) 熟悉工作图,检查样板、样杆是否符合图纸要求。根据图纸直接在板料和型钢上号料时,应检查号料尺寸是否正确,以防产生错误,造成废品。

(2) 如材料上有裂纹、夹层及厚度不足等现象时,应及时处理。

(3) 钢材如有较大弯曲、凹凸不平等问题时,应先进行矫正。

(4) 号料时,对较大的型钢画线多的面应平放,以防止发生事故。

(5) 根据配料表和样板进行套裁,尽可能节约材料。

(6) 当工艺有规定时,应按规定的方向进行画线取料,以保证零件对材料轧制方向所提出的要求。

(7) 需要剪切的零件,号料时应考虑剪切线是否合理,避免发生不适于剪切操作的情况。

(8) 不同规格、不同钢号的零件应分别号料,并依据先大后小的原则依次号料。

(9) 尽量使相等宽度或长度的零件放在一起号料。

(10) 需要拼接的同一构件必须同时号料,以利于拼接。

(11) 矩形样板号料,要检查原材料钢板两边是否垂直,如果不垂直则要划好垂直线后再进行号料。

(12) 带圆弧形的零件,不论是剪切还是气割,都不应紧靠在一起进行号料,必须留有间隙,以利于剪切或气割。

(13) 钢板长度不够需要焊接接长时,在接缝处必须注明坡口形状及大小,在焊接和矫正后再画线。

(14) 钢板或型钢采用气割切割时,要放出气割的割缝宽度,其宽度可按表4.3-9所给出的数值考虑。

切割余量表 表4.3-9

切割方式	材料厚度（mm）	割缝宽度留量（mm）
气割下料	≤10	1~2
	10~20	2.5
	20~40	3.0
	40以上	4.0

（15）号料工作完成后，在零件的加工线和接缝线上，以及孔中心位置，应视具体情况打上钢印或样冲；同时应根据样板上的加工符号、孔位等，在零件上用白铅油标注清楚，为下道工序提供方便。

4.4 切割下料

4.4.1 概述

钢材切割下料常用方法有气割、剪切、冲切和锯切等，具体采用哪一种切割方法，应根据切割对象、切割设备能力、切割精度、切割表面质量要求以及经济性等因素综合考虑。一般情况下，钢板厚度在12mm以下的直线切割，常采用剪切下料；12mm以上钢板的直线或曲线切割多采用气割；各类型钢的下料通常采用锯切；钢管一般采用管子车床或数控相贯面切割机下料；一些中小型的角钢和圆钢等，常采取锯切下料。

等离子切割主要用于不易氧化的不锈钢材料及有色金属如铜或铝等的切割。气割和机械剪切允许偏差分别见表4.4-1和表4.4-2。

气割的允许偏差（mm） 表4.4-1

项 目	允许偏差
零件宽度，长度	±3.0
切割面平面度	$0.05t$，且不大于2.0
割纹深度	0.3
局部缺口深度	1.0

注：t 为切割面厚度。

机械剪切的允许偏差（mm） 表4.4-2

项 目	允许偏差
零件宽度，长度	±3.0
边缘缺棱	1.0
型钢切割面垂直度	2.0

4.4.2 气割

1. 气割原理

利用气体火焰的热能将工件切割处加热到一定温度，然后以高速切割氧流，使钢燃烧并放出热量实现切割。常用氧-乙炔焰作为气体火焰切割,也称氧-乙炔气割。

(1) 氧气和乙炔的性质

氧气是一种无色、无味、无嗅的气体,和乙炔混合燃烧时的温度可达3150℃以上,最适用于焊接和气割。

纯氧在高温下很活泼,当温度不变而压力增加时,氧气可以和油类发生剧烈的化学反应引起发热自燃,产生强烈的爆炸,所以,要严防氧气瓶同油脂接触。

乙炔(C_2H_2)又称电石气,是不饱和的碳氢化合物,在常温和大气压力下,它是无色的气体,工业乙炔中,因为混有许多杂质如磷化氢和硫化氢等,具有刺鼻的特别气味。

乙炔是一种可燃气体,乙炔温度高于600℃或压力超过0.15MPa时,遇到明火会立即爆炸,所以焊接和气割现场要注意通风。

(2) 气割的过程和条件

气割由金属的预热、燃烧和氧化物被吹除三个过程所组成。开始气割时,必须用预热火焰将气割处的金属预热到燃点(碳钢燃点约1100~1150℃),然后把气割氧喷射到温度达燃点的金属并开始剧烈地燃烧,产生大量的氧化物(熔渣)。由于燃烧时放出大量的热,使熔渣被吹除,这样上层金属氧化时产生的热传至下层金属,使下层金属预热到燃点,气割过程由表面深入到整个厚度,直至将金属割穿。

各种金属的气割性能不同,只有符合下述条件的金属才能顺利进行气割:

① 金属在氧气中的燃点低于金属的熔点。
② 氧化物熔点低于金属本身的熔点。常用金属及其氧化物的熔点见表4.4-3。
③ 金属在燃烧时能放出较多的热量。
④ 金属的导热性不能过高。

常用金属及其氧化物的熔点(℃)　　　　　表4.4-3

金属	金属熔点	氧化物熔点	金属燃点	气割性能
纯铁	1535	1300~1500	—	气割顺利
低碳钢	1500	1300~1500	1100	气割顺利
高碳钢	1300~1400	1300~1500	>1100	气割困难
灰口铸铁	1200	1300~1500	—	不能气割
紫铜	1083	1230~1236	—	不能气割
铝	657	2020	—	不能气割

2. 气割常用设备与工具

气割常用设备与工具见表4.4-4。

气割常用设备与工具　　　　　表4.4-4

名称	功用
乙炔发生器	利用水与电石进行化学反应产生具有一定压力的乙炔气体的装置。分低压和中压乙炔发生器两种,低压乙炔发生器产生的乙炔气表压力低于0.7MPa,中压乙炔发生器产生的乙炔气表压力为0.7~13MPa

续表

名称	功用
回火保险器	装在乙炔发生器上的保险装置,用于当割炬(焊炬)回火时,防止火焰倒流进入乙炔发生器而引起爆炸。 常用的有水封式和干式两种
减压器	将高压气体降为低压气体的调节装置
割炬	气割时用于控制气体混合比、流量及火焰,并进行气割的工具,常用的割炬有射吸式(如G01-100)和等压式(如G02-500)两种。

注:割炬型号的含义:G—割炬,0—手工;1—射吸式;2—等压式;100、500—能切割低碳钢的最大厚度(mm)。

(1) 手工切割设备

① 气焊(或气割)设备

由氧气瓶、氧气减压器(氧气表)、乙炔瓶、乙炔减压器(乙炔表)、氧气橡胶管、乙炔橡胶管、焊炬(或割炬)等组成。

② 射吸式焊炬

焊炬又称气焊枪或风焊枪。它是进行气焊操作的主要工具。其作用是使可燃气体与氧气按一定比例混合,并形成具有一定热能的焊接火焰。按可燃气体与氧气混合方式不同可分为射吸式和等压式两种。射吸式焊炬结构图及零部件、相关连接件如图4.4-1所示,焊嘴如图4.4-2所示。焊嘴可根据不同需要进行更换,表4.4-5所列为常用焊嘴型号规格。

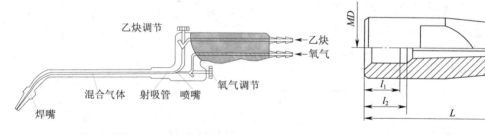

图 4.4-1 射吸式焊炬　　　　　　　图 4.4-2 焊嘴

焊嘴型号规格　　　表 4.4-5

型号	焊嘴号码					MD	L (mm)	l_1 (mm)	l_2 (mm)
	D (mm)								
	1	2	3	4	5				
H01-2	0.5	0.6	0.7	0.8	0.9	M6×1	≥25	4	6.6
H01-6	0.9	1.0	1.1	1.2	1.3	M8×1	≥40	7	9
H01-12	1.4	1.6	1.8	2.0	2.2	M10×1.25	≥45	7.5	10
H01-20	2.4	2.6	2.8	3.0	3.2	M12×1.25	≥50	9.5	12

射吸式焊炬型号表示方法:

例 H01-12　表示手工用射吸式焊炬,能气焊最大厚度为12mm钢板。

H02-20　表示手工用等压式焊炬,能气焊最大厚度为20mm钢板。

表 4.4-6 为射吸式焊炬的型号及主要技术参数。

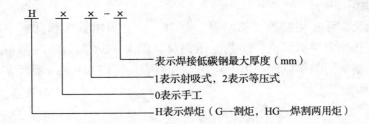

射吸式焊炬的型号及主要技术参数   表 4.4-6

型号	焊嘴号码	焊嘴孔径（mm）	焊接低碳钢厚度（mm）	气体压力（MPa）		焰芯长度（不小于）（mm）	焊炬总长度（mm）
				氧气	乙炔		
H01-2	1	0.5	0.5~2.0	0.100	0.001~0.100	3	300
	2	0.6		0.125		4	
	3	0.7		0.150		5	
	4	0.8		0.200		6	
	5	0.9		0.250		8	
H01-6	1	0.9	2~6	0.20	0.001~0.100	8	400
	2	1.0		0.25		10	
	3	1.1		0.30		11	
	4	1.2		0.35		12	
	5	1.3		0.40		13	
H01-12	1	1.4	6~12	0.40	0.001~0.100	13	500
	2	1.6		0.45		15	
	3	1.8		0.50		17	
	4	2.0		0.60		18	
	5	2.2		0.70		19	
H01-20	1	2.4	12~20	0.60	0.001~0.100	20	600
	2	2.6		0.65		21	
	3	2.8		0.70		21	
	4	3.0		0.75		21	
	5	3.2		0.80		21	

注：焰芯长度是指其氧气压力符合本表、乙炔压力为 0.006~0.008MPa 时的数据。

射吸式焊炬的工作原理及优缺点见表 4.4-7。

射吸式焊炬的工作原理及优缺点   表 4.4-7

工作原理	优点	缺点
使用的氧气压力较高而乙炔压力较低，利用高压氧从喷嘴喷出时的射吸作用，使氧气与乙炔均匀地按比例混合	乙炔压力在 0.001（MPa）以上即可使用。通用性强，中、低压乙炔都可使用	较易回火

③ 射吸式割炬

射吸式割炬又称低压切割器、切割器、割刀。它是利用氧气和低、中压乙炔作为热源，以及高压氧气作为切割氧流，切割低碳钢材。图 4.4-3a 为射吸式割炬外部结构，图 4.4-3b 为射吸式割炬的工作原理。因不同需要，割嘴（见图 4.4-4）需经常更换，表 4.4-8 所列为常用焊嘴型号规格。

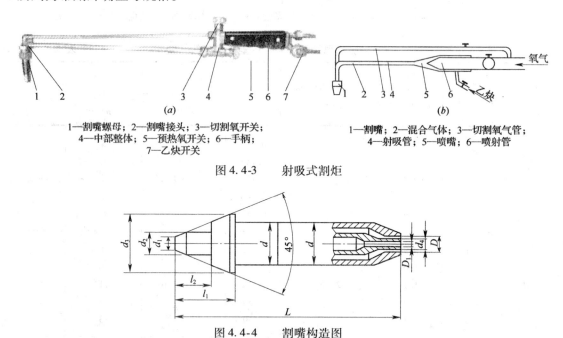

1—割嘴螺母；2—割嘴接头；3—切割氧开关；
4—中部整体；5—预热氧开关；6—手柄；
7—乙炔开关

(a)

1—割嘴；2—混合气体；3—切割氧气管；
4—射吸管；5—喷嘴；6—喷射管

(b)

图 4.4-3　射吸式割炬

图 4.4-4　割嘴构造图

焊嘴型号规格　　　　　　　　　表 4.4-8

型　号	G01－30	G01－100	G01－300
L（mm）	≥55	≥65	≥75
l_1（mm）	16	18	19
l_2（mm）	10	11.5	12

④ 等压式割炬

图 4.4-5a 为等压式割炬外部结构，图 4.4-5b 为等压式割炬的工作原理，其型号和主要技术参数如表 4.4-9 所示。

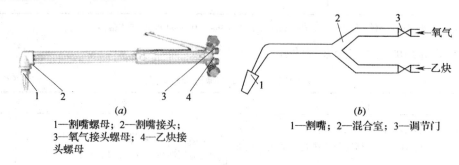

1—割嘴螺母；2—割嘴接头；
3—氧气接头螺母；4—乙炔接头螺母

(a)

1—割嘴；2—混合室；3—调节门

(b)

图 4.4-5　等压式割炬

等压式割炬的型号和主要技术参数   表 4.4-9

型号	结构形式	割嘴号码	切割氧孔径（mm）	切割低碳钢最大厚度（mm）	气体压力（MPa） 氧气	气体压力（MPa） 乙炔	可见切割氧流长度①（不小于）（mm）	割炬总长度（mm）
G02-100 等压式割炬	等压式	1	0.7	3~100	0.20	0.04	60	550
		2	0.9		0.25	0.04	70	
		3	1.1		0.30	0.05	80	
		4	1.3		0.40	0.05	90	
		5	1.6		0.50	0.06	100	
G02-300 等压式割炬	等压式	1	0.7	3~300	0.20	0.04	60	650
		2	0.9		0.25	0.04	70	
		3	1.1		0.30	0.05	80	
		4	1.3		0.40	0.05	90	
		5	1.6		0.50	0.06	100	
		6	1.8		0.50	0.06	110	
		7	2.2		0.65	0.07	130	
		8	2.6		0.80	0.08	150	
		9	3.0		1.00	0.09	170	

注：① 是指氧气、乙炔压力符合本表，并将火焰调节成中性火焰时的数据。

（2）半自动气割机

半自动气割机是一种最简单的机械化气割设备，一般由一台小车带动割嘴在专用轨道上自动地移动，但轨道的轨迹需要人工调整。当轨道是直线时，割嘴可以进行直线切割；当轨道呈一定的曲率时，割嘴可以进行一定的曲线气割；如果轨道是一根带有磁铁的导轨，小车利用爬行齿轮在轨道上爬行，割嘴可以在倾斜面或垂直面上气割。半自动气割机，除可以以一定速度自动沿切割线移动外，其他切割操作均由手工完成。

半自动气割机最大的特点是轻便、灵活、移动方便。如 CG1-100 型双割炬小车式半自动气割机见图 4.4-6 所示，主要技术参数见表 4.4-10。

CG1-100 型双割炬半自动气割机主要技术参数   表 4.4-10

机身外形尺寸（长×宽×高）（mm）	470×230×240
切割钢板厚度（mm）	5~100
切割速度（mm/min）	50~750
切割圆周直径（mm）	φ200~φ2000

（3）仿形气割机

仿形气割机是一种高效率的半自动气割机，可以方便而又精确地气割出各种形状的零件。仿形气割机的结构形式有两种：一种是门架式，另一种是摇臂式。其工作原理主要是利用靠轮沿样板仿形带动割嘴运动，靠轮分为磁性和非磁性两种。

仿形气割机有运动机构、仿形机构和切割器三部分组成。运动机构常见的为活动肘臂和小车带伸缩杆两种形式。气割时，将制好的样板置于仿形台上，仿形头按样板轮廓移动，切割器则在钢板上切割出所需的轮廓形状。

图 4.4-7 所示为 CG2-150 摇臂仿形气割机，它是采用磁轮跟踪靠模板的方法进行各种形状零件及不同厚度钢板的切割，行走机构采用四轮自动调平，可在钢板和轨道上行走，移动方便，固定可靠，适合批量切割钢板件，主要技术参数见表 4.4-11。

 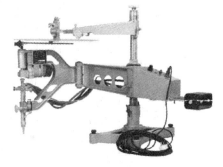

图 4.4-6　CG1-100 型双割炬半自动气割机　　　　图 4.4-7　CG2-150 摇臂仿形气割机

CG2-150 摇臂仿形切割机主要技术参数　　　　表 4.4-11

切割钢板厚度（mm）	5~100
切割速度（min/mm）	50~750
切割圆周最大直径（mm）	φ600
切割直线最大长度（mm）	1200
切割最大正方形尺寸（mm）	500×500
切割长方形尺寸（mm）	400×900、450×750
机身外形尺寸（长×宽×高）（mm）	1190×350×800

（4）数控气割机

数控气割机是随着计算机技术的发展，在钢板切割中使用的一项新技术，这种气割机可省去放样画线等工序而直接切割。生产中应用最广泛的门式气割机是一种高精度切割设备，主要用于各类钢板各种形状的切割下料。表 4.4-12 给出了几种门式数控气割机主要技术参数。

门式数控气割机主要技术参数　　　　表 4.4-12

型号	切割厚度（mm）	切割范围（mm）	割炬数（组）	最大空程速度（mm/min）
ZT 系列直条气割机	5~200	轨矩减 0.8m 纵向轨长减 2.0m	标配 9 组纵向/1 组横向	≤5000（可增减）
CNCG 系列数控直条气割机	5~150（特种可达 300mm）	轨矩减 0.8m 纵向轨长减 2.0m	标配 9 组纵向/2 组数控	≤9000（可增减）
CNCD/SG 系列	5~150（特种可达 300mm）	轨矩减 0.8m 纵向轨长减 2.0m	根据需要确定	≤9000（可增减）
CNCMG 系列	0.5~120	轨矩减 0.8m 纵向轨长减 2.0m		
DHG 系列数控大厚度火焰气割机	1000~2000	轨矩减 0.8m 纵向轨长减 2.0m	1 组数控带自动点火	≤6000

多头数控直条气割机是一种高效率的条板切割设备，纵向割炬可以根据需要配置，一次可同时加工多块条板。图4.4-8是上海通用重工集团有限公司生产的ZT系列多头数控直条切割机。

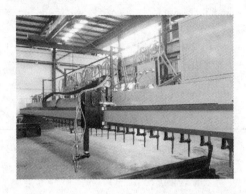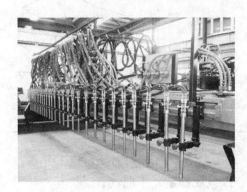

图4.4-8 ZT系列多头数控直条切割机

3. 气割工艺与方法

气割时预热火焰用中性焰，这是氧、乙炔混合比为1:1~1:2时燃烧所形成的火焰，在中性焰中既无过量的氧又无游离碳。常见的气割方法见表4.4-13。

常用气割方法　　　　　　　　　　　　　　表4.4-13

类　型	简　图	说　明
气割薄钢板（<4mm）		采用较小火焰，割嘴向气割反方向倾斜，以增加气割厚度，气割速度要快
气割中厚板		预热火焰要大，气割气流长度要超过工件厚度，预热时割嘴与工件表面约成10°~20°倾角，使割件边缘均匀受热，气割时割嘴与工件表面保持垂直，待整个断面割穿后移动割嘴，转入正常气割，气割将要到达终点时，应略放慢速度，使切口下部完全割断
气割钢管		气割时如逆时针转动管子，则将割嘴偏离顶面一段位置，使气割点的气线与割嘴轴线成15°~25°，则熔渣沿内、外管壁同时落下

续表

类型	简图	说明
气割坡口	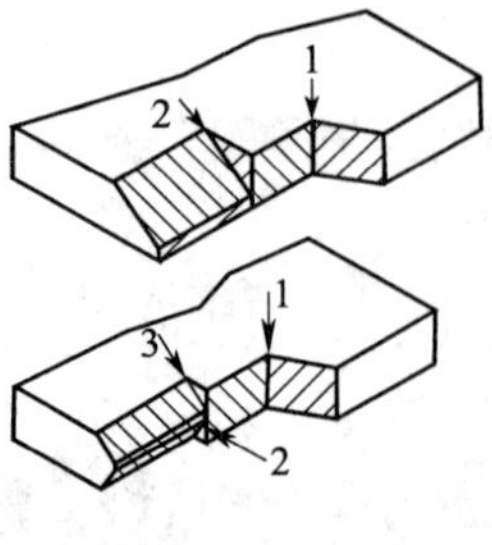	用双割炬或三割炬气割坡口，割炬在前用于气割直边，割炬在后用于气割上、下部的斜边

（1）在进行气割时需注意以下几点：
① 气压稳定，不漏气；
② 压力表、速度计等正常无损；
③ 机体行走平稳，使用轨道时要保证平直和无振动；
④ 割嘴气流畅通，无污损；
⑤ 割炬的角度和位置准确。
（2）为了防止气割变形，在气割操作中应遵循下列程序：
① 大型工件的切割，应先从短边开始；
② 在钢板上切割不同尺寸的工件时，应先割小件，后割大件；
③ 在钢板上切割不同形状的工件时，应先割较复杂的，后割较简单的；
④ 窄长条形板的切割，长度两端留出 50mm 不割，待割完长边后再割断，或者采用多割炬的对称气割的方法。

4. 气割缺陷及预防

气割缺陷、产生原因以及预防措施见表 4.4-14。

气割缺陷、产生原因及预防措施　　　　　　表 4.4-14

缺陷名称	简图	产生原因	预防措施
粗糙	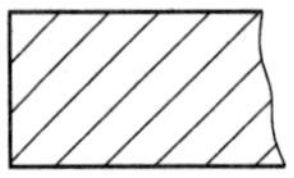	切割氧气压力过高；割嘴选用不当；切割速度太快；预热火焰过大	采用合理切割工艺参数，按板厚选用合适割嘴，调整预热火焰及氧气压力，操作时切割速度不宜过快
缺口	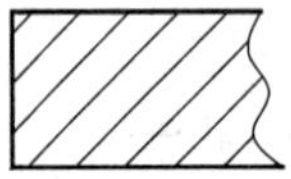	因切割中断，重新气割衔接不良，割件表面有厚的氧化皮、铁锈等；切割坡口时预热火焰不足；半自动气割机轨道上有脏物	加强培训，提高操作技能，切割前做好割件表面清洁工作，操作时，调节与控制好预热火焰。清除半自动气割机导轨上脏物
内凹	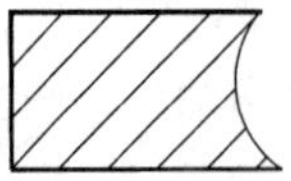	切割氧气压力过高；切割速度过快	按割件厚度选取适当的切割速度和切割氧压力，随氧气纯度增高而降低氧气压力

续表

缺陷名称	简图	产生原因	预防措施
倾斜		割炬与板面不垂直； 风线（切割氧气的射流）歪斜； 切割氧压力低或割嘴号码偏小	切割前先检查氧气流风线速度及氧气压力，操作时保持割炬与板面垂直，选用合适的割嘴号码
上缘熔化		预热火焰太强； 切割速度太慢； 割嘴离割件太近	控制好预热火焰，选用适当的切割速度，割嘴与割件控制在 3~4mm 之间（薄板快一点，厚板慢一点） 切割前做好割件表面清洁工作
上缘呈珠链状		割件表面有氧化皮、铁锈； 割嘴与割件太近； 火焰太强	控制好预热火焰，选用适当的切割速度，割嘴与割件控制在 3~4mm 之间（薄板快一点，厚板慢一点） 切割前做好割件表面清洁工作
下缘黏渣		切割速度太快或太慢； 割嘴号码太小； 切割氧气压力太低	调节好切割氧气压力，选择合理的切割速度和割嘴号码
后拖量大		切割速度太快； 切割氧气压力不足	按割件板厚选用合理的切割速度，操作前调整好切割氧气压力（一般为 0.45~0.5MPa）

5. 矫正

气割时，由于局部的加热作用，使割件发生变形，影响割件的尺寸精度。例如在钢板上气割条料时（如图 4.4-9），在气割过程中由于板料受热而发生如图 4.4-9b 所示的变形，在气割冷却后发生如图 4.4-9c 的曲线变形。

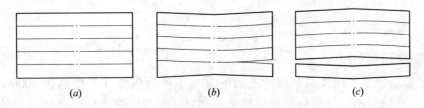

图 4.4-9 气割时构件的变形
(a) 气割前；(b) 气割中；(c) 气割后

减少气割件的变形：可以从减少割件受热、使割件均匀（对称）受热和采用适当的气割顺序等几方面着手。

(1) 减少割件的受热

应尽可能减少预热火焰，尽可能加大切割速度，在气割较大的割件时可边气割边喷水冷却。

(2) 使割件均匀受热

在气割条料时，可使用两个或多个割嘴同时对称气割或采用如图4.4-10中的顺序气割。

(3) 气割顺序

应先割形状复杂、精度要求高的零件。当必须从板边开始气割零件时，如果直线割入，零件易变形如图4.4-11a所示，可采用Z形曲线气割如图4.4-11b所示，边料不易张开变形，零件的尺寸精度高。

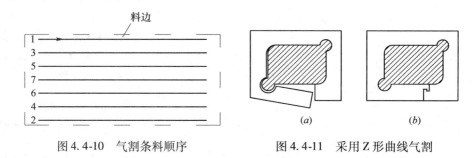

图4.4-10　气割条料顺序　　　　图4.4-11　采用Z形曲线气割

对气割后的板材和割件的变形需要进行矫正，矫正方法一般为火焰热矫正和机械矫正。板材矫正后平面度允许偏差应符合表4.4-15的要求。

板材平面度允许偏差　　　　表4.4-15

板厚 t (mm)	平面度（B）值			图例
	1级	2级	3级	
>25	≤0.5%t	≤1.0%t	≤1.5%t	
≤25	≤1%t	≤2.0%t	≤3.0%t	

4.4.3　等离子切割

1. 等离子切割原理

等离子弧切割是利用高温、高冲击力的等离子弧为热源（产生高达20000～30000℃等离子弧），将被切割的材料局部迅速熔化，同时，利用压缩产生的高速气流的机械冲刷力，将已熔化的材料吹走，从而形成狭窄切口的切割方法。它是属于热切割性质，这与氧-乙炔焰切割在本质上是不同的。它是随着割炬向前移动而完成工件切割，其切割过程不是依靠氧化反应，而是靠熔化来切割材料。图4.4-12为数控水下等离子切割机，图4.4-13为数控等离子切割机。

【注】：CNCSG系列数控水面等离子切割机，其原理就是将普通数控等离子切割机与湿式烟尘净化方式相结合，具体就是制作一个水床切割平台，把工件放置在水面，然后在紧贴水面的地方完成切割作业，用水来捕捉切割过程中产生的烟尘，从而进化环境的目的。与水下等离子切割方式不同之处在于，钢板放置水面上约1cm左右进行切割。其优势在于水床的制造成本能够降低一半以上（相对水下等离子切割），切割烟尘吸收能力达到80%以上。

图4.4-12 数控水下等离子切割机

2. 等离子切割特点

（1）应用面很广。由于等离子弧的温度高、能量集中，所以能切割各种高熔点金属及其他切割方法不能切割的金属，如不锈钢、耐热钢、钛、钨、铸铁、铜、铝及其合金等。

（2）切割速度快，生产效率高。是目前采用的切割方法中切割速度最快的方法。

（3）切口质量好。等离子切割时，能得到比较狭窄、光洁、整齐、无熔渣、接近于垂直的切

图4.4-13 数控等离子切割机

口。由于温度高，加热、切割速度快，所以此法产生的热影响区和变形都比较小。特别是切割不锈钢时能很快通过敏化温度区间，故不会降低切口处金属的耐蚀性能；切割淬火倾向较大的钢材时，虽然切口处金属的硬度也会升高，甚至会出现裂纹，但由于淬硬层的深度非常小，通过焊接过程可以消除，所以切割边可直接用于装配焊接。

（4）成本较低。特别是采用氮气等廉价气体时，成本更为低廉。

3. 等离子切割工艺及设备

等离子切割的气体一般用氮气或氮氢混合气体，也可以用氩气或氩氢混合气。氩气由于价格昂贵，使切割成本增加，所以基本不用。而氢气作为单独的切割气体易燃烧和爆炸，所以也未获得应用。但氢气的导热性较好，对电弧有强烈的压缩作用，所以采用加氢的混合气体时，等离子弧的功率增大，电弧高温区加长。如果采用氮氢混合气体，便具有比使用氮气更高的切割速度和厚度。

切割电极采用含钍质量分数为1.5%~2.5%的钍钨棒，这种电极比采用钨棒作电极的烧损要小，并且电弧稳定。因钍钨棒有一定的放射性，而铈钨极几乎没有放射性，等离子的切割性能比钍钨棒好，因此也有采用的。

为了利于热发射，使等离子弧稳定燃烧，以及减小电极烧损，等离子切割时一般都把钨极接负，工件接正，即所谓正接法。

等离子切割内圆或内部轮廓时，应在板材上预先钻出直径$\phi12mm$~$\phi16mm$的孔，切

割由孔开始进行。

等离子切割时，为保证安全，应注意下列几个方面。

（1）等离子切割时的弧光及紫外线，对人的皮肤及眼睛均有伤害作用，所以必须采取保护措施。

（2）等离子弧切割时，产生大量的金属蒸气和气体，吸入人体内常产生不良的反应，所以工作场地必须安装强制抽风设备。

（3）电源要接地，割枪的手把绝缘性要好。

（4）钍钨极是钨与氧化钍经粉末冶金制成。钍具有一定的放射性，但一根钍钨棒的放射剂量很小，对人体影响不大。大量钍钨棒存放或运输时，因剂量增大，应放在铅盒里。在磨削钍钨棒时，产生的尘末若进入人体则是不利的，所以在砂轮机上磨削钍钨棒时，必须装有抽风装置。

4.4.4 机械切割

1. 分类

根据切割原理的不同，机械切割可分为三大类：剪切、锯切（锯床锯切、摩擦锯切）和冲压下料。

剪切，利用上下两剪刀的相对运动来切断钢材。机械剪切速度快，效率高，能剪切厚度小于30mm的钢材，其缺点是切口比较粗糙，下端有毛刺。剪板机、联合冲剪机和型钢冲剪机等机械属于此类。

锯切可分为两类。一类是利用锯片的切削运动把钢材分离，切割精度好，常用于角钢、圆钢和各类型钢的切割；弓锯床、带锯床和圆盘锯床等机械属于此类。另一类是利用锯片与工件间的摩擦发热使金属熔化而被切断，此类机械中的摩擦锯床切割速度快，但切口不光洁，噪声大；如砂轮切割机切割不锈钢及各种合金钢等。

冲压下料，利用冲模在压力机上把板料的一部分与另一部分分离的加工方法。对成批生产的零件或定型产品，应用冲压下料可提高生产效率和产品质量。

2. 剪切

剪切加工的方法很多，但其实质都是通过上、下剪刃对材料施加剪切力，使材料发生剪切变形，最后断裂分离。

（1）剪切过程及剪断面状况分析

剪切时，材料置于上、下剪刃之间，在剪切力的作用下，材料的变形和剪断过程如图4.4-14所示。

在剪刃口开始与材料接触时，材料处于弹性变形阶段。当上剪刃继续下降时，剪刀对材料的压力增大，使材料发生局部的塑性弯曲和拉伸变形。同时，剪刀的刃口也开始压入材料，形成塌角区和光亮的塑剪区，这时在剪刃口附近金属的应力状态和变形是极不均匀的。随着剪刃压入深度的增加，在刃口处形成很大的应力和变形集中。当此变形达到材料极限变形程度时，材料出现微裂纹。随着剪裂现象的扩展，上、下刃口产生的剪裂缝重合，使材料最终分离。

图4.4-15所示为材料剪断面，它具有明显的区域性特征，可以明显地分为塌角、光亮带、剪裂带和毛刺四部分。塌角1的形成原因是当剪刃压入材料时，刃口附近的材料被

牵连拉伸变形的结果；光亮带 2 由剪刃挤压切入材料时形成，表面光滑平整；剪裂带 3 则是在材料剪裂分离时形成，表面粗糙，略有斜度，不与板面垂直；而毛刺 4 是在出现微裂纹时产生的。

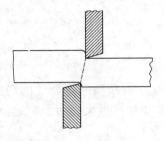

图 4.4-14 剪切过程

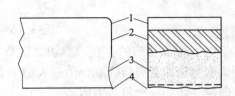

图 4.4-15 剪断面状况
1—塌角；2—光亮带；3—剪裂带；4—毛刺

剪断面上的塌角、光亮带、剪裂带和毛刺四个部分在整个剪断面上的分布比例，随材料的性能、厚度、剪刃形状、剪刃间隙和剪切时的压料方式等剪切条件的不同而变化。

（2）斜口剪剪切受力分析

在生产中使用较多的是图 4.4-16 所示的斜口剪，材料在剪切过程中的受力状况如图 4.4-17 所示。

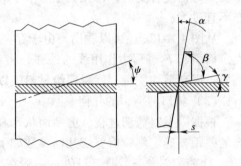

图 4.4-16 斜口剪剪刃几何形状

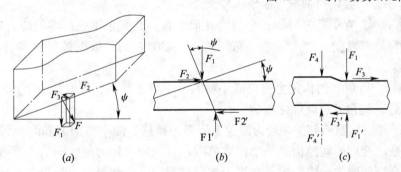

图 4.4-17 斜口剪剪切受力分析

由于剪刃具有斜角 φ 和前角 γ，使得上下剪刃传递的外力 F 不是竖直地作用于材料，而是与斜刃及前刀面成垂直方向作用。这样，在剪切中作用于材料上的剪切力 F 可分解为纯剪切力 F_1、水平推力 F_2 及离口力 F_3。图 4.4-17a 所示为剪切力的正交分解情况，图 4.4-17b、c 为剪切力正交分解后的两面投影。

在剪切过程中，由于 φ 角的存在，材料是逐渐被分离的，若 φ 角增大，材料的瞬时剪切长度变短，可减小所需的剪切力；但从受力图上（见图 4.4-17b）又可看出，φ 角增大，纯剪切力 F_1 则减小，而水平推力 F_2 增大，当 φ 角增大到一定数值时，将因水平推力 F_2 过大，使材料从刃口中推出而无法进行剪切。因此，φ 角的大小，应以剪切时材料不被推出为限。其受力条件为：

$$F_2 \leqslant 2F_1 f \tag{4.4-1}$$

式中，f 是材料的静摩擦系数，一般钢与钢的静摩擦系数取 $f=0.15$。

由式（4.4-1）可以求出 φ 角的极限值：

由 $\qquad F_2 = F_1 \tan\varphi$

得 $\qquad F_1 \tan\varphi \leqslant 2F_1 f$

$\qquad \tan\varphi \leqslant 2f = 0.30$

所以 $\qquad \varphi \leqslant 16°42'$

同时，由于离口力 F_3 的存在，剪切材料待剪部位将有向剪断面一侧滑动的趋势。尽管 γ 角增大有利于使剪刃口锋利，但过大的 γ 角将导致离口力 F_3 过大，而影响定位剪切，这是必须限制 γ 角的一个重要原因。

此外，由于水平推力 F_2 和离口力 F_3 的双向力的作用，在剪切过程中，被剪下的材料将发生弯扭复合变形，在宽板上剪窄条时尤其明显。故从限制变形的角度看，φ 角和 γ 角亦不宜过大。

从图 4.4-17c 还可以看出，由于存在剪刃间隙，且剪切中随着剪刃与材料接触面的增大，而引起 F_1、F_1' 力作用线的外移，将对材料产生一个转矩。为不使材料在剪切过程中翻转，提高剪切质量，就需要给材料施以附加压料力 F_4。

(3) 斜口剪剪刃的几何参数

根据以上对剪切过程、剪断面状态和剪切受力情况的分析，并考虑实际情况与理想状态的差距，确定斜口剪剪切几何参数如下：

① 剪刃斜角 φ。剪刃斜角 φ 一般在 2°~14° 之间。对于横入式斜口剪床，φ 角一般为 7°~12°；对于龙门式斜口剪床，φ 角一般为 2°~6°。

② 前角 γ。前角 γ 是剪刃的一个重要几何参数，其大小不仅影响剪切力和剪切质量，而且直接影响剪刃强度。前角 γ 值一般可在 0°~20° 之间，依据被剪材料性质不同来选取。

③ 后角 α。后角 α 的作用主要是减小材料与剪刀的摩擦，通常取 $\alpha = 1.5° \sim 3°$。γ 角与 α 角确定后，楔角 β 也就随之而定。

④ 剪刃间隙 s。剪刃间隙 s 是为避免上下剪刃碰撞，减小剪切力和改善剪断面质量的一个几何参数。合理的间隙值是一个尺寸范围，其上限值称为最大间隙，下限值称为最小间隙。剪刃合理间隙的确定，主要取决于被剪材料的性质和厚度，见表 4.4-16。

剪刃合理间隙的范围　　　　表 4.4-16

材料	间隙（以厚度的% 表示）	材料	间隙（以厚度的% 表示）
低碳钢	6~9	不锈钢	7~11
中碳钢	8~12	铜	6~10

(4) 剪切力计算

斜切口剪床剪切力的计算。斜切口剪床剪切力可按下式计算：

$$F = \frac{Kt^2 \tau}{2\tan\varphi} \tag{4.4-2}$$

式中　φ——剪刃斜角（°）；

t——板厚（mm）；

τ——板料抗剪强度，MPa；

K——通常取 1.2~1.3。

【例】 某斜口剪床，其剪刃斜角 φ 为 5°，最大剪板（Q235A 钢）厚度为 20mm。试问该剪床能否剪切剪切强度 t = 240MPa、厚度为 22mm 的铜板。

【解】 该剪床剪切力 F_0 系按 Q235A 钢计算得出，又已知 Q235A 钢的抗剪强度 τ = 340MPa，取 K = 1.2，由式 4.4-2 可知该剪床最大剪切力为：

$$F_0 = \frac{Kt^2\tau}{2\tan\varphi} = \frac{1.2 \times 20^2 \times 340}{2\tan 5°} = 932693 \text{（N）}$$

又设剪切该铜板所需剪切力为 F，则

$$F = \frac{Kt^2\tau}{2\tan\varphi} = \frac{1.2 \times 22^2 \times 240}{2\tan 5°} = 796628 \text{（N）}$$

可知：$F < F_0$。

结论：因为剪切该铜板所需的剪切力小于该剪床的最大剪切力，故能够剪切。

(5) 剪切设备

剪切机械的种类很多，较常用的有：龙门式斜口剪床（见图 4.4-18）、横入式斜口剪床、圆盘剪床、振动剪床和联合剪冲机床。联合剪冲机床技术性能参数见表 4.4-17。

联合剪冲机床技术性能表 表 4.4-17

型号	技术规格							
	剪板厚度（mm）	行程次数（次/min）	可剪最大尺寸（mm）			冲孔直径（mm）	冲孔板厚（mm）	电机功率（kW）
			圆钢	方钢	角钢			
Q34-10	10	40	φ35	28×28	80×8	22	10	2.2
Q34-16	16	27	φ45	40×40	100×12	26	16	5.5
QA34-25	25	25	φ65	55×55	150×18	35	25	7.5
Q35-16（带模）	16	36	φ45	40×40	125×12	28	16	4.0

材料剪切后的弯扭变形必须进行矫正，发现断面粗糙或带有毛刺，需修磨光洁。剪切过程中，坡口附近的金属因受剪力而发生挤压和弯曲，从而引起硬度提高，材料变脆的冷作硬化现象。重要的结构构件和焊缝的接口位置，必须用铣、刨或者砂轮磨削的方法将硬化表面加工清除。

3. 锯切

锯切主要用于各类型钢的切割；常用锯切机械有弓锯床、带锯床、圆盘据床、摩擦锯和砂轮锯等。

(1) 弓锯床仅用于切割中小型的型钢：圆钢和扁钢等。工作运动和手锯相似，它的往复运动是由曲柄盘的旋转而产生，锯条行程的长短可以由曲柄调整。

常用弓锯床的型号及技术性能参数见表 4.4-18。

(2) 带锯床用于切断型钢、圆钢、方钢等，其效率高，切断面质量好（图 4.4-19 为日本大东精机株式会社生产的 ST6090 带锯）。国产带锯床机型较小，多用于小型钢的锯切下料，其主要技术数据见表 4.4-19。

弓锯床的型号及技术性能参数   表 4.4-18

产品名称	型号	最大锯料直径（mm）	技术参数									
			加工范围				锯条尺寸（mm）		锯条行程（mm）	切削速度（m/min）	往复速度	
			圆钢（mm）	方钢（mm）	槽钢（号）	工字钢（号）	长度	宽度			级数	范围（次/min）
弓锯床	G7025A	250	250	220	22	22	500	2	152	22,33	2	75~112
弓锯床	G7025	250	250	250	25	25	500	2	152	27	1	91
弓锯床	G7116	160	160	160	16	16	350	1.8	110~170	平均28	1	92
弓锯床	G7125	250	250	250	25	25	450	2	110	27	2	80,105
弓锯床	G72	220	220	220	22	22	450	2	152	22,29	2	75,97

国产带锯床主要技术数据   表 4.4-19

型号	切料范围（mm）		锯带尺寸（mm）	切割速度（m/min）
GZ 4032	最大直径320		1.06×31.5×4115	18~120
G 5253	0°	530×355（矩）	0.9×25×4345	42~84
		φ355（圆）		
	±45°	355×355（方）		
		φ355（圆）		

（3）圆盘锯床的锯片呈圆形，在圆盘的周围制有锯齿。锯切工件时，电动机带动圆锯片旋转便可进刀锯断各种型钢。

圆盘锯能够切割大型 H 型钢，而且切割精度很高，因此在钢结构制造厂的加工过程中，圆盘锯经常被用来进行柱、梁等型钢构件的下料切割。

（4）摩擦锯主要是利用锯片与工件间的摩擦发热，使工件熔化而切断。工作时，锯片以 100~150m/s 的圆周速度高速旋转，高速度使工件发热熔化。

摩擦锯能够锯割各类型钢，也可以用来切割管子和钢板等，使用摩擦锯切割的优点是锯割的速度快，效率高，切削速度可达 120~140m/s，进刀量 200~500mm/min，缺点是切口不光洁，噪声大，只适应于锯切精度要求较低的构件，或者下料时留有加工余量需进行精加工的构件。摩擦锯锯片的周围通常没有锯齿，只有不深的压痕。

（5）砂轮锯是利用砂轮片高速旋转时与工件摩擦，由摩擦生热并使工件熔化而完成切割。砂轮锯适用于锯切薄壁型钢，如方管、圆管、Z 和 C 形断面的薄壁型钢等。缺点是噪声大，粉尘多。

锯割机械施工中应注意以下问题：① 型钢应预先经过矫直，方可进行锯切。② 所选用的设备和锯片规格必须满足构件所要求的加工精度。③ 单件锯切的构件，先划出号料线，然后对线锯切。号料时，需留出锯槽宽度，锯槽宽度为锯片厚度加 0.5~1.0mm。成批加工的构件，可预先安装定位挡板进行加工。④ 加工精度要求较高的重要构件，应考虑留出适当的精加工余量，以供锯割后进行端面精铣。

图 4.4-18　龙门式斜口剪床

图 4.4-19　卧式数控带锯

4．冲压下料

（1）冲压下料原理

冲压时，材料置于凸凹模之间，在外力作用下，凸凹模产生一对剪切力，材料在剪切力作用下被分离。冲压的基本原理与剪切相同，只不过是将剪切时的直线刀刃，改变成封闭的圆形或其他形式的刀刃而已。冲压过程中材料的变形情况及断面状态与剪切时大致相同，可分为三个阶段。

第一阶段　弹性变形阶段。图 4.4-20a 所示，当凸模开始接触板料并下压时，在凸、凹模压力作用下，板料开始产生弹性压缩、弯曲、拉伸等复杂变形。这时，凸模略微挤入板料，板料下部也略微挤入凹模，并在凸、凹模刃口接触处形成很小的圆角。随着凸模的下压，刃口附近板料所受的压力逐渐增大，直至达到弹性极限，弹性变形阶段结束。

第二阶段　塑性变形阶段。当凸模继续下压，使板料变形区的应力超过其屈服点，达到塑性条件时，便进入塑性变形阶段，图 4.4-20b 所示。这时，凸模挤入板料和板料挤入凹模的深度逐渐加大，产生塑性剪切变形，形成光亮的剪切断面。随着凸模的下降，塑性变形程度增加，变形区材料硬化加剧，变形抗力不断上升，冲压力也相应增大，直到刃口附近的应力达到抗拉强度时，塑性变形阶段终止。由于凸、凹模之间间隙的存在，此阶段中冲压变形区还伴随着弯曲和拉伸变形，且间隙越大，弯曲和拉伸变形也越大。

第三阶段　断裂分离阶段。当板料内的应力达到抗拉强度后，凸模再向下压入时，则在板料上与凸、凹模刃口接触的部位先后产生微裂纹，图 4.4-20c 所示。裂纹的起点一般在距刃口很近的侧面，且一般首先在凹模刃口附近的侧面产生，继而才在凸模刃口附近的侧面产生。随着凸模的继续下压，已产生的上、下微裂纹将沿最大剪应力方向不断地向板料内部扩展，当上、下裂纹重合时，板料便被剪断分离，图 4.4-20d 所示。随后，凸模将分离的材料推入凹模洞口，冲压变形过程结束。

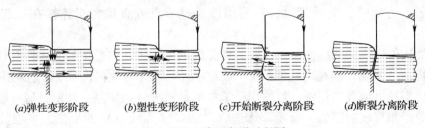

(a)弹性变形阶段　　(b)塑性变形阶段　　(c)开始断裂分离阶段　　(d)断裂分离阶段

图 4.4-20　冲压变形过程图

（2）冲压力计算

冲压力大小是选择冲压设备能力和确定冲压模强度的一个重要依据。

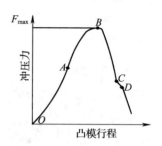

图 4.4-21　冲压力曲线

冲压力是冲压时凸模冲穿板料所需的压力。在冲压过程中，冲压力是随凸模进入板料的深度而变化的。图 4.4-21 所示为冲裁 Q235 钢时的冲压力变化曲线，图中 OA 段是冲压的弹性变形阶段，AB 段是塑性变形阶段；B 点为冲压力的最大值，在此点材料开始被剪裂；BC 段为断裂分离阶段；CD 段是凸模克服材料间的摩擦和将材料从凹模内推出所需的压力。通常，冲压力是指冲压过程中的最大值（图中 B 点压力 F_{max}）。

影响冲压力的主要因素是材料力学性能、厚度、冲件轮廓周长及冲压间隙、刃口锋利程度与表面粗糙度等。综合考虑上述影响因素，平刃冲压模的冲压力可按下式计算：

$$F = KLt\tau \tag{4.4-3}$$

式中　F——冲压力，N；

　　　L——冲压周长，mm；

　　　t——材料厚度，mm；

　　　τ——材料抗剪强度，MPa

　　　K——系数。

系数 K 是考虑实际生产中的各种因素，而给出的一个修正系数。例如由于冲压刃口的磨损、模具间隙的不均匀、材料力学性能和厚度的波动等，可能使实际所需的冲压力比理论上计算的结果大。一般取 $K = 1.3$。

【例】在抗剪强度为 450MPa、厚度为 2mm 的钢板上冲一 ϕ40mm 的孔，试计算需多大的冲压力。

【解】冲压件周长 $L = \pi D = 3.1416 \times 40 = 125.664$（mm），由式 4.4-3 得：

$$F = KLt\tau = 1.3 \times 125.664 \times 2 \times 450 = 147026.88 (N) \approx 147 (kN)$$

计算结果：冲压力约为 147kN。

4.4.5　管材切割加工

1. 概述

在建筑钢结构中，管结构得到了广泛应用，特别在空间钢结构中应用更为广泛，如网架结构、桁架结构、多面体空间刚架结构、张弦结构等。这些结构中构件的形状通常为圆钢管、方钢管、矩形管等，这些构件通过节点或直接相贯连接在一起而形成各种结构。

管材类构件切割是钢结构加工中较为常见的加工方法，它是按管类构件设计要求，进行两端的切割（平端口和相贯线切割）。加工方法一般有两种：1:1 放样后利用氧-乙炔进行手工切割和机械自动切割，目前用得最多的是机械自动切割。切割机械一般有管子车床和多维数控相贯线切割机。管子车床进行平端口（含坡口）的加工，多维数控相贯线切割机进行平端口或相贯线（含坡口）的加工。

2. 管子车床切割加工

管子车床切割加工，是按构件的加工长度，进行钢管的下料、坡口一次性成形的加工方法。目前使用的管子车床有两种：一种是普通管子车床，它是通过人工操作来完成材料的进给、定位，见图4.4-22。一种是数控管子车床，它是通过机械推动完成材料的进给、定位和切割加工。管子数控切割机床具有加工质量好、切割精度高的特点，常用于管径较大钢管的加工，见图4.4-23。

图4.4-22 管子普通切割车床　　　　图4.4-23 管子数控切割机床

3. 多维数控相贯线切割机切割加工

多维数控相贯线切割机切割加工，是按构件的加工长度，进行管材端部平端口或相贯口的下料、坡口一次性成形的加工方法。与普通机械切割的最大不同之处是能够进行变角度坡口的加工（相贯线切割）。多维数控相贯线切割不仅用于加工圆钢管，还可适用于方钢管的加工。

早期国内钢结构企业使用的管材多维数控相贯线切割机主要来自进口，如日本丸秀工机株式会社生产的 HID 系列产品，其主要机型有：HID－300EH、HID－600EH、HID－900MTS 和 HID－1200MTS，能够适应直径 ϕ60mm～ϕ1200mm，壁厚5～60mm 各类圆钢管加工，见图4.4-24。现国内已有不少这类设备的生产企业，如北京林克曼数控技术有限公司生产的 LMGQ/P－A1850 机型，最大切割钢管直径可达 ϕ1850mm，壁厚80mm（Q235），坡口角度 －60°～60°。

(a)　　　　　　　　　　　　　　(b)

图4.4-24　HID－600EH 型六维数控相贯面切割机

4.5 边缘加工

4.5.1 加工部位

在建筑钢结构构件加工中,当图纸要求或下列部位一般需要进行边缘加工。
(1) 吊车梁翼缘板;
(2) 支座支承面;
(3) 焊接坡口;
(4) 尺寸要求严格的加劲板、隔板、腹板和有孔眼的节点板等;
(5) 有配合要求的部位;
(6) 设计有要求的部位。

边缘加工允许偏差见表 4.5-1。

边缘加工的允许偏差   表 4.5-1

项 目	允许偏差
零件宽度、长度	±1.0mm
加工边直线度	$l/3000$,且不大于 2.0mm
相邻两边夹角	±6′
加工面垂直度	$0.025t$,且不大于 0.5mm
加工面表面粗糙度	$\sqrt{50}$

注:t—构件厚度;l—构件长度。

4.5.2 常用加工方法

常用的边缘加工方法主要有:铲边、刨边、铣边、碳弧气刨、气割和坡口机加工等。

1. 铲边

对加工质量要求不高,并且工作量不大的边缘加工,可以采用铲边。铲边有手工铲边和机械铲边两种。手工铲边的工具有手锤和手铲等。机械铲边的工具有风动铲头等。

一般手工铲边和机械铲边的构件,其铲线尺寸与施工图纸尺寸要求不得相差 1mm。铲边后的棱角垂直误差不得超过弦长的 1/3000,且不得大于 2mm。

2. 刨边

刨边使用的设备是刨边机,需切削的钢板固定在工作台上,由安装在移动刀架上的刨刀来切削钢板的边缘。刀架上可以同时固定两把刨刀,以同方向进刀切削,也可在刀架往返行程时正反向切削。刨边加工有刨直边和刨斜边两种。刨边加工的加工余量随钢板的厚度、切割方法的不同而不同,一般的刨边加工余量为 2~4mm;刨边机见图 4.5-1 所示。表 4.5-2 为刨边加工的余量表。刨边机的刨削长度一般为 3~15m。当构件长度大于刨削长度时,可用移动构件的方法进行刨边;构件较薄时,则可采用多块钢板同时刨边的方法加工。对于侧向弯曲较大的条形构件,刨边前应先校直。气割加工的构件边缘必须将残渣清除干净后再刨边,以减少切削量和提高刀具寿命。

刨边加工的余量　　　　　　　　　　　　表 4.5-2

钢材类型	边缘加工形式	钢板厚度（mm）	最小余量（mm）
低碳钢	剪切机剪切	≤16	2
低碳钢	气割	>16	3
各种钢材	气割	各种厚度	4
优质低合金钢	气割	各种厚度	>3

3. 铣边

铣边机利用滚铣切削原理，对钢板焊前的坡口、斜边、直边、U形边能同时一次铣削成形，比刨边机提高工效 1.5 倍，且能耗少，操作维修方便。铣边加工质量优于刨边的加工质量，见图 4.5-2 所示。表 4.5-3 给出两种加工方法的质量标准对比数值，表明铣边精度高于刨边。

边缘加工的质量标准（允许偏差）　　　　　　　　　表 4.5-3

加工方法	宽度、长度	直线度	坡口角度	对角差（四边加工）
刨边	±1.0mm	$l/3000$，且不得大于 2.0mm	±2.5°	2mm
铣边	±1.0mm	0.5mm	±1.0°	1mm

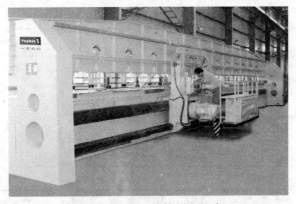

图 4.5-1　BBJ 数控刨边机床

图 4.5-2　PX-90W 坡口铣边机

4. 碳弧气刨

碳弧气刨的切割原理是直流电焊机直流反接（工件接负极），通电后，碳棒与被刨削的金属间产生电弧，电弧具有6000℃左右高温，足以将工件熔化，压缩空气随即将熔化的金属吹掉，达到刨削金属的目的。

碳弧气刨的优点是：效率高，清根可达45m/h，比风铲提高效率8~15倍；灵活方便，能在狭窄处操作；操作时可看清焊缝的缺陷消除与否；可以切割氧割难以切割的金属，如生铁、不锈钢、高锰钢、铜、铝、合金等；热影响区小，只1mm左右（氧割为2~6mm），对减少构件变形很有意义；设备简单，气刨枪制作简单。

碳弧气刨的缺点是：目前只能用直流焊机；有强烈弧光；烟雾粉尘多，须有通风设备；吹出的金属液体溅落在表面上，需要用砂轮来清除；噪音比较大。

5. 其他加工方法

（1）气割机加工坡口

气割坡口包括手工气割和用半自动、自动气割机进行坡口切割。其操作方法和使用的工具与气割相同。所不同的是将割炬嘴偏斜成所需要的角度，对准要开坡口的地方，运行割炬即可。

此种方法简单易行，效率高，能满足开V形、X形坡口的要求，已被广泛采用，但要注意切割后须清理干净氧化铁残渣。表4.5-4为气割坡口时割嘴的位置。

气割机切割坡口时割嘴的位置　　　　　　　　表 4.5-4

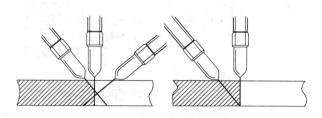

材料厚度	割嘴位置示意图	材料厚度	割嘴位置示意图
50mm 以内		50mm 以上	
60mm 以上（上坡口）		60mm 以上（下坡口）	

（2）滚剪倒角机加工坡口

滚剪倒角机利用滚剪原理，对钢板边缘按所需角度进行剪切，以得到焊接所需的坡口。加工尺寸准确、表面光洁、一次成形，不需要清理毛刺，具有操作方便，工效高（3m/min），能耗低等优点。

（3）管子车床及多维数控相贯线切割机加工坡口

管子车床加工坡口利用车削原理，对管子进行坡口加工。管子接口相贯线和坡口的加工，传统工艺方法一般采用人工放样、手工气割和砂轮打磨坡口，这种加工方法尺寸精度差、坡口质量差，且加工周期长。采用五维或六维数控相贯线切割机加工管口相贯线，只需在该机上输入管径、管壁厚度和相交角度等原始数据后，即可对管子进行全自动等离子切割。此种加工方法精度和外观质量都较好，杆件的长度误差可以控制在1mm以内，坡口面光洁，无需打磨即可直接组焊，目前国内已有数家企业生产这种数控管子切割机。

4.6 成形加工

4.6.1 成形加工分类与方法

1. 成形加工分类

（1）热加工

把钢材加热到一定温度后进行的加工方法，统称热加工。常用热加工方法有两种，一种是利用乙炔火焰进行局部加热，这种方法简便，但是加热面积较小。另一种是放在工业炉内加热，该方法较前一种方法更为复杂，要求投资也更大，但是加热面积大且受热均匀。

热加工是一个比较复杂的过程，温度能够改变钢材的机械性能，能使钢材变硬，也能使钢材变软。钢材在常温中有较高的抗拉强度，但加热到500℃以上时，随着温度的增加，钢材的抗拉强度急剧下降（参见表4.6-1），其塑性、延性大大增加，钢材的机械性能逐渐降低。

高温时钢材抗拉强度的变化　　　　　　　　　表4.6-1

抗拉强度 f_u （N/mm²）	加热温度（℃）							
	600	700	800	900	1000	1100	1200	1300
常温时 f_u=400 的钢材	120	85	65	45	30	25	20	15
常温时 f_u=600 的钢材	250	150	110	75	55	35	25	20

热加工是通过加热炉或氧乙炔焰等把钢材加热，使钢材在降低强度、增加塑性的基础上，进行矫正或成形的加工。

钢材加热的温度可从加热时所呈现的颜色来判断（见表4.6-2）。

表4.6-2所列系在室内白天观察的颜色，在日光下颜色相对较暗；在黑暗中，颜色相对较亮。温度要求严格时，应采用热电偶温度计或比色高温计测量温度。热加工时所要求的加热温度，对于低碳钢一般为1000~1100℃，热加工终止温度不应低于700℃。加热温

钢材温度和颜色的辨别 表 4.6-2

颜色	温度（℃）	颜色	温度（℃）
黑色	470℃以下	亮樱红色	800~830
暗褐色	520~580	亮红色	830~880
赤褐色	580~650	黄赤色	880~1050
暗樱红色	650~750	暗黄色	1050~1150
深樱红色	750~780	亮黄色	1150~1250
樱红色	780~800	黄白色	1250~1300

度过高，加热时间过长，都会引起钢材内部组织的变化，破坏原材料材质的机械性能。加热温度在 200~400℃ 时，钢材产生蓝脆性，在这个温度范围内，严禁锤打和弯曲，否则，容易使钢材断裂。

（2）冷加工

钢材在常温下进行加工，统称冷加工，冷加工通常是利用机械设备或专用工具进行的。

冷加工时应注意温度。低温中的钢材，其韧性和延伸性均相应减小，而脆性相应增加，若此时进行冷加工，易使钢材产生裂纹。因此，应注意低温时不宜进行冷加工。对于普通碳素结构钢，在工作环境温度低于零下 20℃（即 -20℃）时，或低合金结构钢工作环境温度低于零下 15℃（即 -15℃）时，都不允许进行剪切和冲孔。当普通碳素结构钢在工作环境温度低于 -16℃ 时，或低合金结构钢在工作环境温度低于 -12℃ 时，不允许进行冷矫正和冷弯曲加工。

冷加工具有如下优点：① 使用的设备简单，操作方便；② 节约材料和燃料；③ 钢材的机械性能改变较小，材料的减薄量甚少。由此看出，冷加工与热加工相比较，冷加工具有较多的优越性。因此，冷加工更容易满足设计和施工要求，工作效率较高。

2. 成形加工方法

成形加工按成形方法的不同可分为，切割成形、机械加工成形、弯曲成形、模压成形、铸造成形等。

（1）切割成形。如切割下料、坡口、相贯线切割等；

（2）机械加工成形。如车加工、铣加工、刨加工等（含内孔、外圆、螺纹加工、边缘加工、端部铣削加工等）；

（3）弯曲成形。如板材弯曲成形、管材弯曲成形、型材弯曲成形等；

（4）模压成形。如焊接球拉伸加工；

（5）铸造成形。如铸钢节点的铸造成形加工。

4.6.2 板材弯曲成形加工

1. 板材弯曲成形原理及典型加工设备

板材的弯曲成形加工亦称为卷圆或滚圆，是在外力作用下，迫使板材的外层纤维伸长，内层纤维缩短（中层纤维不变）产生的弯曲变形。当弯曲半径较大时，可在常温状态下卷圆；当半径较小或板材较厚时，可加热后卷圆。在建筑钢结构制造领域，板材弯曲成形以冷加工为主，采用卷板机弯曲成形是最常用的一种加工方法。

卷圆是在卷板机上进行的，它主要用于卷制各种容器、建筑结构用冷成形直缝焊接钢管、锅炉汽包和高炉等。在卷板机上卷圆时，板材的弯曲是由上滚轴向下移动时所产生的压力来达到。卷板机按辊轴数目和位置可分为三辊卷板机和四辊卷板机两类，按辊轴方位分为立式和卧式，按上辊受力类型分为闭式和开式，按辊轴数目及布置形式分为三辊对称式、三辊不对称式和四辊对称式、四辊不对称式，见图4.6-1；按辊轴位置调节方式分为上调式和下调式。技术性能参数分别见表4.6-3和表4.3-4。

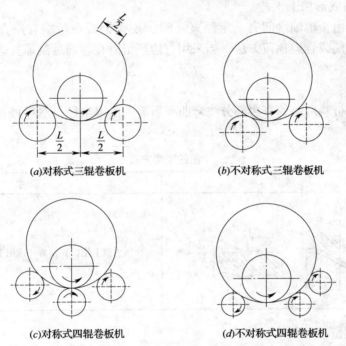

图 4.6-1 卷板机原理示意图

常用三辊卷板机性能表　　　　　表 4.6-3

产品名称	型号	卷板最大尺寸 （厚度×宽度） (mm)	卷板速度 (m/min)	卷板最大规格时 最小弯曲直径 (mm)	电机功率 (kW)
三辊卷板机	W11－2×1600	2×1600	11.1	250	3
	W11－5×2000	5×2000	7	380	11/3
	W11－8×2500A	8×2500	5.5	600	11
	W11－12×3200A	12×3200	5.5	700	22
	W11－16×2500A	16×2500	5.5	700	22
	W11－20×2000A	20×2000	5.5	700	22
	W11－25×2000	25×2000	5	850	30
	W11s－100×4000	100×4000	3	2500	55×2

常用四辊卷板机性能表　　　　　表4.6-4

产品名称	型号	卷板最大尺寸（厚度×宽度）(mm)	卷板速度(m/min)	卷板最大规格时最小弯曲直径(mm)	电机功率(kW)
四辊卷板机	W12NC-25×2000	25×2000	4.5	800	30
	W12-20×2500	20×2500	5	750	45
	W12-25×2500	25×2500	4.5	800	45
	W12NC-90×4000	90×4000	3	3000	180

2. 板材弯曲成形加工工艺

钢板弯曲时由于辊轴之间有一定距离（S），使得钢板在两端有一直边，对于这一直边可采取预弯方法或直边预留方法。当采用直边预留时在卷圆后割掉直边，以达到整圆的要求。

（1）预弯

预弯就是将板料两端的直边部分先弯曲到所需的曲率半径，然后再卷圆。常用的预弯方法见表4.6-5。

常用的预弯方法　　　　　表4.6-5

序号	简图	说明
1		在压力机上用模具预弯，适用于各种板厚

（2）直边预留

板材在卷板机上卷圆时，板的两端卷不到的部分称为直边，其大小与卷板机的类型和卷曲形式有关，见图4.6-2和表4.6-6。

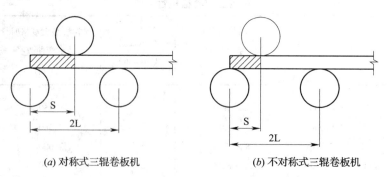

(a) 对称式三辊卷板机　　　(b) 不对称式三辊卷板机

图4.6-2　卷板机的不同卷曲形式与直边

（3）调整对中

对中的目的是使工件的母线与辊轴轴线平行，防止卷圆过程中产生歪扭，形成错边。

板材弯曲时的理论剩余直边　　　　　表 4.6-6

设备类型		卷板机		
卷圆形式		对称卷圆	不对称卷圆	
			三辊	四辊
剩余直边	冷弯时	$S=L$	$(1.5\sim2.0)\delta$	$(1.0\sim2.0)\delta$
	热弯时	$S=L$	$(1.3\sim1.5)\delta$	$(0.75\sim1.0)\delta$

注：L—侧辊中心距之半；δ—板厚。

(4) 卷圆

板料位置对中后，逐步调节上辊（三辊卷板机）或侧辊（四辊卷板机）的位置，使板料产生弯曲，并在卷板机上来回滚动；卷圆过程中不断采用样板对曲率半径进行检验，直至符合规定要求的圆度为止。

(5) 割除直边、坡口、焊接

对预留直边的先割除直边，再整圆，然后坡口后再焊接；对采用预弯的可直接剖口后焊接。

(6) 矫圆

矫圆的目的是矫正筒体焊接后的变形，矫圆一般分三个步骤：

① 加载　根据经验或计算将辊轴调到所需的最大的矫正曲率位置；

② 滚圆　将辊轴在矫正曲率下滚卷 1~2 圈，使整圈曲率均匀一致；

③ 卸载　逐渐退回辊轴，减少矫正载荷，完成矫圆。

3. 卷板设备能力换算

卷板机所能卷制的最大板料规格和最小直径在设备的技术规范中都有明确的规定，超过该规定就会引起设备过载而损坏。在实际生产中卷制的板料规格不一定与设备的技术规格相一致，例如板料宽度小于技术条件中的规定时，在材质相同的情况下，卷板机所能卷制的板厚显然大于所规定的最大板厚。

在同一卷板机上卷制不同直径、板厚、板宽与屈服点的材料时，卷板能力可进行换算。

(1) 卷制材料与板宽相同时（图 4.6-3），外径与板厚的关系式为：

$$\delta_2 = \delta_1 \sqrt{\frac{D_2(D_1+d)}{D_1(D_2+d)}} \tag{4.6-1}$$

式中，δ_1 和 δ_2 分别是已知板厚和所求板厚（mm）；D_1 和 D_2 分别是 δ_1 和 δ_2 相对应的筒体的外径（mm）；d 是下辊轴直径（mm）。

(2) 卷制材料与直径相同时（图 4.6-4），板宽与板厚的关系式为：

$$\delta_2 = \delta_1 \sqrt{\frac{b_1(2a-b_1)}{b_2(2a-b_2)}} \tag{4.6-2}$$

式中，b_1、b_2 是与 δ_1、δ_2 相对应的板宽（mm）；a 是辊筒的有效长度（mm）。

(3) 卷制直径与板宽相同而材料不相同的关系式：

$$\delta_2 = \delta_1 \sqrt{\frac{f_{y1}}{f_{y2}}} \tag{4.6-3}$$

式中，f_{y1}、f_{y2} 是与 δ_1、δ_2 相对应材料的屈服强度。

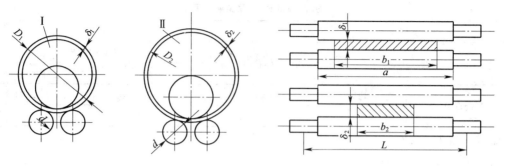

图 4.6-3 卷制不同的板厚与外径　　图 4.6-4 卷制不同的板宽与板厚

【例1】在筒体的材料和卷板宽度相同的情况下,若三辊卷板机上可卷制板厚 δ_1 为 16mm、外径 D_1 为 1000mm 的筒体 I ,问卷制外径为 2000mm 的筒体 II 时,能卷制的板厚 δ_2 为多大?已知三辊卷板机的下(侧)辊直径 $d=250$mm。

【解】按公式(4.6-1):

$$\delta_2 = \delta_1 \sqrt{\frac{D_2(D_1+d)}{D_1(D_2+d)}} = 16\sqrt{\frac{2000(1000+250)}{1000(2000+250)}} = 16 \times 1.054 = 17\text{mm}$$

【例2】在筒体的材料和卷板宽度相同的情况下,若三辊卷板机上可卷制板厚 δ_1 为 16mm、宽度 b_1 为 1800mm 的钢板,问卷板宽度 b_2 为 1000mm 时能卷制的板厚 δ_2 为多大?已知三辊卷板机下(侧)辊工作面长 $a \approx b_1 = 1800$mm。

【解】按公式(4.6-2):

$$\delta_2 = \delta_1 \sqrt{\frac{b_1(2a-b_1)}{b_2(2a-b_2)}} = 16\sqrt{\frac{1800(2 \times 1800-1800)}{1000(2 \times 1800-1000)}} = 16 \times 1.116 = 18\text{mm}$$

【例3】在两筒体的卷制外径和卷板宽度相同的情况下,若三辊卷板机上可卷制材料为 Q235、板厚 $\delta_1=16$mm 的筒体 I ,问卷制材料为 Q345 的筒体 II 时能卷制的板厚 δ_2 为多大?

【解】按公式(4.6-3):

$$\delta_2 = \delta_1 \sqrt{\frac{f_{y1}}{f_{y2}}} = 16\sqrt{\frac{235}{345}} = 16 \times 0.8253 = 13\text{mm}$$

4.6.3 管材弯曲成形加工

在建筑钢结构中,管材弯曲加工非常广泛,其弯曲加工方法可根据被弯曲管材的截面尺寸和弯曲半径不同,一般有型弯、压弯和中频弯三种。

1. 管材型弯成形加工

管材型弯成形加工是应用最为广泛的弯曲加工方法之一。它是在型弯设备上,利用成型模具进行管材连续弯曲,并通过调节模具之间的距离,来实现管材不同曲率半径的弯曲加工方法。

典型的型弯成形加工设备型号为:CDW24S-500。该设备为下调式三辊型材弯曲机,它不仅适用于圆钢管的弯曲,还可用于圆钢、方管、槽钢、板材等的弯曲加工,见图 4.6-5。

图 4.6-5 管材型弯加工设备

CDW24S–500 型弯设备基本性能参数见表 4.6-7。

CDW24S–500 型弯设备参数表　　　　　　　　表 4.6-7

名称	参数		单位
设备动力	5000		kN
槽钢外弯	槽钢型号	80	mm
	最小卷弯直径	3500	mm
槽钢内弯	槽钢型号	40	mm
	最小卷弯直径	3500	mm
钢管	最大截面	$\phi 600 \times 40$	mm
	最小卷弯直径	6000	mm
	最小截面	$\phi 120 \times 8$	mm
钢管	最小卷弯直径	3200	mm
工作速度	≈3		m/min

2. 管材压弯成形加工

当管材的截面尺寸较大时（如 Q235 钢管，截面尺寸 $>\phi 600\text{mm} \times 40\text{mm}$），受设备性能和成型模具的限制，采用型材弯曲机弯曲时很困难，需寻找另外的加工方法。目前，对于截面尺寸比较大的管材弯曲成形加工，一般都采用了大型油压机（需配置有专用成型模具）进行加工。即在油压机上，结合成型模具，按被弯曲管材的设计曲率半径，进行逐步压弯成形的加工过程，称为管材压弯成形加工。

图 4.6-6 为钢管在大型油压机上压弯成形加工。

图 4.6-6 钢管压弯成形加工

表 4.6-8 列出的是 YF30-1500 型数控油压机性能参数。

YF30－1500 型数控油压机性能参数表　　　　　　　表 4.6-8

序号	项　　目		规格	单位
1	公称力		15000	kN
2	液体最大工作压力		25	MPa
3	开口高度		2000	mm
4	滑块最大行程		1200	mm
5	喉深		1500	mm
6	工作台尺寸	左右	6500	mm
		前后	3000	mm
7	滑块有效尺寸	左右	2150	mm
		前后	1500	mm
8	滑块速度	快下	120	mm/s
		工作（≤40%公称力）	12	mm/s
		工作（100%公称力）	5	mm/s
		回程	90	mm/s
9	设备总功率		108	kW
10	工作台距离地面高度		100	mm
11	外形尺寸	左右	18220	mm
12		前后	10375	mm
13		地面上高/总高	8535/11425	mm

（1）管材压弯成形模具

管材压弯成形模具包括有上模和下模。经验证明，如成形模具设计不当，管材在受压强迫弯曲时，容易压成椭圆。根据试验，压弯模具应设计成自动可调式，即上下模具在工作状态时分别包满管材直径的 1/2 以上（允许达到 2/3）。钢管的成形模具示意见图 4.6-7。

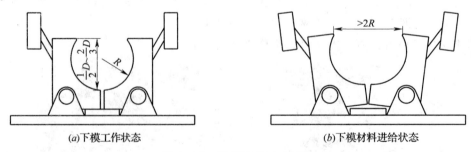

(a) 下模工作状态　　　　(b) 下模材料进给状态

图 4.6-7　钢管压弯加工下模

（2）管材压弯加工工艺

在管材压弯前，首先应根据被弯曲管材的管径选择压弯模具，接着将选择好的模具置于油压机工作平台上，按施工详图要求计算出被弯曲管材曲率半径，以此为依据进行成型模具的调节,然后调试并试压。

在进行管材的逐步压弯加工时,每次进给量控制在 500～700mm 左右。压弯过程中,上模下压量必须严格按规定的下压值来控制(下压值通过曲率半径计算)。管材的压弯成形是一个多次逐步循环过程,一般分三～五次成形,这样可确保压弯的管材表面光滑,无明显的皱褶。表 4.6-9 给出了钢管压弯成形加工上模下压量的计算方法。

钢管弯弧上模下压量计算方法   表 4.6-9

分三次成形				
第一次	第二次	第三次	—	—
$H/2$	$H/3$	$H/6$	—	—
分四次成形				
第一次	第二次	第三次	第四次	
$H/3$	$H/3$	$H/6$	$H/6$	
分五次成形				
第一次	第二次	第三次	第四次	第五次
$H/3$	$H/3$	$H/6$	$H/12$	$H/12$

注:H 为压弯钢管长度范围内的总压下量。

3. 管材中频弯(热弯)成形加工

在实际生产中,常常会碰到截面尺寸比较大,弯曲曲率半径又比较小的钢管构件加工要求,这时一般采取中频弯(即热弯)的加工方法。

中频弯是采用中频电流使钢管待弯曲段急剧升温并达到较高温度后,在外力作用下使钢管待弯曲段按设计要求的曲率半径弯曲成形的加工方法,这种方法也是一个逐步式的成形过程。中频弯电能消耗量比较大,成本比较高,效率比较低,在建筑钢结构制造领域一般不常用。

(1) 中频弯设备

常用于钢管中频弯曲加工设备见图 4.6-8。

图 4.6-8 管材中频弯设备

表 4.6-10 给出了几种常用中频弯设备型号、性能参数。

(2) 中频弯曲加工

中频弯电流、电压按弯曲钢管截面的大小和材质牌号确定,弯弧速度一般控制在 10cm/min 左右。开始弯曲后要求连续弯曲,尽量一次成形,避免中途停顿。

管材中频弯设备性能表　　　　　表 4.6-10

型号	功率（kW）	弯曲能力（mm）
48B	1000	最大可弯 $\phi 1219 \times 120$
40B	800	最大可弯 $\phi 1219 \times 85$
WG-500	40	$\phi 50 \sim 500$
WG-250	25	$\phi 50 \sim 250$

注：管材弯曲率半径为 $2.5D \sim 12D$，弯曲角度为 $1 \sim 270$ 度弧，D 为被弯曲管材直径。

钢管弯曲后必须及时进行冷却，冷却方式可分为水激冷和空气冷两种。表 4.6-11 列出了材质牌号为 Q235、Q345 钢材加热温度和冷却方式。

Q235、Q345 钢材中频弯曲加工加热温度、冷却方式　　表 4.6-11

钢材	壁厚（mm）	加热温度（℃）	冷却方式	热处理要求
Q235	任意	1000~1100	空气冷却或水冷	不处理
Q345	任意	100~1100	强迫空气冷却	不处理

4. 检验

管材弯曲加工后应进行外形尺寸的检验，检测是否符合加工质量要求。表 4.6-12 给出了钢管弯曲成形后的允许偏差。

钢管弯曲后允许偏差　　　　　表 4.6-12

偏差项目		允许偏差（mm）	检查方法	图例
直径		$d/500$，且 ≤ 3.0	用直尺或卡尺检查	
椭圆度	端部	$d \leq 250$，± 1.0 $d > 250$，$d/250$，且不大于 3.0	用直尺或卡尺检查	
	其他部位	$d \leq 250$，± 2.0 $d > 250$，$d/125$，且不大于 5.0		
管口垂直度 t_1		$D/500$，且不大于 3.0	用角尺、塞尺和百分表检查	
弯曲矢高		$L/1500$，且不大于 5.0	用拉线、直角尺和钢尺或样板检查	
弯管平面度		$L/1500$，且不大于 5.0	用水准仪、经纬仪、全站仪检查	

注：D 为钢管直径，L 为钢管长度。

4.6.4 型材弯曲成形加工

常用的型材包括工字钢、槽钢、H 型钢、角钢、圆钢和其他异形截面钢材。其中圆钢弯曲成形可采用管材弯曲成形的方法，相对比较简单。

1. 型材弯曲变形的特点

由于型材（角钢、槽钢）的截面不对称，所以在弯曲时，重心线与外力作用线不在同一平面上，造成型材除受弯曲力矩外，还要受到扭矩的作用，使型材截面发生畸变。其中角钢外弯时，两边夹角增大（大于90°）；角钢内弯时，两边夹角缩小（小于90°）。槽钢外弯和内弯时两边截面变化与角钢相似。

此外，由于型钢弯曲时材料外层受拉应力，内层受压应力，在压应力作用下易出现皱折变形，在拉应力作用下易出现翘曲变形。

型材弯曲变形的截面畸变取决于弯曲应力的大小和弯曲半径。弯曲应力越大，弯曲半径越小，产生畸变越大。为了控制弯曲应力和截面变形，所以规定了各种型钢弯曲的最小弯曲半径，见表4.6-13。由于型钢热弯时塑性增加，其所需弯曲应力减小，所以热弯时的最小弯曲半径相对冷弯时要小。为了避免弯曲变形造成截面大的畸变，所以在弯曲加工时，弯曲半径应大于规定的最小弯曲半径。

最小曲率半径和最大弯曲矢高允许值　　　　表 4.6-13

项次	钢材类别	示意图	对于轴线	矫正		弯曲	
				r	f	r	F
1	钢板、扁钢		1-1	50δ	$\dfrac{L^2}{400\delta}$	25δ	$\dfrac{L^2}{200\delta}$
			2-2（扁钢）	$100b$	$\dfrac{L^2}{800b}$	$50b$	$\dfrac{L^2}{400b}$
2	角钢		1-1	$90b$	$\dfrac{L^2}{720b}$	$45b$	$\dfrac{L^2}{360b}$
3	槽钢		1-1	$50h$	$\dfrac{L^2}{400h}$	$25h$	$\dfrac{L^2}{200h}$
			2-2	$90b$	$\dfrac{L^2}{720b}$	$45b$	$\dfrac{L^2}{360b}$
4	工字钢		1-1	$50h$	$\dfrac{L^2}{400h}$	$25h$	$\dfrac{L^2}{200h}$
			2-2	$50b$	$\dfrac{L^2}{400b}$	$25b$	$\dfrac{L^2}{200b}$

注：1. 表中：r—曲率半径；f—弯曲矢高；L—弯曲弦长；
2. 超过以上数值时，必须先加热再弯曲加工；
3. 当温度低于-20℃（低合金钢低于-15℃）时，不得对钢材进行锤击、剪切和冲孔。

2. 型材弯曲成形加工方法

型材弯曲成形的方法一般有手工弯曲和机械弯曲两种。其中机械弯曲又包括卷弯、回弯、压弯和拉弯等几种。实际生产中常采用回弯和压弯。

型材的回弯成形是在型材弯曲机上（如：CDW24S-500型弯机）进行，它是利用成形模具进行型材弯曲的一种加工方法，见图4.6-9。先将被弯曲型材固定在弯曲模具上，模具转动后型材沿模具旋转方向成形，通过调节型弯机辊轴间间距来实现弯曲曲率半径。

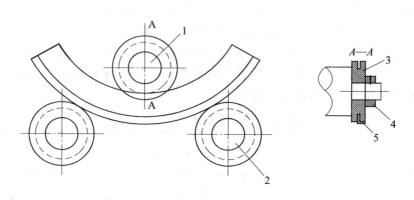

图4.6-9 型材回弯加工原理
1—辊轮1；2—辊轮2；3—模具；4—压紧装置；5—角钢

压弯是在压力机上，利用模具借助压力机的压力进行压弯，使型材产生弯曲变形。

型材在弯曲成形时，应使用成形样板，对弯曲变形进行检查，防止过弯等质量缺陷。

4.6.5 模压成形加工

模压成形以拉伸为主，是利用模具使平板毛坯变成开口的空心零件的加工工艺。

模压成形是一种比较复杂的加工方法。下面以焊接空心球半球为例说明模压成形的工艺原理。

1. 材料准备

（1）半球坯料的计算

坯料直径 D（mm）可按下式计算：

$$D = 1.414d + c \tag{4.6-4}$$

式中，d 为焊接球直径（mm）；c 为加工坡口余量，一般取 $c = 7 \sim 10$mm。

（2）坯料下料

坯料下料可采取数控自动切割或半自动切割。

2. 坯料的加热

焊接空心球钢材材质一般为碳素结构钢（Q235）或低合金高强度结构钢（Q345），坯料加热温度控制在1000~1100℃。

3. 模压成形

(1) 凸模尺寸（D_1）的确定

确定凸模尺寸时，应以被拉伸半球的内径为基准，并考虑收缩和回弹，凸模直径 D_1（mm）可按下式计算：

$$D_1 = D_n(1 + \delta) \quad (4.6\text{-}5)$$

式中：D_n——被拉伸半球名义内径（mm）；

δ——热拉伸收缩率，见表 4.6-14。

热拉伸收缩率 δ（%） 表 4.6-14

被拉伸球直径（mm）	200~400	500~600	700~800	800 以上
δ（%）	0.4~0.5	0.5~0.6	0.6~0.7	0.7~0.8

(2) 凹模直径（D_2）及圆角半径（R）的计算

凹模直径 D_2（mm）可按下式计算：

$$D_2 = D_1 + 2t + Z \quad (4.6\text{-}6)$$

式中　D_1——凸模直径（mm）；

t——板料厚度（mm）；

Z——由于钢板不平整和钢板厚度的偏差及氧化皮的影响，而留有的模具间隙（mm），一般取 $Z =$（0.1~0.2）t。

凹模圆角半径 R（mm）：采用压力圈时 R 为 2~3t（mm）；不采用压力圈时为 3~6t（mm）。

当被拉伸半球钢板厚度 t 较厚而下模高度受限制时，可采用图 4.6-10 所示的双曲率圆角或斜坡圆角，图中 $R_1 = 80 \sim 150$（mm），$R_2 =$（3~4）t（mm），$a = 30° \sim 40°$。

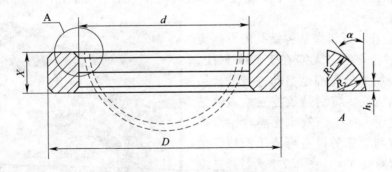

图 4.6-10　壁厚较厚半球钢板拉伸凹模圆角 R 的设置

(3) 拉伸成形

半球拉伸在油压机上进行，油压机一般吨位在 600~1500t 之间，为了减小摩擦，防止模具及球体表面损伤，提高模具的使用寿命，在模具表面需涂抹润滑油。

将加热后的半球坯料钢板放在凹模上，按定位要求对中。开启油压机，直至凸模降到与毛坯钢板平面接触，然后加压，钢板便发生变形。随着凸模的下压，毛坯钢板就包在凸模上，半球完成拉伸成形。

4.6.6 铸造成形加工

铸造成形加工工艺及技术要求详见第 6 章 6.5 节。

4.7 制 孔

4.7.1 制孔方法

孔加工在钢结构制造中占有一定的比重，尤其是高强度螺栓的采用，使孔加工不仅在数量上，而且在精度要求上都有了很大的提高。

制孔通常有钻孔和冲孔两种方法。钻孔是钢结构制造中普遍采用的方法，能用于几乎任何规格的钢板、型钢的孔加工。钻孔的原理是切削，孔的精度高，对孔壁损伤较小。冲孔一般只用于较薄钢板和非圆孔的加工，而且要求孔径一般不小于钢材的厚度。冲孔生产效率虽高，但由于孔的周围产生冷作硬化，孔壁质量差等原因，在钢结构制造中已较少采用。

4.7.2 钻孔加工

常用钻孔加工方法有：划线钻孔、钻模钻孔、数控钻孔。

1. 划线钻孔。钻孔前先在构件上划出孔的中心线和直径，在孔的圆周上（90°位置）打四只冲眼，作为钻孔后检查用。孔中心的冲眼应大而深，在钻孔时作为钻头定位用。划线工具一般采用划针和钢尺。

为提高钻孔效率，可将数块钢板叠在一起钻孔，但板叠厚度一般不超过 50mm，板边必须用夹具夹紧或点焊固定。

厚板和板叠钻孔时要检查平台的水平度，以防止孔的中心倾斜。

2. 钻模钻孔。当批量大，孔距精度要求较高时，采用钻模钻孔。钻模有通用型、组合型和专用型三种。

3. 数控钻孔。近年来数控钻孔的发展更新了传统的钻孔方法，无需在工件上划线，打冲眼，整个加工过程都是自动进行的，钻孔效率高，精度高。特别是数控三维多轴钻床的开发和应用，其生产效率比摇臂钻床提高几十倍，它与锯床等设备形成生产线，是钢结构加工的发展方向。图 4.7-1 为数控三维钻床示意。

图 4.7-1 数控三维钻床

4.7.3 制孔质量标准及允许偏差

1. 精制螺栓孔的直径与允许偏差。精制螺栓孔（A、B 级螺栓孔—Ⅰ类孔）的直径应与螺栓公称直径相等，孔应具有 H12 的精度，孔壁表面粗糙度 $R_a \leqslant 12.5\mu m$。其允许偏差应符合表 4.7-1 的规定。

2. 普通螺栓孔的直径及允许偏差。普通螺栓孔（C 级螺栓孔—Ⅱ类孔）包括高强度螺栓孔（大六角头螺栓孔、扭剪型螺栓孔等）、普通螺栓孔，半圆头铆钉孔等。其孔直径应比螺栓杆、钉杆公称直径大 1.0~3.0mm。螺栓孔孔壁粗糙度 $R_a \leqslant 25\mu m$，孔的允许偏差应符合表 4.7-2 的规定。

精制螺栓孔允许偏差（mm）　　　表 4.7-1

螺栓公称直径、螺孔直径	螺栓公称直径允许偏差	螺栓孔直径允许偏差
10~18	0 -0.18	+0.18 0
18~30	0 -0.21	+0.21 0
30~50	0 -0.25	+0.25 0

普通螺栓孔允许偏差（mm）　　　表 4.7-2

项目	允许偏差
直径	+1.0 0
圆度	2.0
垂直度	0.03t，且不大于 2.0 （t 为板厚）

3. 零、部件上孔的位置偏差。零、部件上孔的位置，在编制施工图时，宜按照国家标准《形状和位置公差》标注；如设计无要求时，成孔后任意二孔间距离的允许偏差应符合表 4.7-3 的规定。

孔距的允许偏差（mm）　　　表 4.7-3

项　目	允许偏差			
	≤500	501~1200	1201~3000	>3000
同一组内任意两孔间的距离	±1.0	±1.5	—	—
相邻两组的端孔距离	±1.5	±2.0	±2.5	±3.0

注：孔的分组规定如下：
1. 在节点中连接板与一根杆件相连的所有连接孔划为一组；
2. 接头处的孔：通用接头——半个拼接板上的孔为一组；阶梯接头——二接头之间的孔为一组；
3. 在两相邻节点或接头间的连接孔为一组，但不包括上述 1、2 所指的孔；
4. 受弯构件翼缘上，每 1m 长度内的孔为一组。

4. 孔超过偏差的解决办法。螺栓孔的偏差超过上表所规定的允许值时，允许采用与母材材质相匹配的焊条补焊后重新制孔，严禁采用钢块填塞。

当精度要求较高、板叠层数较多、同类孔距较多时，可采用钻模制孔或预钻较小孔径，在组装时扩孔的办法。预钻小孔的直径取决于板叠的多少，当板叠少于五层时，预钻小孔的直径小于公称直径一级（-3.0mm）；当板叠层数大于五层时，预钻小孔的直径小于公称直径二级（-6.0mm）。

4.8　构件组装与焊接

4.8.1　组装定义

组装，亦称为拼装、装配、组立，是把加工完成的半成品和零件按图纸规定的运输单元，装配成构件或者部件，是钢结构制作中最重要的工序之一。图 4.8-1 和 4.8-2 分别为焊接 H 型钢构件组装和焊接箱型构件组装的照片。

组装上靠加工质量,下连焊接质量,加工不到位,强行拘束组装会导致构件产生较大的内应力,影响强度。组装时,必须掌握三要素:

(1) 坡口角度;
(2) 钝边高度;
(3) 装配间隙(装配间隙并非越小越好,必须按工艺规定要求控制)。

图 4.8-1　焊接 H 型钢构件组装

图 4.8-2　焊接箱型构件组装

4.8.2　组装基本方法

常用钢结构组装方法有地样法、仿形复制装配法、胎模装配法、立装法、卧装法等。

(1) 地样法。用 1:1 的比例在装配平台上放出构件实样,然后根据零件在实样上的位置,分别组装后形成构件。此装配方法适用于桁架、构架等小批量结构的组装。

(2) 仿形复制装配法。先用地样法组装成单面(单片)部件,然后定位点焊牢固,将其翻身,作为复制胎模,在其上面装配另一单面的部件,往返两次组装。此种装配方法适用于横断面互为对称的构件。

(3) 胎模装配法。胎模装配法是将构件的零件用胎模定位在其装配位置上的组装方法。此种装配法适用于制造构件批量大、精度高的产品。

在布置拼装胎模时,必须注意预留各种加工余量。

(4) 立装法。立装是根据构件的特点及其零件的稳定状态,选择自上而下或自下而上地装配。此法用于放置平稳,高度不大的构件(如大直径的圆筒)。

(5) 卧装法。是将构件放置卧的位置进行的装配。卧装适用于断面不大,但长度较长的细长构件。

4.8.3　组装基本要求

1. 确定组装方法应考虑的问题

产品图纸和工艺规程是组装工作的主要依据。因此,在正式组装前,首先要确定以下问题。

(1) 了解产品的用途和结构特点,确定支承与夹紧措施。
(2) 了解各零件的相互配合关系、使用材料及其特性,确定装配方法。
(3) 了解装配工艺规程和技术要求,确定控制程序、控制基准及主要控制内容。

2. 组装工艺编制的基本要求

(1) 构件组装应按工艺要求的次序进行,当有隐蔽焊缝时,必须先施焊,经检验合格方可覆盖。

（2）布置拼装胎架时，必须考虑预放焊接收缩量及加工余量。为减少变形，尽量采取小件组焊，经矫正后再大件组装。胎架及组装好的首件必须经过严格检验，方可进行大批量装配。

（3）组装时的定位焊缝长度宜大于 40mm，间距宜为 500～600mm，定位焊缝高度不宜超过设计焊缝高度的 2/3。

（4）板材、型材的拼接，应在组装前进行；构件的组装应在部件组装、焊接、矫正后进行。

（5）应尽量减少构件的焊接残余应力，保证产品的制作质量。

（6）构件的隐蔽部位应提前进行涂装。

（7）桁架结构的杆件装配时要控制轴线交点，其允许偏差不得大于 3mm。

（8）装配时要求磨光顶紧的部位，其顶紧接触面应有 75% 以上的面紧贴，用 0.3mm 的塞尺检查，其塞入面积应小于 25%，边缘最大间隙不应大于 0.8mm。

（9）拼装好的构件应立即用油漆在明显部位编号，写明工程名称、图号、构件号和件数，以便查找。

4.8.4 装配胎具要求

表面形状比较复杂的钢构件，又不便于定位和夹紧或大批量生产的焊接结构的组装与焊接，组装固定往往需要借助于装配胎具。装配胎具可以简化零件的定位工作，改善焊接操作位置，从而可以提高装配与焊接的生产效率和质量。

装配胎具从结构上分有固定式和活动式两种，活动式装配胎具可调节高低、长短、回转角度等。按装配胎具的适用范围又可分为专用胎和通用胎两种。

装配胎具应符合下列要求：① 胎具应有足够的强度和刚度；② 胎具应便于工件的装、卸、定位等装配操作；③ 胎具上应画出中心线、位置线、边缘线等基准线，以便于找正和检验；④ 较大尺寸的装配胎具应安置在坚固的基础上，以避免基础下沉导致胎具变形。

装配用的工作台一般是平台，平台的上表面要求达到较好的平直度和水平度。平台通常有以下几种：铸铁平台、钢结构平台、导轨平台、水泥平台和电磁平台。

装配长、大的工件时，可用一定数量的铁凳把工件架起来进行操作。铁凳应坚固、稳定、不宜过高，常用工字钢、槽钢等制成。

4.8.5 组装工装与工具

钢结构组装时，常用的工装和工具如下。

（1）锤头（图 4.8-3a）用于钢结构定位、矫平、敲字码符号。一般常用规格有 0.5 磅、2 磅。

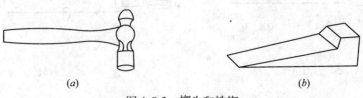

图 4.8-3　锤头和铁锲

（2）铁锲（图4.8-3b）利用锤击或其他机械方法获得外力，使铁锲的斜面将外力转变为夹紧力，从而对工件夹紧。这种工具结构简单，制造方便。

（3）杠杆夹具　杠杆夹具是利用杠杆原理将工件夹紧。图4.8-4所示为装配中常用的几种简易的杠杆夹具，它既能用于夹紧，又能用于矫正和翻转钢材。

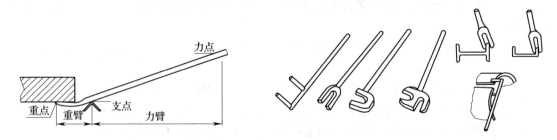

图4.8-4　常用的几种简易杠杆夹具

（4）螺旋式夹具　螺旋式夹具有夹、压、顶与撑等多种功能。它具有结构简单、制造方便和夹紧可靠等优点，其缺点是夹紧动作缓慢。

① 弓形螺旋夹（又称C形夹）弓形螺旋夹是利用丝杆起夹紧作用。常用的弓形螺旋夹如图4.8-5a、b所示。

② 螺旋压紧器　图4.8-5c、d所示为常见的固定螺旋压紧器。图4.8-5c示螺旋压紧器借助L形铁，达到调整钢板的高低。图4.8-5d示螺旋压紧器，借助⌐⌐形铁达到压紧目的。

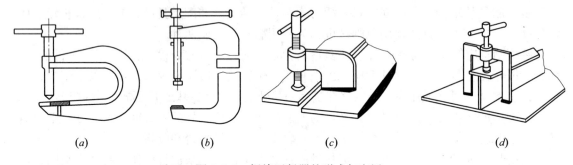

图4.8-5　螺旋压紧器的形式与应用

（5）拉撑螺丝　起拉紧或撑开作用，不仅用于装配，还可用于矫正，如图4.8-6所示。

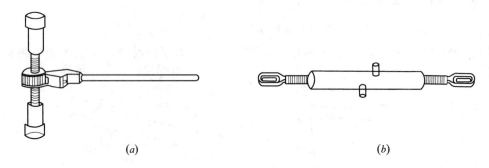

图4.8-6　拉撑螺丝

(6) 花篮螺丝 用于构件拉紧固定用。

(7) 千斤顶 是支承、顶举或提升重物的起重工具，提升高度不大，但起重量很大。广泛用于冷作件装配中作为顶压工具，使两个构件密贴（图4.8-7a）。若要使构件整体上升或上升后平移，可采用液压千斤顶（图4.8-7b、c），它具有起重量大，操作省力，上升平稳，安全可靠等优点，在使用时，液压千斤顶不准倾斜、横置或倒置使用。

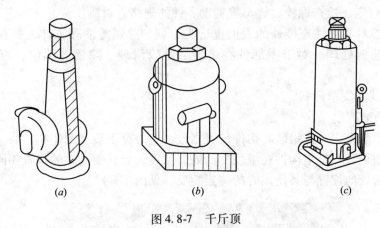

图4.8-7 千斤顶

4.8.6 组装工艺

1. 组装前准备

充分、细致的准备工作是高质量、高效率地完成组装工作的有力保证。组装前的准备工作，通常包括以下几个方面。

（1）熟悉施工详图和工艺规程

构件施工详图和工艺规程是组装工作的主要依据，通过熟悉详图和工艺规程，应达到以下目的：

① 了解构件的用途、特性、结构特点、数量和组装技术要求，并依此确定组装方法。

② 了解各零件间的位置关系、连接形式、组装尺寸和精度，选择好基准和组装夹具类型。

③ 了解各零件的数量、材质及其特性。

（2）组装场地的设置

组装工作场地应尽量选择在起重机械的工作区间内，而且场地应平整、清洁、便于安置工作台或装配胎具。零件堆放要整齐，便于取用，人行道应畅通，还应保证运输车辆通行无阻。

在组装场地周围，应选择适当的位置安置工具箱、电焊机、气割设备等，同时根据组装需要配置其他设备，如千斤顶、简易杠杆、压紧器等工具。

（3）工量具、夹具和吊具的准备

组装前，应备齐组装中常用的工具、量具、夹具和吊具。

常用的量具有钢卷尺、水平尺、吊线锤、90°角尺和各种检测零件用的样板等。

此外，还应根据不同构件形式的具体情况，准备和制作一些专用工具、夹具和胎具。

（4）零、部件的验收和防锈蚀

构件组装前，对于从上道工序转来或从零件库中领用的零、部件及组装中所使用的辅助材料，都要进行核对检查，以便于组装工作的顺利进行。零、部件检查主要内容有：

① 按施工详图和工艺文件检查零、部件的形状、尺寸和材质；
② 查对零、部件的数量；
③ 核对焊接材料等辅助材料的规格、型号与工艺要求是否相符；
④ 按工艺规定，检查螺栓、螺母等辅助零件的规格、材质。

组装前还要对零部件连接处的表面进行去毛刺、除锈等清理工作，并在清理后，按技术要求进行防锈处理。对于零部件在组装后难以清理、除锈的部位，应在组装前完成。

2. 组装方式和支承形式

（1）组装方式

钢结构的组装方式，按组装时构件位置划分，主要有正装、倒装和卧装。正装和倒装又称立装。所谓正装，是指构件在组装中所处的位置，与其使用时的位置相同；倒装是指构件在组装中所处的位置与其使用时的位置相反，见图4.8-8。

图4.8-8 桥梁构件倒装法组装

所谓的卧装是指构件按其使用位置垂直旋转90°，使它的侧面与工作台相接触而进行组装，见图4.8-9。卧装是组装中最常用的方法。

(a) 复杂焊接节点构件卧装　　　　(b) 钢管节点构件卧装

图4.8-9 节点卧装

一个构件采取何种组装方式，一般可从以下几方面考虑：
① 有利于达到组装要求，保证组装质量；

② 应使构件在组装中较容易地获得稳定支承，有利于构件上各零件的定位、夹紧和测量；

③ 有利于组装焊接和其他连接。

（2）构件的支承形式

构件组装支承形式，分为组装平台支承和组装胎架支承。组装平台有：铸铁平台、钢结构平台、导轨平台、水泥平台等。组装平台按其功能分为通用胎架和专用胎架，组装胎架应符合下列要求：

① 胎架工作面的形状应与构件被支承部位的形状相适应；

② 胎架结构应便于在组装时对构件实施定位、夹紧等操作；

③ 胎架上应划出中心线、位置线、水平线和检验线等，以便于组装时对构件进行矫正和验收；

④ 胎架必须安置在坚固的基础上，并具有足够的强度和刚度，以避免在组装过程中基础下沉或胎架变形。

（3）零件定位

根据构件的具体情况，来确定适宜的定位方法，以完成构件上各零件的定位。组装时常用的定位方法有划线定位、样板定位和定位元件定位三种。

① 划线定位是利用在零件表面、组装平台、胎架上画出构件的中心线、接合线、轮廓线等作为定位线，来确定零件间的相互位置。

② 样板定位是指根据构件形状，制作相应的样板，作为空间定位线，来确定零件的相对位置。组装时对零件的各种角度位置，通常采用样板定位，见图 4.8-10。

③ 定位元件定位是用一些特定的定位元件（如板块、角钢、圆钢等）构成空间定位点或定位线，来确定零件的位置，见图 4.8-11。

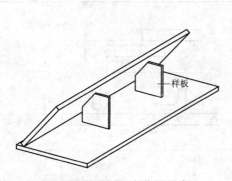

图 4.8-10 样板定位图示意

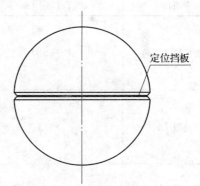

图 4.8-11 挡板定位示意

3. 构件夹紧

在钢构件的组装中，夹紧主要是通过各种组装夹具来实现的。为获得较好的夹紧效果和组装质量，进行构件夹紧时，必须对所用夹具的类型、数量、作用位置及夹紧方式等作出正确、合理地选择。

4. 组装定位焊

组装时定位焊是用于固定各零件间的相对位置，以保证整个结构件得到正确的几何形状和尺寸。

组装定位焊缝应符合《钢结构焊接规范》的规定。由于定位焊的焊缝长度比较短、厚度比较薄,焊接过程中容易产生焊接缺陷,因此在焊接时应特别注意。当定位焊缝作为正式焊缝而留在焊接结构内时,对所采用的焊接工艺应与正式焊缝完全一致。

4.8.7 组装检查

组装工作的好坏直接影响构件的质量。构件组装后应进行质量检查,以确定是否符合规定的技术要求。

1. 组装检查内容

组装质量检查包括过程检查和完工构件检查,主要有以下内容。

(1) 按施工详图或工艺文件检查构件各零部件间的组装位置和主要尺寸是否正确,是否达到规定的技术要求。

(2) 检查构件各连接部位的连接形式是否正确,并根据技术条件、有关规定和施工详图,检查焊缝间隙、坡口和接口处的偏差是否符合要求。

(3) 检查定位焊是否正确。

(4) 检查焊缝周边的金属表面,不允许其上有污垢、锈蚀和潮湿,以防止造成焊接缺陷。

(5) 检查构件的表面质量。

2. 组装质量允许偏差

钢结构组装应符合现行国家标准《钢结构工程施工质量验收规范》GB 50205 的要求。部分焊接结构允许偏差见表 4.8-1 所示。

部分焊接结构组装允许偏差　　　　表 4.8-1

项目	允许偏差(mm)	图例
搭接长度(a)	±5.0	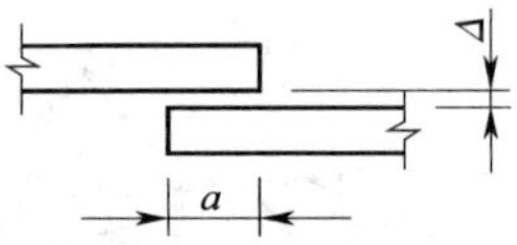
缝隙(Δ)	1.5	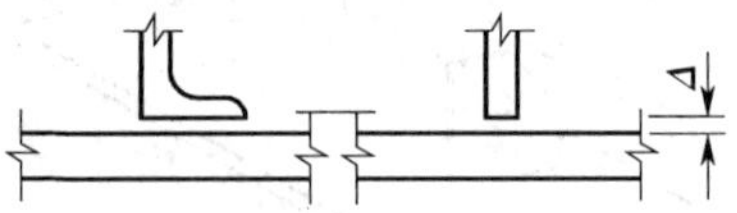
对口错边(Δ)	$t/10$ 且不大于 3.0	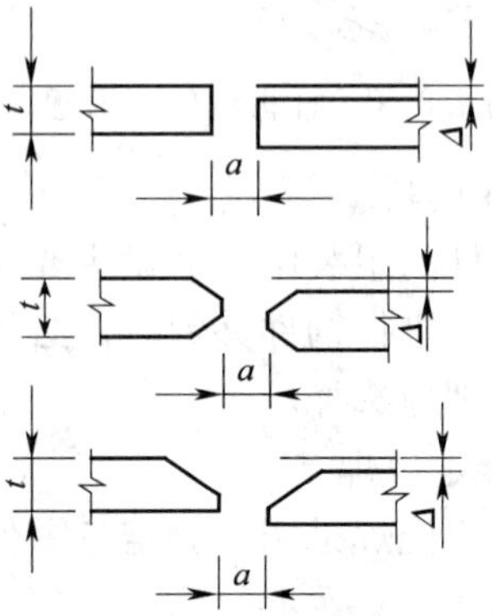
间隙(a)	±1.0	

续表

项目	允许偏差（mm）		图例
高度（h）	±2.0		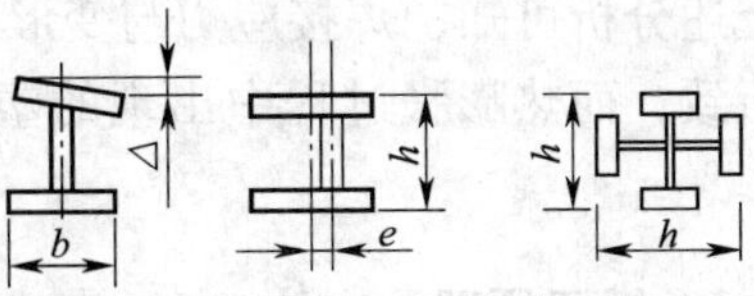
垂直度（Δ）	b/100且不大于2.0		
中心偏移（e）	±2.0		
型钢错位	连接处	1.0	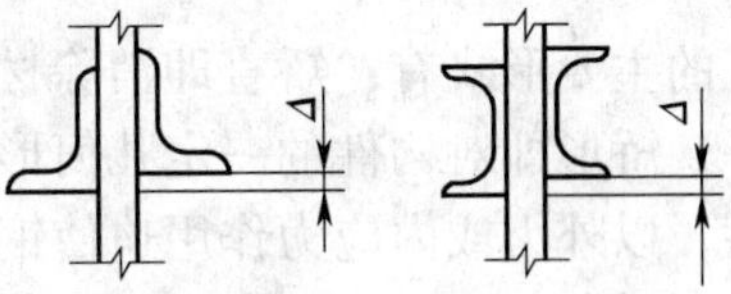
	其他处	2.0	
箱形截面高度（h）	±2.0		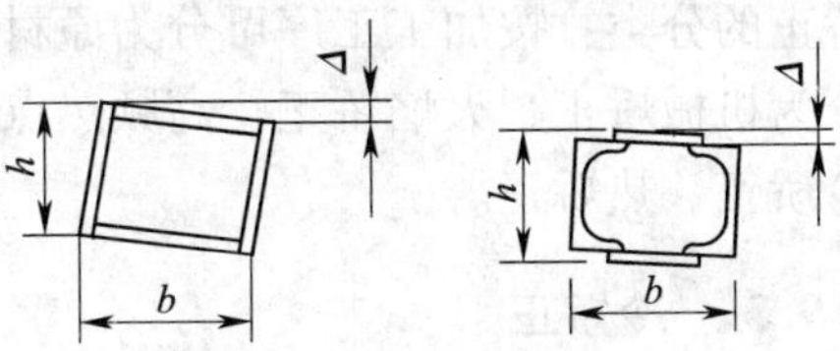
宽度（b）	±2.0		
垂直度（Δ）	b/200且不大于3.0		
桁架结构杆件轴线交点偏差（Δ）	≤3.0		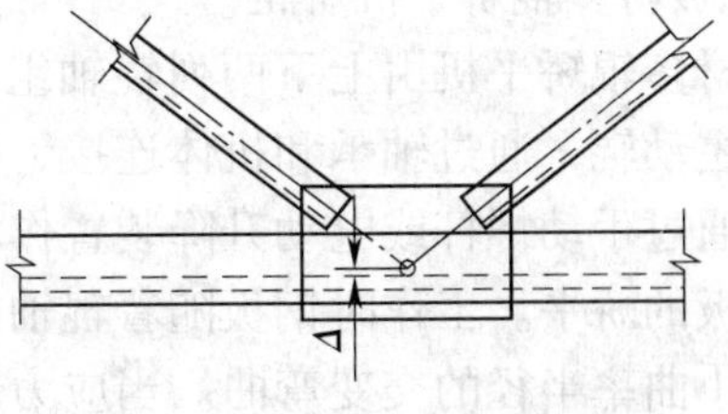

4.8.8 焊接

构件组装完成并经检验合格后进行焊接，焊接时应按照施工详图和焊接工艺文件规定的要求进行。

焊接方法、焊接工艺及焊接质量检查等详见第5章钢结构焊接。

4.9 构件矫正

4.9.1 构件变形原因

构件制作过程中，产生变形的主要原因是焊接。焊接是在高温状态下进行，焊接时熔池温度高达1700℃，构件受热是局部的、不均匀的，焊缝区域受热后膨胀，但焊缝四周的金属又处于冷的状态，阻止了受热金属的膨胀，使受热金属（焊缝金属）产生了压缩应力。同时，金属在高温时，其屈服点很低，当热金属内的压缩应力超过屈服点σ_s后，焊缝内的热金属就会造成塑性压缩变形，此种塑性压缩变形是不可逆的。随着加热金属的冷却，压缩应力随之减小、消失；进一步冷却，加热区段开始增长反方向的应力（拉伸应力)。但由于周围冷金属的阻止,使得热金属(焊缝)不能得到充分的收缩,因而又使其内部呈现拉伸应力,造成构件变形。

从上述分析可知,焊接应力与变形的产生是由于焊缝区域受热不均匀和焊缝周围金属的约束所致,而热膨胀过程中出现的塑性压缩变形,便是冷却过程中产生残余变形的根源。

4.9.2 矫正原理及方法

矫正的主要形式有:矫直即消除材料或构件的弯曲;矫平即消除材料或构件的翘曲或凹凸不平;矫形即对构件的一定几何形状进行整形。其原理都是利用钢材的塑性、热胀冷缩的特性,以外力或内应力作用迫使钢材反变形,消除钢材的弯曲、翘曲、凹凸不平等缺陷,以达到矫正的目的。

矫正的分类:按加工工序可分为原材料矫正、成型矫正、焊后矫正;按矫正时外因来源可分为机械矫正、火焰矫正、高频热点矫正、手工矫正、热矫正;按矫正时温度不同可分为冷矫正、热矫正。

4.9.3 冷矫正

1. 板材多辊矫平机矫正

板材多辊矫平机由上下两列辊轴组成,如图 4.9-1 所示,通常有 5~11 个工作辊轴。下列为主动辊,通过轴承和机体连接,由电动机带动旋转,但位置不能调节。上列为从动辊,可通过手动螺杆或电动升降装置作垂直调节,来改变上下辊列间的距离,以适应不同厚度钢板的矫平。工作时钢板随着辊轴的转动而进入,在上下辊方向相反力的作用下,钢板产生小曲率半径的交变弯曲。当应力超过材料的屈服点时产生塑性变形,使板材内原长度不等的纤维,在反复拉伸与压缩中趋于一致,从而达到矫平的目的。

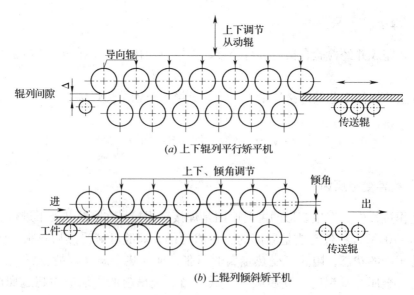

图 4.9-1 多辊矫平机示意图

一般来说，钢板越厚，矫正越容易。薄板容易变形，矫正起来比较困难。厚度在3mm以上的钢板，通常在五辊或七辊矫平机上矫平；厚度在3mm以下的薄板，须在九辊以上矫平机上矫平。

表4.9-1列出了W43系列多辊板料矫平机技术参数。

W43系列多辊板料矫平机技术参数　　　　　表4.9-1

技术参数＼系列	3×1600	3×2000	10×2000	12×2000	12×2500	16×2000	16×2500	16×3200	20×2500	25×2500	30×3000	32×2000	40×2500
最大矫平厚度（mm）	3	6	10	12	12	16	16	16	20	25	30	32	40
最大矫平宽度（mm）	1600	2000	2000	2000	2500	2000	2500	3200	2500	2500	3000	2000	2500
最小矫平厚度（mm）	0.80	1.5	2.5	3.0	4.0	4.0	4.0	4.0	5.0	6.0	10.0	8.0	10.0
板材屈服极限（MPa）	240	360	360	360	360	360	360	360	360	360	360	360	360
工作辊辊距（mm）	80	100	150	160	160	200	200	210	250	250	400	300	400
工作辊直径（mm）	75	95	140	150	150	180	180	180	230	230	340	260	340
工作辊辊数（n）	15	13	13	11	11	11	11	11	9	9	7	9	7
矫平速度（m/min）	14.4	9	9	9	9	6	7	6	7	7	5	7	7
主电机功率（kW）	18.5	37	45	55	63	75	75	90	75	90	85	110	132

2．焊接H型钢矫正机矫正

焊接H型钢矫正机矫正是采取反向弯曲的方法，利用矫正机的辊轮，迫使焊接变形后的H型钢翼缘板发生反变形，达到平直及一定几何形状要求，符合技术标准的加工方法。图4.9-2为焊接H型钢矫正机矫正。

3．液压机或压力机矫正

液压机或压力机矫正是在液压机或压力机上，利用专用模具进行变形构件的反变形加工，达到平直及一定几何形状要求。液压机或压力机矫正是逐步式的加工过程，矫正效率低，一般在机械自动矫正机无法实现的情况下采用。如焊接H型钢截面比较大时（一般截面高度$H>3000$mm），翼缘板的焊接变形可采取液压机或压力机矫正。

图4.9-2　H型钢矫正机

4.9.4 热矫正

1. 基本原理

热矫正是利用金属局部加热后所产生的塑性变形抵消原有的变形,而达到矫正的目的。热矫正时,对变形钢材或构件纤维较长处的金属进行有规律的火焰集中加热,并达到一定温度,使该部分金属获得不可逆的压缩塑性变形。冷却后,对周围的材料产生拉应力,使变形得到矫正。

2. 几种常用加热矫正方法

热矫正按加热方式的不同,可分为:圆点加热矫正法、带状加热矫正法和楔形加热矫正法三种。

(1) 圆点加热矫正法

圆点加热矫正法是在板材产生变形的地方,用氧-乙炔焰作圆环游动,使之均匀地加热成圆点状。火圈温度到 800℃ 时,即用铁锤锤击其周围。随着火圈温度的下降,锤击也渐轻缓。锤击的位置由火圈附近移至火圈中央部位,但必须用方锹头衬好,以免敲瘪火圈。火圈至暗红时停止锤击。待冷却至 40~50℃ 时再进行锤击,以消除其内应力。

(2) 带状加热矫正法

又称条状加热法或线状加热法。是用氧-乙炔焰作直线往返游动以及呈波形向前游动,使加热形状呈带状或条状。这种方法的特点是横向收缩比纵向收缩量约大 3 倍,掌握运用得当,能用较小的加热面积获得良好的效果,工作效率比圆点加热法提高 1 倍。具有无局部凸起、消耗工时少和加热面积小等优点。

碳素钢和低合金高强度结构钢热矫正时,带状加热的尺寸见表 4.9-2。

碳素钢、低合金钢热矫正时带状加热的尺寸　　　表 4.9-2

钢板厚度(mm)	带状宽度(mm)	钢板厚度(mm)	带状宽度(mm)	钢板厚度(mm)	带状宽度(mm)
≤4.0	10~15	7~10	25~30	16~20	35~40
5~6	20~25	11~15	30~35	≥20	25

注:加热深度等于板厚,加热带与骨架间距不能小于 80~100mm。

带状加热宽度一般为 20~30mm,带状加热长度 $L = 200~250$mm,带状加热火条间距一般为 300~400mm。

(3) 楔形加热矫正法

又称三角形加热法,通常应用此法矫正 T 型钢构件和板自由边缘的变形(俗称宽边)。加热温度 750~850℃,最高不超过 900℃。楔形加热法的原理就是将"宽边"的金属加热后,使多余的板料挤压到热金属处,使该材料变厚,使"宽边"缩短。楔形火圈(即三角形火圈)高度,应视板和构件厚度而定,一般为 60~80mm,火圈太大会使板边造成皱折,三角形顶角一般为 30°,加热的起点应从夹角处开始,这样效果好。火圈顶角处一般会产生局部拱起,可使用副火圈解决。

楔形加热法的应用实例见图 4.9-3。

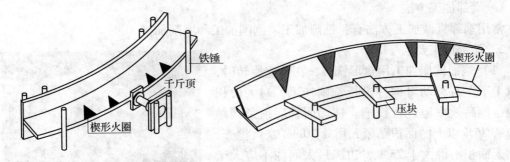

图 4.9-3 楔形加热法应用示意

(4) 螺旋带状火圈加热矫正法

这种方法的特点是加热带成螺旋状。方法是在骨架的背面(外板表面),用氧—乙炔焰以螺旋式游动加热,同时在加热处用 2 磅铁锤轻敲。实践证明,用这种方法矫正厚度 8mm 以上外板的角变形有明显效果。

4.9.5 矫正后的允许偏差

表 4.9-3 给出了钢材矫正后的允许偏差。

钢材矫正后的允许偏差 表 4.9-3

项次	偏差名称		示意图	允许偏差(mm)
1	钢板、扁钢的局部挠曲矢高 f			在 1m 范围内:$\delta>14$,$f\leq1.0$;$\delta\leq14$,$f\leq1.5$
2	角钢、槽钢、工字钢的挠曲矢高 f			长度的 1/1000,但不大于 5.0
3	角钢肢的垂直度 Δ			$\Delta\leq b/100$,但双肢铆接连接时角钢的角度不得大于 90°
4	翼缘对腹板的垂直度	槽钢		$\Delta\leq b/80$
		工字钢 H 型钢		$\Delta\leq b/100$,且不大于 2.0

4.10 端部加工

构件端部支承面要求刨平顶紧和构件端部截面精度要求较高时,都必须进行端部加工(即端部铣平加工)。

1. 端部加工方法

常用端部机械加工方法有：铣削加工、刨削加工和磨削加工。

2. 端部加工要求

（1）端面铣床加工用盘形铣刀，在高速旋转时，可以上下左右移动对构件进行铣削加工，对大面积部位也能高效率地进行铣削。柱端面铣后顶紧接触面应有75%以上的面积贴紧，用0.30mm塞尺检查，其塞入面积不得大于25%，边缘最大间隙不应大于0.8mm。图4.10-1为端面铣削加工。

（2）刨削加工时直接在工作台上用螺栓或压板装夹工件，工艺要求如下。

图4.10-1　端面铣削加工

① 多件划线毛坯同时加工时，装夹中心必须按工件的加工线找正到同一平面上，以保证各工件加工尺寸的一致。

② 在龙门刨床上加工重而窄的工件，且需偏于一侧加工时，应尽量采取两件同时加工或一侧加配重，以使机床的两边轨道负荷平衡。

③ 在刨床工作台上装夹较高的工件时，应加辅助支承，以使装夹牢固和防止加工中工件变形。

④ 必须合理装夹工件，以工件迎着走刀方向和进给方向的两个侧边紧靠定位装置，而另两个侧边应留有适当间隙。

（3）刀具和加工余量的确定，应根据工件材料和加工要求决定。

3. 端部加工允许偏差

端部加工允许偏差见表4.10-1。

端部加工允许偏差　　　　　　　　　　表4.10-1

序号	项目	允许偏差（mm）	检验方法和器具
1	两端铣平时构件长度	±2.0	用钢卷尺检查
2	两端铣平时零件长度	±0.5	用钢卷尺检查
3	铣平面的平面度	0.30	用直尺和塞尺检查
4	铣平面的倾斜度（正切值）	不大于$l/1500$，且不大于0.50	用角尺和塞尺检查
5	表面粗糙度	0.03	用样板检查

4.11　高强度螺栓摩擦面加工

4.11.1　影响摩擦面抗滑移系数值的因素

对于高强度螺栓连接，连接板接触摩擦面的抗滑移系数是影响连接承载力的重要因素之一，对某一个特定的连接节点，当其连接螺栓规格与数量确定后，摩擦面的处理方法及抗滑移系数值成为确定摩擦型连接承载力的主要参数，因此对高强度螺栓连接施工，连接板摩擦面处理是非常重要的一环。

（1）摩擦面处理方法及生锈时间。摩擦面处理通常采用喷砂（丸）、酸洗（化学处理）、人工打磨等三种基本方法，三种表面处理方法所得到的表面粗糙度略有不同，其摩擦的抗滑移系数值有所变化；另外摩擦面处理后经生锈的粗糙度普遍高于未经生锈摩擦面的粗糙度，也即生成浮锈后摩擦面抗滑移系数要大于未生锈的值，根据不同的处理方法一般要大10%~30%。一般最佳生锈时间为60d，除掉浮锈后进行工地安装效果很好。

（2）摩擦面状态。连接板摩擦面状态如表面涂防锈漆、面漆、防腐涂层、镀锌等都对摩擦面抗滑移系数有重要影响，一般地讲，对主要的受力节点，在摩擦面处限制或禁止使用涂层，涂层对摩擦面抗滑移系数有降低的影响，同时由于涂层在高压下的蠕变引起螺栓轴向预拉力的损失，从而降低连接承载力。

（3）连接板母材钢种。从摩擦力的原理来看，两个粗糙面接触时，接触面相互啮合，摩擦力就是所有这些啮合点的切向阻力的总和，由于连接板钢材的强度和硬度不同，克服摩擦力所做的功也不相同。对于高强度螺栓连接，有效抗滑面积（3倍螺栓直径）范围内，粗糙面的尖端，在紧固螺栓后发生了相互压入和啮合，同时在相互接触的表面分子有吸力，因此钢种强度和硬度较高的，克服粗糙面所需的抗滑力亦大，就是说摩擦面的抗滑移系数随着连接板母材强度和硬度的增高而增大。对目前常用的Q235和Q345号钢来说，Q345钢表面抗滑移系数要比Q235钢高约15%~25%。

（4）连接板厚度。摩擦面抗滑移系数随连接板厚度的增加而趋于减小，比如连接板厚度为16mm的值要比10mm的值低8%左右。

（5）环境温度。钢结构处在高温情况下的最大弱点是受热而变软，对接头的承载力带来很大的影响，导致抗滑移系数较为明显的降低。试验结果表明，在200℃状态其抗滑移系数值比常温状态降低约9%~16%，当温度上升到350℃时，则下降30%，；当温度上升到450℃时，抗滑移系数急剧下降，减少70%，约为常温值的30%。因此一般要求高强度螺栓摩擦型连接的应用环境温度不能超过350℃。

（6）摩擦面重复使用。试验结果表明，滑移以后的摩擦面栓孔周围的粗糙面变得平滑发亮，其抗滑移系数降低3%~30%，平均降低20%左右。

4.11.2 摩擦面处理方法

摩擦面一般应单独处理，不能与构件一起处理，处理方法主要有以下几种。

1. 喷砂（丸）法。利用压缩空气为动力，将砂（丸）直接喷射到钢板表面，使钢板表面达到一定的粗糙度，并除掉铁锈，经喷砂（丸）后的钢板表面呈铁灰色。压缩空气的压力、砂（丸）的粒径、硬度、喷嘴直径、喷嘴距钢材表面的距离、喷嘴角度、喷射时间等每一个参数的改变，都将直接影响到钢板表面的粗糙度，也即影响摩擦面的抗滑移系数值。这种方法一般效果较好，质量容易保证。

要求砂（丸）粒径为1.2~1.4mm，喷射时间为2~5min，喷射压力为0.5MPa，表面喷成银灰色，表面粗糙度达到45~50μm。对于喷丸最好是整丸、半丸及残丸级配使用，效果更好。

试验表明，经过喷砂（丸）处理过的摩擦面，在露天生锈一段时间，安装前除掉浮锈，能够得到比较大的抗滑移系数值，理想的生锈时间为60~90d。

2. 化学处理（酸洗法）。一般将加工完的构件浸入酸洗槽中，停留一段时间；然后放入石灰槽中，中和及清水清洗，酸洗后钢板表面应无轧制铁皮，呈银灰色。此法的优点是处理简便，省时间，缺点主要是残留酸液极易引起钢材腐蚀，特别是在焊缝及边角处。由于环保等限制，该法已较少采用。酸洗工艺是：将构件放在温度为100℃、浓度为20%的硝酸或盐酸溶液中浸泡，一般30min左右，直至洗掉表面的全部氧化层，然后放入清水池中清洗表面酸液。试验表明，酸洗后生锈60~90d，表面粗糙度可达45~50μm。

3. 砂轮打磨法。对于小型工程或已有建筑物加固改造工程，常常采用手工方法进行摩擦面处理，砂轮打磨是最直接、最简便的方法。在用砂轮机打磨钢材表面时，砂轮打磨方向垂直于受力方向，打磨范围为4倍螺栓直径。打磨时应注意钢材表面不能有明显的打磨凹坑。砂轮片使用40#为宜。试验表明，砂轮打磨以后，露天生锈60~90d，摩擦面的粗糙度能达到50~55μm。

4. 钢丝刷人工除锈。用钢丝刷将摩擦面处的铁磷、浮锈、尘埃、油污等污物刷掉，使钢材表面露出金属光泽，保留原轧制表面，此方法一般用在不重要的结构或受力不大的连接处。试验表明，此法处理过的摩擦面抗滑移系数值能达到0.3左右。

4.11.3 摩擦面抗滑移系数检验

摩擦面抗滑移系数检验主要是检验经处理后的摩擦面，其抗滑移系数能否达到设计要求，当检验试验值高于设计值时，说明摩擦面处理满足要求；当试验值低于设计值时，摩擦面需重新处理，直至达到设计要求。

1. 摩擦面的抗滑移系数检验按下列规定进行：

（1）抗滑移系数检验应以钢结构制造批（验收批）为单位，由制造厂和安装单位分别进行，每一批进行三组试件。以单项工程每2000t为一制造批，不足2000t视作一批，当单项工程的构件摩擦面选用两种及两种以上表面处理工艺时，则每种表面处理工艺均需检验。抗滑移系数检验的最小值必须等于或大于设计规定值。

（2）抗滑移系数检验用的试件由制造厂加工，试件与所代表的构件应为同一材质、同一摩擦面处理工艺、同批制作、使用同一性能等级、同一直径的高强度螺栓连接副，并在相同条件下同时发运。

（3）抗滑移系数试件应采用图4.11-1所示的标准形式。

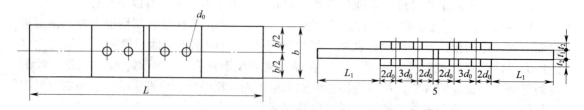

图4.11-1 抗滑移系数试件的标准形式

（4）抗滑移系数检验在拉力试验机上进行，并测出其滑移荷载，试验时，试件的轴线应与试验机夹具中心严格对中。

（5）抗滑移系数试验值按下式计算：

$$\mu = \frac{N}{n \cdot \sum P_t} \qquad (4.11\text{-}1)$$

式中，N 为抗滑移荷载，kN；n 为传力摩擦面数目，$n=2$；P_t 是试件滑移一侧对应的高强度螺栓紧固轴力之和，kN。

（6）试件中高强度螺栓紧固轴力 P_t 的确定应力求精确，最好通过应变片或压力环（传感器）控制螺栓轴力，但很多试验室可能不具备这些条件，因此可按下列规定要求进行：对大六角头高强度螺栓，P_t 应为实测值，此值应准确控制在 $(0.95\sim1.05)P_0$ 范围内，其中 P_0 为设计预拉力；对扭剪型高强度螺栓，先抽验 8 套（与试件螺栓同批），当 8 套螺栓的紧固轴力平均值和变异系数均符合表 7.2-14 的规定时，即以该平均值作为 P_t，此法为近似估算法。

（7）抗滑移试件从制造厂运往工地时，应注意保护，防止变形和碰伤，不得改变摩擦面的出厂状态，在试件组装前，用钢丝刷清除表面的浮锈和污物，但不得进行再加工处理。

2. 根据高强度螺栓连接的设计计算规定，计算出不同性能等级、螺栓直径、连接板厚的摩擦系数试件参考尺寸，见表 4.11-1。

抗滑移系数试件参考尺寸（mm）　　　　　表 4.11-1

性能等级	公称直径 d	孔径 d_0	芯板厚度 t_1	盖板厚度 t_2	板宽 b	端距 a_1	间距 a
8.8S	16	17.5	14	8	75	40	60
	20	22	18	10	90	50	70
	(22)	24	20	12	95	55	80
	24	26	22	12	100	60	90
	(27)	30	24	14	105	65	100
	30	33	24	14	110	70	110
10.9S	16	17.5	14	8	95	40	60
	20	22	18	10	110	50	70
	(22)	24	22	12	115	55	80
	24	26	25	16	120	60	90
	(27)	30	28	18	125	65	100
	30	33	32	20	130	70	110

4.11.4 连接接头板缝间隙的处理

因板厚偏差、制造偏差及安装偏差等原因，接头摩擦面间存在间隙。当摩擦面间有间隙时，有间隙一侧的螺栓紧固力就有一部分以剪力形式通过拼接板传向较厚一侧，结果使有间隙一侧摩擦面间正压力减少，摩擦承载力降低，也即有间隙的摩擦面抗滑移系数降低。因此在实际工程中，一般规定高强度螺栓连接接头板缝间隙采用下列方法处理：

（1）当间隙不大于 1mm 时，可不作处理；

（2）当间隙在 1~3mm 时，将厚板一侧削成 1:0 斜坡过渡，如图 4.11-2 所示，在这种情况下也可以加垫板处理；

（3）当间隙大于 3mm 时应加垫板处理，如图 4.11-3 所示，垫板材质及摩擦面应与构件作同样级别的处理。

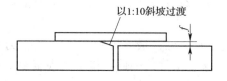
图 4.11-2 接头斜坡处理形式

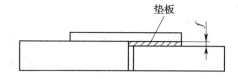
图 4.11-3 接头加垫板处理形式

复习思考题

4-1 钢结构在加工前应编制工艺规程，主要内容有哪些？

4-2 钢结构加工的一般工序有哪些？

4-3 32mm 厚钢板坡口对接时一般应放多少焊接收缩量？无坡口时应大些还是小些？

4-4 号料的作用是什么？有哪几种常用方法？

4-5 目前钢结构加工中，钢材下料有哪几种方法？等离子切割的优点是什么？

4-6 常用边缘加工方法有哪几种？每种加工方法都具有什么特点？

4-7 低碳钢热加工时的加热温度一般为多少？终止温度为多少？为什么？

4-8 40mm 厚钢板在三辊不对称式卷板机上冷弯曲加工，理论剩余直边为多少？

4-9 管材弯曲成形加工有哪几种方法？每种加工方法有哪些特点？

4-10 在钢结构中，制孔有哪几种方法？目前绝大部分采用哪种方法？为什么？

4-11 构件组装包括哪些要素？常用钢结构组装方法有哪些？

4-12 简述焊接箱型构件组装检验要求。

4-13 高强度螺栓摩擦面处理方法有哪些？各有什么优缺点？

第5章 钢结构焊接

5.1 概 述

焊接是钢结构制造的主要工艺方法之一。是建筑钢结构制作中十分重要的加工工艺，是通过加热、加压或两者并用，可同时采用填充材料，使焊件达到原子层面结合的一种加工方法。与铆接相比（图5.1-1），焊接具有节省金属材料、接头密封性好、设计施工容易、生产效率高和劳动条件好等优点。

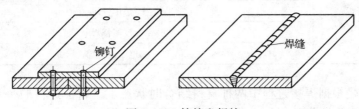

图 5.1-1 铆接和焊接

5.2 焊接方法及适用范围

5.2.1 焊接方法分类

1. 基本焊接方法分类

随着焊接技术的不断发展，新的焊接方法不断涌现，所以分类繁多。最常见和应用最多的分类方法为族系法，即根据焊接工艺特征将其分类，如此形成族系。常见基本焊接方法采用族系法分类见表5.2-1。

焊接方法分类表（族系法） 表5.2-1

基本焊接方法	熔化焊接	电弧焊	
		熔化极	螺柱焊（栓钉焊）
			焊条电弧焊
			埋弧焊
			气体保护焊
			氩弧焊（熔化极）
		非熔化极	钨极氩弧焊
			原子氢焊
			钨极氩弧焊
			等离子弧焊
	气焊		氧-氢
			氧-乙炔
			空气-乙炔
	电阻焊		固体电阻焊（电阻点焊、缝焊、凸焊及对焊等）
			电渣焊
	高能束焊		电子束焊
			激光焊

续表

基本焊接方法	熔化焊接	铝热焊		
	固相焊接	冷压焊		
		高频焊		
		摩擦焊		
		爆炸焊		
		锻焊		
		超声波焊		
	钎焊	火焰钎焊		
		感应钎焊		
		炉中钎焊		
		浸渍钎焊		
		电子束钎焊		

族系法分类是根据焊接过程中两种材料结合时状态工艺特征进行的，共分为三大类。材料结合时的状态为液相的焊接方法称为熔化焊接，简称熔焊，材料结合时状态为固相的焊接方法称为固相焊接；材料结合状态为固相兼液相的焊接方法称为钎焊。每一大类又可按照各自的焊接工艺特性再进一步细分，例如熔化焊，按能源种类可分为电弧焊、气焊、电渣焊；如电弧焊可分为熔化极和非熔化极等。

2. 建筑钢结构常用焊接方法

建筑钢结构的制作、安装中，焊接主要采用熔化极焊接中的电弧焊和电渣焊。其中最常用的焊接方法有手工电弧焊、熔化极气体保护焊、埋弧焊、螺柱焊（栓焊）、电渣焊等，分类见表5.2-2。

建筑钢结构常用焊接方法 表5.2-2

焊接方法	手工焊	焊条电弧焊		
	半自动焊	熔化极气体保护焊	CO_2 保护焊	实芯焊丝 药芯焊丝
			$CO_2 + O_2$ 保护焊	
			$CO_2 + Ar$ 保护焊	
		埋弧半自动焊		
		自保护焊		
		重力焊		
		螺柱焊（栓焊）		
	全自动焊	埋弧焊		
		熔化极气体保护焊	CO_2 保护焊	实芯焊丝 药芯焊丝
			$CO_2 + O_2$ 保护焊	
			$CO_2 + Ar$ 保护焊	
		非熔化嘴电渣焊		
		熔嘴电渣焊		

5.2.2 常用焊接方法的适用范围

1. 焊条电弧焊

焊条电弧焊（亦称手工电弧焊）是手工操作焊条，利用焊条与被焊工件之间的电弧热量将焊条与工件接头处熔化，冷却凝固后获得牢固接头的焊接方法。

手工电弧焊是电弧焊接方法中发展最早、应用最广泛的焊接方法之一。它是以外部涂有涂料的焊条作为电极和填充金属，电弧在焊条的端部和被焊工件表面之间燃烧，涂料在电弧热作用下一方面可以产生气体以保护电弧，另一方面可以产生熔渣覆盖在熔池表面，防止熔敷金属与周围气体的相互作用。熔渣的更重要作用是与熔敷金属产生物理化学反应或添加合金元素，改善焊缝金属性能。

手工电弧焊具有设备比较简单、轻便、不需要辅助气体保护、操作灵活、适应性强、应用范围广（适用于大多数金属和合金的焊接），能在空间任意位置焊接等优点。电弧焊在建筑钢结构中得到广泛使用，可在室内、室外及高空中平、横、立、仰的任意位置进行施焊。

但由于手工电弧焊具有对焊工操作技术要求高、焊工培训费用大、劳动条件差、生产效率低等缺点，在建筑钢结构制作与安装的实际应用中，主要用于特殊部位其他焊接方法无法进行施焊、受焊接施工环境影响其他焊接方法很难保证焊接质量以及定位焊接和焊接缺陷的修补等情况。

2. 埋弧焊

埋弧焊是以连续送进的焊丝作为电极和填充金属。焊接时，在焊接区域的上面覆盖着一层颗粒状焊剂，电弧在焊剂下燃烧，将焊丝端部和局部母材熔化，形成焊缝。

在电弧热的作用下，一部分焊剂熔化成熔渣并与液态金属发生冶金反应，熔渣浮在金属熔池的表面，一方面可以保护焊缝金属，防止空气的污染，并与熔化金属发生物理化学反应，改善焊缝金属的化学成分及性能；另一方面还可以使焊缝金属缓慢冷却。

埋弧焊由于电弧热量集中、熔深大、焊缝质量均匀、内部缺陷少、塑性和冲击韧性好，优于手工焊。半自动埋弧焊介于自动埋弧焊和手工焊之间，但应用受到其自身条件的限制，焊机须沿焊缝的导轨移动，一般适用于大型构件的直缝和环缝焊接。常被用于梁、柱、支撑等构件主体直焊缝、拼板焊缝，直缝焊管纵、环缝等焊接。

3. 熔化极气体保护电弧焊

熔化极气体保护电弧焊是以焊丝和焊件为两个极，它们之间产生电弧热来熔化焊丝和焊件母材，同时向焊接区域送入保护气体，使焊接区与周围的空气隔开，对焊接缝进行保护；焊丝自动送进，在电弧作用下不断熔化，与熔化的母材一起融合形成焊缝金属。

熔化极气体保护焊按保护气体不同可分为：CO_2 气体保护焊、惰性气体保护焊和混合气体保护焊。

（1）CO_2 气体保护电弧焊。是目前应用最为广泛的焊接方法之一，它是以 CO_2 作为保护气体。二氧化碳在高温下会分解出氧而进入熔池，因此必须在焊丝中加入适量的锰、硅等脱氧剂。CO_2 气体保护焊主要特点：成本较低，使用大电流和细焊丝，焊接速度快、熔深大、作业效率高，但只能用于碳钢和低合金钢焊接。

(2) 惰性气体保护焊。用氩或氦作为保护气体，惰性保护气体不参与熔池的冶金反应，适用于各种质量要求较高或易氧化的金属材料，如不锈钢、铝、钛、锆等的焊接，但成本较高。

(3) 混合气体保护焊。保护气体以氩为主，加入适量的二氧化碳（15%～30%）或氧（0.5%～5%）。与二氧化碳气体保护焊相比，这种保护焊焊接规范较宽，成形较好，质量较佳；与熔化极惰性气体保护焊相比，熔池较活泼，冶金反应较佳，既经济又有惰性气体保护焊的性能。

建筑钢结构制作领域，普遍使用的是 CO_2 气体保护电弧焊，对于焊缝质量要求较高的部位，也采用混合气体保护焊。

气体保护焊电弧加热集中、焊接速度快，故焊缝强度比手工焊高，且塑性和抗腐蚀性能好，适合厚钢板或特厚钢板的焊接。

CO_2 气体保护焊手工操作比手工电弧焊的焊接速度快，热量集中，熔池较小，焊接层数少，焊接电弧容易对中焊接，可适应各种位置焊接，焊后基本上无熔渣。在焊接质量上焊接变形小，焊缝有较好的抗锈能力，但焊缝外表面不平滑。

由于 CO_2 气体保护焊所具有的生产效率高、操作性能好、易于实现机械化和自动化，且焊缝质量好、对铁锈的敏感性小的优点，且不用焊剂，所以在钢结构生产中已得到广泛应用。CO_2 气体保护焊主要采用手工操作，手持焊枪移动焊接，也可进行自动焊接。

4. 电渣焊

多高层建筑钢结构中较多地采用箱形截面钢柱，在梁柱节点区的柱截面内需设置与梁翼缘等厚的加劲板（横隔板），而加劲板应与箱形截面柱的柱身板采用坡口熔透焊；此时采用一般手工焊时，加劲板四周的最后一条边的焊缝无法焊接，因此需要采用电渣焊。电渣焊一般有两种形式：熔嘴电渣焊和非熔嘴电渣焊。

(1) 熔嘴电渣焊

熔嘴电渣焊是用细直径冷拔无缝钢管外涂药皮制成的管焊条作为熔嘴，焊丝在管内送进。焊接时，将管焊条插入被焊钢板与铜块形成的缝槽内，电弧将焊剂熔化成熔渣池，电流使熔渣温度超过钢材的熔点，从而熔化焊丝和钢板边缘，构成一条堆积的焊缝，把被焊钢板连成整体。

熔嘴电渣焊常为竖直施焊，或焊接倾角不大于30°。这种焊接方法产生较大的热量，为减少焊接变形，焊缝应对称布置并同时施焊。

(2) 非熔嘴电渣焊

非熔嘴电渣焊与熔嘴电渣焊的区别：焊丝导管外表不涂药皮，焊接时导管不断上升且不熔化、不消耗。

焊接原理同熔嘴电渣焊。使用细直径焊丝配合直流平特性电源，焊速大，焊缝和母材热影响区的性能比熔嘴电渣焊有所提高，因此在近年来得到重视和应用。

5. 螺柱焊（栓钉焊）

将金属螺柱或其他金属紧固件（栓、钉等）焊到工件上去的方法叫做螺柱焊，在建筑钢结构中称栓钉焊。螺柱焊是将螺柱端头置于陶瓷保护罩内与母材接触并通以直流电，通过短路提升，螺柱端部与工件表面之间产生电弧，电弧作为热源在工件上形成熔池，同时螺柱端部被加热形成熔化层，维持一定的电弧燃烧时间后，在压力作用下将螺柱端部浸入熔池，并将液态金属挤出接头之外，螺柱整个截面与母材牢固结合而形成连接接头。陶瓷保护罩的作用是集中电弧热量，隔离外部空气，保护电弧和熔化金属免受氮、氧的侵入，并防止熔融金属的飞溅。

根据采用的电源不同，螺柱焊可分为三种基本形式。

（1）稳定电弧螺柱焊。稳定电弧螺柱焊的放电过程是持续而稳定的过程，焊接电流不用经过调制，焊接过程中电流基本上是恒定的。

（2）不稳定电弧螺柱焊。是利用交流电使大容量的电容器充电后向栓钉与母材之间瞬时放电，达到熔化栓钉端头和母材的目的。由于电容放电能量的限制，一般用于小直径（≤12mm）栓钉的焊接。

（3）电弧电流经过波形控制的电弧螺柱焊。一般采用两个并联电源先后给电弧供电，其焊接过程只有稳定电弧螺柱焊的十分之一或几十分之一。

在建筑钢结构中基本采用稳定电弧栓钉焊。稳定电弧栓钉焊又分为两种：普通栓钉焊和穿透栓钉焊，普通栓钉焊亦称非穿透栓钉焊；穿透栓钉焊用于组合楼板和组合梁，焊接时，将压型钢板焊透，使栓钉、压型钢板和钢构件三者焊接在一起。

5.3 焊接接头

5.3.1 焊接接头的组成、作用和特点

1. 焊接接头的组成

用焊接方法连接的不可拆卸的接头称为焊接接头，它由焊缝、热影响区（包括熔合区）及邻近母材组成。

2. 焊接接头的作用

在焊接结构中，焊接接头主要起两方面的作用：一是连接作用，即把被焊工件连接成一个整体；二是传力作用，即传递被焊工件所承受的载荷。

3. 焊接接头的特点

与其他连接方法相比，焊接接头具有许多突出的优点，如：

（1）承载的多样性——特别是焊透的熔焊接头，能很好地承受各种载荷；

（2）结构的多样性——能很好地适应不同形状、不同材料结构的要求，材料的利用率高，接头所占空间小；

（3）连接的可靠性——现代焊接和检验技术水平可保证获得高质量、高可靠性的焊接接头；

（4）加工的经济性——施工难度低，可实现自动化，检查维修简单，修理容易，制造成本相对较低，几乎不产生废品。

但是，在许多情况下，焊接接头又是焊接结构上的薄弱环节，焊接接头的突出问题有：

（1）几何上的不连续性——外形尺寸突变，可能存在各种焊接缺陷。从而引起应力集中，减小承载面积，形成断裂源；

（2）力学上的不均匀性——可能存在脆化区、软化区、各种劣质区；

（3）焊接变形与残余应力的存在——焊接存在角变形、扭曲等焊接变形和接近材料屈服应力水平的残余应力。此外还能造成整个结构的变形。

5.3.2 焊接接头的基本类型

焊接接头根据连接构件形式不同分为板接头和管接头，板接头由对接接头、T形接头、十字接头、角接头和搭接接头等组成，如图5.3-1。管接头则由T形接头、K形接头、Y形接头等组成。

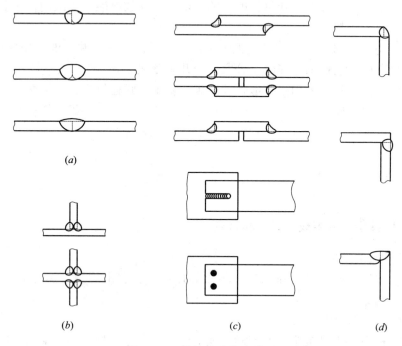

图5.3-1 焊接接头基本类型
（a）对接接头；（b）T形（十字）接头；（c）搭接接头；（d）角接接头

5.3.3 焊缝类型及质量分级

焊缝类型可按连接方式、构造特点、工作性质、施焊位置进行分类。

按被连接构件间的相对位置分为对接、搭接、T形连接和角接连接四种，见图5.3-2所示。

按焊缝构造可分为对接焊缝和角焊缝两种类型。T形连接和角接连接根据板厚、焊接方法、焊缝受力情况，可采用角焊缝或开坡口的对接焊缝。

焊缝按其工作性质来分有强度焊缝和密强焊缝两种。强度焊缝只作为传递内力之用，密强焊缝除传递内力外，还须保证不使气体或液体渗漏。

焊缝按施焊位置分有俯焊（平焊）、立焊、横焊和仰焊四种，见图5.3-3所示。俯焊施焊方便、质量好、效率高；立焊和横焊是在立面上施焊的竖向和水平焊缝，生产效率和焊接质量比俯焊的差一些；仰焊是仰望向上施焊，操作条件最差，焊缝质量不易保证，因此应尽可能避免采用仰焊焊缝。

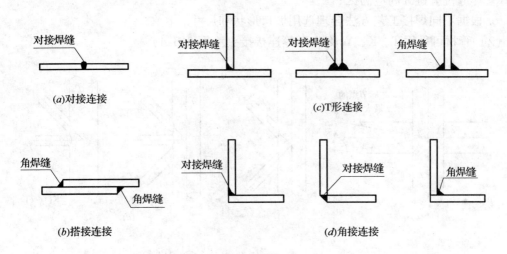

图 5.3-2 焊接连接形式和焊缝类型

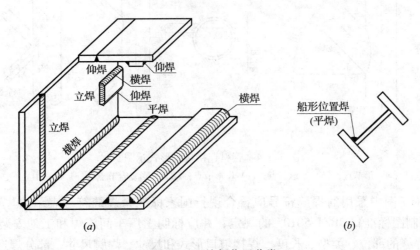

图 5.3-3 施焊位置分类

在建筑钢结构中,一般将焊缝分为一级、二级、三级等三个质量等级,不同质量等级的焊缝,质量要求不一样,规定采用的检验比例、验收标准也不一样。《钢结构设计规范》GB 50017 根据结构的重要性,实际承受荷载特性、焊缝形式、工作环境以及应力状态等来确定焊缝的质量等级。

5.3.4 焊接节点构造

1. 一般规定

(1) 钢结构焊接节点构造,应符合下列要求。
① 尽量减少焊缝的数量和尺寸;
② 焊缝的布置尽量对称于构件截面的中和轴;
③ 便于焊接操作,避免仰焊位置施焊;
④ 采用刚性较小的节点形式,避免焊缝密集和双向、三向相交;

⑤ 焊缝位置避开高应力区；
⑥ 根据不同焊接工艺方法合理选用坡口形状和尺寸。

(2) 管材可采用 T、K、Y 及 X 形等连接接头（图 5.3-4）。

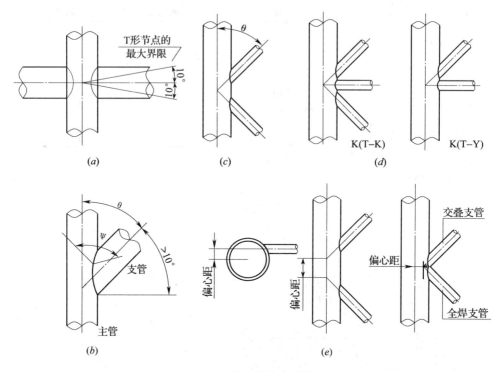

图 5.3-4 管材连接接头形式示图
（a）T（X）形节点；（b）Y 形节点；（c）K 形节点；（d）K 形复合节点；（e）偏离中心的连接

(3) 施工图中采用的焊缝符号应符合现行国家标准《焊缝符号表示法》GB 324 和《建筑结构制图标准》GB/T 50105 的规定，并应标明工厂车间施焊和工地安装施焊的焊缝及所有焊缝的部位、类型、长度、焊接坡口形式和尺寸、焊脚尺寸、部分焊透接头的焊透深度。

2. 焊接坡口的形状尺寸代号和标记

各种焊接方法及接头坡口形状尺寸代号和标记见下列规定：
(1) 焊接方法及焊透种类代号应符合表 5.3-1 的规定；
(2) 接头形式及坡口形状代号应符合表 5.3-2 的规定；
(3) 焊接面及垫板种类代号应符合表 5.3-3 的规定；
(4) 焊接位置代号应符合表 5.3-4 的规定；
(5) 坡口各部分尺寸代号应符合表 5.3-5 的规定；

焊接方法及焊透种类的代号表　　　　表 5.3-1

代号	焊接方法	焊透种类
MC	手工电弧焊接	完全焊透焊接
MP		部分焊透焊接

续表

代号	焊接方法	焊透种类
GC	气体保护电弧焊接	完全焊透焊接
GP	自保护电弧焊接	部分焊透焊接
SC	埋弧焊接	完全焊透焊接
SP		部分焊透焊接

接头形式及坡口形状的代号　　　　表 5.3-2

接头形式			坡口形状	
	代　号	名　称	代　号	名　称
板接头 （图 5.3-1）	B	对接接头	I	I 形坡口
	T	T 形接头	V	V 形坡口
	X	十字接头	X	X 形坡口
	C	角接接头	L	单边 V 形坡口
	F	搭接接头	K	K 形坡口
管接头 （图 5.3-4）	T	T 形接头	U*	U 形坡口
	K	K 形接头	J*	单边 U 形坡口
	Y	Y 形接头	/	/

* 当钢板厚度≥50mm 时，可采用 U 形或 J 形坡口。

焊接面及垫板种类的代号　　　　表 5.3-3

反面垫板种类		焊　接　面	
代号	使用材料	代号	焊接面规定
BS	钢衬垫	1	单面焊接
BF	其他材料的衬垫	2	双面焊接

焊接位置的代号　　　　表 5.3-4

代号	焊接位置	代号	焊接位置
F	平焊	V	立焊
H	横焊	O	仰焊

坡口各部分尺寸代号　　　　表 5.3-5

代号	坡口各部分的尺寸
t	接缝部位的板厚（mm）
b	坡口根部间隙（mm）
H	坡口深度（mm）
p	坡口钝边（mm）
α	坡口角度（°）

（6）焊接接头坡口形状和尺寸标记见下列规定：

标记示例：

手工电弧焊、完全焊透、对接、I 形坡口、背面加钢衬垫的单面焊接接头表示为 MC - BI - B_s1。

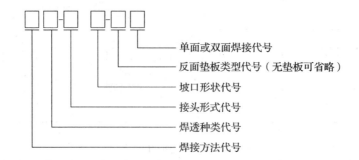

3. 焊接接头构造要求

(1) 塞焊和槽焊焊缝的尺寸、间距、填焊高度应满足下列要求：

① 塞焊缝和槽焊缝的有效面积应为贴合面上圆孔或长槽孔的标称面积；

② 塞焊焊缝的最小中心间隔应为孔径的4倍，槽焊焊缝的纵向最小间距应为槽孔长度的2倍，垂直于槽孔长度方向的两排槽孔的最小间距应为槽孔宽度的4倍；

③ 塞焊孔的最小直径不得小于开孔板厚度加8mm，最大直径应为最小直径值加3mm或为开孔件厚度的2.25倍，并取两值中较大者。槽孔长度不应超过开孔件厚度的10倍，最小及最大槽宽规定与塞焊孔的最小及最大孔径规定相同；

④ 塞焊和槽焊的填焊高度：当母材厚度等于或小于16mm时，应等于母材的厚度；当母材厚度大于16mm时，不得小于母材厚度的一半，并不得小于16mm；

⑤ 塞焊焊缝和槽焊焊缝的尺寸应根据贴合面上承受的剪力计算确定；

⑥ 严禁在调质钢上采用塞焊和槽焊焊缝。

(2) 角焊缝的尺寸应满足下列要求：

① 角焊缝的最小计算长度应为其焊脚尺寸（h_f）的8倍，且不得小于40mm；焊缝计算长度应为焊缝长度扣除引弧、收弧长度；

② 角焊缝的有效面积应为焊缝计算长度与计算厚度（h_e）的乘积。对任何方向的荷载，角焊缝上的应力应视为作用在这一有效面积上；

③ 断续角焊缝焊段的最小长度应不小于最小计算长度；

④ 单层角焊缝最小焊脚尺寸宜按表5.3-6取值，同时应符合设计要求；

⑤ 当被焊构件较薄板厚度≥25mm时，宜采用局部开坡口的角焊缝；

⑥ 角焊缝十字接头，不宜将厚板焊接到较薄板上。

单层焊角焊缝的最小尺寸（mm） 表5.3-6

母材厚度 t	角焊缝的最小焊脚尺寸 h_f	母材厚度 t	角焊缝的最小焊脚尺寸 h_f
≤4	3	16、18	6
6、8	4	20~25	7
10、12、14	5		

注：用低氢焊接材料时，t 应取较薄件厚度；非低氢焊接材料时，t 应取较厚件厚度。

(3) 搭接接头角焊缝的尺寸及布置应满足下列要求：

① 传递轴向力的部件，其搭接接头最小搭接长度应为较薄件厚度的5倍，但不小于25mm（图5.3-5）。并应施焊纵向或横向双角焊缝；

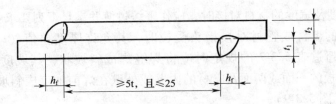

图 5.3-5　双角焊缝搭接要求示意

t—t_1 和 t_2 中较小者；h_f—焊脚尺寸，按设计要求

② 单独用纵向角焊缝连接型钢杆件端部时，型钢杆件的宽度 w 应不大于 200mm（图 5.3-6），当宽度 w 大于 200mm 时，需加横向角焊缝或中间塞焊。型钢杆件每一侧纵向角焊缝的长度 L 应不小于 w；

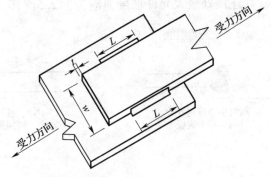

图 5.3-6　纵向角焊缝的最小长度示意

③ 型钢杆件搭接接头采用围焊时，在转角处应连续施焊。杆件端部搭接角焊缝作绕焊时，绕焊长度应不小于两倍焊脚尺寸，并连续施焊；

④ 搭接焊缝沿材料棱边的最大焊脚尺寸，当板厚小于、等于 6mm 时，应为母材厚度；当板厚大于 6mm 时，应为母材厚度减去 1～2mm（图 5.3-7）；

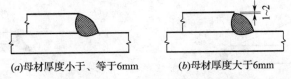

(a)母材厚度小于、等于6mm　　(b)母材厚度大于6mm

图 5.3-7　搭接角焊缝沿母材棱边的最大焊脚尺寸示意

⑤ 用搭接焊缝传递荷载的套管接头可以只焊一条角焊缝，其管材搭接长度 L 应不小于 $5(t_1+t_2)$，且不得小于 25mm。搭接焊缝焊脚尺寸应符合设计要求（图 5.3-8）。

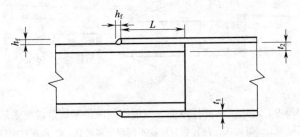

图 5.3-8　管材套管连接的搭接焊缝最小长度示意

（4）不同厚度及宽度的材料对接时，应作平缓过渡并满足下列要求：

① 不同厚度的板材或管材对接接头受拉时，其允许厚度差值（$t_1 - t_2$）应符合表5.3-7的规定。当超过表5.3-7的规定时应将焊缝焊成斜坡状，其坡度最大允许值应为1:2.5；或将较厚板的一面或两面及管材的内壁或外壁在焊前加工成斜坡，其坡度最大允许值应为1:2.5（图5.3-9）；

不同厚度钢材对接的允许厚度差（mm） 表5.3-7

较薄钢材厚度 t_2	≥5~9	10~12	>12
允许厚度差 $t_1 - t_2$	2	3	4

② 不同宽度的板材对接时，应根据工厂及工地条件采用热切割、机械加工或砂轮打磨的方法使之平缓过渡，其连接处最大允许坡度值应为1:2.5（图5.3-9）。

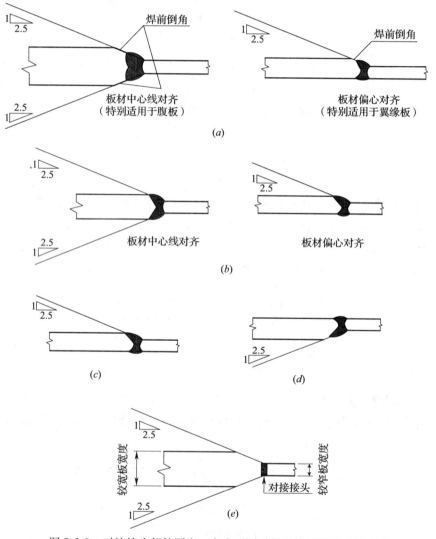

图5.3-9 对接接头部件厚度、宽度不同时的平缓过渡要求示意
(a) 板材厚度不同加工成斜坡状；(b) 板材厚度不同焊成斜坡状；(c) 管材内径相同壁厚不同；
(d) 管材外径相同壁厚不同；(e) 板材宽度不同

5.4 焊接工艺评定

5.4.1 定义

验证所拟订焊件的焊接工艺，并进行试验结果评价的过程，称为焊接工艺评定。它是通过对焊接接头的力学性能或其他性能的试验来证实焊接工艺规程正确性和合理性的一种方法。

5.4.2 焊接工艺评定的一般步骤

(1) 了解待评定构件的特点和有关信息

如焊接接头形式、钢材材质、板厚、焊接位置、坡口形状及尺寸，以及是否规定了焊接方法等。制定出应进行焊接工艺评定的若干典型接头，避免重复评定或漏评。

(2) 编制焊接工艺评定指导书

焊接工艺评定指导书是焊接工艺评定的原始依据和评定对象，是将待评定的焊接工艺内容全部反映出来的载体。其内容主要有：焊接方法、焊接位置、母材钢号、厚度、接头及试件形式、焊接工艺参数、技术措施等；还应包括编制日期、编制人、审核人签字和文件编号。

(3) 试件准备

按规定的图样，选择材料并制成待焊试件。

(4) 焊接设备、工艺装备和焊工准备

所用设备、装备、仪表应处于正常工作状态，焊工须是本企业熟练的持证人员。

(5) 试件焊接

焊接是整个工艺评定过程中最重要的环节，除要求焊工应严格按照焊接工艺评定指导书要求的认真操作外，还应有专人做好施焊记录，它是现场焊接的原始资料，是焊接工艺评定报告的重要依据，应认真做好并妥善保管。

(6) 试样制备及试验

按工艺评定要求进行焊缝的检验，并制作试验所需的试样。按相关规范进行各试样性能试验，并填写各项试验报告。

(7) 编制焊接工艺评定报告

评定报告是各项检测试验的结果，是试验报告汇总后进行的总结，其内容包括焊接工艺评定指导书的内容，但不是拟定而是实际的记录。给出最后评定结论。若有不合格，分析原因并提出改进措施，修改焊接工艺评定指导书，重新进行评定，直到合格为止。

5.4.3 基本规定

(1) 凡符合以下情况之一者，应在钢结构构件制作及安装施工之前进行焊接工艺评定：

① 国内首次应用于钢结构工程的钢材（包括钢材牌号与标准相符但微合金强化元素的类别不同和供货状态不同，或国外钢号国内生产）；

② 国内首次应用于钢结构工程的焊接材料；

③ 设计规定的钢材类别、焊接材料、焊接方法、接头形式、焊接位置、焊后热处理制度以及施工单位所采用的焊接工艺参数、预热后热措施等各种参数的组合条件为施工企业首次采用。

（2）焊接工艺评定应由钢结构制作、安装企业根据所承担钢结构的设计节点形式、钢材类型、规格、采用的焊接方法、焊接位置等，制定焊接工艺评定方案，拟定相应的焊接工艺评定指导书，按规定要求施焊试件、切取试样并由具有国家技术质量监督部门认证资质的检测单位进行检测试验。

（3）焊接工艺评定的施焊参数，包括热输入、预热、后热制度等应根据被焊材料的焊接性制订。

（4）焊接工艺评定所用设备、仪表的性能应与实际工程施工焊接相一致并处于正常工作状态，所用的钢材、焊钉、焊接材料必须与实际工程所用材料一致并符合相应标准要求，具有生产厂出具的质量证明文件。

（5）焊接工艺评定试件应由该工程施工企业中技能熟练的焊接人员施焊。

（6）焊接工艺评定试验完成后，应由评定单位根据检测结果提出焊接工艺评定报告，连同焊接工艺评定指导书、评定记录、评定试样检验结果一起报工程质量监督验收部门和有关单位审查备案。

5.4.4 焊接工艺评定原则

（1）不同焊接方法的评定结果不得互相代替。

（2）不同钢材的焊接工艺评定应符合下列规定：

① 不同类别钢材的焊接工艺评定结果不得互相代替；

② Ⅰ、Ⅱ类同类别钢材中当强度和冲击韧性级别发生变化时，高级别钢材的焊接工艺评定结果可代替低级别钢材；Ⅲ、Ⅳ类同类别钢材中的焊接工艺评定结果不得相互代替；不同类别的钢材组合焊接时应重新评定，不得用单类钢材的评定结果代替。

常用钢材分类见表5.4-1所示。

常用钢材分类　　　　　　　　　表5.4-1

类别号	钢材强度级别
Ⅰ	Q215、Q235
Ⅱ	Q295、Q345
Ⅲ	Q390、Q420
Ⅳ	Q460

（3）接头形式变化时应重新评定，但十字形接头评定结果可代替T形接头评定结果，全焊透或部分焊透的T形或十字形接头对接与角接组合焊缝评定结果可代替角焊缝评定结果。

（4）评定合格的试件厚度在工程中适用的厚度范围应符合表5.4-2的规定。

（5）板材对接的焊接工艺评定结果适用于外径大于600mm的管材对接。

（6）评定试件的焊后热处理条件应与钢结构制造、安装焊接中实际采用的焊后热处理条件基本相同。

评定合格的试件厚度与工程适用厚度范围　　　　　表 5.4-2

焊接方法类别号	评定合格试件厚度 t（mm）	工程适用厚度范围	
		板厚最小值	板厚最大值
各种电弧焊	≤25	0.75t	2.0t
各种电弧焊	>25	0.75t	1.5t
电渣焊、气电焊	不限	0.5t	1.1t
栓钉焊	≥12	0.5t	2.0t

（7）焊接工艺参数变化不超过有关规定时，可不需重新进行工艺评定。

（8）焊接工艺评定结果不合格时，应分析原因，制定新的评定方案，按原步骤重新评定，直到合格为止。

（9）施工企业已具有同等条件焊接工艺评定资料时，可不必重新进行相应项目的焊接工艺评定试验。

5.5 焊 接 工 艺

5.5.1 施工准备

1. 技术准备

（1）在构件制作前，工厂应按施工详图以及《钢结构焊接规范》的要求进行焊接工艺评定试验。生产制造过程应严格按工艺评定的有关参数和要求进行，通过跟踪检测如发现按照工艺评定规范生产时质量不稳定，应重做工艺评定，直至达到质量稳定。

（2）根据制造方案和技术规范以及施工详图的有关要求编制焊接工艺，工厂应组织有关部门进行工艺评审。

（3）焊接工艺文件应符合下列要求：

① 焊接前应由焊接技术责任人员根据焊接工艺评定结果编制焊接工艺文件，并向有关操作人员进行技术交底，施工中应严格遵守工艺文件的规定。

② 焊接工艺文件应包括下列内容：

——焊接方法或焊接方法的组合；

——母材的牌号、厚度及其他相关尺寸；

——焊接材料型号、规格；

——焊接接头形式、坡口形状及尺寸允许偏差；

——夹具、定位焊、衬垫的要求；

——焊接电流、焊接电压、焊接速度、焊接层次、清根要求、焊接顺序等焊接工艺参数规定；

——预热温度及层间温度范围；

——后热、焊后消除应力处理工艺；

——检验方法及合格标准；

——其他必要的规定。

2. 材料要求

（1）建筑钢结构用钢材及焊接材料的选用应符合设计图的要求，并应具有钢厂和焊接材料厂出具的质量证明书或检验报告；其化学成分、力学性能和其他质量要求必须符合国家现行标准规定。当采用其他钢材和焊接材料替代设计选用的材料时，必须经原设计单位同意。

（2）钢材的复验应符合国家现行有关工程质量验收标准的规定；大型、重型及特殊钢结构的主要焊缝采用的焊接材料应按生产批号进行复验。复验应由国家技术质量监督部门认可的质量监督检测机构进行。

（3）钢结构工程中选用的新材料必须经过新产品鉴定。钢材应由生产厂提供可焊性、指导性焊接工艺、热加工和热处理工艺参数、相应钢材的焊接接头性能数据等资料；焊接材料应由生产厂提供贮存及焊前烘焙参数规定、熔敷金属成分、性能鉴定资料及指导性施焊参数，经专家论证、评审和焊接工艺评定合格后，方能在工程中采用。

（4）焊接 T 形、十字形、角接接头，当其翼缘板厚度等于或大于 40mm 时，一般应采用抗层状撕裂的钢板。钢材的厚度方向性能级别应根据工程的结构类型、节点形式及板厚和受力状态的不同进行选择。

（5）钢材还应符合下列要求。

① 清除待焊处表面的水、氧化皮、锈、油污等；

② 焊接坡口边缘上钢材的夹层缺陷长度超过 25mm 时，应采用无损探伤检测其深度，如深度不大于 6mm，应用机械方法清除；如深度大于 6mm，应用机械方法清除后焊接填满；若缺陷深度大于 25mm 时，应采用超声波探伤测定其尺寸，当单个缺陷面积（$a \times d$）或聚集缺陷的总面积不超过被切割钢材总面积（$B \times L$）的 4% 时为合格，否则不能使用；

③ 钢材内部的夹层缺陷，其尺寸不超过第 2 款的规定且位置离母材坡口表面距离（b）大于或等于 25mm 时不需要修补；如该距离小于 25mm 则应进行修补；

④ 当夹层缺陷为裂纹时（图 5.5-1），如裂纹长度（a）和深度（d）均不大于 50mm，其修补方法应符合有关规定；如裂纹深度超过 50mm 或累计长度超过板宽的 20% 时，则该钢板不能使用。

（6）焊条应符合现行国家标准《碳钢焊条》GB/T 5117、《低合金钢焊条》GB/T 5118 的规定。

（7）焊丝应符合现行国家标准《熔化焊用钢丝》GB/T 14957、《气体保护电弧焊用

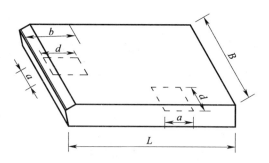

图 5.5-1 夹层缺陷示意

碳钢、低合金钢焊丝》GB/T 8110 及《碳钢药芯焊丝》GB/T 10045、《低合金钢药芯焊丝》GB/T 17493 的规定。

（8）埋弧焊用焊丝和焊剂应符合现行国家标准《埋弧焊用碳钢焊丝和焊剂》GB/T 5293、《埋弧焊用低合金钢焊丝和焊剂》GB/T 12470 的规定。

（9）气体保护焊使用的氩气应符合现行国家标准《氩气》GB/T 4842 的规定，其纯度不应低于 99.95%。

(10) 气体保护焊使用的 CO_2 气体应符合现行行业标准《焊接用二氧化碳》HG/T 2537 的规定,大型、重型及特殊钢结构工程中主要构件的重要焊接节点采用的 CO_2 气体质量应符合该标准中优等品的要求,即其 CO_2 含量(体积分数)不得低于 99.9%,水蒸气与乙醇总含量(质量分数)不得高于 0.005%,并不得检出液态水。

(11) 焊接材料还应符合下列规定:

① 焊条、焊丝、焊剂和熔嘴应储存在干燥、通风良好的地方,由专人保管;

② 焊条、熔嘴、焊剂和药芯焊丝在使用前,必须按产品说明书及有关工艺文件的规定进行烘干;

③ 低氢型焊条烘干温度应为 350~380℃,保温时间应为 1.5~2h,烘干后应缓冷放置于 110~120℃ 的保温箱中存放、待用;使用时应置于保温筒中;烘干后的低氢型焊条在大气中放置时间超过 4h 应重新烘干;焊条重复烘干次数不宜超过 2 次;受潮的焊条不应使用;

④ 实芯焊丝及熔嘴导管应无油污、锈蚀,镀铜层应完好无损;

⑤ 栓钉的外观质量和力学性能及焊接瓷环尺寸应符合现行国家标准《电弧螺柱焊用圆柱头焊钉》GB 10433 的规定,并应由制造厂提供栓钉性能检验及其焊接端的检测资料。栓钉保存时应有防潮措施;栓钉及母材焊接区如有水、氧化皮、锈、漆、油污、水泥灰渣等杂质,应清除干净后才能施焊。受潮的焊接瓷环使用前应经 120℃ 烘干 2h;

⑥ 焊条、焊剂烘干装置及保温装置的加热、测温、控温性能应符合使用要求;CO_2 气体保护电弧焊所用的 CO_2 气瓶必须装有预热干燥器。

(12) 焊接不同类别钢材时,焊接材料的匹配应符合设计要求。常用结构钢材采用 CO_2 气体保护焊和埋弧焊进行焊接时,焊接材料可按第 2 章的规定选配。

3. 主要机具

(1) 手工电弧焊机具

电源、交(直)流电焊机、焊条烘干箱、焊接滚轮架、焊钳、焊接电缆、焊接电缆快速接头、接地夹钳、焊条保温桶等。

(2) 埋弧自动焊机具

电源、埋弧焊机、焊剂回收设备、焊剂烘干箱、焊接滚轮架、翼缘矫正机等。

(3) 熔嘴电渣焊机具

电源、电渣焊机、引熄弧块、水冷成形滑块、焊剂烘干箱、焊接滚轮架等。

(4) 焊钉焊接机具

电源、熔焊栓钉机、焊枪。

(5) 二氧化碳气体保护焊

电源、CO_2 焊机、焊枪、焊接滚轮架、翼缘矫正机等。

(6) 焊接检验通用设备、仪器及工具

数字温度仪、膜测厚仪、超声波探伤仪、温湿度仪、磁粉探伤仪、数字钳形电流表、焊接检验尺、游标卡尺、钢卷尺。

4. 作业条件

(1) 焊接作业区风速当手工电弧焊超过 8m/s、气体保护电弧焊及药芯焊丝电弧焊超过 2m/s 时,应设防风棚或采取其他防风措施。制作车间内焊接作业区有穿堂风或鼓风机时，也应按以上规定设挡风装置。

（2）焊接作业区的相对湿度不得大于90%。

（3）当焊件表面潮湿或有冰雪覆盖时，应采取加热去湿除潮措施。

（4）焊接作业区环境温度低于0℃时，应将构件焊接区各方向大于或等于二倍钢板厚度且不小于100mm范围内的母材，加热到20℃以上后方可施焊，且在焊接过程中均不应低于这一温度。实际加热温度应根据构件构造特点、钢材类别及质量等级和焊接性、焊接材料熔敷金属扩散氢含量、焊接方法和焊接热输入等因素确定，其加热温度应高于常温下的焊接预热温度，并由焊接技术责任人员制定出作业方案经认可后方可实施。作业方案应保证焊工操作技能不受环境低温的影响，同时对构件采取必要的保温措施。

（5）焊条在使用前应按产品说明书规定的烘焙时间和烘焙温度进行烘焙。低氢型焊条烘干后必须存放在保温箱（筒）内，随用随取。焊条由保温箱（筒）取出到施焊的时间不宜超过2h（酸性焊条不宜超过4h）。不符上述要求时，应重新烘干后再用，但焊条烘干次数不宜超过2次。

（6）焊接作业区环境超出上述（1）、（4）款规定但必须焊接时，应对焊接作业区设置防护棚并制定出具体方案，连同低温焊接工艺参数、措施报监理工程师确认后才能进行焊接。

5.5.2 基本规定

1. 焊缝坡口表面及组装质量

（1）焊接坡口可用火焰切割或机械方法加工。当采用火焰切割时，切割面质量应符合现行行业标准《热切割、气割质量和尺寸偏差》ZBJ—59002.3的相应规定。缺棱为1~3mm时，应修磨平整；缺棱超过3mm时，应用直径不超过3.2mm的低氢型焊条补焊，并修磨平整。当采用机械方法加工坡口时，加工表面不能有台阶。

（2）施焊前，焊工应检查焊接部位的组装和表面清理的质量，如不符合要求，应修磨补焊合格后方能施焊。各种焊接方法焊接坡口组装允许偏差值应符合设计规定。坡口组装间隙超过允许偏差规定时，可在坡口单侧或两侧堆焊、修磨使其符合要求，但当坡口组装间隙超过较薄板厚度2倍或大于20mm时，不应用堆焊方法增加构件长度和减小组装间隙。

（3）搭接接头及T形角接接头组装间隙超过1mm或管材T、K、Y形接头组装间隙超过1.5mm时，施焊的焊脚尺寸应比设计要求值增大并应符合设计规定。但T形角接接头组装间隙超过5mm时，应事先在板端堆焊并修磨平整或在间隙内堆焊填补后施焊。

（4）严禁在接头间隙中填塞焊条头、铁块等杂物。

2. 引弧板、引出板、垫板要求

（1）严禁在承受动荷载且需经疲劳验算构件焊缝以外的母材上打火、引弧或装焊夹具。

（2）不应在焊缝以外的母材上打火、引弧。

（3）T形接头、十字形接头、角接接头和对接接头主焊缝两端，必须配置引弧板和引出板，其材质应和被焊母材相同，坡口形式应与被焊焊缝相同，禁止使用其他材质的材料充当引弧板和引出板。

（4）手工电弧焊和气体保护电弧焊焊缝引出长度应大于25mm。其引弧板和引出板宽度应大于 50mm，长度宜为板厚的 1.5 倍且不小于 30mm，厚度应不小于 6mm。

非手工电弧焊焊缝引出长度应大于 80mm。其引弧板和引出板宽度应大于 80mm，长度宜为板厚的 2 倍且不小于 100mm，厚度应不小于 10mm。

（5）焊接完成后，应用火焰切割去除引弧板和引出板，并修磨平整。不得用锤击落引弧板和引出板。

3. 定位焊要求

（1）定位焊必须由持相应合格证的焊工施焊，所用焊接材料应与正式施焊相当。

（2）定位焊焊缝应与最终焊缝有相同的质量要求。钢衬垫的定位焊宜在接头坡口内焊接，定位焊焊缝厚度不宜超过设计焊缝厚度的 2/3，定位焊焊缝长度宜大于 40mm，间距宜为 500~600mm，并应填满弧坑。

（3）定位焊预热温度应高于正式施焊预热温度。

（4）当定位焊焊缝上有气孔或裂纹时，必须清除后重焊。

4. 多层焊施焊要求

（1）厚板多层焊时应连续施焊，每一焊道焊接完成后应及时清理焊渣及表面飞溅物，发现影响焊接质量的缺陷时，应清除后方可再焊。在连续焊接过程中应控制焊接区母材温度，使层间温度的上、下限符合工艺文件要求。遇有中断施焊的情况，应采取适当的后热、保温措施，再次焊接时重新预热温度应高于初始预热温度。

（2）坡口底层焊道采用焊条手工电弧焊时宜使用不大于 $\phi 4mm$ 的焊条施焊，底层根部焊道的最小尺寸应适宜，但最大厚度不应超过 6mm。

（3）控制焊接变形，可采用反变形措施，其反变形参考值见表 5.5-1。

焊接反变形参考数值　　　　表 5.5-1

板厚 t (mm)	f (mm) / α 反变形角度（平均值）	B (mm)										
		150	200	250	300	350	400	450	500	550	600	650	700
12	1°30′40″	2	2.5	3	4	4.5	5						
14	1°22′40″	2	2.5	3	3.5	4	5	5.5					
16	1°4′	1.5	2	2.5	3	3.5	4	4	4.5	5	5		
20	1°	1	2	2	2.5	3	3.5	4	4.5	4.5	5	5	
25	55′	1	1.5	2	2.5	3	3	3.5	4	4	4.5	5	5
28	34′20″	1	1	1	1.5	2	2	2	2.5	2.5	3	3.5	3.5
30	27′20″	0.5	1	1	1	1.5	1.5	2	2	2	2.5	2.5	3
36	17′20″	0.5	0.5	0.5	1	1	1	1	1.5	1.5	1.5	1.5	2
40	11′20″	0.5	0.5	0.5	0.5	0.5	0.5	1	1	1	1	1	1

5. 焊接收缩变形量估算

（1）纵向收缩变形量。有纵向长焊缝的钢构件，单道焊时其长度方向的收缩量估算公式为：

$$\Delta L = \frac{k_1 \cdot A_W \cdot L}{A} \tag{5.5-1}$$

式中 A_W——焊缝截面积，mm^2；
A——杆件截面积，mm^2；
L——杆件长度，mm；
ΔL——纵向收缩量，mm；
k_1——与焊接方法、材料热膨胀系数和多层焊层有关的系数，对于不同的焊接方法、系数 k_1 的数值不同：CO_2 焊，$k_1 = 0.043$；埋弧焊，$k_1 = 0.071 \sim 0.076$；手工电弧焊：$k_1 = 0.048 \sim 0.057$。

当焊缝在构件中的位置相对于中和轴不对称时，焊缝的纵向收缩变形还会使构件弯曲产生挠度，构件单道焊时，由于纵向收缩引起的挠度可用以下公式计算：

$$f = \frac{k_1 \cdot A_W \cdot e \cdot L^2}{8I} \tag{5.5-2}$$

式中 f——纵向收缩引起的挠度，cm；
A_W——焊缝截面积，cm^2；
e——焊缝到构件中和轴的距离，cm；
L——杆件长度，cm；
I——杆件截面惯性矩，cm^4；
k_1——系数（与纵向收缩量公式中 k_1 的数值相同）。

（2）横向收缩变形量。影响横向收缩的因素很多，简单采用某一公式很难完全表达所有因素的影响。下式仅为参考的估算公式。

$$\Delta B = 0.2 A_W / t + 0.05 b \tag{5.5-3}$$

式中 ΔB——对接接头横向收缩量，mm；
A_W——焊缝截面积，mm^2；
b——根部间隙，mm；
t——板厚，mm。

对接焊缝垂直于长构件轴线并与中和轴不对称时，该焊缝的横向收缩也会使长构件产生挠曲，其挠度量则与焊缝布置，焊缝截面积以及构件截面形式、刚度有关，很难用单一公式表达。

（3）角变形量。可参考下式计算：

$$\Delta \theta = 0.07 B h_f^{1.3} / t^2 \tag{5.5-4}$$

式中 $\Delta \theta$——角变形量，rad；
B——翼缘宽，mm；
t——翼缘厚，mm；
h_f——焊脚尺寸，mm；

5.5.3 焊接预热、后热及焊后热处理

1. 焊接预热

在钢结构制作、安装中,重要构件的焊接、高强度低合金钢的焊接及厚钢板的焊接,都要求在焊前必须进行预热。焊前预热的主要作用如下:

(1)预热能减缓焊后的冷却速度,有利于焊缝金属中扩散氢的逸出,避免产生氢致裂纹。同时也减少焊缝及热影响区的淬硬程度,提高了焊接接头的抗裂性。

(2)预热可降低焊接应力。均匀地局部预热或整体预热,可以减少焊接区域被焊工件之间的温度差(也称为温度梯度)。这样,一方面降低了焊接应力;另一方面,降低了焊接应变速率,有利于避免产生焊接裂纹。

(3)预热可以降低焊接结构的拘束度,对降低角接接头的拘束度尤为明显,随着预热温度的提高,裂纹发生率下降。

预热温度和层间温度的选择不仅与钢材和焊条的化学成分有关,还与焊接结构的刚性、焊接方法、环境温度等有关,应综合考虑这些因素后确定。另外,预热温度在钢材板厚方向的均匀性和在焊缝区域的均匀性,对降低焊接应力有着重要的影响。局部预热的宽度,应根据被焊工件的拘束度情况而定。预热温度应均匀,如果预热不均匀,不但不能减小焊接应力,反而会出现增大焊接应力的情况。

2. 后热处理

后热处理,是指在焊接完成以后,焊缝尚未冷却至100℃以下时进行的,主要为了降低焊缝与焊接接头的冷却速度、促进氢的逸出、防止低温裂纹而进行的低温热处理。后热处理也称焊后消氢处理,主要作用是加快焊缝及热影响区中氢的逸出,防止低合金钢焊接时产生低温焊接裂纹。

3. 焊接预热及后热处理的规定

(1)除电渣焊、气电立焊外,Ⅰ、Ⅱ类钢材匹配相应强度级别的低氢型焊接材料并采用中等热输入进行焊接时,板厚与最低预热温度要求可参考表5.5-2的数值。

常用结构钢材最低预热温度要求　　　　　　　　表5.5-2

钢材牌号	接头最厚部件的板厚 t (m)				
	$t<25$	$25 \leq t \leq 40$	$40<t \leq 60$	$60<t \leq 80$	$t>80$
Q235	—	—	60℃	80℃	100℃
Q295、Q345	—	60℃	80℃	100℃	140℃

注:本表适应条件:
1. 接头形式为坡口对接,根部焊道,一般拘束度;
2. 热输入约为15~25kJ/cm;
3. 采用低氢型焊条,熔敷金属扩散氢含量(甘油法):
    E4315、4316 不大于8ml/100g;
    E5015、E5016、E5515、E5516 不大于6ml/100g;
    E6015、E6016 不大于4ml/100g。
4. 一般拘束度,指一般角焊缝和坡口焊缝的接头未施加限制收缩变形的刚性固定.也未处于结构最终封闭安装或局部返修焊接条件下而具有一定自由度;
5. 环境温度为常温;
6. 焊接接头板厚不同时,应按厚板确定预热温度:焊接接头材质不同时,按高强度、高碳当量的钢材确定预热温度。

(2) 实际构件施焊时的预热温度,还应满足下列规定:
① 根据焊接接头的坡口形式和实际尺寸、板厚及构件拘束条件确定预热温度。焊接坡口角度及间隙增大时,应相应提高预热温度。
② 根据熔敷金属的扩散氢含量确定预热温度。扩散氢含量高时应适当提高预热温度。当其他条件不变,使用超低氢型焊条打底焊时预热温度可降低 25~50℃。CO_2气体保护焊当气体含水量符合《氩气》GB/T 4842 的要求或使用富氩混合气体保护焊时,其熔敷金属扩散氢可视同低氢型焊条。
③ 根据焊接时热输入的大小确定预热温度。当其他条件不变时,热输入增大5kJ/cm,预热温度可降低 25~50℃。电渣焊和气电立焊在环境温度为 0℃ 以上施焊时可不进行预热。
④ 根据接头热传导条件选择预热温度。在其他条件不变时,T 形接头应比对接接头的预热温度高 25~50℃。但 T 形接头两侧角焊缝同时施焊时应按对接接头确定预热温度。
⑤ 根据施焊环境温度确定预热温度。操作地点环境温度低于常温时(高于0℃),应提高预热温度 15~25℃。
(3) 预热方法及层间温度控制方法应符合下列规定:
① 焊前预热及层间温度的保持宜采用电加热器、火焰加热器等加热,并采用专用的测温仪器测量;
② 预热的加热区域应在焊接坡口两侧,宽度应各为焊件施焊处厚度的 1.5 倍以上,且不小于 100mm;预热温度宜在焊件反面测量,测温点应在离电弧经过前的焊接点各方向不小于 75mm 处;当用火焰加热器预热时正面测温应在加热停止后进行。
(4) 当要求进行焊后消氢处理时,应符合下列规定:
① 消氢处理的加热温度为 200~250℃,保温时间应依据工件板厚按每 25mm 板厚不小于 0.5h、且总保温时间不得小于 1h 确定。达到保温时间后应缓冷至常温;
② 消氢处理的加热和测温方法按上条的规定执行。
(5) Ⅲ、Ⅳ类钢材的预热温度、层间温度及后热处理应遵守钢厂提供的指导性参数要求。

4. 焊后热处理
(1) 焊后热处理定义
焊后热处理是指为改善焊接接头的组织和性能或消除残余应力而进行的热处理。在建筑钢结构中,一般是指在焊接完成以后,以减少、消除焊接应力,改善焊接接头的塑性和韧性,降低其硬度,避免焊接裂纹的产生为目的而进行的高温回火热处理。
(2) 焊后热处理目的
在焊接过程中,由于加热和冷却的不均匀性,以及构件本身产生拘束或外加拘束,在焊接工作结束后,在构件中总会产生焊接应力。焊接应力在构件中的存在,会降低焊接接头区的实际承载能力,产生塑性变形,严重时,还会导致构件的破坏。
焊后热处理的主要目的是为了降低焊接应力,也称消应力热处理。是使焊好的工件在高温状态下,使其屈服强度下降,来达到松弛焊接应力的目的。
有些合金钢材料在焊接以后,其焊接接头会出现淬硬组织,使材料的机械性能变坏。此外,这种淬硬组织在焊接应力及氢的作用下,可能导致接头的破坏。经过焊后热处理以后，接头的金相组织得到改善，提高了焊接接头的塑性、韧性，从而改善了焊接接头的综合机械性能。

(3) 焊后热处理方法

以降低、消除焊接应力为主要目的的焊后热处理通用的方法是高温回火，常用的方法有两种：一是整体高温回火，即将构件整体放在热处理炉内或采用加热装置局部加热到一定温度并保温一段时间，然后缓慢冷却到 300~400℃，最后空冷至室温。用这种方法可以消除 80%~90% 的焊接应力；另一种方法是局部高温回火，即只对焊缝及其附近区域进行加热，然后缓慢冷却，降低焊接应力的峰值，使应力分布比较平缓，起到部分消除焊接应力的目的。

焊后热处理可采用炉内热处理、分段热处理、中间热处理、局部热处理及整体炉外热处理等方法进行。

炉内热处理：将被加热构件整体一次放入热处理炉内进行的热处理。

分段热处理：炉内热处理时，因受条件限制，被加热构件不能一次整体入炉，在有附加条件的基础上分段多次入炉进行的热处理。

整体炉外热处理：以适当的加热方式，在炉外将被加热构件整体加热所进行的热处理。

中间热处理：在制造过程中，对于反复受热的焊接区及母材，为了保证焊接质量及接头性能，在施焊工序中在较低温度下进行的热处理。

(4) 焊后热处理工艺

进行焊后热处理时，应在充分考虑焊接构件的母材、焊接材料、服役状态、焊接工艺及特征等诸多因素，根据产品有关的设计及制造法规、技术条件或工艺评定结果，对焊后热处理的工艺予以具体规定。焊后热处理工艺一般包括：

① 保温温度及其允许的范围；

② 保温时间，参见表 5.5-3；

常见钢材的焊后热处理参数　　　　表 5.5-3

钢材强度等级 MPa	保温温度 ℃	根据厚度 t 推荐的最小保温时间 h		
		$t \leqslant 50$mm	$t > 50 \sim 125$mm	$t > 125$mm
Q235	550~600	$t/25$，但不少于 0.25h	$(150+t)/100$	
Q295	550~600			
Q345	550~600			
Q390	600~650	$t/25$，但不少于 0.25h	$(150+t)/100$	
Q420	600~660			
Q460	600~660			

注：不同钢号相焊时，焊后热处理规范，应根据焊后热处理温度要求较高的钢号执行。

③ 加热速度

加热一般在 400℃（特殊条件下可为 300℃）以上温度，控制加热速度。对炉内热处理及局部热处理，加热速度应满足下列要求：

$$R_1 \leqslant 220 \times 25/t，且最大不超过 220℃/h$$

式中，R_1 为加热速度，℃/h；t 为母材的厚度，mm。

对整体炉外热处理，加热速度一般控制在80℃/h以下。

④ 冷却速度

冷却一般在400℃（特殊条件下可为300℃）以上温度，控制冷却速度。

对炉内热处理及局部热处理，冷却速度应满足下列要求：

$$R_2 \leq 275 \times 25/t，且最大不超过275℃/h$$

式中：R_2——冷却速度，℃/h。

对整体炉外热处理，冷却速度一般控制在30~50℃/h。

⑤ 被加热部件的温差

加热及冷却中，被加热件的加热部分4500mm范围内的最大温差不得超过130℃。

保温中，炉内热处理被加热部分各处的最大温差不应超过50℃，整体炉外热处理及局部热处理有效加热范围内，被加热部分各处的最大温差一般不应超过85℃。

（5）焊后热处理加热装置选择

加热装置应符合以下要求：

① 能够满足热处理的工艺要求；

② 在热处理过程中，对被加热构件无有害的影响；

③ 能保证被加热构件的加热部分均匀热透；

④ 被加热构件经热处理之后，其变形能满足设计及使用要求；

⑤ 能够准确地测量和控制温度。

（6）焊后热处理的加热方法

① 燃料燃烧加热法：所用燃料可以是固体（煤）、液体（油）和气体（煤气、天然气、液化石油气）。适用于构件整体加热。

② 电加热法：以电为热源，通过各种方法使电能转变为热能以加热工件。电加热时，温度易于控制，无环境污染，热效率高。电加热有多种方法。在钢结构中最常见的为电热元件加热，利用工频（50~60Hz）交变电流通过电热元件时产生的电阻热加热工件。

（7）构件热处理要求

① 炉内热处理

对于有焊后热处理要求的构件，应尽可能选择炉内热处理方法。

a）如果积累了炉温与被加热件温度的对应关系值，炉内热处理时，一般允许利用炉温推算被加热件的温度。但对特殊或重要的焊接产品、温度测量一般应以安置在被加热件上的热电偶为准；

b）被加热件应整齐地安置于热处理炉的有效加热区内。避免火焰直接喷射工件，应保证炉内热量均匀、流通。为了防止拘束应力及变形的产生，还应注意合理安置被加热件的支座；

c）被加热件入炉或出炉时的炉内温度一般不得超过400℃。但对厚度差较大、结构复杂、尺寸稳定性要求较高、残余应力值要求较低的被加热件，应根据具体的实际情况，被加热件入炉或出炉时的炉内温度一般不得超过300℃。

② 分段热处理

a）被加热件分段入炉进行热处理时，重复加热部分应大于1500mm；

b）被加热件的炉外部分应采取适当的保温措施，以免温度梯度过大而产生不良影响；

c）炉外部分应合理安置支座，避免有害的热胀冷缩。

③ 整体炉外热处理

a）应考虑气候变化、意外停电等因素对热处理带来的不利影响及应急措施；

b）应采取必要的措施，保证被加热件温度的均匀稳定，避免被加热件、支撑结构、底座等因热胀冷缩而产生拘束应力及变形。

④ 局部热处理

a）靠近加热区的非加热部分应采取适当的保温措施，以保证被加热件的温度梯度不产生有害的影响；

b）进行局部热处理时，应将包括焊缝在内的构件整个周圈均匀加热至所需的温度。根据具体产品要求，焊缝每侧加热带的宽度应大于板厚3倍，且不小于200mm；

⑤ 中间热处理

在施焊工序间需要进行中间热处理时，应根据所选用的热处理方法（如炉内热处理、分段热处理、整体炉外热处理、局部热处理等）的工艺及施工要求执行。

5.5.4 焊条电弧焊及焊接工艺

1. 焊条电弧焊原理

焊条电弧焊（亦称手工电弧焊）是手工操作焊条，利用焊条与被焊工件之间的电弧热量将焊条与工件接头处熔化，冷却凝固后获得牢固接头的焊接方法，如图 5.5-2 所示：

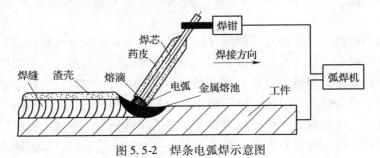

图 5.5-2 焊条电弧焊示意图

2. 焊接工艺

（1）电源极性

用直流电源焊接时，工件和焊条与电源输出端正负极的接法，称为极性。工件接直流电源正极，焊条接负极时，称正接或正极性；工件接负极，焊条接正极时称反接或反极性。采用正接还是反接，主要从电弧稳定燃烧考虑。不同类型焊条要求的接法不同，一般在焊条说明书上都有规定。用交流弧焊电源焊接时，极性不断变化，不用考虑极性接法。

（2）焊条直径

焊条直径是根据焊件厚度、焊接位置、接头形式、焊接层数等进行选择。厚度较大的焊件，搭接和T形接头的焊缝应选用直径较大的焊条。对小坡口焊件，为保证底层的熔透，宜选用较细的焊条，如打底焊时一般选用 $\phi 2.5mm$ 或 $\phi 3.2mm$ 焊条。不同的焊接位置，选用的焊条直径也不同，通常平焊时选用较粗的 $\phi(4.0\sim 6.0)mm$ 焊条；立焊和仰焊时选用较细的 $\phi(3.2\sim 4.0)mm$ 焊条；横焊时选用 $\phi(3.2\sim 5.0)mm$ 焊条；对于重要钢结构应根据焊接电流范围（根据热输入确定）参照表 5.5-4 确定焊条直径。

各种直径焊条使用电流参考值 表 5.5-4

焊条直径（mm）	1.6	2.0	2.5	3.2	4.0	5.0	5.8
焊接电流（A）	25~40	40~60	50~80	100~150	160~210	200~270	260~300

（3）电弧电压

电弧电压主要由弧长来决定的。电弧长，电弧电压高，反之则低。焊接过程中电弧不宜过长，否则容易出现电弧燃烧不稳定、飞溅大、熔深浅及产生咬边、气孔等缺陷；若电弧太短，容易粘焊条。一般情况下，电弧长度等于焊条直径的 0.5~1 倍为好，相应的电弧电压为 16~25V。碱性焊条宜选择短弧焊，电弧长度为焊条直径的 0.5 倍较好；酸性焊条的电弧长度应等于焊条直径。

（4）焊接电流

焊接电流越大，熔深越大，焊条熔化快，焊接效率也高，但焊接电流过大时，飞溅和烟雾大，焊条尾部容易发红，部分涂层要失效或崩落，而容易产生咬边、焊瘤、烧穿等缺陷，增大焊接变形，还会使接头热影响区晶粒粗大，焊接接头韧性降低；电流太小时不易起弧，焊接时电弧不稳定、易熄弧。容易产生未焊透、未熔合、气孔和夹渣等缺陷，而且生产效率低。焊接电流对焊接质量的影响详见表 5.5-5。

选择焊接电流时，应根据焊条类型、焊条直径、焊件厚度、接头形式、焊缝位置及焊接层次综合考虑。首先保证焊接质量，其次应尽量采用较大的电流，以提高生产效率。

焊接电流的选择应与焊条直径相配合，直径大小主要影响电流密度。一般按焊条直径的 4 倍值选择焊接电流。考虑焊接位置在平焊时选择偏大的电流，非平焊位置焊接时，为了易于控制焊缝成形，焊接电流宜比平焊位置减小 10%~20%。考虑焊接层次，通常打底焊道为了保证背面焊道的质量，使用较小的电流；填充焊道为提高效率，保证熔合好，使用较大的电流；盖面焊道为防止咬边和保证焊道成形美观，使用电流稍微小些。焊条药皮的类型对选择焊接电流值有影响，主要由于药皮的导电性不同，如铁粉型焊条药皮导电性强，使用电流较大。表 5.5-6 所示为不同焊条种类、直径、焊接位置时焊接电流选择范围。

焊接电流对焊接质量的影响 表 5.5-5

过强时	过弱时
（1）容易产生咬边	（1）容易生产焊瘤
（2）熔深过大	（2）熔深不足
（3）飞溅多	（3）容易夹渣
（4）渣的覆盖恶化，焊道外观粗糙	（4）焊道窄，余高大
（5）焊条红热	（5）焊条熔化速度慢
（6）焊条熔化速度过快	（6）易产生冷裂纹
（7）焊区过热脆化	
（8）容易生产热裂纹、气孔	
（9）焊接中引起药皮脱落	

不同焊条种类、直径时焊接电流选择范围 表 5.5-6

焊条种类	焊接位置	焊条直径（mm）						
		2.6	3.2	4.0	5.0	6.0	6.4	7.0
钛铁矿型 (E××01)	F.V.O.H	50~85 40~70	80~130 60~110	120~180 100~150	170~240 130~200	240~180 —	—	300~370 —
钛钙型 (E××03)	F.V.O.H	65~100 50~90	100~140 110~170	140~190	200~260 140~210	250~330	—	310~390
氧化钛型 (E××13)	F.V.O.H	55~95 50~90	80~130 70~120	125~175 100~160	170~230 120~200	230~300	240~320	—
低氢型 (E××16) (E××15)	F.V.O.H	50~85 50~80	90~130 80~115	130~180 110~170	180~240 150~210	250~310	—	300~380 —
铁粉氧化钛型 (E××24)	F.H	—	130~160	180~220	240~290	—	350~450	—
铁粉低氢型 (E××28)	F.H	—	—	140~180	180~220	240~270	270~300	290~340

（5）焊接速度 焊接速度太小时，母材易过热变脆，焊缝过宽；焊接速度太大时，焊缝很窄，也会造成夹渣、气孔、裂纹等缺陷。一般焊接速度的选择应与电流相配合。

（6）运条方式 手工电弧焊时的运条方式有直线形式及横向摆动式。横向摆方式还分螺旋形、月牙形、锯齿形、八字形等，均由焊工掌握控制焊道的宽度。但要求焊缝晶粒细密、冲击韧性较高时，宜采用多道、多层焊接。

（7）焊接层次 无论是角接还是坡口对接，均要根据板厚和焊道厚度、宽度安排焊接层次以完成整个焊缝。多层次焊时，后焊焊道对前道焊道回火作用可改善接头的组织和力学性能。

（8）焊缝缺陷产生原因及改进、防治措施（表 5.5-7）。

手工电弧焊缝缺陷原因及改进、防治措施 表 5.5-7

缺陷类别	原因	改进、防治措施
气孔	焊条未烘干或烘干温度、时间不足；焊口潮湿、有锈、油污等；弧长太大、电压过高	按焊条使用说明的要求烘干；用钢丝刷和布清理干净，必要时用火焰烤；减小弧长
夹渣	电流太小、熔池温度不够，渣不易浮出	加大电流
咬边	电流太大	减小电流
熔宽太大	电压过高	减小电压
未焊透	电流太小	加大电流
焊瘤	电流太小	加大电流
焊缝表面凸起太大	电流太大，焊速太慢	加快焊速
表面波纹粗	焊速太快	减慢焊速

5.5.5 埋弧焊及焊接工艺

1. 埋弧焊焊接原理

埋弧自动焊是电弧在可熔化的颗粒状焊剂覆盖下燃烧的一种电弧焊。又称焊剂层下自动电弧焊，简称埋弧焊。埋弧焊按自动化程度不同可分为自动埋弧焊和半自动埋弧焊，其区别在于自动埋弧焊的电弧移动是由专门机构控制完成的，而半自动埋弧焊电弧的移动是依靠手工操纵的。依据应用场合和要求的不同，焊丝有单丝、双丝和多丝。埋弧焊自动焊接示意图如图 5.5-3 所示：

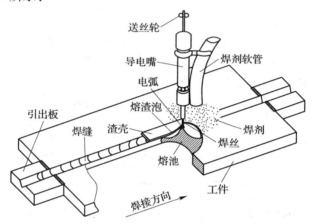

图 5.5-3 埋弧焊自动焊示意图

焊接时，焊机送丝机构将光焊丝自动送进，焊丝在一层可熔化的颗粒状焊剂覆盖下引燃电弧，并保持一定的弧长，进行焊接。在焊丝前面，粒状焊剂从漏斗中不断流出，撒在工件接合处的表面上，电弧在焊剂层下面燃烧，熔化被焊工件、焊丝和焊剂，液态金属形成熔池，熔化的焊剂乘熔渣覆盖在熔池表面。随焊接小车沿着轨道均匀地向前移动（或小车不动，工件以匀速运动），电弧向前移动，前方金属不断熔化形成新的熔池，而其后面冷却凝固形成焊缝，液态熔渣凝固形成渣壳，盖在焊缝上面，最后电弧在引出板上熄灭，焊接结束。埋弧焊自动焊的纵向截面图如图 5.5-4 所示。

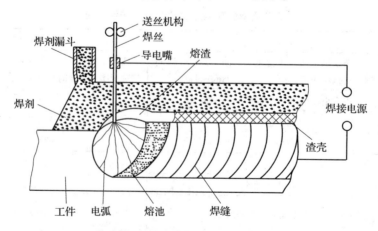

图 5.5-4 埋弧焊自动焊纵向截面图

2. 埋弧焊焊接工艺

影响焊缝成形和质量的因素有：焊接电流、电弧电压、焊接速度、焊丝直径、焊丝倾斜角度、焊丝数量和排列方式、焊剂粒度和堆放高度，而最后三项因素的影响是埋弧焊所特有的。

(1) 焊接电流　在其他条件不变时，熔深与焊接电流成正比，即电流增加，熔深增加。电流小，熔深浅，余高和宽度变小；电流大，熔深大，余高过大，容易产生高温裂纹。

(2) 电弧电压　电弧电压和电弧长度成正比，在相同的电弧电压和焊接电流时，如果选择的焊剂不同，电弧空间电场强度不同，则电弧长度不同。如果其他条件不变，改变电弧电压，电弧电压低，熔深大，焊缝宽度窄，容易产生热裂纹；电弧电压高时，焊缝宽度增加，余高不够。埋弧焊焊接时，电弧电压是依据焊接电流调整的，即一定的焊接电流要保持一定的弧长才可能保证焊接电弧的稳定燃烧。

(3) 焊接速度　焊接速度对焊缝的熔深和熔宽都有影响，通常熔深和熔宽与焊接速度成反比：焊接速度小，焊接熔池大，焊缝熔深和熔宽均较大，随着焊接速度增加，焊缝熔深和熔宽都将减小。焊接速度过小，熔化金属量多，焊缝成形差；焊接速度过大时，熔化金属量不足，容易产生咬边。实际焊接时，为了提高生产率，在增加焊接速度的同时必须加大电弧功率，以保证焊缝质量。

(4) 焊丝直径　焊接电流、电弧电压、焊接速度一定时，焊丝直径不同，焊缝形状会发生变化。熔深与焊丝直径成反比关系。一定的焊丝直径，使用的电流有一定的范围，使用电流越大，熔敷率越高。在焊接电流相同时，使用较小直径的焊丝可以获得加大焊缝熔深、减小熔宽的效果，与粗焊丝相比，细焊丝可提高焊接速度、生产率，节约电能。

(5) 焊剂堆放高度　焊剂堆放高度一般为 25～50mm，应保证在丝极周围埋住电弧。当使用粘结焊剂或烧结焊剂时，由于密度小，焊剂比熔炼焊接高出 20%～50%。焊剂堆高越大，焊缝余高越大，熔深越浅。高度太小时，对电弧的保护不全，影响焊接质量。堆放高度太大时，易使焊缝产生气孔和表面成形不良。因此必须根据使用电流的大小适当选择焊剂堆放高度；当电流及弧压大时，应适当增大焊剂堆放高度和宽度。

(6) 焊剂粒度　电流大时，应选用细粒度焊剂，否则焊缝外形不良；电流小时，应选用粗粒度焊剂，否则焊缝表面易出现麻坑。一般粒度为 8～40 目，细粒度为 14～80 目。

(7) 焊剂回收次数　焊剂回收反复使用时，要清除飞溅颗粒、渣壳、杂物等。反复使用次数过多时应与新焊剂混合使用，否则影响焊缝质量。

(8) 焊丝数目　双焊丝并列焊接时，可以增加熔宽，提高生产率。双焊丝串列焊接分双焊丝共熔池和不共熔池两种形式。

在实际生产中，通过焊接工艺评定试验仔细选择焊丝直径、电流、电压、焊接速度、焊接层数等参数值，对于焊缝质量的保证是很重要的。

(9) 埋弧焊焊缝缺陷产生原因及防治措施　埋弧焊焊缝的常见缺陷种类及防治措施，除了与手工电弧焊时相似的情况以外，还有一些不同情况，如夹渣与焊剂的存在有关，裂纹则与埋弧焊熔深较大以及焊丝与焊剂的成分匹配有关，表 5.5-8 列出了埋弧焊的焊接缺陷产生原因及防治措施。

埋弧焊的焊接缺陷原因及防治措施　　　　　　表 5.5-8

缺陷	原　　因	防治措施
气孔	接头的锈、氧化皮、有机物（油脂、木屑）	接头打磨、火焰烧烤、清理
	焊剂吸湿	约 300℃ 烘干
	污染的焊剂（混入刷子毛）	收集焊剂不要用毛刷，只用钢丝刷，特别是焊接区尚热时本措施更重要
	焊速过大（角焊缝超过 650mm/min）	降低焊接速度
气孔	焊剂堆高不够	升高焊剂漏斗
	焊剂堆高过大、气体逸出不充分	降低焊剂漏斗，全自动时适当高度为 30~40mm
	焊丝有锈、油	清洁或更换焊丝
	极性不适当	焊丝接正极性
焊缝裂纹	焊丝焊剂的组配对母材不适合（母材含碳量过高，焊缝金属含锰量过低）	使用含锰量高的焊丝，母材含碳量高时预热
	焊丝的含碳量和含硫量过高	更换焊丝
	多层焊接时第一层产生的焊缝不足以承受收缩变形引起的拉应力	增大打底焊道厚度
	角焊缝焊接时，特别在沸腾钢中由于熔深大和偏析产生裂纹	减少电流和焊接速度
	焊道形状不当，熔深过大，熔宽过窄	使熔探和熔宽之比大于 1.2，减少焊接电流增大电压
夹渣	母材倾斜形成下坡焊、焊渣流到焊丝前	反向焊接，尽可能将母材水平放置
	多层焊接时焊丝和坡口某一侧面过近	坡口侧面和焊丝的距离少到要等于焊丝的直径
	电流过小，层间残留有夹渣	提高电流，以便残留焊剂熔化
	焊接速度过低，渣流到焊丝之前	增加电流和焊接速度
	最终层的电弧电压过高，焊剂被卷进焊道的一端	必要时用熔宽窄的二道焊代替熔宽大的一道焊熔敷最终层

5.5.6 气体保护焊及焊接工艺

1. 气体保护焊的焊接过程

气体保护焊是采用连续送等速送进的可熔化的焊丝与被焊工件之间的电弧作为热源来熔化焊丝和母材金属，形成熔池和焊缝的焊接方法。为了得到良好的焊缝应利用外加气体作为电弧介质并保护熔滴、熔池金属及焊接区高温金属免受周围空气的有害作用。

其焊接过程原理如图 5.5-5 所示。焊丝盘上的焊丝被送丝辊直接送入导电嘴，或者经过送丝软管后再送至焊枪的导电嘴（半自动焊），然后到达焊接电弧区进行焊接。保护气体以一定的流量从喷嘴流出，把电弧和熔池与空气隔离开来，阻止空气对熔化金属的有害作用。随着电弧的移动，焊丝不断地熔化，形成连续的焊缝。

2. CO_2 气体保护焊工艺

CO_2 气体保护焊工艺参数除了与一般电弧焊相同以外，还有 CO_2 气体保护焊所特有的保护气成分配比流量、焊丝伸出长度（即导电嘴与工件之间距离）、保护气罩与工件之间距离等，对焊缝成形和质量有重大影响。

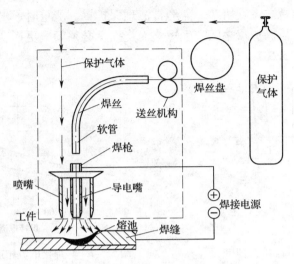

图 5.5-5 熔化极气体保护焊示意图

(1) 焊接电流和电压的影响 当电流大时,焊缝的熔深和余高大;当电压高时,熔宽熔深浅。焊接电流大,则焊丝熔敷速度大,生产效率高。采用恒压电源(平特性)等速度送丝系统时,一般规律为送丝速度大则焊接电流大,熔敷速度随之增大。

(2) 熔滴过渡方式 焊接时,在电弧的热作用下,焊丝不断被熔化形成熔滴,熔滴离开焊丝末端进入熔池的过程,称为熔滴过渡。CO_2 气体保护焊中,有两种熔滴过渡,即两种电弧形式:短路过渡的短弧焊和非轴向颗粒过渡的长弧焊。

短路过渡的特点:采用小电流、低电压(电弧长度短),电弧稳定,飞溅较小,熔滴过渡频率高,焊缝成形较好;适合于焊接薄板及进行全位置焊接;短路过渡焊接主要采用细焊丝,一般为 $\phi 0.6 \sim 1.6$mm。

长弧过渡有两种形式:滴状过渡和颗粒过渡。当熔滴直径等于 2~3 倍的焊丝直径时,称为"滴状过渡"滴状过渡常伴有短路发生,飞溅多,成形差,因此很少应用。生产上用的是熔滴呈"颗粒状过渡"的长弧焊,熔滴直径小于焊丝直径(约小 2~3 倍),在过渡中很少有短路发生。焊接规范波动较小,电弧燃烧稳定,电弧穿透力强,母材熔深大,飞溅少,成形好。适合于焊接中厚的水平位置焊接度,主要采用较粗的焊丝,一般为 $\phi 1.6$ 和 $\phi 2.0$mm 焊丝。

(3) $CO_2 + Ar$ 混合气配比的影响 短路过渡时,CO_2 含量在 50%~70% 都有良好效果;在大电流滴状过渡时,Ar 含量为 75%~80% 时,可以达到喷射过渡,电弧稳定,飞溅很少。在 20% CO_2 + 80% Ar 混合气体条件下,焊缝表面最光滑,但熔透率减少,熔宽变窄。

(4) 保护气流量的影响 气体流量大时保护较充分;但流量太大时对电弧的冷却和压缩很剧烈,扰乱熔池,影响焊缝成形。

(5) 导电嘴与焊丝端头距离的影响 导电嘴与焊丝伸出端的距离称为焊丝伸出长度,长度大,有利于提高焊丝的熔敷率;但伸出长度过大时,会使电弧过程不稳定,应予以避免。通常 $\phi 1.2$mm 焊丝伸出长度保持在 15~20mm,按焊接电流大小作选择。

(6) 焊炬与工件的距离 焊炬与工件距离(图 5.5-6 中 H)太大时,焊缝易出气孔。

距离太小，则保护罩易被飞溅堵塞，需经常清理保护罩。严重时，出现大量气孔，焊缝金属氧化，甚至导电嘴与保护罩之间产生短路而烧损，必须频繁更换。合适的距离根据使用电流大小而定，见图5.5-7。

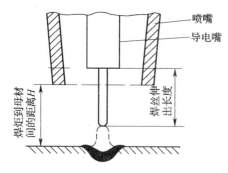

图5.5-6 焊炬到母材间的距离及焊丝伸出长度示意

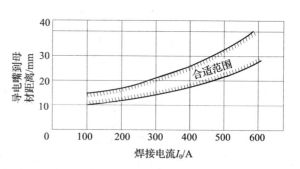

图5.5-7 与焊接电流相适应的焊枪高度

(7) 电源极性的影响 采用反接时（焊丝线接正极，母材接负极），电弧稳定。反之则电弧不稳。

(8) 焊接速度的影响 CO_2气体保护焊，焊接速度的影响与其他电弧焊方法相同。焊接速度太慢，则熔池金属在电弧下堆积；反而减小熔深，且热影响区太宽。对于热输入敏感的母材，易造成熔合线及热影响区脆化。焊接速度太快，不仅易出现焊缝成形不良（波纹粗）、气孔等缺陷，而且对淬硬敏感性强的母材易出现延迟裂纹。因此焊接速度应根据焊接电流、电压的选择来加以合理匹配。

(9) CO_2气体纯度的影响 气体的纯度对焊接质量有一定的影响，杂质中的水分和碳氢化合物使熔敷金属中扩散氢含量增高，对厚板多层焊易于产生冷裂纹或延迟裂纹。我国国家现行标准《焊接用二氧化碳》HG/T 2537规定二氧化碳的技术要求如表5.5-9所示。

二氧化碳技术要求 表5.5-9

项 目	组分含量（%）		
	优等品	一等品	合格品
二氧化碳含量（V/V）≥	99.9	99.7	99.5
液态水	不得检出	不得检出	不得检出
油	不得检出	不得检出	不得检出
水蒸气＋乙醇含量（m/m）≤	0.005	0.02	0.05
气味	无异味	无异味	无异味

注：对以非发酵法所做的二氧化碳、乙醇含量不作规定。

在重、大型结构中，低合金高强钢特厚板节点拘束应力较大的主要焊缝焊接时应采用优等品；在低碳钢厚板节点主要焊缝焊接时，可采用一等品；对一般轻型结构薄板焊接，可采用合格品。

(10) 焊接缺陷产生原因及防治措施

CO_2气体保护许多焊缝缺陷及过程不稳定的产生原因均与保护气体和细焊丝的使用特点有关，表5.5-10列出了CO_2气体保护焊常见缺陷产生原因及其防治措施。

CO_2气体保护焊常见缺陷产生原因及其防治措施

表 5.5-10

缺陷种类	可能的原因	防治措施
凹坑气孔	1. 没供 CO_2 气体	1. 检查送气阀门是否打开，气瓶是否有气，气管是否堵塞或破断
	2. 风大，保护效果不充分	2. 挡风
	3. 焊嘴内有大量粘附飞溅物，气流混乱	3. 除去粘在焊嘴内的飞溅
	4. 使用的气体纯度太差	4. 使用焊接专用气体
	5. 焊接区污垢（油、锈、漆）严重	5. 将焊接处清理干净
	6. 电弧太长或保护罩与工件距离太大或严重堵塞	6. 降低电弧电压，降低保护罩或清理、更换保护罩
	7. 焊丝生锈	7. 使用正常的焊丝
咬边	1. 电弧长度太长	1. 减小电弧长度
	2. 焊接速度太快	2. 降低焊接速度
	3. 指向位置不当（角焊缝）	3. 改变指向位置
焊瘤	1. 对焊接电流来说电弧电压太低	1. 提高电弧电压
	2. 焊接速度太快	2. 提高焊接速度
	3. 指向位置不当（角焊缝）	3. 改变指向位置
裂缝	1. 焊接条件不当 （1）电流大、电压低 （2）焊接速度太快	1. 调整至适当条件 （1）提高电压 （2）降低焊接速度
	2. 坡口角度过小	2. 加大坡口角度
	3. 母材含碳量及其他合金元素含量高（热影响区裂纹）	3. 进行预热
	4. 使用的气体纯度差（水分多）	4. 用焊接专用气体
	5. 在焊坑处电流被迅速切断	5. 进行补弧坑操作
焊道弯曲	1. 焊丝矫正不充分	1. 调整矫正轮
	2. 焊丝伸出长度过长	2. 使伸出长度适当（25mm 以下）
	3. 导电嘴磨损太大	3. 更换导电嘴
	4. 操作不熟练	4. 培训焊工至熟练
飞溅过多	焊条条件不适当（特别是电压过高或电流太小）	调整到适当的焊接条件
电弧不稳	1. 导电嘴太大或已严重磨损	1. 改换适当孔径的导电嘴
	2. 焊丝不能平衡送给	2. （1）清理导管和送丝管中磨屑、杂物 （2）减少导管弯曲
	3. 送丝轮过紧或过松	3. 适当扭紧
	4. 焊丝卷回转不圆滑	4. 调整至能圆滑动作
	5. 焊接电源的输入电压变动过大	5. 增大设备容量
	6. 焊丝生锈或接地线接触不良	6. 使用无锈焊丝，使用良好、可靠的接地夹具
焊丝和导电嘴粘连	1. 导电嘴与母材间距过短	1. 调整到适当间距
	2. 焊丝送给突然停止	2. 平滑送给焊丝

5.5.7 电渣焊及焊接工艺

1. 电渣焊原理

电渣焊可分为引弧造渣、正常焊接和引出三个阶段：

（1）引弧造渣阶段

开始电渣焊时，在电极和引弧装置起焊槽之间引出电弧，将不断加入的固体焊剂熔化，在起焊槽、成形挡块之间形成液体渣池，当渣池达到一定深度后，电弧熄灭，转入电渣焊过程。在引弧造渣阶段，电渣过程不够稳定，渣池温度不高，焊缝金属和母材熔合不好，因此焊后应将起焊部分割除。

（2）正常焊接阶段

当电渣过程稳定后，焊接电流通过渣池产生的热使渣池温度可达到1600~2000℃。渣池将电极和被焊工件熔化，形成的钢水汇集在渣池下部，成为金属熔池。随着电极不断向渣池送进，金属熔池和其上渣池逐渐上升，金属熔池的下部远离热源的液体金属逐渐凝固形成焊缝。

（3）引出阶段

在被焊工件上部装有引出装置，以便将渣池和在停止焊接时往往易于产生缩孔和裂纹的那部分焊缝金属引出工件。在引出阶段，应逐步降低电流和电压，以减少产生缩孔和裂纹。焊后应将引出部分割除。

图 5.5-8 为丝极电渣焊过程示意：

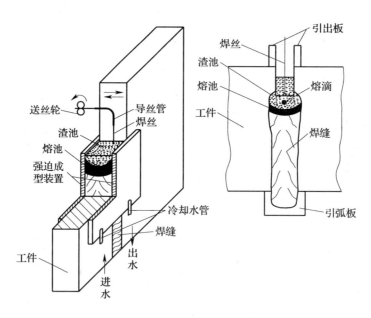

图 5.5-8 电渣焊（丝极）示意图

2. 熔嘴电渣焊焊接工艺

（1）焊前准备

熔嘴需烘干（100~150℃×1h），焊剂如受潮也需烘干（150~350℃×1h）。

检查熔嘴钢管内部是否通顺，导电夹持部分及待焊构件坡口是否有锈、油污、水分等有害物质，以免焊接过程中产生停顿、飞溅或焊缝缺陷。

用马形卡具及楔子安装、卡紧水冷铜成形块（如采用永久性钢垫块则应焊于母材上），检查其与母材是否贴合，以防止熔渣和熔融金属流失不稳甚至被迫中断。检查水流出入成形块是否通畅，管道接口是否牢固，以防止冷却水断流而使成形块与焊缝熔合。

在起弧底处施加焊剂，一般为120～160g，以使渣池深度能达到40～60mm。

（2）引弧

采用短路引弧法，焊丝伸出长度约为30～40mm，伸出长度太小时，引弧的飞溅物易造成熔嘴端部堵塞；太大时焊丝易爆断，过程不能稳定进行，图5.5-9为送丝速度和电流对焊接过程的影响示意图。

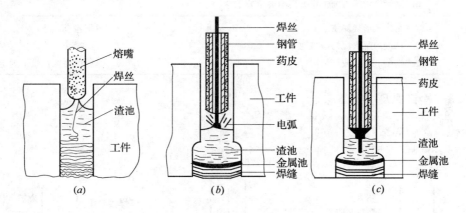

图5.5-9 送丝速度和电流对焊接过程的影响
(a) 速度太快；(b) 速度太慢；(c) 正常

（3）焊接

应按预先设定的参数值调整电流、电压，随时观测渣池深度。渣池深度不足或电流过大时，电压下降，可随时添加少量焊剂。随时观测母材红热区不超出成形块宽度以外，以免熔宽过大。随时控制冷却水温在50～60℃，水流量应保持稳定。

（4）熄弧

熔池必须引出到被焊母材的顶端以外。熄弧时应逐步减小送丝速度与电流，并采取焊丝滞后停送、填补弧坑的措施，以避免裂纹和减小收缩。

（5）熔渣流失

如果成形块与母材贴合不严，造成熔渣突然流失，熔嘴端即离开了渣池表面，仅有焊丝还在渣池中（见图5.5-10），导电面积减小，电流突降，电压升高，必须立即添加焊剂方能继续焊接过程。

（6）熔嘴电渣焊焊缝缺陷产生原因及防治措施详见表5.5-11。

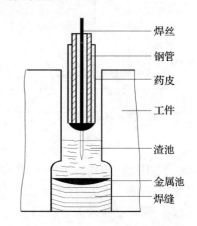

图5.5-10 熔渣突然流失对焊接的影响

熔嘴电渣焊焊缝缺陷产生原因及防治措施　　　　表 5.5-11

缺陷种类	产生原因	防治措施
热裂纹	1. 在焊材、母材中 S、P 杂质元素正常的情况下，是由于送丝速度、电流过大造成熔池太深，在焊缝冷却结晶过程中因低熔点共晶聚集于柱状晶会合面而产生 2. 熄弧引出部分的热裂纹是由于送丝速度没有逐步降低，骤然断弧而引起	1. 降低送丝速度 2. 必要时降低焊材和母材中的 S、P 含量 3. 采用正确的熄弧方法，逐步降低送丝速度
未焊透或焊透、但未熔合，同时存在夹渣	1. 焊接电压过低 2. 送丝速度太低 3. 渣池太深 4. 电渣过程不稳定 5. 熔嘴沿板厚方向位置偏离原设定要求	对 1~3 条原因，针对性地调整到合理参数 4. 保持电渣稳定 5. 调直熔嘴，调整位置
气孔	1. 水冷成形块漏水 2. 堵缝的耐火泥污染熔池 3. 熔嘴、焊剂或母材潮湿	1. 事先检查 2. 仔细操作 3. 焊前严格执行烘干规定

5.5.8 栓钉焊及焊接工艺

1. 栓钉焊的焊接过程

栓钉焊过程可以用图 5.5-11 表示。

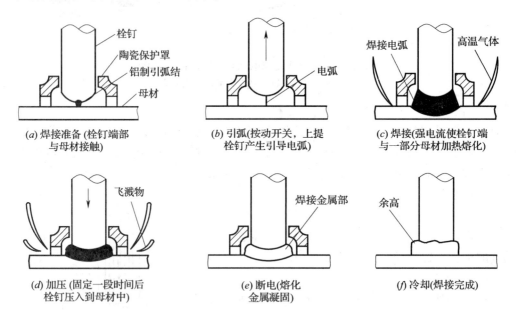

图 5.5-11　栓钉焊过程示意

（1）把栓钉放在焊枪的夹持装置中，把相应直径的保护瓷环置于母材上，把栓钉插入瓷环内并与母材接触；

（2）按动电源开关，栓钉自动提升，激发电弧；

（3）焊接电流增大，使栓钉端部和母材局部表面熔化；

（4）设定的电弧燃烧时间到达后，将栓钉自动压入母材；

(5) 切断电流,熔化金属凝固,并使焊枪保持不动;
(6) 冷却后,栓钉端部表面形成均匀的环状焊缝余高,敲碎并清除保护环。

2. 栓钉焊质量要求及检验方法

(1) 圆柱头栓钉焊接接头的抗拉性能应符合表5.5-12的规定。

圆柱头栓钉焊接接头的抗拉性能 表5.5-12

d (mm)		6	8	10	13	16	19	22
抗拉性能（kN）	Max	15.55	27.60	43.20	73.00	111.00	156.00	209.00
	min	11.31	20.10	31.40	53.10	80.40	113.00	152.00

注：表中的拉力载荷为圆柱头栓钉杆部公称应力截面积和抗拉强度的乘积。

(2) 在工程中栓钉焊的质量要求主要通过打弯试验来检验,即用铁锤敲击栓钉圆柱头部位使其弯曲30°后,观察其焊接部位有无裂纹;若无裂纹为合格。栓钉焊接头的外观及外形尺寸合格要求见表5.5-13。对接头外形不符合要求的情况,可以用手工电弧焊补焊。

栓钉焊接头外观与外形尺寸合格要求 表5.5-13

外观检验项目	合 格 要 求
焊缝形状	360°范围内,焊缝高>1mm,焊缝宽>0.5mm
焊缝缺陷	无气孔、无夹渣
焊缝咬肉	咬肉深度<0.5mm
焊钉焊后高度	焊后高度偏差<±2mm

(3) 栓钉焊质量保证措施。栓钉不应有锈蚀、氧化皮、油脂、潮湿或其他有害物质。母材焊接处,不应有过量的氧化皮、锈、水分、油漆、灰渣、油污或其他有害物质。如不满足要求,应用抹布、钢丝刷、砂轮机等方法清扫或清除。

保护瓷环应干燥,受过潮的瓷环应在使用前置于烘箱中经120°烘干1~2h。

5.5.9 碳弧气刨

1. 碳弧气刨原理、特点及应用

(1) 碳弧气刨原理

碳弧气刨是利用碳棒与工件之间产生的电弧热将金属熔化,同时利用压缩空气将熔化的金属吹掉,从而在金属上刨削出沟槽的一种热加工工艺。其工作原理如图5.5-12所示。

(2) 碳弧气刨的特点

① 与风铲或砂轮相比,效率高,噪音小,并可减轻劳动强度;

② 与等离子弧相比,设备简单,压缩空气容易获得且成本低;

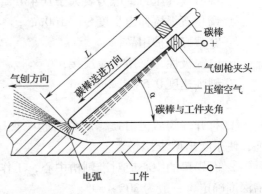

图5.5-12 碳弧气刨工作原理示意图

③ 由于碳弧气刨是利用高温而不是利用氧化作用刨削金属的，因此不但适用于黑色金属，且适用于不锈钢及铜、铝等有色金属；

④ 由于碳弧气刨是利用压缩空气把熔化金属吹去，因此可以进行全位置操作；手工碳弧气刨的灵活性和可操作性较好，因而在狭窄的工位或可达性较差的部位，碳弧气刨仍可使用；

⑤ 在清理焊缝缺陷时，被刨削面光洁铮亮，在电弧下可以清楚地观察到缺陷的形状和深度，有利于缺陷的清除；

⑥ 碳弧气刨也有明显的缺点：产生烟雾、噪音较大、粉尘污染、弧光辐射、对操作者的技术要求高。

2. 碳弧气刨的应用

在钢结构生产中，碳弧气刨主要应用于清理焊根、清理焊缝缺陷、开坡口等。

3. 碳弧气刨操作要点

碳弧气刨是利用碳棒或石墨棒作为电极，与工件之间产生的电弧将金属熔化，并用压缩空气将熔化金属吹除的切割方法，也可在金属上加工沟槽。

碳弧气刨操作方便，灵活性高，可进行全位置操作。与砂轮或风铲相比噪声小，效率高，在某些机械可达性差的部位加工时更有优越性。特别是在清除焊缝缺陷或清除焊根时，能在电弧下清楚地观察到缺陷的形状和深度，因此常用来清除焊缝缺陷或清理焊根。

（1）刨前准备

① 检查导气管是否漏气，检查石墨棒是否漏电；

② 根据石墨棒直径调节电流。碳弧气刨工艺参数见表5.5-14；

碳弧气刨工艺参数　　　　　　　　　表5.5-14

钢板厚度（mm）	6~8	9~11	12~14	14~16	>17
石墨棒直径（mm）	5	6	7	8	10
切割电流（A）	250~300	250~350	300~400	400~550	500~750
槽宽（mm）	7~9	8~10	9~11	10~12	12~14
槽深（mm）	≈5	≈5	≈6	≈6	≈6
空气压力（MPa）	0.4~0.6	0.4~0.6	0.4~0.6	0.4~0.6	0.4~0.6

③ 调节空气压力，压力要大于0.4MPa；

④ 调整石墨棒伸出长度80~100mm；

⑤ 穿戴好防护用品；

⑥ 电源极性，采用直流反接；

⑦ 刨削速度0.5~1.2m/min。

（2）起刨

① 打开气阀后再引弧，以免引起"夹碳"。在垂直位置应在高处起刨，由上向下刨削，便于吹出熔渣；

② 石墨棒的中心应对准刨槽中心，工作角为90°。否则刨出的槽不对称。行走角由刨槽深度确定，一般为30°~60°；

③ 要保持均匀的刨削速度，刨削过程正常时，能听到连续的、均匀的、清脆的"嚓

"嚓"声,此时电弧稳定,能得到光滑的、均匀的刨槽;

④ 用矩形石墨棒刨V型槽的坡口面时,可使用断续电弧,此时听到断续的、有节奏的"嚓嚓"声,既可避免石墨棒烧损不均匀,又可不影响刨削质量,但每次熄弧时间不能太长,而且重新引燃电弧后,要保证弧长不变,否则会影响刨削质量;

⑤ 碳弧气刨时,若石墨棒与刨槽或铁水短路,就会产生"夹碳"缺陷。该处碳与金属结合生成一层含碳很高的脆硬层,不易被碳弧熔化和吹除,会阻碍碳弧气刨的继续进行,此处若不清除,焊后会使焊缝渗碳,或出现气孔和裂纹。"夹碳"必须认真清除。方法是在它前面引弧,加大刨槽深度,将"夹碳"处连根一起刨掉,或用角向磨光机磨掉;

⑥ 用碳弧气刨清除裂纹时,应先将裂纹两端刨掉,然后尽快以较深的刨削量连续刨削,彻底除去裂纹;

⑦ 用碳弧气刨清根时,应将焊根的缺陷及未焊透处彻底清除掉;

⑧ 刨槽时不准在钢板上任意引弧,以免损坏工件表面,引起不必要的麻烦;

⑨ 刨削结束时,先断弧,待石墨棒冷却后再关气。

5.5.10 厚板焊接工艺

重型钢结构中采用的厚钢板与常用的中厚钢板相比,厚板最为重要的特点在于其钢板厚度方向受力特性。理论计算中我们一直假定钢结构为各向同性体。中厚板和薄板在轧制过程中通过辊轴反复轧压,其力学性能更加接近于理想的各向同性体。厚板在轧制过程中由于板厚较大,钢材微观结构的晶格不能均匀细化,局部的气孔和夹杂等缺陷较难消除,因此厚板的问题多集中在于防止钢板厚度方向的层状撕裂上。厚板多层焊应连续施焊,每一层焊道焊完后应及时清理焊渣及表面飞溅物,在检查时发现影响焊接质量的缺陷,应消除后再焊。在连接焊接过程中应检测焊接区母材的温度,使层间最低温度与预热温度保持一致,层间、预热温度由现场工艺试验确定。如必须中断施焊时,因采取适当的后热、保温措施,再焊时应重新预热并根据节点及板厚情况适当提高预热温度。

1. 防治焊接处厚板层状撕裂的措施

(1) 焊接方法的确定

为了保证焊缝层间温度保持在一个最不易产生裂纹的温度区域。焊接方法首先选焊速高、熔深大、焊接质量易得到保障的方法,如CO_2气体保护电弧焊。

(2) 焊接工艺的确定

通过工艺评定前的焊前试验、评估,再检验、再补充完善,通过工艺试验找出施工中的不稳定因素和确实可行的防治方法,从技术上做好防层状撕裂的相应准备。针对超厚板材可焊性不稳定、施工单位地面工棚里试焊结果和实际生产环境中焊接结果存在较大区别等问题。设计多种不同的焊接形式,模拟现场工况和环境条件,检测人员逐件、逐道,甚至逐层检验,集体分析各种焊接参数工况与焊件机械性能之间的关系,最终确定一组最佳的焊接工艺参数,并编制切实可行的焊接工艺指导书。

(3) 防风雨措施

对于焊接,风的侵扰最为不利,焊缝在短时间内快速冷却是产生焊接层状撕裂的主要原因,故防护措施尤为重要。

(4) 焊接顺序、工艺流程

① 根据焊前测量报告中的数据，合理修订焊接顺序。通过从内向外、先焊收缩量较大节点、后焊收缩量较小、从上到下、先单独后整体，分解拘束力的合理顺序，从根本上减少撕裂源。

② 焊前预热：采用电加热等方法预热，严格控制预热温度，确保焊缝均匀受热，符合规程要求。

(5) 对称施焊

为尽量减少施焊过程的焊接应力，防止层状撕裂，作业时采取由两名作业习惯相近、焊速相近的焊接技工，同时对称匀速实施焊接，并尽量保持连续焊接，尽量减少碳弧气刨的使用（碳弧气刨刨削后，焊缝表面将附着一层高碳晶粒，是产生裂纹的致命缺陷），并在使用后用角向磨光机磨去刨削部位表面附着的高碳晶粒。尽量控制焊缝的加强面，减少应力集中，所有焊缝的余高控制在 0.5~3mm 以内。

(6) 减小应力集中

为尽量减少焊接应力集中，防止裂纹出现，采取以下焊接措施：

① 每条焊缝焊前全部加装引入引出板，有意识地延长焊工在进入正式焊缝前的调整和适应时间，有意识地迫使焊工将收弧段更有效地引出焊缝区，起到将必然和可能出现的起、收弧的缺陷排斥到有效焊缝以外的质控目的，并在施工完后精确切除，从措施上免去缝外部分的缺陷导致接头裂纹发生。衬板和引入引出板的使用，还极有效地延缓了接头温度散失的时间；

② 先焊收缩量大的部位；

③ 先焊梁的上翼板，并且在完成 1/2 板厚时进入下翼板的焊接，下翼板的焊接采用 2 名焊工对称交叉焊接的方法进行，确保与腹板交叉部位的熔合。下翼板全部完成后再续焊完成上翼板。

2. 后热及保温措施

后热及保温是防层状撕裂的关键所在：焊接完毕，确认外观检查合格后，沿焊缝中心两侧各 150mm 范围内均匀加热至 250℃后，采用石棉布围裹并扎紧，待冷至常温后撤去防护。

5.5.11 焊接缺陷

焊接缺陷是焊接过程中在焊接接头产生的金属不连续、不致密或连接不良的现象。也可以说是焊接过程中产生不符合标准要求的缺陷，焊接缺陷主要有裂纹、未焊透、未熔合、夹渣、气孔、咬边及焊缝成形不良等。

焊接缺陷的形成，不仅会降低结构的性能，影响结构的安全使用，严重时还将导致脆性破坏，引起重大事故。因此，必须了解它的产生原因，才能掌握预防的途径和方法，生产出合格的焊接产品。

1. 焊缝缺陷分类及其性质

根据《金属熔化焊焊缝缺陷分类及说明》GB 6417，将金属熔化焊焊缝缺陷按其性质分为六大类，并按其存在的位置和状态分为若干小类。这六类缺陷是：裂纹、孔穴、固体夹杂、未熔合和未焊透、形状缺陷及上述以外的其他缺陷。

(1) 裂纹缺陷

裂纹缺陷分为：微观裂纹、纵向裂纹、横向裂纹、放射状裂纹、弧坑裂纹等。

（2）孔穴

孔穴分为：气孔、球形气孔、均布气孔、局部密集气孔、链状气孔、条形气孔、虫形气孔、表面气孔、缩孔、结晶和弧坑缩孔等。

（3）固体夹杂

固体夹杂包括：夹渣、焊剂和熔剂夹渣、氧化物夹杂、皱褶、金属夹杂等。

（4）未焊透和未熔合

（5）形状缺陷

形状缺陷包括：咬边、缩沟、焊缝超高、凸度过大、下塌、局部下塌、焊缝形状不良、焊瘤、错边、角度偏差、下垂、烧穿、未焊满、焊脚不对称、焊缝宽度不齐、表面不规则、根部收缩、焊缝接头不良等。

（6）其他缺陷

这类缺陷包括：电弧擦伤、飞溅、钨飞溅、表面撕裂、磨痕、凿痕、打磨过量、定位焊缺陷等。

2. 焊接缺陷的危害性

焊接缺陷的危害性主要表现为如下几个方面。

（1）焊接缺陷直接影响结构的强度及使用寿命

焊缝的咬边、未焊透、未熔合、气孔、夹渣、裂纹等不仅削弱焊缝截面积，降低接头强度，更严重的是形成缺口，缺口处产生应力集中且形成三向应力。三向应力不利于材料的塑性变形，易于引发裂纹，导致脆性破坏。

（2）焊接缺陷引起的应力集中

与缺陷的形状及其相对于载荷的方位有关。尖锐裂纹引起严重应力集中，其次以未焊透、条状夹渣等的应力集中较大，而气孔的应力集中较小。随着缺陷尺寸和数量的增加，对强度的影响也增大。当载荷应力垂直于缺陷平面时，所产生的应力集中最大。

（3）严重影响结构的疲劳极限

位于材料表面和靠近表面的缺陷比在内部深度的缺陷危害更大。如气孔缺陷在截面积减少量为10%可使疲劳极限下降50%。

（4）焊接缺陷对钢结构的影响

焊接缺陷的存在，减少了结构的安全系数，降低或改变结构应有的强度性能，有的还会造成应力循环的过早破坏，焊缝表面的凹凸不平，余高过大，咬边，锁边等缺陷，常造成应力集中，或使受力方向改变，在大风、大雪时造成钢结构构件的破坏，引起重大倒塌事故。

3. 焊接裂纹的防治措施

（1）热裂纹的防治措施

1）控制焊缝的化学成分　① 降低母材及焊接材料中形成低熔点共晶物即易于偏析的元素，如 S、P 含量；② 降低碳的含量；③ 提高 Mn 含量，使 Mn/S 比值达到 20~60。

2）控制焊接工艺参数、条件　① 控制焊接电流和焊接速度，使各焊道截面上部的宽度和深度比值（称为焊缝成形系数 B/H）达到 1.1~1.2，见图 5.5-13；② 避免坡口和间隙过小，使焊缝成形系数太小；③ 焊前预热；④ 合理的焊接顺序。

（2）防止冷裂纹产生的具体措施

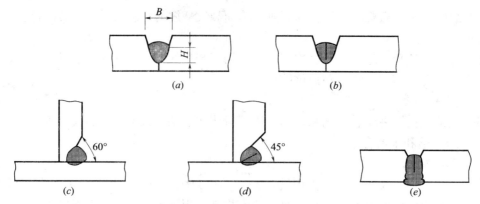

图 5.5-13 焊接坡口角度和间隙对热裂纹产生的影响

① 焊前预热和焊后缓冷。能改善焊接接头的组织,降低热影响区的硬度和脆性,起到减少焊接应力的作用;

② 选用合适的焊接材料,如选用碱性低氢型焊条,在焊前将焊条烘干,并随用随取,并仔细清除坡口周围的水、油、锈等污物;

③ 选择合适的焊接规范。尤其是焊接速度要合适。速度太快,易形成淬火组织;速度太慢,会使热影响区变宽;都会促使产生冷裂纹。在焊接时,应采用合理的装配和焊接顺序,以减小焊接残余应力;

④ 焊后及时进行消除应力热处理和消氢处理,消除残余应力,氢充分逸出。所谓消氢处理,一般指焊件焊后立即在 200~350℃ 温度下保温 2~6h,然后缓冷。

(3) 再热裂纹

1) 再热裂纹的形成

再热裂纹是指焊后焊件在一定温度范围内再次加热(消除应力热处理或其他加热过程)而产生的裂纹。高温下工作的焊件,在使用过程中也会产生这种裂纹。尤其是含有一定数量的 Cr、Mo、V、Ti、Nb 等合金元素的低合金高强度钢,在焊接热影响区有产生再热裂纹的倾向。

再热裂纹一般位于母材的热影响区中,往往沿晶界开裂,在粗大的晶粒区,并且是平行于熔合线分布。

2) 防止再热裂纹产生的措施

① 焊前工件应预热至 300~400℃,且应采用大规范进行施焊;

② 改进焊接接头形式,合理地布置焊缝,如将 V 型坡口改为 U 型坡口等;

③ 选择合适的焊接材料。在满足使用要求的前提下,选用高温强度低于母材的焊接材料,在消除应力热处理的过程中,焊缝金属首先产生变形,防止再热裂纹的产生;

④ 合理选择消除应力热处理的温度和工艺。比如:避开再热裂纹敏感的温度,加热和冷却尽量慢,也可以采用中间回火。

(4) 层状撕裂的起因及防治措施

1) 层状撕裂的起因及分类 层状撕裂存在于轧制的厚板角接接头、T 形接头和十字形接头中,由于多层焊角焊缝产生过大的 Z 向应力在焊接热影响区及其附近母材内引起的沿轧制方向发展的具有阶梯状的裂纹。促使产生层状撕裂的条件一是存在脆弱的轧制层状组织（轧层间存在非金属夹杂物）；二是板厚方向（Z向）承受拉伸应力。对接接头中的层状撕裂比较少见。

层状撕裂按其启裂源分为三类：

第Ⅰ类：是以焊根、焊趾裂纹为启裂源，沿热影响区发展，见图 5.5-14a 及图 5.5-14b；

第Ⅱ类：以轧层夹渣物为启裂源，沿热影响区发展，见图 5.5-14c；

第Ⅲ类：完全由于收缩应变而致，以轧层夹渣物为启裂源，沿远离热影响区的母材板厚中央发展，见图 5.5-14d。

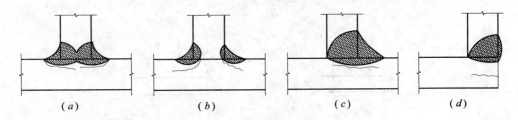

图 5.5-14　T形接头层状撕裂的部位和形态

2）层状撕裂的影响因素　其最主要的影响因素是钢材的含硫量。也与钢材本身的延性、韧性有关，而钢材的碳当量越高，层状撕裂越敏感。焊缝扩散氢含量会促使层状撕裂的扩展。对于起源于焊根或发生于热影响区附近的层状撕裂，扩散氢则起了间接却重要的影响。

3）层状撕裂的防治措施

① 控制钢材的含硫量。国内、外钢材产品标准已把厚板的含硫量分为三个质量等级，对应于钢材的厚度方向的抗拉性能以断面收缩率 ψ_Z 为表征，表 5.5-15 所示为我国现行标准《厚度方向性能钢板》GB 5313 规定的钢材含硫量不同级别与断面收缩率 ψ_Z 的对应关系。一般板厚 40mm 以下钢材 ψ_Z 平均值不小于 15% 时，即有较好的抗层状撕裂能力。随着接头拘束度 R_F 的增加，所需的 ψ_Z 值相应提高，见表 5.5-16。

② 采用合理的节点设计。如图 5.5-15 所示，采用合理的节点形式预防层状撕裂的发生。

钢材厚度方向抗拉性能级别及其含硫量、断面收缩率 ψ_Z 值　　　表 5.5-15

级别	含硫量（%）	断面收缩率 ψ_Z（%）	
	不大于	三个试样平均值不小于	单个试样值不小于
Z15	0.01	15	10
Z25	0.007	25	15
Z35	0.005	32	25

要求的 ψ_Z 与 R_F 的关系　　　表 5.5-16

接头形式	板厚 δ（mm）	拘束度 R_F/（N·mm^{-2}）	断面收缩率 ψ_Z（%）
T形接头（部分焊透）	$\delta_V=25$　$\delta_H=20$	5000	10
T形接头（完全焊透）	$\delta_V=40$　$\delta_H=30$	12000	20
十字形接头（部分焊透）	$\delta_V=\delta_H=20$	10000	15
十字形接头（完全焊透）	$\delta_V=\delta_H=40$	20000	25

注：δ_V—立板（或腹板）板厚；δ_H—水平板（或翼板）板厚。

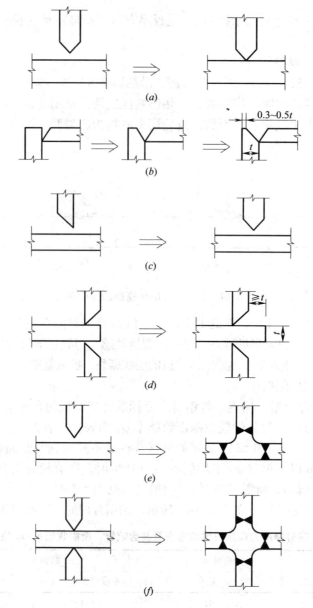

图 5.5-15 T形、十字形角接接头防止层状撕裂的设计原则
（注：箭头所指方向为抗层状撕裂的接头）

③ 采用合理的焊接工艺

a) 双面坡口时，宜采用两侧对称多道次施焊。

b) 宜采用适当小的热输入多层焊接，但淬硬倾向强的钢材不宜采用过小的热输入；

c) 用塑性过渡层，即先用低强度的焊条在坡口内母材板面上焊过渡层，然后再焊连接焊缝的方法，见图 5.5-16；

d) 宜采用低强度匹配的焊接材料，见图 5.5-17；

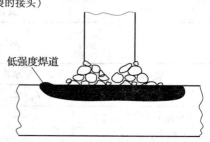

图 5.5-16 堆焊塑性过渡层防止板材层状撕裂的工艺措施

e) 箱形柱角接接头，当板厚特厚时（80mm 及以上），侧板板边火焰切割面宜磨（或刨）去由热切割产生的硬化层，见图 5.5-18。尤其当钢材强度级别较高（Q345 及以上）或侧板的坡口角度未超过板厚中心时更应如此；

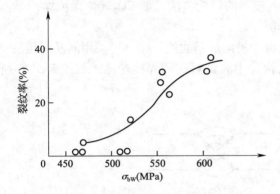

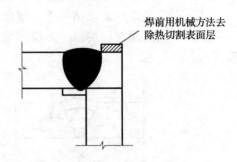

图 5.5-17 焊缝强度 σ_{bW} 对层状撕裂的影响

图 5.5-18 特厚板角接头防止层状撕裂的工艺措施

f) 宜采用低氢、超低氢焊条或气体保护焊方法；

g) 宜采用或提高预热温度施焊。预热温度较高时，易使收缩应变增大，只能作为次要的方法。预热温度对层状撕裂产生的影响参见图 5.5-19；

h) 宜采用焊后消氢热处理加速氢的扩散，其效用与③相类似。

5.5.12　焊接应力与变形控制

1. 焊接应力与变形产生原因

焊接过程中，对构件进行不均匀加热和

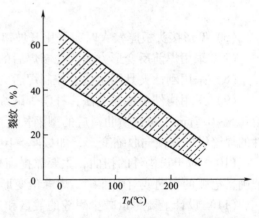

图 5.5-19 预热温度对层状撕裂的影响

冷却，产生不均匀温度场以及由此引起的局部塑性变形和比容（单位质量的物质所占有的容积）不同的组织是产生焊接应力和变形的根本原因。焊接时的局部不均匀热输入是产生焊接应力和变形的决定因素。热输入是通过材料因素、制造因素和结构因素所构成的内拘束度和外拘束度而影响热源周围的金属运动，最终形成了焊接应力和变形。当焊接引起的不均匀温度场尚未消失时，焊件中的这种应力和变形称为瞬态焊接应力和变形；焊接温度场消失后的应力和变形称为残余焊接应力和变形。

焊接应力与变形是直接影响焊接结构性能、安全可靠性和制造工艺性的重要因素。它会导致在焊接接头中产生冷、热裂纹等缺陷，在一定的条件下还会对结构的断裂特性、疲劳强度和尺寸精度有不利影响。在结构制作过程中，焊接变形往往引起正常工艺流程中断。因此采取有效的措施控制或减小（消除）焊接应力与变形，对于焊接结构的完整性设计和制造工艺方法的选择以及运行中的安全评定都有重要意义。

2. 焊接变形的控制措施

（1）减少焊缝截面积。在得到完好、无超标缺陷焊缝的前提下，尽可能采取较小的坡口尺寸（角度和间隙）；

（2）对屈服强度345MPa以下和淬硬性不强的钢材采用较小的热输入，尽可能不预热或适当降低预热、层间温度；优先采用热输入较小的焊接方法，如CO_2气体保护焊；

（3）厚板焊接尽可能采用多层焊代替单层焊；

（4）在满足设计要求情况下，纵向加强板和横向加劲肋的焊接，可采用间断焊接法；

（5）采用双面对称坡口，多层焊采用与构件中和轴对称的焊接顺序，如图5.5-20所示；

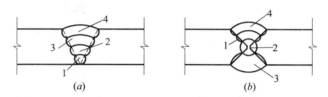

图5.5-20 用双面对称坡口焊接顺序减小角变形
（a）角变形大；（b）角变形小
1~4为焊道次序

（6）T形接头板厚较大时，采用开坡口角对接焊缝；

（7）采用焊前反变形方法，控制焊后的变形；

（8）采用刚性夹具固定法，控制焊后的变形；

（9）采用构件预留长度法，补偿焊缝纵向收缩变形。如H型钢纵向焊缝每米长可预留0.5~0.7mm，每对横肋对应的型钢长度可预留0.5mm。采用预留周长法，补偿圆管构件的焊缝纵向及横向收缩变形，如板厚>10mm时，每个纵向及环向焊缝预留2.0mm；

（10）对于长构件的扭曲，主要靠提高板材平整度和构件组装精度。坡口角度和间隙准确，电弧的指向或对中准确，焊缝角变形、翼板和腹板纵向变形沿构件长度方向一致；

（11）设计上要尽量减少焊缝的数量和尺寸；合理布置焊缝，焊缝位置尽可能靠近构件中和轴，布置与构件中和轴相对称，并避免焊缝密集；

（12）对于焊缝较多的构件，组焊或结构安装时，要采取合理的焊接顺序。

3．焊接残余应力的控制措施

（1）减少焊缝尺寸；

（2）减小焊接拘束度；

（3）采取合理的焊接顺序。密集焊缝施焊的原则为：根据构件形状和焊缝布置，采取先焊收缩量较大的焊缝，后焊收缩量较小的焊缝；先焊拘束度较大且不能自由收缩的焊缝，后焊拘束度较小而能自由收缩的焊缝；

① H型梁拼接时，一般翼缘板的厚度大于腹板，需按图5.5-21所示顺序焊接，即先焊翼缘板（焊缝①），后焊腹板（焊缝②）。必要时，把翼缘与腹板之间的角焊缝（制造厂焊接）预留一段（300~500mm），待翼缘板和腹板拼焊完成后，再施焊（焊缝③）。

② 大块拼板焊接时，需按图5.5-22所示顺序焊接，即先焊中间板条的横向拼接焊缝①、②，后焊板条的纵向长焊缝③，这样横焊缝和纵焊缝的焊接时的拘束度都相对较小。

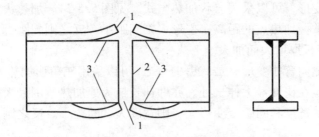

图 5.5-21 按收缩量大小确定焊接顺序
1、2—对接焊缝；3—角焊缝

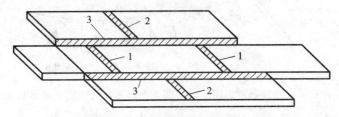

图 5.5-22 按焊缝布置确定焊接顺序
1、2—对接焊缝；3—角焊缝

③ 在 H 型柱安装拼接时，一般先由两名焊工同时焊接两翼板，后焊腹板。若翼板与腹板厚度相近，应该采取翼缘和腹板同时对称焊接的措施，控制变形和焊缝应力，见5.5-23a。箱形柱的拼接采用四面对称焊接，能最有效地控制应力，见图 5.5-23b。但由于连接板的障碍和焊工数量等原因，往往仅采取两人相对依次焊接的顺序，见5.5-23c。

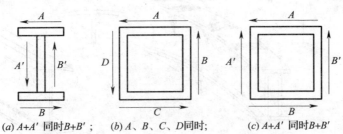

(a) $A+A'$ 同时 $B+B'$； (b) A、B、C、D 同时； (c) $A+A'$ 同时 $B+B'$

图 5.5-23 钢柱拼接时减小焊缝内应力的焊接顺序

④ 对于大型结构宜采取分部组装焊接，结构各分部分别进行矫正后，最后总装焊接。
（4）降低焊件刚度，创造自由收缩的条件。
4. 焊接变形的焊后矫正方法

焊接残余变形的矫正方法可分为加热矫正和施力矫正以及两种方法的结合运用。

加热矫正的方法可分为点状加热、线状加热和三角形加热方式。根据构件变形类型选用不同的加热方法或两种加热方法结合使用，加热温度一般在 600～800℃。同一加热位置的加热次数不应超过两次，否则会造成材料的脆化。

施力矫正一般用千斤顶、螺旋加力器、辊压矫正机或大型压力机上完成。

（1）加热法矫正

对于薄板波浪变形，可以采用点状加热方式，见图5.5-24。加热火焰应朝向鼓起的板面。根据变形大小掌握加热点的距离，变形大则间距小，反之则间距大。加热直径一般不小于15mm，并随着板厚增大而加大。

对于长构件的侧向弯曲变形（或称镰刀弯），可以采用三角形加热方式，见图5.5-25。加热三角形的底边应在构件最大伸长处。亦即伸长最大处加热范围最大。根据变形大小掌握加热三角形底边的宽度和间距。变形大，则宽度大、间距小。反之则加热宽度小、间距大。

图5.5-24 薄板结构点状火焰加热矫正图　　图5.5-25 长构件侧弯变形的三角形加热矫正

对于长构件的正弯变形，可以在鼓起的翼板上进行横向线状（或带状）加热，加热宽度一般为板厚的0.5~2倍，而在腹板上进行三角形加热，如图5.5-26所示。变形大则线状加热的宽度大、间距小，反之则宽度小、间距大。三角形加热的规律与侧弯的校正相同。

对于H型和箱型的翼缘角变形，可以在上下翼缘外侧表面，沿纵向焊缝的背面进行线状加热，并以火焰的摆动达到与变形量相适应的宽度，见图5.5-27。

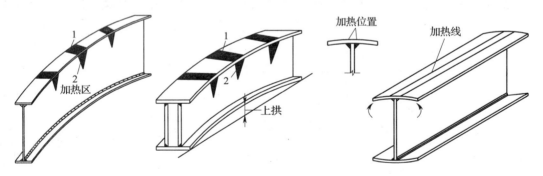

图5.5-26 H型与箱型构件正弯曲变形的热矫正　　图5.5-27 H型钢翼缘角变形的
1—外拱翼缘线状加热；2—腹板三角形加热　　　　　　线状加热矫正

对于长构件的扭曲，应在构件的中部进行线状加热。必要时，辅以斜向线状加热，并在构件两端用螺旋拉紧器施力配合矫正，如图5.5-28所示。

H型构件腹板凸凹不平的矫正，如图5.5-29所示，可以分成几个区段，各段内用线状加热法由两侧向中央进行加热，加热顺序如图中数码所示。

加热法矫正可以在空气中冷却或用喷射水冷，但除低碳钢外，不能用水冷，以避免材料的脆化。

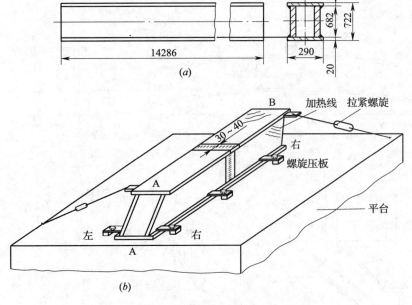

图 5.5-28 长构件扭曲变形矫正方法示意

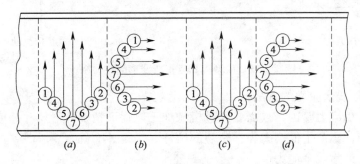

图 5.5-29 H型构件腹板凸凹不平的矫正

(2) 施力法矫正

角变形的施力法矫正的示意如图 5.5-30 所示,其中(a)是用螺旋加力器矫正角变形;(b)是用千斤顶加力矫正角变形;(c)是用翼缘专用辊压机矫正角变形。H型钢纵向移动通过辊压轮可以达到连续、平缓矫正的较好效果。

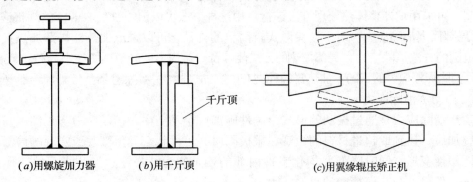

图 5.5-30 H型钢翼缘角变形施力矫正法示意

长构件的正弯变形用螺旋压力器、压力机或千斤顶加反力架，对构件逐段进行反弯曲即可，见图 5.5-31 中 (a)、(b)、(c)。

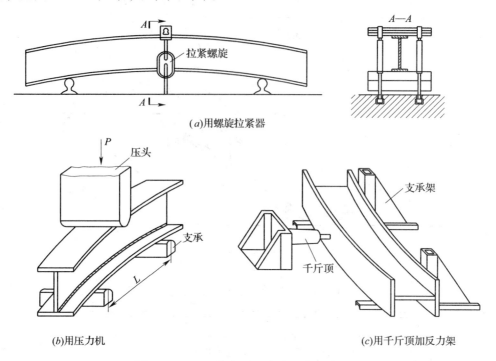

图 5.5-31　H 型钢焊后正弯变形的施力矫正

5. 焊后消除残余应力的方法

对于需要避免应力腐蚀，或需要经过机械加工以保证精确外形尺寸，或要求在动载荷疲劳载荷下工作，不产生低应力脆性断裂的构件，当设计文件有要求时，可以在焊后采取以下方法降低、消除残余应力。

（1）焊后热处理消除应力

合理的焊后热处理可以起到降低焊接残余应力并改善接头的组织与性能的目的。降低焊接残余应力的最通用的热处理方法是高温回火。常用的方法为整体回火消除应力和局部回火消除应力。

① 整体回火消除应力。对构件采取整体消除应力一般采用加热炉进行。构件的尺寸受炉体限制，可采用炉外整体热处理方法进行。用这种方法可以消除 80%～90% 的焊接应力。

② 局部回火消除应力。对于接头形式较简单的构件，可以采取加热器局部加热接头两侧一定范围的方法消除应力，局部加热的方法能降低焊接应力的峰值，使应力分布比较平缓，起到部分消除焊接应力的目的。加热器的种类有电阻加热器、感应加热器、红外加热器等。

（2）振动法消除应力

振动法消除应力是通过振动的形式给工件施加一个动应力，当动应力与工件本身的残余应力叠加后，达到或超过材料的微观屈服极限时，工件就会发生微观或宏观的局部、整体的弹性塑性变形，同时降低并均化工件内部的残余应力，最终达到防止工件变形与开裂，稳定工件尺寸与几何精度的目的。

各种消除应力方法中以整体回火处理的效果最好，同时有改善金属组织性能的作用，在构件和容器的消除应力中应用较为广泛。其他消除应力方法均对材料的塑性、韧性有不利影响。振动法一般应用于要求尺寸精度稳定的构件消除应力，在刚性固定状态下焊接的构件，如在焊后卸开夹具之前进行振动时效处理，则刚性卡具拆除后构件的变形可以得到一定的控制。

5.5.13 焊缝缺陷返修工艺

1. 焊缝表面缺陷超过相应的质量验收标准时，对气孔、夹渣、焊瘤、余高过大等缺陷应用砂轮打磨、铲凿、钻、铣等方法去除，必要时应进行焊补；对焊缝尺寸不足、咬边、弧坑未填满等缺陷应进行焊补。

2. 经无损检测确定焊缝内部存在超标缺陷时应进行返修，返修应符合下列规定：

（1）返修前应由施工企业制定返修方案；

（2）应根据无损检测确定的缺陷位置、深度，用砂轮打磨或碳弧气刨清除缺陷。缺陷为裂纹时，碳弧气刨前应在裂纹两端钻止裂孔并清除裂纹及其两端各50mm长的焊缝或母材；

（3）清除缺陷时应将刨槽加工成四侧边斜面角大于10°的坡口，并应修整表面、磨除气刨渗碳层，必要时应用渗透探伤或磁粉探伤方法确定裂纹是否彻底清除；

（4）焊补时应在坡口内引弧，熄弧时应填满弧坑；多层焊的焊层之间接头应错开，焊缝长度应不小于100mm；当焊缝长度超过500mm时，应采用分段退焊法；

（5）返修部位应连续焊成。如中断焊接时，应采取后热、保温措施，防止产生裂纹。再次焊接前宜用磁粉或渗透探伤方法检查，确认无裂纹后方可继续补焊；

（6）焊接修补的预热温度应比相同条件下正常焊接的预热温度高，并应根据实际情况确定是否需采用超低氢型焊条焊接或进行焊后消氢处理；

（7）焊缝正、反面各作为一个部位，同一部位返修不宜超过两次；

（8）对两次返修后仍不合格的部位应重新制定返修方案，经工程技术负责人审批并报监理工程师认可后方可执行；

（9）返修焊接应填报返修施工记录及返修前后的无损检测报告，作为工程验收及存档资料。

3. 碳弧气刨应符合下列规定：

（1）碳弧气刨工必须经过培训合格后方可上岗操作；

（2）如发现"夹碳"，应在夹碳边缘5~10mm处重新起刨，所刨深度应比夹碳处深2~3mm；发生"粘渣"时可用砂轮打磨。Q420、Q460及调质钢在碳弧气刨后，不论有无"夹碳"或"粘渣"，均应用砂轮打磨刨槽表面，去除淬硬层后方可进行焊接。

5.6 焊接质量检验

5.6.1 基本规定

1. 质量检查依据

质量检查人员应按《钢结构焊接规范》及施工图纸和技术文件要求，对焊接质量进行监督和检查。

2. 检查人员主要职责

(1) 对所用钢材及焊接材料的规格、型号、材质以及外观进行检查，均应符合图纸和相关规程、标准的要求。

(2) 监督检查焊工合格证及认可施焊范围。

(3) 监督检查焊工是否严格按焊接工艺技术文件要求及操作规程施焊。

(4) 对焊缝质量按照设计图纸、技术文件及本规程要求进行验收检验。

3. 检查方案编制

检查前应根据施工图及说明文件规定的焊缝质量等级要求编制检查方案，由技术负责人批准并报监理工程师备案。检查方案应包括检查批的划分、抽样检查的抽样方法、检查项目、检查方法、检查时机及相应的验收标准等内容。

4. 抽样检查时，应符合下列要求：

(1) 焊缝处数的计数方法：工厂制作焊缝长度小于等于 1000mm 时，每条焊缝为 1 处；长度大于 1000mm 时，将其划分为每 300mm 为 1 处；现场安装焊缝每条焊缝为 1 处。

(2) 可按下列方法确定检查批：

——按焊接部位或接头形式分别组成批；

——工厂制作焊缝可以同一工区（车间）按一定的焊缝数量组成批；多层框架结构可以每节柱的所有构件组成批；

——现场安装焊缝可以区段组成批；多层框架结构可以每层（节）的焊缝组成批。

(3) 批的大小宜为 300~600 处。

(4) 抽样检查除设计指定焊缝外应采用随机取样方式取样。

5. 检查合格的确定

抽样检查的焊缝数如不合格率小于 2% 时，该批验收应定为合格；不合格率大于 5% 时，该批验收应定为不合格；不合格率为 2%~5% 时，应加倍抽检，且必须在原不合格部位两侧的焊缝延长线各增加一处，如在所有抽检焊缝中不合格率不大于 3% 时，该批验收应定为合格，大于 3% 时，该批验收应定为不合格。当批量验收不合格时，应对该批余下焊缝的全数进行检查。当检查出一处裂纹缺陷时，应加倍抽查，如在加倍抽检焊缝中未检查出其他裂纹缺陷时，该批验收应定为合格，当检查出多处裂纹缺陷或加倍抽查又发现裂纹缺陷时，应对该批余下焊缝的全数进行检查。

6. 不合格部位的处理

所有查出的不合格焊接部位应按焊缝缺陷返修的规定予以返修至检查合格。

5.6.2 外观检验

1. 一般规定

(1) 所有焊缝应冷却到环境温度后进行外观检查，Ⅱ、Ⅲ类钢材的焊缝应以焊接完成 24h 后检查结果作为验收依据，Ⅳ类钢应以焊接完成 48h 后的检查结果作为验收依据。

(2) 外观检查一般用目测，裂纹的检查应辅以 5 倍放大镜并在合适的光照条件下进行。必要时可采用磁粉探伤或渗透探伤，尺寸的测量应用量具、卡规。

(3) 焊缝外观质量应符合下列规定：

① 一级焊缝不得存在未焊满、根部收缩、咬边和接头不良等缺陷，一级焊缝和二级

焊缝不得存在表面气孔、夹渣、裂纹和电弧擦伤等缺陷；

② 二级焊缝的外观质量除应符合本条第 1 款的要求外，还应满足表 5.6-1 的有关规定；

③ 三级焊缝的外观质量应符合表 5.6-1 的有关规定。

焊缝外观质量允许偏差 表 5.6-1

检验项目\焊缝质量等级	二级	三级
未焊满	$\leq 0.2+0.02T$ 且 $\leq 1mm$，每 100mm 长度焊缝内未焊满累积长度 $\leq 25mm$	$\leq 0.2+0.04T$ 且 $\leq 2mm$，每 100mm 长度焊缝内未焊满累积长度 $\leq 25mm$
根部收缩	$\leq 0.2+0.02T$ 且 $\leq 1mm$，长度不限	$\leq 0.2+004T$ 且 $\leq 2mm$，长度不限
咬边	$\leq 0.05T$ 且 $\leq 0.5mm$，连续长度 $\leq 100mm$，且焊缝两侧咬边总长 $\leq 10\%$ 焊缝全长	$\leq 0.1T$ 且 $\leq 1mm$，长度不限
裂纹	不允许	允许存在长度 $\leq 5mm$ 的弧坑裂纹
电弧擦伤	不允许	允许存在个别电弧擦伤
接头不良	缺口深度 $\leq 0.05T$ 且 $\leq 0.5mm$，每 1000mm 长度焊缝内不得超过 1 处	缺口深度 $\leq 0.1T$ 且 $\leq 1mm$，每 1000mm 长度焊缝内不得超过 1 处
表面气孔	不允许	每 50mm 长度焊缝内允许存在直径 $<0.4T$ 且 $\leq 3mm$ 的气孔 2 个；孔距应 ≥ 6 倍孔径
表面夹渣	不允许	深 $\leq 0.2T$，长 $\leq 0.5T$ 且 $\leq 20mm$

（4）栓钉焊焊后应进行打弯检查。合格标准：当焊钉打弯至 30°时，焊缝热影响区不得有肉眼可见的裂纹，检查数量应不小于焊钉总数的 1%。

（5）电渣焊、气电立焊接头的焊缝外观成形应光滑，不得有未熔合、裂纹等缺陷；当板厚小于 30mm 时，压痕、咬边深度不得大于 0.5mm；板厚大于或等于 30mm 时，压痕、咬边深度不得大于 1.0mm。

2. 焊缝尺寸应符合下列规定

（1）焊缝焊脚尺寸应符合表 5.6-2 的规定。

焊缝焊脚尺寸允许偏差 表 5.6-2

序号	项目	示意图	允许偏差（mm）	
1	角焊缝及部分焊透的角接与对接组合焊缝		$h_f \leq 6$ 时 $0 \sim 1.5$	$h_f > 6$ 时 $0 \sim 3.0$

续表

序号	项目	示意图	允许偏差（mm）
2	一般全焊透的角接与对接组合焊缝	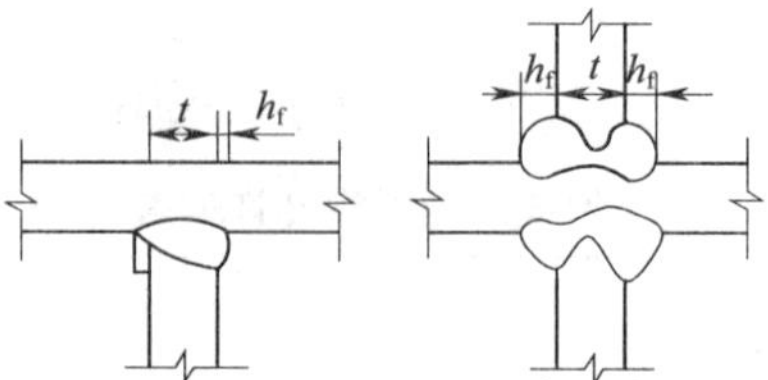	$h_f \geq \left(\dfrac{t}{4}\right)_0^{+4}$ 且 ≤10
3	需经疲劳验算的全焊透角接与对接组合焊缝	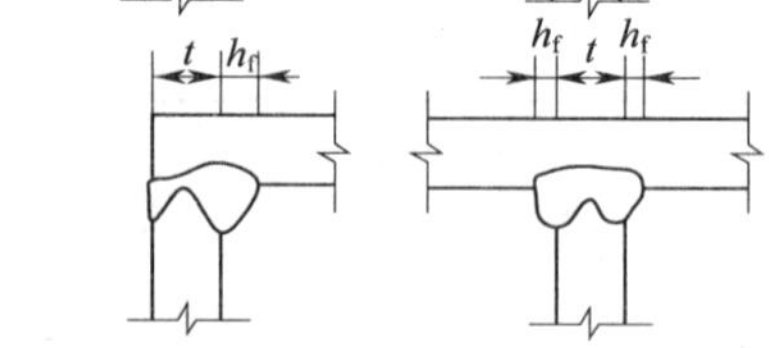	$h_f \geq \left(\dfrac{t}{2}\right)_0^{+4}$ 且 ≤10

注：$h_f > 8.0$mm 的角焊缝其局部焊脚尺寸允许低于设计要求值1.0mm，但总长度不得超过焊缝长度的10%。

（2）焊缝余高及错边应符合表5.6-3的规定。

（3）焊接H型梁腹板与翼缘板的焊缝两端在其两倍翼缘板宽度范围内，焊缝的焊脚尺寸不得低于设计要求值。

焊缝余高和错边允许偏差　　　　表 5.6-3

序号	项目	示意图	允许偏差（mm）	
			一、二级	三级
1	对接焊缝余高（C）	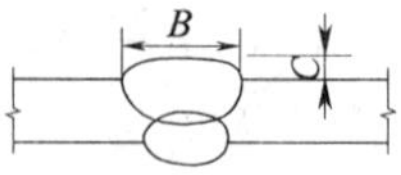	$B<20$时，C为 0~3；$B \geq 20$时，C为 0~4	$B<20$时，C为 0~3.5；$B \geq 20$时，C为 0~5
2	对接焊缝错边（d）	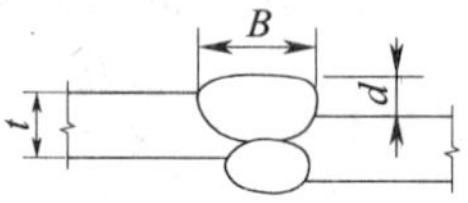	$d<0.1t$ 且 ≤2.0	$d<0.15t$ 且 ≤3.0
3	角焊缝余高（C）	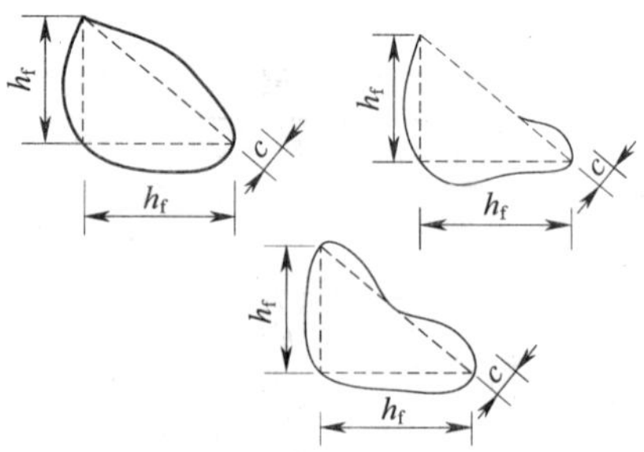	$h_f \leq 6$ 时 c 为 0~1.5 $h_f > 6$ 时 c 为 0~3.0	

5.6.3 无损检测

（1）无损检测应在外观检查合格后进行。

（2）焊缝无损检测报告签发人员必须持有相应探伤方法的Ⅱ级或Ⅱ级以上资格证书。

(3) 设计要求全焊透的焊缝,其内部缺陷的检验应符合下列要求:

① 一级焊缝应进行 100% 的检验,其合格等级应为现行国家标准《钢焊缝手工超声波探伤方法及质量分级法》GB 11345B 级检验的 Ⅱ 级及 Ⅱ 级以上;

② 二级焊缝应进行抽检,抽检比例应不小于 20%,其合格等级应为现行国家标准《钢焊缝手工超声波探伤方法及质量分级法》GB 11345B 级检验的 Ⅲ 级及 Ⅲ 级以上;

③ 全焊透的三级焊缝可不进行无损检测。

(4) 设计文件指定进行射线探伤或超声波探伤不能对缺陷性质作出判断时,可采用射线探伤进行检测、验证。

(5) 射线探伤应符合现行国家标准《钢熔化焊对接接头射线照相和质量分级》GB 3323 的规定,射线照相的质量等级应符合 AB 级的要求。一级焊缝评定合格等级应为《钢熔化焊对接接头射线照相和质量分级》GB 3323 的 Ⅱ 级及 Ⅱ 级以上,二级焊缝评定合格等级应为《钢熔化焊对接接头射线照相和质量分级》GB 3323 的 Ⅲ 级及 Ⅲ 级以上。

(6) 下列情况之一应进行表面检测:

① 外观检查发现裂纹时,应对该批中同类焊缝进行 100% 的表面检测;

② 外观检查怀疑有裂纹时,应对怀疑的部位进行表面探伤;

③ 设计图纸规定进行表面探伤时;

④ 检查员认为有必要时。

(7) 铁磁性材料应采用磁粉探伤进行表面缺陷检测。确因结构原因或材料原因不能使用磁粉探伤时,方可采用渗透探伤。

(8) 磁粉探伤应符合国家现行标准《焊缝磁粉检验方法和缺陷磁痕的分级》JB/T 6061 的规定,渗透探伤应符合国家现行标准《焊缝渗透检验方法和缺陷迹痕的分级》JB/T 6062 的规定。

(9) 磁粉探伤和渗透探伤的合格标准应符合本章中外观检验的有关规定。

复习思考题

5-1 最常用的焊接方法有哪几种?分别适用于什么范围?

5-2 电渣焊常用有几种形式?简单说明其原理。

5-3 焊缝按连接方式、构造特点、工作性质和施焊位置可分成哪些类型?角接连接的焊缝是否全部是角焊缝?举例说明。

5-4 角焊缝的尺寸应符合哪些规定?

5-5 在什么情况下要进行焊接工艺评定试验?

5-6 某企业在原来的工程中已做过 Q345B 材质 40mm 钢板手工电弧焊的焊接工艺评定且合格,现需要焊接 60mm 的钢板,假设另外条件相同,请问现在是否需要重新做焊接工艺评定?说明原因,并请问焊接前的最低预热温度是多少?

5-7 40mm 和 70mm 钢板焊接时及 Q235B 与 Q345C 钢材焊接其预热温度如何确定?

5-8 焊后消氢处理的加热温度是多少度?保温时间如何确定?

5-9 简述手工电弧焊、埋弧焊、CO_2气保焊常见缺陷产生原因及防治措施。
5-10 焊接裂纹一般有几种?如何防止冷裂纹的产生?
5-11 简述减小焊接变形的主要措施。
5-12 如何减少焊接残余应力?
5-13 焊缝按检验批检查时,如何确定是否合格?

第6章 典型构件加工制作工艺实例

6.1 焊接H型钢制作

6.1.1 概述

各种H型钢柱、梁、檩条、支撑或桁架所采用的焊接H型钢,基本形式都是由腹板和上下翼缘板垂直构成。不同结构,腹板与翼缘板的相对位置及角度等有所区别。应用最多的是腹板居中、左右和上下对称的等截面焊接H型钢,腹板与翼缘板之间由四条纵向焊缝连接。

焊接H型钢的组装方案一般有工装胎架组装和组立设备组装两种,焊接方式一般有四种,见表6.1-1。

H型钢焊接方式　　　　　　　　　　　　　表6.1-1

序号	焊接方法	示意图	特点
1	电弧焊 (焊条电弧焊、CO_2焊、埋弧焊)	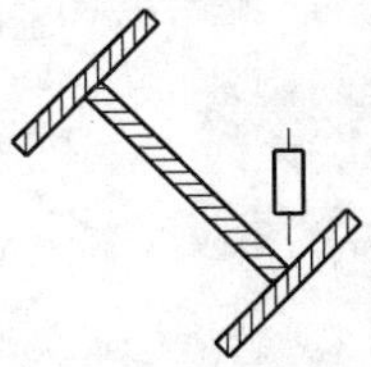	船形位置单头焊,焊缝成形好。变形控制难度大,工件翻身次数多,生产效率较低
2	电弧焊 (CO_2自动焊、埋弧焊)	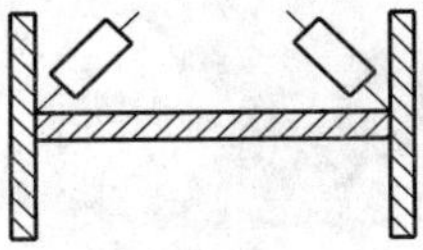	卧放位置,双头在同侧、同步、同方向施焊。翼缘板有角变形。左右两侧不对称,易产生旁弯,工件至少翻身一次
3	电弧焊 (CO_2自动焊、埋弧焊)	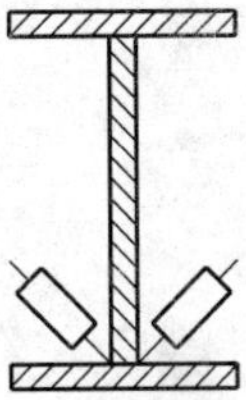	立放位置,双头两侧对称同步、同方向施焊。翼缘板的角变形左右对称,有上拱或下挠变形,工件最少翻身一次
4	电阻焊	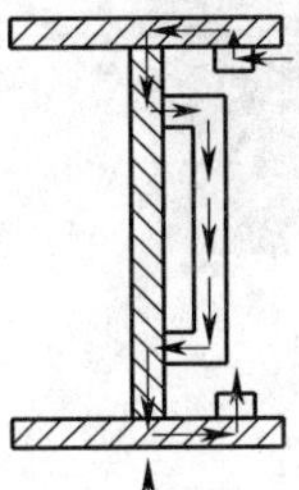	立放位置,上下翼缘板同步和腹板边装配边通过高频电流并加压完成施焊。不须工件翻转,生产效率高,但需要辅助设备配套

对于品种单一，规格尺寸变化不大（在组立设备允许范围内）的焊接 H 型钢的生产可采用机械化或自动化水平较高的生产线作业。

目前 H 型钢生产线使用较为普遍，在专业钢结构制造企业，使用最广泛的是采用组立设备进行 H 型钢组装、自动埋弧焊进行四条纵向焊缝的焊接、H 型钢矫正机进行翼缘板角变形矫正的焊接 H 型钢生产线。

6.1.2 焊接 H 型钢制作工艺流程

焊接 H 型钢制作工艺流程如图 6.1-1 所示。

钢板矫平 → 下料 → 坡口 → 组立(组装、定位焊) → 焊接 → 矫正 → 检验 → H 型钢成品

图 6.1-1 焊接 H 型钢制作工艺流程

6.1.3 焊接 H 型钢生产线设备及工作过程原理

焊接 H 型钢生产线主要由下料设备、组立设备、焊接设备、矫正设备组成（图 6.1-2、图 6.1-3、图 6.1-4、图 6.1-5），此外还有配套的翻转设备、输送辊道等，以实现 H 型钢的组立、焊接、矫正以及翻转、输送等工作。适用于 T 型钢、H 型钢和变截面 H 型钢的制作。

图 6.1-2 直条切割机

图 6.1-3 H 型钢组立机

图 6.1-4 H 型钢门式埋弧焊机

图 6.1-5 H 型钢翼缘板矫正机

1. 下料设备

焊接 H 型钢生产线的下料设备一般配备数控多头切割机或直条多头切割机。此类切

割设备下料效率高，纵向割距可根据板宽进行调整，可一次同时切割出多块板条。

2. H型钢组立机

H型钢组立机是进行H型钢的组立和定位焊接的设备。一般都采用PLC可编程序控制器，对型钢的夹紧、对中、定位焊接及翻转实行全过程自动控制，速度快、效率高。

H型钢组立机的工作程序分两步：第一步组成"⊥"形，第二步将⊥翻转180°与另一翼缘板组立成H型，其工作原理是：

（1）翼缘板放入，由两侧定位装置使之对中。

（2）腹板放入，由翻转装置使其立放，由定位装置使之对中。

（3）由液压顶紧装置使翼板和腹板之间紧贴。

（4）数控的点焊机头自动在两侧进行间断的定位焊接。

3. 焊接设备

H型钢生产线配备的焊机一般为埋弧自动焊机，通常采用门式焊接机和悬臂式焊接机两种类型。焊机一般都配备焊缝自动跟踪系统和焊剂自动输送回收系统，并具有快速返程功能。主机与焊机为一体化联动控制，操作方便，生产效率高。

龙门式双焊机自动焊时，有两种布置方式：

（1）在同一工件的两侧同时焊接，采取角接焊形式焊接。

（2）两个工件同时进行船形位置焊。由两台焊机在内侧焊接是因为在内侧焊时，可以由一名操作者在中间同时操作两台焊机。

4. 翻转机和矫正机

H型钢生产线上配以链条式翻转机和输送机，可达到整个焊接、输送、翻转过程的全自动化生产。

在组立、焊接过程中不可避免要翻转工件，在生产线中配有翻转机，则可避免等待桁车而大大提高工效。翻转机应有前后两道，其工作原理是：平时放松，不与工件接触，使用时张紧提起链子，转动链轮，使工件转至需要角度再放下。

经过焊接，H型钢的翼缘板必然产生变形，而且翼缘板与腹板的垂直度也有偏差，因此必须采用H型钢矫正机进行矫正。

5. H型钢拼、焊、矫组合机

在H型钢的制作过程中，其中2块翼缘板和1块腹板的拼装、点焊、焊接及焊后翼缘矫正，按常规工艺是由3台设备来完成的，而H型钢拼、焊、矫组合机将上述三道工序集于一身，具有结构紧凑、占地省、生产效率高等优点。

6.1.4　H型钢组立工艺要领

1. 组立注意事项

（1）在H型钢组立前，组装人员必须熟悉施工图、组立工艺及有关技术文件的要求；零件的材质、规格、数量以及外观质量应符合要求。

（2）翼缘板拼接长度不应小于2倍的板宽；腹板拼接宽度不应小于300mm，长度不小于600mm。拼接焊缝应符合一级焊缝质量要求。组立前应将翼板上与腹板结合处的对接焊缝磨平，磨平的宽度为4倍的腹板厚度。

（3）腹板与翼缘板焊接连接区域及四周30~50mm范围内的铁锈、毛刺、污垢、冰雪等必须在组装前清除干净。

（4）翼缘板拼接缝和腹板拼接缝的间距应不小于200mm。

2. 组立顺序

（1）H型钢组立顺序如图6.1-6所示。

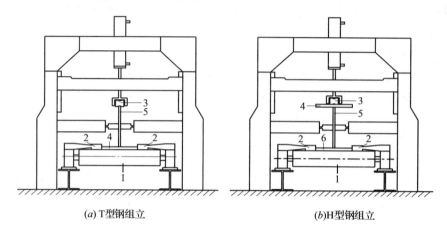

(a) T型钢组立　　　　　　　(b) H型钢组立

图6.1-6　焊接H型组立顺序示意图

1—导轨；2—翼缘板定位器；3—顶紧机构；4—下翼缘板；5—腹板；6—上翼缘板

（2）T型钢组立：把下翼缘板板置于组立机水平轨道上，调整定位装置使翼缘板位于组立水平轨道中央，然后组装腹板，进行端部错位调整，采用腹板定位机构调整腹板，使之与下翼缘板中心对齐并顶紧，检查腹板中心偏移以及下翼缘板与腹板的垂直度，合格后进行定位焊接。

（3）H型钢组立：把上翼缘板置于组立机水平轨道上，调整定位装置使其位于组立水平轨道中央，然后将T型钢组装到上翼缘板上，进行端部错位调整，采用腹板定位机构调整T型钢腹板，使之与上翼缘板中心对齐并顶紧，检查腹板中心偏移量、上翼缘板与腹板的垂直度以及截面尺寸，合格后进行定位焊接。

6.1.5　H型钢焊接工艺

H型钢的焊接主要有翼缘和腹板的长度拼接以及纵向焊缝焊接。腹板和翼缘的纵向焊缝根据设计和板厚要求可以分为角焊缝、部分熔透焊缝和全熔透焊缝。

（1）角焊缝焊接：为了保证四条角焊缝的焊接质量，常采用船形位置焊接，其倾角为45°，焊缝的焊接顺序及构件的倾斜和翻转按图6.1-7所示的顺序进行。

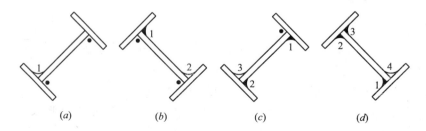

(a)　　　　　(b)　　　　　(c)　　　　　(d)

图6.1-7　焊接H型钢角焊缝船形位置的焊接顺序

埋弧焊焊接工艺参数可以按照焊脚尺寸要求参照表 6.1-2 选择。

H 型钢角焊缝埋弧焊焊接工艺参数　　表 6.1-2

焊脚（mm）	电流（A）	电压（v）	速度（m/h）	焊丝直径（mm）	伸出长度（mm）
6	500~550	30~32	40~41	φ4.8mm	25~30
8	550~600	30~32	38~39	φ4.8mm	25~30
10	550~600	30~32	30~32	φ4.8mm	30~35
12	600~650	32~34	25~27	φ4.8mm	30~35
14	650~700	32~34	20~23	φ4.8mm	30~35

（2）部分熔透和全熔透焊缝焊接：构件焊接位置应根据坡口角度进行调整，保证焊缝表面处于水平位置，焊接工艺参数应根据焊接试验确定。表 6.1-3 所示为 H 型钢全熔透埋弧自动焊工艺参数实例。

H 型钢埋弧自动焊工艺参数　　表 6.1-3

钢材	构件位置	接头形式与坡口	焊剂	焊丝	焊缝层次	焊接电流（A）	焊接电压（V）	焊接速度（m/h）	预热温度（℃）	备注
Q345B	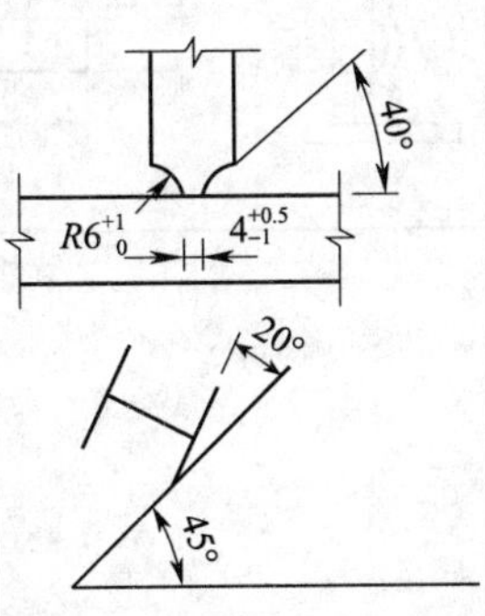	（图示：$R6_0^{+1}$，$4_{-1}^{+0.5}$，40°，20°，45°）	SJ101	H10Mn2	底部	700~750	30~34	16~18	100~150	清根
					坡口	525~575	30~32	28~30		
					加强角缝	620~660	35	25		
					盖面	700~750	30~35	20~22		

6.1.6 焊接 H 型钢的允许偏差

焊接 H 型钢翼缘板和腹板的气割下料公差、截面偏差及焊缝质量等均应符合设计的要求和国家规范的有关规定。焊接 H 型钢的外形尺寸允许偏差见表 6.1-4。

焊接 H 型钢的外形尺寸允许偏差　　表 6.1-4

项	目	允许偏差（mm）	检验方法	图 例
截面高度 h（mm）	$h<500$	±2.0	用钢尺检查	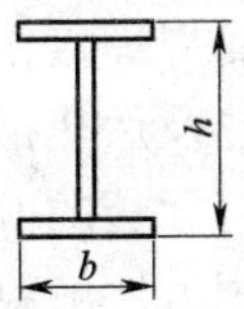 （图示 H 型钢截面，标注 h、b）
	$500<h<1000$	±3.0		
	$h\geq1000$	±4.0		
截面宽度 b		±3.0		

续表

项 目	允许偏差（mm）	检验方法	图 例
腹板中心偏移 e	2.0	用钢尺检查	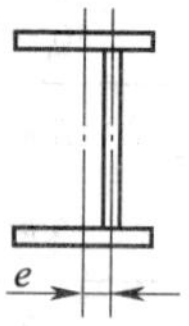
翼缘板垂直度 Δ	$b/100$，且不应大于 3.0	用直角尺和钢尺检查	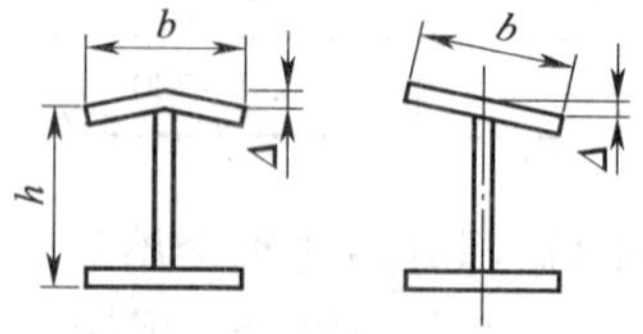
弯曲失高（受压杆件除外）	$l/1000$，且不应大于 10.0	用拉线、直角尺和钢尺检查	
扭曲 Δ	$h/250$，且不应大于 5.0	用拉线、吊线和钢尺检查	—
腹板局部平面度（f） $t<14$	3.0	用 1m 直尺和塞尺检查	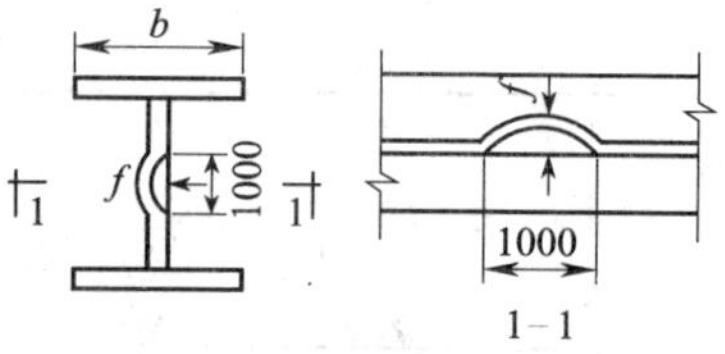
腹板局部平面度（f） $t\geqslant14$	2.0		

6.2 箱型截面柱加工

6.2.1 概述

在高层建筑钢结构中，箱型截面柱（简称箱型柱）用量很大。箱型柱由四块钢板焊接而成，柱子一般都比较长，要贯穿若干层楼层，每层均与横梁或斜支撑连接。为了提高柱子的刚度和抗扭能力，在柱子内部设置有横向肋板（又叫隔板），一般设置在柱子与梁、斜支撑等连接的节点处。在上、下节柱连接处，下节柱子顶部要求平整。其典型结构形式和断面示例如图 6.2-1 所示。

箱型柱四个角接接头的坡口形式一般按图 6.2-2 所示。当板厚大于 40mm 时，应采用防止层状撕裂的坡口形式。在全熔透部位可设置永久性钢垫板。四条焊缝一般可采用 CO_2 气保焊或埋弧焊焊接，当壁厚较大，或在较低气温下焊接时，应按照《钢结构焊接规范》要求采取预热及后热措施。

内隔板与面板的四条连接焊缝，由于柱内空间小，只能焊其中三条，最后一面的焊缝可采用电渣焊方法解决，但由于电渣焊热输入大，单侧焊会引起柱体的弯曲变形，所以在实际生产中采用在内隔板两侧用电渣焊对称焊接。电渣焊接头形式如图 6.2-3 所示。

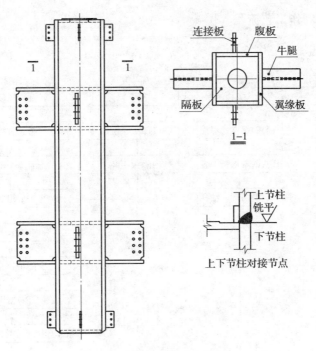

图 6.2-1 箱型柱的焊接结构示意图

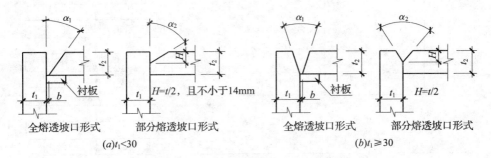

图 6.2-2 箱型柱角接接头坡口形式
(注：$α_1$、$α_2$为坡口角度；t_1、t_2分别为腹板、翼缘板厚度；H为坡口深度；b为坡口间隙)

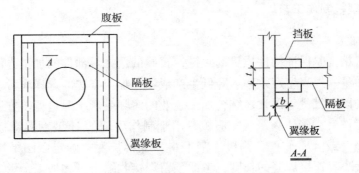

图 6.2-3 箱型柱电渣焊接头形式
(注：t为隔板厚度；b为隔板端头至翼缘板的距离；$t×b$即为电渣焊孔的尺寸)

6.2.2 箱型柱制作工艺流程

箱型柱制作工艺流程见图 6.2-4。

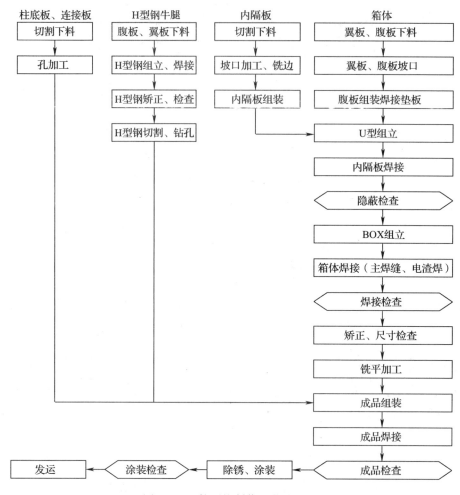

图 6.2-4 箱型柱制作工艺流程图

6.2.3 箱型柱制作工艺

1. 零部件加工

零部件加工精度是保证构件质量的关键，正确的选择零部件的加工方法能有效地保证零部件的加工质量，提高生产效率、降低生产成本。加工方法的选择应考虑零件的规格尺寸、形状、作用以及批量等因素，结合加工企业的实际生产状况进行多方案优化选择。

（1）直条零件（如箱体翼缘板、腹板；用于制作牛腿的 H 型钢翼缘板、腹板等）采用数控多头火焰（或等离子）切割机切割下料。下料长度的确定以图纸尺寸为基础，并根据构件截面大小和连接焊缝的长度，考虑预留焊接收缩余量和加工余量。

（2）批量较大的零件（如加劲板、连接板、内隔板等）为提高生产效率和保证零件质量，一般选用数控等离子切割机或数控火焰切割机下料；小批量的规则零件可采用小车式火焰切割机切割下料。

(3) 同规格等截面 H 型钢牛腿数量较多时,可将数段牛腿长度相加,采用焊接 H 型钢生产线先制作成较长段 H 型钢,然后采用数控 H 型钢加工线进行锯切、钻孔、锁口加工,有利于保证牛腿加工质量并提高生产效率。当牛腿与连接构件截面、规格相同时,可将牛腿与连接构件一起加工成 H 型钢,再进行锯切、钻孔、锁口加工,以保证牛腿与连接构件截面的一致性。

(4) 零件板上高强度螺栓孔宜采用平面数控钻床进行加工,H 型钢上高强度螺栓孔宜采用三维数控钻床进行加工,以保证各零部件孔位的准确性。

(5) 钢板切割前用钢板矫平机对不平整钢板进行矫正,确认合格后再切割。

(6) 为保证切割直条零件的质量,采用火焰切割时,为防止零件两边因受热不均匀而产生旁弯,一般采用数控多头火焰切割机从板两边同时垂直切割下料。如图 6.2-5 所示。

(7) 钢材切割面应无裂纹、夹渣、分层和大于 1mm 的缺棱;气割允许偏差应符合表 6.2-1 的要求。

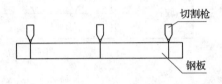

图 6.2-5 数控多头火焰切割下料示意图

气割允许偏差 表 6.2-1

项　目	允许偏差 (mm)
零件的宽度、长度	±3.0mm
切割面平面度	$0.05t$,但不大于 2.0
割纹深度	0.3
局部缺口深度	1.0

注: t 为切割面厚度。

2. 箱体组立装配

(1) 组装前准备

① 检查各待组装零部件标记,核对零件材质、规格、编号及外观尺寸、形状的正确性,发现问题及时反馈。

② 划线:在箱体的翼板、腹板上均划出中心线、端部铣削加工线;翼板上以中心线为基准划出腹板定位线、坡口加工线;腹板、翼板上以柱顶铣削加工线为基准划出内隔板等组装定位线及电渣焊孔位置。检查划线无误后打样冲眼进行标识。如图 6.2-6 所示。

③ 坡口加工:按照焊接要求采用划线进行坡口加工。坡口加工以腹板、翼板中心为基准采用半自动火焰对称切割加工坡口。

(2) 内隔板组装

由于电渣焊是利用液态的熔渣的电阻热作为能源进行焊接的,为了防止在焊接时发生漏渣现象,电渣焊垫板与箱体面板必须紧密贴合,应对其接触面进行铣平加工,同时也有利于箱体截面形状和尺寸的保证。采用先组装后铣平的加工方案时,组装时应留有一定的铣平加工余量。为了提高生产效率,目前大多先对 4 块垫板与箱体面板接触的四个端面用铣边机铣平，然后与隔板在专用胎模或内隔板组装机上进行装配，保证几何尺寸在允许范围内。如图 6.2-7 所示：

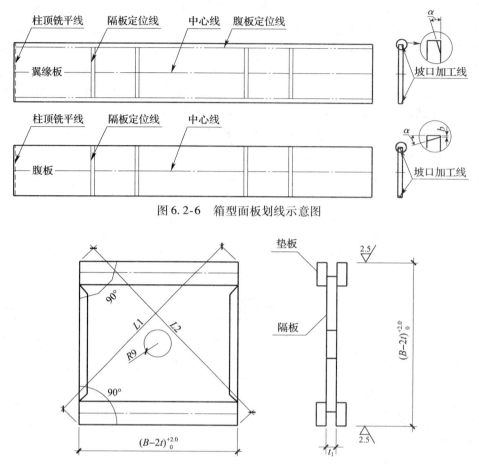

图 6.2-6　箱型面板划线示意图

图 6.2-7　内隔板组装图

（注：B 为箱形柱的外截面尺寸；t 为箱形柱柱身板厚度；t_1 为内隔板厚度；L_1、L_2 为对角线尺寸且 $|L_1-L_2|<1.5mm$）

（3）箱体 U 型组立

① 在箱体的腹板上装配焊接垫板，进行定位并焊接，在进行垫板安装时，先以中心线为基准安装两侧垫板，应严格控制两垫板外边缘之间的距离。如图 6.2-8 所示：

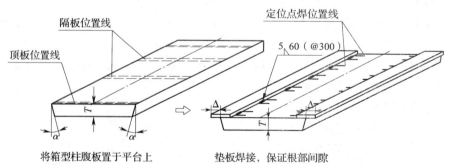

图 6.2-8　焊接垫板的组装示意图

260

② 组装内隔板、柱顶板：把划好线的下翼板水平放置于胎架（或组立机）平台上，按照定位线把已装配好的内隔板组装在下翼板之上，调整内隔板与下翼板垂直度，合格并顶紧后进行定位焊接。内隔板与下翼板的间隙不得大于 0.5mm，隔板与下翼板的垂直度不得大于 1mm。按照同样方式组装柱顶板。见图 6.2-9 所示。

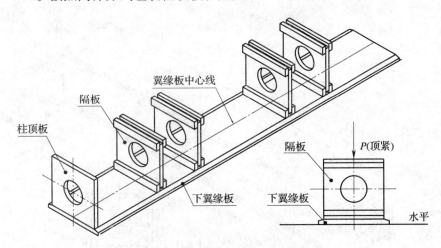

图 6.2-9 组装内隔板、柱顶板

③ 组装两侧腹板：使内隔板对准腹板上所划的隔板定位线，调整翼板与腹板之间的垂直度不得大于 $b/500$（b 为边长）；将腹板与翼板、隔板顶紧，并检查截面尺寸及腹板与翼缘板的垂直度，合格后进行定位焊接。如图 6.2-10 所示：

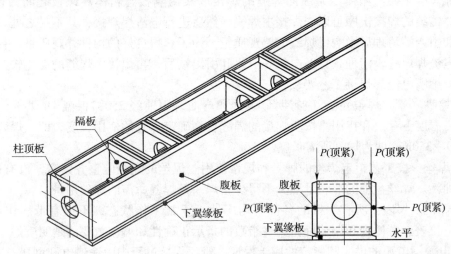

图 6.2-10 装配两侧腹板组

④ 内隔板焊接：进行内隔板与箱型腹板之间焊缝的焊接，采用 CO_2 气体保护焊从柱的中间向两端进行焊接。

（4）隐蔽检查

检查内隔板位置、内隔板与下翼缘板垂直度、内隔板与腹板的全熔透焊缝 UT 检测、焊缝外观质量检查、箱体内杂物；制作单位专检合格后应形成隐蔽检查记录，并应报监理进行验收检查。验收合格后方允许组装上翼板。

（5）箱型组立

将已形成 U 型的箱体吊至箱型组立机平台上，组装上翼板、组装时截面高度方向加放焊接收缩余量。将上翼板与腹板顶紧并检查截面尺寸、腹板与翼板错位偏差、扭曲量等，合格后进行定位焊接。如图 6.2-11 所示：

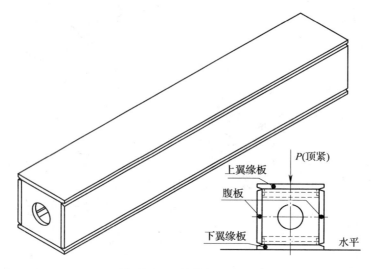

图 6.2-11　箱体 BOX 组立

3. 箱体焊接

箱体焊接主要为箱体四条纵向焊缝的焊接以及内隔板与箱体翼缘板之间（电渣焊）的焊接。传统的焊接次序可以先焊接主焊缝，然后进行电渣焊焊接，其不足之处是电渣焊引出端和引入端清理后影响主焊缝的感观质量。为了获得良好的构件外观质量，目前采用先焊接电渣焊焊缝，清理、打磨电渣焊引入和引出端后，再焊接主焊缝的工艺较为普遍。

（1）熔嘴电渣焊焊接工艺要领

① 熔嘴（管状焊条）：不应有明显锈蚀和弯曲，用前经 250℃ 保温 1h 烘干，然后在 80℃ 左右温度下存放和待用。按所焊接的焊缝长度确定焊管的使用长度，即：焊缝实际长度加 250～350mm 即为焊管所需长度。

② 焊丝：按工艺指定焊丝的牌号和规格使用。焊丝的盘绕应整齐紧密，没有硬碎弯、锈蚀和油污。焊丝盘上的焊丝量最少不得少于焊一条焊缝所需的焊丝用量。

③ 焊机及仪表：所有焊机的各部位均应处于正常工作状态，不得有带病作业现象，焊机的电流表、电压表和调节旋钮刻度指数的指示正确性和偏差数要清楚明确。

④ 电源：电源的供应和稳定性应予保证，避免焊接过程中中途停电和网压波动过大，开始焊接前要和配电室值班员取得联系，何时停电要预先通知，网压波动 >10% 停止作业。

⑤ 构件放置及焊孔清理：把构件水平地置于胎架上，离地面高度约 400mm 使电渣焊焊孔处在垂直状态，检查焊孔内情况，如有潮湿、污物、过大焊瘤和锈蚀严重以及焊孔与钻孔错位严重等现象，应进行清除和修整，直至合格。

⑥ 按焊孔位置对称地采用两台焊机同时施焊。如图 6.2-12 所示。

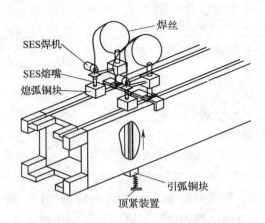

图 6.2-12　箱体对称电渣焊示意图

⑦ 引弧器、收弧器：在引弧器内填装引弧剂和焊剂，其厚度各约为 15mm，填好之后，将引弧器置于焊孔下端，位置调整对正后，用千斤顶或夹具固定，不得有松动现象。然后将收弧器置于焊口上端与焊口对正后固定。

⑧ 装熔嘴：将已调直和烘干的焊管一端插入焊孔内，不涂焊药的一端插入焊机的熔嘴夹持器内并用紧固螺栓紧固。焊机的控制电源合闸给电，将焊丝盘装入焊机盘架。焊丝经矫正导轮导入焊管内，随之调整矫正轮的压力使之适度。

⑨ 调整焊管和焊丝位置，焊管下端调到距助焊剂约 10mm，焊管与孔壁在垂直方向与焊孔平行，在水平方向位于焊孔中心，将焊丝断续地送入焊管至露出下端。焊管位置通常是处于焊孔中心，但当隔板、翼板的厚度相差较大时因两板所需热量不同，因而焊管在焊孔中的位置要稍偏于厚板的一侧为宜，当两板的厚度差别不大时，可不考虑偏向。

⑩ 焊接规范：根据焊口尺寸，参考表 6.2-2 的参数。

熔嘴电渣焊焊接规范参数　　　　表 6.2-2

焊口尺寸 ($t \times b$)	渣池深度 (mm)	焊接电流 (A)	焊接电压 (V)	焊接速度 cm/min
(20~30)×25	44	400	31~33	2.0
(30~50)×25	45	420	33~35	1.4~2.0
(60~80)×30	46	450	35~38	1.0~1.4

注：t 与 b 为电渣焊孔尺寸，见图 6.2-3 所示。

⑪ 引弧前对引弧器加热 100℃ 左右，按启动按钮开始引弧，随之进入焊接过程。引弧初期参数波动大或伴有明弧现象是正常的，随着熔敷金属的增加，渣池逐渐建立，规范参数也趋于稳定。在建立渣池的过程中，要及时细调各规范参数，使之符合要求（进入电渣过程的初期，焊接电压可比要求略高 1~2V）。

⑫ 焊接中助焊剂的添加：当渣池出现翻滚波动较大甚至明弧时即可添加助焊剂。添加助焊剂以少而慢的原则进行，当渣池恢复平静稳定状态后则暂停添加。

⑬ 焊接端部清理：拆卸引、收弧器并在焊缝完全冷却之后，采用切割或碳弧气刨将收弧端"焊帽"去除，去除时不得损伤母材，要求与母材基本平齐，然后用砂轮修磨至光滑平整。收弧端清理好后，把构件翻身，接着清理和修整引弧端"焊帽"。

（2）箱体主焊缝的焊接工艺

在钢构件的制作中埋弧自动焊广泛应用于箱体主焊缝的焊接。有时在要求全焊透的接头中为了避免坡口底部因焊漏而破坏焊缝成形，也采用药皮焊条手工电弧焊或 CO_2 气体保护焊打底，然后用埋弧自动焊填充和盖面的焊法。随着厚板箱型截面柱采用越来越多，为了提高生产效率，多丝埋弧焊的方法也越来越普遍。

① 焊丝和焊剂的选用：埋弧自动焊焊丝的各项性能指标，应符合《熔化焊用钢丝》GB/T 14957 的各项规定。被选用的焊丝牌号必须与相应的钢材等级、焊剂的成分相匹配；埋弧自动焊的焊剂应符合《低合金钢埋弧焊用焊剂》GB 12470 标准的有关规定，被选用的焊剂牌号必须与所采用的焊丝牌号和焊接工艺方法相匹配，焊剂在使用前应严格按照要求烘干。

② 引熄弧板的设置：引熄弧板材质应与母材相同，其坡口尺寸形状也应与母材相同。埋弧焊焊缝引出长度应大于 60mm，其引熄弧板的板宽不小于 100mm，长度不小于 150mm。

③ 焊接位置及顺序：平焊位置焊接，为了控制焊接变形，采用两台埋弧焊机同向同规范焊接，如图 6.2-13 所示。

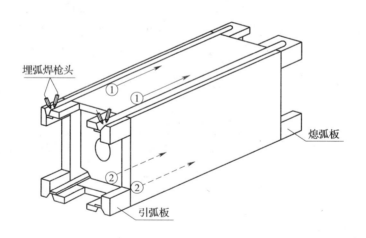

图 6.2-13 箱体主焊缝焊接位置及顺序示意图

④ 焊接工艺参数：焊接工艺参数应根据焊接试验确定。表 6.2-3、表 6.2-4 所示为箱体埋弧自动焊工艺参数（采取气保焊打底，埋弧自动焊填充及盖面，打底厚度根据板厚而定，一般为 10~20mm）。焊缝坡口形式及尺寸见图 6.2-14a。

随着钢结构技术的不断发展，厚板在箱体构件上得到越来越广泛的应用。而在箱体构件的实际生产中，为提高效率，构件焊接通常采取的是窄间隙坡口技术，这一技术的具体工艺参数应根据制作构件的实际情况，通过焊接工艺试验最终确定，参考焊缝坡口形式及尺寸可见图 6.2-14b。

箱体坡口平焊单丝埋弧焊工艺参数 表 6.2-3

序号	板厚（mm）	焊道	焊丝直径（mm）	电流（A）	电压（V）	速度（m/h）	伸出长度（mm）
1	14~20	盖面	φ4.8mm	630~670	33~36	19~22	25~30
2	20~30	盖面	φ4.8mm	650~700	35~38	18~20	25~30
3	30~60	填充层	φ4.8mm	700~750	34~36	20~22	25~30
		盖面层	φ4.8mm	650~700	32~34	21~24	25~30

箱体坡口平焊双丝埋弧焊工艺参数 表 6.2-4

序号	板厚（mm）	电极	焊丝直径（mm）	电流（A）	电压（V）	速度（m/h）	伸出长度（mm）
1	T>30	DC	φ4.8mm	650~750	34~36	25~35	25~30
		AC	φ4.8mm	700~800	33~38	25~35	25~30
2	T>60	DC	φ4.8mm	650~750	34~36	25~35	25~30
		AC	φ4.8mm	700~800	33~38	25~35	25~30

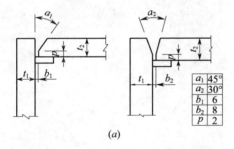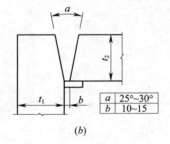

图 6.2-14 箱体主焊缝坡口形式及尺寸示意图

（注：t_1 为腹板厚度；t_2 为翼缘板厚度）

4. 箱型柱端面铣

箱型柱端面铣削前应先确认箱体已经过矫正并且合格，同时对设备的完好性进行检查确认。对箱型柱上端面进行铣削加工，粗糙度要求 12.5μm，垂直度要求 0.5mm，如图 6.2-15 所示：

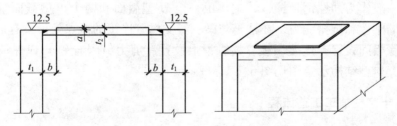

图 6.2-15 箱型柱端面铣示意图

（注：t_1 为箱体柱身板厚度；t_2 为箱体顶板厚度；a 为铣削厚度；b 为铣削宽度）

铣削完毕后，对端面垂直度利用大角尺进行检测，同时对铣削范围利用直尺检测；要求顶板与柱身板之间焊缝处熔合应良好，若存在局部熔合缺陷应将缺陷清除后补焊并进行重新打磨。

5. 箱型柱成品组装要领

① 钢柱装配前，应首先确认箱型柱的主体已检测合格，局部的补修及弯扭变形均已调整完毕。

② 将钢柱本体放置在装配平台上，确立水平基准；然后，根据各部件在图纸上的位置尺寸，进行划（弹）线，其位置线包括中心线、基准线等，各部件的位置线应采用双线标识，定位线条应清晰、准确，避免因线条模糊而造成尺寸偏差。

③ 待装配的部件（如牛腿等），应根据其在结构中的位置，先对部件进行组装焊接，使其自身组焊在最佳的焊接位置上完成，实现部件焊接质量的有效控制。

④ 在装配胎架上，按其部件在钢柱上的位置进行组装。如图 6.2-16 所示：

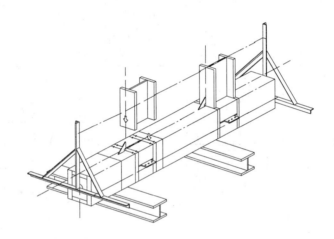

图 6.2-16　箱型柱成品组装示意图

6.3　十字柱加工

6.3.1　概述

十字柱一般作为劲性钢骨柱，其主体由一个 H 型截面和两个 T 型截面组合而成，为了提高柱子的刚性和抗扭能力，在柱子与梁、斜支撑等连接的节点处设置有加劲板。其他部位相邻翼缘板间设置有连接缀板。翼缘板上设置有剪力钉（栓钉）以保证与混凝土的结合强度。其典型结构示意图见图 6.3-1。

6.3.2　十字柱加工工艺流程

十字柱主体的组立过程主要分为三个步骤，即 H 型钢的制作、T 型钢的制作及十字柱的组立。典型十字柱的加工工艺流程如图 6.3-2 所示。

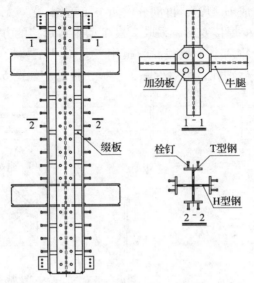

图 6.3-1 十字柱结构示意图

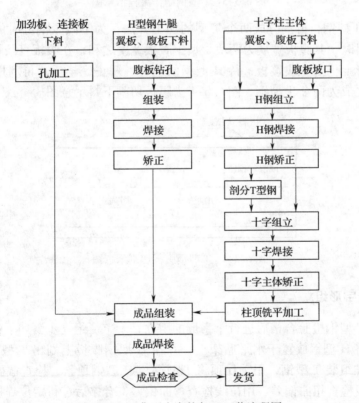

图 6.3-2 典型十字柱加工工艺流程图

H 型截面前面已经介绍过，这里主要介绍 T 型截面的制作和十字形截面的组装。

6.3.3 T 型钢的加工制作

T 型钢加工制作通常采用两种方法：一种是先组装成 T 型钢，然后通过工艺板连接成

H型钢；另一种是先加工成H型钢，再剖分成两个T型钢。

T型截面制作时为减少焊接变形，采取2根T型组对焊接的方法。先组装好两个T型截面，然后在组装胎架上将两个T型截面腹板用工艺板（工艺板两面对称安装）连接进行组对；待焊接完成矫正后钻孔，最后拆除工艺板，打磨。如图6.3-3所示。

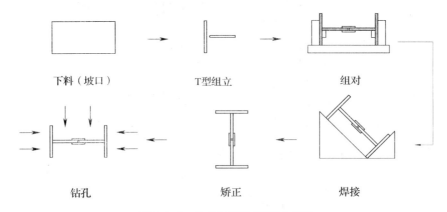

图6.3-3 T型钢制作流程示意图

先加工成H型钢，再剖分成两个T型的加工方法：为了减少剖分时的变形，在进行H型钢腹板下料时，其腹板宽度为两块T型钢腹板宽度之和，在腹板直条切割时采用间断切割，使之外形上仍是一块整板；待H型钢的组焊、矫正完毕后，再利用手工割枪将预留处割开，使之成为两个T型钢，图6.3-4为腹板切割下料示意图。

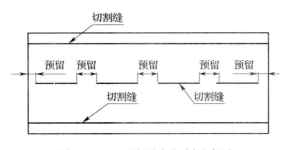

图6.3-4 T型钢腹板切割示意图

6.3.4 十字形组立

H型钢及T型钢检验合格后进行十字形的组立，十字形组立步骤如下：

第一步：将H型钢放置于水平胎架上，并在H型钢腹板上划出T型钢组装定位线，以定位线为基准组装T型钢，用千斤顶将T型钢与H型钢顶紧，检查截面长、宽及对角尺寸，并用吊线检查扭曲偏差、用拉线检查弯曲偏差，合格后进行定位焊接；

第二步：翻转180°按同样的方法组装另一侧T型钢。如图6.3-5所示。

6.3.5 十字柱焊接

十字柱的焊接主要是H型钢和T型钢主焊缝焊接，以及拼装成十字形后十字接头四条主焊缝的焊接。

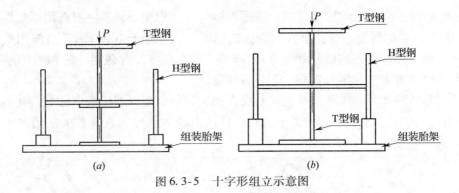

图 6.3-5 十字形组立示意图

H 型钢和 T 型钢主焊缝焊接工艺要领同 H 型钢主焊缝的焊接。

十字接头四条主焊缝焊接时，应采取合理的焊接顺序，以控制焊接变形（尤其是扭曲变形），当要求为坡口组合焊缝时，一般采用 CO_2 气体保护焊打底，打底焊时采用对称施焊。打底焊焊完后把十字柱放置在专用焊接架上进行船形位置埋弧自动焊焊接，其焊接位置及焊接顺序如图 6.3-6 所示。

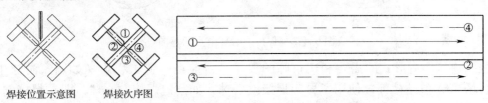

图 6.3-6 十字柱主焊缝埋弧焊焊接位置及焊接顺序示意图

6.4 螺栓球和焊接空心球加工

6.4.1 概述

在空间网架结构中，普遍采用球节点连接，用得最多的节点一般有螺栓球和焊接空心球两种。

螺栓球通过高强度螺栓与杆件相连接，其构造形式如图 6.4-1 所示。由于采用机械方式连接，要求螺栓球具有较好的机械加工性能，同时螺栓球需要承受拉力和压力，对力学性能的要求较高。因此，螺栓球采用 45 号钢制造。

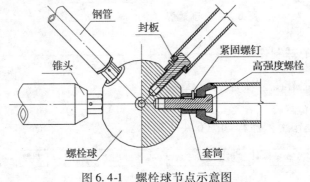

图 6.4-1 螺栓球节点示意图

焊接空心球由两个半球焊接而成，通过焊接与杆件相连。材质一般选用可焊性良好的Q235 或 Q345；当焊接空心球壁厚（即钢板的厚度）大于等于 40mm 时，应采用抗层状撕裂的钢板，钢板的厚度方向性能级别 Z15、Z25、Z35 相应的含硫量、断面收缩率应符合国家标准《厚度方向性能钢板》GB 5313 的规定。

焊接空心球的计算公式和典型规格系列在相应的行业规程和标准中已有，其形式如图6.4-2 所示，有加肋和不加肋两种类型。在杆件内力较大或球的直径较大的情况下，一般应采用加肋焊接球。

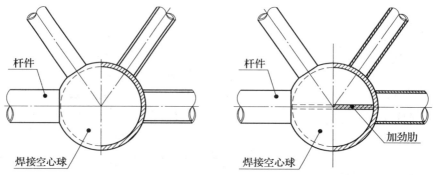

图 6.4-2　焊接空心球节点示意图

根据建筑构造形式的需要和建筑师的要求，目前在一些工程中（如国家游泳中心、首都机场 T3A 航站楼等）使用了异型焊接空心球，如削冠焊接空心球，即在焊接空心球的一个半球上削掉一部分球冠形成球缺，并用盖板封堵，再与另一半球焊接形成削冠焊接空心球。其结构形式如图 6.4-3 所示。目前，削冠焊接空心球在规范和产品标准中没有相应的计算方法和可供选择的规格，工程中采用时应进行计算分析或进行承载力试验。

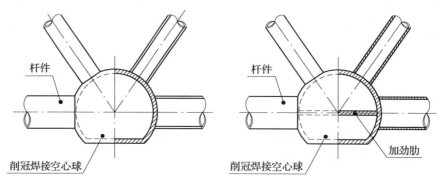

图 6.4-3　削冠焊接空心球节点示意图

6.4.2　焊接空心球制作

1. 焊接空心球制作工艺流程

（1）焊接空心球

焊接空心球的制作工艺流程如图 6.4-4 所示。

钢板下料 → 钢板加热 → 钢板压制成半球 → 半球切边、坡口 → 装配 → 焊接 → 检验

图 6.4-4　焊接空心球制作工艺流程

其加工过程如图 6.4-5 所示。半圆球是采用圆钢板热压成型，是一个拉伸的过程，会引起钢板壁厚发生变化（下料时，应预放钢板厚度余量，以保证焊接球承载力），其变化规律见图 6.4-6。

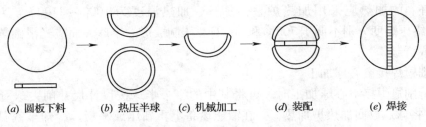

(a) 圆板下料　　(b) 热压半球　　(c) 机械加工　　(d) 装配　　(e) 焊接

图 6.4-5　焊接空心球制作过程示意图

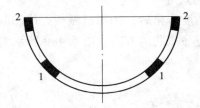

图 6.4-6　半球成型壁厚变化规律示意图

1—偏薄；2—偏厚

（2）削冠焊接空心球

削冠焊接空心球的制作工艺流程如图 6.4-7 所示，其加工过程如图 6.4-8 所示。

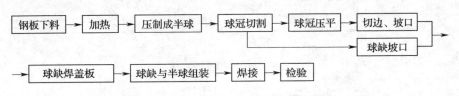

图 6.4-7　削冠焊接空心球制作工艺流程

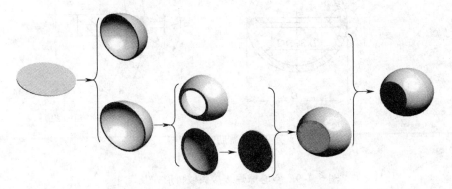

图 6.4-8　削冠焊接空心球制作过程示意图

2. 加工工艺要领

（1）切割下料

半球圆形钢板坯料采用数控切割设备下料，下料尺寸应加放成形后的切边余量，下料后坯料的直径允许偏差为 2.0mm；钢板的厚度应进行有效控制，避免成型后的球壁厚超差。

（2）坯料加热

钢板坯料的加热应采用加热炉整体加热，加热温度为 1000～1100℃。对 Q235 和 Q345 钢的终压温度分别不低于 700℃和 800℃。压制成形的半球表面应光滑圆整，不应有局部凸起或折皱。

（3）削冠焊接空心球加工

在进行削冠焊接空心球加工时，可将其中的一个半球按设计尺寸削去球冠（留下球缺），然后将球冠放回加热炉加热，并在锻压设备上重新压成平板，冷却至室温后，切除环向多余部分，使切割后的圆形平板与球缺空洞吻合。

（4）焊接接头坡口形式与尺寸

模压成型的半球经检验圆度合格后，采用机械或火焰切割修切边缘及坡口，装配定位焊接内环肋，组装加劲肋时应注意肋的方向。图 6.4-9 所示为不加肋空心球与加肋空心球的焊接接头坡口形式及尺寸。

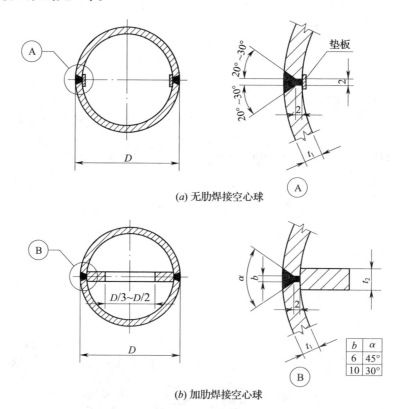

图 6.4-9　空心球焊接接头坡口形式及尺寸

（注：t_1 焊接空心球厚度；t_2 为肋板厚度；α 为坡口角度；b 为离缝间隙；D 为焊接空心球外径）

（5）焊接

空心球的焊接方法可用药皮焊条手工电弧焊或 CO_2 保护半自动或自动焊，球体则放在转胎上转动。壁厚大于 16mm 的大型空心球制作焊接时宜用埋弧自动焊，但可先用 CO_2 气体保护焊或手工电弧焊小直径焊条打底，以保证在焊透同时避免烧穿，然后再用自动埋弧焊填充、盖面。其焊接参数与平板焊接相近。焊接材料的选用可根据《建筑钢结构焊接技术规程》(JGJ 81) 的规定选用，且应满足设计的要求。大规模生产时还可以采用机床式球体自动焊设备，如气保护空心球自动焊接机，采用电动机驱动和液压驱动实现球体的装卡、夹紧、转动、卸落以及焊枪的进退、摆动，并用微机程序控制无触点限位开关控制各层焊接过程。保护气体可配用纯 CO_2 或 $Ar+CO_2$ 混合气体。可以满足不同板厚的球体焊缝高效率焊接和质量要求。

当空心球不转动，采用手工和半自动焊接时的焊接顺序，一般采用180°对称焊接法，见图6.4-10。

(6) 焊缝检验

焊接空心球焊缝应进行无损检测，一般采用超声波探伤，其质量等级应符合设计要求。当设计无要求时应符合规范中规定的二级焊缝质量标准。

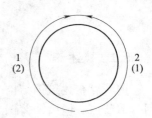

图 6.4-10 无转胎时空心球对称焊接顺序示意图

6.4.3 螺栓球制作

1. 螺栓球制作工艺流程

螺栓球一般采用45号圆钢经下料、加热、锻造、热处理、机加工等一系列工序加工而成，其加工工艺流程如图6.4-11所示。

毛坯下料 → 坯料加热 → 锻造成型 → 热处理 → 毛坯球检验 → 机械加工 → 检验

图 6.4-11 螺栓球制作工艺流程图

2. 加工要领

(1) 毛坯下料

锻造螺栓球的毛坯料应采用圆钢，不允许采用废钢或钢锭，否则容易产生裂纹、夹层等质量问题。根据球径大小，选择不同直径的圆钢采用锯切加工下料。

(2) 加热、锻造

圆钢坯料加热采用炉中整体加热的方法，加热到1100~1200℃后进行保温，使温度均匀，终锻温度不得低于800℃。锻造采用胎模锻，设备采用空气锤或压力机。成型后的毛坯球不应有褶皱、过烧和裂纹等缺陷。当有极少量深度不大于2mm的表面微裂纹时，可采取打磨处理消除，并应修整与周围母材圆滑过渡，处理后不允许存在裂纹。

(3) 毛坯球热处理

锻造成型的毛坯球存在较大的内应力，所以必须经过正火处理，以减小毛坯球的内应力。正火处理加热温度一般为850℃。

(4) 机械加工

螺栓球机械加工的内容为：劈面、钻孔、螺纹加工。

采用数控加工中心或专用车床进行加工，当采用专用车床加工时应配以专门的工装夹具，夹具的转角误差不得大于10′。螺栓球上的所有螺孔最好一次装夹、一次加工完成，以确保螺孔的角度精度。

(5) 螺栓球加工精度要求

为减少网架结构安装时产生的装配应力，保证网架结构几何尺寸和空间形态符合设计要求，螺栓球的加工精度应符合以下要求：

① 螺栓球任意螺孔之间的空间夹角角度误差≤±30′；

② 螺栓球螺孔端面至球心距离≤±0.2mm；

③ 保证螺栓球螺孔的加工精度，使螺纹公差符合国家标准《普通螺纹公差与配合》GB 197中6H级精度的规定。

6.5 铸钢节点加工

6.5.1 概述

铸钢节点在建筑钢结构中的应用越来越多，一般对于重要节点或复杂节点设计往往会选用铸钢节点。但由于铸钢节点的造价较高，焊接要求严格，因此，建议尽量采用造价相对较低、焊接性能较好的连接节点（如焊接空心球节点、直接相贯节点等）。

铸钢节点作为重要的连接部件，必须保证有足够的强度，良好的焊接性，较好的机械性能等。根据《铸钢节点应用技术规程》（CECS235：2008）的规定，铸钢节点材料分为焊接结构用和非焊接结构用两大类。焊接结构用铸钢节点的材质应选用符合现行国家标准《焊接结构用碳素铸钢件》GB/T 7659规定的ZG230-450H、ZG275-485H铸钢，或符合德国标准《焊接结构用铸钢》（DIN EN10293：2005）规定的G17Mn5QT、G20Mn5N、G20Mn5QT铸钢。非焊接结构用铸钢节点的材质应选用符合现行国家标准《一般工程用铸造碳钢件》GB/T 11352规定的ZG230-450、ZG270-500、ZG310-570、ZG340-640等牌号的铸钢。当有依据时，也可选用其他牌号的铸钢。

6.5.2 铸钢节点加工工艺流程

铸钢节点简要加工工艺流程如图6.5-1所示。

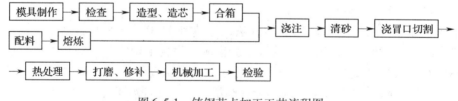

图6.5-1 铸钢节点加工工艺流程图

6.5.3 铸钢节点加工工艺要领

铸钢节点在铸造前，应编制完整的铸造工艺，特别对模型尺寸、钢水化学成分、内部组织、外形尺寸、热处理方法等进行严格规定。铸钢节点示意如图6.5-2所示。

铸钢节点在整个加工工艺流程中，首先是模型制作，对模型尺寸的控制非常重要，只有模型尺寸准确，才能使铸造完成的铸钢节点满足质量要求。铸钢节点在浇注之前，应对钢水的化学成分进行控制，可采用炉前快速分析方法来实现。

浇注温度的高低对铸件的质量影响很大。温度高时，液体金属的粘度下降，流动性提高，可以防止铸件产生浇注不足、冷隔及气孔、夹渣等铸造缺陷。温度过高将增加金属的总收缩量、吸气量和二次氧化现象，使铸件容易产生缩孔、缩松、粘砂和气孔等缺陷。较高的浇注速度，可使金属液更好的充满铸型，铸件各部分温差小，冷却均匀，不易产生氧化和吸气。但速度过高，会使钢液强烈冲刷铸型，容易产生冲砂缺陷。

铸钢件的铸态组织一般存在严重的枝晶偏析、组织极不均匀以及晶粒粗大和网状组织等问题，需要通过热处理消除或减轻其有害影响，改善铸钢件的力学性能。此外，由于铸钢件结构和壁厚的差异，同一铸件的各部位具有不同的组织状态，并产生相当大的残余内应力。因此，铸钢件一般都以热处理状态供货，热处理状态一般为正火或调质。

铸造完成后的铸钢件对其表面应进行打磨处理，对有公差要求的内孔、外圆或表面应采用钻削、车削、铣削或刨削等方法进行精加工。

图6.5-2　铸钢节点示意图

铸钢件存在缺陷时，可采用焊接修补方法修补缺陷。对于缺陷深度在铸件壁厚20%以内且小于25mm或需修补的单个缺陷面积小于65cm^{2}时，可以直接进行焊接修补。当缺陷大于或等于上述尺寸时的缺陷修补称为重大焊补。对于重大焊补必须经设计同意并编写详细的焊接修补方案后才能进行修补。

6.6　圆管和矩形管相贯线加工

6.6.1　概述

随着建筑钢结构的快速发展，大跨度桁架结构的应用越来越多，采用的杆件类型主要为圆钢管和矩形钢管，连接节点则大部分为直接相贯焊接节点。相贯线的加工，传统工艺方法一般采用人工放样、手工气割和砂轮打磨坡口。这种加工方法尺寸精度低，坡口质量差，且加工速度慢，已无法满足工程的需要。随着科学技术的发展，目前已出现了五维和六维数控加工设备，只需技术人员采用专用实体编程软件，得出相贯面原始数据后，传输到切割设备的计算机上，即可对管子进行全自动等离子或火焰切割，相贯线与坡口一次成形。此种加工方法精度和外观质量都较好，杆件的长度误差可以控制在1mm以内，坡口平滑光洁，无需打磨即可直接组焊。

6.6.2　圆管相贯线加工

圆钢管相贯线加工工艺已较成熟，可采用数控相贯线切割机加工，其相贯线的加工与坡口能一次完成。目前用得较多的有五维数控和六维数控相贯线加工设备。根据设备型号的不同可加工不同直径的钢管，目前国内最大的相贯线设备可加工直径φ1850的钢管。

数控相贯线加工设备可实现无图化生产，由技术人员输入相关数据后就能自动加工所需的相贯线和剖口。

圆管相贯线加工工艺流程见图6.6-1，工厂加工实景见图6.6-2。

图 6.6-1 圆管相贯线加工工艺流程图

图 6.6-2 五轴数控相贯线切割机

6.6.3 矩形管相贯线加工

矩形钢管可分为正方形钢管和长方形钢管，正方形钢管可用六维数控相贯线切割机加工，其加工方法与圆钢管相贯线加工相同。而长方形钢管的相贯线加工还没有专门的数控相贯线加工设备，一般采用半自动切割或手工切割。当用手工切割时，首先由技术人员在计算机上按1:1放样，然后工人按1:1制作样板，按样板划线后进行切割。采用半自动切割机进行切割的工艺流程见图 6.6-3，工厂加工实景见图 6.6-4。

图 6.6-3 长方形钢管相贯线加工流程图

图 6.6-4 长方形钢管相贯线切割

6.7 大直径厚壁圆钢管加工

6.7.1 概述

近年来我国钢结构工程建设迅速发展，特别是大跨度空间钢结构和高层（超高层）钢结构等得到了广泛应用，此类结构大量采用大直径厚壁圆钢管作为主构件，而且随着跨度、高度和荷载的加大，需要更大直径与壁厚的钢管。

在以往的工程中采用的钢管一般直径较小或者壁厚较薄，根据国家标准《直缝电焊钢管》GB/T 13793 的规定，其规格直径最大为 $\phi 508 mm$，壁厚最厚为 12.7mm；而根据《结构用无缝钢管》GB/T8162 的规定，其规格直径最大为 $\phi 660 mm$，壁厚最厚为 65mm；或者根据《低压流体输送用焊接钢管》GB/T 3091 的规定，其规格直径最大为 $\phi 1626 mm$，壁厚最厚为 25.0mm。当上述规格不能满足设计要求时（如直径不够大，壁厚不够厚或者没有相应的规格），目前国内常用在常温下卷制或压制成形、埋弧焊焊接的工艺生产建筑结构用大直径厚壁圆钢管（又称大直径直缝埋弧焊管）。

钢管的卷制成形和压制成形加工是在外力作用下，使钢板的外层纤维伸长，内层纤维缩短而产生弯曲变形（中间层纤维不变）。实际生产中，成形工艺选择卷制还是压制，应根据设计要求、钢管的径厚比（钢管外径 D 与钢管壁厚 t 之比）、材质、设备的加工能力等确定。在设备满足要求的条件下，一般当径厚比 $D/t \geqslant 25$ 时（Q345B），可采用卷制成形加工工艺；当径厚比 $D/t \geqslant 18$ 时（Q345B），可采用压制成形加工工艺。

6.7.2 钢管卷制成形加工工艺

1. 钢管卷制成形加工工艺流程

钢管卷制成形加工工艺流程如图 6.7-1 所示。

图 6.7-1 钢管卷制成形加工工艺流程图

2. 设备

圆管的卷制成形采用卷板机，卷板机按轴辊数目和位置可分为三辊卷板机和四辊卷板机两类。大直径厚壁圆管常采用三辊卷制成形，加工设备为液压数控水平下调式三辊卷板机，目前国内常用的设备型号及性能见表 6.7-1。

几种常用三辊卷板机型号及性能　　　　表 6.7-1

规格型号	满载最小直径	主电动功率	外形尺寸
EZW11－125×3000mm	2400mm	52KW×2	
EZW11－100×2500mm	2500mm	37KW×2	
EZW11－80×3500mm	2500mm	35KW×2	
EZW11－50×3200mm	2000mm	26KW×2	6450×3320×2526
EZW11－50×3000mm	2000mm	26KW×2	6250×3320×2526
EZW11－50×2500mm	1200mm	26KW×2	5750×3320×2526
EZW11－40×4000mm	2000mm	26KW×2	7250×3320×2526
EZW11－40×3600mm	2000mm	18.5KW×2	6940×1710×2136
EZW11－30×3500mm	1500mm	13KW×2	6500×1850×2091
EZW11－30×3000mm	1000mm	13KW×2	6050×1850×2091
EZW11－30×2000mm	1500mm	9KW×2	4300×1900×1895

续表

规格型号	满载最小直径	主电动功率	外形尺寸
EZW11-25×3200mm	1050mm	9KW×2	5690×2150×1960
EZW11-25×2500mm	950mm	9KW×2	4800×1900×1895
EZW11-20×4000mm	1050mm	9KW×2	6450×2150×1960
EZW11-20×2500mm	850mm	6.3KW×2	4700×1740×1670

3. 卷圆

(1) 预弯

三辊卷板机卷圆时，钢板两端有一段长度为 a 的直边无法卷圆（如图 6.7-2a、b 所示），称剩余直边，其长度取决于两下辊的中心距，为消除剩余直边，卷板前需进行板边预弯。预弯可以在压力机上用专用的压模进行模压预弯（如图 6.7-2d 所示），也可以用预制的厚钢板模在三辊卷板机上进行板边预弯（如图 6.7-2c 所示）。

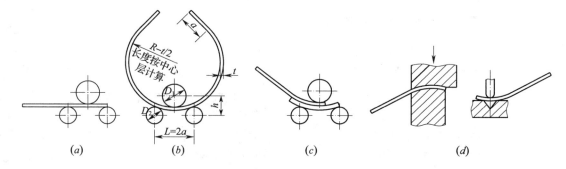

图 6.7-2 对称式三辊卷板机原理示意

（注：D_1 为上辊直径；D_2 为下辊直径；h 为上下辊中心距；t 为钢管壁厚；R 为钢管半径；a 为直边长度；L 为下辊间距）

(2) 卷圆

① 为了防止卷圆时产生扭斜，卷制开始时，工件必须对中，使工件的母线与辊子轴线平行，三辊卷板机设置有保证工件对中的挡板，可以采用倾斜给料方法，让一个下辊起对中挡板作用。

② 卷圆进给：分一次进给和多次进给，取决于工艺限制条件和设备限制条件，冷卷时不得超过允许的最大变形率，保证板、辊之间不打滑，不得超过辊子的允许应力与设备的最大功率。在工艺、设备和圆度误差范围内，以最少的进给次数完成卷圆，以达到最高的生产率。

③ 在卷制过程中采用模板检查卷圆的内径，同时检查钢板纵向与辊子轴线保持垂直，以保证按要求进行卷制。

④ 考虑冷卷时钢材的回弹，卷圆时必须施加一定的过卷量，使回弹后工件的直径为加工图要求的工件直径。

4. 焊接

由于受卷板设备条件的限制，长的大直径厚壁圆钢管卷制成形一般是把钢板的宽度作为每段钢管（称为管节）的长度（一般≤4000mm），然后把管节进行接长成为需要的钢管长度。由于钢管的壁厚较厚，纵缝和环缝的焊接一般采用内、外焊接，焊接方法通常采用埋弧焊。对环缝的内、外焊可采用悬臂式埋弧焊机，对纵缝的内、外焊可采用小车式或悬臂式埋弧焊。内、外焊接见图 6.7-3。

图 6.7-3　纵缝及环缝的焊接示意图

6.7.3　钢管压制成形加工工艺

1. 钢管压制成形加工工艺流程

在压制成形大直径厚壁圆管生产线中，逐步折弯成形法（即 PFP 法）因其投资较小，能加工不同管径、不同壁厚的钢管，且质量较好，产量适中，应用比较广泛。该方法是将端头预弯的钢板在压力机上以较小的步长，较多的次数逐步对板料进行折弯，最后经钢管合缝焊机成形为圆管。其工艺流程如图 6.7-4 所示。

图 6.7-4　钢管压制成形加工工艺流程图

2. 主要设备及用途

PFP 法生产线主要的大型工艺设备有：铣边机、预弯机、电液伺服数控折弯成型机、合缝预焊机、直缝（内、外）埋弧焊机、精整机、校直机等。主要设备实景图片见图 6.7-5。

（1）钢板铣边机　主要用于钢板坡口加工，并保证钢板两边平行，同时加工出焊接坡口。整机由两台铣边机组成，两边同时铣削，每边装有多把固定的铣刀，在钢板通过时进行铣削加工。其优点是加工效率高，且产生的铁屑易于收集。

（2）预弯机　主要用于对需要弯折成圆管的钢板两侧板边进行预弯处理，使板边具有与成形后圆管半径相对应的渐开线，防止圆管成形时，接口两侧存在剩余直边而产生桃形缺陷，保证圆管的圆度。整机由两台压力预弯机相对安装在两个底座上，由一台电动机及双伸轴减速器同时带动安装在机器底部的左右旋转丝杠旋转，使两台端头预弯机接近或远离，从而对不同宽度钢板两端头同时进行预弯。经过铣边加工的钢板，逐段送入机器上下模之间，在上下模的压力下使材料产生弯曲变形。主机前后配有进出料辊道，可将预弯成型的工件送入下一道工序。机床的预弯模具由相应的管径参数决定，由于对钢板的端头预弯是分段进行的，因此上下模具均有过渡段，即圆弧半径逐渐变大，且圆心的位置也随着变化，避免了分段预弯造成钢板的撕裂等缺陷。

(a) 钢板铣边机　　　　　　　　(b) 钢板预弯机

(c) 电液伺服数控折弯成型机　　(d) 合缝预焊机

(e) 钢管内焊机　　　　　　　　(f) 钢管外焊机

(g) 钢管精整机　　　　　　　　(h) 钢管校直机

图 6.7-5　钢管压制成形加工设备

（3）电液伺服数控折弯成型机　用于对经过预弯加工的钢板，经过逐步折弯成形，加工成与圆管直径相等的开口圆管坯。不同的制造商设备型号和性能均不同，目前用得较多的 PPF3600/125 电液伺服数控折弯成型机的主要性能见表 6.7-2。该机采用单板框式结构，刚性好，强度高。主机采用了电液比例同步液压阀，左右立柱上各安装一只光栅，与计算机、比例阀组成一闭环伺服控制，使滑块保持同步运行，保证了机器的高精度。在整个成形过程中，压头及送板均采用计算机控制，可根据不同的钢材强度等级、板厚、板宽自动调整压下量、压下力和钢板进给量，同时上下模具具有补偿变形功能，有效地避免了模具变形对成形所造成的不良影响，保证在压制过程中全长方向的平直度。成形时送进步长均匀，保证了管子的圆度和焊接边的平直度。

PPF3600/125 电液伺服数控折弯成型机主要技术参数　　　　表 6.7-2

参数名称	数值	单位	备注
公称压力	36000	kN	
折弯长度	12200	mm	不含引弧板
折弯直径	$\phi 406 \sim \phi 1422$	mm	
工作速度	6	mm/s	
功率	430	kw	
设备自重	600000	kg	

（4）合缝预焊机　用于对已成形合格的开口圆管坯进行合缝并预焊，以保持钢管的形状，为下步工序的内焊和外焊提供条件。管坯由输送辊送入预焊机，经对中、举起、旋转开口至上方位置后再落到输送辊上，通过链条驱动的输送装置将管坯推入合缝预焊机，主机的主压头、两辅助压头及两支撑辊形成标准的圆形空间，液压系统将力通过压头传递给钢管，借传动链条带动连续不断地合拢并进行合缝焊接。

（5）钢管内焊机　用于对预焊后的圆管进行内壁焊接。在焊接时钢管平放在输送车上，输送车的输送速度确保均速，无冲击振动。内焊机采用悬臂梁结构，输送车的位移量超过悬臂梁的长度，在悬臂梁的端部装有焊接装置，悬臂梁在钢管内。当输送车以焊接速度退回时，钢管内壁焊缝采用多丝埋弧焊工艺焊接。该内焊机通过悬臂梁将焊接电极、焊丝、焊剂及焊接电流提供到焊接处。

（6）钢管外焊机　用于对内焊后的钢管进行外壁焊接。外焊时，钢管同样平放在输送车上，输送车在焊头下方匀速移动。该外焊机通过对地车驱动电机的变频调速达到焊接所需要的速度。焊机机头部位配有十字滑架，焊接过程中可实现水平、垂直方向的微调，以便控制焊接机头的焊缝位置对中。外焊缝采用多丝埋弧焊工艺焊接。

（7）圆管精整机　用于对圆度超差的圆管逐段从外部施加压力，改善圆管圆度，使之达到标准要求。主机为四立柱液压机，在主机前后配备输送辊道和可升降的旋转辊道。精整时，在圆度超差的圆管界面上找出椭圆截面的长轴方向，并使其旋转到垂直方向，逐段送入精整模，在精整模的压力作用下逐段将圆管精整达到圆度标准要求。

（8）圆管校直机　用于圆管的直线度矫直，一般为通用型圆管矫直机。

复习思考题

6-1 图1为某工程箱型钢柱，箱型柱规格为□1400×1400×40，厚度≥40mm 材质为 Q345GJC-Z15，其他材质为 Q345C，箱型柱主焊缝、隔板与箱型柱及牛腿与箱型柱的焊缝均为全熔透焊缝，箱型柱内部纵向劲板为半熔透焊缝，牛腿翼缘板与腹板之间的焊缝为角焊缝，请编制该箱型柱的工艺流程图。

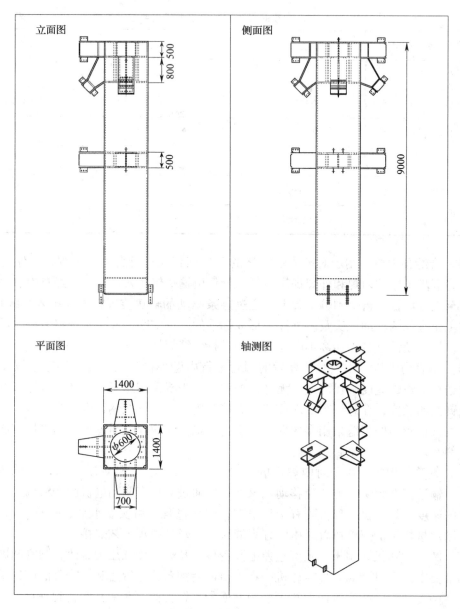

图 1

6-2 图2为某工程铸钢节点，铸钢材质为 G20Mn5QT，对接构件材质为 Q345B。请编制该铸钢节点的焊接工艺。

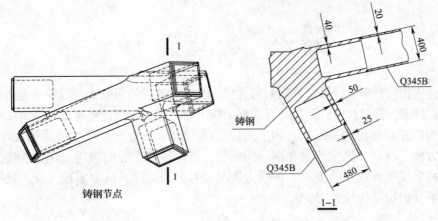

图 2

6-3 图 3 为某工程非标准钢柱柱脚，厚度≥50mm 材质为 Q345C-Z25，厚度≥40mm 材质为 Q345C-Z15，其他均为 Q345C。柱脚由底板、两块翼缘板和数块加劲板组成，两块翼缘板需折弯，三块加劲板贯穿柱顶板，使柱脚中间部位形成不规则的日字型。除牛腿翼缘板与腹板的焊缝为角焊缝外，其余均为全熔透焊缝。请编制该柱脚工艺流程图及主要工艺要点。

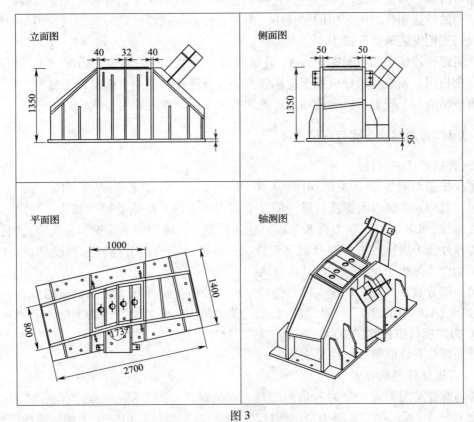

图 3

6-4 规格为 $\phi1400 \times 40$、材质 Q345B、长度为 10000mm 的钢管，可采用哪些方法加工成形并说明优缺点，要求按其中一种方法编制加工工艺。

第7章 螺栓连接

紧固件连接包括螺栓、铆钉和销钉等连接，其中螺栓连接可分为普通螺栓连接和高强度螺栓连接。目前，铆钉和销钉连接在新建钢结构上使用较少，因此本章重点介绍螺栓连接。

钢结构的螺栓连接的紧固工具和工艺均较简单，易于实施，进度和质量较容易保证，拆装维护方便，所以，螺栓连接在钢结构安装连接中得到广泛的应用。螺栓连接分普通螺栓连接和高强度螺栓连接两大类。按受力情况又各分为三种：抗剪螺栓连接、抗拉螺栓连接和同时承受剪拉的螺栓连接。

7.1 普通螺栓连接

普通螺栓连接中使用较多的是粗制螺栓（C级螺栓）连接。其抗剪连接是依靠螺杆受剪和孔壁承压来承受荷载。抗拉连接则依靠沿螺杆轴向受拉来承受荷载。粗制螺栓抗剪连接中，由于螺杆孔径较螺杆直径大$1.0 \sim 1.5$mm，有空隙，受力后板件间将发生一定大小的相对滑移，因此只能用于一些不直接承受动力荷载的次要构件和不承受动力荷载的可拆卸结构的连接和临时固定用的连接中。由于螺栓的抗拉性能较好，因而常用于一些使螺栓受拉的工地安装节点连接中。

普通螺栓连接中的精制螺栓（A、B级螺栓）连接，受力和传力情况与上述粗制螺栓连接完全相同，因质量较好可用于要求较高的抗剪连接，但由于螺栓加工复杂，安装要求高，价格昂贵，工程上已极少使用，逐渐地被高强度螺栓连接所替代。

7.1.1 普通螺栓性能与规格

1. 普通螺栓的材性

螺栓按照性能等级分3.6、4.6、4.8、5.6、5.8、6.8、8.8、9.8、10.9、12.9等十个等级，其中8.8级以上螺栓材质为低合金钢或中碳钢并经热处理（淬火、回火），称为高强度螺栓，8.8级以下（不含8.8级）螺栓材质为低碳钢或中碳钢，称为普通螺栓。

螺栓性能等级标号由两部分数字组成，分别表示螺栓的公称抗拉强度和材质的屈强比。例如性能等级4.6级的螺栓其含意为：

第一部分数字（4.6中的"4"）为螺栓材质公称抗拉强度（N/mm^2）的1/100；第二部分数字（4.6中的"6"）为螺栓材质屈强比的10倍；两部分数字的乘积（$4 \times 6 =$ "24"）为螺栓材质公称屈服点（N/mm^2）的1/10。

普通螺栓各性能等级材性见表2.5-5。

2. 普通螺栓规格

普通螺栓按照形式可分为六角头螺栓、双头螺栓、沉头螺栓等；按制作精度可分为A、B、C三个等级，A、B级为精制螺栓，C级为粗制螺栓，钢结构用连接螺栓，除特殊注明外，一般即为普通粗制C级螺栓。

钢结构常用普通螺栓技术规格有：

（1）六角头螺栓——C 级 GB 5780 和六角头螺栓——全螺纹——C 级 GB 5781 的技术规格见表 7.1-1。

六角头螺栓技术规格表（mm） 表 7.1-1

六角头螺栓—C 级（GB 5780）　　　六角头螺栓—全螺纹—C 级（GB 5781）

标记示例：

螺纹规格 d = M12、公称长度 l = 80mm、性能等级为 4.8 级、不经表面处理、C 级的六角头螺栓：螺栓 GB 5780 M12×80

螺纹规格 d		M5	M6	M8	M10	M12	(M14)	M16	(M18)	M20	(M22)	M24	(M27)	M30	M36	M42	M48	M56	M64
s		8	10	13	16	18	21	24	27	30	34	36	41	46	55	65	75	85	95
k		3.5	4	5.3	6.4	7.5	8.8	10	11.5	12.5	14	15	17	18.7	22.5	26	30	35	40
r		0.2	0.25	0.4	0.4	0.6	0.6	0.6	0.8	1	0.8	1	1	1	1	1.2	1.6	2	2
e		8.6	10.9	14.2	17.6	19.9	22.8	26.2	29.0	33	37.3	39.6	45.2	50.9	60.8	72	82.6	93.6	104.9
b 参考	$l≤125$	16	18	22	26	30	34	38	42	46	50	54	60	66	78	—	—	—	—
	$125<l≤200$	—	—	28	32	36	40	44	48	52	56	60	66	72	84	96	108	124	140
	$l>200$	—	—	—	—	53	57	61	65	69	73	79	85	97	109	121	137	153	
l 范围		25~50	30~60	35~80	40~100	45~120	60~140	55~160	80~180	65~200	90~220	80~240	100~260	90~300	110~300	160~420	180~480	220~500	260~500
l 范围（全螺纹）		10~40	12~50	16~65	20~80	25~100	30~140	35~100	35~180	40~100	45~220	50~100	55~280	60~100	70~420	80~480	100~500	110~500	120~500
100mm 长的重量（kg）≈				0.072	0.103	0.141	0.185	0.242	0.304	0.369	0.459	0.609	0.765	1.166	1.680	1.857	2.646	3.561	
l 系列		10, 12, 16, 20, 25, 30, 35, 40, 45, 50, (55), 60, (65), 70, 80, 90, 100, 110, 120, 130, 140, 150, 160, 180, 200, 220, 240, 260, 280, 300, 320, 340, 360, 380, 400, 420, 440, 460, 480, 500																		
技术条件	GB 5780	螺纹公差 8g	材料钢			机械性能等级：$d≤39$ 时为 4.6、4.8，$d>39$ 时按协议							表面处理：① 不经处理；② 镀锌钝化						
	GB 5781	螺纹公差 6g																	

注：1. b 不包括螺尾；
2. M5～M36 为商品规格，为销售贮备的产品最通用的规格；
3. M42～M64 为通用规格，较商品规格低一档，有时买不到要现制造；
4. 带括号的规格表示尽量不采用的规格，尽量不采用的规格还有 M33、M39、M45、M52 和 M60；
5. 本表两标准均代替 GB5。

（2）等长双头螺柱—C 级 GB 953 的技术规格见表7.1-2。

等长双头螺柱—C 级 GB 953 技术规格表　　　　表7.1-2

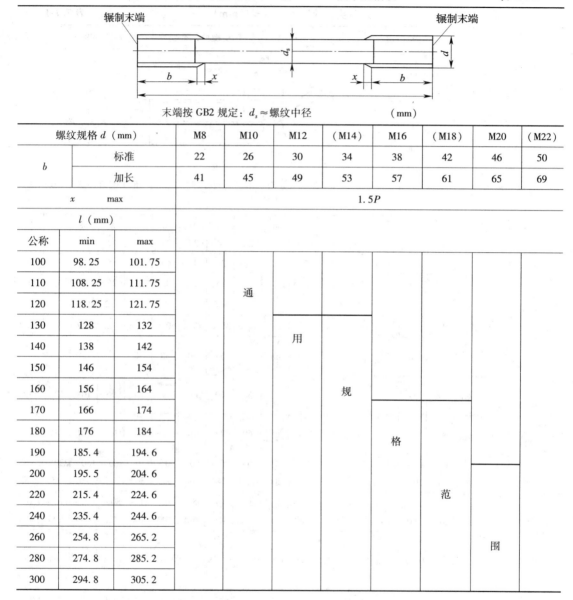

末端按 GB2 规定：$d_s \approx$ 螺纹中径　　　　　　　　（mm）

螺纹规格 d（mm）			M8	M10	M12	(M14)	M16	(M18)	M20	(M22)
b	标准		22	26	30	34	38	42	46	50
	加长		41	45	49	53	57	61	65	69
x	max		\multicolumn{8}{c	}{1.5P}
l（mm）										
公称	min	max								
100	98.25	101.75								
110	108.25	111.75								
120	118.25	121.75	通							
130	128	132								
140	138	142		用						
150	146	154								
160	156	164			规					
170	166	174								
180	176	184				格				
190	185.4	194.6								
200	195.5	204.6								
220	215.4	224.6					范			
240	235.4	244.6								
260	254.8	265.2						围		
280	274.8	285.2								
300	294.8	305.2								

3. 螺母

钢结构常用的螺母，其公称高度 h 大于或等于 $0.8D$（D 为与其相匹配的螺栓直径），螺母强度设计应选用与之相匹配螺栓中最高性能等级的螺栓强度，当螺母拧紧到螺栓保证荷载时，必须不发生螺纹脱扣。

螺母性能等级分 4、5、6、8、9、10、12 级等，其中 8 级（含 8 级）以上螺母与高强度螺栓匹配，8 级以下螺母与普通螺栓匹配。螺母与螺栓性能等级相匹配的参照表见表 7.1-3。

螺母与螺栓性能等级相匹配参照表　　　　表7.1-3

螺母性能等级	相匹配的螺栓性能等级	
	性能等级	直径范围（mm）
4	3.6、4.6、4.8	>16
5	3.6、4.6、4.8	≤16
	5.6、5.8	所有的直径
6	6.8	所有的直径
8	8.8	所有的直径
9	8.8	>16～≤39
	9.8	≤16
10	10.9	所有的直径
12	12.9	≤39

螺母的螺纹应和螺栓相一致，一般应为粗牙螺纹（除非特殊注明用细牙螺纹），螺母的机械性能主要是螺母的保证应力和硬度，其值应符合《紧固件机械性能 螺母 粗牙螺纹》GB 3098.2 的规定。

常用六角螺母规格见表 7.1-4。

常用六角螺母规格表（mm）　　　　表7.1-4

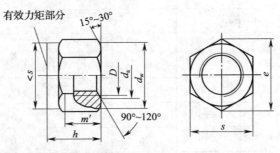

螺纹规格 d		M5	M6	M8	M10	M12	(M14)	M16	M20	M24	M30	M36
d_a	max	5.75	6.75	8.75	10.8	13	15.1	17.3	21.6	25.9	32.4	38.9
	min	5	6	8	10	12	14	16	20	24	30	36
d_w	min	6.9	8.9	11.6	14.6	16.6	19.6	22.5	27.7	33.2	42.7	51.1
e	min	8.79	11.05	14.38	17.77	20.03	23.35	26.75	32.95	39.55	50.85	60.79
h	max	5.3	5.9	7.1	9	11.6	13.2	15.2	19	23	26.9	32.5
	min	4.8	5.4	6.44	8.04	10.37	12.1	14.1	16.9	20.2	24.3	29.4
m'	min	2.7	3	3.7	4.8	6.7	7.8	9.1	10.9	13	15.7	19
s	max	8	10	13	16	18	21	24	30	36	46	55
	min	7.78	9.78	12.73	15.73	17.73	20.67	23.67	29.16	35	45	53.8

注：尽可能不采用括号内的规格。

4. 垫圈

常用钢结构螺栓连接的垫圈，按形状及其使用功能可以分成以下四类：

圆平垫圈——一般放置于紧固螺栓头及螺母的支承面下面，用以增加螺栓头及螺母的支承面，同时防止被连接件表面损伤；

方型垫圈——一般置于地脚螺栓头及螺母支承面下，用以增加支承面及遮盖较大螺栓孔眼；

斜垫圈——主要用于工字钢、槽钢翼缘倾斜面的垫平，使螺栓支承面垂直于螺杆，避免紧固时造成螺母支承面和被连接的倾斜面局部接触；

弹簧垫圈——防止螺栓拧紧后在动载作用下的振动和松动，依靠垫圈的弹性功能及斜口摩擦面防止螺栓的松动。一般用于有动荷载（振动）或经常拆卸的结构连接处。

（1）圆平垫圈的常用规格见表 7.1-5。

圆平垫圈规格尺寸（mm） 表 7.1-5

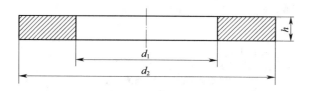

公称尺寸（螺纹规格 d）	内径 d_1		外径 d_2		厚度 h		
	公称（min）	max	公称（max）	min	公称	max	min
5	5.5	5.8	10	9.1	1	1.2	0.8
6	6.6	6.96	12	10.9	1.6	1.9	1.3
8	9	9.36	16	14.9	1.6	1.9	1.3
10	11	11.43	20	18.7	2	2.3	1.7
12	13.5	13.93	24	22.7	2.5	2.8	2.2
14	15.5	15.93	28	26.7	2.5	2.8	2.2
16	17.5	17.93	30	28.7	3	3.6	2.4
20	22	22.52	37	35.4	3	3.6	2.4
24	26	26.52	44	42.4	4	4.6	3.4
30	33	33.62	56	54.1	4	4.6	3.4
36	39	40	66	64.1	5	6	4

（2）工字钢用方斜垫圈的常用规格见表 7.1-6。

工字钢用方斜垫圈规格尺寸（mm）　　表 7.1-6

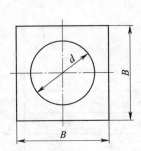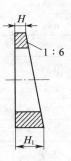

规格（螺纹规格）	d		B	H	H_1
	max	min			
6	6.96	6.6	16	2	4.7
8	9.36	9	18		5.0
10	11.43	11	22		5.7
12	13.93	13.5	28		6.7
16	17.93	17.5	35		7.8
(18)	20.52	20	40	3	9.7
20	22.52	22			9.7
(22)	24.52	24			9.7
24	26.52	26	50	3	11.3
(27)	30.52	30			11.3
30	33.62	33	60		13.0
36	39.62	39	70		14.7

注：括号内的尺寸，尽可能不采用。

（3）槽钢用方斜垫圈常用规格见表7.1-7。

槽钢用方斜垫圈规格尺寸（mm）　　表 7.1-7

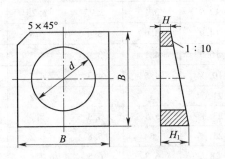

续表

规格（螺纹规格）	d max	d min	B	H	H_1
6	6.96	6.6	16	2	3.6
8	9.36	9	18	2	3.8
10	11.43	11	22	2	4.2
12	13.93	13.5	28	2	4.8
16	17.93	17.5	35	2	5.4
(18)	20.52	20	40	3	7
20	22.52	22	40	3	7
(22)	24.52	24	40	3	7
24	26.52	26	50	3	3
(27)	30.52	30	50	3	3
30	33.62	33	60	3	9
36	39.62	39	70	3	10

注：括号内的尺寸，尽可能不采用。

（4）弹簧垫圈常用规格见表7.1-8。

弹簧垫圈规格尺寸（mm） 表7.1-8

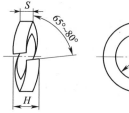
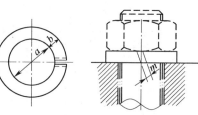

规格（螺纹大径）	d min	d max	S(b) 公称	S(b) min	S(b) max	H min	H max	m≤
8	8.1	8.68	2.1	2	2.2	4.2	5.25	1.05
10	10.2	10.9	2.6	2.45	2.75	5.2	6.5	1.3
12	12.2	12.9	3.1	2.95	3.25	6.2	7.75	1.55
(14)	14.2	14.9	3.6	3.4	3.8	7.2	9	1.8
16	16.2	16.9	4.1	3.9	4.3	8.2	10.25	2.05
(18)	18.2	19.04	4.5	4.3	4.7	9	11.25	2.25
20	20.2	21.04	5	4.8	5.2	10	12.5	2.5
(22)	22.5	23.34	5.5	5.3	5.7	11	13.75	2.75
24	24.5	25.5	6	5.8	6.2	12	15	3
(27)	27.5	28.5	6.8	6.5	7.1	13.6	17	3.4
30	30.5	31.5	7.5	7.2	7.8	15	18.75	3.75

7.1.2 普通螺栓连接工艺

1. 一般要求

普通螺栓作为永久性连接螺栓时,应符合下列要求:

(1) 对一般的螺栓连接,螺栓头和螺母下面应放置平垫圈,以增大承压面积。

(2) 螺栓头下面放置的垫圈一般不应多于2个,螺母头下的垫圈一般不应多于1个。

(3) 对于设计有要求防松动的螺栓、锚固螺栓应采用有防松装置的螺母或弹簧垫圈,或用人工方法采取防松措施。

(4) 对于承受动荷载或重要部位的螺栓连接,应按设计要求放置弹簧垫圈,弹簧垫圈必须设置在螺母一侧。

(5) 对于工字钢、槽钢类型钢应使用斜垫圈,使螺母和螺栓头部的支承面垂直于螺杆。

2. 螺栓直径及长度的选择

(1) 螺栓直径。螺栓直径的确定应由设计人员按等强原则通过计算确定,但对同一个工程,螺栓直径规格应尽可能少,便于施工和管理;另外螺栓直径还应与被连接件的厚度相匹配,表7.1-9为不同的连接厚度所推荐选用的螺栓直径。

不同连接厚度推荐螺栓直径(mm)　　　　表 7.1-9

连接件厚度	4~6	5~8	7~11	10~14	13~20
推荐螺栓直径	12	16	20	24	27

(2) 螺栓长度。螺栓的长度通常是指螺栓螺头内侧面到螺杆端头的长度,一般都是5mm的倍数。从螺栓的标准规格上可以看出,螺纹的长度基本不变。影响螺栓长度的因素主要有:被连接件的厚度、螺母高度、垫圈的数量及厚度等,可按下列公式计算:

$$L = \delta + H + nh + C \tag{7.1-1}$$

式中　δ——被连接件总厚度,mm;

　　　H——螺母高度,mm,一般为0.8D;

　　　n——垫圈个数;

　　　h——垫圈厚度,mm;

　　　C——螺纹外露部分长度(mm)(2~3丝为宜,一般为5mm)。

3. 螺栓的布置

螺栓连接接头中螺栓的排列布置主要有并列和交错排列两种形式,螺栓间的间距确定既要考虑连接效果(连接强度和变形),同时要考虑螺栓的施工,通常情况下螺栓的最大、最小容许距离见表7.1-10。

常用的工字钢、槽钢及角钢等型钢连接接头中螺栓的间距及最大孔径分别参考表7.1-11、表7.2-12、表7.3-13。

常用的H型钢(轧制或焊接),其连接(拼接)螺栓的排列布置及间距参见图7.1-1、图7.1-2。其中图7.1-1为M20、M22连接示意图,图7.1-2为M24连接示意图。

螺栓的最大、最小容许距离　　　　　　　　　　　　　　　　表 7.1-10

名称	位置和方向			最大容许距离（取两者的较小值）	最小容许距离
中心间距	任意方向	外　排		$8d_0$ 或 $12t$	$3d_0$
		中间排	构件受压力	$12d_0$ 或 $18t$	
			构件受压力	$16d_0$ 或 $24t$	
中心至构件边缘距离	顺内力方向			$4d_0$ 或 $8t$	$2d_0$
	垂直内力方向	切割边			$1.5d_0$
		轧制边	高强度螺栓		
			其他螺栓或铆钉		$1.2d_0$

注：1. d_0 为螺栓或铆钉的孔径，t 为外层较薄板件的厚度；
　　2. 钢板边缘与刚性构件（如角钢、槽钢等）相连的螺栓或铆钉的最大间距，可按中间排的数值采用。

工字钢连接螺栓最大开孔直径及间距　　　　　　　　　　　　表 7.1-11

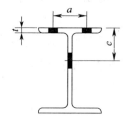

型　号	翼缘（mm）			腹板（mm）	
	a	t	最大开孔直径	c	最大开孔直径
10	—	8	—	30	11
12.6	42	9	11	40	13
14	46	9	13	44	17
16	48	10	15	48	19.5
18	52	10.5	15	52	21.5
20a/b	58	11	17	60	25.5
22a/b	60	12.5	19.5	62	25.5
25a/b	64	13	21.5	64	25.5
25c	66	13		64	25.5
28a/b	70	14	21.5	66	
28c	72				
32a	74	15	21.5	68	25.5
32b	76				
32c	78				
36a	76	16	23.5	70	25.5
36b	78				
36c	80				

续表

型 号	翼缘（mm）			腹板（mm）	
	a	t	最大开孔直径	c	最大开孔直径
40a	82	16	23.5	72	25.5
40b	84				
40c	86				
45a	86	17.5	25.5	74	25.5
45b	88				
45c	90				
50a	92	20	25.5	78	25.5
50b	94				
50c	96				
56a	98	20.5	25.5	80	25.5
56b	100				
56c	102				
63a	104	21	28.5	90	25.5
63b	106				
63c	108				

槽钢连接螺栓最大开孔直径及间距　　　　表 7.1-12

型 号	翼缘（mm）			腹板（mm）	
	a	t	最大开孔直径	c	最大开孔直径
5	20	7	11	25	7
6.3	25	7.5	11	31.5	11
8	25	8	13	40	15
10	30	8.5	15	35	11
12.6	30	9	17	40	15
14a, 14b	35	9.5	17	45	17
16a, 16b	35	10	19.5	50	17
18a, 18b	40	10.5	21.5	55	21.5

续表

型 号	翼缘（mm）			腹板（mm）	
	a	t	最大开孔直径	c	最大开孔直径
20a	45	11	21.5	60	23.5
22a	45	11.5	23.5	65	25.5
25a, 25b, 25c	45	12	23.5	65	25.5
		12	25.5		
28a, 28b, 28c	50	12.5	25.5	67	25.5
32a, 32b, 32c	50	14	25.5	70	25.5
36a, 36b, 36c	60	16	25.5	74	25.5
40a, 40b, 40c	60	18	25.5	78	25.5

角钢连接螺栓最大开孔直径及间距　　　　　　　　　表 7.1-13

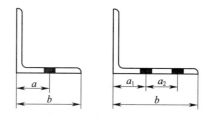

单行（mm）			双行交错排列（mm）				双行并列（mm）			
肢宽 b	线距 a	最大开孔直径	肢宽 b	线距 a_1	线距 a_2	最大开孔直径	肢宽 b	线距 a_1	线距 a_2	最大开孔直径
45	25	13	125	55	35	23.5	140	55	60	20.5
50	30	15	140	60	45	26.5	160	60	70	23.5
56	30	15	160	60	65	26.5	180	65	75	26.5
63	35	17					200	80	80	26.5
70	40	21.5								
75	45	21.5								
80	45	21.5								
90	50	23.5								
100	55	23.5								
110	60	26.5								
125	70	26.5								

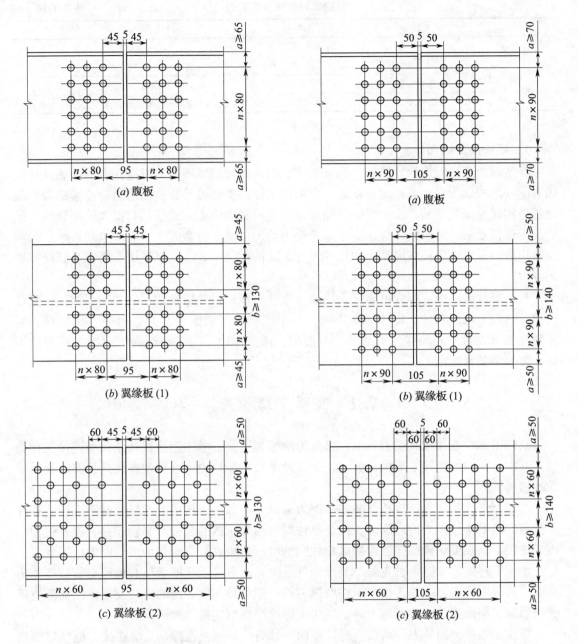

图 7.1-1 实腹梁或柱拼接接头示意
（M20、孔 φ22、M22、孔 φ24）

图 7.1-2 实腹梁或柱拼接接头示意
（M24、孔 φ26）

4. 螺栓孔

对于精制螺栓（A、B 级螺栓），螺栓孔必须是 I 类孔，应具有 H12 的精度，孔壁表面粗糙度 R_a 不应大于 12.5μm，为保证上述精度要求必须钻孔成型。

对于粗制螺栓（C 级螺栓），螺栓孔为 II 类孔，孔壁表面粗糙度 R_a 不应大于 25μm，其允许偏差应符合表 7.1-14 的要求。

C 级螺栓孔的允许偏差　　　　表 7.1-14

项目	允许偏差（mm）
直径	+1.0 0
圆度	2.0
垂直度	$0.03t$ 且不大于 2.0

注：t 为连接板的厚度。

5. 螺栓的紧固和检验

普通螺栓连接对螺栓紧固轴力没有要求，因此螺栓的紧固施工以操作者的手感及连接接头的外形控制为准，通俗地讲就是一个操作工使用普通扳手靠自己的力量拧紧螺母，保证被连接接触面能密贴，无明显的间隙即可。这种紧固施工方式虽然有很大的差异性，但能满足连接要求。为了使连接接头中螺栓受力均匀，螺栓的紧固次序应从中间开始，对称向两边进行；对大型接头应采用初拧和复拧，即两次紧固方法，保证接头内各个螺栓能均匀受力。

普通螺栓的连接应牢固可靠，无锈蚀、松动等现象，外露丝扣不应少于 2 扣。检验较简单，一般采用锤击法，即用 3kg 小锤，一手扶螺栓（或螺母）头，另一手用锤敲，要求螺栓头（螺母）不偏移、不颤动、不松动，锤声比较干脆，否则说明螺栓紧固质量不好，需要重新紧固施工。

7.2　高强度螺栓连接

高强度螺栓连接按其受力状况，可分为摩擦型连接、承压型连接和张拉型连接三种类型，其中，前两种连接主要承受剪力，第三种主要承受拉力。摩擦型连接是目前广泛采用的连接形式。

摩擦型连接是依靠连接板件间的摩擦力来承受荷载。连接中的螺栓孔壁不承压，螺杆不受剪。这种连接应力传递圆滑，接头刚性好，通常所指的高强度螺栓连接，就是这种摩擦型连接。高强度螺栓摩擦型连接以板件间的摩擦力刚要被克服作为承载能力极限状态。

承压型连接以摩擦力被克服、节点板件发生相对滑移后孔壁承压和螺栓受剪破坏作为承载能力极限状态。这种连接由于在摩擦力被克服后将产生一定的滑移变形，因而其应用受到限制。但此连接的承载能力高于高强度螺栓摩擦型连接，经济性好。

张拉型连接：当外力与高强度螺栓轴向一致时，如法兰连接、T 型连接、螺栓球节点连接等这类高强度螺栓连接称张拉型连接。该连接的特点是：外力和由高强度螺栓预紧力产生在连接件间的压力相平衡。

7.2.1　高强度螺栓种类与规格

高强度螺栓从外形上可分为大六角头和扭剪型两种；按性能等级可分为 8.8 级、10.9 级、12.9 级等，目前我国使用的大六角头高强度螺栓有：8.8 级和 10.9 级两种，扭剪型高强度螺栓只有 10.9 级一种。试验研究和工程实践表明：强度在 1000MPa 左右的高强度螺栓既能满足使用要求，又可最大限度地控制因强度太高而引起的滞后断裂的发生。

（1）大六角头高强度螺栓连接副。大六角头高强度螺栓连接副含一个螺栓、一个螺母、两个垫圈（螺头和螺母两侧各一个垫圈）。螺栓、螺母、垫圈在组成一个连接副时，其性能等级要匹配。钢结构用大六角头高强度螺栓连接副匹配组合要求见表2.5-1。

大六角头高强度螺栓连接副推荐材料见表2.5-2。

大六角头高强度螺栓型号及规格见表7.2-1。

大六角头螺母形式及规格见表7.2-2。

大六角头垫圈形式及规格见表7.2-3。

大六角头高强度螺栓型号及规格表（mm） 表7.2-1

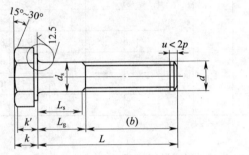 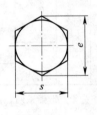

l	螺纹规格 d							螺纹规格 d						
	M12	M16	M20	(M22)	M24	(M27)	M30	M12	M16	M20	(M22)	M24	(M27)	M30
公称尺寸	(b)							每1000个钢螺栓的理论质量（kg）						
35	25							49.4						
40								54.2						
45		30						57.8	113.0					
50			35					62.5	121.3	207.3				
55								67.3	127.9	220.3	26.9.3			
60	30			40				72.1	136.2	233.3	284.9	357.2		
65					45			76.8	144.5	243.6	300.5	375.7	503.2	
70						50		81.6	152.8	256.5	313.2	394.2	527.1	658.2
75							55	86.3	161.2	269.5	328.9	409.1	551.0	607.5
80									169.5	282.5	344.5	428.6	570.2	716.8
85		35	40						177.8	295.5	360.1	446.1	591.1	740.3
90									186.4	308.5	375.8	464.7	617.9	769.6
95				45	50				194.4	321.4	391.4	483.2	641.8	799.0
100						55	60		202.8	334.4	407.0	501.7	665.7	828.3
110									219.4	360.4	438.3	538.8	713.5	886.9
120									236.1	386.3	469.6	575.9	761.3	945.6
130									252.7	412.3	500.8	612.6	809.1	1004.2
140										438.3	532.1	650.0	856.9	1062.8

续表

l 公称尺寸	螺纹规格 d							螺纹规格 d						
	M12	M16	M20	(M22)	M24	(M27)	M30	M12	M16	M20	(M22)	M24	(M27)	M30
	(b)							每1000个钢螺栓的理论质量（kg）						
150										464.2	563.4	687.1	904.7	1121.5
160										490.2	594.6	724.2	952.4	1180.1
170											625.9	761.2	1000.2	1238.7
180											657.2	798.3	1048.0	1297.4
190											688.4	835.4	1095.8	1356.0
200											719.7	872.4	1143.6	1414.7
220											782.2	946.6	1239.2	1531.9
240												1020.7	1334.7	1649.2
260													1430.3	1766.5

注：括号内的规格为第二选择系列。

大六角头螺母形式及规格表（mm） 表 7.2-2

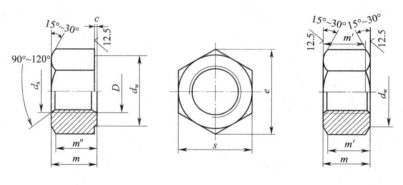

螺纹规格 D		M12	M16	M20	(M22)	M24	(M27)	M30
p		1.75	2	2.5	2.5	3	3	3.5
d_a	max	13	17.3	21.6	23.8	25.9	29.1	32.4
	min	12	16	20	22	24	27	30
d_w	min	19.2	24.9	31.4	33.3	38.0	42.8	46.5
e	min	22.78	29.56	37.29	39.55	45.20	50.85	55.37
m	max	12.3	17.1	20.7	23.6	24.2	27.6	30.7
	min	11.87	16.4	19.4	22.3	22.9	26.3	29.1
m'	min	9.5	13.1	15.5	17.8	18.3	21.0	23.3
m''	min	8.3	11.5	13.6	15.6	16.0	18.4	20.4
c	max	0.8	0.8	0.8	0.8	0.8	0.8	0.8
	min	0.4	0.4	0.4	0.4	0.4	0.4	0.4

续表

螺纹规格 D		M12	M16	M20	(M22)	M24	(M27)	M30
s	max	21	27	34	36	41	46	50
	min	20.16	26.16	33	35	40	45	49
支承面对螺纹轴线的垂直度公差		0.29	0.38	0.47	0.50	0.57	0.64	0.70
每1000个钢螺母的理论质量（kg）		27.68	61.51	118.77	146.59	202.67	288.51	374.01

注：括号内的规格为第二选择系列。

大六角头垫圈形式及规格表（mm）　　　表 7.2-3

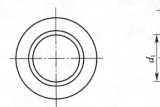

规格（螺纹大径）		12	16	20	(22)	24	(27)	30
d_1	min	13	17	21	23	25	28	31
	max	13.43	17.43	21.52	23.52	25.52	28.52	31.62
规格（螺纹大径）		12	16	20	(22)	24	(27)	30
d_2	min	23.7	31.4	38.4	40.4	45.4	50.1	54.1
	max	25	33	40	42	47	52	56
s	公称	3.0	4.0	4.0	5.0	5.0	5.0	5.0
	min	2.5	3.5	3.5	4.5	4.5	4.5	4.5
	max	3.8	4.8	4.8	5.8	5.8	5.8	5.8
d_3	min	15.23	19.23	24.32	26.32	28.32	32.84	35.84
	max	16.03	20.03	25.12	27.12	29.32	33.64	36.64
每1000个钢垫圈的理论质量（kg）		10.47	23.40	33.55	43.34	55.76	66.52	75.42

注：括号内的规格为第二选择系列。

（2）扭剪型高强度螺栓连接副。扭剪型高强度螺栓连接副含一个螺栓、一个螺母、一个垫圈；目前国内只有 10.9 级一个性能等级。扭剪型高强度螺栓连接副性能等级匹配及推荐材料见表 2.5-3。

扭剪型高强度螺栓形式及规格见表 7.2-4。

扭剪型高强度螺母形式及规格见表 7.2-5。

扭剪型高强度垫圈形式及规格见表 7.2-6。

（3）高强度螺栓连接副的机械性能。高强度螺栓连接副实物的机械性能主要包括螺栓的抗拉荷载、螺母的保证荷载及实物硬度等。

扭剪型高强度螺栓形式及规格表（mm）　　表7.2-4

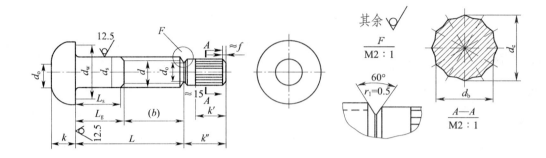

l			螺纹规格 d								b 参考			
			M16		M20		(M22)		M24		M16	M20	(M22)	M24
			无螺纹杆部 l_s 和夹紧长度 l_g											
公称	min	max	l_s min	l_g max	l_s min	l_g max	l_s min	l_g max	l_s min	l_g max				
40	38.75	41.25	4	10							30	35	40	45
45	43.75	46.25	9	15	2.5	10								
50	48.75	51.25	14	20	7.5	15	2.5	10						
55	53.5	56.5	14	20	12.5	20	7.5	15	1	10				
60	58.5	61.5	19	25	17.5	25	12.5	20	6	15				
65	63.5	66.5	24	30	17.5	25	17.5	25	11	20				
70	68.5	71.5	29	35	22.5	30	17.5	25	16	25	35	40	45	50
75	73.5	76.5	34	40	27.5	35	22.5	30	16	25				
80	78.5	81.5	39	45	32.5	40	27.5	35	21	30				
85	83.25	86.75	44	50	37.5	45	32.5	40	26	35				
90	88.25	91.75	49	55	42.5	50	37.5	45	31	40				
95	93.25	96.75	54	60	47.5	55	42.5	50	36	45				
100	98.25	101.75	59	65	52.5	60	47.5	55	41	50				
110	108.25	111.75	69	75	62.5	70	57.5	65	51	60				
120	118.25	121.75	79	85	72.5	80	67.5	75	61	70				
130	128	132	89	95	82.5	90	77.5	85	71	80				
140	138	142			92.5	100	87.5	95	81	90				
150	148	152			102.5	110	97.55	105	91	100				
160	156	164			112.5	120	107.5	115	101	110				
170	166	174					117.5	125	111	120				
180	176	184					127.5	135	121	130				

注：1. 括号内的规格为第二选择系列，应优先选用第一系列（不带括号）的规格；

2. 当 l_s < 5mm 时，螺杆允许制成全螺纹。

扭剪型高强度螺母形式及规格表（mm）　　表 7.2-5

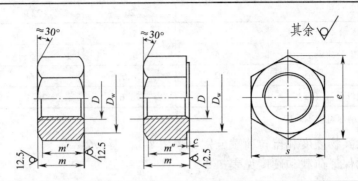

D		16	20	(22)	24
S	最大	27	34	36	41
	最小	26.16	33	35	40
m	最大	16.4	20.6	22.7	24.7
	最小	15.7	19.5	21.4	23.4
c	最大	0.8	0.8	0.8	0.8
	最小	0.4	0.4	0.4	0.4
e	最小	29.56	37.29	39.55	45.2
m'	最小	13.1	15.5	17.8	18.3
m''	最小	11.5	13.6	15.6	16
D_w	最小	24.9	29.5	33.3	38
支承面与螺纹轴心线垂直度		0.43	0.51	0.58	0.66
每1000个钢螺母重量（kg）		57.27	92.12	135.96	189.3

注：1. 括号内的规格尽可能不采用。
　　2. D_w 的最大尺寸等于 S 实际尺寸。

扭剪型高强度垫圈形式及规格表（mm）　　表 7.2-6

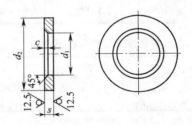

d		16	20	(22)	24
d_1	最大	17.7	21.84	23.84	25.84
	最小	17	21	23	25
d_2	最大	33	40	42	47
	最小	31.4	38.4	40.4	45.4

续表

d		16	20	(22)	24
S	最大	3.3	4.3	5.3	5.3
	最小	2.5	3.5	4.5	4.5
c	最小	1.2	1.6	1.6	1.6
每1000个钢螺母重量（kg）		18.2	26.6	28.4	36.7

注：括号内的规格尽可能不采用。

高强度螺栓实物硬度和抗拉荷载分别见表7.2-7、表7.2-8。
螺母实物的保证荷载和硬度见表7.2-9。

高强度螺栓实物硬度　　　　　表7.2-7

性能等级	维氏硬度 HV30		洛氏硬度 HRC	
	min	max	min	max
10.9S	312	367	33	39
8.8S	249	296	24	31

垫圈的实物硬度。对于高强度螺栓连接副，不论是10.9级和8.8级螺栓，所采用的垫圈是一致的，其硬度要求都是HV30 329~436（HRC35~45）。

高强度螺栓实物机械性能　　　　　表7.2-8

公称直径 d (mm)			12	16	20	(22)	24	(27)	30
公称应力截面积 A_s (mm²)			84.3	157	245	303	353	459	561
性能等级	10.9S	拉力载荷（N）（kgf）	87700~104500（8940~10700）	163000~195000（16600~19800）	255000~304000（26000~31000）	315000~376000（32100~38300）	367000~438000（37400~44600）	477000~569000（48600~58000）	583000~69600（59400~70900）
	8.8S		70000~86800（7140~8850）	13000~162000（13300~16500）	203000~252000（20700~25700）	251000~312000（25600~31800）	293000~364000（29900~37000）	381000~473000（38800~48200）	466000~578000（47500~58900）

高强度螺栓螺母机械性能　　　　　表7.2-9

公称直径 D (mm)		12	16	20	(22)	24	(27)	30
10H	保证载荷（N）（kgf）	87700（8940）	163000（16600）	255000（26000）	315000（32100）	367000（37400）	477000（48600）	583000（59400）
	洛氏硬度	HRB98~HRC28						
	维氏硬度	HV30 222~274						
8H	保证载荷（N）（kgf）	70000（7140）	130000（13300）	203000（20700）	251000（25600）	293000（29900）	381000（38800）	466000（47500）
	洛氏硬度	HRB95~HRC22						
	维氏硬度	HV30 206~237						

7.2.2 高强度螺栓连接工艺

1. 一般规定

（1）高强度螺栓连接在连接前应对连接副实物和摩擦面进行检验和复验，合格后才能进入安装施工。

（2）对每一个连接接头，应先用临时螺栓或冲钉定位。为防止损伤螺纹引起扭矩系数的变化，严禁把高强度螺栓作为临时螺栓使用。对一个接头，临时螺栓和冲钉的数量应根据该接头可能承担的荷载计算确定，并应符合下列规定：

① 不得少于安装螺栓总数的1/3；

② 不得少于两个临时螺栓；

③ 冲钉穿入数量不宜多于临时螺栓的30%。

（3）高强度螺栓的穿入，应在结构中心位置调整后进行，其穿入方向应以施工方便为准，力求一致；安装时要注意垫圈的正反面，即：螺母带圆台面的一侧应朝向垫圈有倒角的一侧；对于大六角头高强度螺栓连接副靠近螺头一侧的垫圈，其有倒角的一侧朝向螺栓头。

（4）高强度螺栓的安装应能自由穿入孔，严禁强行穿入，如不能自由穿入时，该孔应用铰刀进行修整；修整后孔的最大直径应小于1.2倍螺栓直径。修孔时，为了防止铁屑落入板叠缝中，铰孔前应将四周螺栓全部拧紧，使板叠密贴后再进行，严禁气割扩孔。

（5）高强度螺栓连接中连接钢板的孔径略大于螺栓直径，并必须采取钻孔成型方法，钻孔后的钢板表面应平整、孔边无飞边和毛刺，连接板表面应无焊接飞溅物、油污等。螺栓孔径及允许偏差见表7.2-10。

高强度螺栓连接构件制孔允许偏差 表7.2-10

名称		直径及允许偏差（mm）						
螺栓	直径	12	16	20	(22)	24	(27)	30
	允许偏差	±0.43		±0.52			±0.84	
螺栓孔	直径	13.5	17.5	22	(24)	26	(30)	33
	允许偏差	+0.43 0		+0.52 0			+0.84 0	
圆度（最大和最小直径之差）		1.00				1.50		
中心线倾斜度		应不大于板厚的3%，且单层板不得大于2.0mm，多层板叠组合不得大于3.0mm						

（6）高强度螺栓连接板螺栓孔的孔距及边距除应符合表7.1-10的要求外，还应考虑专用施工机具的可操作空间，一般规格的螺栓可操作空间详见图7.2-1及表7.2-11。

当表7.1-10中心至构件边缘的距离（即图7.2-1中a）不满足要求时，且数值b有足够大空间时，可考虑采用加长套筒施拧，此时套筒头部直径一般为螺母对角线尺寸加10mm。

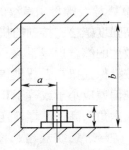

图7.2-1 施工机具操作空间示意

高强度螺栓连接板螺栓孔距允许偏差参见表 7.2-12。

（7）高强度螺栓在终拧以后，螺栓丝扣外露应为 2 至 3 扣，其中允许有 10% 的螺栓丝扣外露 1 扣或 4 扣。

施工机具可操作空间尺寸　　　　　　　　　　　　　　　表 7.2-11

扳手种类	最小尺寸（mm）	
	a	b
手动定扭矩扳手	45	140+c
扭剪型电动扳手	65	530+c
大六角电动扳手	60	

高强度螺栓连接构件的孔距允许偏差　　　　　　　　　　表 7.2-12

项次	项　　目		螺栓孔距（mm）			
			<500	500~1200	1200~3000	>3000
1	同一组内任意两孔间	允许偏差	±1.0	±1.2	—	—
2	相邻两组的端孔间		±1.2	±1.5	+2.0	±3.0

注：孔的分组规定：
1. 在节点中连接板与一根杆件相连的所有连接孔划为一组；
2. 接头处的孔：通用接头——半个拼接板上的孔为一组；阶梯接头——两接头之间的孔为一组；
3. 在两相邻节点或接头间的连接孔为一组，但不包括 1、2 所指的孔；
4. 受弯构件翼缘上，每 1m 长度内的孔为一组。

2. 大六角头高强度螺栓连接工艺

（1）大六角头高强度螺栓连接副扭矩系数。对于大六角头高强度螺栓连接副，拧紧螺栓时，加到螺母上的扭矩值 M 和导入螺栓的轴向紧固力（轴力）P 之间存在对应关系：

$$M = K \cdot D \cdot P \tag{7.2-1}$$

式中　D——螺栓公称直径，mm；
　　　P——螺栓轴力，kN；
　　　M——施加于螺母上扭矩值，kN·m；
　　　K——扭矩系数。

扭矩系数 K 与下列因素有关：
① 螺母和垫圈间接触面的平均半径及摩擦系数值；
② 螺纹形式、螺距及螺纹接触面间的摩擦系数值；
③ 螺栓及螺母中螺纹的表面处理及损伤情况等。

高强度螺栓连接副的扭矩系数 K 是衡量高强度螺栓质量的主要指标，是一个具有一定离散性的综合折减系数，我国标准 GB/T 1231 规定 10.9 级大六角头高强度螺栓连接副必须按批保证扭矩系数供货，同批连接副的扭矩系数平均值为 0.110~0.150（10.9 级），其标准偏差应小于或等于 0.010，在安装使用前必须按供应批进行复验。

大六角头高强度螺栓连接副，应按批进行检验和复验，所谓批是指：同一性能等级、材料、炉号、螺纹规格、长度（当螺栓长度≤100mm 时，长度相差≤15mm；螺栓长度>100mm 时，长度相差≤20mm，可视为同一长度）、机械加工、热处理工艺、表面处理工艺的螺栓为同批；同一性能等级、材料、炉号、螺纹规格、机械加工、热处理工艺、表面处理工艺的螺母为同批；同一性能等级、材料、炉号、规格、机械加工、热处理工艺、表面处理工艺的垫圈为同批；分别由同批螺栓、螺母、垫圈组成的连接副为同批连接副。

（2）扭矩法施工。对大六角头高强度螺栓连接副来说，当扭矩系数 K 确定之后，由于螺栓的轴力（预拉力）P 是由设计规定的，则螺栓应施加的扭矩值 M 就可以容易地计算确定，根据计算确定的施工扭矩值，使用扭矩扳手（手动、电动、风动）按施工扭矩值进行终拧，这就是扭矩法施工的原理。

在确定螺栓的轴力 P 时应根据设计预拉力值，一般考虑螺栓的施工预拉力损失10%，即螺栓施工预拉力（轴力）P 按1.1倍的设计预拉力取值，表7.2-13为大六角头高强度螺栓施工预拉力（轴力）P 值。

高强度螺栓施工预拉力（kN） 表7.2-13

性能等级	螺栓公称直径（mm）						
	M12	M16	M20	M22	M24	M27	M30
8.8级	45	75	120	150	170	225	275
10.9级	60	110	170	210	250	320	390

螺栓在储存和使用过程中扭矩系数易发生变化，所以在工地安装前一般都要进行扭矩系数复检，复检合格后根据复验结果确定施工扭矩，并以此安排施工。

扭矩系数试验用的螺栓、螺母、垫圈试样，应从同批螺栓副中随机抽取，按批量大小一般取5~10套（由于经过扭矩系数试验的螺栓仍可用于工程，所以如果条件许可，样本多取一些更能反映该批螺栓的扭矩系数），试验状态应与螺栓使用状态相同，试样不允许重复使用。扭矩系数复验应在国家认可的有资质的检测单位进行，试验所用的轴力计和扭矩扳手应经计量认证。

在采用扭矩法终拧前，应首先进行初拧，对螺栓多的大接头，还需进行复拧。初拧的目的就是使连接接触面密贴，螺栓"吃上劲"。一般常用规格螺栓（M20、M22、M24）的初拧扭矩在200~300N·m，螺栓轴力达到10~50kN即可，在实际操作中，可以让一个操作工使用普通扳手用自己的手力拧紧即可。

初拧、复拧及终拧的次序，一般地讲都是从中间向两边或四周对称进行，初拧和终拧的螺栓都应作不同的标记，避免漏拧、超拧等安全隐患，同时也便于检查人员检查紧固质量。

（3）转角法施工。因扭矩系数的离散性，特别是螺栓制造质量或施工管理不善，扭矩系数会超过标准值（平均值和变异系数），在这种情况下采用扭矩法施工，即用扭矩值控制螺栓轴力的方法就会出现较大的误差。为解决这一问题，引入转角法施工。转角法是利用螺母旋转角度控制螺杆弹性伸长量来控制螺栓轴向力的方法。

试验结果表明，螺栓在初拧以后，螺母的旋转角度与螺栓轴向力成对应关系，当螺栓受拉处于弹性范围内，两者呈线性关系。根据这一线性关系，在确定螺栓的施工预拉力（一般为1.1倍设计预拉力）后，就很容易得到螺母的旋转角度，施工操作人员按照此旋转角度紧固施工，就可以满足设计上对螺栓预拉力的要求，这就是转角法施工的基本原理。

高强度螺栓转角法施工分初拧和终拧两步进行（必要时需增加复拧），初拧的要求比扭矩法施工严格。这是因为连接板会有间隙，起初螺母的转角大都消耗于板的间隙，转角与螺栓轴力关系极不稳定；初拧的目的是为消除板间隙的影响，给终拧创造一个大体一致的基础。

转角法施工在我国已有 40 多年的历史，但对初拧扭矩的大小没有标准，各个工程根据具体情况确定。一般地讲，对于常用螺栓（M20、M22、M24），初拧扭矩定在 200～300N·m 比较合适，原则上应该使连接板缝密贴为准。终拧是在初拧的基础上，再将螺母拧转一定的角度，使螺栓轴向力达到施工预拉力。图 7.2-2 为转角法施工示意。

转角法施工次序如下：

初拧：采用定扭扳手，从栓群中心顺序向外拧紧螺栓。

初拧检查：一般采用敲击法，即用小锤逐个检查，目的是防止螺栓漏拧。

划线：初拧后对螺栓逐个进行划线，如图 7.2-2 所示。

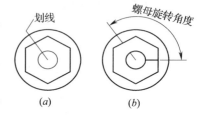

图 7.2-2　转角施工方法

终拧：用专用扳手使螺母再旋转一个额定角度，如图 7.2-2 所示，螺栓群紧固的顺序同初拧。

终拧检查：对终拧后的螺栓逐个检查螺母旋转角度是否符合要求，可用量角器检查螺栓与螺母上划线的相对转角。

作标记：对终拧完的螺栓用不同颜色笔作出明显的标记，以防漏拧和重拧，并供质检人员检查。

终拧使用的工具目前有风动扳手、电动扳手、电动定转角扳手及手动扳手等，一般的扳手控制螺母转角大小的方法是将转角角度刻画在套筒上，这样当套筒套在螺母上后，用笔将套筒上的角度起始位置划在钢板上，开机后待套筒角度终点线与钢板上标记重合后，终拧完毕，这时套筒旋转角度即为螺母旋转的角度。当使用定转角扳手时，螺母转角由扳手控制，达到规定角度后，扳手自动停机。为保证终拧转角的准确性，施拧时应注意防止螺栓与螺母共转的情况发生，为此螺头一边应有人配合卡住螺头。

螺母的旋转角度应在施工前复验，复验程序同扭矩法施工，即复验用的螺栓、螺母、垫圈试样，应从同批螺栓副中随机抽取，按批量大小一般取 5～10 套，试验状态应与螺栓使用状态相同，试样不允许重复使用。转角复验应在国家认可的有资质的检测单位进行，试验所用的轴力计、扳手及量角器等仪器应经过计量认证。

3. 扭剪型高强度螺栓连接工艺

扭剪型高强度螺栓和大六角头高强度螺栓在材料、性能等级及紧固后连接的工作性能等方面都是相同的，所不同的是外形和紧固方法，扭剪型高强度螺栓是一种自标量型（扭矩系数）的螺栓，其紧固方法采用扭矩法原理，施工扭矩是由螺栓尾部梅花头的切口直径来确定的。

（1）紧固原理。图 7.2-3 为扭剪型高强度螺栓紧固过程示意。扭剪型高强度螺栓的紧固采用专用电动扳手，扳手的扳头由内外两个套筒组成，内套筒套在梅花头上，外套筒套在螺母上，在紧固过程中，梅花头承受紧固螺母所产生的反扭矩，此扭矩与外套筒施加在螺母上的扭矩大小相等,方向相反,螺栓尾部梅花头切口处承受该纯扭矩作用。当加于螺母的扭矩值增加到梅花头切口扭断力矩时,切口断裂,紧固过程完毕,因此施加螺母的最大扭矩即为梅花头切口的扭断力矩。

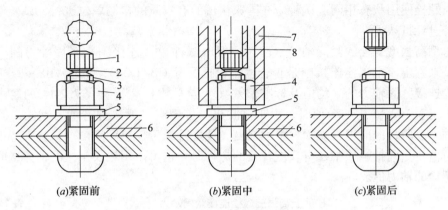

图 7.2-3　扭剪型螺栓紧固过程
1—梅花头；2—断裂切口；3—螺栓螺纹部分；4—螺母；
5—垫圈；6—被紧固的构件；7—外套筒；8—内套筒

由材料力学可知,切口的扭断力矩 M_b 与材料及切口直径有关,即：

$$M_b = \frac{\pi}{16}d_0^3 \cdot \tau_b \tag{7.2-2}$$

式中　τ_b——扭转极限强度,MPa,$\tau_b = 0.77f_u$；
　　　d_0——切口直径,mm；
　　　f_u——螺栓材料的抗拉强度,MPa。

施加在螺母上的扭矩值 M_k 应等于切口扭断力矩 M_b,即：

$$M_k = M_b = K \cdot d \cdot P = \frac{\pi}{16}d_0^3 \cdot (0.77f_u) \tag{7.2-3}$$

由上式可得：

$$P = \frac{0.15 d_0^3 f_u}{K \cdot d} \tag{7.2-4}$$

式中　P——螺栓的紧固轴力；
　　　f_u——螺栓材料的抗拉强度；
　　　K——连接副的扭矩系数；
　　　d——螺栓的公称直径；
　　　d_0——梅花头的切口直径。

由上式可知,扭剪型高强度螺栓的紧固轴力 P 不仅与其扭矩系数有关,而且与螺栓材料的抗拉强度及梅花头切口直径直接有关,这就给螺栓制造提出了更高更严的要求,需要同时控制 K、f_u、d_0 三个参量的变化幅度,才能有效地控制螺栓轴力的稳定性,为了便于应用,在扭剪型高强度螺栓的技术标准中,直接规定了螺栓轴力 P 及其离散性,而隐去了与施工无关的扭矩系数 K 等。

(2) 紧固轴力。大六角头高强度螺栓连接副在出厂时,制造商应提供扭矩系数值及变异系数，同样，扭剪型高强度螺栓连接副在出厂时，制造商应提供螺栓的紧固轴力及其变异系数（或标准偏差）。在进入工地安装前，需要对连接副进行紧固轴力的复验，复验用的螺栓、螺母、垫圈必须从同批连接副中随机取样，按批量大小一般取 5~10 套，试验状态应与螺栓使用状态相同。试验应在国家认可的有资质的检测单位进行，试验使用的轴力计应经过计量认证。

扭剪型高强度螺栓的紧固轴力试验，一般取试件数（连接副）紧固轴力的平均值和标准偏差来判定该批螺栓连接副是否合格，根据国标 GB/T 3632 规定，10.9 级扭剪型高强度螺栓连接紧固轴力的平均值及标准偏差（变异系数）应符合表 7.2-14 的要求，当螺栓长度小于表 7.2-15 中的数值时，由于试验机具等困难，无法进行轴力试验，因此允许不进行轴力复验，但应进行螺栓材料的强度、硬度及螺母、垫圈硬度等试验来旁证该批螺栓的轴力值。当同批螺栓中还有长度较长的螺栓时，也可以用较长螺栓的轴力试验结果旁证该批螺栓的轴力值。

扭剪型高强度螺栓连接紧固轴力（kN） 表 7.2-14

螺纹规格		M16	M20	M22	M24
每批紧固轴力的平均值（kN）	公称	109	170	211	245
	Min	99	154	191	222
	max	120	186	231	270
紧固轴力标准偏差 σ≤		1.01	1.57	1.95	2.27

允许不进行紧固轴力试验螺栓长度限制 表 7.2-15

螺栓规格	M16	M20	M22	M24
螺栓长度（mm）	≤60	≤60	≤65	≤70

由同批螺栓、螺母、垫圈组成的连接副为同批连接副，这里批的概念同大六角头高强度螺栓连接副，即：同一材料等级、材料、炉号、螺纹规格、长度（当螺栓长度≤100mm时，长度相差≤15mm；螺栓长度>100mm 时，长度相差 20mm，可视为同一长度）、机械加工、热处理工艺及表面处理工艺的螺栓为同批；同一材料、炉号、螺纹规格、机械加工、热处理工艺及表面处理工艺的螺母为同批；同一材料、炉号、规格、机械加工、热处理工艺及表面处理工艺的垫圈为同批。

（3）扭剪型高强度螺栓连接副紧固施工。扭剪型高强度螺栓连接副紧固施工相对于大六角头高强度螺栓连接副紧固施工要简便得多，正常的情况采用专用的电动扳手进行终拧，梅花头拧掉标志着螺栓终拧的结束，对检查人员来说也很直观明了，只要检查梅花头掉没掉就可以了。

为了减少接头中螺栓群间相互影响及消除连接板面间的缝隙，紧固要分初拧和终拧两个步骤进行，对于超大型的接头还要进行复拧。扭剪型高强度螺栓连接副的初拧扭矩可适当加大，一般初拧螺栓轴力可以控制在螺栓终拧轴力值的 50%~80%，对常用规格的高强度螺栓（M20、M22、M24）初拧扭矩可以控制在 400~600N·m，若用转角法初拧，初拧转角控制在 45°~75°，一般以 60°为宜。

由于扭剪型高强度螺栓是利用螺尾梅花头切口的扭断力矩来控制紧固扭矩的，所以用专用扳手进行终拧时,螺母一定要处于转动状态,即在螺母转动一定角度后扭断切口,才能起到控制终拧扭矩的作用。否则由于初拧扭矩达到或超过切口扭断扭矩或出现其他一些不正常情况,终拧时螺母不再转动切口即被拧断,失去了控制作用,螺栓紧固状态成为未知,造成工程安全隐患。

扭剪型高强度螺栓终拧过程如下:

① 先将扳手内套筒套入梅花头上,再轻压扳手,再将外套筒套在螺母上。完成本项操作后最好晃动一下扳手,确认内、外套筒均已套好,且调整套筒与连接板面垂直。

② 按下扳手开关,外套筒旋转,直至切口拧断。

③ 切口断裂,扳手开关关闭,将外套筒从螺母上卸下,此时注意拿稳扳手,特别是高空作业。

④ 启动顶杆开关,将内套筒中已拧掉的梅花头顶出,梅花头应收集在专用容器内,禁止随便丢弃,特别是高空坠落伤人。

图 7.2-4 为扭剪型高强度螺栓连接副终拧示意图。

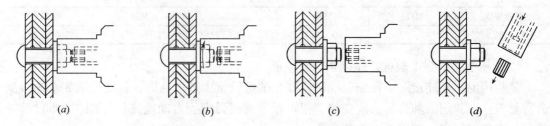

图 7.2-4 扭剪型高强度螺栓连接副终拧示意

7.2.3 高强度螺栓连接的主要检验项目

高强度螺栓连接是钢结构工程的主要分项工程之一,其施工质量直接影响着整个结构的安全,是质量过程控制的重要一环。从工程质量验收的角度来讲,高强度螺栓连接施工的主要检验项目有下列几种。

1. 资料检验

高强度螺栓连接副(螺栓、螺母、垫圈)应配套成箱供货,并附有出厂合格证、质量证明书及质量检验报告,检验人员应逐项与设计要求及现行国家标准进行对照,对不符合的连接副不得使用。

对大六角头高强度螺栓连接副,应重点检验扭矩系数检验报告;对扭剪型高强度螺栓连接副重点检验紧固轴力检验报告。

2. 工地复验项目

(1) 大六角头高强度螺栓连接副扭矩系数复验

复验用螺栓连接副应在施工现场待安装的螺栓批中随机抽取,每批应抽取8套连接副进行复验。复验使用的计量器具应经过标定,误差不得超过2%。每套连接副只应做一次试验,不得重复使用。

连接副扭矩系数的复验是将螺栓插入轴力计或高强螺栓自动检测仪后,在螺母处施加扭矩,由轴力计或高强螺栓自动检测仪(如图7.2-5所示)可以读出螺栓紧固轴力(预拉力)。当螺栓紧固轴力(预拉力)达到表7.2-16规定的范围后,读出施加于螺母上的

扭矩值 T。并按下式计算大六角头高强度螺栓连接副的扭矩系数 K：

$$K = \frac{T}{P \cdot d} \qquad (7.2\text{-}5)$$

式中　T——施拧扭矩，N·m；
　　　d——高强度螺栓的公称直径，mm；
　　　P——螺栓紧固轴力（预拉力），kN。

每组 8 套连接副扭矩系数的平均值应为 0.11～0.15，标准偏差小于或等于 0.010。

若采用高强螺栓自动检测仪，则当螺栓轴力值达到表 7.2-16 规定范围后，仪器自动停止施加扭矩，并记录下此时的扭矩值和轴力值，给出扭矩系数。

图 7.2-5　高强螺栓自动检测仪

螺栓紧固轴力值范围（kN）　　　　　　　表 7.2-16

螺栓规格	M12	M16	M20	M24	M27
紧固轴力 P	49～59	93～113	142～177	206～250	265～324

（2）扭剪型高强度螺栓连接副预拉力复验

复验用的螺栓连接副应在施工现场待安装的螺栓批中随机抽取，每批抽取 8 套连接副进行复验。试验用的轴力计、应变仪、扭矩扳手或高强螺栓自动检测仪（图 7.2-5）等计量器具应经过标定，其误差不得超过 2%。

采用轴力计方法复检连接副预拉力时，应将螺栓直接插入轴力计，紧固螺栓分初拧、终拧两次进行，初拧应采用扭矩扳手，初拧值应控制在预拉力（轴力）标准值的 50% 左右，终拧采用专用电动扳手，施拧至端部梅花头拧掉，读出轴力值。每套连接副只应作一次试验，不得重复使用。在紧固过程中垫圈发生转动时，应更换连接副，重新试验。

当采用高强螺栓自动检测仪时，不需要扭矩扳手，仪器上夹具起到扳手的作用。栓杆轴力值和扭矩值由仪器显示器给出。

复验螺栓连接副（8 套）的紧固轴力平均值和标准偏差应符合表 7.2-17 的要求，其变异系数应不大于 10%。

高强度螺栓连接副紧固轴力（kN）　　　　　　　表 7.2-17

螺栓规格	M16	M20	M24	M27
每批紧固轴力的平均值 P	99～120	154～186	191～231	222～270
标准偏差 σ_P	10.1	15.7	19.5	22.7

变异系数按下式计算：

$$\delta = \frac{\sigma_P}{\overline{P}} \times 100\% \qquad (7.2\text{-}6)$$

式中　δ——紧固轴力的变异系数；
　　　σ_P——紧固轴力的标准差；
　　　$\overline{P}$——紧固轴力的平均值。

(3) 高强度螺栓连接摩擦面的抗滑移系数值复验

本项要求在制作单位进行了合格试验的基础上，由安装单位进行复验。复验用的试件形式、尺寸详见 3.8 节中的有关规定。试验用的试验机应经过标定，误差控制在 1% 以内；传感器、应变仪等误差控制在 2% 以内。

每组试件将四套高强度螺栓连接副穿入各孔中，改四套高强度螺栓连接副为经预拉力复验的同批扭剪型高强度螺栓连接副，或为经扭矩系数复验的同批高强度螺栓连接副。施拧用扭矩扳手，分为初拧和终拧两次进行。初拧值（T_0）应为预拉力标准值（P）的 50% 左右。T_0 可按下式计算：

$$T_0 = 0.065 P \cdot d \tag{7.2-7}$$

式中 P——按表 7.2-13 与螺栓公称直径 d 相对应的值取用。

终拧后，螺栓预拉力应符合设计预拉力值的 0.95~1.05 倍的要求。不进行实测时，扭剪型高强度螺栓连接副的预拉力可按同批复验预拉力的平均值取用；大六角头高强度螺栓连接副可按同批复验扭矩系数的平均值经换算后取用。

试件组装好后，应在其侧面划出观察滑移的直线，以便确认是否发生滑移。然后将试件置于拉力试验机上，试件轴线应与试验机夹具中心严格对中。对试件加荷时，应先施加 10% 的抗滑移设计荷载，停 1min 后，再平稳加荷，加荷速度为 3~5kN/s，直至滑移发生，测得滑移荷载。

当试验发生下列情况之一时，所对应的荷载可视为试件的滑移荷载：

① 试验机发生明显的回针现象；
② 试件侧面划线发生可见的错动；
③ X-Y 记录仪上变形曲线发生突变；
④ 试件突然发生"嘣"的响声。

试件的滑移通常会在两端各发生一次，当两次滑移所对应的滑移荷载相差不大时，可取其平均值作为计算用滑移荷载；当两次滑移所对应的滑移荷载相差较大时，可取其最小值作为计算用滑移荷载。

根据测得的滑移荷载和螺栓预拉力的取用值，按式（4.11-1）计算抗滑移系数。测得的抗滑移系数应符合规范、标准或设计的要求。《钢结构设计规范》GB 50017 中规定的抗滑移系数 μ 见表 7.2-18。若不符合规范中的规定，构件摩擦面应重新处理，处理后再重新进行检测。

摩擦面的抗滑移系数（μ） 表 7.2-18

在连接处构件接触面的处理方法	构件的钢号		
	Q235 钢	Q345 钢 Q390 钢	Q420 钢
喷砂（丸）	0.45	0.50	0.50
喷砂（丸）后涂无机富锌漆	0.35	0.40	0.40
喷砂（丸）后生赤锈	0.45	0.50	0.50
钢丝刷清除浮锈或未经处理的干净轧制表面	0.30	0.35	0.40

3. 一般检验项目

（1）高强度螺栓连接副的安装顺序及初拧、复拧扭矩检验。检验人员应检查扳手标定记录，螺栓施拧标记及螺栓施工记录，有疑义时抽查螺栓的初拧扭矩。

（2）高强度螺栓的终拧检验。大六角头高强度螺栓连接副在终拧完毕48h内应进行终拧扭矩的检验，首先对所有螺栓进行终拧标记的检查，终拧标记包括扭矩法和转角法施工两种标记，除了标记检查外，检查人员最好用小锤对节点的每个螺栓逐一进行敲击，从声音的不同找出漏拧或欠拧的螺栓，以便重新拧紧。对扭剪型高强度螺栓连接副，终拧是以拧掉梅花头为标志，可用肉眼全数检查，非常简便，但扭剪型高强度螺栓连接的工地施工质量重点应放在施工过程的监督检查上，如检查初拧扭矩值及观察螺栓终拧时螺母是否处于转动状态，转动角度是否适宜（以60°为理想状态）等。

大六角头高强度螺栓的终拧检验就显得比较复杂，分扭矩法检查和转角法检查两种，应该说对扭矩法施工的螺栓应采用扭矩法检查，同理对转角法施工的螺栓应采用转角法检查。

常用的扭矩法检查方法有如下两种：

① 将螺母退回60°左右，用表盘式定扭扳手测定拧回至原来位置时的扭矩值，若测定的扭矩值较施工扭矩值低10%以内即为合格。

② 用表盘式定扭扳手继续拧紧螺栓，测定螺母开始转动时的扭矩值，若测定的扭矩值较施工扭矩值大10%以内即为合格。

转角法检查终拧扭矩的方法如下：

① 检查初拧后在螺母与螺尾端头相对位置所划的终拧起始线和终止线所夹的角度是否在规定的范围内。

② 在螺尾端头和螺母相对位置划线，然后完全卸松螺母，再按规定的初拧扭矩和终拧角度重新拧紧螺栓，观察与原划线是否重合，一般角度误差在±10°为合格。

（3）高强度螺栓连接副终拧后应检验螺栓丝扣外露长度，要求螺栓丝扣外露2~3扣为宜，其中允许有10%的螺栓丝扣外露1扣或4扣，对同一个节点，螺栓丝扣外露应力求一致，便于检查。

（4）其他检验项目。

① 高强度螺栓连接摩擦面应保持干燥、整洁，不应有飞边、毛刺、焊接飞溅物、焊疤、氧化铁皮、污垢和不应有的涂料等。

② 高强度螺栓应自由穿入螺栓孔、不应气割扩孔，遇到必须扩孔时，最大扩孔量不应超过1.2d（d为螺栓公称直径）。

7.2.4 高强度螺栓连接副的储运与保管

高强度螺栓不同于普通螺栓，它是一种具备强大紧固能力的紧固件，其储运与保管的要求比较高，根据其紧固原理，要求在出厂后至安装前的各个环节必须保持高强度螺栓连接副的出厂状态，也即保持同批大六角头高强度螺栓连接副的扭矩系数和标准偏差不变；保持扭剪型高强度螺栓连接副的轴力及标准偏差不变。应该说对大六角头螺栓连接副来讲，假如状态发生变化，可以通过调整施工扭矩来补救，但对扭剪型高强度螺栓连接副就没有补救的机会，只有改用扭矩法或转角法施工来解决。

1. 影响高强度螺栓连接副紧固质量的因素

对于高强度螺栓来讲，当螺栓强度一定时，大六角头螺栓的扭矩系数和扭剪型螺栓的紧固轴力就成为影响施工质量的主要参数，而影响连接副扭矩系数及紧固轴力的主要因素有：

(1) 连接副表面处理状态；

(2) 垫圈和螺母支承面间的摩擦状态；

(3) 螺栓螺纹和螺母螺纹之间的咬合及摩擦状态；

(4) 扭剪型高强度螺栓的切口直径。

从高强度螺栓紧固原理来讲，不难理解上述四项主要因素。就是说在紧固螺栓时，外加扭矩所做的功除了使螺栓本身伸长，从而产生轴向拉力外，同时要克服垫圈与螺母支承面间的摩擦及螺栓螺纹与螺母螺纹之间的摩擦力，通俗讲就是外加扭矩所做的功分为有用功和无用功两部分。例如螺栓、螺母、垫圈表面处理不好，有生锈、污物或表面润滑状态发生变化，或螺栓螺纹及螺母螺纹损伤等在储运和保管过程中容易发生的问题，就会加大无用功的份额，从而在同样的施工扭矩值下，螺栓的紧固轴力就达不到要求。

2. 高强度螺栓连接副的储运与保管要求

(1) 高强度螺栓连接副应由制造厂按批配套供应，每个包装箱内都必须配套装有螺栓、螺母及垫圈，包装箱应能满足储运的要求，并具备防水、密封的功能。包装箱内应带有产品合格证和质量保证书；包装箱外表面应注明批号、规格及数量。

(2) 在运输、保管及使用过程中应轻装轻卸，防止损伤螺纹，发现螺纹损伤严重或雨淋过的螺栓不应使用。

(3) 螺栓连接副应成箱在室内仓库保管，地面应有防潮措施，并按批号、规格分类堆放，保管使用中不得混批。高强度螺栓连接副包装箱码放底层应架空，距地面高度大于300mm，码高一般不大于 5~6 层。

(4) 使用前尽可能不要开箱，以免破坏包装的密封性。开箱取出部分螺栓后也应原封包装好，以免沾染灰尘和锈蚀。

(5) 高强度螺栓连接副在安装使用时，工地应按当天计划使用的规格和数量领取，当天安装剩余的也应妥善保管，有条件的话应送回仓库保管。

(6) 在安装过程中，应注意保护螺栓，不得沾染泥沙等脏物和碰伤螺纹。使用过程中如发现异常情况，应立即停止施工，经检查确认无误后再行施工。

(7) 高强度螺栓连接副的保管时间不应超过 6 个月。当由于停工、缓建等原因，保管周期超过 6 个月时，若再次使用须按要求进行扭矩系数试验或紧固轴力试验，检验合格后方可使用。

复习思考题

7-1 普通螺栓性能等级分哪几级？请说明螺栓性能等级标号"5.8"的含义。普通螺栓按制作精度分哪几级？

7-2 螺栓连接中的垫圈一般有几种？请问一般在地脚螺栓和槽钢倾斜面上各使用什么垫圈？

7-3 普通螺栓连接时，如有防松要求，应采取什么措施？当被连接钢板厚度为 16mm 时，螺栓直径宜取多少？螺纹露出螺母的长度一般为多少？

已知：两块 14mm 厚的钢板用普通螺栓连接，螺母厚度为 23mm，垫圈厚度为 4mm，垫圈个数为两个，请计算螺栓长度。

7-4 普通螺栓的布置中螺栓中心间距靠外排最大、最小容许距离分别是多少？

7-5 高强螺栓连接按受力状况分哪几种类型？从外形上分哪几种类型？目前我国使用的这些类型中分别有哪几种性能等级？

7-6 大六角头和扭剪型高强度螺栓连接副各含哪些零件？

7-7 大六角头高强度螺栓在连接时，其垫圈有什么要求？当高强螺栓不能自由穿入孔时，应如何处理？

7-8 简述大六角头及扭剪型高强度螺栓各有哪些施工方法？并简单说明其主要原理。

7-9 影响摩擦面抗滑系数值的因素有哪些？当环境温度升高至 350℃ 时，其值如何变化？

7-10 在试验室试验抗滑移系数时，在什么情况下的荷载可视为试件的滑移荷载？

7-11 高强度螺栓连接的主要检验项目有哪些？

第8章 钢结构预拼装

8.1 概 述

钢结构由很多构件（杆件和节点）通过螺栓或焊缝连接在一起，一些大型构件由于受到运输条件、起重能力等的限制不能整体出厂（小型构件可以在工厂内加工完后直接运到施工现场），必须分成若干段（或块）进行加工，然后运至施工现场进行拼装。为保证施工现场顺利拼装，应在出厂前对各分段（或分块）进行预拼装。另外，还应根据构件或结构的复杂程度、设计要求或合同协议规定，对结构在工厂内进行整体或部分预拼装。

预拼装时构件或结构应处于自由状态，不得强行固定。预拼装完成后进行拆卸时，不得损坏构件，对点焊的位置应进行打磨，保证各个接口光滑整洁。

8.2 预拼装方法及要求

8.2.1 预拼装分类及方法

1. 预拼装分类

根据构件、结构的不同类型和要求，预拼装可分为：构件预拼装、桁架预拼装、部分结构预拼装和整体结构预拼装。

（1）构件预拼装：由若干分段（或分块）拼装成整体构件。

（2）桁架预拼装：桁架预拼装又可分为分段桁架对接预拼装和散件预拼装。当分段桁架组装完成后能够满足运输要求时，分段桁架在工厂焊接成形后进行对接预拼装，称为分段桁架对接预拼装；当分段桁架焊接成形后的尺寸超过运输条件时，一般采用散件（即杆件和节点）在工厂加工完后进行预拼装，然后把散件直接运到施工现场，称为散件预拼装。

（3）部分结构预拼装：当结构很复杂、体量很大或受到预拼装场地及条件限制，无法进行整体结构预拼装时，可采用部分结构预拼装。部分结构预拼装时可选取标准结构单元或相邻结构单元进行预拼装，当采用标准结构单元预拼装时，可只选取其中一个或几个单元进行预拼装；当采用相邻结构单元预拼装时，应考虑与上下、左右、前后单元都进行预拼装。

（4）整体结构预拼装：整体结构完整在工厂内进行预拼装，这种方法只适应于小规模、特别复杂、特别重要的结构，一般较少采用。

2. 预拼装方法

预拼装方法一般分为平面预拼装（也称卧拼）和立体预拼装（也称立拼）。当为平面结构时，一般采用平面预拼装，当为空间结构时可采用平面预拼装或立体预拼装。

8.2.2 预拼装要求

1. 预拼装应符合下列要求

（1）所有进行预拼装的构件加工质量应符合设计和相关规范的要求。

（2）预拼装场地所用的支撑凳（胎架）或平台应测量找平，预拼装完成后进行测量时，应拆除全部临时固定或拉紧装置。

（3）如为螺栓连接的结构，在预拼装时所有节点连接板均应装上，除检查各尺寸外，还应采用试孔器检查板叠孔的通过率，并符合下列规定：

① 当采用比孔公称直径小 1.0mm 的试孔器检查时，每组孔的通过率不应小于 85%；

② 当采用比螺栓公称直径大 0.3mm 的试孔器检查时，通过率为 100%。

（4）预拼装测量时间应在日出前、日落后或阴天进行；测量用的量具应与施工现场统一，并与标准尺比对，根据比对偏差对长度进行修正。

（5）预拼装检验合格后，应在构件上标注定位线、中心线、标高基准线等，需要时还可以在构件上焊上临时定位器，以便于按预拼装的定位结果进行安装。对大型或复杂构件还应表明重量、重心位置，防止构件在起吊和运输过程中发生变形或危险。

（6）预拼装尺寸应考虑焊接收缩等拼装余量。

2. 预拼装允许偏差

构件预拼装的允许偏差应符合表 8.2-1 的要求。

构件预拼装的允许偏差（mm）　　　表 8.2-1

构件类型	项目		允许偏差	检查方法
多节柱	预拼装单元总长		±5.0	用钢尺检查
	预拼装单元弯曲矢高		$L/1500$，且不应大于 10.0	用拉线和钢尺检查
	接口错边		2.0	用焊缝量规检查
	预拼装单元柱身扭曲		$H/200$，且不应大于 5.0	用拉线、吊线和钢尺检查
	顶紧面至任一牛腿距离		±2.0	
梁、桁架	跨度最外两端安装孔或两端支承面最外侧距离		$L/1500$，±5.0	用钢尺检查
	接口截面错位		2.0	用焊缝量规检查
	拱度	设计要求起拱	±$L/5000$	用拉线和钢尺检查
		设计未要求起拱	$L/2000$	
	节点处杆件轴线错位		3.0	画线后用钢尺检查
管构件	预拼装单元总长		±5.0	用钢尺检查
	预拼装单元弯曲矢高		$L/1500$，且不应大于 10.0	用拉线和钢尺检查
	对口错边		$t/10$，且不应大于 3.0	用焊缝量规检查
	坡口间隙		+2.0 -1.0	
构件平面总体预拼装	各楼层柱距		±4.0	用钢尺检查
	相邻楼层梁与梁之间距离		±3.0	
	各层间框架两对角线之差		$H/2000$，且不应大于 5.0	
	任意两对角线之差		$\Sigma H/2000$，且不应大于 8.0	

8.2.3 预拼装主要工具、量具

预拼装主要工具、量具见表 8.2-2。

构件预拼装主要工具、量具   表 8.2-2

名称	图示	用途
全站仪		用于测角（水平角、竖直角）、测距（斜距、平距、高差）、测高程高差和测空间坐标等
经纬仪		用于测角、测距、测高、测定直线等
水准仪		用于测量结构的水平线和测定各点间的高度差等
线坠	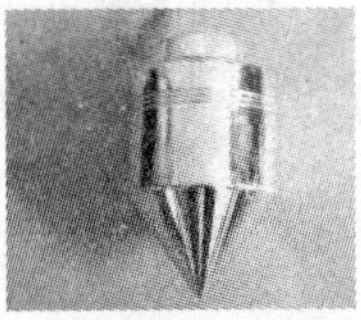	用于测量工件的垂直度或进行定位等
直尺		用于测量长度
钢卷尺		用于大尺寸的测量
拉磅	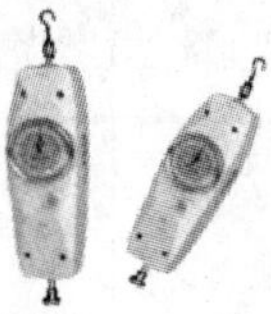	用于测量张拉力
墨斗或粉线	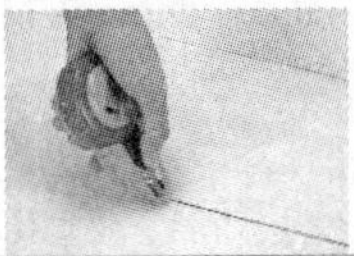	用于放样时弹出黑白色长直线

续表

名称	图 示	用 途
千斤顶		用于顶升高度不大的场合
样冲		用于标记、钻孔时定中心等
冲钉	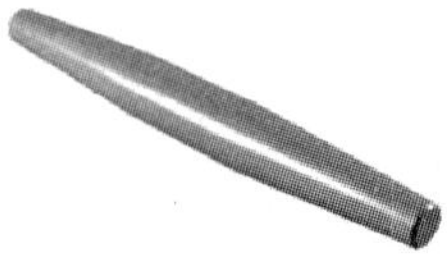	用于螺栓孔群定位
水平软管	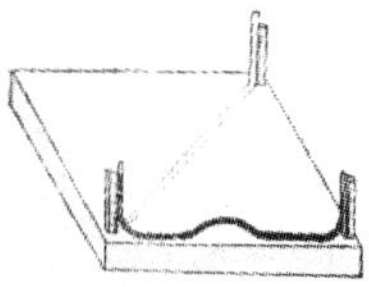	用于测量多个工件的水平度
焊缝量规	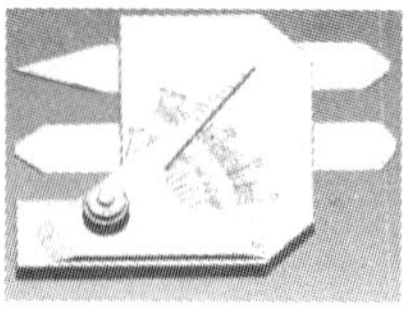	用于测量焊件坡口、装配尺寸、焊缝尺寸和角度等
游标卡尺	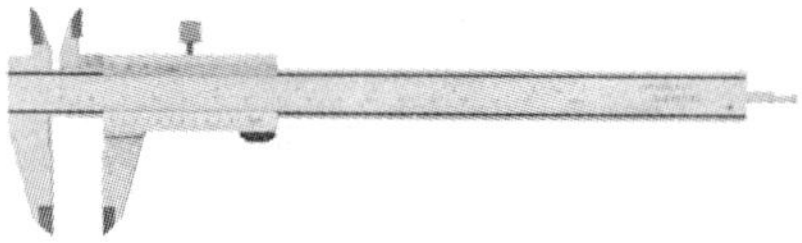	用于测量工件厚度、外径、内径及孔深度等
水平尺	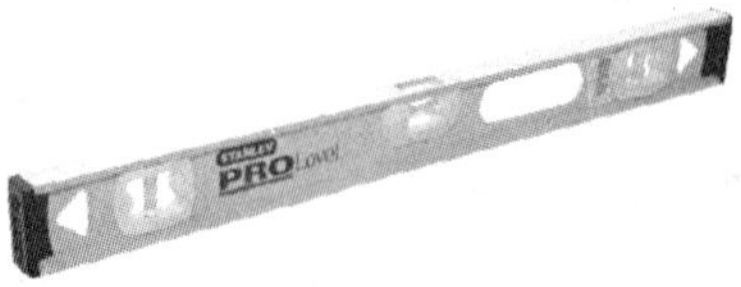	用于测量工件表面的水平度
电焊机	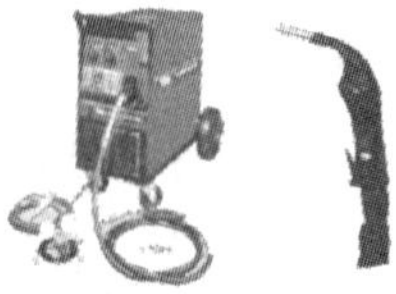	用于焊接工件
气割		用于切割工件

8.3 典型结构预拼装实例

8.3.1 大跨度钢管桁架结构预拼装

大跨度钢管桁架结构一般是指由钢管构件组成的桁架结构；根据桁架截面形状不同，可分为平面桁架和立体桁架，立体桁架断面有三角形（正放或倒置）、四边形及多边形等。钢管桁架的弦杆可以是直杆或曲杆（弧形），还可以在钢管内穿预应力索而成为预应力立体桁架。桁架主要施工环节为：施工详图设计、杆件工厂加工、组装、预拼装和现场组装、安装等；其中工厂预拼装方法可分为：分段对接预拼装和散件预拼装，具体采取哪种预拼装方法，应根据桁架组装后能否符合运输条件和施工现场吊装能力来确定。

近几年来，随着经济实力的增强和社会发展的需要，大跨度钢管桁架结构在我国得到了迅猛发展，特别在大跨度公共建筑中应用非常广泛，如机场航站楼、会展中心、火车站房、体育场馆、大剧院等。

工程实例：上海松江大学城资源共享区体育馆钢结构工程

1. 工程概况

松江大学城资源共享区体育馆工程为松江大学城的主要硬件设施之一，是松江大学城资源共享区的重要组成部分，位于松江文汇路以南，文翔路以北，龙腾路以东，龙城路以西，俯视平面为椭圆型，建筑面积 $28767m^2$，场馆可容纳观众8000多人，如图8.3-1所示。

体育馆钢结构屋盖主桁架为大跨度钢管桁架结构，跨度126.133m，重量约180t。桁架断面为倒三角形，三根弦杆布置于三角形的三个顶点上。上、下弦杆采用弧形钢管，上弦钢管规格为 $\phi711 \times 20mm$，下弦钢管规格为 $\phi711 \times 30mm$。上下弦间腹杆规格为 $\phi273 \times 8mm$，上弦之间连杆规格为 $\phi406 \times 8mm$，主桁架之间的连杆为 $\phi406 \times 8mm$，如图8.3-2所示。整个屋盖系统由主桁架、横向连杆以及V形支撑组成，横向连杆为变截面形式，采用 $\phi711 \times 16mm$、$\phi610 \times 16mm$ 钢管。

图 8.3-1 松江大学城资源共享区体育馆

图 8.3-2 钢结构屋盖主桁架效果图

2. 主桁架结构特点

（1）弦杆的弯弧加工采用在大型油压机上逐步压制成形法，其成形尺寸将直接影响桁架的整体外形，所以弦杆弯弧加工精度要求高。

(2) 桁架外形尺寸大、重量重,分段组装后无法运输,因此采取在工厂内散件加工、散件整体预拼装,运至施工现场进行拼装的方法。

(3) 桁架矢高达到12m,整体预拼装胎架搭设需求量大。

3. 主桁架工厂整体预拼装工艺

(1) 桁架工厂整体预拼装方法的确定

根据桁架特点,桁架工厂预拼装采取散件预拼装法。

(2) 桁架工厂整体预拼装工艺

① 桁架工厂整体预拼装工艺流程如图8.3-3所示。

② 桁架工厂整体预拼装要点

a) 桁架整体预拼装胎架设置。桁架预拼装胎架设置应方便、牢固,满足杆件定位、装拆、起吊等工序要求。支撑桁架弦杆的胎架间距不能过长,每段弦杆预拼装时下方不少于3个支撑点,并要求均匀分布,在接口附近应设置支撑胎架,以保证杆件端部定位的准确性。

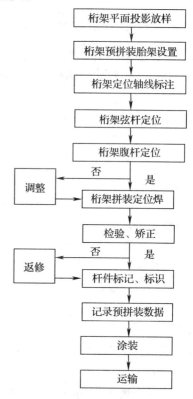

图8.3-3 桁架工厂预拼装工艺流程图

在桁架投影线平面位置,以投影线为基准布置拼装胎架,胎架应具有足够刚度和稳定性,以满足桁架整体预拼装的承重要求。

b) 桁架预拼装。预拼装前,先在胎架上划出定位线,以定位线为基准依次进行桁架杆件的拼装,在拼装过程中对定位点进行临时固定。桁架在定位焊接过程中应严格控制焊接工艺,由持证合格焊工施焊,确保焊缝质量,焊接应牢固满足预拼装要求。

c) 预拼装检验。桁架整体预拼装完成后,对桁架进行检验,检测内容主要有:桁架整体外形尺寸;桁架各杆件对接口错边及间隙的大小;记录检测、测量的有关数据。

d) 标记、标识。桁架整体预拼装合格后,在各杆件接口处标注出相应编号、定位线等标记,以便现场组装。

e) 主桁架工厂散件整体预拼装示意图和照片如图8.3-4所示。

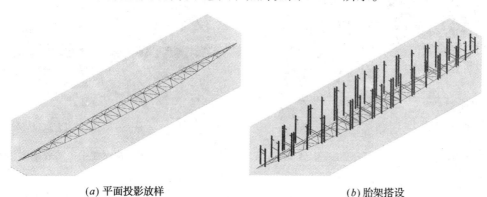

(a) 平面投影放样　　　　　　　(b) 胎架搭设

图8.3-4 桁架预拼装示意图(一)

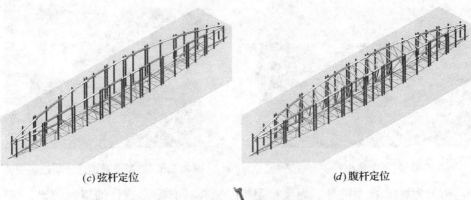

(c) 弦杆定位　　　　　　　　(d) 腹杆定位

(e) 实景

图 8.3-4　桁架预拼装示意图（二）

8.3.2　大跨度型钢桁架结构预拼装

大跨度型钢桁架结构是由焊接型钢或轧制型钢组合而成的桁架结构；根据桁架截面形状不同可分为平面型钢桁架和立体型钢桁架。这类桁架一般都属于超大、超重结构，每榀桁架重量少则几十吨，多则上百吨，甚至几百吨或上千吨。

大跨度型钢桁架在实际生产制造中，常常被分解成多个加工分段，每个加工段制作完成后再进行预拼装，然后运至施工现场，再在施工现场拼装成整榀桁架或吊装单元。工厂预拼装一般采用分段对接预拼装方法。

工程实例：新建虹桥交通枢纽中心虹桥站站房主体钢结构工程

1. 工程概况

新建虹桥交通枢纽中心是集城市轨道交通、京沪高铁、磁悬浮等一体的现代化综合性交通枢纽中心，位于上海虹桥机场西侧，是铁路华东地区的重要枢纽之一。

高铁虹桥站总建筑面积 24 万 m^2，它由新建主体站房、无站台柱雨棚、南北辅助办公楼、站场设备房四部分组成，如图 8.3-5 所示。主体站房为 5 层结构，地上二层，地下三层，其中地下二层及地下三层为虹桥地铁西站。地上站房 −2.550～10.000m 为 1400mm×1400mm 箱形混凝土柱与高为 3.5m 的大跨度型钢桁架组成的框架体系；横向框架最小跨度为 21.0m，最大跨度为 24.0m；纵向框架最小跨度为 12.0m，最大跨度为 46.050m。桁架现场安装如图 8.3-6 所示。

2. 桁架结构特点

（1）桁架最大跨度 46.050m，高 3.5m，单榀重达 230t，属于超重、超大型桁架。

图 8.3-5 虹桥交通枢纽中心效果图

图 8.3-6 虹桥交通枢纽桁架现场安装

(2) 桁架为焊接 H 型构件、焊接箱型构件或焊接日字形构件的型钢桁架，弦杆外侧设有连接牛腿。桁架制作焊接工作量大，焊接变形控制难度大。

(3) 受加工、运输条件的限制，桁架工厂制作被分成四个加工段，所有加工段制作完成后进行预拼装；由于桁架重量达 230t，每个加工段重量达 50 多 t。因此，对预拼装场地、预拼装胎架和桁车要求都非常高。

3. 桁架工厂预拼装工艺

(1) 桁架工厂预拼装方法的确定

根据桁架制作工艺，工厂预拼装采取分段对接预拼装法。

(2) 桁架工厂预拼装工艺

① 桁架预拼装工艺流程如图 8.3-7 所示。

② 桁架工厂预拼装要点

a) 桁架工厂预拼装胎架设置。胎架的设置应方便、牢固，满足分段桁架（杆件）定位、装拆、起吊等工序的要求。分段桁架采取卧式预拼装，支撑桁架弦杆的胎架间距不能过长；由于分段桁架重量较重，每分段桁架上下弦杆预拼装时下方不少于 3 个支撑点，并要求均匀分布；在桁架接口附近应设置支撑胎架，以保证杆件端部定位的准确性。

在桁架投影线平面位置，以投影线为基准布置拼装胎架。胎架应具有足够刚度和稳定性，以满足预拼装桁架的承重要求。

b) 分段桁架预拼装。预拼装前，先在胎架上划出定位线，以此为定位基准依次进行分段桁架的预拼装，在预拼装过程中应对定位点进行临时固定。分段桁架之间的对接定位焊应由焊接技术好的持证焊工施焊。

c) 预拼装检验。分段桁架预拼装完成后，对桁架进行检验，检测内容主要有：桁架预拼装外形尺寸；桁架各杆件对接口错边及间隙的大小；记录检测、测量的有关数据。

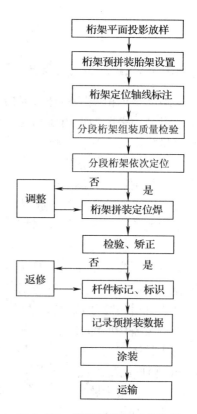
图 8.3-7 桁架预拼装工艺流程

d)标记、标识。桁架预拼装合格后,在分段桁架杆件接口处标注出相应编号、定位线等标记,以便现场组装。

e)桁架预拼装示意图如图 8.3-8 所示。

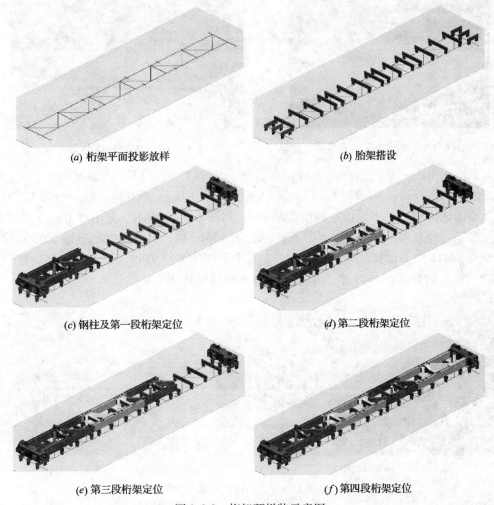

图 8.3-8 桁架预拼装示意图

8.3.3 多面体空间刚架结构预拼装

多面体空间刚架结构作为一种新型结构体系,不同于传统的空间网格结构、桁架结构,它极大地丰富了建筑结构选形。多面体空间刚架结构具有杆件排列不规则、构件种类及数量多、外形及焊缝质量要求高、空间位置及构造复杂等特点。此类结构体系在我国实际工程中已成功应用。

工程实例:国家游泳中心——"水立方"钢结构工程

1. 工程概况

国家游泳中心——"水立方"建筑造型看上去像一个装满水的立方体,它是由中国建筑工程总公司牵头,由中建国际设计顾问有限公司、澳大利亚 PTW 公司、澳大利亚 ARUP 公司组成的联合体设计,融建筑设计与结构设计于一体,体现了"水立方"的理念。该结构设计新颖、独特,与国家体育场鸟巢共同构成2008年北京奥运会两大精品工程。如图8.3-9和图8.3-10所示。

图8.3-9　国家游泳中心外景　　　　　　图8.3-10　国家游泳中心内景

国家游泳中心——"水立方"长宽高分别为177.338m×177.338m×30.636m,赛时总建筑面积约8万m^2。可容纳观众17000人,其中永久座位6000座,临时坐席11000座。屋盖及墙体结构均为"多面体空间刚架结构",如图8.3-11所示。它由球节点、焊接矩形管、圆管等三种基本构件组成。计算杆件单元为20670根,其中焊接矩形钢管为9199根,圆钢管为11471根。计算节点为10075个,其中焊接球节点9309个(整球4281个,削冠球5208个),相贯节点1441个。整个工程基本构件总计29979件。

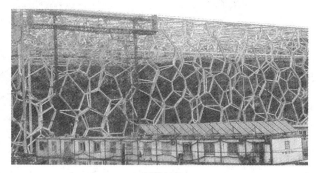 

(a) 墙体结构　　　　　　　　　　　　　　(b) 屋盖结构

图8.3-11　多面体空间架结构

2. 结构特点

(1) 构件、节点数量多、种类多。

(2) 构件的空间位置复杂,构件之间纵横交错,呈现出一种"随机、无序"的状态,每个构件的空间位置均不相同。

(3) 构件外形要求高:为了使建筑外形看起来方方正正,像一个立方体一样,墙面及屋面的内外表面杆件全部采用焊接的矩形截面杆件,而球节点全部采用削冠焊接空心球,从而使得所有内外表面都为平面。

3. 工厂预拼装工艺

(1) 工厂预拼装单元的划分

国家游泳中心这一新型复杂空间结构(墙面和屋面均为刚架结构,如图8.3-12、图8.3-13所示),体量大,工厂无法满足整体预拼装,采取了部分结构预拼装方法。即将整个结构划分为多个结构单元,然后抽取部分典型结构单元进行预拼装。

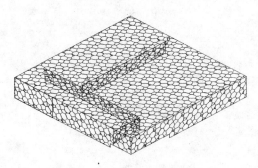

图 8.3-12 刚架结构轴侧图

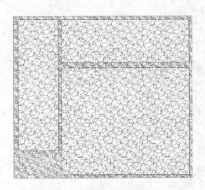

图 8.3-13 刚架结构平面图

（2）工厂预拼装工艺

① 工厂预拼装工艺流程如图 8.3-14 所示。

② 刚架结构工厂预拼装要点

a）刚架结构工厂预拼装胎架设置。空间刚架结构预拼装是以球节点为基准，所以支撑胎架设置为托架形式（用于支撑预拼装的球节点）。胎架应具有足够的刚度和稳定性，以满足刚架预拼结构单元的承重要求。支撑托架数量和设置位置由节点数和节点平面投影位置确定，搭设高度应为预拼装时节点的空间高度减去球体半径。

b）刚架结构拼装工艺。预拼装前，在胎架上划出定位线，以定位线为基准依次进行刚架球节点的固定，然后再进行节点之间的杆件拼装。为保证刚架定位焊接质量符合预拼装要求，预拼装后杆件端部光顺圆滑，定位焊应由焊接技术好的持证焊工施焊。

c）预拼装检验。刚架预拼装结构单元所有节点、杆件定位后，进行整体检测，检测内容主要有：预拼装结构单元外形尺寸；检验各节点与杆件相贯口间隙的大小；记录检测测量的有关数据。

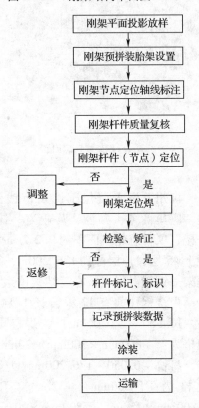

图 8.3-14 刚架结构预拼装工艺流程

d）标记、标识。由于多面体空间刚架结构节点、杆件数量多，而且外形形状基本相似；所以预拼装后杆件（节点）标记、标识在结构中显得特别重要。每个结构单元预拼装后应在节点和对应杆件处标上相应编号、定位线等标记，以方便现场拼装。

e）刚架结构工厂预拼装示意如图 8.3-15 所示。

8.3.4 多、高层钢结构预拼装

工程实例：杭州万银大厦钢结构工程

1. 工程概况

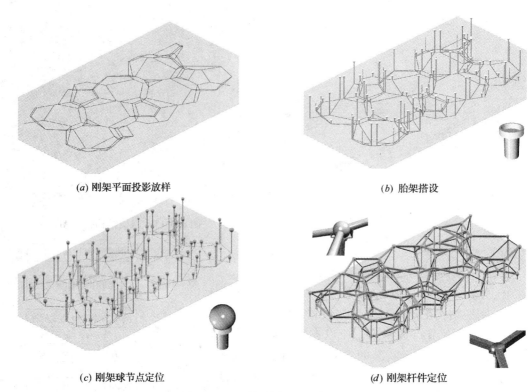

(a) 刚架平面投影放样　　(b) 胎架搭设

(c) 刚架球节点定位　　(d) 刚架杆件定位

图 8.3-15　刚架结构预拼装示意图

杭州万银大厦位于杭州市钱江新城核心区块，是一座集商务、办公、营业为一体的智能化高档办公楼，项目总建筑面积约 9.2 万 m^2。主楼地下 3 层，地上 45 层，顶层标高 176.200m，结构体系为钢结构框架—钢筋混凝土核心筒结构体系，见图 8.3-16。

主楼钢柱共有 17 根，其中 14 根地下部分（标高 -10.550~-0.050m）为焊接十字型钢柱，截面规格为：+800mm×300mm×20mm×32mm，地上部分（标高 -0.050~176.200m）为焊接箱形柱，截面规格为：□800mm×32mm、□800mm×28mm、□800mm×25mm、□800mm×20mm 四种。其余 3 根为箱形柱，规格为□500mm×20mm，标高为 -3.950~66.420m。裙楼共四层，标高为 -3.950~18.585m；钢柱为箱形柱，共 24 根，规格有□600mm×400mm×18mm、□400mm×16mm 两种。楼层采用焊接 H 型钢梁，主要截面高度有 750mm、700mm 和 650mm 三种，楼板采用压型钢板组合楼板。

图 8.3-16　杭州万银大厦效果图

2. 钢结构特点

（1）本工程为典型的高层钢结构框架—钢筋砼核心筒结构，沿主楼向上设置有三道外伸桁架；外伸桁架将外围的钢框架柱与中间的钢筋混凝土核心筒结构连成整体，共同抵抗水平荷载作用。

（2）外伸桁架尺寸42.0m×5.55m，采用大跨度型钢桁架，桁架散件制作后进行工厂预拼装。

（3）外框架钢柱牛腿与楼层梁，以及柱之间的斜向支撑等连接均采取了栓焊节点形式，因此螺栓孔数量多，螺栓孔加工准确与否，直接影响现场安装穿孔率。

3．工厂预拼装

（1）预拼装方法确定

根据框架结构特点，工厂预拼装方法主要包含两方面：外伸桁架的预拼装采取散件预拼装法；框架柱梁的工厂预拼装采取部分结构预拼装法。

下面以外伸桁架工厂预拼装为例说明。

（2）外伸桁架工厂预拼装

① 桁架工厂预拼装工艺流程如图8.3-17所示。

② 桁架工厂预拼装工艺

a）桁架工厂预拼装胎架设置。桁架采取散件整体预拼装法，胎架的设置应方便桁架钢柱、弦杆和腹杆的定位、装拆、起吊等工序要求。桁架为卧式预拼装，支撑桁架杆件的胎架间距不能过长，每根弦杆下方支撑点数不得少于3个，且要求均匀分布，在接口附近应设置支撑胎架，以保证杆件端部定位的准确性。在桁架投影平面位置，以投影线为基准布置预拼装胎架，胎架应具有足够刚度和稳定性，以满足预拼装桁架的承重要求。

b）桁架工厂预拼装工艺。预拼装前，在胎架上划出定位线，以此为定位基准依次进行桁架杆件的拼装并固定。进行桁架弦腹杆一端（预留）连接螺栓孔的加工。利用普通（临时）螺栓将桁架杆件和所有连接板连接，拼装成桁架整体。

c）预拼装检验。桁架整体预拼装完成后，对桁架进行检验，检测内容主要有：测量桁架尺寸；检验桁架各杆件接口的错边及间隙的大小；采用试孔器检查节点处板叠孔的通过率；记录检测、测量的相关数据。

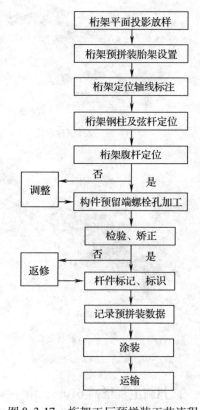

图8.3-17 桁架工厂预拼装工艺流程

d）标记、标识。桁架整体预拼装合格后，在各杆件接口处标注出相应编号、定位线等标记，以便现场整体组装。

e）外伸桁架预拼装示意如图8.3-18所示。

8.3.5 高耸钢结构预拼装

工程实例：广州新电视塔钢结构工程

1．工程概况

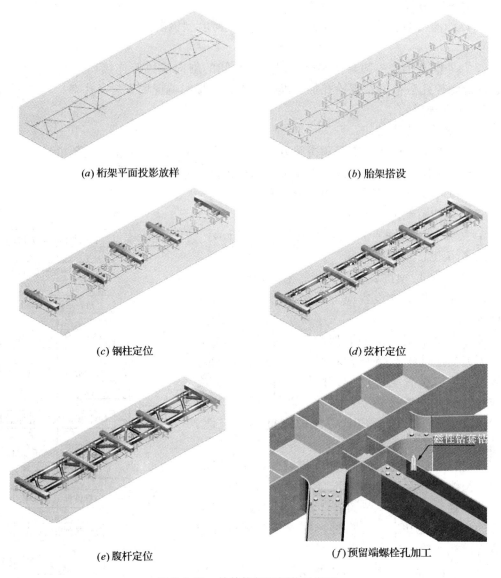

图 8.3-18 外伸桁架预拼装示意图

广州新电视塔高 610m，由一座高 454m 的主塔体和高 156m 的天线桅杆构成。该结构设计新颖、造型优美、线条流畅、结构独特，建成后，已成为广州市的标志性建筑，如图 8.3-19 所示。

广州新电视塔由钢结构外筒和钢筋混凝土内筒组成，钢结构外筒由钢管构件构成，包括钢管混凝土立柱、钢管环梁和钢管斜撑。钢管混凝土立柱为锥型钢管柱，共 24 根，呈倾斜布置，倾角各不相同；立柱直径与壁厚沿高度变化，由底部外径 φ2000mm、壁厚 50mm 缩至顶部外径 φ1200mm、壁厚 30mm；钢材材质为 Q345GJC，管内填充 C60 高强混凝土。斜撑截面尺寸为 φ700~φ850mm，壁厚 30~40mm，材质为 Q345GJC 和 Q390GJC，通过在柱上焊出的牛腿与柱连接。环梁截面尺寸为 φ700~φ800mm，壁厚 25~30mm，材质为 Q345GJC；环梁共有 46 组，环梁的间距由腰部的 8m 向上向下递增，至塔顶及底部时为12.5m。环梁与水平面成15.5°夹角，通过在柱上焊出的外伸连接件与柱连接。每道环梁每个分段均为曲线，有24个分段组成一个椭圆形封闭环。

图8.3-19　广州新电视塔效果图

2. 工程特点

外筒所有构件都呈空间三维倾斜，又附带各种节点分段，空间定位非常困难。24根锥型圆管柱由4296节锥形管节装焊而成，累积误差控制较难。1104个圆管相贯节点，对接口精度要求比较高。

外筒钢立柱的安装精度为1/2000，且不大于5mm，远远高于一般超高层建筑和塔桅结构的安装精度。对钢构件加工精度提出了更高的要求。

为有效控制外筒构件制作误差，保证构件在高空安装时的精度，对所有构件进行工厂预拼装。

3. 外筒钢构件工厂预拼装工艺

（1）预拼装单元划分

由于主塔体高454m，不可能进行整体预拼装，因此采取了部分结构预拼装方法。把主塔体沿高度方向分成了9个预拼装阶段，如图8.3-20所示。由于主塔体水平投影尺寸较大，在底部椭圆达到80m×60m，顶部54m×40.5m，工厂一般没有如此大的拼装场地平台。因此将整个外筒沿椭圆周长方向分为6个分区，如图8.3-21所示。这样沿高度方向和水平方向共分成54个结构单元进行预拼装。同时，在高度方向和水平方向均保留相邻单元构件（即共用构件）与下一单元进行预拼装，以保证每个分区相互之间均经过预拼装。

（2）预拼装工艺

① 预拼装共用构件的设置

主塔体预拼装沿高度方向分成9个分区，周长方向分成6个分区，各分区沿高度方向和周长方向存在与相邻单元之间的接口，因此，在沿高度方向和周长方向各设置共用构件，即图8.3-20中的6、10、14、20、26、32、38、44号环和图8.3-21中的1、5、9、13、17、21轴立柱为预拼装时的共用构件，以保证所有分区相互之间均经过预拼装（俗称姐妹段预拼装，如图8.3-22和图8.3-23所示）。

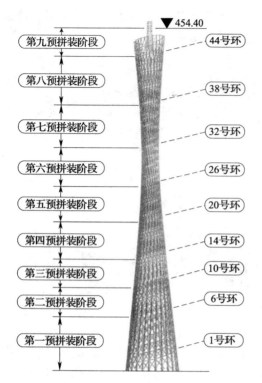

图 8.3-20 高度方向预拼装单元划分

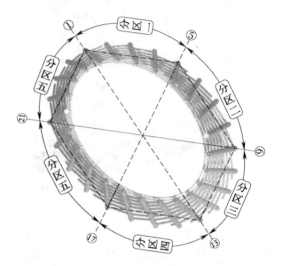

图 8.3-21 周长方向预拼装单元划分

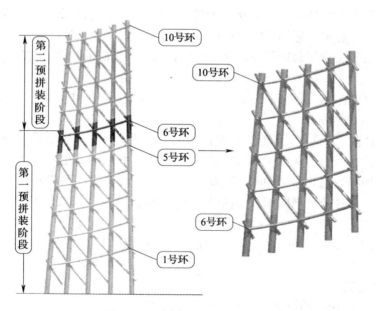

图 8.3-22 沿高度方向共用构件

② 外筒钢结构工厂预拼装工艺流程如图 8.3-24 所示。

③ 预拼装放样及胎架搭设。外筒钢结构预拼装采取卧式拼装的方法。首先放出预拼装单元中心线的平面投影线，然后以此线为基准搭设预拼装胎架，搭设时注意以下几点：

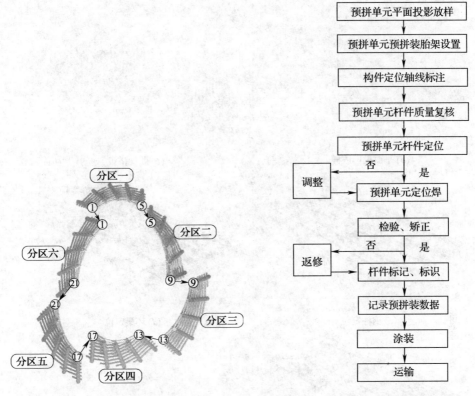

图 8.3-23 沿周长方向共用构件　　图 8.3-24 外筒钢结构工厂预拼装工艺流程

a) 对各预拼装单元设定水平基准面，以此平面放出钢柱、环梁和支撑投影中心线。

b) 本工程预拼装为卧式预拼装，各胎架位置及标高均需在计算机实体模型中测得；各胎架与钢管柱之间采用模板定位，模板需采用数控切割，以保证胎架定位精度。

c) 胎架需具有足够的承载力，且预拼装场地应铺设钢板或在胎架下部设置型钢，以避免构件重量过大引起沉降，导致胎架发生变形。

预拼装胎架搭设完成后，应对其进行整体检测，所有检测数据均应做好记录。检测合格后进行预拼装。

④ 构件定位

a) 按先钢柱后环梁，最后斜撑的总体拼装顺序，从中心向两边依次将构件定位至胎架上。

b) 各钢柱定位时，以柱顶端铣面为基准，保证节点牛腿位置和倾斜角度的准确性。

c) 环梁及支撑定位，控制与钢柱及牛腿对接口间距及错边量。

⑤ 检测、测量

各构件预拼装后进行整体检测、测量，对局部超差部位进行矫正，并记录测量数据。

⑥ 标记和脱模预拼装完成后，在构件上进行标记。环梁在两端标明各自对应的轴线号，斜撑在两端标明上端和下端，明确现场安装方向；同时在连接处打上对合标记线，作为现场安装的依据。接着进行下一分区钢构件预拼装，依次类推，直至完成外筒所有钢构件的预拼装。

⑦ 外筒钢结构预拼装示意图如图 8.3-25 所示。

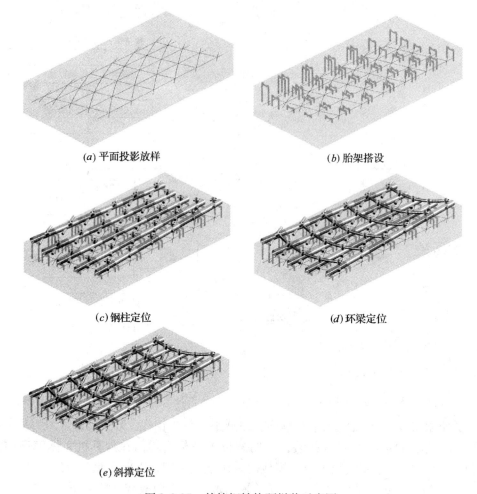

(a) 平面投影放样　　(b) 胎架搭设

(c) 钢柱定位　　(d) 环梁定位

(e) 斜撑定位

图 8.3-25　外筒钢结构预拼装示意图

复习思考题

8-1　钢结构预拼装主要分哪几类？

8-2　简述钢结构预拼装方法和要求。

8-3　简述大跨度钢管桁架结构预拼装的主要关键工艺。

8-4　简述高层钢结构梁、柱预拼装的主要要点。已知柱采用箱形钢柱，梁采用焊接 H 型钢梁；柱上设牛腿，梁与牛腿之间采用栓焊连接（上、下翼缘板采用焊接，腹板采用高强度螺栓连接）。

8-5　简述焊接空心球节点网架的预拼装工艺。

第9章 钢结构涂装

9.1 概　　述

钢结构具有强度高、韧性好、制作方便、施工速度快、施工周期短等许多优点，但也存在耐腐蚀性和耐火性差的缺点。钢结构的腐蚀不仅会造成经济损失，还会直接影响结构的安全。钢材虽不是燃烧体，却易导热，怕火烧，普通建筑钢材的热导率是67.63W/(m·K)。随着温度的升高，钢材的力学性能，如屈服点、抗压强度、弹性模量及承载力等都迅速下降，当温度达到600℃时，强度几乎趋于零。因此，在火灾作用下，钢结构会发生扭曲变形，最终导致结构坍塌毁坏。由此可见，做好钢结构的防腐和防火工作具有重要的经济和社会意义。

为了减轻或防止钢结构的腐蚀同时提高钢材的耐火极限，目前国内外多采用涂装方法进行防护。

涂装防护是利用涂料的涂层使被涂物与环境隔离，从而达到防腐和防火的目的，延长被涂构件的使用寿命。涂层的质量是影响涂装防护效果的关键因素，而涂层的质量除了与涂料的质量有关外，还与涂装之前钢构件表面的除锈质量、漆膜厚度、涂装的工艺条件及其他因素有关。

9.2　涂装前钢材表面处理

9.2.1　钢材表面处理意义和一般规定

钢结构使用的热轧钢材，在轧制过程中或经热处理后表面会产生一层均匀的氧化铁皮；在贮运过程中，由于大气的腐蚀钢材易生锈；在加工过程中，钢材表面往往产生焊渣、毛刺、油污等污染物。这些氧化铁皮、铁锈和污染物如不认真清除，会影响涂料的附着力和涂层的使用寿命。实践证明涂装前钢材表面除锈、除污的质量好坏，严重影响工程的质量，其影响程度约占诸因素的50%。

钢材及钢构件的表面处理应严格按设计规定的除锈方法进行，并达到规定的除锈等级。加工好的构件，经验收合格后才能进行表面处理。钢材表面的毛刺、电焊药皮、焊瘤、飞溅物、灰尘、油污、酸、碱、盐等污染物均应清除干净。对于钢材表面的保养漆，可根据具体情况进行处理，一般双组份固化保养漆如涂层完好，可用砂布、钢丝绒打毛，经清理后可直接涂底漆；但涂层损坏的，会影响下一道漆的附着力，则必须全部清除掉。

9.2.2　油污与旧涂层的清除

1. 油污的清除

钢材在加工制作、运输和贮存过程中形成的污染物，如油脂、灰尘和化学药品等，直接影响涂层的附着力、均匀性、致密性和光泽度。因此，在钢材表面除锈前要先清除此类污染物。除油的方法，可根据构件的大小、材质、油污的种类等因素确定，常用溶剂清洗或碱液清洗。

(1) 有机溶剂清洗。用一些溶解力较强的溶剂，把构件表面的油污清除掉，称为有机溶剂除油法。对溶剂的要求：溶解能力强、挥发性能好、毒性小、不易着火、对构件无腐蚀性、价格低廉等。通常使用的溶剂有：200号工业汽油、松节油、甲苯、二甲苯、二氯化烷等。方法有浸洗法、擦洗法和蒸汽法。

(2) 化学除油法。碱液除油，一般用 $NaOH$、Na_3PO_4、Na_2CO_3、Na_2SiO_3 等溶液，采用槽内浸渍、喷射清洗、刷洗等方法。

(3) 电化学除油。将构件置于除油液的阴极或阳极上进行短时通电，利用电解作用，使油脂脱离构件，达到除油目的。所用除油液是碱液，配方与碱液除油法相同。

此外，还有乳化除油法和超声波除油法。

2. 旧涂层的清除

(1) 机械方法除旧漆。凡是除锈用的机械或工具都可用以除旧漆。如喷砂、喷丸设备，风动或电动除漆器等都是良好的工器具。另外，用砂布、钢丝刷、铲刀等手动工具，也可以除旧漆。

(2) 化学方法除旧漆。碱液除漆，将碱液与旧漆面接触，发生作用后使涂层松软膨胀，达到除旧漆的目的。常用的碱液配方是：磷酸三钠6份、磷酸二氢钠8份、碳酸钠3份、钾皂0.5份、硅酸钠3份、水1000份组成。碱液除漆以浸渍法最为普遍，适用于中、小型构件。对于大型构件或构件的局部除漆，只能采用机械或手动工具去除，或涂敷除漆膏，其配方是：碳酸钠4~6份、生石灰12~15份加入水80份，调匀，最后加入6~10份碳酸钠调成糊状即可使用。

9.2.3 除锈方法

钢结构除锈方法一般有：手工和动力工具除锈、喷射或抛射除锈、酸洗除锈、火焰除锈等。

1. 手工和动力工具除锈

(1) 手工除锈。工具简单，施工方便。但生产效率低，劳动强度大，除锈质量差，影响周围环境。该法只有在其他方法不宜使用时才采用。常用的工具有：尖头锤、铲刀或刮刀、砂布或砂纸、钢丝刷或钢丝束。

(2) 动力工具除锈。利用压缩空气或电能为动力，使除锈工具产生圆周式或往复式运动，产生摩擦或冲击来清除铁锈或氧化铁皮等。动力工具除锈比手工除锈效率高、质量好，但比喷射或抛射除锈效率低，质量差。其常用工具：气动端型平面砂磨机、气动角向平面砂磨机、电动角向平面砂磨机、直柄砂轮机、风动钢丝刷、风动打锈锤、风动齿形旋转式除锈器、风动气铲等。

2. 喷射或抛射除锈

(1) 除锈的一般规定。钢材表面进行喷射除锈时，必须使用去除油污和水分的压缩空气，否则油污和水分在喷射过程中附着在钢材表面，影响涂层的附着力和耐久性。检查油污和水分是否分离干净的简易方法：将白布或白漆靶板，用压缩空气吹1分钟，用肉眼观察其表面,应无油污、水珠和黑点。

喷射或抛射所使用的磨料必须符合质量标准和工艺要求。对允许重复使用的磨料,必须根据规定的质量标准进行检验,合格的才能重复使用。

喷射或抛射的施工环境,其相对湿度不应大于85%,或控制钢材表面温度高于空气露点3℃以上。湿度过大,钢材表面和金属磨料易生锈。

除锈后的钢材表面必须用压缩空气或毛刷等工具将锈尘和残余磨料清除干净。

除锈验收合格的钢材,在厂房内存放的应于24小时内涂完底漆;在厂房外存放的应于当班涂完底漆。

(2) 喷射除锈。分干喷射法和湿喷射法两种。其原理是利用经过油、水分离处理过的压缩空气将磨料带入并通过喷嘴以高速喷向钢材表面,靠磨料的冲击和摩擦力将氧化铁皮、铁锈及污物等除掉,同时使表面获得一定的粗糙度。喷射除锈效率高、质量好,但要有一定的设备和喷射用磨料,费用较高。

喷射除锈时,压缩空气的压力大小,可根据工件厚薄和表面污物的多少进行调整;喷枪的移动速度、喷射角度以及与构件表面的距离,以确保除去铁锈和污物为原则选用。一般采用压缩空气的压力为0.4~0.6MPa,喷射距离为100~300mm,喷射角度为35°~75°。

喷射除锈一般在独立的喷射房内进行。操作者应穿有较好密闭性的工作衣,由帽顶进气供呼吸。喷砂房应有排风装置,把灰尘排出,经水帘冲淋使之沉淀于与喷砂房相邻的室内,防止污染环境。

湿喷射除锈法,它是以来源广、价格低廉的砂子作磨料,工作原理与干法喷射除锈法基本相同,只是使水和砂子分别进入喷嘴,在出口处汇合,通过压缩空气,使水和砂子高速喷出,形成一道严密的包围砂泥的环形水屏,从而减少大量的灰尘飞扬,并达到除锈的目的。湿喷射除锈用的磨料,可选用干净和干燥的河砂,其粒径和含泥量应符合磨料规定的要求。喷射用的水(为了防止除锈后涂底漆前返锈)可加入1.5%的防锈剂,使钢材表面钝化,延长返锈时间。湿喷射磨料罐的工作压力为0.5MPa,水罐的工作压力为0.1~0.35MPa。如果用直径为25.4mm的橡胶管连接磨料罐和水罐,用于输送砂子和水,则其喷射除锈能力约为3.5~4m^2/h,砂子耗用量约为300~400kg/h,水耗用量约为100~150kg/h。

(3) 抛射除锈。抛射除锈是利用抛射机叶轮中心吸入磨料和叶尖抛射磨料的作用,使磨料在抛射机的叶轮内,由于自重,经漏斗进入分料轮,同叶轮一起高速旋转的分料轮使磨料分散,并从定向套口飞出。从定向套口飞出的磨料被叶轮再次加速后,射向物件表面,以高速的冲击和摩擦除去钢材表面的锈和氧化铁皮等污物。

抛射除锈可以提高钢材的疲劳强度和抗腐蚀应力,并对钢材表面硬度也有不同程度的提高;劳动强度比喷射方法低,对环境污染程度较轻,而且费用也比喷射方法低。抛射除锈的缺点是扰动性差,磨料选择不当,易使被抛件变形。一般常用的磨料为钢丸和铁丸,磨料粒径以0.5~2.0mm为宜。

(4) 磨料。磨料是喷射或抛射除锈用的主要原料,用于钢材表面除锈的磨料主要是金属磨料和非金属砂子。

喷射或抛射用磨料,应符合下列要求:

① 重度大、韧性强，有一定粒度要求；
② 使用时不易破裂，散释出的粒尘最少；
③ 喷射或抛射后，不应残留在钢材的表面上；
④ 磨料的表面不得有油污，含水率小于1%；
⑤ 粒径和喷射工艺要求见表9.2-1。

常用喷射磨料品种、粒径及喷射工艺参数　　　　　表9.2-1

磨料名称	磨料粒径（mm）	压缩空气压力（MPa）	喷嘴直径（mm）	喷射角（°）	喷距（mm）
石英砂	3.2~0.63 0.8 筛余量不小于40%	0.5~0.6	6~8	35~70	100~200
硅质河砂	3.2~0.63 0.8 筛余量不小于40%	0.5~0.6	6~8	35~70	100~200
金刚砂	2.0~0.63 0.8 筛余量不小于40%	0.35~0.45	4~5	35~70	100~200
钢线砂	线粒直径1.0，长度等于直径，其偏差不大于直径的40%	0.5~0.6	4~5	35~75	100~300
铁丸或钢丸	1.6~0.63 0.8 筛余量不小于40%	0.5~0.6	4~5	35~75	100~300

磨料的选择，除要满足喷射或抛射工艺要求外，还要考虑消耗成本和综合的经济效益。如河砂价格低廉，但它一般只能使用一次，而且喷射质量较差，粉尘又大。钢丸虽然价格高，但它可使用500次以上，除锈质量好，且无粉尘。

3. 酸洗除锈

酸洗除锈亦称化学除锈，其原理是利用酸洗液中的酸与金属氧化物进行化学反应，使金属氧化物溶解，生成金属盐并溶于酸液中，从而除去钢材表面上的氧化物及锈。酸洗除锈质量比手工和动力机械除锈好，与喷射除锈质量相当。但酸洗后钢材表面不能形成喷射除锈那样的粗糙度。在酸洗过程中产生的酸雾对人和建筑物有害。酸洗除锈一次性投资较大，工业过程也较多，最后一道清洗工序如不彻底，将对涂层质量有严重的影响。

9.2.4 钢材表面锈蚀和除锈等级标准

1. 锈蚀等级

国家标准《涂装前钢材表面锈蚀等级和除锈等级》GB 8923 对钢材表面分成 A、B、C、D 四个锈蚀等级（如图9.2-1所示）：

A 全面地覆盖着氧化皮，而几乎没有铁锈；
B 已发生锈蚀，并有部分氧化皮剥落；
C 氧化皮因锈蚀而剥落，或者可以刮除，并有少量点蚀；
D 氧化皮因锈蚀而全面剥落，并普遍发生点蚀。

图 9.2-1　锈蚀等级

2．除锈等级

标准将除锈等级分成喷射或抛射除锈、手工和动力工具除锈、火焰除锈三种类型。

（1）喷射或抛射除锈，用字母"Sa"表示，分四个等级：

Sa1：轻度的喷射或抛射除锈。钢材表面无可见的油脂或污垢，没有附着不牢的氧化皮、铁锈和油漆涂层等附着物。Sa1 分为 BSa1、CSa1 和 DSa1，见图 9.2-2。

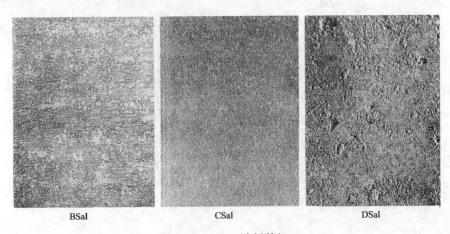

图 9.2-2　Sa1 除锈等级

Sa2：彻底的喷射或抛射除锈。钢材表面无可见的油脂和污垢，氧化皮、铁锈等附着物已基本清除，其残留物应是牢固附着的。Sa2 分为 BSa2、CSa2 和 DSa2，见图 9.2-3。

图 9.2-3　Sa2 除锈等级

Sa$2\frac{1}{2}$：非常彻底的喷射或抛射除锈。钢材表面无可见的油脂、污垢、氧化皮、铁锈和油漆涂层等附着物，任何残留的痕迹应仅是点状或条状的轻微色斑。Sa$2\frac{1}{2}$分为 ASa$2\frac{1}{2}$、BSa$2\frac{1}{2}$、CSa$2\frac{1}{2}$和 DSa$2\frac{1}{2}$，见图 9.2-4。

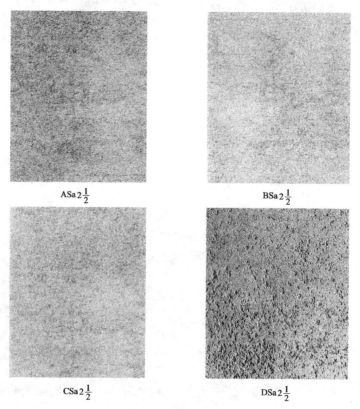

图 9.2-4　Sa$2\frac{1}{2}$除锈等级

Sa3：使钢材表观洁净的喷射或抛射除锈。钢材表面无可见的油脂、污垢、氧化皮、铁锈和油漆等附着物，表面显示为均匀的金属光泽。Sa3 分为 ASa3、BSa3、CSa3、DSa3，见图 9.2-5。

（2）手工和动力工具除锈，以字母"St"表示，分两个等级：

St2：彻底的手工和动力工具除锈。钢材表面无可见的油脂和污垢，没有附着不牢的氧化皮、铁锈和油漆涂层等附着物。St2 分为 BSt2、CSt2 和 DSt2，见图 9.2-6。

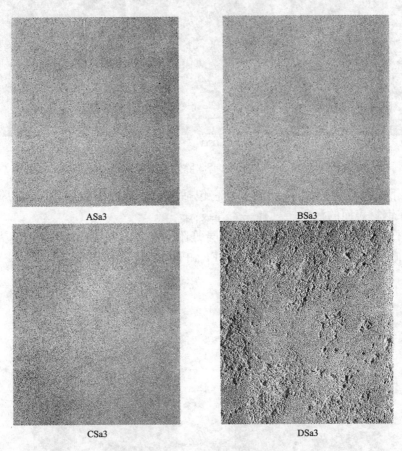

图 9.2-5　Sa3 除锈等级

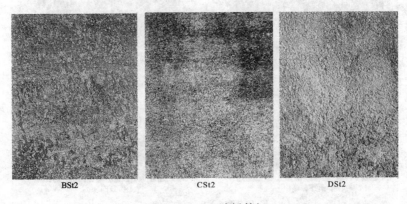

图 9.2-6　St2 除锈等级

St3：非常彻底的手工和动力工具除锈。钢材表面无可见的油脂和污垢，并且没有附着不牢的氧化皮、铁锈和油漆涂层等附着物。除锈比 St2 更为彻底，底材显露部分的表面具有金属光泽。St3 分为 BSt3、CSt3、DSt3，见图 9.2-7。

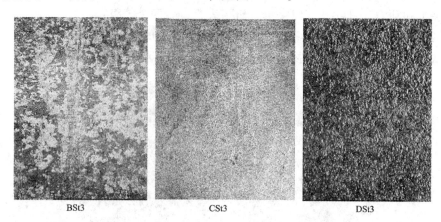

图 9.2-7　St3 除锈等级

（3）火焰除锈，以字母"F1"表示，它包括在火焰加热作业后，以动力钢丝刷清除加热后附着在钢材表面的污物。只有一个等级：

F1：钢材表面无氧化皮、铁锈和油漆层等附着物，任何残留的痕迹仅为表面变色（不同颜色的暗影）。F1 分为 AF1、BF1、CF1 和 DF1，见图 9.2-8。

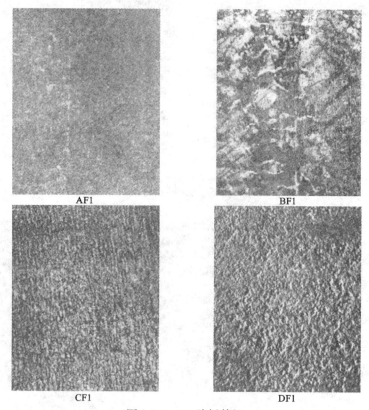

图 9.2-8　F1 除锈等级

评定钢材表面锈蚀等级和除锈等级，应在良好的散射日光下或在照度良好的人工照明条件下进行。检查人员应具有正常的视力。把待检查的钢材表面与相应的照片进行目视比较。评定锈蚀等级时，以相应锈蚀较严重的等级照片所标示的锈蚀等级作为评定结果。评定除锈等级时，以与钢材表面外观最接近的照片所示的除锈等级作为评定结果。

9.3 钢结构防腐涂装

9.3.1 防腐原理

钢结构在常温大气环境中使用，受大气中水分、氧和其他污染物的作用而被腐蚀。大气中的水分吸附在钢材表面形成水膜，是造成钢材腐蚀的决定因素，而大气的相对湿度和污染物的含量，则是影响大气腐蚀程度的重要因素。大气的相对湿度保持在60%以下，钢材的大气腐蚀是很轻微的。但当相对湿度增加到某一数值时，钢材的腐蚀速度突然升高，这一数值称之为临界湿度。在常温下，一般钢材的临界湿度为60%~70%。

根据临界湿度的概念，大气可分为：

(1) 干的大气，是指相对湿度低于大气腐蚀临界湿度的大气，一般在钢材表面不形成水膜；

(2) 潮的大气，是指相对湿度高于大气临界湿度的大气，一般在金属表面形成肉眼看不见的液膜；

(3) 湿的大气，是指能在金属表面形成凝结水膜的大气。

潮的、湿的大气是造成金属腐蚀的基本因素。根据大气中所含污染物的数量差异，大气可分为：乡村大气、城市大气、工业区大气和海洋大气。由于各地域大气中所含腐蚀物质成分和数量不同，其对钢材腐蚀程度的速度也不同；农村大气对钢的腐蚀速度为4~60μm/a；城市大气为10~80μm/a；沿海大气为40~160μm/a；工业大气为65~230μm/a（a：年）。

在高温（100℃以上）条件下钢材腐蚀机理与常温（100℃以下）条件下完全不同。在高温状态下，水以气态存在，电化学作用很小，降为次要因素。金属和干燥气体（如 O_2、H_2S、SO_2、Cl_2 等）相接触，表面生成相应的化合物（如氧化物、硫化物、氯化物等），形成对钢材的化学腐蚀。钢材在高温下（500~1000℃）很容易被空气中的氧气氧化而腐蚀。

根据钢材腐蚀的电化学原理，只要防止破坏腐蚀电池的形成或强烈阻滞阴、阳极过程的进行，就可以防止金属的腐蚀。防止电解质溶液在金属表面沉降或凝结、防止各种腐蚀性介质的污染等，均可达到防止金属腐蚀的目的。采用防护层方法防止钢结构腐蚀是目前通用的方法。

9.3.2 防腐涂装设计

1. 防腐涂料分类

国家标准《涂料产品分类和命名》GB/T 2705 规定了涂料产品分类和命名方法，现行版本（即2003版）提出了两种分类方法，即以涂料产品用途为主线并适当辅以主要成膜物质分类方法；补充完善了以主要成膜物为基础的分类方法，适当辅以产品的主要用途，并将建筑涂料重点突出出来。

但由于受 GB/T 2705—1992 版本的深刻影响，国内的涂料生产企业对于涂料产品的分类和命名，特别是在型号上有着一致的规范（即以主要成膜物质进行分类），对目前绝大多数从事防腐蚀涂料的工作者来说，对原来这些涂料的型号有着很深的印象和习惯，新标准（2003 版）还未能深入广泛地应用，大家所接触到的绝大多数资料中，还是按照老标准（1992 版）在阐述。因此，防腐涂料的分类按新、老标准分别进行介绍。

（1）按 GB/T 2705—2003 标准，涂料产品的分类有两种方法。

第一种以涂料的用途来划分（分类方法 1），将涂料分成三个主要类别：建筑涂料、工业涂料和通用涂料及辅助材料。详见表 9.3-1。

涂料的分类方法 1　　　　表 9.3-1

主要产品类别			主要成膜物类型
建筑涂料	墙面涂料	合成树脂乳液内墙涂料 合成树脂乳液外墙涂料 溶剂型外墙涂料 其他墙面涂料	丙烯酸酯类及其改性共聚乳液；醋酸乙烯及其改性共聚乳液；聚氨酯、氟碳等树脂；无机黏合剂等
	防水涂料	溶剂型树脂防水涂料 聚合物乳液防水涂料 其他防水涂料	EVA、丙烯酸酯类乳液；聚氨酯、沥青、PVC 胶泥或油膏、聚丁二烯等树脂
	地坪涂料	水泥基等非木质地面用涂料	聚氨酯、环氧等树脂
	功能性建筑涂料	防火涂料 防霉（藻）涂料 保温隔热涂料 其他功能性建筑涂料	聚氨酯、环氧、丙烯酸酯类、乙烯类、氟碳等树脂
工业涂料	汽车涂料（含摩托车涂料）	汽车底漆（电泳漆） 汽车中涂漆 汽车面漆 汽车罩光漆 汽车修补漆 其他汽车专用漆	丙烯酸酯类、聚酯、聚氨酯、醇酸、环氧、氨基、硝基、PVC 等树脂
	木器涂料	溶剂型木器涂料 水性木器涂料 光固化木器涂料 其他木器涂料	聚酯、聚氨酯、丙烯酸酯类、醇酸、硝基、氨基、酚醛、虫胶等树脂
	铁路、公路涂料	铁路车辆涂料 道路标志涂料 其他铁路、公路设施用涂料	丙烯酸酯类、聚氨酯、环氧、醇酸、乙烯类等树脂
	轻工涂料	自行车涂料 家用电器涂料 仪器、仪表涂料 塑料涂料 纸张涂料 其他轻工专用涂料	聚氨酯、聚酯、醇酸、丙烯酸酯类、环氧、酚醛、氨基、乙烯等树脂

续表

主要产品类别			主要成膜物类型
工业涂料	船舶涂料	船壳及上层建筑物漆 船底防锈漆 船底防污漆 水线漆 甲板漆 其他船舶漆	聚氨酯、醇酸、丙烯酸酯类、环氧、酚醛、氯化橡胶、沥青等树脂
	防腐涂料	桥梁涂料 集装箱涂料 专用埋地管道及设施涂料 耐高温涂料 其他防腐涂料	聚氨酯、丙烯酸酯类、环氧、醇酸、氯化橡胶、乙烯类、沥青、有机硅、氟碳等树脂
	其他专用涂料	卷材涂料 绝缘涂料 机床、农机、工程机械等涂料 航空、航天涂料 军用器械涂料 电子元器件涂料 以上未涵盖的其他专用涂料	聚酯、聚氨酯、环氧、丙烯酸酯类、醇酸、乙烯类、氨基、有机硅、氟碳、酚醛、硝基等树脂
通用涂料及辅助材料	调合漆 清漆 磁漆 底漆 腻子 稀释剂 防潮剂 催干剂 脱漆剂 固化剂 其他通用涂料及辅助材料	以上未涵盖的无明确应用领域的涂料产品	改性油脂、天然树脂、酚醛、醇酸等树脂

注：主要成膜物类型中树脂类型包括水性、溶剂型、无溶剂型、固体粉末等。

第二种以涂料产品的主要成膜物质为主线，并适当辅以产品主要用途来划分类别（分类方法2）。详见表9.3-2。

分类方法2：其他涂料　　　　　　　　表9.3-2

主要成膜物类型		主要产品类型
油脂漆类	天然植物油、动物油（脂）、合成油等	清油、厚漆、调合漆、防锈漆、其他油脂漆
天然树脂[①]漆类	松香、虫胶、乳酪素、动物胶及其衍生物等	清漆、调合漆、磁漆、底漆、绝缘漆、生漆、其他天然树脂漆

续表

主要成膜物类型		主要产品类型
酚醛树脂漆类	酚醛树脂、改性酚醛树脂等	清漆、调合漆、磁漆、底漆、绝缘漆、船舶漆、防锈漆、耐热漆、黑板漆、防腐漆、其他酚醛树脂漆
沥青漆类	天然沥青、(煤)焦油沥青、石油沥青等	清漆、磁漆、底漆、绝缘漆、防污漆、船舶漆、耐酸漆、防腐漆、锅炉漆、其他沥青漆
醇酸树脂漆类	甘油醇酸树脂、季戊四醇酸树脂、其他醇类的醇酸树脂、改性醇酸树脂等	清漆、调合漆、磁漆、底漆、绝缘漆、船舶漆、防锈漆、汽车漆、木器漆、其他醇酸树脂漆
氨基树脂漆类	三聚氰胺甲醛树脂、脲(甲)醛树脂及其改性树脂等	清漆、磁漆、绝缘漆、美术漆、闪光漆、汽车漆、其他氨基树脂漆
硝基漆类	硝基纤维素(酯)等	清漆、磁漆、铅笔漆、木器漆、汽车修补漆、其他硝基漆
过氯乙烯树脂漆类	过氯乙烯树脂等	清漆、磁漆、机床漆、防腐漆、可剥漆、胶液、其他过氯乙烯树脂漆
烯类树脂漆类	聚二乙烯乙炔树脂、聚多烯树脂、氯乙烯醋酸乙烯共聚物、聚乙烯醇缩醛树脂、聚苯乙烯树脂、含氟树脂、氯化聚丙烯树脂、石油树脂等	聚乙烯醇缩醛树脂漆、氯化聚烯烃树脂漆、其他烯类树脂漆
丙烯酸酯类树脂漆类	热塑性丙烯酸酯类树脂、热固性丙烯酸酯类树脂等	清漆、透明漆、磁漆、汽车漆、工程机械漆、摩托车漆、家电漆、塑料漆、标志漆、电泳漆、乳胶漆、木器漆、汽车修补漆、粉末涂料、船舶漆、绝缘漆、其他丙烯酸酯类树脂漆
聚酯树脂漆类	饱和聚酯树脂、不饱和聚酯树脂等	粉末涂料、卷材涂料、木器漆、防锈漆、绝缘漆、其他聚酯树脂漆
环氧树脂漆类	环氧树脂、环氧酯、改性环氧树脂等	底漆、电泳漆、光固化漆、船舶漆、绝缘漆、划线漆、罐头漆、粉末涂料、其他环氧树脂漆
聚氨酯树脂漆类	聚氨(基甲酸)酯树脂等	清漆、磁漆、木器漆、汽车漆、防腐漆、飞机蒙皮漆、车皮漆、船舶漆、绝缘漆、其他聚氨酯树脂漆
元素有机漆类	有机硅、氟碳树脂等	耐热漆、绝缘漆、电阻漆、防腐漆、其他元素有机漆
橡胶漆类	氯化橡胶、环化橡胶、氯丁橡胶、氯化氯丁橡胶、丁苯橡胶、氯磺化聚乙烯橡胶等	清漆、磁漆、底漆、船舶漆、防腐漆、防火漆、划线漆、可剥漆、其他橡胶漆
其他成膜物类涂料	无机高分子材料、聚酰亚胺树脂、二甲苯树脂等以上未包括的主要成膜材料	

① 包括直接来自天然资源的物质及其经过加工处理后的物质;
注:主要成膜类型中树脂包括水性、溶剂型、无溶剂型、固体粉末等。

涂料用辅助材料主要品种有稀释剂、防潮剂、催干剂、脱漆剂、固化剂和其他辅助材料等。

涂料的命名原则:一般是由颜色或颜料名称加上成膜物质名称,再加上基本名称

（特性或专业用途）所组成。对于不含颜料的清漆。其全名一般是由成膜物质名称加上基本名称组成的。

（2）按 GB/T 2705—1992 标准，对涂料产品的分类，是以主要成膜物质为基础分成 17 大类，如表 9.3-3 所示。如果主要成膜物为混合树脂，则以漆膜中起主要作用的一种树脂为基础。

涂料按主要成膜物质分类　　　　表 9.3-3

代号	类别	主要成膜物质
Y	油性涂料	天然动植物油、清油、合成干性油
T	天然树脂涂料	松香及其衍生物
F	酚醛树脂涂料	纯酚醛树脂涂料、改性酚醛树脂涂料
L	沥青涂料	天然涂料、石油沥青、煤焦油沥青
C	醇酸树脂涂料	季戊四醇和各种油改性醇酸树脂
A	氨基树脂涂料	脲（或三聚氰胺）甲醛树脂
Q	硝基涂料	硝化树脂及其改性树脂
M	纤维素涂料	醋酸纤维、乙基纤维、乙丁纤维
G	过氯乙烯树脂涂料	过氯乙烯及其改性树脂
X	乙烯树脂涂料	聚乙烯醇缩丁醛树脂、氯乙烯—偏氯乙烯树脂共聚物
B	丙烯酸树脂涂料	丙烯酸树脂、丙烯酸共聚树脂及其改性树脂
Z	聚酯树脂涂料	饱和及不饱和聚酯树脂
H	环氧树脂涂料	环氧树脂、改性环氧树脂
S	聚氨酯涂料	聚氨基甲酸酯
V	元素有机聚合物涂料	有机硅、有机钛
J	橡胶涂料	天然、合成橡胶及其衍生物，如氯化橡胶、氯磺化聚乙烯
E	其他涂料	以上 16 大类包括不了的，如无机高聚物

对于涂料的名称由三部分组成，即颜色或颜料的名称、成膜物质的名称和基本名称。

2. 钢结构重防腐涂料

重防腐涂料是相对一般防腐蚀涂料而言的。是指在严酷的腐蚀条件下，其防腐蚀效果比一般防腐蚀涂料高数倍以上的防腐蚀涂料。其特点是耐强腐蚀介质性能优异，耐久性突出，使用寿命达数年以上。

钢结构防腐蚀涂装对于涂料的要求是：

（1）适应高效率的钢结构生产能力，涂料要求干燥快；

（2）漆膜耐碰撞，适应搬运和长距离的运输，损伤小；

（3）防腐蚀性能好，无最大重涂间隔，方便工程进度上的安排；

（4）面漆要有良好的耐候性能，装饰性强。

目前常用的钢结构重防腐蚀涂料见表 9.3-4。

钢结构重防腐蚀涂料类别　　　　表 9.3-4

底漆	改性厚膜型醇酸涂料 环氧磷酸锌防锈底漆 环氧富锌底漆 无机富锌底漆	中间漆	厚浆型环氧云铁中间漆 改性厚浆型环氧树脂涂料
厚浆型或无溶剂涂料	改性厚浆型环氧涂料 低表面处理厚浆型环氧树脂涂料 少溶剂或无溶剂玻璃鳞片涂料	面漆	丙烯酸聚氨酯面漆 含氟聚氨酯面漆 聚硅氧烷面漆

注：底漆（中间漆）和面漆为同一种漆

3. 防腐涂料选用

防腐涂料可参考表 9.3-5 选用。

防腐涂料性能及推荐部位表　　　　表 9.3-5

推荐部位	涂料名称	耐酸	耐碱	耐盐	耐水	耐候	与基层附着力	
							钢铁	水泥
室内和室外	氯化橡胶涂料	√	√	√	√	√	√	√
	氯磺化聚乙烯涂料	√	√	√	√	√	√	○
	聚氯乙烯含氟涂料	√	√	√	√	√	√	√
室内和室外	过氯乙烯涂料	√	√	√	√	√	√	○
	氯乙烯醋酸乙烯共聚涂料	√	√	√	√	√	√	○
	醇酸耐酸涂料	○	×	√	○	√	√	○
室　内	环氧涂料	√	√	√	○	○	√	√
	聚苯乙烯涂料	√	√	√	√	○	√	√
室内和地下	环氧沥青涂料	√	√	√	√	○	√	√
	聚氨酯涂料	√	○	√	√	√	√	√
	聚氨酯沥青涂料	√	√	√	√	○	√	√
	沥青涂料	√	√	√	√	○	√	√

注：本表选自《工业建筑防腐蚀设计规范》GB 50046。"√"表示性能优良，推荐使用；"○"表示性能良好，可使用；"×"表示性能差，不宜使用。

4. 防腐涂料设计

钢结构防腐涂装的目的，是为了防止钢结构锈蚀，延长其使用寿命。而防腐涂层作用如何取决于涂层的质量，涂层质量的好坏又取决于涂装设计、涂装施工和涂装管理。相关研究认为影响涂层质量的诸因素所占的比例见表 9.3-6。

对涂层质量的影响因素　　　　表 9.3-6

影响质量的因素	影响的程度（%）
表面处理（除锈质量）	50
涂层厚度（涂装道数）	20
涂料品种	5
涂装技术及管理等	25

涂装设计的内容主要包括：钢材表面处理要求、除锈方法的选择、除锈质量等级的确定、涂料品种的选择、涂层结构和涂层厚度的设计等。涂装设计是涂装施工和涂装管理的依据和基础，是决定涂层质量的重要因素。

(1) 除锈方法的选择和除锈等级的确定

① 除锈方法的选择。钢材表面处理是涂装工作中最重要的环节，其质量好坏直接影响涂装质量。钢材表面除锈方法有：手工工具除锈、动力工具除锈、喷射除锈、抛射除锈、酸洗除锈和火焰除锈等。各种除锈方法的优点和缺点见表9.3-7。不同除锈方法，在使用同一底漆时，其防护效果也不相同，差异很大，见表9.3-8。

选择除锈方法时，除要根据各种方法的特点和防护效果外，还要根据涂装的对象、目的、钢材表面的原始状态、要求达到的除锈等级、现有的施工设备和条件、施工费用等综合考虑确定。

各种除锈方法的优缺点　　　　　　　　　　表9.3-7

除锈方法	设备工具	优 点	缺 点
手工、动力工具除锈	砂布、钢丝刷、铲刀、尖锤、平面砂轮机、动力钢丝刷等	工具简单、操作方便、费用低	劳动强度大、效率低、质量差、只能满足一般的涂装要求
喷射或抛射除锈	空气压缩机、喷射（抛丸）机、油水分离器等	质量好、能获得不同要求的表面粗糙度	设备复杂、需要一定操作技术、劳动强度较高、费用高、对环境有一定污染
酸洗除锈	酸洗槽、化学药品等	效率较高、质量较好、费用较低	污染环境、废液不易处理，工艺要求较严

同一底漆不同除锈方法的防护效果（年）　　　表9.3-8

除锈方法	红丹、铁红各两道	两道铁红
手工	2~3	1
A级不处理	8	3
酸洗	9	5
喷射或抛射	10	6

② 除锈等级的确定。除锈等级的确定是涂装设计的主要内容，等级过高会造成人力、财力的浪费；过低会降低涂层质量，起不到应有的防护作用，反而是更大的浪费。单纯从除锈等级标准来看，Sa3级标准质量最高，但它需要的条件和费用也最高。根据有关研究如要达到 Sa3 级的除锈质量，只能在相对湿度小于 55% 的条件下才能实现，此时表面清洁度为 100%（$Sa2\frac{1}{2}$ 级时，表面光洁度为 95%）。按消耗工时计算，若以 Sa2 级为 100%，$Sa2\frac{1}{2}$ 级则为 130%，Sa3 级则为 200%。因此不能盲目要求过高的标准，而要根据实际需要来确定除锈等级。

除锈等级一般应根据钢材表面原始状态，选用的底漆，采用的除锈方法，工程造价与要求的涂装维护周期等来确定。由于各种涂料的性能不同，涂料对钢材的附着力也不同。各种底漆与相适应的除锈等级关系见表9.3-9。

除锈质量等级与涂料的适应性　　　　　表9.3-9

各种底漆	喷射或抛射除锈		手工除锈		酸洗除锈	
	Sa3	Sa2$\frac{1}{2}$	Sa2	St3	St2	SP-8
油基漆	A	A	A	B	C	A
酚醛漆	A	A	A	B	C	A
醇酸漆	A	A	A	B	C	A
磷化底漆	A	A	A	B	D	A
沥青漆	A	A	A	B	C	A
聚氨酯漆	A	A	B	C	D	B
氯化橡胶漆	A	A	B	C	D	B
氯磺化聚乙烯漆	A	A	B	C	D	B
环氧漆	A	A	A	B	C	A
环氧煤焦油	A	A	A	B	C	A
有机富锌漆	A	A	B	C	D	C
无机富锌漆	A	A	B	D	D	D
无机硅底漆	A	B	C	D	D	B

注：A—好；B—较好；C——般；D—不适合。

（2）涂料品种的选择

涂料选用正确与否，对涂层的防护效果影响很大。涂料选用得当，其耐久性长，防护效果好。相反，则防护时间短，防护效果差。涂料品种的选择取决于涂料性能腐蚀情况和工程造价等。

涂料种类很多，性能各异。在进行涂层设计时，应了解和掌握各类涂层的基本特性和适用条件，首先确定选用哪一类涂料，然后根据此类涂料的不同品种的不同性能选定具体的涂料品种。

《钢结构工程施工质量验收规范》GB 50205对各种涂料要求最低的除锈等级作了规定，见表9.3-10。

各种底漆或防锈漆要求最低的除锈等级　　　　　表9.3-10

涂料品种	除锈等级
油性酚醛、醇酸等底漆或防锈漆	St2
高氯化聚乙烯、氯化橡胶、氯磺化聚乙烯、环氧树脂、聚氨酯等底漆或防锈漆	Sa2
无机富锌、有机硅、过氯乙烯等底漆	Sa2$\frac{1}{2}$

（3）涂层结构与涂层厚度

① 涂层结构的形式有三种：底漆—中间漆—面漆；底漆—面漆；底漆和面漆是同一

种漆。涂层的配套性包括作用配套、性能配套、硬度配套、烘干温度配套等。涂层中的底漆主要起附着和防锈作用，面漆主要起防腐蚀耐老化作用；中间漆的作用是介于底、面漆两者之间，并能增加漆膜总厚度。所以，它们不能单独使用，只有配套使用，才能发挥最佳的作用，并获得最佳的效果。在使用时，各层漆之间不能发生互溶或"咬底"的现象。如用油基性的底漆，则不能用强溶剂型的中间漆或面漆。硬度要基本一致，若面漆的硬度过高，容易开裂；烘干温度也要基本一致，否则有的层次会出现过烘干的现象。

② 确定涂层厚度的主要因素：钢材表面原始粗糙度、钢材除锈后的表面粗糙度、选用的涂料品种、使用环境对涂层的腐蚀程度、涂层维护的周期等。

涂层厚度一般由基本涂层厚度、防护涂层厚度和附加涂层厚度组成。基本涂层厚度是指涂料在钢材表面上形成均匀、致密、连续的膜所需的厚度。防护涂层厚度是指涂层在使用环境中，在维护周期内受到腐蚀、粉化、磨损等所需的厚度。附加涂层厚度是指因涂层维修困难和留有安全系数所增加的厚度。

涂层厚度要适当。太厚虽然可增强防护能力，但附着力和机械性能都会降低，而且会增加费用；太薄易产生肉眼看不见的针孔和其他缺陷，起不到隔离环境的作用。根据有关研究，钢结构涂层厚度可参考表 9.3-11 确定。

钢结构涂层厚度参考值（μm） 表 9.3-11

	基本涂层和防护涂层					附加涂层
	城镇大气	工业大气	海洋大气	化工大气	高温大气	
醇酸漆	100～150	125～175				25～50
沥青漆			180～240	150～210		30～60
环氧漆			175～225	150～200	150～200	25～50
过氯乙烯漆				160～200		20～40
丙烯酸漆		100～140	140～180	120～160		20～40
聚氨酯漆		100～140	140～180	120～160		20～40
氯化橡胶漆		120～160	160～200	140～180		20～40
氯磺化聚乙烯漆		120～160	160～200	140～180	120～160	20～40
有机硅漆					100～140	20～40

9.3.3 防腐涂装工艺

1. 常用涂装方法

钢结构涂装并不是简单地把涂料涂装到构件表面上，因为涂层质量的好坏不仅仅取决于涂料质量，而是与涂装过程密切相关，因此涂装工艺对保证涂层质量至关重要。

钢结构涂装方法常用的有四种，即刷涂法、滚涂法、空气喷涂法和无气喷涂法。合理的涂装方法是涂装质量、涂装进度、节约材料和降低成本的根本保证。四种常用涂装方法的优缺点比较见表 9.3-12。

各种涂料与相适应的施工方法见表 9.3-13。

常用涂料的涂装方法 表 9.3-12

涂装方法	适用涂料的特性			被涂物	使用工具或设备	主要优缺点
	干燥速度	黏度	品种			
刷涂法	干性较慢	塑性小	油性漆 酚醛漆 醇酸漆等	一般构件及建筑物、各种设备和管道等	各种毛刷	优点：投资少，涂装方法简单，适用于各种形状及大小面积的涂装。缺点：均匀性较差，表面装饰性较差，涂装效率低
滚涂法	干性较慢	塑性小	油性漆 酚醛漆 醇酸漆等	一般大型平面的构件和管道等	滚子	优点：投资少、涂装方法简单，适用于大面积涂装。缺点：均匀性较差，表面装饰性较差，涂装效率低
空气喷涂法	挥发快，干燥适宜	黏度小	各种硝基漆、橡胶漆、建筑乙烯漆、聚氨酯漆等	各种大型构件及设备和管道	喷枪、空气压缩机、油水分离器等	优点：设备投资较小，涂装效率较刷涂法高，表面光洁。缺点：涂装方法较复杂，消耗溶剂量大，环境污染较严重，易引起火灾
无气喷涂法	具有高沸点溶剂的涂料	高不挥发性，有触变性	厚浆型涂料和不挥发性涂料	各种大型钢结构、桥梁、管道、车辆和船舶等	高压无气喷枪、空气压缩机等	优点：效率比空气喷涂法高，能获得厚涂层。缺点：设备投资较大，涂装方法较复杂，涂料有一定损失，表面装饰性较差

各种涂料可采用的涂装方法 表 9.3-13

施工方法＼涂料种类	酯胶漆	油性调和漆	醇酸调和漆	酚酸漆	醇酸漆	沥青漆	硝基漆	聚氨酯漆	丙烯酸漆	环氧树脂漆	过氯乙烯漆	氯化橡胶漆	氯磺化聚乙烯漆	聚酯漆	乳胶漆
刷涂	A	A	A	A	B	B	D	D	D	C	D	C	B	B	A
滚涂	B	A	A	B	B	C	E	C	C	C	E	C	C	B	B
空气喷涂	B	C	B	B	A	A	A	A	A	A	A	A	A	A	B
无气喷涂	B	C	B	B	A	C	A	A	A	B	A	A	A	B	B

注：A—优；B—良；C—中；D—差；E—劣。

2. 刷涂法

刷涂法是一种传统的涂装方法，它具有工具简单、涂装方便，易于掌握、适应性强、节省材料等优点，是普遍使用的涂装方法。但也存在劳动强度大、生产效率低、涂装质量取决于操作者的技能等缺点。

（1）漆刷的选择。漆刷的种类很多，按形状可分为圆形、扁形和歪脖形三种；按制作材料可分为硬毛刷（猪鬃制作）和软毛刷（狼毫和羊毛制作）两种。漆刷一般要求刷毛前端整齐，手感柔软，无断毛和倒毛，使用时不掉毛，沾溶剂后甩动漆刷时前端刷毛不分开。

刷涂底漆、调合漆和磁漆时,应选用扁形和歪脖形弹性大的硬毛刷。刷涂油性清漆时,应选用刷毛较薄、弹性较好的猪鬃或羊毛等混合制作的板刷和圆刷。涂刷树脂清漆或其他清漆时,由于这些漆类的黏度较小,干燥快,而且在刷涂第二遍时,容易使前一道漆膜溶解,因此应选用弹性好,刷毛前端柔软的软毛板刷或歪脖形刷。

(2) 刷涂法基本要点。刷涂质量的好坏,主要取决于操作者的实际经验和熟练程度,刷涂时应注意以下基本操作要点:

① 使用漆刷时,一般应采用直握方法,用腕力进行操作;

② 涂刷时应蘸少量涂料,刷毛浸入漆的部分应为毛长的1/3到1/2;

③ 对干燥较慢的涂料,应按涂敷、抹平和修饰三道工序进行;

④ 对干燥较快的涂料,应从被涂物一边按一定的顺序快速连续地刷平和修饰,不宜反复刷涂;

⑤ 刷涂顺序,一般应按自上而下,从左到右,先里后外,先斜后直,先难后易的原则,使漆膜均匀、致密、光滑和平整;

⑥ 刷涂的走向,刷涂垂直平面时,最后一道应由上向下进行。刷涂水平表面时,最后一道应按光线照射的方向进行;

⑦ 刷涂完毕后,要将漆刷妥善保管,若长期不使用,须用溶剂清洗干净晾干,用塑料薄膜包好,存放在干燥的地方,以便再用。

3. 滚涂法

(1) 滚涂法特点

滚涂法是用羊毛或合成纤维做成多孔吸附材料,贴附在空的圆筒上做成滚子,用滚子进行涂装的方法。该方法涂装用具简单,操作方便,涂装效率比刷涂方法高2~3倍,用漆量和刷涂法基本相同。但劳动强度大,生产效率比喷涂法低,只适用于较大面积的构件。

(2) 滚涂法涂装基本操作要点

① 涂料应倒入装有滚涂板的容器中,将滚子的一半浸入涂料,然后提起在滚涂板上来回滚涂几次,使滚子全部均匀地浸透涂料,并把多余的涂料滚压掉;

② 把滚子按W型轻轻地滚动,将涂料大致的涂布于被涂物上,然后滚子上下密集滚动,将涂料均匀地分布开,最后使滚子按一定的方向滚平表面并修饰;

③ 滚动时初始用力要轻,以防流淌,随后逐渐用力,使涂层均匀;

④ 滚子用完后,应尽量挤压掉残存的漆料,或用涂料的溶剂清洗干净,晾干后保存好,以备再用。

4. 空气喷涂法

空气喷涂法是利用压缩空气的气流将涂料带入喷枪,经喷嘴吹散成雾状,并喷涂到物体表面上的一种涂装方法。其优点是:可获得均匀、光滑平整的漆膜;工效比刷涂法高6~8倍,每小时可喷涂100~150m^2。主要用于喷涂烘干漆,也可喷涂一般合成树脂漆。其缺点是:稀释剂用量大,喷涂后形成的涂膜较薄;涂料损失较大,涂料利用率一般只有40%~60%;飞散在空气中的漆雾对操作人员的身体有害,同时污染环境。

5. 无气喷涂法

无气喷涂法是利用特殊形式的气动或其他动力驱动的液压泵,将涂料增至高压,当涂料经管路通过喷枪的喷嘴喷出时,其速度非常高(约100m/s),随着冲击空气和高压的急速下降及涂料溶剂的急剧挥发,使喷出的涂料体积骤然膨胀而雾化,高速地分散在被涂物表面上,形成漆膜。因为涂料的雾化和涂料的附着不是用压缩空气,故称之为无气喷涂。

无气喷涂法的优点是:喷涂效率高,每小时可喷涂200~400m²,比手工喷涂高10~20多倍,比空气喷涂高2~3倍多;对涂料的适应性强,对厚浆型的高黏度涂料更为适应;涂膜厚,一道漆膜厚度可达150~350μm;散布在空气中的漆雾比空气喷涂法小,涂料利用率较高,稀释剂用量亦比空气喷涂法少,既节省稀释剂,又减轻环境污染;对拐角及间隙处均可喷涂等。

无气喷涂法的缺点是:喷枪的喷雾幅度和喷出量不能调节,如要改变,必须更换喷嘴;漆料利用比刷涂法损失大,对环境有一定的污染;不适用于喷涂面积较小的构件等。

6. 防腐涂装注意要点

涂装前要做好各项准备工作:准备好完整的技术资料、进行技术交底,准备好涂装设备和工具,组织工人学习有关技术和安全规章制度,严格检查钢材表面除锈质量,如未达到规定的除锈等级标准,则应重新除锈,直到达到标准为止,若钢材表面有返锈现象,则需重新除锈,经检查合格后,才能进行涂装工作。

(1) 涂装环境要求

① 环境温度。国家标准《钢结构工程施工质量验收规范》GB50205对涂装环境温度规定宜为5~38℃。一般可按0℃以上40℃以下控制,因为一般涂料的漆膜耐热性只能在40℃以下,当超过43℃时,钢材表面上涂装的漆膜容易产生气泡而局部鼓起,使附着力降低。而低于0℃时,在钢材表面涂装容易使漆膜冻结而不易固化。但随着涂装工业的发展,有些涂料对环境温度的适应性越来越好,具体温度范围应按照涂料产品说明书的规定执行。

② 环境湿度。涂装环境的湿度,一般宜在相对湿度小于85%的条件下进行。但由于各种涂料的性能不同,所要求的环境湿度也不同。如醇酸树脂漆、硅酸锌漆、沥青漆等,可在较高一些的湿度条件下涂装;而乙烯树脂漆、聚氨酯漆、硝基漆等则要求在较低的湿度条件下涂装。

③ 控制钢材表面温度与露点温度。控制空气的相对湿度,并不能完全表示出钢材表面的干湿程度。《建筑防腐蚀工程施工及验收规范》GB 50212规定钢材表面的温度必须高于空气露点温度3℃以上,方能进行施工。露点温度可根据空气温度和相对湿度从表9.3-14中查得。

露点值查对表 表9.3-14

环境温度 (℃)	相对湿度(%)								
	55	60	65	70	75	80	85	90	95
0	-7.9	-6.8	-5.8	-4.8	-4.0	-3.0	-2.2	-1.4	-0.7
5	-3.3	-2.1	-1.0	0.0	0.9	1.8	2.7	3.4	4.3
10	1.4	2.6	3.7	4.8	5.8	6.7	7.6	8.4	9.3

续表

环境温度 (℃)	相对湿度（%）								
	55	60	65	70	75	80	85	90	95
15	6.1	7.4	8.6	9.7	10.7	11.5	12.5	13.4	14.2
20	10.7	12.0	13.2	14.4	15.4	16.4	17.4	18.3	19.2
25	15.6	16.9	18.2	19.3	20.4	21.3	22.3	23.3	24.1
30	19.9	21.4	22.7	23.9	25.1	26.2	27.2	28.2	29.1
35	24.8	26.3	27.5	28.7	29.9	31.1	32.1	33.1	34.1
40	29.1	30.7	32.2	33.5	34.7	35.9	37.0	38.0	38.9

例如：测得空气温度为15℃，空气相对湿度为80%，从表8-40中查得露点温度为11.5℃，则钢材表面的温度应在11.5+3=14.5℃以上，才能涂装。

④ 必须采取防护措施的涂装环境。在有雨、雾、雪和较大灰尘的环境下涂装；在涂层可能受到油污、腐蚀介质、盐分等污染的环境下涂装；在没有安全措施和防火、防爆工具条件下涂装时均需备有可靠的防护措施。

（2）防腐涂料准备

涂料及辅助材料（溶剂或稀释剂等）进厂后，应检查有无产品合格证和质量检验报告单，如没有则不能验收入库。涂装前应对涂料型号、名称和颜色进行核对。同时检查制造日期，如超过贮存期，应重新取样检验，质量合格后才能使用，否则禁止使用。

涂料和溶剂均属化学易燃危险品，贮存时间过长会发生变质现象；贮存环境不适当，易爆炸燃烧。因此必须妥善做好贮运工作。

涂料及辅助材料不允许露天存放，严禁用敞口容器贮存和运输。须贮存在通风良好、温度为5~35℃的干燥、无直照日光和远离火源的仓库内。运输时，还应符合交通部门的有关规定。

涂料在开桶前，应充分摇匀。开桶后，涂料应不存在结皮、结块、凝胶等现象。有沉淀应能搅起，有漆皮应除掉。

为保证漆膜的流平性而又不产生流淌，必须把涂料的黏度调整到一定范围之内。涂料出厂时的黏度是在25℃的标准条件下测定的。随着气温的升高或降低，黏度会变化。因此在涂装前必须调整黏度，以满足涂装方法和环境温度变化的要求。调整黏度，必须用专用稀释剂，如需代用，必须经过试验。

（3）涂装间隔时间确定

涂装间隔时间，对涂层质量有很大的影响。间隔时间控制适当，可增强涂层间的附着力和涂层的综合防护性能，否则可能造成"咬底"或大面积脱落和返锈等现象。由于各种涂料的性能不同，其间隔时间也不一样，应根据涂料产品说明书设定间隔时间。

（4）禁止涂漆部位的保护

钢结构工程有一些部位是禁止涂漆的，如地脚螺栓和底板、高强度螺栓接合面、与混凝土紧贴或埋入的部位等。为防止误涂，涂装前必须用胶带纸等遮蔽保护。

构件上的标记应保护好，涂装时，可用胶带纸等遮蔽保护。

（5）二次涂装表面的处理和补漆

二次涂装是指构件在加工厂加工制作并按设计要求涂装完后，运至施工现场进行的涂装；或者涂装间隔时间超过最后间隔时间（一般约在一个月以上）再进行的涂装。对二次涂装的表面，应进行以下处理后，才能进行现场涂装：

① 经海上运输的构件运到现场后，应用水将盐分彻底冲洗干净。
② 将油污、泥土、灰尘等污物用水冲、布擦或溶剂清洗干净。
③ 表面经清理后再用钢丝绒等工具对漆膜进行打毛处理，同时对构件上的标记加以保护。
④ 最后用干净压缩空气吹净表面。

进行二次涂装前，应对损伤部位先进行补漆。补漆时应先去除损伤部位的底漆、中间漆、面漆直至露出金属表面，然后把底漆、中间漆、面漆喷涂到损伤部位，喷涂道数、厚度与原喷涂时相同。

(6) 修补涂装

安装之前，应对涂装质量进行检查，经检验有缺陷时，应找出原因，并及时修补。修补方法与要求应与完好涂层一样。

整个工程安装完后，除需要进行修补外，还应对以下部位进行补漆：
① 接合部的外露部位和紧固件等。
② 安装时焊接及烧损的部位。
③ 标记和漏涂的部位。
④ 运输和组装时损坏的部位。

7. 漆膜质量检查

漆膜质量的好坏，与涂漆前的准备工作和涂装方法等有关。涂料品种多，使用的方法也不完全一样，使用时有的需按比例混合，有的需加入固化剂等。因此，涂料的组成、性能等必须符合设计要求，并且要注意涂料不能随意混合，不能把不同型号的产品混在一起。如使用同一型号的产品，但属不同厂家生产的，也不宜彼此互混。

色漆在使用时应搅拌均匀。因为任何色漆在存放中，颜料和粉质颜料都会有些沉淀，如有碎皮或其他杂物，必须清除后方可使用。色漆不搅匀，不仅使构件表面颜色不一，而且影响遮盖和漆膜的性能。根据选用的涂漆方法的具体要求，加入与涂料配套的稀释剂，调配到合适的浓度。已调配好的涂料，应在其容器上写明名称、用途、颜色等，以防拿错。涂料开桶后，需密封保存，且不宜久存。

涂装的环境要求随所用涂料不同而有差异。一般要求施工环境温度不低于5℃，空气相对湿度不大于85%。由于温度过低会使涂料黏度增大，涂刷不易均匀，漆膜不易干燥；空气相对湿度过大，易使水汽包在涂层内部，漆膜容易剥落。故不应在雨、雾、雪天进行室外施工。在室内施工应尽量避免与其他工种同时作业，以免灰尘落在漆膜表面影响质量。

涂装时，应先进行试涂。每涂覆一道，应进行检查，发现不符合质量要求的（如漏涂、剥落、起泡、透锈等缺陷），应用砂纸打磨，然后补涂。

最后一道面漆，宜在安装后喷涂，这样可保证外表美观，颜色一致，无碰撞、脱漆、损坏等现象。

漆膜外观要求：应使漆膜均匀，不得有堆积、漏涂、皱皮、起泡、掺杂及混色等缺陷。

9.3.4 其他防腐工艺

1. 耐候结构钢

耐腐蚀性能优于一般结构用钢的钢材称为耐候钢，一般含有磷、铜、镍、铬、钛等金属，使钢材表面形成保护层，以提高耐腐蚀性。其低温冲击韧性也比一般的结构用钢材好。我国的国家标准为《耐候结构钢》（GB 4171）。

2. 热浸锌

热浸锌是将除锈后的钢构件浸入600℃左右高温融化的锌液中，使钢构件表面附着锌层，锌层厚度一般对5mm以下钢板不得小于65μm，对5mm以上钢板不小于85μm。这种方法的优点是耐久年限长，工业化程度高，质量稳定，因而被大量用于受大气腐蚀较严重且不易维修的室外钢结构中。如输电塔、通讯塔、压型钢板等。热浸锌的前两道工序是酸洗除锈和清洗，这两道工序如不彻底均会给防腐蚀留下隐患，所以必须处理彻底。热浸锌是在高温下进行的，对于管形构件应让其两端开敞，若两端封闭会造成管内空气膨胀而使封头板爆裂，从而造成安全事故；若一端封闭则锌液流通不畅，易在管内积存。

3. 热喷铝、锌复合涂层

这是一种与热浸锌防腐蚀效果相当的长效防腐蚀方法。具体做法是先对钢构件进行喷砂除锈，使其表面露出金属光泽并打毛；再用氧-乙炔焰将不断送出的铝、锌丝融化，并用压缩空气吹附到钢构件表面，以形成蜂窝状的铝、锌喷涂层（厚度约80~100μm）；最后用环氧树脂或氯丁橡胶漆等涂料填充毛细孔，以形成复合涂层。此法无法在管状构件的内壁施工，因而管状构件两端必须做气密性封闭，以使内壁不被腐蚀。这种工艺的优点是对构件尺寸适应性强，构件形状尺寸几乎不受限制；另一个优点是热影响是局部的、受约束的，不会产生热变形。与热浸锌相比，这种方法的工业化程度较低，喷铝锌的劳动强度大，质量也易受操作者的技能影响。

9.3.5 防腐涂料管理

1. 防腐涂料运输和贮存

（1）涂料在运输、贮存前，应检查包装方式（包括外包装）和容器材料是否符合运输部门和《涂料产品包装通则》GB 13491 的规定。在运输、贮存前后还应检查包装容器有无损坏，盖子是否紧密，不得渗漏；

（2）涂料在运输和贮存时，必须按其性质分类，分批堆放，并应遵照先进先出的原则；

（3）涂料在装卸时，应谨慎、细心，避免由于碰撞、跌落而损坏容器。在运输时应防止雨淋、日光曝晒，避免碰撞，并符合运输部门的有关规定；

（4）涂料在贮存时，应保持通风、干燥，防止日光直接照射。夏季温度过高时，应采取适当的降温措施，在冬季对水性涂料应采取防冻措施；

（5）在运输和贮存易燃涂料时，必须执行公安部有关防火的安全规定，必须严禁烟火、隔绝火源、远离热源，操作过程中严禁火花产生，并应设置完善的消防设备。在抽注产品或倒罐时，罐（槽车）及活管必须用导电的金属线接地，以防止因静电聚积而起火，贮存场所应具备防雷击装置；

（6）涂料的有效贮存期一律按产品生产日起算，有效贮存期由产品标准规定。贮存期中产品包装不得启封，并符合贮存条件要求。超过贮存期，需按标准规定重新进行检验，如结果符合要求，仍可使用。

2. 防腐涂料安全防范措施

（1）防火。防腐涂料的溶剂和稀释剂大多数属易燃品，这些物品在涂装过程中形成漆雾和有机溶剂蒸汽，它们与空气混合积聚到一定浓度时，一旦接触到明火，就很容易引起火灾，因此对防腐涂料必须采取防火措施：

① 防腐涂装现场不允许堆放易燃物品，并应远离易燃物品仓库；
② 防腐涂装现场和涂料仓库，严禁烟火，并有明显的禁止烟火的宣传标志；
③ 防腐涂装现场和涂料仓库，必须备有消防水源和消防器材；
④ 擦过溶剂和涂料的棉纱、破布等应存放在带盖的铁桶内，并定期处理掉；
⑤ 严禁向下水道倾倒涂料和溶剂。

（2）防爆。当防腐涂料中的溶剂与空气混合达到一定的比例时，一遇火源（往往不是明火）即发生爆炸，因此对防腐涂料必须采取防爆措施：

① 明火是引起混合气体或粉尘爆炸的直接原因，所以要禁止使用。必须加热时，要采用热载体、电感加热等，并远离涂料仓库和现场；
② 摩擦和撞击产生的火花是引起爆炸的原因之一。在涂装时应禁止使用铁棒等物品敲击金属物体和漆桶。如需敲击时，应使用木质工具；
③ 电气火花也是导致起火爆炸的原因之一。电气设备或电线超负荷时会产生剧热并着火。所以在涂料仓库和涂装现场使用的照明灯应有防爆装置，电气设备应使用防爆型，并要定期检查电路及设备的绝缘情况。在使用溶剂的场所，应禁止使用闸刀开关，要用三线插销的插头；
④ 在涂装过程中，由于摩擦而不可避免地要产生火花，引起火灾或爆炸，所以使用的设备和电气导线应接地良好，防止静电聚集。

（3）防毒。涂料中的大部分溶剂和涂装用的大部分稀释剂都是有毒物质，它不但对皮肤有侵蚀作用，而且对人体中枢神经系统，造血器官和呼吸系统等也有刺激破坏作用。为了防止中毒，必须采取如下措施：

① 必须严格限制挥发性有机溶剂蒸汽在空气中的浓度，使空气中的有害蒸汽浓度低于最高的许可浓度，即长期不受损害的安全浓度；
② 涂装现场应具有良好的通风排气装置，对空气中的有害气体和粉尘含量进行控制；
③ 施工人员应戴防毒口罩或防毒面具，对接触性的侵害，施工人员应穿工作服、戴手套和防护眼镜等，尽量不与溶剂接触。

9.4 钢结构防火涂装

9.4.1 钢结构防火重要性及防火保护基本原理

1. 钢结构防火重要性

由于钢材是一种高温敏感材料，其强度和变形都会随温度的升高而发生急剧变化，一般在300~400℃时，钢材强度开始迅速下降。到500℃左右，其强度下降到40%~50%，钢材力学性能，如屈服点、抗拉强度、弹性模量以及受载能力都会迅速下降，达到600℃时，其承载力几乎完全丧失。一般裸露钢结构耐火极限只有10~20min，所以，若用没有防火涂层的钢结构作为建筑物的主体结构，一旦发生火灾，建筑物就会迅速坍塌，给人民的生命和财产造成严重的损失，后果不堪设想。

因此，进行钢结构防火处理是非常重要的，也是必要的。钢结构采取防火保护措施不仅可以减轻钢结构在火灾中的破坏，避免钢结构在火灾中局部或整体倒塌造成人员伤亡，使人员能够及时疏散，还可以减少灾后钢结构的修复费用，减小间接经济损失。表9.4-1为钢结构的耐火极限要求（根据《建筑设计防火规范》GB 50016和《高层民用建筑设计防火规范》GB 50045规定）。

建筑物的耐火等级　　　　　　　　　　　　　表9.4-1

构件名称		一般工业与民用建筑				高层民用建筑	
耐火极限(h) 耐火等级		一级	二级	三级	四级	一级	二级
柱	支承多层的柱	3.00	2.50	2.50	0.50	3.00	2.50
	支撑单层的柱	2.50	2.00	2.00			
梁		2.00	1.50	1.00	0.50	2.00	1.50
楼板		1.50	1.00	0.50	0.25		
屋顶承重构件		1.50				1.50	1.00
疏散楼梯		1.50	1.00	1.00			

2. 钢结构防火保护基本原理

把防火涂料涂覆在钢材表面进行防火隔热保护，以防止钢结构在火灾中迅速升温而翘曲变形甚至倒塌。其防火原理为：

（1）涂层对钢材起屏蔽作用，隔离了火焰，使钢构件不直接暴露在火焰或高温之中。

（2）涂层吸热后，部分物质分解出水蒸气或其他不燃烧气体，起到消耗热量，降低火焰温度和燃烧速度，稀释氧气的作用。

（3）涂层本身多孔轻质或受热膨胀后形成炭化泡沫层，热导率均在0.233W/(m·K)以下，阻止了热量迅速向钢材传递，推迟了钢材受热后升到极限温度的时间，从而提高了钢结构的耐火极限。

根据热传导方程：

$$Q = A\lambda\Delta T/L \tag{9.4-1}$$

式中：A——传热面积；
　　　λ——防火涂料的热导率；
　　　ΔT——涂层表面与底面间的温差；
　　　L——防火涂层的厚度；
　　　Q——单位时间内传递给钢材的热量。

对于厚涂型防火涂料，涂层厚度有几厘米，火灾中基本保持不变，自身密度小，热导率低；对于薄型防火涂料，涂层在火灾中由几毫米膨胀增厚到几厘米甚至十几厘米，热导率明显降低。因此，钢结构实施防火保护，必须确保足够的防火涂层厚度，涂层的热导率要小，单位时间内传递给钢材的热量少，防火效果更好。

9.4.2 防火涂料分类及选用

1. 防火涂料分类

钢结构防火涂料按其涂层厚度及性能特点可分为：超薄膨胀型（简称超薄型）、薄涂膨胀型（简称薄涂型）和厚涂型防火涂料。

（1）超薄膨胀型钢结构防火涂料（CB类）：涂层厚度3mm以下，有良好的理化和装饰性能，受火时膨胀发泡形成致密、强度高的防火隔热层，耐火极限可达0.5~2.0h。

（2）薄涂膨胀型钢结构防火涂料（B类）：涂层厚度一般为3~7mm，有一定装饰效果，高温时膨胀增厚，具有耐火隔热作用，耐火极限可达0.5~2.0h。

（3）厚涂型钢结构防火涂料（H类）：其涂层厚度一般为8~45mm，粒状表面，密度较小，热导率低，耐火极限可达0.5~3.0h。

2. 技术条件与性能指标

（1）用于制造防火涂料的原料应预先检验。不得使用石棉材料和苯类溶剂。

（2）防火涂料可用喷涂、抹涂、滚涂、刮涂或刷涂等方法中的一种或多种方法方便地施工，并能在通常的自然环境条件下干燥固化。

（3）防火涂料应呈碱性或偏碱性。复层涂料应相互配套，底层涂料应能同普通的防锈漆配合使用。

（4）涂层实干后不应有刺激性气味。燃烧时不能产生浓烟和有害人体健康的气体。

钢结构防火涂料的技术性能应符合表9.4-2的规定。

3. 防火涂料的选用

民用建筑及大型公共建筑的承重钢结构应采用防火涂料进行防火。一般由建筑师与结构工程师按建筑物耐火等级及构件耐火时限确定防火涂料要求，施工单位根据中国工程建设标准化协会标准CECS24《钢结构防火涂料应用技术规范》的规定要求进行施工。

各类防火涂料的特性及适用范围见表9.4-3，选用时应优先选用薄涂型防火涂料。选用厚型防火涂料时，外表面需要做装饰面隔护。装饰要求较高的部位可以选用超薄型防火涂料。

钢结构防火涂料技术性能指标　　　　表9.4-2

项 目	指　标		
	CB类	B类	H类
在容器中的状态	经搅拌后呈均匀细腻状态，无结块	经搅拌后呈均匀液态或稠厚流体状态，无结块	经搅拌后呈均匀稠厚流体，无结块
干燥时间（表干）(h)	≤8	≤12	≤24
外观与颜色	涂层干燥后，外观和颜色与样品相比应无明显差别	涂层干燥后，外观和颜色与样品相比，应无明显差别	—

续表

项 目	指 标		
	CB类	B类	H类
初期干燥抗裂性	不应出现裂纹	允许出现1~3条裂纹，其宽度应≤0.5mm	允许出现1~3条裂纹，其宽度应≤1mm
粘结强度（MPa）	≥0.29	≥0.15	≥0.04
抗压强度（MPa）	—	—	≥0.3
干密度（kg/m³）	—	—	≤500
耐水性（h）	≥24，涂层应无起层、发泡、脱落现象	≥24，涂层应无起层、发泡、脱落现象	≥24，涂层应无起层、发泡、脱落现象
耐冷热循环性（次）	≥15，涂层应无开裂、剥落、发泡现象	≥15，涂层应无开裂、剥落、发泡现象	≥15，涂层应无开裂、剥落、发泡现象

防火涂料的特性及适用范围　　　　　　　　表9.4-3

防火涂料类别	特性	厚度（mm）	耐火极限（h）	适用范围
超薄型防火涂料	附着力强、干燥快、可以配色、有装饰效果，一般不需要外保护层	≤3	2.0	工业与民用建筑梁、柱等钢结构
薄型防火涂料	附着力强，可以配色，一般不需要外保护层	3~7	2.0	工业与民用建筑楼盖与屋盖钢结构
厚涂型防火涂料	喷涂施工，密度小，物理强度和附着力低，需要装饰面层隔护	8~45	3.0	有装饰面层的建筑钢结构柱、梁等
露天防火涂料	喷涂施工，有良好的耐候性	薄涂3~7 厚涂8~45	2.0 3.0	露天环境中的框架、构架等钢结构

防火涂料的涂层厚度应采用实际构件耐火试验时的厚度，当构件的截面尺寸或形状与试验标准构件不同时，应按公式（9.4-2）计算所需要的防火涂层厚度。

$$T_1 = \frac{W_2/D_2}{W_1/D_1} \times T_2 \times K \tag{9.4-2}$$

式中：T_1——待喷防火涂层厚度（mm）；

T_2——标准试验时的涂层厚度（mm）；

W_1——待喷构件重量（kg/m）；

W_2——标准试验时的构件重量（kg/m）；

D_1——待喷构件防火涂层接触面周长（mm）；

D_2——标准试验时构件防火涂层接触面周长（mm）；

K——系数。对钢梁，$K=1$；对钢柱 $K=1.25$。

公式的限定条件：$W/D≥22$，$T≥9mm$，耐火极限 $t≥1h$。

9.4.3 防火涂料施工工艺

1. 防火涂料喷涂一般要求

（1）钢结构防火涂料的生产厂家、检验机构、涂装施工单位均应具有相应资质，并通过公安消防部门的认证。

（2）钢结构防火涂料是一类重要消防安全材料，防火喷涂施工质量的好坏，直接影响防火性能和使用要求。根据国内外的经验，钢结构防火喷涂施工，应由经过培训合格的专业队伍施工，或者在研制该防火涂料的工程技术人员指导下施工，以确保工程质量。

（3）通常情况下，应在钢结构安装就位，与其相连的吊杆、马道、管架及其他相关连接的构件安装完毕，并经验收合格之后，才能进行喷涂施工。如若提前施工，对钢构件实施防火涂装后，再进行吊装，则安装好后应对损坏的涂层及钢结构的节点进行补喷。

（4）喷涂前，钢结构表面应除锈，除锈方法和除锈等级根据设计和使用要求确定。对于大多数钢结构，在喷涂防火涂料前都需要涂防锈底漆，防锈底漆与防火涂料应有良好的相容性。有的防火涂料具有一定防锈作用，此时可不喷涂防锈底漆，而直接喷涂防火涂料。

（5）喷涂前，钢结构表面的灰尘、油污、杂物等应清除干净。构件连接处的缝隙应采用防火材料（如硅酸铝纤维棉）填补堵平。

（6）喷涂钢结构防火涂料应在室内装饰之前和不被后期工程所损坏的条件下进行。喷涂时，对不需作防火保护的墙面、门窗、机器设备和其他构件应采用塑料布遮挡保护。刚喷好的涂层，应防止雨淋、脏液污染和机械撞击。

（7）对大多数防火涂料而言，喷涂过程中和涂层干燥固化前，环境温度宜保持在 5~38℃，相对湿度不宜大于 85%，空气应流动。当风速大于 5m/s、雨天和构件表面结晶时不宜作业。对化学固化干燥涂料，喷涂的温度、湿度范围可放宽（如 LG 钢结构防火涂料可在 -5℃ 的条件下施工），具体应按产品说明书的要求确定。

（8）薄涂型面涂层应在底涂层厚度达到设计要求且涂层基本干燥后进行施工。面涂层一般喷涂 1~2 次，喷涂完后应全部覆盖底涂层。涂层要求颜色均匀、轮廓清晰、搭接平整；涂层表面不应有浮浆或宽度大于 0.5mm 的裂纹。

（9）厚涂型防火涂料一般采用压送式喷涂机喷涂，空气压力为 0.4~0.6MPa，喷枪口直径为 6~10mm。厚涂型涂料配料时应严格按配合比加料或加稀释剂，并使稠度适当。当班使用的涂料应当班配制。

（10）厚涂型涂料施工时应分遍喷涂，每遍喷涂厚度一般为 5~10mm，必须在前一遍基本干燥或固化后，再喷涂第二遍；喷涂保护方式、喷涂遍数与涂层厚度应根据施工工艺要求确定。操作者应用测厚仪随时检测涂层厚度，80% 及以上面积的涂层总厚度应符合有关耐火极限的设计要求。且最薄处厚度不应低于设计要求的 85%。厚涂型涂料喷涂后的涂层，应剔除乳突，表面应均匀平整。

（11）厚涂型防火涂层出现下列情况时，应铲除涂层重新喷涂：涂层干燥固化不好；粘结不牢或粉化、空鼓、脱落；钢结构的接头、转角处的涂层有明显凹陷；涂层表面有浮浆或裂缝宽度大于 1.0mm 等。

（12）每使用 100t 薄型钢结构防火涂料，应抽样检查一次粘结强度，每使用 500t 厚涂型防火涂料，应抽样检测一次粘结强度和抗压强度。

2. 厚涂型防火涂料喷涂

（1）施工方法与机具

一般采用喷涂施工，机具采用压送式喷涂机或挤压泵，并配置能自动调压的 $0.6\sim0.9m^3/min$ 空压机，喷枪口径为 $6\sim10mm$，空气压力为 $0.4\sim0.6MPa$。局部修补可采用抹灰刀等工具手工抹涂。

（2）涂料的搅拌与配置

① 由工厂制造好的单组分湿涂料，现场应采用便携式搅拌器搅拌均匀。

② 由工厂提供的干粉料，现场加水或其他稀释剂调配，应按涂料说明书规定配比混合搅拌，边配边用。

③ 由工厂提供的双组分涂料，按配制涂料说明书规定的配比混合搅拌，边配边用。特别是化学固化干燥的涂料，配制的涂料必须在规定的时间内用完。

④ 搅拌和调配涂料时，应使稠度适宜，能在输送管道中畅通流动，喷涂后不会流淌和下坠。

（3）施工操作要点

① 喷涂一般分若干次完成，第一次喷涂以基本盖住钢材基面或底漆即可，以后每次喷涂厚度为 $5\sim10mm$，一般为 $7mm$ 左右为宜。必须在前一次涂层基本干燥或固化后再接着喷，通常情况下，每天喷一遍即可。

② 喷涂保护方式、喷涂次数与涂层厚度应根据防火设计要求确定。当耐火极限为 $0.5\sim3h$ 时，涂层厚度为 $8\sim45mm$，一般需喷 $1\sim6$ 次。

③ 喷涂时，操作者应紧握喷枪，保持一定的移动速度，不要在同一位置久留，否则会造成涂料堆积流淌。由于输送涂料的管道长而笨重，因此应配备一名操作者帮助移动和托起管道。配料及往挤压泵加料均应连续进行，不得停顿。

④ 喷涂过程中，操作者应采用测厚仪检测涂层厚度，当厚度达到设计要求时，停止喷涂。

⑤ 喷涂后的涂层应适当修补，对明显的乳突，用抹灰刀等工具剔除，保证涂层表面均匀。

3. 薄涂型防火涂料喷涂

（1）施工工具与方法

① 喷涂底层涂料，一般采用重力（或喷斗）式喷枪，并配置能自动调压的 $0.6\sim0.9m^3/min$ 的空压机。喷嘴直径为 $4\sim6mm$，空气压力为 $0.4\sim0.6MPa$。

② 面层装饰涂料，可以刷涂、喷涂或滚涂，一般采用喷涂施工。如采用喷底层涂料的喷枪，应将喷嘴直径换为 $1\sim2mm$，空气压力调为 $0.4MPa$ 左右，即可用于喷面层装饰涂料。

③ 局部修补或小面积施工，或者机器设备已安装好的厂房，不具备喷涂条件时，可用抹灰刀等工具进行手工抹涂。

（2）涂料的搅拌与调配

① 运送到施工现场的钢结构防火涂料，应采用便携式电动搅拌器予以搅拌，使其均匀一致。

② 双组分包装的涂料，应按说明书规定的配比进行现场调配，边配边用。

③ 搅拌和调配好的涂料，稠度应适宜，喷涂后不发生流淌和下坠现象。

（3）底层施工操作与质量要求

① 底涂层一般应喷 2~3 遍，每遍间隔 4~24h，待前遍基本干燥后再喷后一遍。第一遍喷涂以盖住基底面 70% 即可，第二、三遍喷涂每遍厚度不超过 2.5mm 为宜。每喷 1mm 厚的涂层，约消耗湿涂料 1.2~1.5kg/m²。

② 喷涂时手握喷枪要稳，喷嘴与钢材基面垂直或成 70°角，喷口到喷面距离为 40~60cm。要求旋转喷涂，注意搭接处颜色一致，厚薄均匀，要防止漏喷、流淌。确保涂层完全闭合，轮廓清晰。

③ 喷涂过程中，操作人员要携带测厚仪随时检测涂层厚度，确保各部位涂层达到设计规定的厚度要求。

④ 喷涂形成的涂层是粒状表面，当设计要求涂层表面平整光滑时，待喷完最后一遍应采用抹灰刀或其他适用的工具作抹平处理，使外表面均匀平整。

（4）面层施工操作与质量要求

① 当底层厚度符合设计规定，并基本干燥后，进行面层涂料喷涂。

② 面层涂料一般涂饰 1~2 遍。如第一遍是从左至右喷，第二遍则应从右至左喷，以确保全部覆盖住底涂层。面涂用料为 0.5~1.0kg/m²。

③ 对于露天钢结构的防火保护，喷好底层后，也可选用适合建筑外墙用的面层涂料作为防水装饰层，用量为 1.0kg/m² 即可。

④ 面层施工应确保各部分颜色均匀一致，连接平整。

9.4.4 防火涂料试验及涂层厚度测定

1. 防火涂料试验

（1）粘结强度试验

① 试件准备：将待测涂料按说明书规定的施工工艺施涂于 70mm×70mm×10mm 的钢板上，见图 9.4-1。

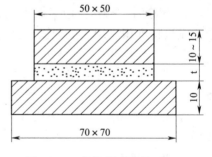

图 9.4-1 粘结强度试件（mm）

薄涂型膨胀防火涂料厚度 t 为 3~4mm，厚涂型防火涂料厚度 t 为 8~10mm 并抹平，常温下干燥后将涂层修成 50mm×50mm，再用环氧树脂将一块 50mm×50mm×（10~15）mm 的钢板粘贴在涂层上，用于装试验夹具。

② 试验步骤：将准备好的试件装在试验机上，均匀连续加荷至试件涂层破裂为止。

粘结强度按公式（9.4-3）计算：

$$f_b = \frac{F}{A} \quad (9.4\text{-}3)$$

式中 f_b——粘结强度（MPa）；

F——破坏荷载（N）；

A——涂层与钢板的粘结面积（mm²）。

每次试验用 5 块试件测量，去掉最大和最小值，其结果取其余 3 块的算术平均值，精度为 0.01MPa。

（2）抗压强度试验

① 试块的制作：先在规格为 70.7mm×70.7mm×70.7mm 的金属试模内壁涂一层薄机油，将搅拌好的涂料注满试模内，轻轻振摇试模，并用油漆刮刀插捣抹平，待基本干燥固化后脱模，并在规定的试验条件下干燥，养护期满后，再放置在 60±5℃ 的烘箱中干燥 48h。

② 试验与取值：将试块的侧面作为受压面，置于压力试验机的加压座上，试样的中心线与压力机中心线应重合，以 150~200N/min 的速度均匀加荷至试样破坏，在接近破坏荷载时更应严格掌握。记录试样破坏时的压力读数。

抗压强度按公式（9.4-4）计算：

$$R = \frac{P}{A} \tag{9.4-4}$$

式中 R——抗压强度（MPa）；

P——破坏荷载（N）；

A——受压面积（mm^2）。

每次试验用 5 块试件测量，去掉最大和最小值，其结果取其余三块的算术平均值，精度为 0.01MPa。

2. 防火涂料涂层厚度测定

（1）测针与测试图

测针（厚度测量仪），由针杆和可滑动的圆盘组成，圆盘始终保持与针杆垂直，并在其上装有固定装置，圆盘直径不大于 30mm，以保持完全接触被测试件的表面。当厚度测量仪不易插入被测试件中，也可使用其他适宜的方法测试。

测试时，将测厚探针垂直插入防火涂层直至钢材表面上，记录标尺读数，见图 9.4-2。

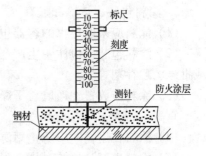

图 9.4-2　测厚度示意图

（2）测点选定

① 楼板和防火墙的防火涂层厚度测定，可选相邻两纵、横轴线相交中的面积为一个单元，在其对角线上，按每米长度选一点进行测试。

② 钢框架结构的梁和柱的防火涂层厚度测定，在构件长度内每隔 3m，取一截面，按图 9.4-3 所示位置测试。

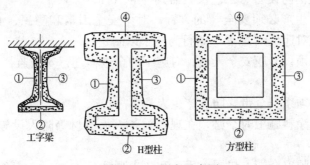

图 9.4-3　测点示意图

③桁架结构，上弦和下弦按每隔3m取一截面检测，其他腹杆每一根取一截面检测。

(3) 测量结果

对于楼板和墙面，在所选择面积中，至少测出5个点；对于梁和柱在所选择的位置中，分别测出6个和8个点。分别计算出它们的平均值，精确到0.5mm。

9.4.5 防火涂料管理

1. 涂料结块质量控制

钢结构防火涂料种类和品种很多，主要有厚型（H型）、薄型（B型）和超薄型（CB型），有单组分和双组分；有水溶性与溶剂型；有预先混合配制好的成品涂料，也有到施工现场现配现用的散装涂料。在使用前必须检查，是否有结块，如有结块，说明涂料已过期变质，不能继续使用，为防止涂料结块，应注意以下几点：

(1) 加强质量管理和检查，包括原材料、配比及生产工艺，保证生产出合格的产品，不合格的产品不出厂。

(2) 包装桶要有良好的密封性，以防稀释剂挥发，造成涂料干结。

(3) 双组分防火涂料，固化剂加入后，应在说明书规定的时间内使用完，超过使用时间或涂料结块，应停止使用。

(4) 超过储存期的涂料，经检查已结块的，应报废。

2. 涂料包装、运输和贮存

(1) 涂料应采取可靠的容器包装，并附有合格证和产品使用说明书。

(2) 涂料包装上应注明生产企业名称、地址、产品名称、商标、规格型号、生产日期或批号、贮存期等。

(3) 涂料应放置在通风、干燥、防止日光直接照射等条件适合的仓库或场所，仓库温度不宜高于35℃，不应低于5℃，严禁露天存放。

(4) 涂料在运输时应防止雨淋、曝晒，并应遵守运输部门的有关规定。

(5) 涂料出厂和检验时均应附产品说明书，明确产品的使用场所、施工工艺、产品主要性能及保质期限。

3. 安全防范措施

(1) 安全生产和劳动保护是全面质量控制的重要保证，在施工过程中应严格执行国家和企业有关安全和劳动保护法规；

(2) 质安部门负责对职工进行安全教育，并监督检查"安全制度"和"机械设备安全操作规程"及有关消防设备、工艺仪表器具等的执行；

(3) 认真贯彻"生产必须安全"的方针，对不安全因素和隐患，必须及时采取有效技术措施加以排除，对违反"规程"的行为应予以制止；

(4) 现场施工必须设专职安全人员，对施工的全过程进行安全监督、检查工作，防止事故的发生；

(5) 高空作业必须系安全带，防止产生人身事故；

(6) 溶剂型防火涂料施工时，必须在现场配备灭火器材等防火设施，严禁现场明火、吸烟；

(7) 施工人员应戴安全帽、口罩、手套和防尘眼镜。

复习思考题

9-1 钢材表面的油污如何清除？采用抛射除锈时，施工环境有什么基本要求？

9-2 国家标准 GB 8923 对钢材表面的锈蚀分成几个等级？各有什么特点？

9-3 国家标准 GB 8923 对除锈等级分成哪几类？每种类型用什么符号表示？有什么特点？

9-4 防腐涂装设计的主要内容是什么？无机富锌底漆宜采用什么方法除锈？氯化橡胶漆能否适应高温环境？

9-5 防腐涂料的涂装一般有哪几种方法？小直径的圆钢管（如 $\phi 60$）采用什么方法涂装为宜？一遍漆膜厚度可达 $150\mu m$ 以上的是什么涂装法？

9-6 测得空气温度为 10℃，空气相对湿度为 75%，已知露点值查对表，请问钢材表面是否应在 13℃ 以上才能涂装施工？请说明原因。

露点值查对表

环境温度（℃）	相对湿度（%）								
	55	60	65	70	75	80	85	90	95
5	-3.3	-2.1	-1.0	0.0	0.9	1.8	2.7	3.4	4.3
10	1.4	2.6	3.7	4.8	5.8	6.7	7.6	8.4	9.3

9-7 防火涂料一般分几类？其主要特点是什么？

9-8 简述厚涂型防火涂料施工操作要点。

9-9 简述 H 型钢柱防火涂层厚度的检测方法。

9-10 防火涂料的试验主要有哪些？

第10章 构件质量检验、包装及运输

10.1 构件质量检验

10.1.1 概述

构件是指在工厂内制作完成的钢结构产品,如柱、梁、桁架、支撑、吊车梁、拉杆、节点等,是构成结构的基本单元。构件大小的划分应根据工厂及现场的起重设备、运输方式、道路情况、结构形式等综合考虑、合理选择。当构件重量或尺寸超过起重能力或运输要求时,可分段或分块,然后把分段或分块构件运到现场后再拼装,形成完整的构件。

虽然钢结构的结构形式千变万化,构件截面或尺寸互不相同,但需要控制的质量要求是相同的,即内在质量和外观质量。构件的内在质量主要包括焊缝质量和构件尺寸,外观质量主要是观感质量,其具体质量要求应符合国家标准《钢结构工程施工质量验收规范》GB 50205 的要求以及设计或合同文件的要求。

构件质量检验是指对构件检验项目中的性能进行测量、检查、试验等,并将结果与标准规定进行比较,以确定每项性能是否合格。《钢结构工程施工质量验收规范》GB 50205 中规定构件的质量检验项目分为主控项目和一般项目。主控项目是指建筑工程中对安全、卫生、环境保护和公众利益起决定性作用的项目;一般项目是指除主控项目以外的检验项目。主控项目必须符合规范合格质量标准的要求,一般项目其检验结果应有 80% 及以上的检查点(值)符合规范合格质量标准的要求,且最大值不应超过其允许值的 1.2 倍。

10.1.2 构件检验要求

构件质量检验内容主要包括:尺寸检验、焊缝检验和外观检测。
1. **构件制作允许偏差**
构件制作的允许偏差应符合表 10.1-1 ~ 表 10.1-14 的要求。
2. **构件焊缝质量要求**
构件焊缝质量要求见第 5 章第 5.6 节焊接质量检验。

焊接 H 型钢尺寸允许偏差(mm)　　　　表 10.1-1

项目		允许偏差	检验方法	图例
截面尺寸	$h(b) \leqslant 500$	±2.0	用钢尺检查	
	$500 < h(b) \leqslant 1000$	±3.0		
	$h(b) > 1000$ 连接处	±3.0		
	$h(b) > 1000$ 其他处	±4.0		

续表

项目		允许偏差	检验方法	图例
腹板中心偏移（e）		2.0	用钢尺检查	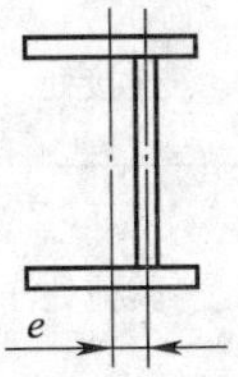
翼缘板对腹板的垂直度（Δ）	连接处	1.5	用直角尺和钢尺检查	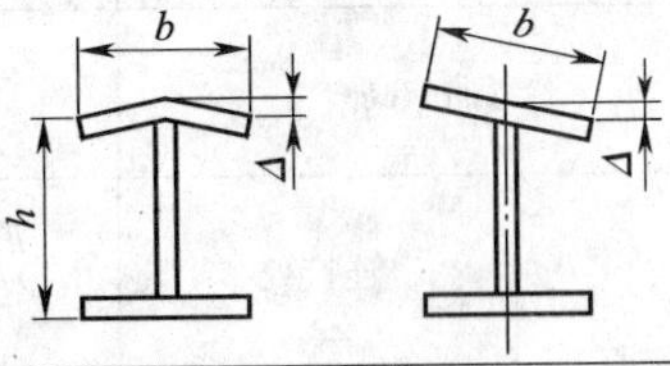
	其他处	$b/150$，且不应大于 5.0		
弯曲矢高（受压构件除外）		$L/1000$，且不应大于 10.0	用拉线、吊线和钢尺检查	
扭曲	连接处	$h/250$，且不应大于 3.0		
	其他处	$h/250$，且不应大于 5.0		
腹板局部平面度（f）	$t \leqslant 14$	3.0	用 1m 直尺和塞尺检查	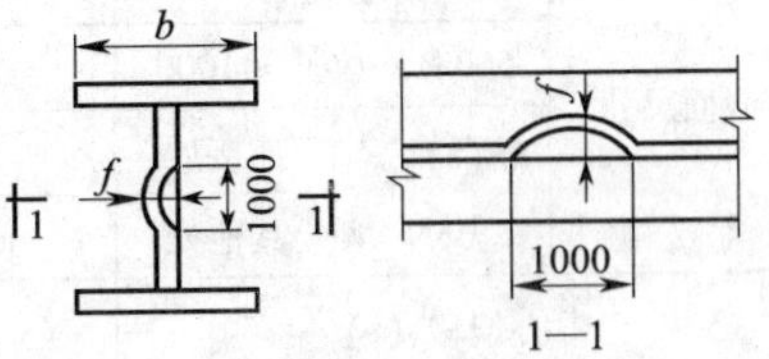
	$t > 14$	2.0		

注：L 为焊接 H 型钢长度。

箱型构件尺寸允许偏差（mm） 表 10.1-2

项目			允许偏差	检测方法	图例
截面尺寸	$h(b) \leqslant 500$		±2.0	用钢尺检查	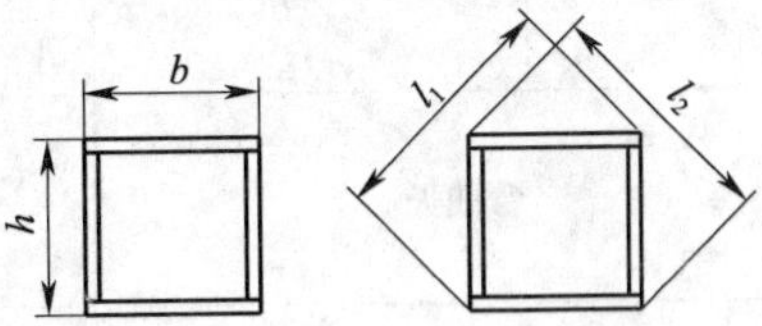 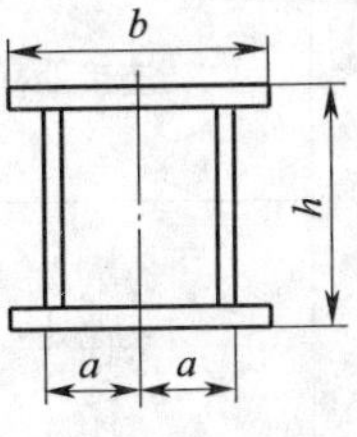
	$500 < h(b) \leqslant 1000$		±3.0		
	$h(b) > 1000$	连接处	±3.0		
		其他处	±4.0		
箱型截面对角线差			3.0		
腹板至翼缘板中心线距离（a）			2.0		

续表

项目		允许偏差	检测方法	图例
柱身板垂直度（Δ）	连接处	1.5	用直角尺和钢尺检查	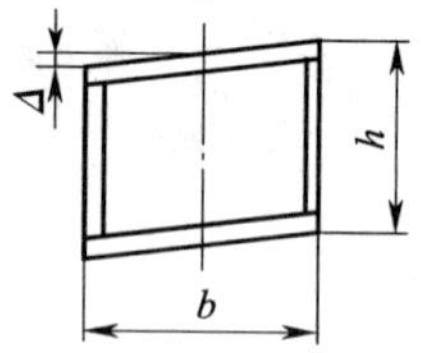
	其他处	$h(b)/150$，且不应大于 5.0		
弯曲矢高		$L/1000$，且不大于 10.0		/
扭曲	连接处	$h/250$，且不大于 3.0	用拉线、吊线和钢尺检查	/
	其他处	$h/250$，且不大于 5.0		

注：L 为箱型构件长度。

十字形构件尺寸允许偏差（mm） 表 10.1-3

项目			允许偏差	检验方法	图例
截面尺寸	$h(b) \leq 500$		± 2.0	用钢尺检查	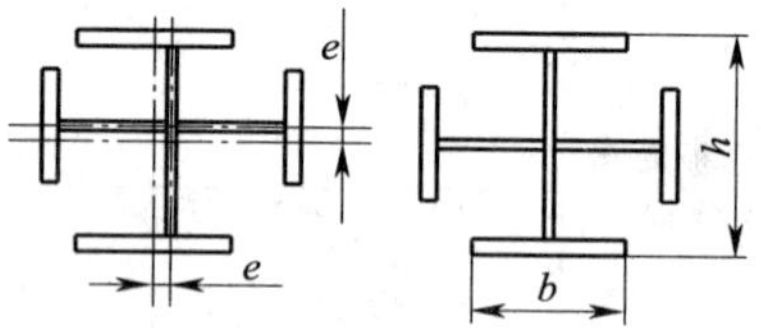
	$500 < h(b) \leq 1000$		± 3.0		
	$h(b) > 1000$	连接处	± 3.0		
		其他处	± 4.0		
中心偏移（e）			2.0		
柱身板垂直度（Δ）	连接处		1.5	用直角尺和钢尺检查	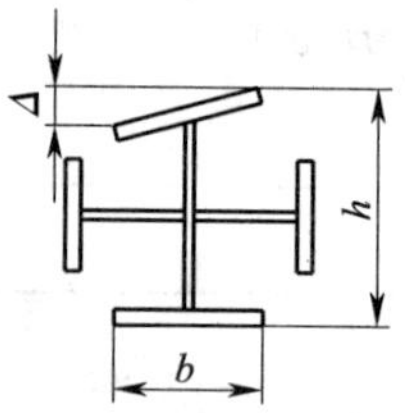
	其他处		$h(b)/150$，且不应大于 5.0		
弯曲矢高			$L/1000$，且不大于 10.0	用拉线、吊线和钢尺检查	/
扭曲	连接处		$h/250$，且不应大于 3.0	用拉线、吊线和钢尺检查	/
	其他处		$h/250$，且不应大于 5.0		

注：L 为十字型构件长度。

焊接连接制作组装允许偏差（mm） 表10.1-4

项目		允许偏差	检验方法	图例
对口错边（Δ）		$t/10$，且不应大于3.0	用焊缝量规检查	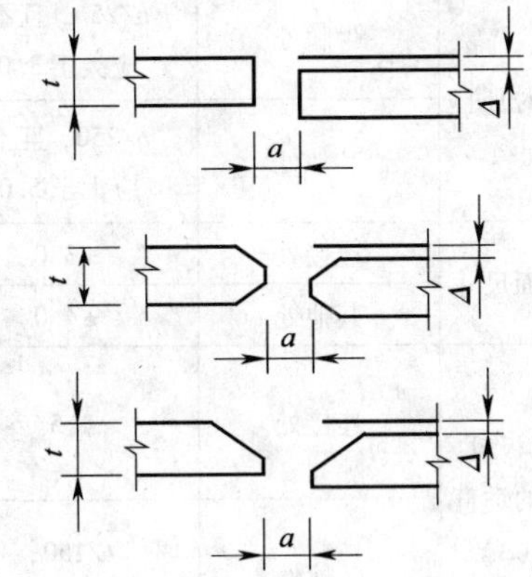
间隙（a）		± 1.0		
搭接长度（a）		± 5.0	用钢尺检查	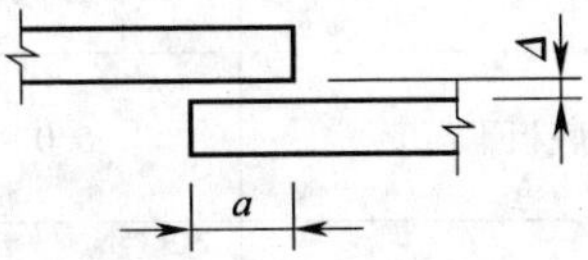
缝隙（Δ）		1.5	用塞尺检查	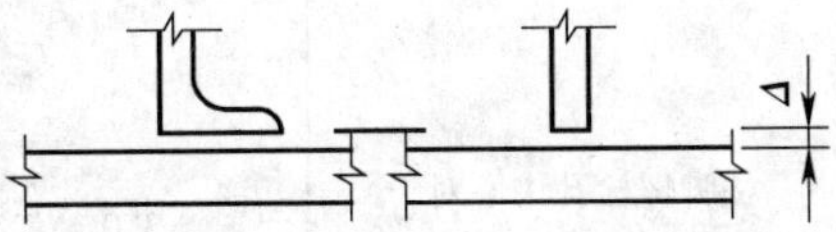
型钢错位（Δ）	连接处	1.0	用焊缝量规检查	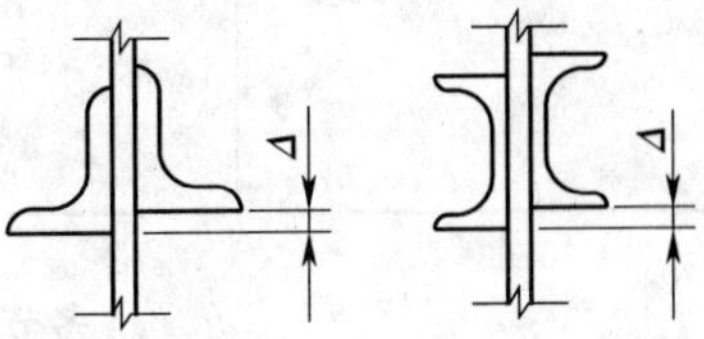
	其他处	2.0		

单层钢柱外形尺寸允许偏差（mm） 表10.1-5

项目		允许偏差	检验方法	图例
柱底面到柱端与桁架连接的最上一个安装孔距离（l）		$\pm l/1500$ ± 15.0	用钢尺检查	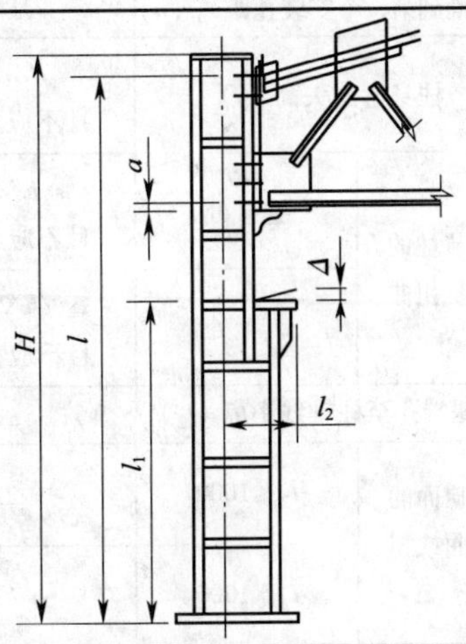
柱底面到牛腿支承面距离（l_1）		$\pm l_1/2000$ ± 8.0		
受力支托表面到第一个安装孔距离（a）		± 1.0	用拉线、直角尺和钢尺检查	
牛腿面的翘曲或扭曲（Δ）	$l_2 \leq 1000$	2.0		
	$l_2 > 1000$	3.0		
柱身弯曲矢高		$H/1000$，且不应大于10.0		

续表

项目		允许偏差	检验方法	图例
柱身扭曲	牛腿处	$h/250$，且不应大于3.0	用拉线、吊线和钢尺检查	
	其他处	$h/250$，且不应大于5.0		
柱截面尺寸	连接处	±3.0	用钢尺检查	
	其他处	±4.0		
翼缘板对腹板的垂直度（Δ）	连接处	1.5	用直角尺和钢尺检查	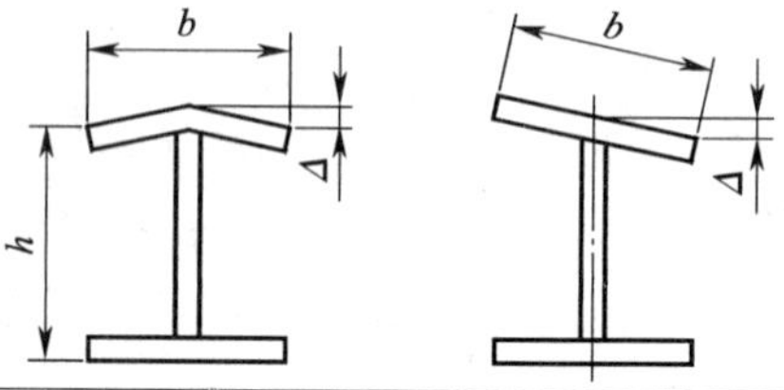
	其他处	$b/150$，且不应大于5.0		
柱脚底板平面度		5.0	用直尺和塞尺检查	
柱脚螺栓孔中心对柱轴线的距离（a）		3.0	用钢尺检查	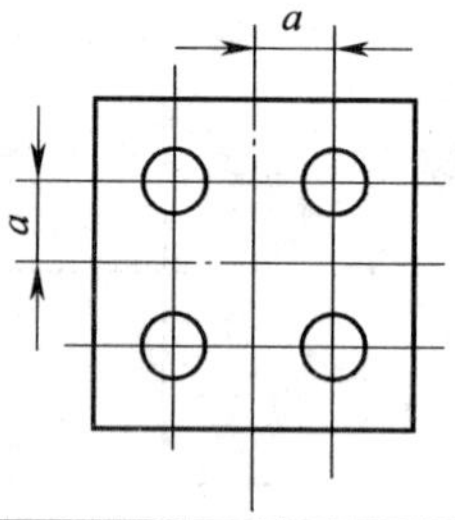

多节钢柱外形尺寸允许偏差（mm） 表10.1-6

项目		允许偏差	检验方法	图例
一节柱高度（H）		±3.0	用钢尺检查	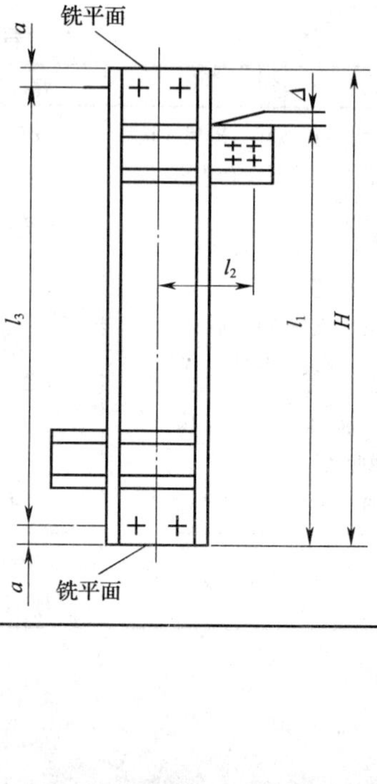
两端最外侧安装孔距离（l_3）		±2.0		
铣平面到第一个安装孔距离（a）		±1.0		
柱身弯曲矢高（f）		$H/1500$，且不应大于5.0	用拉线和钢尺检查	
一节柱的柱身扭曲	连接处	$h/250$，且不应大于3.0	用拉线、吊线和钢尺检查	
	其他处	$h/250$，且不应大于5.0		
牛腿端孔至柱轴线距离（l_2）		±3.0	用钢尺检验	
牛腿面的翘曲或扭曲（Δ）	$l_2 \leq 1000$	2.0	用拉线、直角尺和钢尺检查	
	$l_2 > 1000$	3.0		

续表

项目		允许偏差	检验方法	图例
柱截面尺寸	连接处	±3.0	用钢尺检查	
	其他处	±4.0		
柱脚底板平面度		5.0	用直尺和塞尺检查	
翼缘板对腹板的垂直度(Δ)	连接处	1.5	用直角尺和钢尺检查	
	其他处	$b/150$,且不应大于5.0		
柱脚螺栓孔对柱轴线的距离(a)		3.0	用钢尺检查	
箱形截面对角线差		3.0		
柱身板垂直度(Δ)	连接处	1.5	用直角尺和钢尺检查	
	其他处	$h(b)/150$,且不应大于5.0		

焊接实腹钢梁外形尺寸允许偏差（mm） 表 10.1-7

项目		允许偏差	检验方法	图例
梁长度(l)	端部有凸缘支座板	0 −5.0	用钢尺检查	
	其他形式	±$l/2500$ ±10.0		
端部高度(h)	$h \leq 2000$	±2.0		
	$h > 2000$	±3.0		
两端最外侧安装孔距离(l_1)		±3.0		
拱度	设计要求起拱	±$l/5000$	用拉线和钢尺检查	
	设计未要求起拱	10.0 −5.0		
弯曲矢高		$l/1000$,且不应大于10.0		
扭曲		$h/250$,且不应大于5.0	用拉线、吊线和钢尺检查	

续表

项目		允许偏差	检验方法	图例
腹板局部平面度（f）	$t \leqslant 14$	3.0	用1m直尺和塞尺检查	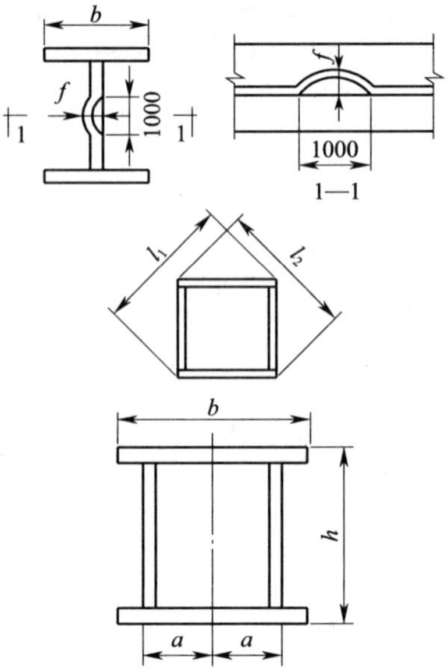
	$t > 14$	2.0		
吊车梁翼缘板对腹板的垂直度		$b/150$，且不应大于3.0	用直角尺和钢尺检查	
吊车梁上翼缘板与轨道接触面平面度		1.0	用200mm、1m直尺和塞尺检查	
箱形截面对角线差		3.0	用钢尺检查	
箱型截面两腹板至翼缘板中心线距离（a）		2.0		
梁端板的平面度（只允许凹进）		$h/500$，且不应大于2.0	用直角尺和钢尺检查	/
梁端板与腹板的垂直度		$h/500$，且不应大于2.0		/

注：吊车梁严禁下挠。

钢屋架（桁架）外形尺寸允许偏差（mm）　　　表10.1-8

项目		允许偏差	检验方法	图例
桁架跨度最外端两个孔、或两端支承处最外侧的距离（l）	$l \leqslant 24m$	+3.0 −7.0	用钢尺检查	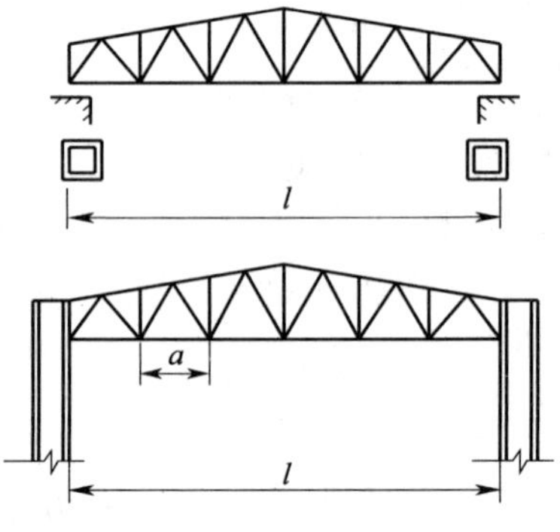
	$l > 24m$	+5.0 −10.0		
桁架跨中高度		±10.0		
桁架跨中拱度	设计要求起拱	±$l/5000$		
	设计未要求起拱	10.0 −5.0		
节间弦杆的弯曲（受压除外）		$a/1000$，且不应大于5.0		
节点中心偏移		3.0	用尺量检查	

续表

项目		允许偏差	检验方法	图例
跨中垂直度 (Δ)		$h/250$，且不应大于 15.0	用吊线、拉线、经纬仪和钢尺现场实测	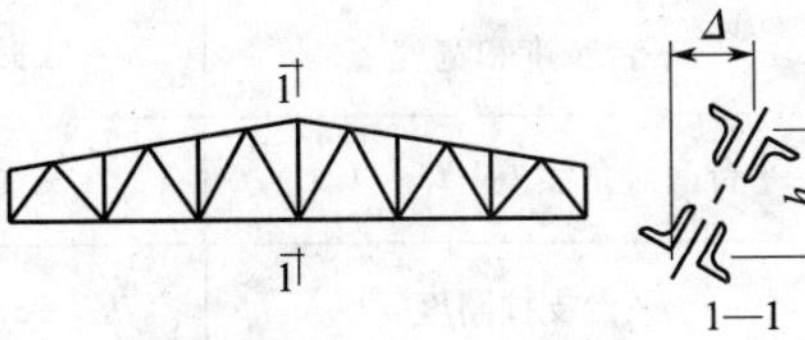
弯曲矢高 (f)	$l \leqslant 30 m$	$l/1000$，且不应大于 10.0	用吊线、拉线、经纬仪和钢尺现场实测	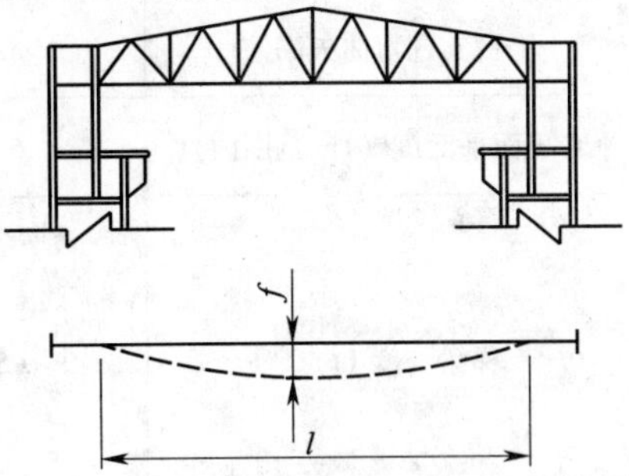
	$30 m < l \leqslant 60 m$	$l/1000$，且不应大于 30.0		
	$l > 60 m$	$l/1000$，且不应大于 50.0		
支承面到第一个安装孔距离 (a)		±1.0	用钢尺检查	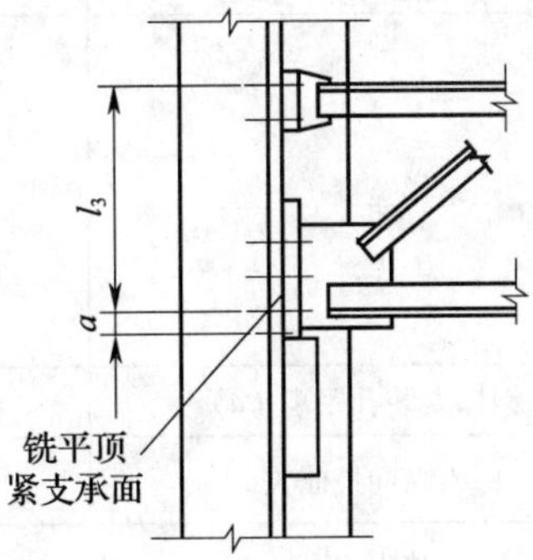
檩条连接支座间距 (a)		±5.0		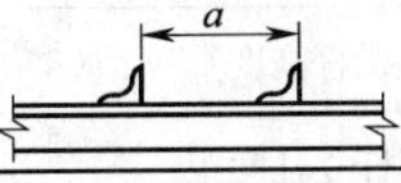

注：吊车桁架严禁下挠。

钢管构件外形尺寸允许偏差（mm） 表 10.1-9

项目	允许偏差	检验方法	图例
直径 (d)	$\pm d/500$，且不应大于 ±5.0	用钢尺检查	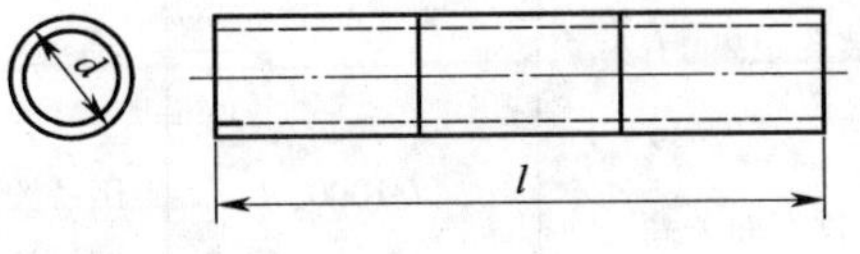
构件长度 (l)	±3.0		
管口圆度	$d/500$，且不应大于 5.0		
端面对管轴的垂直度	$d/500$，且不应大于 3.0	用焊缝量规检查	
弯曲矢高	$l/1500$，且不应大于 5.0	用拉线、吊线和钢尺检查	
对口错边	$t/10$，且不应大于 3.0	用拉线和钢尺检查	

注：对方矩形管 d 为长边尺寸。

钢平台、钢梯和防护钢栏杆外形尺寸允许偏差（mm）　　表 10.1-10

项目	允许偏差	检验方法	图例
平台长度和宽度	±5.0	用钢尺检查	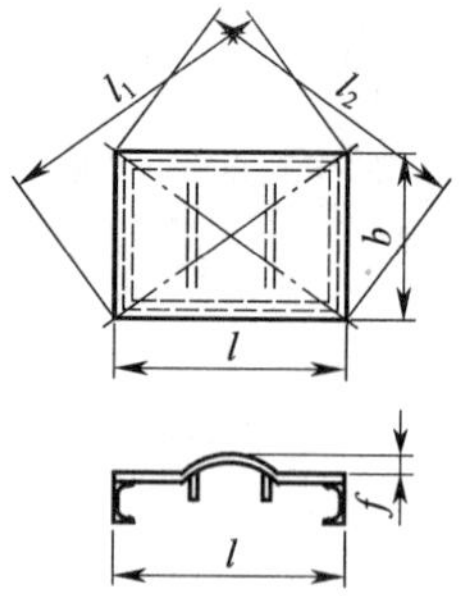
平台两对角线差 $\|l_1-l_2\|$	6.0	用钢尺检查	
平台支柱高度	±3.0	用钢尺检查	
平台支柱弯曲矢高	5.0	用拉线和钢尺检查	
平台表面平面度（1m范围内）	6.0	用1m直尺和塞尺检查	
梯梁长度（l）	±5.0	用钢尺检查	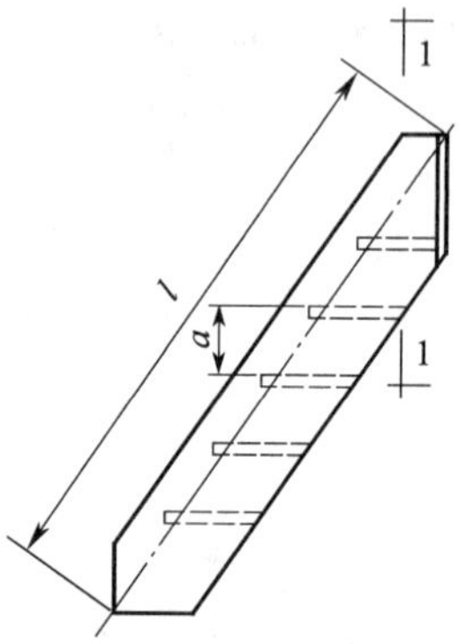
钢梯宽度（b）	±5.0	用钢尺检查	
钢梯安装孔距离（a）	±3.0	用钢尺检查	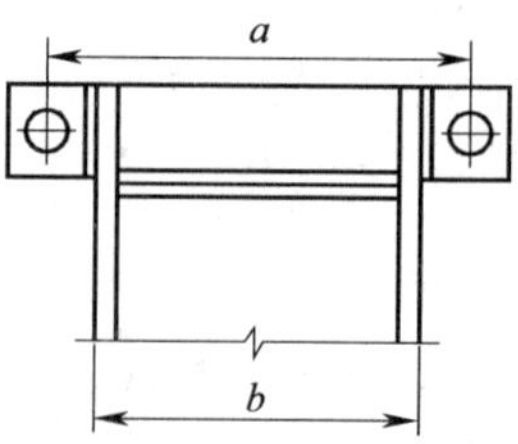
梯梁纵向挠曲矢高	$l/1000$	用拉线和钢尺检查	
踏步间距	±5.0	用钢尺检查	
栏杆高度	±5.0	用钢尺检查	
栏杆立柱间距	±10.0	用钢尺检查	

墙架、檩条、支撑系统钢构件允许偏差（mm）　　表 10.1-11

项目	允许偏差	检验方法	图例
构件长度（l）	±4.0	用钢尺检查	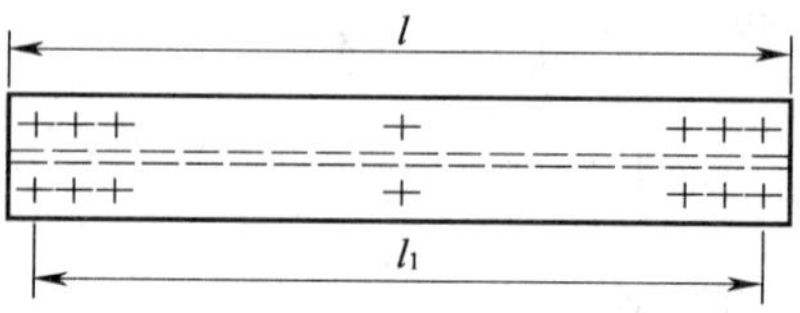
构件两端最外侧安装孔距离（l_1）	±3.0	用钢尺检查	
构件弯曲矢高	$l/1000$，且不应大于10.0	用拉线和钢尺检查	
截面尺寸	+5.0 -2.0	用钢尺检查	

焊接空心球加工允许偏差（mm） 表 10.1-12

项目	规格	允许偏差	检验方法
直径	$D \leq 300$	±1.5	用卡尺和游标卡尺检查
	$300 < D \leq 500$	±2.5	
	$500 < D \leq 800$	±3.5	
	$D > 800$	±4.0	
圆度	$D \leq 300$	±1.5	用卡尺和游标卡尺检查
	$300 < D \leq 500$	±2.5	
	$500 < D \leq 800$	±3.5	
	$D > 800$	±4.0	
壁厚减薄量	$t \leq 10$	$\leq 18\% t$，且不应大于 1.5	用卡尺和测厚仪检查
	$10 < t \leq 16$	$\leq 15\% t$，且不应大于 2.0	
	$16 < t \leq 22$	$\leq 12\% t$，且不应大于 2.5	
	$22 < t \leq 45$	$\leq 11\% t$，且不应大于 3.5	
	$t > 45$	$\leq 8\% t$，且不应大于 4.0	
对口错边量	$t \leq 20$	$\leq 10\% t$，且不应大于 1.0	用套模和游标卡尺检查
	$20 < t \leq 40$	2.0	
	$t > 40$	3.0	
焊缝余高	/	0～1.5	用焊缝量规检查

注：D 为焊接空心球的外径，t 为焊接空心球的壁厚。

螺栓球加工允许偏差（mm） 表 10.1-13

项目	规格	允许偏差	检验方法	图例
毛坯球直径	$D \leq 120$	+2.0 / −1.0	用卡尺和游标卡尺检查	
	$D > 120$	+3.0 / −1.5		
球的圆度	$D \leq 120$	1.5	用卡尺和游标卡尺检查	
	$120 < D \leq 250$	2.5		
	$D > 250$	3.0		
同一轴线上两铣平面平行度	$D \leq 120$	0.2	用百分表V形块检查	
	$D > 120$	0.3		
铣平面距球中心距离 a		±0.2	用游标卡尺检查	
相邻两螺纹孔夹角 θ		±30′	用分度头检查	
两铣平面与螺栓孔轴线垂直度		$0.5\% r$	用百分表检查	

钢网架(桁架)用钢管杆件加工允许偏差(mm)　　　表 10.1-14

项目	允许偏差	检验方法
长度	±1.0	用钢尺和百分表检查
端面对管轴的垂直度	0.5%r	用百分表 V 形块检查
管口曲线	1.0	用套模和游标卡尺检查

注：r 为钢管半径。

10.1.3 常用构件检查重点

钢结构中各构件在整个结构中所处的位置不同，受力状态不一样，所以在制作过程中的要求也就不一样。因此，在进行构件检查时，其检查的侧重点也有所区别。

1. 钢屋架检查重点

钢屋架一般由型钢(主要为角钢)制作而成，其检查重点如下：

（1）在钢屋架的检查中，要注意检查节点处各型钢重心线交点的重合情况，控制重心线偏移不大于 3mm。若出现超差现象，应及时提供数据，请设计人员进行验算，如不能使用，应拆除更换。

产生重心线偏移的原因：组装胎具变形或装配时杆件未靠紧胎模所致。

重心线偏移的危害：造成局部弯矩，影响钢屋架的正常工作状态，造成钢结构工程的隐患。

（2）要加强对钢屋架焊缝的检查工作，特别是对受力较大的杆件焊缝，要做重点检查控制，其焊缝尺寸和质量标准必须满足设计要求和国家规范的规定。为保证钢屋架焊缝质量，钢屋架上、下弦角钢趾部焊缝可采取适当加大焊缝的处理，第一遍焊接只填满圆角，第二遍达到焊缝成形，成形后焊角高度一般应大于角钢厚度的 1/2。

产生焊缝缺陷的原因：钢屋架上连接焊缝较多，每段焊缝长度又不长，而且上、下弦角钢截面大，刚性强，在焊缝收缩应力的作用下，易产生收缩裂纹。

焊缝缺陷的危害：影响钢屋架整体受力和使用寿命，造成钢结构工程的内部隐患。

（3）钢屋架的垂直度和侧向弯曲矢高应按同类构件数抽查 10%，且不少于三个，其允许偏差应符合表 10.1-8 的规定。

（4）为保证安装工作的顺利进行，检查中应严格控制连接部位孔的位置，孔位尺寸应在允许偏差范围之内，对于超过允许偏差的孔应及时做出相应的技术处理。

（5）设计要求起拱的，必须满足设计规定，检查中应控制起拱尺寸及其允许偏差。

（6）应注意屋架中各隐蔽部位的检查，如由两支角钢背靠背组焊的杆件，其夹缝部位在组装前应按要求除锈、涂漆。

2. 钢桁架检查重点

桁架在钢结构中的应用很广，如在工业与民用建筑的屋盖(屋架等)和吊车梁(吊车桁架)、桥梁、起重机(塔架、梁或臂杆等)、水工闸门、海洋采油平台中，常用钢桁架作为承重结构的主要构件。在制作钢桁架过程中应重点检查以下几点：

（1）桁架受力支托(支承面)表面至第一个安装孔距离应采用钢尺全数检查，其允许偏差在 ±1.0mm 之内。

(2) 钢桁架设计要求起拱的，其极限偏差应在 ±$l/5000$mm 之间，未要求起拱的其极限偏差在 −5～10mm 之间，其中吊车桁架严禁下挠。

(3) 对桁架结构杆件轴线交点错位进行检查，其允许偏差不得大于 3.0mm。

(4) 桁架的垂直度和侧向弯曲矢高应按同类构件数抽查 10%，且不少于三个，其允许偏差应符合表 10.1-8 的要求。

(5) 桁架上有顶紧要求的顶紧接触面应有 75% 以上的面积紧贴，检查时按接触面数量的 10% 抽检，且不应少于 10 个。

(6) 高强度螺栓连接孔和普通螺栓连接的多层板叠，应采用试孔器进行全数检查，其穿孔率不得低于 85%。

3. 钢柱检查重点

(1) 钢柱悬臂（牛腿）及相关的支承肋承受动荷载，一般采用 K 型坡口焊缝，焊接时应保证全熔透，焊后需进行焊缝外观质量和超声波探伤内部质量检查。

(2) 制作钢柱过程中，由于板材尺寸不能满足需要而进行拼接时，拼接焊缝必须全熔透，保证与母材等强度，焊后进行焊缝外观质量和超声波探伤内部质量检查。

(3) 柱端、悬臂等有连接的部位，应注意检查相关尺寸，特别是高强度螺栓连接时，更要加强控制。另外，柱底板的平直度、钢柱的侧弯等注意检查控制，其偏差应符合表 10.1-5 或表 10.1-6 的要求。

(4) 设计图要求柱身与底板刨平顶紧的，应按国家规范的要求对接触面进行顶紧的检查，顶紧接触面不应少于 75% 紧贴，且边缘最大间隙不应大于 0.8mm，以确保力的有效传递。

(5) 钢柱柱脚不采用地脚螺栓，而是采用直接插入基础预留孔再进行二次灌浆固定的，应注意检查插入混凝土的钢柱部分不得涂装。

(6) 箱形柱一般都设置内隔板，为确保钢柱尺寸，并起到加强作用，内隔板需经加工刨平、组装焊接几道工序。由于柱身封闭后无法检查，应注意加强工序检查，内隔板加工刨平、装配贴紧情况，以及焊接方法和质量均应符合设计要求。

(7) 空腹钢柱（格构柱）的检查要点与实腹钢柱相同。由于空腹钢柱截面复杂，要经多次加工、小组装、再总装到位。因此，空腹钢柱在制作中各部位尺寸的配合十分重要，在其质量控制检查中应侧重于单体构/部件的工序检查，只有各部件的工序检查符合质量要求，钢柱的总体尺寸才能达到质量要求。

4. 钢梁检查重点

(1) 钢梁的垂直度和侧向弯曲矢高应按同类构件数抽查 10%，且不少于三个，其允许偏差应符合表 10.1-7 的要求。

(2) 钢梁上的对接焊缝应错开一定的距离。焊接工字形/H 型钢梁翼缘板与腹板的拼接焊缝要错开 200mm 以上，与加劲肋也错开 200mm 以上。箱型钢梁翼缘板与腹板的拼接焊缝应错开 500mm 以上。

(3) 钢梁连接处的腹板中心线偏移量小于 2.0mm。

(4) 钢梁上高强度螺栓孔加工时，除保证孔的尺寸外还需严格控制钢梁两端最外侧安装孔的距离偏差在 ±3.0mm 之间（实腹梁）。

(5) 钢梁设计要求起拱的，其极限偏差应在 ±$l/5000$mm 之间，未要求起拱的其极限

偏差在 -5~10mm 之间,其中吊车梁严禁下挠。

5. 吊车梁检查重点

(1) 吊车梁的焊缝受冲击和疲劳影响,其上翼缘板与腹板的连接焊缝要求全熔透,一般视板厚不同开 V 型或 K 型坡口。焊后应对焊缝进行超声波探伤检查,探伤比例应按设计文件的规定执行。若设计要求为抽检,当抽检发现超标缺陷时,应对该焊缝全数检查。检查时应重点检查两端的焊缝,其长度不应小于梁高,梁中间再抽检 300mm 以上的长度。

(2) 吊车梁加劲肋的端部焊缝有两种处理方法,应按设计要求确定:

① 对加劲肋的端部进行围焊,以避免在长期使用过程中,其端部产生疲劳裂缝。

② 要求加劲肋的端部留有 20~30mm 不焊,以减弱端部的应力。

(3) 翼缘板和腹板上的对接焊缝应错开 200mm 以上,与加劲肋也错开 200mm 以上。

(4) 吊车梁外形尺寸的控制,原则上长度负公差,高度正公差。

(5) 吊车梁上、下翼缘板边缘要整齐光洁,不得有凹坑,上翼缘板的边缘状态是检查重点,需特别注意。

(6) 无论吊车梁是否有起拱要求,焊接后都不得下挠。

(7) 控制吊车梁上翼缘板与轨道接触面的平面度不得大于 1.0mm。

6. 支撑检查重点

(1) 支撑构件连接处的截面尺寸应符合要求,其长度尺寸允许偏差控制在 ±4.0mm 之间。

(2) 孔加工时,除保证孔的尺寸外还应保证构件两端最外侧安装孔距离偏差符合要求。

(3) 支撑的整体垂直度和弯曲矢高应符合要求,以保证安装连接时其重心线能通过梁与柱轴线的交点(偏心支撑除外)。

(4) 在抗震设防的结构中,支撑采用焊接组合截面时,其翼缘板和腹板应采用坡口全熔透焊缝连接,焊缝尺寸和质量应符合设计要求和国家规范的规定。

7. 网架结构主要构件检查重点

(1) 焊接空心球

① 钢板压成半圆后,表面不应有裂纹、褶皱;焊接球的对接坡口应采用机械加工,对接焊缝表面应打磨平整。

② 焊接球表面应无明显波纹,局部凹凸不平不大于 1.5mm。

③ 焊接球直径、圆度、壁厚减薄量等尺寸及允许偏差应符合表 10.1-12 的要求。

④ 焊接球焊缝应进行无损检验,其质量应符合设计要求,当设计无要求时应符合二级质量标准的要求。

(2) 螺栓球

① 螺栓球由圆钢加热后锻压而成,加工过程中可能产生表面微裂纹,深度小于 2~3mm 的表面微裂纹可以打磨处理,但不允许存在深度更深或球体内部的裂纹。

② 螺栓球成型后,应对每种规格的螺栓球进行 10%,且不少于 5 个的抽检,其不得有过烧、裂纹及褶皱。

③ 螺栓球螺纹尺寸应符合现行国家标准《普通螺纹基本尺寸》GB 196 中粗牙螺

纹的规定，螺纹公差必须符合现行国家标准《普通螺纹公差与配合》GB 197 中 6H 的规定。

④ 螺栓球直径、圆度、相邻两螺栓孔中心线夹角等尺寸及允许偏差应符合表 10.1-13 的要求。

（3）杆件

钢网架杆件一般采用数控管子车床或数控相贯面切割机下料加工，以保证长度和坡口的准确性。杆件的检查项目主要包括长度、断面对管轴的垂直度和管口曲线，其允许偏差应符合表 10.1-14 的要求。

8. 铸钢节点检查重点（图 10.1-1）

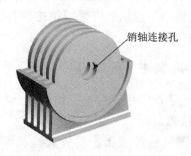

图 10.1-1　铸钢节点示意图

铸钢节点的质量检查主要分为外观质量检查和内部质量检查，外观质量包括表面粗糙度、表面缺陷及清理状态、尺寸公差；内部质量包括化学成分、力学性能以及内部缺陷。

（1）外观质量检查重点

① 铸钢节点表面应进行打磨、喷砂或喷丸处理，其表面粗糙度一般为 25~50μm。需特别注意的是，在铸钢节点与其他构件连接的焊接端口，焊前需进行表面打磨，粗糙度 $R_a \leqslant 25\mu m$；有超声波探伤要求的表面粗糙度应达到 $R_a \leqslant 12.5\mu m$。

② 铸钢节点表面应清理干净，修正飞边、毛刺、去除粘砂、氧化铁皮、热处理锈斑及内腔残余物等，不允许有影响铸钢节点使用性能的裂纹、冷隔、缩孔等缺陷的存在。

③ 铸钢节点的几何形状尺寸应符合订货时图样、模样或合同中的要求，尺寸允许偏差应符合现行国家标准《铸件尺寸公差与机械加工余量》GB/T 6414 中 CT11 级要求。

④ 铸钢节点的实际形心与理论形心偏差一般应不大于 4mm，或按图样、订货合同要求。

⑤ 铸钢节点支座耳板上的销轴连接孔必须满足同心度要求，销孔的加工精度必须与销轴的加工精度相匹配，并保证同心。

⑥ 铸钢节点的管口外径尺寸应按现行国家标准规定的极限负偏差控制，与外接钢管的允许偏差相配合考虑，同时满足对口错边量要求。

⑦ 铸钢节点与构件连接部位的接管角度偏差及耳板角度偏差应符合订货时图样、模样或合同要求，且不能大于 1°。

(2) 内部质量检查重点

① 应对铸钢节点进行化学成分和力学性能的分析，其结果应符合设计要求或国家规范的规定。

② 铸钢节点必须逐个进行无损检测，同时应特别注意与其他构件连接的部位，即支管管口的焊接坡口周围150mm区域，以及耳板上销轴连接孔四周150mm区域，应进行100%超声波探伤检验。

③ 铸钢节点的支管和主管相贯处、界面改变处为超声波探伤盲区，应尽可能改进节点构造，避免或减少超声波探伤的盲区；对不可避免的超声波探伤盲区或目视检查有疑义时，可采用磁粉探伤或渗透探伤进行检验。

④ 对铸钢节点缺陷可采用焊接修补，修补后应进行无损检测，检测要求与铸钢节点其他部位相同。

10.1.4 检查工具和仪器

钢结构生产中用于检查工作的工具和仪器种类很多，下面分项列出常用的一些检查工具和检查仪器。

(1) 钢结构焊接工程：放大镜、焊缝量规、钢尺、角尺及超声波、X射线、磁粉、渗透探伤所用的仪器等。

(2) 钢结构制作工程：钢尺、直尺、直角尺、游标卡尺、放大镜、焊缝量规、塞尺、孔径量规、试孔器及经纬仪、水准仪、全站仪等。

(3) 钢结构涂装工程：铲刀、锈蚀和除锈等级图片或对比样板及干漆膜测厚仪等。

10.1.5 构件的修整

构件的各项技术数据经检验合格后，对加工过程中造成的焊疤、凹坑应予补焊并铲磨平整。对临时支撑、夹具，应予割除/拆除。

铲磨后零件表面的缺陷深度不得大于材料厚度负偏差值的1/2，对于吊车梁的受拉翼缘尤其应注意其光滑过渡。

在较大平面上磨平焊疤或磨光长条焊缝边缘，常用高速直柄风动手砂轮和角型砂轮机。

10.1.6 构件的验收资料

钢结构制造单位在成品出厂时应提供钢结构出厂合格证书及技术文件，其中应包括：

(1) 设计图、施工详图和设计变更文件，设计变更的内容应在施工图中相应部位注明。

(2) 制作中技术问题处理的协议文件。

(3) 钢材、连接材料和涂装材料的质量证明书和试验报告。

(4) 焊接工艺评定报告。

(5) 高强度螺栓摩擦面抗滑移系数试验报告、焊缝无损检验报告及涂层检测资料。

(6) 主要构件验收记录。

(7) 预拼装记录（需预拼装时）。

(8) 构件发运和包装清单。

10.2 构件包装

10.2.1 构件包装原则

(1) 包装工作应在涂层干燥后进行，并应注意保护构件涂层不受损伤。包装方式应符合运输的有关规定。

(2) 每个包装的重量一般不超过 3~5t，包装的外形尺寸则根据货运能力而定。如采用汽车运输，一般构件长度≤12m，个别构件不应超过18m，宽度不超过2.5m，高度不超过3.5m。超长、超宽、超高时要做特殊处理。

(3) 包装和捆扎均应牢固和紧凑，以减少运输途中松散、变形，而且还可以降低运输的费用。

(4) 钢结构的加工面、轴、孔和螺纹，应该涂上润滑脂并且贴上油纸，或用塑料布包裹，螺孔应用木楔塞住。

(5) 一些不装箱的小件和零配件可直接捆扎或用螺栓绑扎在钢构件主体的需要部位上，但要捆扎、固定牢固，且不影响运输和安装。

(6) 包装时要注意外伸的连接板等物要尽量置于内侧，以防钩、刮造成事故；不得不外露时要做好明显标记。

(7) 经过油漆的构件，在包装时应用木材、塑料等材料作衬垫，加以隔离保护。

(8) 包装时应填写包装清单，并核实数量。

图 10.2-1 钢构件包装及装车示意图
(a) 杆件的包装；(b) 钢桁架装车；(c) 钢构件装车

10.2.2 标记

1. 构件重心的标注

重量在 5t 以上的复杂构件，一般要标出重心，重心的标注用鲜红色油漆标出，再加上一个向下箭头，如图 10.2-2 所示。

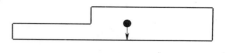

图 10.2-2 构件的重心标示

2. 吊点的位置标注

在通常情况下，吊点的位置标注是由等强连接在构件上的吊耳来实现。

3. 钢结构构件标记

构件包装完毕，应对其进行标记。标记一般在制作厂的成品库装运标明。

标记可用标签方式带在构件上，也可用油漆直接写在钢结构或包装箱上。对于出口的钢结构，必须按海运要求和国际通用标准标明标记。

标记通常包括下列内容：工程名称、构件编号、外廓尺寸（长、宽、高，以 m 为单位）、净重、毛重、始发地点、到达港口、收货单位、制造厂商、发运日期等，必要时标明重心和吊点的位置。

10.3 构件运输

构件的顺利运输是保证工程按期完工的重要措施之一，因此需根据工程地理位置和构件规格尺寸及重量选择合适的运输方式（铁路、公路、水路）和运输路线。同时在构件运输过程中应采取有效措施，防止构件变形，避免涂层损伤。

1. 公路运输

公路运输是钢结构最常用的运输方式，具有机动灵活、运送速度快、运输能力小、运输成本高、效率比较低的特点，适合于各种类型构件的中、短途运输。

（1）构件在车辆上的支点、绑扎方法和端部伸出长度，应保证构件不产生变形、不损伤涂层。装运的高度极限为 4.5m，如需过隧道时，则高度极限为 4m，构件长度方向超出车身一般不得超过 2m。

（2）运输长构件时，常采用拖车运输，此时如两点支承不能满足受力要求时，可采用三点或多点支承。

（3）钢屋架可采用半挂车平放运输，但要求支点必须放在节点处，而且要垫平、固定好。钢屋架还可以整榀或半榀挂在专用架上运输。

（4）在一般情况下，框架钢结构产品的运输多用活络拖斗车，实腹类或容器类多用大平板车辆。

（5）现场拼装式散件运输，使用一般货运车，车辆的底盘长度可以比构件长度短 1m，散件运输一般不需要装夹，只要能满足在运输过程中不产生过大的变形即可。

（6）对于大件的运输，可根据产品不同而选用不同车型，由于制造厂对大件运输能力有限，有些大件则由专业化大件运输公司承担，车型也由大件公司确定。

（7）对于特大件钢结构产品，在加工制造之前就要与运输有关的各个方面取得联系，并得到认可，其中包括与公路、桥梁、电力，以及地下管道如煤气、自来水、下水道等诸方面的联系，还要查看运输线路，转弯道、施工现场等有无障碍物。

2. 铁路运输

铁路运输受自然条件限制较少，且运行速度快、运输能力大，具有良好的经济效益，适合于各种构件在内陆地区中、长途运输。国内钢结构产品一般采用铁路包车皮运输的方式。

（1）铁路运输一般应与公路运输相结合，先用汽车把构件从制作厂运到火车站，然后通过火车运输到达工程所在地火车站，最后用汽车把构件从火车站运到施工现场。由于需要多次装卸，构件一定要包装好，确保不丢失、不变形，尽量减少对涂层的损坏。

（2）采用铁路运输时应遵守国家火车装车限界（图10.3-1），当超过影线部分而未超出外框时，应预先向铁路部门提出超宽（或超高）报告，经批准后在规定的时间运送。

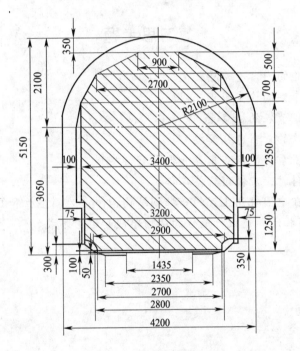

图10.3-1 火车装车限界示意

（3）如采用集装箱运输，工厂在装货时应注意集装箱内货物要装均匀，不能偏载，重心要居中。集装箱适用于外形尺寸较小、重量较轻、易散失的构件，如连接件、螺栓或标准件等。

（4）对运输构件的重量应进行控制，确保满足火车站吊装设备能力的要求。

3. 水路运输

水路运输适合于运距长、运量大、时间性不太强的构件，其具有运输能力大、运输成本低、受自然条件影响大、速度慢的特点。目前利用水路运输的一般是为国外制作的钢结构产品以及国内有港口条件地区的产品。

（1）国外船运应根据离岸港口码头和到岸港口码头的装卸能力，确定构件运输的外形尺寸。可分别采用集装箱或散货船运输。

（2）由于水路运输时间较长，应切实做好涂层保护工作。运往国外的构件还应做好包装工作，使之符合海运要求。

4. 交付

构件交付应满足合同规定的交货进度、交货状态、交货条件的要求，制造单位必须做好相应安排，其控制质量的责任一直延续到交付的目的地被对方认可为止。交付的同时也包括需方（安装方或顾客）的接收，双方应共同做好以下交接工作：

（1）构件清单数量的复核。确认交付时的包装箱数（或构件数）。

（2）交付时包装箱（或构件）是否因运输搬运产生损坏、丢失或污染，或是恶劣环境条件引起的损坏等。

（3）特殊的物资交接注意事项说明。

（4）必要时，由双方共同参与开箱清点确认工作。

复习思考题

10-1 构件检验的内容有哪些？

10-2 简述吊车梁的检查重点。

10-3 简述铸钢节点的检查重点。

10-4 构件验收的资料包括哪些？

10-5 焊接工程常用的检查工具和仪器有哪些？

10-6 构件交付时，应做好哪些工作？

10-7 如需把在中国杭州生产的一批钢结构构件（为箱型柱和H型钢梁）运到阿拉伯联合酋长国的阿布扎比，请设计最佳的运输路线和运输方式。

第 11 章 钢结构制作质量控制

11.1 概 述

钢结构的制作过程，就是最终产品质量的形成过程，故过程质量控制是钢结构质量控制的重点。

11.1.1 质量控制特点

钢结构的制作过程是一个极其复杂的综合过程，由于结构形式、建筑外形、质量要求、工艺方法等各不相同，且产品的整体性强、手工作业多、过程周期长、受自然环境影响大，因此钢结构的制作质量比一般工业产品的质量控制要难，其主要表现有以下几个方面：

（1）影响因素多。例如设计、材料、设备、环境、工艺、操作技能、技术措施、管理制度等都将影响钢结构的制作质量。

（2）质量容易波动。钢结构制作不像其他产品生产/制作那样，有相对固定的生产自动流水线，有成套的生产设备和稳定的生产环境，有相同系列规格和相同功能的产品；而且，由于影响质量的偶然性因素和系统性因素都较多，如材料差异、焊机电压电流变化、操作与环境的改变、仪表失灵等，因此容易发生质量波动，甚至造成质量事故。

（3）易发生判断错误。钢结构在制作过程中，由于工序较多，并有一部分隐蔽工程，有的还有时效性，若不及时检查实物，事后再看表面，就容易将不合格的产品判为合格的产品，产生判断错误。有的也可能将合格产品判为不合格产品，如高强度螺栓终拧后的检查工作。

（4）检查时不能解体、拆卸。大部分钢构件制作完成后，一般不能像某些产品那样，可以解体、拆卸后检查内在质量，或重新更换零件；一般只作外观和无损检测，即使发现质量有问题，一般也不可能像其他产品那样调换，只能进行返修。

所以，对钢结构制作质量应加倍重视，严格控制，将质量控制贯穿于制作全过程。

11.1.2 质量控制要求和依据

1. 质量控制要求

根据钢结构的特点，在制作质量控制中，要求质检人员做到以下几点：

（1）坚持"以防为主"，重点进行事前质量控制，加强中间巡检，发现问题及时处理，找出不合格原因，落实纠正和预防措施，以达到防患于未然，把质量问题消除在萌芽状态。

（2）在制作前，应根据设计图纸、合同文件、有关规范和构件特点编制针对性强的质量控制文件；并应严格按文件执行。

（3）质检人员在制作过程中既要坚持质量标准，严格检查，又要及时指正，热情帮教。在制作前，要参与方案的制订和审查，提出保证质量的措施，完善质量保证体系。

（4）在处理质量问题的过程中，应尊重事实、尊重科学、立场公正，不受上级、好友影响，以理服人，不怕得罪人，在工作中树立质检人员的权威。

（5）应注意掌握质量现状及发展动态，加强对不合格产品的管理，促使整个制作过程的作业和活动均处于受控状态。

2. 质量控制依据

质量控制，即全过程质量控制，包括原材料、半成品、各工序及成品。控制的依据首先是合同文件，其次是设计文件，再次是企业标准，最后是国家及行业相关的规范标准。但所有这些质量标准均不得低于国家及行业规范或标准所规定的要求。

11.1.3 质量控制方法

通过编制相关质量控制文件、过程检查和成品检验以及进行必需的试验等方式进行质量控制。

1. 编制质量控制文件

编制相关质量控制文件，是全面控制质量的重要手段，主要内容如下：

（1）审核设计文件（如施工详图、设计变更单等）。

（2）编制有关应用新工艺、新技术、新材料、新结构的技术文件。

（3）编制和审核工艺文件（如制作要领书、技术指导书、涂装要领书、包装与运输要领书、工艺规程等）、质量检验文件（如质量检查要领书、质量检查表式等）等。

（4）对有关材料、半成品的质量检验报告、合格证明书的审核。

（5）及时反馈工序质量动态的统计资料或管理图表。

（6）及时处理质量事故，做好处理报告，提出合适的纠正与预防措施。

（7）做好产品验收交货资料。

2. 过程检查

（1）检查内容

① 物资准备检查。对原辅材料、加工设备、工装夹具、检测仪器等进行检查，使之符合要求。

② 开工前检查。现场是否具备开工条件，开工后能否保证加工质量。

③ 工序交接检查。对于重要工序或对加工质量有重大影响的工序，在自检互检的基础上，还要加强质检人员巡检和工序交接检查。

④ 隐蔽工程检查。凡是隐蔽工程均需质检人员和监理工程师认证后方能覆盖封闭。

⑤ 跟踪监督检查。对加工难度较大的构件或特殊要求易产生质量问题的加工工序应进行随班跟踪监督检查。

⑥ 对分项、分部工程应在自检合格后，经监理工程师认可，签署验收记录。

（2）检查方法

检查方法分表面质量检查和内在质量检查。

① 表面质量检查的方法有目测法和实测法

a）目测法。目测检查法的手段可以归纳为看、摸、敲、照四个字。

看，就是根据质量标准进行外观目测。如：钢材外观质量：应无裂缝、无结疤、无折叠、无麻纹、无气泡和无夹杂；加工工艺执行：应顺序合理，工人操作正常，仪表指示正确；焊缝表面质量：应无裂缝、无焊瘤、无飞溅、咬边、夹渣、气孔、接头不良等；涂装质量：除锈应达到设计和合同所规定的等级，涂后4h内不得淋雨，漆膜表面应均匀、细致、无明显色差、无流挂、失光、起皱、针孔、气泡、脱落、脏物粘附、漏涂等。

摸，就是手感检查。主要适用于钢结构工程中的阴角，如构件的加劲板切角处的光洁度和该处焊接包角情况可通过手摸加以检查。

敲，就是用工具进行音感检查。如高强度螺栓连接处是否密贴、螺栓是否拧紧可采用敲击检查，通过声音的虚实确定是否紧贴。

照，对于难以看到或光线较暗的部位，则可采用镜子反射或灯光照射的方法进行检查。

b) 实测法。实测检查法就是通过实测数据与设计或规范所规定的允许偏差对照，来判别质量是否合格，实测检查法的手段，可以归纳为量、拉、测、塞四个字。

量，就是用钢卷尺、钢直尺、游标卡尺、焊缝量规等检查制作精度，量出焊缝外观尺寸。

拉，就是用拉线方法检查构件的弯曲、扭曲。

测，就是用测量工具和计量仪器等检测轴线、标高、垂直度、焊缝内部质量、温度湿度、厚度等的偏差。

塞，就是用塞尺、试孔器、弧形套模等进行检查。如用塞尺对高强螺栓连接接触面间隙的检查，孔的通过率用试孔器进行检查，网架钢球用弧形套模进行检查。

② 内在质量检查（试验检查）

内在质量检查（试验检查）是指必须通过试验手段，才能对质量进行判断的检查方法。如对需复验的钢材进行机械性能试验和化学成分分析、焊接工艺评定试验、高强度螺栓连接副试验、摩擦面抗滑移系数试验等。

11.2 原材料质量控制

原材料质量是工程质量的基础，如果原材料质量不符合要求，工程质量也就不可能符合要求。所以，加强原材料的质量控制，是提高工程质量的基本条件。

钢结构工程项目的原材料主要分主材和辅材。主材为钢材（钢板、钢管和型钢等）；辅材为连接材料（焊接材料、螺栓和铆钉等）和涂装材料（防腐和防火涂料）。

11.2.1 原材料质量控制要点

（1）为保证采购的原材料符合规定的要求，应选择合适的供货方，向合格的供货方采购。

（2）对用于工程的主要材料，进场时必须具备正式的出厂合格证和材质证明书。如不具备或证明资料有疑义，应抽样复验，只有试验结果达到国家标准的规定和技术文件的要求时才能采用。

（3）凡标志不清或怀疑质量有问题的材料，均应进行抽检，对于进口材料应进行商检。

（4）材料抽样和检验方法，应符合国家有关标准和设计要求，应能反映该批材料的质量特性。对于重要的材料应按合同或设计规定增加抽样的数量。

（5）对材料的性能、质量标准、适用范围和对加工的要求必须充分了解，慎重选择和使用材料。如焊条的选用应符合母材的等级，防腐、防火涂料应注意其相溶性等。

（6）材料的代用应征得设计者的认可。

11.2.2 原材料质量控制内容

原材料质量控制的内容主要有：材料的质量标准、材料的质量检验、材料的选用和材料的运输、贮存管理等。

1. 材料的质量标准

（1）钢材

① 钢结构工程所使用的常用钢材应符合表11.2-1所示现行国家标准的规定。

钢号与材料标准　　　　　　　　　　表11.2-1

序号	钢号	材料标准	
		标准名称	标准号
1	Q215，Q235	碳素结构钢	GB 700
2	Q345，Q390，Q420，Q460	低合金高强度结构钢	GB/T 1591
3	10，15，20，25，35，45	优质碳素结构钢	GB/T 699
4	Q235GJ，Q345GJ，Q390GJ，Q420GJ，Q460GJ	建筑结构用钢板	GB/T 19879
5	ZG200-400H，ZG230-450H，ZG275-485H	焊接结构用碳素钢铸件	GB/T 7659
6	G17Mn5QT，G20Mn5N，G20Mn5QT	焊接结构用铸钢	DIN EN 10293：2005
7	ZG230-450，ZG270-500，ZG310-570，ZG340-640	一般工程用铸造碳钢件	GB/T 11352

② 承重结构选用的钢材应有抗拉强度、屈服强度（或屈服点）、伸长率和硫、磷含量的合格保证，对焊接结构用钢，尚应具有碳当量的合格保证。对重要承重结构的钢材，还应有冷弯试验的合格保证。

③ 对于重级工作制和吊车起重量等于或大于50t的中级工作制焊接吊车梁、吊车桁架或类似结构的钢材，除应有以上性能合格保证外，还应有常温冲击韧性的合格保证。当设计有要求时，尚须做-20℃和-40℃冲击韧性试验并达到合格指标。其他重要工作制的类似钢结构钢材，必要时，亦应有冲击韧性的合格保证。

④ 钢结构工程所采用的钢材，应附有钢材的质量证明书，各项指标应达到设计文件的要求。

⑤ 钢材表面质量除应符合国家现行有关标准的规定外，还应符合下列规定：当其表面有锈蚀、麻点、划伤、压痕，其深度不得大于该钢材厚度负偏差值的1/2；钢材表面锈蚀等级按现行国家标准《涂装前钢材表面锈蚀和除锈等级》GB 8923 评定，工程中，优先选用A、B级，使用C级应彻底除锈；当钢材断口处发现分层、夹渣缺陷时，应会同有关单位研究处理。

⑥ 凡进口的钢材，应以供货国家标准或根据订货合同条款进行检验，商检不合格者不得使用。

⑦ 用于钢结构工程的钢板、型钢和管材的外形、尺寸、重量及允许偏差应符合表 11.2-2 所示现行国家及行业标准的要求。

钢材的外形、尺寸、重量及允许偏差国家及行业标准   表 11.2-2

序号	标准名称	标准号
1	热轧钢棒尺寸、外形、重量及允许偏差	GB/T 702
2	热轧型钢	GB 706
3	冷轧钢板和钢带的尺寸、外形、重量及允许偏差	GB/T 708
4	热轧钢板和钢带的尺寸、外形、重量及允许偏差	GB 709
5	碳素结构钢和低合金结构钢热轧薄钢板及钢带	GB 912
6	低压流体输送用焊接钢管	GB/T 3091
7	碳素结构钢和低合金结构钢热轧厚钢板及钢带	GB 3274
8	通用冷弯开口型钢尺寸、外形、重量及允许偏差	GB 6723
9	冷弯型钢	GB 6725
10	结构用冷弯空心型钢尺寸、外形、重量及允许偏差	GB/T 6728
11	结构用无缝钢管	GB/T 8162
12	热轧 H 型钢和剖分 T 型钢	GB/T 11263
13	直缝电焊钢管	GB/T 13793
14	焊接钢管尺寸及单位长度重量	GB/T 21835
15	建筑结构用冷弯矩形钢管	JG/T 178

（2）连接材料

① 钢结构工程所使用的连接材料应符合表 11.2-3 所示的现行国家标准的要求。

② 所用的连接材料均应附有产品质量合格证书，并符合设计文件和国家标准的要求。

③ 钢结构工程所使用的焊条药皮不得脱落，焊芯不得生锈，所使用的焊剂不得受潮结块或有熔烧过的渣壳。

④ 保护气体的纯度应符合工艺要求。当采用二氧化碳气体保护焊时，二氧化碳纯度不应低于 99.5%，且其含水量应小于 0.05%，焊接重要结构时，其含水量应小于 0.005%。

⑤ 高强度大六角头螺栓连接副应按出厂批号复验扭矩系数，其平均值和标准偏差应符合现行标准《钢结构高强度螺栓连接的设计、施工及验收规程》JGJ 82 的规定。扭剪型高强度螺栓连接副应按出厂批号复验预拉力，其平均值和变异系数应符合现行标准《钢结构高强度螺栓连接的设计、施工及验收规程》JGJ 82 的规定。

钢结构工程主要连接材料国家标准   表 11.2-3

序号	标准名称	标准号
1	碳钢焊条	GB/T 5117
2	低合金钢焊条	GB/T 5118
3	熔化焊用钢丝	GB/T 14957

续表

序号	标准名称	标准号
4	碳钢药芯焊丝	GB/T 10045
5	气体保护电弧焊用碳钢、低合金钢焊丝	GB/T 8110
6	埋弧焊用碳钢焊丝和焊剂	GB/T 5293
7	埋弧焊用低合金钢焊丝和焊剂	GB 12470
8	钢结构用高强度大六角头螺栓、大六角螺母、垫圈与技术条件	GB/T 1228～1231
9	钢结构用扭剪型高强度螺栓连接副	GB/T 3632
10	电弧螺柱焊用圆柱头焊钉	GB 10433

（3）涂装材料

① 钢结构工程所采用的涂装材料，应具有出厂质量证明书和混合配料说明书，并符合现行国家有关标准和设计要求，涂料色泽应按设计或顾客的要求，必要时可作样板，封存对比。

② 对超过使用期限的涂料，需经质量检测合格后方可投入使用。

③ 钢结构防火涂料的品种和技术性能应符合设计要求，并经过国家检测机构检测符合现行国家有关标准的规定。

④ 钢结构防火涂料使用时应抽检粘结强度和抗压强度，并符合现行国家有关标准规定。

2. 原材料的质量检验

（1）材料质量检验的目的

材料质量检验的目的，是通过一系列的检测手段，将所取得的材料质量数据与材料的质量标准相对照，借以判断材料质量的可靠性，同时，还有利于掌握材料质量信息。

（2）材料质量检验的方法

材料质量检验的方法有资料检查、外观检验、理化试验和无损检测等四种。

① 资料检查。是由质检人员对采购材料的质量保证资料、试验报告等进行审核，符合要求后才能使用。

② 外观检验。是对材料从品种、规格、标志、外形尺寸等进行直观检查。

③ 理化试验。是借助试验设备、仪器对材料样品的机械性能、化学成分等进行试验分析。

④ 无损检测。是在不破坏材料的前提下，利用超声波、X射线、表面探伤等仪器进行检测。

⑤ 材料质量检验项目见表11.2-4。

材料检验项目　　　　　　　　　　表11.2-4

序号	材料名称	资料检查	外观检查	理化试验	无损检测
1	钢板	必须	必须	必须	必要时
2	型钢	必须	必须	必要时	必要时
3	焊材	必须	必须	必要时	/

续表

序号	材料名称	资料检查	外观检查	理化试验	无损检测
4	高强度螺栓	必　须	必　须	必　须	/
5	涂料	必　须	必　须	必要时	/
6	防火涂料	必　须	必　须	必　须	/

（3）材料取样检验的判断

材料取样检验一般适用于对原材料、半成品和辅助材料的质量检定。由于成品已定型且检验费用高，不可能对成品逐个进行检验，特别是破坏性试验，如必须取样检验，只能采取抽样检验，通过抽样检验，可判断该批成品是否合格。

① 对质量有疑义的钢材或合同有特殊要求需作跟踪追溯的材料应抽样复检，抽样检查必须分批分规格按标准复验。

② 当质量证明书的保证项目少于设计要求时，在征得设计单位同意后可以对所缺项目（不多于两项）的钢材，每批抽样补做所缺项目试验，合格后也可使用。

③ 对于混炉批号、批号的钢材为不同强度等级时，应逐张（根）进行光谱或力学性能试验，确定强度等级。

④ 高强度螺栓连接副抗滑移系数试验每批、每种工艺单独检验，每批取样三组试件。

⑤ 防火涂料涂装中，每使用100t薄型防火涂料应抽检一次粘结强度，每使用500t厚涂型防火涂料应抽检一次粘结强度和抗压强度。

⑥ 材料的无损检测根据合同和设计要求规定的抽样比例进行检测。

3．材料的选择和使用要求

材料的选择和使用不当，均会严重影响工程质量或造成质量事故。为此，必须针对工程特点，根据材料的性能、质量标准、适用范围和对加工要求等方面进行综合考虑，慎重选择和使用材料。

（1）对混炉号、批号的钢材，当其为同一强度等级时，应按质量证明书中质量等级较差者使用。

（2）材料代用要征得设计部门的许可。

（3）首次采用的钢材、焊接材料等应进行焊接工艺评定合格后才能选用。

（4）选用的焊条型号应与构件钢材的强度相适应，药皮类型应按构件的重要性选用，对重要构件应采用低氢型焊条。

4．材料的管理

（1）加强对材料的质量控制，材料进厂必须按规定的技术条件进行检验，合格后才能入库和使用。

（2）钢材应按种类、材质、炉号（批号）、规格等分类平整堆放，并做好标记。

（3）焊材必须分类堆放，并有明显标志，不得混放，焊材仓库必须干燥通风，严格控制库内温度和湿度。

（4）高强度螺栓存放应防潮、防雨、防粉尘，并按类型、规格、批号分类存放保管。对长期保管或保管不善而造成螺栓生锈及沾染脏物等可能改变螺栓的扭矩系数或性能的螺栓，应视情况进行清洗、除锈和润滑等处理，并对螺栓进行扭矩系数或预拉力检验，合格后才能使用。

（5）由于防腐和防火涂料属于时效性材料，库存积压易过期失效，应遵循先进先用的原则，注意时效管理。对因存放过久，超过使用期限的涂料，应取样进行质量检测，检测项目按产品标准的规定或设计部门要求进行。

（6）企业应建立严格的进料验证、入库、保管、标记、发放和回收制度，使材料处于受控状态。

11.3 制作质量控制

构件加工制作各道工序的质量控制内容见表 11.3-1 所示。

制作质量控制一览表　　　　　　　　表 11.3-1

序号	程序名称	质量控制内容
1	放样、号料	各部分尺寸核对
2	下料、切割	角度，各部分尺寸检查，切割面粗糙度，坡口角度
3	钻孔	孔径，孔距，孔边距，光洁度，毛边，垂直度
4	成型、组装	钢材表面熔渣、锈、油污之清除，间隙，点焊长度、间距、焊脚，角度，各部位尺寸检验
5	焊接	预热温度、区域，焊渣清除，焊材准备工作；焊道尺寸，焊接缺陷，必要的理化试验和无损检测
6	矫正	角度，垂直度，拱度，弯曲度，扭曲度，平面度，加热温度
7	端面加工、修整	长度，端面平整度，端面角度
8	热处理	温度控制，硬度控制
9	锻件	外观缺陷，温度控制，尺寸偏差
10	铸钢件	外观缺陷，尺寸偏差，化学成分控制，力学性能指标，内部缺陷探伤
11	预拼装	拼装胎架控制，尺寸偏差，标识标记
12	除锈	表面清洁度，表面粗糙度
13	涂装	目测质量，涂层厚度（干膜），环境条件控制，不涂装处的处理
14	包装编号	必要的标识，包装外观质量，包装实物核对
15	贮存	堆放平整，防变形措施，表面保护
16	装运	装车明细表，外观检查，绑扎牢固

11.3.1 计量器具统一

1. 计量器具必须检定校准合格

钢结构工程制作和验收所使用的计量器具必须统一并在有效期内，即定期对所使用的计量器具送计量检验部门进行计量检定，并保证在检定有效期内使用。

2. 计量器具必须使用正确

不同计量器具有不同的使用要求。如钢卷尺在测量一定长度的距离时，应使用夹具和拉力计数器，不然的话，读数就有差异。

3. 计量器具的修正

计量器具在使用时应注意温度、光照等变化引起读数的变化，应对读数进行修正。

11.3.2 制作过程要求

钢结构工程制作项目的制作精度（即允许偏差）在《钢结构工程施工质量验收规范》GB 50205 及本书有关章节中都作了详细的规定，本节不再重复，但应注意制作过程中一些对制作精度有影响的有关要求。

1. 放样、号料和切割

（1）放样划线时应清楚标明装配标记、螺孔标记、加强板的位置方向、倾斜标记、其他配合标记和中心线、基准线及检验线，必要时应制作样板。

（2）应预留焊接收缩量和切割、刨边、铣加工余量；应注意构件的起拱下料尺寸等。

（3）划线前，材料的弯曲或其他变形应予矫正。当采用火焰矫正时，加热温度应根据钢材性能选定，低合金高强度结构钢在加热矫正后应缓慢冷却。

2. 孔加工

（1）当孔加工采用冲孔方法时，应控制钢板的厚度不大于12mm，冲孔后在孔周边采用砂轮打磨平整。

（2）批量生产的积累误差控制

在钢结构流水作业中，往往会产生批量生产的同一误差，而且这种误差是在《钢结构工程施工质量验收规范》GB 50205 所允许的偏差范围之内。例如长度大于3m的梁相邻两组端孔间距离允许偏差为±3mm，如果偏差集中于一个方向的最大值时，对安装影响很大，特别是高层建筑中梁的集中负偏差，使安装非常困难。

3. 组装和预拼装

（1）零部件在组装前应矫正其变形并达到允许偏差范围以内，接触面应无毛刺、污垢和杂物，以保证构件的组装紧密贴合，符合质量标准。

（2）组装时，应有相应的工具和设备，如定位器、夹具、坚固的基础（或胎架）等，以保证组装有足够的精度。

（3）为了保证隐蔽部位的质量，应经质检人员和监理工程师检查认可，签发隐蔽部位验收记录，才能封闭。

（4）预拼装的构件必须是经检查确认符合图纸尺寸和构件精度要求的。需预拼装的相同构件应可互换。

（5）预拼装时，构件应在自由状态条件下进行，预拼装结果应符合有关规定要求。

（6）预拼装检查合格后，应根据预拼装结果标注中心线、基准线等标记，必要时应设置定位器。

4. 铣平加工

（1）柱接头的承压表面应按图纸要求进行铣平加工，应保证有75%以上的接触面紧贴，且边缘最大间隙不应大于0.8mm。

（2）柱的铣平加工面应垂直于柱中心线。

（3）其他需顶紧的接触面，亦应采用铣、刨、磨的方式进行加工，以保证顶紧的质量要求。

11.4 焊接质量控制

钢结构制作和组装时，是由若干零件制成部件、再由若干部件组合成整体构件，互相之间必不可少的要用某种方法加以连接。随着科学技术的发展，钢结构工程中先后出现了普通螺栓连接、铆钉连接、焊缝连接和高强度螺栓连接等连接方式。目前，钢结构工程中广泛采用了焊缝连接和高强度螺栓的摩擦连接。由于连接是起到结构成型和承受载荷的作用，如果连接存在超过允许的缺陷时，将使结构产生薄弱环节，影响结构的安全性和使用寿命，严重的将造成结构倒塌、人员伤亡、财产受损的危害事故，因此应加强对连接工序的质量控制。

焊接是20世纪初发展起来的技术，目前在钢结构工程中得到了广泛应用。由于焊接会出现不可避免的缺陷或残余应力，如不加以控制，将使某些局部缺陷因难以抵抗载荷和内部应力的作用而产生裂纹，局部微小的裂纹一经发生便有可能扩展到整体、造成结构发生断裂，一些钢结构建筑物倒塌、贮罐爆炸、行驶中船只突然断裂都与焊接质量有直接关系。因此，在钢结构工程中，焊接是属于特殊工序，应建立从材料供应、焊前准备、组装、焊接、焊后处理和成品检验等全过程的质量控制系统。

11.4.1 焊接质量控制系统

1. 焊接质量控制系统（见图11.4-1）

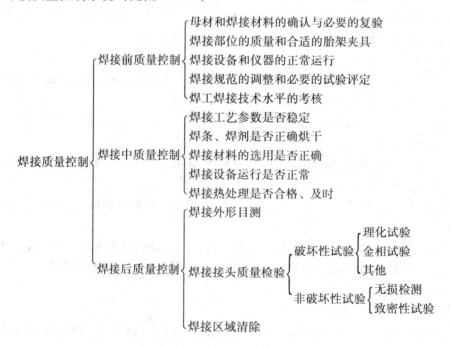

图11.4-1 焊接质量控制系统图

2. 焊接质量检验分类（见图11.4-2）

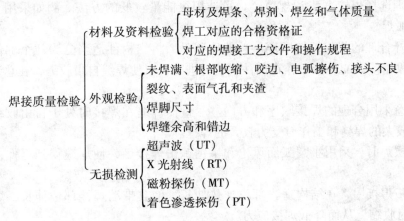

图11.4-2 焊接质量检验分类图

11.4.2 焊接质量控制基本方法和手段

在焊接施工中，做好下列工作是焊接质量控制的基本方法和手段：
（1）焊工资格审查和技艺评定。
（2）焊接工艺评定试验。
（3）制定合理的焊接工艺规程和标准。
（4）保证焊接材料质量，建立严格的焊接材料领发制度。
（5）保证焊件装配的质量。
（6）严格执行焊接工艺纪律。
（7）对焊接设备进行有效的管理。
（8）对焊接返修工作进行严格的质量控制。
（9）选用合适的热处理工艺并对热处理质量进行控制。
（10）加强焊接施工过程中和产品的最终质量检验。

11.4.3 焊接质量控制注意事项

1. 必须由合格的焊工按合适的焊接工艺施焊

焊接质量的好坏，除设计连接的构造是否合理外，还取决于所采用的焊接方法、工艺及进行操作的焊工的个人技术。因此，应检查参加焊接的焊工是否在考试合格证有效期内担任合格项目的焊接工作，严禁无证焊工上岗施焊。焊工停焊时间超过6个月，应重新考试取得合格证后方可上岗担任相应项目的焊接工作（钢材、焊材、焊接方法、焊接位置）。同时应注意焊接工艺是否合适。

2. 注意实施预防焊接变形和焊接应力的措施

由于焊接过程中焊件受到局部不均匀的加热和焊缝在结构上的位置和焊缝截面的不对称，以及施焊顺序和施焊方向不合适，在焊缝区域会产生不同的焊接变形和焊接应力，如横向和纵向收缩、角变形、弯曲变形、波浪形变形、扭曲变形、焊接应力导致焊缝根部开裂等。这种变形超过允许偏差值或焊接应力导致的裂缝，都将影响结构的使用。因此，在

实施焊接工艺过程中,应注意以下几点:

(1) 合理选择焊接方法和规范,尽量选用线能量较低的方法。例如采用 CO_2 自动焊代替手工电弧焊。

(2) 选择合理的装配焊接顺序。总的原则是,将结构件适当分为几个部件,尽可能使不对称或收缩量大的焊接工作在部件组装时进行,以使焊缝自由收缩,在总装中减少焊接变形。

(3) 注意采用合理的焊接顺序和方向。尽量使焊缝在焊接时处于自由收缩状态;先焊收缩量比较大的焊缝和工作时受力较大的焊缝。

(4) 多层焊时,采用小圆弧面风枪和手锤锤击焊接区,使焊缝得到延伸,降低内应力。

(5) 厚板焊接中,在结构适当部位加热伸长,使其带动焊接部位伸长,焊接后加热区与焊缝同时收缩,从而降低焊接应力。

(6) 不得任意加大焊缝的宽度和高度,厚板多道焊时不能采用横向摆动进行焊接。

3. 焊接材料应严格按规定烘焙

焊接所使用的手工焊条药皮是由各种颗粒状物质粘结而成,极易受潮、脱落、结块、变质,对焊接质量影响较大(特别是低氢型焊条)。焊剂也易受潮,对焊接质量影响也较大。因此,除了注意焊条运输、贮存过程防潮外,在使用前应按规定的烘焙时间和温度进行烘焙,并注意以下几点:

(1) 低氢型焊条取出后应随即放入焊工保温筒,在常温下使用,一般控制在4h内。超过时间,应重新烘焙,同一焊条,重复烘焙次数不宜超过两次。

(2) 焊条烘焙时,严禁将焊条直接放入高温炉内,或从高温炉内直接取出。

(3) 焊条、焊剂烘焙,应由管理人员及时、准确填写烘焙记录,记录上应有牌号、规格、批号、烘焙温度和时间等项内容,并应有专职质检人员对其进行核查,认证签字,每批焊条不少于一次。

(4) 焊条烘焙时,不得成捆堆放,应铺平浅放,每层高度约三根焊条高度。

(5) 焊条保温筒应接通电源,保持焊条的温度,减缓受潮。

4. 焊接区装配应符合质量要求

焊接质量好坏与装配质量有密切的关系,装配质量除满足标准规定的焊接连接组装允许偏差外,还应满足下列要求:

(1) 焊接区边缘30~50mm范围内的铁锈、污垢、冰雪等必须清除干净,以减少产生焊接气孔等缺陷的因素。

(2) 定位焊必须由持定位焊资格证的合格焊工施焊,定位焊不合格的焊接质量,如裂缝、焊接高度过高等,应处理纠正后才能进入正式焊接。

(3) 引出弧板应与母材材质相同,焊缝坡口形式相同,长度应符合标准的规定。引出弧板严禁用锤击落,避免损伤焊缝端部。

(4) 垫板焊时,垫板要与母材底面贴紧,以保证焊接金属与垫板完全熔合。

5. 焊接热处理的控制

不同材质、不同规格和不同的焊接方法,对焊接热处理有不同的要求。《钢结构工程施工质量验收规范》GB 50205 中规定厚度大于50mm的碳素结构钢和厚度大于36mm的低合金高强度结构钢,焊接前应进行预热,焊后应进行后热。这主要是为了减小焊接应力和进行消氢处理,防止焊缝产生裂纹等缺陷。因此,凡是需要焊前预热、中间热处理、焊后热处理的焊件,必须严格遵照相应的热处理工艺规范进行热处理。其主要的热处理参数应由仪表自动记录或操作工人巡回记录,记录经专职检验员签字并经责任负责人签字后归档。

6. 焊缝的修补工作

由于各单位管理水平不同,焊工技术素质差异以及环境影响,难免产生不合格的焊缝,但不合格的焊缝是不允许存在的,一旦发生不合格焊缝,必须按返修工艺及时进行返修。

(1) 焊缝出现裂纹。裂纹是焊缝的致命缺陷,必须彻底清除后进行补焊。但是在补焊前应查明产生冷、热裂纹的原因,制定返修工艺措施,严禁焊工自行返工处理,以防再次产生裂纹。

(2) 经检查不合格的焊缝应及时返修,但返修将影响焊缝整体质量,增加局部应力。因此,焊缝同一部位的返修次数不宜超过两次。如超过两次,应挑选技能良好的焊工按返修工艺返修。特别是低合金高强度结构钢焊缝的返修工作,在第一次返修时就要引起重视。

7. 焊缝的质量检查事项

(1) 焊缝外观质量检查

焊缝的外观质量检查方法主要是目测观察,焊缝外观缺陷质量控制主要是检查焊缝成型是否良好,是否有表面裂纹,焊道与焊道过渡是否平滑,焊渣、飞溅物等是否清理干净,外形尺寸是否符合要求等。对焊缝尺寸可采用焊缝检验尺(焊缝量规)检查,对表面裂纹可采用放大镜或渗透着色探伤及磁粉探伤检查。

(2) 焊缝内在质量检查

焊缝内在质量检查一般采用非破坏性检查,其手段主要是无损检测,包括超声波探伤(UT)、射线探伤(RT)和表面磁粉探伤(MT),其中主要是进行超声波探伤。超声波探伤按一定比例抽取,当为一级焊缝时,按100%比例探伤;当为二级焊缝时,按20%比例探伤。探伤比例规定为每条焊缝长度的百分数,而不是构件焊缝总长度的百分数。但在网架结构中,则按焊口总数的百分比抽检。同时应注意焊缝进行探伤的最早时间是:碳素结构钢应在焊缝自然冷却到环境温度;低合金高强度结构钢应在完成焊接后24h(Q460及以上为48h)。

11.4.4 焊接质量控制标准

钢结构工程焊缝质量等级及缺陷分级应符合第5章第5.6节的要求。

11.5 高强度螺栓连接质量控制

11.5.1 高强度螺栓质量控制

高强度螺栓不同于普通螺栓,它是一种具备强大紧固能力的紧固件,因此对于其质量要求也比较高,要求在出厂后至安装前的各个环节必须保持高强度螺栓连接副的出厂状态,即保持大六角高强度螺栓连接副的扭矩系数和标准偏差不变;保持扭剪型高强度螺栓连接副的轴力及标准偏差不变。为保证高强度螺栓连接副的质量应注意以下两个方面:

1. 高强度螺栓采购

(1) 高强度螺栓的采购所选择的供应商必须是经国家有关部门认可的专业生产商,采购时一定要严格按照钢结构设计图纸选择螺栓等级。

(2) 高强度螺栓连接副应由制造厂按批配套供应,每个包装箱内都必须配套装有螺栓、螺母与垫圈,包装箱应满足储运的要求,并具备防水、密封的功能。包装箱内应带有产品合格证书和质量保证书;包装箱外表面应注明批号、规格及数量。

(3) 高强度大六角头螺栓连接副应按出厂批号复验扭矩系数,其平均值和标准偏差应符合现行行业标准《钢结构高强度螺栓连接的设计、施工及验收规程》JGJ 82 的规定;扭剪型高强度螺栓连接副应按出厂批号复验预拉力,其平均值和变异系数应符合现行行业标准《钢结构高强度螺栓连接的设计、施工及验收规程》JGJ 82 的规定。

2. 高强度螺栓连接副保管

(1) 高强度螺栓在运输、保管及使用过程中应轻装轻卸,防止损伤螺纹,发现螺纹损伤严重或潮湿的螺栓不能使用。

(2) 高强度螺栓连接副应在室内仓库装箱保管,地面应有防潮措施,并按批号、规格分类堆放,保管使用中不得混批。高强度螺栓连接副包装箱码放时底层应架空,距地面高度(即架空高度)不小于 300mm,码高一般不大于 6 层。

(3) 在使用前尽可能不要开箱,以免破坏包装的密封性。开箱取出部分螺栓后,剩余部分应原封包装好,以免沾染灰尘和锈蚀。

(4) 高强度螺栓连接副在安装使用时,应按当天计划使用的规格和数量领取,当天安装剩余的必须妥善保管,有条件的应送回仓库保管。

(5) 在安装过程中,应注意保护螺纹,不得沾染泥沙等赃物和碰伤螺纹。使用过程中如发现异常情况,应立即停止施工,经检查确认无误后再行施工。

(6) 高强度螺栓连接副的保管时间一般不能超过 6 个月。当由于停工、缓建等原因,保管周期超过 6 个月时,如要再次使用须按要求重新进行扭矩系数或紧固轴力试验,检验合格后才能使用。

11.5.2 连接接触面质量控制

高强度螺栓连接与普通螺栓相比所不同的是,在安装高强度螺栓时必须使螺栓中的预拉力达到屈服点的 80% 左右,从而对构件连接处产生比较高的预紧力。同时为了安装方便,螺栓孔孔径比螺栓杆大 1~2mm,螺栓杆与孔壁之间不接触。这样,在外力作用下,高强度螺栓连接就完全依靠构件连接处接触面的摩擦力来传递内力,因此构件摩擦面的处理显得尤为重要。

1. 钢材表面处理方法的选择

摩擦面的处理方法有很多种,其中常用的有喷砂(或抛丸)后生赤锈;喷砂后涂无机富锌漆;砂轮打磨;钢丝刷清除浮锈;火焰加热清理氧化皮;酸洗等。其中,以喷砂(抛丸)为最佳处理方法。各种摩擦面加工方法所得到的摩擦系数值参见表 11.5-1 所示。

摩擦系数值　　　　　　　　　　表 11.5-1

接触面的处理方法	构件钢号	
	Q235	Q345
喷砂（喷丸）	0.45	0.50
喷砂（丸）后涂无机富锌漆	0.35	0.40
喷砂（丸）后生赤锈	0.45	0.50
热轧钢材表面用钢丝刷清除浮锈（或轧制表面干净未经处理）	0.30	0.35
冷轧钢材表面清除浮锈	0.25	—

2. 摩擦面抗滑移系数检验

摩擦面抗滑移系数检测主要是检验经过处理后的摩擦面，其抗滑移系数能否达到设计要求，当检验试验值高于设计值时，说明摩擦面处理满足要求，当试验值低于设计值时，摩擦面需要重新处理，直至达到设计要求。

3. 摩擦面的保护

应防止构件在运输、装卸、堆放、二次搬运、翻吊时连接板的变形。安装前，应处理好被污染的连接面表面。

影响摩擦面抗滑移系数除了摩擦面处理方法以外，另一个重要因素是摩擦面生锈时间的长短。在一般情况下，表面生锈在 60 天左右达到最大值。因此，从工厂摩擦面处理到现场安装时间宜在 60 天左右时间内完成。同时应注意有些工厂摩擦面处理后用粘胶布（纸）封闭，安装单位在收货后，应根据需要及时清除粘胶布（纸），使摩擦面产生一定锈蚀，以增大抗滑移系数。

11.5.3 高强度螺栓施工质量控制

高强度螺栓连接是钢结构工程的重要组成部分，其施工质量直接影响整个结构的安全，是工程质量过程控制的重要环节。控制高强度螺栓连接施工质量有如下几方面：

1. 施工材料质量控制

（1）高强度螺栓连接副（螺栓、螺母、垫圈）应配套成箱供货，并附有出厂合格证、质量证明书及质量检验报告，检验人员应逐项与设计要求及现行国家标准进行对照，对不符合要求的连接副不得使用。

（2）高强度螺栓验收入库后应按规格分类堆放。应防雨、防潮，遇有螺纹损伤或螺栓、螺母不配套时不得使用。

（3）高强度螺栓存放时间过长，或有锈蚀时，应抽样检查紧固轴力，满足要求后方可使用。螺栓不得沾染泥土、油污，否则必须清理干净。

（4）高强度螺栓连接副运送至现场后应进行工地复验，以保证工地施工时所使用的高强度螺栓的质量，对不符合设计要求和国家标准的连接副不得使用。对高强度螺栓连接副的复检包括：大六角头高强度螺栓连接副扭矩系数复验、扭剪型高强度螺栓连接副紧固轴力（预拉力）复验、高强度螺栓连接摩擦面的抗滑移系数值复验。

2. 作业条件质量控制

(1) 高强度螺栓连接摩擦面必须符合设计要求,摩擦系数必须达到设计要求。摩擦面不允许有残留氧化铁皮。

(2) 摩擦面的处理与保存时间、保存条件应和摩擦系数试件的保存时间、条件相同。

(3) 摩擦面应防止被油污和涂料等污染,如有污染必须彻底清理干净。

(4) 调整扭矩扳手:根据施工技术要求,认真调整扭矩扳手。扭矩扳手的扭矩值应在允许偏差范围之内。施工用的扭矩扳手,其误差应控制在±5%以内。校正用的扭矩扳手,其误差应控制在±3%以内。

(5) 当施工采用电动扳手时,在调好档位后应用扭矩测量扳手反复校正电动扳手的扭矩力与设计要求是否一致。扭矩值过高,会使高强度螺栓过拧,造成螺栓超负载运行,随着时间过长,会使大六角头高强度螺栓产生裂纹等隐患。当扭矩值过低时,会使高强度螺栓达不到预定紧固值,从而造成钢结构连接面摩擦系数下降,承载能力下降。

(6) 当施工采用手动扳手时,应每天用扭矩测量扳手检测手动扳手的紧固位置是否正常,检查手动扳手的显示信号是否灵敏,防止超拧或紧固不到位。

(7) 检查螺栓孔的孔径尺寸,孔边毛刺必须彻底清理。

(8) 将同一批号、规格的螺栓、螺母、垫圈配套好,装箱待用。

3. 施工质量的控制

高强度螺栓的施工主要包括接头组装、安装临时螺栓、安装高强度螺栓、高强度螺栓紧固和高强度螺栓检查验收等几个步骤。为保证高强度螺栓的施工质量应控制以下几方面:

(1) 接头组装质量控制

① 对摩擦面进行清理,对板不平直的,应在平直达到要求以后才能组装。摩擦面不能有涂料、污泥,孔的周围不应有毛刺,应对摩擦面用钢丝刷清理,其刷子方向应与摩擦受力方向垂直。

② 遇到安装孔有问题时,严禁用氧-乙炔扩孔,应采用铰刀或扩孔钻床扩孔,扩孔后应重新清理孔周围毛刺。严禁扩孔时铁屑落入板叠缝中。

③ 高强度螺栓接触面应紧密贴实,对因板厚公差、制造偏差或安装偏差等产生的接触面间隙,应采用以下方法进行处理:

a) 接触面间隙 $S \leq 1.0$mm 可不处理;

b) 接触面间隙 1.0mm $< S \leq 3.0$mm 应将高出的部分磨成 1:10 的斜面,打磨方向应与受力方向垂直;

c) 接触面间隙 $S > 3.0$mm 应加垫板,垫板两面应作摩擦面处理,其方法与构件摩擦面处理相同。

(2) 安装临时螺栓质量控制

① 构件安装时应先安装临时螺栓,临时安装螺栓不能用高强度螺栓代替,临时安装螺栓的数量一般应占连接板组孔群中的1/3,不能少于2个。

② 少量孔位不正,位移量又较小时,可以用冲钉打入定位,然后再安装螺栓。

③ 板上孔位不正,位移较大时应用绞刀扩孔。
④ 个别孔位位移较大时,应补焊后重新打孔。
⑤ 不得用冲子边校正孔位边穿入高强度螺栓。
⑥ 安装螺栓达到30%时,可以将安装螺栓拧紧定位。

(3) 安装高强度螺栓质量控制
① 高强度螺栓应自由穿入孔内,严禁用锤子将高强度螺栓强行打入孔内。
② 高强度螺栓的穿入方向应该一致,局部受结构阻碍时可以除外。
③ 不得在下雨天安装高强度螺栓。
④ 高强度螺栓垫圈位置应该一致,安装时应注意垫圈正、反面方向。
⑤ 高强度螺栓在栓孔中不得受剪,应及时拧紧。

(4) 高强度螺栓的紧固质量控制
① 大六角头高强度螺栓全部安装就位后,开始进行紧固。紧固分两阶段进行,即初拧和终拧。先将全部高强度螺栓进行初拧,初拧扭矩一般为标准轴力的60%~80%,具体应根据钢板厚度、螺栓间距等情况确定。若钢板厚度较大、螺栓布置间距较大时,初拧轴力应大一些。

② 根据大六角头高强度螺栓紧固顺序规定,初拧紧固顺序应从接头刚度大的地方向不受拘束的自由端顺序进行;或者从栓群中心向四周扩散进行。这是因为连接钢板翘曲不平时,如从两端向中间紧固,有可能使拼接板中间鼓起而不能密贴,从而失去了部分摩擦传力作用。

③ 大六角头高强度螺栓初拧和终拧应做好标记,防止漏拧(如图11.5-1所示)。要求初拧后标记用一种颜色,终拧结束后用另一种颜色加以区别。

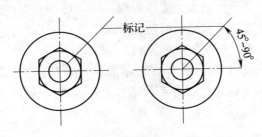

图 11.5-1 高强度螺栓初拧和终拧的标记

④ 为了防止高强度螺栓受外部环境的影响,使扭矩系数发生变化,要求初拧、终拧在同一天内完成。

⑤ 由于结构原因,个别大六角头高强度螺栓不能从同一方向穿入,拧紧螺栓时,只允许在螺母上施加扭矩,不允许在螺杆上施加扭矩,以防止扭矩系数发生变化。

(5) 高强度螺栓检查验收
① 用0.3kg小锤敲击,对高强螺栓进行普查,防止漏拧。
② 进行扭矩检查,抽查每个节点螺栓数的10%,但不少于一个。检查时先在螺栓端面和螺母上画一直线,然后将螺母拧松约60°,再用扭矩扳手重新扭紧,使两线重合,测得此时的扭矩在 $0.9T_{ch} \sim 1.1T_{ch}$ 即为合格(T_{ch}为检查扭矩,N·m)。如发现有不符合规定的,应再扩大检查10%,如仍有不合格者,则整个节点的高强度螺栓应重新拧紧。扭矩

检查应在螺栓终拧 1h 以后、24h 之前完成。

③ 用塞尺检查连接板之间间隙，当间隙超过 1mm 时，必须进行重新处理。

④ 检查大六角头高强度螺栓穿入方向是否一致，检查垫圈方向是否正确。

11.6 涂装质量控制

为了减轻或防止构件的腐蚀和提高钢材的耐火极限，采用涂料保护是目前防止钢构件腐蚀和防火的最主要手段之一。涂装防护是利用涂料的涂层使被涂物与环境隔离，从而达到防腐蚀和防火的目的，延长被涂构件的使用寿命。显而易见，涂层的质量是影响涂装防护效果的关键因素，而涂层的质量除了与涂料的质量有关外，还决定于涂装之前构件表面的除锈质量、涂层厚度、涂装的施工工艺条件等因素。

11.6.1 防腐涂料质量控制

为保证构件的涂装质量，首先必须保证涂料的质量，涂料的质量控制是钢结构涂装质量控制过程中的重要环节。

（1）钢结构制作的防腐涂料、稀释剂和固化剂，按现行国家标准《涂料产品分类和命名》GB 2705 和设计文件的要求选用。其品种、规格、性能应符合现行国家标准和设计要求。

（2）涂料的型号、名称、颜色及有效期应与质量证明文件相符。涂料产品的包装应符合现行国家标准《涂料产品包装标志》GB 9750 的要求。

（3）涂料应存放在干燥、通风、防止日光直接照射的专门仓库内，并应执行公安部门有关防火安全规定，必须严禁烟火，隔绝火源，远离热源。温度过高时应采取适当的降温措施，在冬季对水性涂料应采取适当的防冻措施。涂料开启后，不应存在结皮、结块等现象，不得使用过期、变质、结块失效的涂料。

（4）涂料产品包装标志上应标明有效贮存期。有效贮存期一律按产品生产日起算，有效贮存期由产品标准规定。超过贮存期，需要按标准规定重新进行检验，如果符合要求，仍可使用。

11.6.2 涂装前构件表面处理质量控制

涂装前构件表面的除锈质量是确保漆膜防腐蚀效果和保护寿命的关键因素。因此构件表面处理的质量控制是防腐涂层的最关键环节。涂装前的钢材表面处理，亦称除锈，它不仅是指除去钢材表面的污垢、油脂、铁锈、氧化皮、焊渣或已失效的旧漆膜的清除程度，即清洁度，还包括除锈后钢材表面所形成的合适的"粗糙度"。

1. 钢材表面处理方法的选择

钢材表面的除锈可按不同的方法分类。按除锈顺序可分为一次除锈和二次除锈；按除锈阶段可分为车间原材料预处理、分段除锈、整体除锈；按除锈方式可分为喷射或抛射除锈、动力工具除锈、手工除锈和火焰除锈等。钢材表面处理的方法与质量等级见表 11.6-1。

钢材表面处理的方法与质量等级　　　　　　　　表 11.6-1

等级	处理方法		处理手段和达到要求	
Sa1	喷射或抛射	喷（抛）棱角砂、铁丸、断丝和混合磨料	轻度除锈	只除去疏松轧制氧化皮、锈和附着物
Sa2			彻底除锈	轧制氧化皮、锈和附着物几乎都被除去，至少有2/3面积无任何可见残留物
Sa2 $\frac{1}{2}$			非常彻底除锈	轧制氧化皮、锈和附着物残留在钢材表面的痕迹已是点状或条状的轻微污痕，至少有95%面积无任何可见残留物
Sa3			除锈到洁净	表面上轧制氧化皮、锈和附着物都完全除去，具有均匀多点金属光泽
St2	手工和动力工具	使用铲刀、钢丝刷、机械钢丝刷、砂轮等	彻底除锈	无可见油脂和污垢，无附着不牢的氧化皮、铁锈和油漆涂层等附着物
St3			非常彻底除锈	无可见油脂和污垢，无附着不牢的氧化皮、铁锈和油漆涂层等附着物。除锈比 St2 更为彻底，底材显露部分的表面应具有金属光泽
AF1 BF1 CF1	火焰	火焰加热作业后以动力钢丝刷清除加热后附着在钢材表面的产物		无氧化皮、铁锈、油漆涂层等附着物及任何残留的痕迹，应仅为表面变色

不同的表面处理方法因除锈质量、对漆膜保护性能的影响、施工场地、费用等的不同，各有其优缺点，表 11.6-2 列出了各种除锈方法的优缺点。从表中可以看出对于提高漆膜保护性能和使用寿命的最佳方法是采用喷射除锈方法。

各种除锈方法优缺点对照表　　　　　　　　　　表 11.6-2

除锈方法	除锈质量	对漆膜保护性能的影响	必要的施工场地	现场施工的适用性	粉尘问题	除锈费用	备注
喷射处理	◎	◎	×	O	×	×	◎—最佳 O—良好 △—勉强适用 ×—不适用、差、费用大、缺点多
动力工具处理	△	O	◎	◎	O	O	
手工工具处理	×	O	◎	◎	O	◎	
酸洗处理	◎	△	×	×	◎	×	

2. 钢材表面粗糙度的控制

钢材表面粗糙度即表面的微观不平整度，是由钢材表面初始粗糙度和经喷射除锈或机械除锈后得到的。钢材表面的粗糙度对漆膜的附着力、防腐蚀性能有很大的影响。漆膜附着于钢材表面主要是靠漆膜中的基料分子与金属表面极性基团相互吸引的结果。钢材表面喷射除锈后，随着粗糙度的增大，表面积也显著增加，在这样的表面上进行涂装，漆膜与金属表面之间的分子引力也会相应增加，使漆膜与钢材表面间的附着力相应提高。据研究表明，用不同粒径的铸铁棱角砂作磨料，以 0.7MPa（约 $7kg/m^2$）的压缩空气，进行钢材表面的喷射除锈，使除锈后钢材的表面积增加了 19%～63%。此外，以棱角磨料进行的喷射除锈，不仅增加了钢材的表面积，而且还能形成三维状态的几何形状，使漆膜与钢材表面产生机械的咬合作用，更进一步提高了漆膜的附着力。随着漆膜附着力的显著提高，漆膜的防腐蚀性能和保护寿命也将大大提高。

钢材表面合适的粗糙度有利于漆膜保护性能的提高。但是粗糙度太大或太小都不利于漆膜的保护性能。粗糙度太大，如漆膜用量一定时，则会造成漆膜厚度分布的不均匀，引起早期的锈蚀；另外还常常在较深的波谷凹坑内截留住气泡，将成为漆膜起泡的根源。粗糙度太小，不利于附着力的提高。因此，为了确保漆膜的保护性能，对钢材的表面粗糙度有所限制。对于常用涂料合适的粗糙度范围以 30～75μm 为宜，最大粗糙度值不宜超过 100μm。

鉴于上述原因，对于涂装前钢材表面粗糙度必须加以控制。表面粗糙度的大小取决于磨料粒度的大小、形状、材料和喷射的速度、作用时间等工艺参数，其中以磨料粒度的大小对粗糙度影响较大。因此，在钢材表面处理时必须对不同的材质、不同的表面处理要求，制定合适的工艺参数，并加以质量控制。

11.6.3 涂装质量控制

涂装质量好坏直接影响涂层效果和使用寿命。人们常说："三分材料，七分施工"，涂料是半成品，必须通过涂装到构件表面，成膜后才能起到防护作用。所以，对涂装准备工作、环境条件、涂装方法和涂装质量必须加强质量控制。

1. 涂装施工准备工作的质量控制

（1）开桶前，首先应将桶外的灰尘、杂物除尽，以免其混入油漆桶内。同时对涂料的名称、型号和颜色进行检查，是否与设计规定或选用要求相符合，检查制造日期，是否超过贮存期，凡不符合的应另行处理。开桶后，若发现有结皮现象，应将漆皮全部取出，而不能将漆皮捣碎混入漆中，以免影响质量。

（2）由于涂料中各成分比重的不同，有的会出现沉淀现象。所以在使用前，必须将桶内的涂料和沉淀物全部搅拌均匀后才可使用。

（3）双组分的涂料，在使用前必须严格按照说明书所规定的比例来混合。双组分涂料一旦配比混合后，就必须在规定的时间内用完，所以在配比混合时，必须控制好用量，以免产生浪费。

2. 环境条件的质量控制

（1）工作场地。涂装工作尽可能在车间内进行，并应保持环境清洁和干燥，以防止已处理的构件表面和已涂装好的涂层表面被灰尘、水滴、油脂、焊接飞溅或其他脏物粘附在上面而影响质量。

（2）环境温度。进行涂装时环境温度一般控制在 5～38℃ 之间。这是因为在气温低于 5℃ 时，环氧类化学固化型涂料的固化反应已经停止，因而不能施工；但对底材表面无霜条件下也能干燥的氯化橡胶类涂料，控制温度可按涂料使用说明到 0℃ 以下；另外，当气温在30℃以上的温度条件下涂装时,溶剂挥发很快,在无气喷涂时,油漆内的溶剂在喷嘴与被涂构件之间大量挥发而发生干喷的现象,因此,需增大合适的稀释剂用量,直至不出现干喷现象为止。但过大用量又不利于控制涂层质量,因此,一般涂装温度不超过38℃。但是有些涂料(如氯化橡胶漆)涂装环境温度可适当放宽,这些材料应按使用说明书要求进行控制。

（3）相对湿度。涂装一般应控制相对湿度在85%以下,也可以控制构件表面温度高于露点温度(露点是空气中水蒸气开始凝结成露水时的温度点,其与空气温度和相对湿度有关。)3℃以上的条件下进行。这是因为涂装前应保证在已经过喷砂处理的钢材表面,或前一道涂层上不能有结露现象。

（4）其他质量控制

① 钢材表面进行除锈处理后,一般应在4~6h内涂第一道底漆。涂装前钢材表面不允许再有锈蚀,否则应重新除锈。同时当处理后的表面沾上油迹或污垢时,应用溶剂清洗后,方可涂装。

② 涂装后4h内严防雨淋。当使用无气喷涂、风力超过5级时,不能喷涂。

③ 对构件需在工地现场进行焊接的部位,应留出30~50mm的焊接位置不涂装或涂装可焊性环氧富锌防锈底漆。

④ 应按不同涂料要求严格控制层间最短间隔时间,保证涂料的干燥时间,避免产生针孔等质量问题。

3. 涂装方法的质量控制

防腐涂料涂装方法一般有浸涂、刷涂、滚涂和喷涂等。其中采用高压无气喷涂具有功率高,涂料损失少,一次涂层厚的优点,在涂装时应优先考虑选用。在涂刷过程中应遵循自上而下、从左到右、先里后外、先难后易,纵横交错的原则。

4. 施工质量的控制

涂装施工质量的控制工作是钢结构工程施工过程中较薄弱的环节,既普遍缺乏质量控制手段,又缺乏质量控制专业人员,因此,施工企业应加强涂装施工与质量控制专业人员的培训,提高涂装质量控制专业知识,确保涂装质量得到有效控制。施工现场质量控制除了本节上述内容外还应对涂层厚度、涂装外观质量和涂装修补进行质量控制。

（1）涂层（漆膜）厚度的控制。

为了使涂料能够发挥其最佳性能,足够的漆膜厚度是极其重要的,因此,必须严格控制漆膜的厚度。

（2）涂装外观质量控制。

由于涂装工作是分一次或多次进行,因此涂装的外观质量控制应是工作的全过程,要根据设计要求和规范的规定,对每道工序进行检查。其主要工作为:

① 对涂装前构件表面处理的检查结果和涂装中每一道工序完成后的检查结果都应作记录,记录内容为工作环境温度、相对湿度、表面清洁度、各层涂刷遍数、配料、干膜(必要时湿膜)厚度等。

② 目测涂装表面质量应均匀、细致;无明显色差;无流挂、失光、起皱、针孔、气孔、返锈、裂纹、脱落、脏物粘附、漏涂等;附着良好。

③ 目测涂装表面,不得有误涂情况产生。

(3) 涂装修补的质量控制。

构件在包装、贮存、运输、安装、工地施焊和火焰矫正时，会造成部分漆膜碰坏和损伤，需要进行补涂；另外，还有一部分需在现场安装完成后才能进行补涂（如高强度螺栓连接区的补涂，现场焊接区的补涂）。如不对该部分修补工作进行质量控制，将会造成局部生锈，进而造成整个构件锈蚀。涂装修补工作主要控制以下三点：

① 在进行修补前，首先应对各部分旧漆膜和未涂区的状况以及设计技术要求进行分析，采取喷砂、砂轮打磨或钢丝刷等方法进行钢材表面处理。

② 为了保持修补漆膜的平整，应对缺陷周边的漆膜约 100~200mm 范围内进行修整，使漆膜有一定的斜度。

③ 修补工作应按原涂层涂刷工艺要求和程序进行补涂。

11.6.4 防火涂料质量控制

在建筑钢结构中，常采用的防火措施是钢构件外喷涂防火涂料，由于其涉及使用安全问题，因此，在施工质量控制中，应特别注意以下几点：

（1）钢结构防火涂料生产厂必须由防火监督部门监督检查并核发生产许可证。采购前，必须对生产厂的资质进行认可，以确保防火涂料的质量。

（2）防火涂料的喷涂工程应由具有相应资质的专业施工单位负责施工。

（3）根据《钢结构防火涂料应用技术规程》CECS 24 规定，在同一工程中，每使用 100t 薄涂型防火涂料，应抽检一次粘结强度，每使用 500t 厚涂型防火涂料，应抽检一次粘结强度和抗压强度。

11.7 包装和运输质量控制

钢结构工程的包装、贮存、运输和交付是制造环节中的最后几个环节，是安装前的交接、认可工作，每个环节对产品质量都有直接的影响，因此，需进行有效的控制。

11.7.1 包装质量控制

钢结构工程的构件包装应根据构件的特点、运输的条件和方式（如水路、铁路、公路等运输方式，集装箱或裸装运输）、途中的搬运方法、可能遇到的贮存条件以及合同的要求等因素确定，并制订相应的控制措施，主要如下：

（1）构件编号。由于钢结构工程构件品种较多，易混淆，因此在生产过程中每个构件都有规定的编号，而且标注位置也有相应要求。构件编号对下料、制作、涂装、验收以及追溯都起着正确辨认作用。在包装前，必须在每个构件上用记号笔或粘贴纸标注规定的编号，以方便包装、交付和安装时识别。

（2）根据构件特点，编制包装规范和包装设计，明确规定包装材料、防护材料、包装方法和标志等防护措施。包装箱上应有标明构件所属工程名称、工程编号、图纸号、构件号（或数量）、重量、外形尺寸、重心、吊点位置、制造工厂（或公司）、收货单位、地点、运输号码等内容的粘贴纸或其他方式的标志。

（3）包装应在构件涂层干燥后进行；包装应保护构件涂层不受损伤，保证构件不变形、不损坏、不散失；包装应符合运输的有关规定。

(4) 每包包装都应填写包装清单，包装清单应与实物相一致，并经专检确认签字。

11.7.2 贮存质量控制

构件在包装工作结束后，应按规定进行入库验收或转场堆放，即在装运前进行贮存。贮存时应注意以下几点：

(1) 贮存区域应整洁，具有适宜的环境条件。

(2) 在搬运中应注意构件和涂层的保护。对易碰撞的部位应进行保护（如枕木，支承架等）。

(3) 堆放应整齐，垫块应平整、稳定，防止构件在堆放中出现变形。

(4) 确保包装箱正确无误、完好地送到指定的区域（或仓库）堆放。

(5) 搬运后的构件如发生变形损坏、涂层损伤应及时修整，以确保发运前构件完好无损。

11.7.3 运输质量控制

在运输或搬入现场过程中，应对运输的法规限制、道路、堆场、装卸方式等加以了解并制订充分的计划，控制运输质量。具体要求如下：

1. 运输道路和现场状况的了解

(1) 运输线路的调查。例如道路宽度、路面情况、距离、时间，车辆进入现场的限制，夜间运输问题等。

(2) 交通法规上有关载物的限制。例如超长、超宽、超高、超重等。

(3) 现场堆放场地情况。例如车辆进出场地道路有否堆场、道路承载能力等。

(4) 装卸方式的确定。例如装卸机械的起重量、工作范围等。

2. 运输方式的选择

应按收货地点、构件特点（形状、尺寸、重量）、工期、经济性等综合确定运输方式，一般应优先考虑采用汽车运输。对国外工程一般应考虑采用海运或铁路运输。

3. 运输过程的控制

运输过程中，应采取有效措施使构件捆绑稳固，防止构件发生碰撞、变形，避免损伤涂层。保证人员、货物和运输设备的安全，按期安全到达目的地。

11.7.4 交付质量控制

构件交付应满足合同规定的交付进度、交货状态、交货条件的要求，制造单位必须做好相应安排，其控制质量的责任一直延续到交付的目的地被对方认可为止。交付的同时也包括需方（安装方或顾客）的接收，双方应共同做好以下工作：

(1) 构件清单数量的复核。确认交付时的包装箱数（或构件数）。

(2) 交付时包装箱（或构件）是否因运输搬运产生损坏、丢失或污染，或是恶劣环境条件引起的损坏等。

(3) 特殊的物资交接时应特别注意产品说明的要求。

(4) 必要时，由双方共同参与开箱清点确认工作。

复习思考题

11-1 进口钢材如何检验？

11-2 材料质量检验包括哪些内容？

11-3 当 Q235 材料与 Q345 材料混合后，在不试验的情况下，可按哪种材料使用？当 Q345B 与 Q345C 混合后，可按哪种材料使用？为什么？

11-4 在钢结构的制作加工中：当采用冲孔方法加工时，其钢板一般控制在多少以内？当采用铣加工端面时，端面精度可达到什么要求？

11-5 简述钢结构制作质量的控制要点。

11-6 焊接质量检验由哪几部分组成？无损检测有哪几种方法？焊缝的内部裂纹可用什么方法检测？

11-7 一、二级焊缝的超声波探伤比例各为多少？其是否允许存在咬边和焊瘤缺陷？

11-8 Q235、Q345、Q460 材料焊接后，应在多长时间后进行超声波探伤？

11-9 当高强度螺栓摩擦面间隙分别为 $1.0mm < S \leqslant 3.0mm$ 和 $S > 3.0mm$ 时应如何处理？

11-10 简述采用手工动力除锈和喷射或抛射除锈时的优缺点。

附录1 型钢规格及截面特性

附录1.1 常用焊接圆钢管规格及截面特性
（摘自 GB/T 21835—2008）

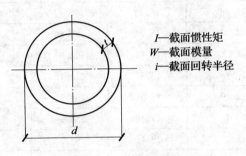

附图1.1 钢管截面图

常用焊接圆钢管规格及截面特性　　　　　　　　　　　　附表1.1

尺寸(mm)		每米重量 (kg/m)	截面面积 (cm²)	截面特性		
d	t			惯性矩 I (cm⁴)	回转半径 i (cm)	截面模量 W (cm³)
48.3	2	2.28	2.91	7.81	1.64	3.23
	2.6	2.93	3.73	9.78	1.62	4.05
	3.2	3.56	4.53	11.59	1.60	4.80
	3.6	3.97	5.05	12.71	1.59	5.26
	4	4.37	5.56	13.77	1.57	5.70
60.3	3.2	4.51	5.74	23.47	2.02	7.79
	3.6	5.03	6.41	25.88	2.01	8.58
	4	5.55	7.07	28.18	2.00	9.35
	4.5	6.19	7.88	30.91	1.98	10.25
	5	6.82	8.68	33.49	1.96	11.11
76.1	3.2	5.75	7.32	48.79	2.58	12.82
	3.6	6.44	8.20	54.02	2.57	14.20
	4	7.11	9.06	59.07	2.55	15.52
	4.5	7.95	10.12	65.14	2.54	17.12
	5	8.77	11.16	70.94	2.52	18.64
	5.6	9.74	12.40	77.56	2.50	20.38
	6.3	10.84	13.81	84.84	2.48	22.30

续表

尺寸（mm）		每米重量 (kg/m)	截面面积 (cm^2)	截面特性		
d	t			惯性矩 I (cm^4)	回转半径 i (cm)	截面模量 W (cm^3)
88.9	3.6	7.57	9.64	87.92	3.02	19.78
	4	8.38	10.66	96.36	3.01	21.68
	4.5	9.37	11.93	106.57	2.99	23.98
	5	10.35	13.17	116.40	2.97	26.19
	5.6	11.50	14.65	127.72	2.95	28.73
	6.3	12.83	16.34	140.27	2.93	31.56
	7.1	14.32	18.24	153.80	2.90	34.60
114.3	3.6	9.83	12.51	192.03	3.92	33.60
	4	10.88	13.85	211.12	3.90	36.94
	4.5	12.19	15.51	234.38	3.89	41.01
	5	13.48	17.16	256.99	3.87	44.97
	5.6	15.01	19.11	283.27	3.85	49.57
	6.3	16.78	21.36	312.79	3.83	54.73
	7.1	18.77	23.90	345.08	3.80	60.38
	8	20.97	26.70	379.59	3.77	66.42
127	3.6	10.96	13.95	265.94	4.37	41.88
	4	12.13	15.45	292.69	4.35	46.09
	4.5	13.59	17.31	325.37	4.34	51.24
	5	15.04	19.15	357.23	4.32	56.26
	5.6	16.77	21.35	394.40	4.30	62.11
	6.3	18.75	23.88	436.33	4.27	68.71
	7.1	20.99	26.73	482.40	4.25	75.97
	8	23.48	29.89	531.94	4.22	83.77
	8.8	25.65	32.66	573.99	4.19	90.39
	10	28.85	36.74	633.71	4.15	99.80
133	3.6	11.49	14.63	306.63	4.58	46.11
	4	12.73	16.20	337.61	4.56	50.77
	4.5	14.26	18.16	375.51	4.55	56.47
	5	15.78	20.10	412.51	4.53	62.03
	5.6	17.59	22.40	455.73	4.51	68.53
	6.3	19.69	25.06	504.56	4.49	75.87
	7.1	22.04	28.07	558.32	4.46	83.96
	8	24.66	31.40	616.26	4.43	92.67
	8.8	26.95	34.32	665.57	4.40	100.09
	10	30.33	38.62	735.78	4.36	110.64

续表

尺寸（mm）		每米重量（kg/m）	截面面积（cm²）	截面特性		
d	t			惯性矩 I（cm⁴）	回转半径 i（cm）	截面模量 W（cm³）
139.7	4	13.39	17.04	392.96	4.80	56.26
	4.5	15.00	19.10	437.32	4.78	62.61
	5	16.61	21.15	480.66	4.77	68.81
	5.6	18.52	23.58	531.38	4.75	76.07
	6.3	20.73	26.39	588.77	4.72	84.29
	7.1	23.22	29.56	652.08	4.70	93.35
	8	25.98	33.08	720.47	4.67	103.15
	8.8	28.41	36.17	778.81	4.64	111.50
	10	31.99	40.73	862.12	4.60	123.42
141.3	4	13.54	17.24	407.02	4.86	57.61
	4.5	15.18	19.33	453.01	4.84	64.12
	5	16.81	21.40	497.98	4.82	70.49
	5.6	18.74	23.86	550.60	4.80	77.93
	6.3	20.97	26.71	610.18	4.78	86.37
	7.1	23.50	29.92	675.93	4.75	95.67
	8	26.30	33.48	746.99	4.72	105.73
	8.8	28.76	36.61	807.63	4.70	114.31
	10	32.38	41.23	894.29	4.66	126.58
	11	35.35	45.01	962.68	4.62	136.26
152.4	4	14.64	18.64	513.86	5.25	67.44
	4.5	16.41	20.90	572.39	5.23	75.12
	5	18.18	23.14	629.70	5.22	82.64
	5.6	20.27	25.81	696.90	5.20	91.46
	6.3	22.70	28.90	773.16	5.17	101.46
	7.1	25.44	32.39	857.56	5.15	112.54
	8	28.49	36.27	949.06	5.12	124.55
	8.8	31.16	39.68	1027.41	5.09	134.83
	10	35.12	44.71	1139.82	5.05	149.58
	11	38.36	48.84	1228.95	5.02	161.28
159	4	15.29	19.47	585.48	5.48	73.65
	4.5	17.15	21.83	652.44	5.47	82.07
	5	18.99	24.18	718.06	5.45	90.32
	5.6	21.19	26.97	795.09	5.43	100.01
	6.3	23.72	30.21	882.61	5.41	111.02
	7.1	26.60	33.86	979.60	5.38	123.22

续表

尺寸（mm）		每米重量 （kg/m）	截面面积 （cm²）	截面特性		
d	t			惯性矩 I（cm⁴）	回转半径 i（cm）	截面模量 W（cm³）
159	8	29.79	37.93	1084.95	5.35	136.47
	8.8	32.60	41.50	1175.31	5.32	147.84
	10	36.75	46.79	1305.22	5.28	164.18
	11	40.15	51.12	1408.45	5.25	177.16
	12.5	45.16	57.50	1555.05	5.20	195.60
168.3	4.5	18.18	23.14	777.42	5.80	92.38
	5	20.14	25.64	856.07	5.78	101.73
	6.3	25.17	32.05	1053.69	5.73	125.22
	7.1	28.23	35.94	1170.49	5.71	139.10
	8	31.63	40.27	1297.60	5.68	154.20
	8.8	34.61	44.07	1406.88	5.65	167.19
	10	39.04	49.71	1564.39	5.61	185.90
	11	42.67	54.33	1689.93	5.58	200.82
	12.5	48.03	61.15	1868.83	5.53	222.08
177.8	4.5	19.23	24.49	920.60	6.13	103.55
	5	21.31	27.13	1014.23	6.11	114.09
	6.3	26.65	33.93	1249.94	6.07	140.60
	7.1	29.89	38.06	1389.57	6.04	156.31
	8	33.50	42.65	1541.83	6.01	173.43
	8.8	36.68	46.70	1672.98	5.99	188.19
	10	41.38	52.69	1862.46	5.95	209.50
	11	45.25	57.61	2013.90	5.91	226.53
	12.5	50.96	64.88	2230.37	5.86	250.88
	14.2	57.29	72.95	2460.76	5.81	276.80
193.7	5	23.27	29.63	1320.57	6.68	136.35
	6.3	29.12	37.07	1630.46	6.63	168.35
	7.1	32.67	41.60	1814.65	6.60	187.37
	8	36.64	46.65	2016.06	6.57	208.16
	8.8	40.13	51.09	2190.02	6.55	226.12
	10	45.30	57.68	2442.22	6.51	252.16
	11	49.56	63.10	2644.55	6.47	273.06
	12.5	55.86	71.12	2935.07	6.42	303.05
	14.2	62.86	80.04	3246.11	6.37	335.17
	16	70.12	89.28	3555.17	6.31	367.08

续表

尺寸（mm）		每米重量（kg/m）	截面面积（cm²）	截面特性		
d	t			惯性矩 I（cm⁴）	回转半径 i（cm）	截面模量 W（cm³）
219.1	5	26.40	33.61	1928.54	7.57	176.04
	6.3	33.06	42.10	2386.75	7.53	217.87
	7.1	37.12	47.26	2660.26	7.50	242.84
	8	41.65	53.03	2960.39	7.47	270.23
	8.8	45.64	58.11	3220.56	7.44	293.98
	10	51.57	65.66	3599.36	7.40	328.56
	11	56.45	71.88	3904.74	7.37	356.43
	12.5	63.69	81.09	4345.70	7.32	396.69
	14.2	71.75	91.36	4821.33	7.26	440.10
	16	80.14	102.04	5297.95	7.21	483.61
244.5	5	29.53	37.60	2699.28	8.47	220.80
	6.3	37.01	47.12	3346.89	8.43	273.77
	7.1	41.57	52.93	3734.74	8.40	305.50
	8	46.66	59.41	4161.52	8.37	340.41
	8.8	51.15	65.13	4532.50	8.34	370.76
	10	57.83	73.63	5074.45	8.30	415.09
	11	63.34	80.65	5512.99	8.27	450.96
	12.5	71.52	91.06	6149.00	8.22	502.99
	14.2	80.65	102.69	6838.95	8.16	559.42
	16	90.16	114.80	7534.84	8.10	616.35
	17.5	97.97	124.74	8088.36	8.05	661.62
273.1	6.3	41.45	52.78	4702.31	9.44	344.37
	7.1	46.58	59.30	5252.72	9.41	384.67
	8	52.30	66.59	5859.84	9.38	429.14
	8.8	57.36	73.03	6388.91	9.35	467.88
	10	64.88	82.61	7164.09	9.31	524.65
	11	71.10	90.53	7793.45	9.28	570.74
	12.5	80.33	102.29	8709.69	9.23	637.84
	14.2	90.67	115.44	9708.69	9.17	711.00
	16	101.45	129.17	10722.02	9.11	785.21
	17.5	110.31	140.45	11532.49	9.06	844.56
	20	124.84	158.95	12816.85	8.98	938.62
323.9	6.3	49.34	62.83	7930.93	11.24	489.72
	7.1	55.47	70.63	8871.63	11.21	547.80
	8	62.32	79.35	9912.63	11.18	612.08

续表

尺寸（mm）		每米重量（kg/m）	截面面积（cm²）	截面特性		
d	t			惯性矩 I（cm⁴）	回转半径 i（cm）	截面模量 W（cm³）
323.9	8.8	68.38	87.07	10822.76	11.15	668.28
	10	77.41	98.56	12161.47	11.11	750.94
	11	84.88	108.08	13253.09	11.07	818.34
	12.5	95.99	122.22	14850.34	11.02	916.97
	14.2	108.45	138.09	16603.34	10.97	1025.21
	16	121.49	154.69	18394.66	10.90	1135.82
	17.5	132.23	168.37	19837.65	10.85	1224.92
	20	149.89	190.85	22144.74	10.77	1367.38
355.6	6.3	54.27	69.10	10549.92	12.36	593.36
	7.1	61.02	77.69	11809.14	12.33	664.18
	8	68.58	87.32	13204.77	12.30	742.68
	8.8	75.26	95.83	14426.83	12.27	811.41
	10	85.23	108.52	16227.67	12.23	912.69
	11	93.48	119.02	17699.14	12.19	995.45
	12.5	105.77	134.67	19857.28	12.14	1116.83
	14.2	119.56	152.22	22233.15	12.09	1250.46
	16	134.00	170.62	24669.34	12.02	1387.48
	17.5	145.92	185.79	26638.33	11.97	1498.22
	20	165.53	210.76	29799.37	11.89	1676.00
	22.2	182.53	232.41	32459.55	11.82	1825.62
406.4	7.1	69.92	89.02	17760.90	14.13	874.06
	8	78.60	100.08	19879.00	14.09	978.30
	8.8	86.29	109.86	21737.32	14.07	1069.75
	10	97.76	124.47	24482.10	14.02	1204.83
	11	107.26	136.57	26730.69	13.99	1315.49
	12.5	121.43	154.61	30038.38	13.94	1478.27
	14.2	137.35	174.87	33693.92	13.88	1658.17
	16	154.05	196.14	37458.44	13.82	1843.43
	17.5	167.84	213.70	40513.70	13.77	1993.78
	20	190.58	242.66	45443.81	13.68	2236.41
	22.2	210.34	267.82	49618.56	13.61	2441.86
	25	235.15	299.40	54716.15	13.52	2692.72
457	7.1	78.78	100.30	25403.06	15.91	1111.73
	8	88.58	112.79	28453.67	15.88	1245.24
	8.8	97.27	123.85	31134.16	15.86	1362.55

续表

尺寸（mm）		每米重量（kg/m）	截面面积（cm²）	截面特性		
d	t			惯性矩 I（cm⁴）	回转半径 i（cm）	截面模量 W（cm³）
457	10	110.24	140.36	35100.34	15.81	1536.12
	11	120.99	154.05	38355.96	15.78	1678.60
	12.5	137.03	174.47	43155.89	15.73	1888.66
	14.2	155.07	197.44	48476.25	15.67	2121.50
	16	174.01	221.56	53973.24	15.61	2362.07
	17.5	189.68	241.51	58448.61	15.56	2557.93
	20	215.54	274.44	65698.36	15.47	2875.20
	22.2	238.05	303.09	71866.05	15.40	3145.12
	25	266.34	339.12	79435.52	15.30	3476.39
508	8	98.65	125.60	39290.06	17.69	1546.85
	8.8	108.34	137.94	43014.30	17.66	1693.48
	10	122.81	156.37	48532.72	17.62	1910.74
	11	134.82	171.66	53069.63	17.58	2089.36
	12.5	152.75	194.48	59770.76	17.53	2353.18
	14.2	172.93	220.18	67215.91	17.47	2646.30
	16	194.14	247.18	74928.29	17.41	2949.93
	17.5	211.69	269.53	81223.00	17.36	3197.76
	20	240.70	306.46	91451.28	17.27	3600.44
	22.2	265.97	338.64	100185.06	17.20	3944.29
	25	297.79	379.16	110946.81	17.11	4367.98
	28	331.45	422.02	122047.40	17.01	4805.02
559	8	108.71	138.41	52578.45	19.49	1881.16
	8.8	119.41	152.03	57587.34	19.46	2060.37
	10	135.39	172.39	65017.85	19.42	2326.22
	11	148.66	189.28	71134.58	19.39	2545.07
	12.5	168.47	214.50	80182.42	19.33	2868.78
	14.2	190.79	242.92	90253.92	19.28	3229.12
	16	214.26	272.80	100708.90	19.21	3603.18
	17.5	229.82	292.62	107560.89	19.17	3848.33
	20	265.85	338.49	123187.12	19.08	4407.41
	22.2	293.89	374.19	135115.18	19.00	4834.17
	25	329.23	419.19	149860.13	18.91	5361.72
	28	366.67	466.86	165127.33	18.81	5907.95
	30	391.38	498.32	175006.53	18.74	6261.41

续表

尺寸（mm）		每米重量（kg/m）	截面面积（cm^2）	截面特性		
d	t			惯性矩 I（cm^4）	回转半径 i（cm）	截面模量 W（cm^3）
610	8.8	130.47	166.12	75128.39	21.27	2463.23
	10	147.97	188.40	84868.37	21.22	2782.57
	11	162.49	206.89	92894.73	21.19	3045.73
	12.5	184.19	234.52	104781.66	21.14	3435.46
	14.2	208.65	265.66	118034.22	21.08	3869.97
	16	234.38	298.43	131815.29	21.02	4321.81
	17.5	255.71	325.58	143104.50	20.97	4691.95
	20	291.01	370.52	161531.14	20.88	5296.10
	22.2	321.81	409.74	177350.43	20.80	5814.77
	25	360.67	459.23	196957.04	20.71	6457.61
	28	401.88	511.69	217321.41	20.61	7125.29
	30	429.11	546.36	230535.11	20.54	7558.53
	32	456.14	580.77	243463.63	20.47	7982.41
711	10	172.88	220.11	135336.18	24.80	3806.92
	11	189.89	241.78	148240.04	24.76	4169.90
	12.5	215.33	274.16	167386.25	24.71	4708.47
	14.2	244.01	310.69	188783.73	24.65	5310.37
	16	274.24	349.17	211094.05	24.59	5937.95
	17.5	299.30	381.08	229416.89	24.54	6453.36
	20	340.82	433.95	259417.51	24.45	7297.26
	22.2	377.11	480.15	285269.12	24.37	8024.45
	25	422.94	538.51	317438.97	24.28	8929.37
	28	471.63	600.49	351011.14	24.18	9873.73
	30	503.83	641.50	372885.99	24.11	10489.06
	32	535.85	682.26	394361.31	24.04	11093.15
	36	599.27	763.02	436132.92	23.91	12268.16
	40	661.91	842.78	476364.76	23.77	13399.85
762	10	185.45	236.13	167071.28	26.60	4385.07
	11	203.73	259.40	183053.12	26.56	4804.54
	12.5	231.05	294.18	206784.12	26.51	5427.40
	14.2	261.87	333.43	233331.18	26.45	6124.18
	16	294.36	374.79	261040.37	26.39	6851.45
	17.5	321.31	409.10	283820.34	26.34	7449.35
	20	365.98	465.98	321165.29	26.25	8429.54
	22.2	405.03	515.70	353393.32	26.18	9275.42

续表

尺寸（mm）		每米重量（kg/m）	截面面积（cm²）	截面特性		
d	t			惯性矩 I（cm⁴）	回转半径 i（cm）	截面模量 W（cm³）
762	25	454.39	578.55	393562.21	26.08	10329.72
	28	506.84	645.33	435561.23	25.98	11432.05
	30	541.57	689.54	462972.11	25.91	12151.50
	32	576.09	733.50	489918.41	25.84	12858.75
	36	644.55	820.67	542438.36	25.71	14237.23
	40	712.22	906.83	593162.96	25.58	15568.58
813	10	198.03	252.14	203416.16	28.40	5004.09
	11	217.56	277.01	222930.23	28.37	5484.14
	12.5	246.77	314.20	251925.07	28.32	6197.42
	14.2	279.73	356.17	284387.96	28.26	6996.01
	16	314.48	400.41	318303.50	28.19	7830.34
	17.5	343.32	437.13	346210.47	28.14	8516.86
	20	391.13	498.00	392010.05	28.06	9643.54
	22.2	432.95	551.25	431585.22	27.98	10617.10
	25	485.83	618.58	480980.04	27.88	11832.23
	28	542.06	690.17	532709.78	27.78	13104.79
	30	579.30	737.59	566519.79	27.71	13936.53
	32	616.34	784.75	599795.27	27.65	14755.11
	36	689.83	878.32	664765.27	27.51	16353.39
	40	762.53	970.89	727664.70	27.38	17900.73
	45	852.30	1085.18	803444.96	27.21	19764.94
914	10	222.94	283.86	290221.72	31.98	6350.58
	11	244.96	311.90	318193.90	31.94	6962.67
	12.5	277.90	353.84	359800.84	31.89	7873.10
	14.2	315.10	401.20	406448.89	31.83	8893.85
	16	354.34	451.16	455258.77	31.77	9961.90
	17.5	386.91	492.63	495479.70	31.71	10842.01
	20	440.95	561.43	561605.47	31.63	12288.96
	22.2	488.25	621.66	618864.97	31.55	13541.90
	25	548.10	697.87	690494.28	31.46	15109.28
	28	611.80	778.97	765709.80	31.35	16755.14
	30	654.02	832.73	814984.63	31.28	17833.36
	32	696.05	886.23	863571.91	31.22	18896.54
	36	779.50	992.49	958709.53	31.08	20978.33
	40	862.17	1097.74	1051173.69	30.94	23001.61
	45	964.39	1227.90	1163071.32	30.78	25450.14

续表

尺寸（mm）		每米重量（kg/m）	截面面积（cm²）	截面特性		
d	t			惯性矩 I（cm⁴）	回转半径 i（cm）	截面模量 W（cm³）
1016	10	248.09	315.88	399952.42	35.58	7873.08
	11	272.63	347.13	438646.20	35.55	8634.77
	12.5	309.35	393.87	496250.55	35.50	9768.71
	14.2	350.82	446.68	560906.09	35.44	11041.46
	16	394.58	502.40	628640.89	35.37	12374.82
	17.5	430.93	548.68	684521.54	35.32	13474.83
	20	491.26	625.49	776523.44	35.23	15285.89
	22.2	544.09	692.76	856323.96	35.16	16856.77
	25	610.99	777.94	956332.14	35.06	18825.44
	28	682.24	868.65	1061570.92	34.96	20897.07
	30	729.49	928.81	1130642.58	34.89	22256.74
	32	776.54	988.72	1198852.65	34.82	23599.46
	36	870.06	1107.79	1332716.78	34.68	26234.58
	40	962.78	1225.86	1463220.50	34.55	28803.55
	45	1077.58	1372.02	1621710.93	34.38	31923.44
	50	1191.15	1516.62	1775149.02	34.21	34943.88
1067	12.5	325.07	413.89	575814.06	37.30	10793.14
	14.2	368.68	469.42	650993.20	37.24	12202.31
	16	414.71	528.02	729793.93	37.18	13679.36
	17.5	452.94	576.70	794836.12	37.12	14898.52
	20	516.41	657.52	901986.34	37.04	16906.96
	22.2	572.01	728.31	994992.89	36.96	18650.29
	25	642.43	817.97	1111641.03	36.86	20836.76
	28	717.45	913.49	1234500.99	36.76	23139.66
	30	767.22	976.85	1315201.58	36.69	24652.33
	32	816.79	1039.97	1394946.20	36.62	26147.07
	36	915.34	1165.44	1551597.82	36.49	29083.37
	40	1013.09	1289.91	1704516.14	36.35	31949.69
	45	1134.18	1444.09	1890505.11	36.18	35435.90
	50	1254.04	1596.69	2070869.91	36.01	38816.68
1118	16	434.83	553.64	841255.25	38.98	15049.29
	17.5	474.95	604.72	916409.27	38.93	16393.73
	20	541.57	689.54	1040285.54	38.84	18609.76
	22.2	599.93	763.86	1147880.17	38.77	20534.53
	25	673.88	858.01	1282918.66	38.67	22950.24

续表

尺寸（mm）		每米重量（kg/m）	截面面积（cm²）	截面特性		
d	t			惯性矩 I（cm⁴）	回转半径 i（cm）	截面模量 W（cm³）
1118	28	752.67	958.33	1425264.57	38.56	25496.68
	30	804.95	1024.90	1518831.12	38.50	27170.50
	32	857.04	1091.21	1611342.43	38.43	28825.45
	36	960.61	1223.09	1793231.11	38.29	32079.27
	40	1063.40	1353.97	1970993.96	38.15	35259.28
	45	1190.78	1516.15	2187491.33	37.98	39132.22
	50	1316.92	1676.76	2397762.03	37.82	42893.78
	55	1441.83	1835.80	2601926.61	37.65	46546.09
1219	16	474.68	604.39	1094372.47	42.55	17955.25
	17.5	518.54	660.22	1192540.06	42.50	19565.87
	20	591.38	752.97	1354502.61	42.41	22223.18
	22.2	655.23	834.27	1495335.36	42.34	24533.80
	25	736.15	937.29	1672302.43	42.24	27437.28
	28	822.41	1047.13	1859108.62	42.14	30502.19
	30	879.68	1120.04	1982050.38	42.07	32519.28
	32	936.74	1192.70	2103725.80	42.00	34515.60
	36	1050.28	1337.26	2343312.49	41.86	38446.47
	40	1163.04	1480.82	2577938.13	41.72	42295.95
	45	1302.87	1658.86	2864348.74	41.55	46995.06
	50	1441.46	1835.33	3143249.05	41.38	51570.94
	55	1578.83	2010.23	3414771.54	41.22	56025.78
	60	1714.96	2183.56	3679047.47	41.05	60361.73
1321	16	514.93	655.63	1396973.85	46.16	21150.25
	17.5	562.56	716.27	1522722.99	46.11	23054.10
	20	641.69	817.03	1730358.08	46.02	26197.70
	22.2	711.07	905.37	1911076.88	45.94	28933.79
	25	799.03	1017.36	2138395.67	45.85	32375.41
	28	892.84	1136.81	2378639.88	45.74	36012.72
	30	955.14	1216.12	2536914.99	45.67	38409.01
	32	1017.24	1295.19	2693691.05	45.60	40782.60
	36	1140.84	1452.56	3002784.01	45.47	45462.29
	40	1263.66	1608.94	3305994.35	45.33	50052.90
	45	1416.06	1802.99	3676849.23	45.16	55667.66
	50	1567.24	1995.47	4038775.51	44.99	61147.24
	55	1717.18	2186.38	4391917.66	44.82	66493.83
	60	1865.89	2375.72	4736418.96	44.65	71709.60

续表

尺寸（mm）		每米重量（kg/m）	截面面积（cm²）	截面特性		
d	t			惯性矩 I（cm⁴）	回转半径 i（cm）	截面模量 W（cm³）
1422	16	554.79	706.37	1747043.27	49.73	24571.64
	17.5	606.15	771.77	1904768.40	49.68	26789.99
	20	691.51	880.46	2165378.82	49.59	30455.40
	22.2	766.37	975.77	2392388.14	49.52	33648.22
	25	861.30	1096.65	2678180.02	49.42	37667.79
	28	962.59	1225.60	2980526.67	49.31	41920.21
	30	1029.86	1311.26	3179890.11	49.24	44724.19
	32	1096.94	1396.67	3377504.76	49.18	47503.58
	36	1230.51	1566.73	3767528.69	49.04	52989.15
	40	1363.29	1735.79	4150680.16	48.90	58378.06
	45	1528.15	1945.70	4620078.74	48.73	64980.01
	50	1691.78	2154.04	5079023.51	48.56	71434.93
	55	1854.17	2360.81	5527670.82	48.39	77745.02
	60	2015.34	2566.01	5966175.87	48.22	83912.46
1524	16	595.03	757.62	2155481.87	53.34	28287.16
	17.5	650.17	827.82	2350582.70	53.29	30847.54
	20	741.82	944.51	2673140.43	53.20	35080.58
	22.2	822.21	1046.87	2954307.13	53.12	38770.43
	25	924.19	1176.72	3308545.93	53.03	43419.24
	28	1033.02	1315.28	3683633.40	52.92	48341.65
	30	1105.33	1407.35	3931149.92	52.85	51589.89
	32	1177.44	1499.16	4176645.91	52.78	54811.63
	36	1321.07	1682.04	4661620.38	52.64	61176.12
	40	1463.91	1863.90	5138644.64	52.51	67436.28
	45	1641.35	2089.83	5723878.05	52.33	75116.51
	50	1817.55	2314.18	6296995.31	52.16	82637.73
	55	1992.53	2536.96	6858164.81	51.99	90002.16
	60	2166.27	2758.18	7407553.78	51.82	97211.99
1626	16	635.28	808.86	2623082.68	56.95	32264.24
	17.5	694.19	883.87	2861041.30	56.89	35191.16
	20	792.13	1008.57	3254658.64	56.81	40032.70
	22.2	878.06	1117.98	3597976.20	56.73	44255.55
	25	987.08	1256.79	4030801.09	56.63	49579.35

续表

尺寸（mm）		每米重量（kg/m）	截面面积（cm²）	截面特性		
d	t			惯性矩 I（cm⁴）	回转半径 i（cm）	截面模量 W（cm³）
1626	28	1103.45	1404.96	4489450.12	56.53	55220.79
	30	1180.79	1503.43	4792309.03	56.46	58945.99
	32	1257.93	1601.65	5092856.05	56.39	62642.76
	36	1411.62	1797.34	5687061.59	56.25	69951.56
	40	1564.53	1992.02	6272160.73	56.11	77148.35
	45	1754.54	2233.95	6990871.20	55.94	85988.58
	50	1943.33	2474.32	7695680.60	55.77	94657.82
	55	2130.88	2713.12	8386769.34	55.60	103158.29
	60	2317.19	2950.34	9064316.66	55.43	111492.21
	65	2502.28	3186.00	9728500.61	55.26	119661.75
1727	16	675.13	859.61	3148324.33	60.52	36460.04
	17.5	737.78	939.37	3434490.76	60.47	39774.07
	20	841.94	1072.00	3908063.86	60.38	45258.41
	22.2	933.35	1188.38	4321339.65	60.30	50044.47
	25	1049.35	1336.07	4842658.52	60.20	56081.74
	28	1173.20	1493.76	5395448.92	60.10	62483.48
	30	1255.52	1598.57	5760682.84	60.03	66713.18
	32	1337.64	1703.14	6123297.05	59.96	70912.53
	36	1501.29	1911.51	6840716.51	59.82	79220.80
	40	1664.16	2118.87	7547807.40	59.68	87409.47
	45	1866.63	2376.67	8417298.15	59.51	97478.84
	50	2067.87	2632.89	9270999.61	59.34	107365.37
	55	2267.87	2887.54	10109104.09	59.17	117071.27
	60	2466.64	3140.63	10931802.72	59.00	126598.76
	65	2664.18	3392.14	11739285.46	58.83	135950.03
1829	16	715.38	910.85	3745576.72	64.13	40957.65
	17.5	781.80	995.42	4086627.67	64.07	44687.02
	20	892.25	1136.05	4651256.14	63.99	50861.19
	22.2	989.20	1259.48	5144228.59	63.91	56251.82
	25	1112.23	1416.14	5766396.27	63.81	63055.18
	28	1243.63	1583.44	6426516.22	63.71	70273.55
	30	1330.98	1694.66	6862889.06	63.64	75045.26
	32	1418.13	1805.63	7296311.79	63.57	79784.71

续表

尺寸（mm）		每米重量（kg/m）	截面面积（cm²）	截面特性		
d	t			惯性矩 I（cm⁴）	回转半径 i（cm）	截面模量 W（cm³）
1829	36	1591.85	2026.81	8154360.17	63.43	89167.42
	40	1764.78	2246.98	9000767.63	63.29	98422.83
	45	1979.83	2520.79	10042567.97	63.12	109814.85
	50	2193.64	2793.03	11066550.09	62.95	121012.03
	55	2406.22	3063.70	12072918.33	62.77	132016.60
	60	2617.57	3332.80	13061875.84	62.60	142830.79
	65	2827.69	3600.32	14033624.59	62.43	153456.80
1930	20	942.07	1199.48	5474559.66	67.56	56731.19
	22.2	1044.49	1329.89	6055943.15	67.48	62755.89
	25	1174.50	1495.43	6790022.55	67.38	70362.93
	28	1313.37	1672.24	7569290.23	67.28	78438.24
	30	1405.71	1789.80	8084660.66	67.21	83778.87
	32	1497.84	1907.11	8596734.50	67.14	89085.33
	36	1681.52	2140.98	9611048.70	67.00	99596.36
	40	1864.41	2373.84	10612345.16	66.86	109972.49
	45	2091.91	2663.51	11845829.91	66.69	122754.71
	50	2318.18	2951.60	13059366.61	66.52	135330.22
	55	2543.22	3238.13	14253171.49	66.35	147701.26
	60	2767.02	3523.08	15427459.61	66.17	159870.05
	65	2989.59	3806.47	16582444.85	66.00	171838.81
2032	20	992.38	1263.54	6399238.77	71.17	62984.63
	22.2	1100.34	1400.99	7080044.13	71.09	69685.47
	25	1237.39	1575.50	7940008.84	70.99	78149.69
	28	1383.81	1761.92	8853345.97	70.89	87139.23
	30	1481.17	1885.88	9457633.13	70.82	93086.94
	32	1578.34	2009.60	10058254.25	70.75	98998.57
	36	1772.08	2256.28	11248557.79	70.61	110714.15
	40	1965.03	2501.95	12424375.06	70.47	122287.16
	45	2205.11	2807.63	13873955.11	70.30	136554.68
	50	2443.95	3111.74	15301314.18	70.12	150603.49
	55	2681.57	3414.28	16706680.53	69.95	164435.83
	60	2917.95	3715.25	18090281.25	69.78	178053.95
	65	3153.10	4014.65	19452342.21	69.61	191460.06

续表

尺寸（mm）		每米重量（kg/m）	截面面积（cm²）	截面特性		
d	t			惯性矩 I（cm⁴）	回转半径 i（cm）	截面模量 W（cm³）
2134	20	1042.69	1327.59	7422586.95	74.77	69565.01
	22.2	1156.18	1472.09	8213548.03	74.70	76977.96
	25	1300.28	1655.57	9213024.97	74.60	86345.13
	28	1454.24	1851.60	10274989.17	74.49	96297.93
	30	1556.63	1981.97	10977873.60	74.42	102885.41
	32	1658.83	2112.09	11676702.95	74.35	109434.89
	36	1862.63	2371.58	13062258.84	74.21	122420.42
	40	2065.65	2630.06	14431781.50	74.08	135255.68
	45	2318.30	2951.76	16121327.21	73.90	151090.23
	50	2569.73	3271.88	17786256.41	73.73	166694.06
	55	2819.92	3590.43	19426809.40	73.56	182069.44
	60	3068.88	3907.42	21043225.26	73.39	197218.61
	65	3316.60	4222.83	22635741.92	73.21	212143.79
2235	20	1092.50	1391.02	8538037.79	78.35	76403.02
	22.2	1211.48	1542.50	9449191.53	78.27	84556.52
	25	1362.55	1734.85	10600927.89	78.17	94862.89
	28	1523.98	1940.39	11825143.16	78.07	105817.84
	30	1631.36	2077.11	12635688.16	78.00	113071.03
	32	1738.54	2213.57	13441773.50	77.93	120284.33
	36	1952.30	2485.75	15040630.72	77.79	134591.77
	40	2165.28	2756.92	16621845.59	77.65	148741.35
	45	2430.39	3094.47	18573752.99	77.47	166208.08
	50	2694.27	3430.45	20498551.06	77.30	183432.22
	55	2956.91	3764.86	22396491.97	77.13	200416.04
	60	3218.33	4097.70	24267826.72	76.96	217161.76
	65	3478.50	4428.97	26112805.13	76.78	233671.63
2337	20	1142.81	1455.08	9772640.74	81.95	83634.07
	22.2	1267.32	1613.60	10816949.89	81.88	92571.24
	25	1425.43	1814.92	12137402.48	81.78	103871.65
	28	1594.42	2030.07	13541449.92	81.67	115887.46
	30	1706.82	2173.19	14471346.79	81.60	123845.50
	32	1819.03	2316.06	15396355.91	81.53	131761.71
	36	2042.86	2601.05	17231779.49	81.39	147469.23

续表

尺寸（mm）		每米重量（kg/m）	截面面积（cm²）	截面特性		
d	t			惯性矩 I（cm⁴）	回转半径 i（cm）	截面模量 W（cm³）
2337	40	2265.90	2885.03	19047857.57	81.25	163011.19
	45	2543.59	3238.60	21290958.33	81.08	182207.60
	50	2820.04	3590.59	23504310.24	80.91	201149.42
	55	3095.26	3941.01	25688177.48	80.74	219838.92
	60	3369.25	4289.87	27842823.07	80.56	238278.33
	65	3642.01	4637.15	29968508.87	80.39	256469.91
2438	20	1192.63	1518.50	11107084.49	85.52	91116.36
	22.2	1322.61	1684.01	12295439.51	85.45	100864.97
	25	1487.70	1894.21	13798442.51	85.35	113194.77
	28	1664.16	2118.87	15397111.58	85.24	126309.36
	30	1781.55	2268.34	16456201.05	85.17	134997.55
	32	1898.74	2417.55	17509959.56	85.10	143642.00
	36	2132.53	2715.22	19601555.28	84.97	160800.29
	40	2365.53	3011.89	21672041.75	84.83	177785.41
	45	2655.67	3381.31	24230681.99	84.65	198775.08
	50	2944.58	3749.16	26756838.92	84.48	219498.27
	55	3232.26	4115.44	29250788.65	84.31	239957.25
	60	3518.70	4480.15	31712806.09	84.13	260154.27
	65	3803.91	4843.29	34143164.98	83.96	280091.59
2540	20	1242.94	1582.56	12572754.97	89.13	98998.07
	22.2	1378.46	1755.11	13919444.49	89.06	109601.93
	25	1550.59	1974.28	15623141.52	88.96	123016.86
	28	1734.59	2208.55	17435819.76	88.85	137289.92
	30	1857.01	2364.42	18636996.98	88.78	146748.01
	32	1979.23	2520.04	19832376.10	88.71	156160.44
	36	2223.09	2830.52	22205814.73	88.57	174848.93
	40	2466.15	3140.00	24556284.80	88.43	193356.57
	45	2768.87	3525.44	27462299.28	88.26	216238.58
	50	3070.36	3909.30	30332946.94	88.09	238842.10
	55	3370.61	4291.60	33168515.88	87.91	261169.42
	60	3669.63	4672.32	35969293.06	87.74	283222.78
	65	3967.42	5051.48	38735564.22	87.57	305004.44

附录1.2 常用结构用无缝钢管规格及截面特性（摘自 GB/T 17395—2008）

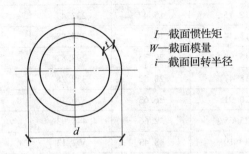

附图1.2 钢管截面图

常用结构用无缝钢管规格及截面特性　　　　附表1.2

尺寸（mm）		每米重量（kg/m）	截面面积（cm²）	截面特性		
d	t			惯性矩 I（cm⁴）	回转半径 i（cm）	截面模量 W（cm³）
48	3	3.33	4.24	10.79	1.60	4.49
	3.5	3.84	4.89	12.19	1.58	5.08
	4	4.34	5.53	13.49	1.56	5.62
	4.5	4.83	6.15	14.71	1.55	6.13
	5	5.30	6.75	15.83	1.53	6.59
60	3	4.22	5.37	21.88	2.02	7.29
	3.5	4.88	6.21	24.89	2.00	8.30
	4	5.52	7.03	27.73	1.99	9.24
	4.5	6.16	7.84	30.42	1.97	10.14
	5	6.78	8.64	32.95	1.95	10.98
76	3.5	6.26	7.97	52.51	2.57	13.82
	4	7.10	9.04	58.83	2.55	15.48
	4.5	7.93	10.10	64.87	2.53	17.07
	5	8.75	11.15	70.64	2.52	18.59
89	3.5	7.38	9.40	86.07	3.03	19.34
	4	8.38	10.68	96.71	3.01	21.73
	4.5	9.38	11.94	106.95	2.99	24.03
	5	10.36	13.19	116.82	2.98	26.25
	6	12.28	15.64	135.46	2.94	30.44
	7	14.16	18.02	152.71	2.91	34.32
	8	15.98	20.35	168.63	2.88	37.89

续表

尺寸（mm）		每米重量 (kg/m)	截面面积 (cm²)	截面特性		
d	t			惯性矩 I (cm⁴)	回转半径 i (cm)	截面模量 W (cm³)
114	4	10.85	13.82	209.40	3.89	36.74
	4.5	12.15	15.47	232.47	3.88	40.78
	5	13.44	17.11	254.88	3.86	44.72
	6	15.98	20.35	297.81	3.83	52.25
	7	18.47	23.52	338.28	3.79	59.35
	8	20.91	26.63	376.40	3.76	66.03
	10	25.65	32.66	445.93	3.70	78.23
	12	30.19	38.43	507.13	3.63	88.97
	14	34.53	43.96	560.70	3.57	98.37
	15	36.62	46.63	584.82	3.54	102.60
	16	38.67	49.24	607.29	3.51	106.54
140	4	13.42	17.08	395.57	4.81	56.51
	5	16.65	21.20	483.88	4.78	69.13
	6	19.83	25.25	568.21	4.74	81.17
	7	22.96	29.23	648.67	4.71	92.67
	8	26.04	33.16	725.40	4.68	103.63
	10	32.06	40.82	868.09	4.61	124.01
	12	37.88	48.23	997.20	4.55	142.46
	14	43.50	55.39	1113.63	4.48	159.09
	15	46.24	58.88	1167.35	4.45	166.76
	16	48.93	62.30	1218.23	4.42	174.03
	18	54.16	68.95	1311.83	4.36	187.40
146	5	17.39	22.14	551.24	4.99	75.51
	6	20.72	26.38	647.89	4.96	88.75
	8	27.23	34.67	828.62	4.89	113.51
	10	33.54	42.70	993.41	4.82	136.08
	12	39.66	50.49	1143.24	4.76	156.61
	14	45.57	58.03	1279.03	4.69	175.21
	15	48.46	61.70	1341.94	4.66	183.83
	16	51.30	65.31	1401.69	4.63	192.01
	18	56.82	72.35	1512.09	4.57	207.14
152	5	18.13	23.08	624.59	5.20	82.18
	6	21.60	27.51	734.71	5.17	96.67
	8	28.41	36.17	941.21	5.10	123.84
	10	35.02	44.59	1130.28	5.03	148.72

续表

尺寸（mm）		每米重量（kg/m）	截面面积（cm²）	截面特性		
d	t			惯性矩 I（cm⁴）	回转半径 i（cm）	截面模量 W（cm³）
152	12	41.43	52.75	1302.91	4.97	171.44
	14	47.65	60.66	1460.10	4.91	192.12
	15	50.68	64.53	1533.20	4.87	201.74
	16	53.66	68.33	1602.79	4.84	210.89
	18	59.48	75.74	1731.91	4.78	227.88
	20	65.11	82.90	1848.33	4.72	243.20
159	5	18.99	24.18	718.06	5.45	90.32
	6	22.64	28.83	845.40	5.42	106.34
	7	26.24	33.41	967.65	5.38	121.72
	8	29.79	37.93	1084.95	5.35	136.47
	10	36.75	46.79	1305.22	5.28	164.18
	12	43.50	55.39	1507.26	5.22	189.59
	14	50.06	63.74	1692.13	5.15	212.85
	15	53.27	67.82	1778.43	5.12	223.70
	16	56.43	71.84	1860.81	5.09	234.06
	18	62.59	79.69	2014.29	5.03	253.37
	20	68.56	87.29	2153.50	4.97	270.88
168	6	23.97	30.52	1003.37	5.73	119.45
	8	31.57	40.19	1290.34	5.67	153.61
	10	38.97	49.61	1555.53	5.60	185.18
	12	46.17	58.78	1800.07	5.53	214.29
	14	53.17	67.70	2025.05	5.47	241.08
	15	56.60	72.06	2130.55	5.44	253.64
	16	59.98	76.36	2231.56	5.41	265.66
	18	66.59	84.78	2420.62	5.34	288.17
	20	73.00	92.94	2593.26	5.28	308.72
	22	79.21	100.86	2750.45	5.22	327.43
180	6	25.75	32.78	1243.04	6.16	138.12
	8	33.93	43.21	1602.45	6.09	178.05
	10	41.92	53.38	1936.50	6.02	215.17
	12	49.72	63.30	2246.42	5.96	249.60
	14	57.31	72.97	2533.39	5.89	281.49
	15	61.04	77.72	2668.63	5.86	296.51
	16	64.71	82.39	2798.58	5.83	310.95
	18	71.91	91.56	3043.11	5.77	338.12
	20	78.92	100.48	3268.10	5.70	363.12
	22	85.72	109.15	3474.60	5.64	386.07

续表

尺寸（mm）		每米重量（kg/m）	截面面积（cm²）	截面特性		
d	t			惯性矩 I（cm⁴）	回转半径 i（cm）	截面模量 W（cm³）
194	8	36.70	46.72	2025.83	6.58	208.85
	10	45.38	57.78	2454.18	6.52	253.01
	12	53.86	68.58	2853.98	6.45	294.22
	14	62.15	79.13	3226.53	6.39	332.63
	15	66.22	84.31	3402.99	6.35	350.82
	16	70.24	89.43	3573.11	6.32	368.36
	18	78.13	99.48	3894.94	6.26	401.54
	20	85.82	109.27	4193.24	6.19	432.29
	22	93.32	118.82	4469.17	6.13	460.74
	24	100.62	128.11	4723.89	6.07	487.00
	25	104.19	132.67	4843.65	6.04	499.35
203	8	38.47	48.98	2333.97	6.90	229.95
	10	47.60	60.60	2831.44	6.84	278.96
	12	56.52	71.97	3297.34	6.77	324.86
	14	65.25	83.08	3733.03	6.70	367.79
	16	73.79	93.95	4139.84	6.64	407.87
	18	82.12	104.56	4519.09	6.57	445.23
	20	90.26	114.92	4872.05	6.51	480.00
	22	98.20	125.03	5199.95	6.45	512.31
	24	105.95	134.89	5504.02	6.39	542.27
	25	109.74	139.73	5647.48	6.36	556.40
219	8	41.63	53.00	2956.19	7.47	269.97
	10	51.54	65.63	3594.21	7.40	328.24
	12	61.26	78.00	4194.89	7.33	383.10
	14	70.78	90.12	4759.73	7.27	434.68
	15	75.46	96.08	5029.15	7.23	459.28
	16	80.10	101.99	5290.16	7.20	483.12
	18	89.23	113.61	5787.64	7.14	528.55
	20	98.15	124.97	6253.53	7.07	571.10
	22	106.88	136.09	6689.22	7.01	610.89
	22	106.88	136.09	6689.22	7.01	610.89
	24	115.42	146.95	7096.04	6.95	648.04
	25	119.61	152.29	7289.03	6.92	665.66
	26	123.75	157.57	7475.28	6.89	682.67
	28	131.89	167.93	7828.24	6.83	714.91

续表

尺寸（mm）		每米重量（kg/m）	截面面积（cm^2）	截面特性		
d	t			惯性矩 I（cm^4）	回转半径 i（cm）	截面模量 W（cm^3）
245	8	46.76	59.53	4187.95	8.39	341.87
	10	57.95	73.79	5106.94	8.32	416.89
	12	68.95	87.79	5978.21	8.25	488.02
	14	79.76	101.55	6803.43	8.19	555.38
	15	85.08	108.33	7199.29	8.15	587.70
	16	90.36	115.05	7584.25	8.12	619.12
	18	100.77	128.30	8322.31	8.05	679.37
	20	110.98	141.30	9019.18	7.99	736.26
	22	120.99	154.05	9676.43	7.93	789.91
	24	130.80	166.55	10295.59	7.86	840.46
	25	135.64	172.70	10591.36	7.83	864.60
	26	140.42	178.79	10878.17	7.80	888.01
	28	149.84	190.79	11425.62	7.74	932.70
	30	159.07	202.53	11939.40	7.68	974.65
273	10	64.86	82.58	7155.93	9.31	524.24
	12	77.24	98.34	8398.30	9.24	615.26
	14	89.42	113.86	9582.21	9.17	701.99
	15	95.44	121.52	10152.84	9.14	743.80
	16	101.41	129.12	10709.54	9.11	784.58
	18	113.20	144.13	11782.11	9.04	863.16
	20	124.79	158.88	12801.73	8.98	937.86
	22	136.18	173.39	13770.16	8.91	1008.80
	24	147.38	187.65	14689.15	8.85	1076.13
	25	152.90	194.68	15130.65	8.82	1108.47
	26	158.38	201.65	15560.42	8.78	1139.96
	28	169.18	215.40	16385.64	8.72	1200.41
	30	179.78	228.91	17166.47	8.66	1257.62
	32	190.19	242.16	17904.52	8.60	1311.69
299	10	71.27	90.75	9492.59	10.23	634.96
	12	84.93	108.14	11162.39	10.16	746.65
	14	98.40	125.29	12760.89	10.09	853.57
	15	105.06	133.76	13534.04	10.06	905.29
	16	111.67	142.18	14290.15	10.03	955.86

续表

尺寸（mm）		每米重量（kg/m）	截面面积（cm²）	截面特性		
d	t			惯性矩 I（cm⁴）	回转半径 i（cm）	截面模量 W（cm³）
299	20	137.61	175.21	17149.05	9.89	1147.09
	22	150.29	191.35	18482.65	9.83	1236.30
	24	162.77	207.24	19754.96	9.76	1321.40
	25	168.93	215.09	20368.72	9.73	1362.46
	26	175.05	222.88	20967.86	9.70	1402.53
	28	187.13	238.26	22123.25	9.64	1479.82
	30	199.02	253.40	23222.98	9.57	1553.38
	32	210.71	268.28	24268.84	9.51	1623.33
	34	222.20	282.91	25262.65	9.45	1689.81
	36	233.50	297.30	26206.15	9.39	1752.92
	40	255.49	325.30	27949.10	9.27	1869.51
325	9	70.14	89.30	11164.19	11.18	687.03
	10	77.68	98.91	12289.68	11.15	756.29
	12	92.63	117.94	14475.17	11.08	890.78
	14	107.38	136.72	16575.24	11.01	1020.01
	15	114.68	146.01	17593.95	10.98	1082.70
	16	121.93	155.24	18592.16	10.94	1144.13
	20	150.44	191.54	22385.38	10.81	1377.56
	22	164.39	209.31	24166.04	10.74	1487.14
	24	178.15	226.83	25872.27	10.68	1592.14
	25	184.96	235.50	26698.13	10.65	1642.96
	26	191.72	244.10	27506.16	10.62	1692.69
	28	205.09	261.12	29069.78	10.55	1788.91
	30	218.25	277.89	30565.19	10.49	1880.93
	32	231.23	294.41	31994.39	10.42	1968.89
	34	244.00	310.67	33359.38	10.36	2052.88
	36	256.58	326.69	34662.09	10.30	2133.05
	38	268.96	342.45	35904.46	10.24	2209.51
	40	281.14	357.96	37088.37	10.18	2282.36
351	10	84.10	107.07	15588.63	12.07	888.24
	12	100.32	127.74	18386.36	12.00	1047.66
	14	116.35	148.15	21083.28	11.93	1201.33
	15	124.29	158.26	22394.70	11.90	1276.05
	16	132.19	168.30	23681.84	11.86	1349.39
	18	147.82	188.21	26184.47	11.80	1491.99

续表

尺寸（mm）		每米重量（kg/m）	截面面积（cm²）	截面特性		
d	t			惯性矩 I（cm⁴）	回转半径 i（cm）	截面模量 W（cm³）
351	20	163.26	207.87	28593.55	11.73	1629.26
	22	178.50	227.27	30911.46	11.66	1761.34
	24	193.54	246.43	33140.51	11.60	1888.35
	25	200.99	255.91	34222.43	11.56	1950.00
	26	208.39	265.33	35283.00	11.53	2010.43
	28	223.04	283.98	37341.22	11.47	2127.70
	30	237.49	302.38	39317.39	11.40	2240.31
	32	251.74	320.53	41213.73	11.34	2348.36
	34	265.80	338.43	43032.41	11.28	2451.99
	36	279.66	356.08	44775.59	11.21	2551.32
	38	293.32	373.47	46445.39	11.15	2646.46
	40	306.79	390.62	48043.89	11.09	2737.54
356	10	85.33	108.64	16284.05	12.24	914.83
	12	101.80	129.62	19211.28	12.17	1079.29
	14	118.08	150.34	22034.59	12.11	1237.90
	15	126.14	160.61	23408.06	12.07	1315.06
	16	134.16	170.82	24756.48	12.04	1390.81
	18	150.04	191.04	27379.41	11.97	1538.17
	20	165.73	211.01	29905.79	11.90	1680.10
	22	181.21	230.73	32338.04	11.84	1816.74
	24	196.50	250.20	34678.52	11.77	1948.23
	25	204.07	259.84	35815.08	11.74	2012.08
	26	211.60	269.41	36929.57	11.71	2074.69
	28	226.49	288.38	39093.49	11.64	2196.26
	30	241.19	307.09	41172.56	11.58	2313.07
	32	255.69	325.56	43169.03	11.52	2425.23
	34	269.99	343.77	45085.13	11.45	2532.87
	36	284.10	361.73	46923.02	11.39	2636.12
	38	298.01	379.44	48684.88	11.33	2735.11
	40	311.72	396.90	50372.82	11.27	2829.93
377	10	90.51	115.24	19430.86	12.99	1030.81
	12	108.02	137.53	22945.66	12.92	1217.28
	14	125.33	159.57	26342.98	12.85	1397.51

续表

尺寸（mm）		每米重量（kg/m）	截面面积（cm²）	截面特性		
d	t			惯性矩 I（cm⁴）	回转半径 i（cm）	截面模量 W（cm³）
377	15	133.91	170.50	27998.42	12.81	1485.33
	16	142.44	181.37	29625.48	12.78	1571.64
	18	159.36	202.91	32795.76	12.71	1739.83
	20	176.08	224.20	35856.43	12.65	1902.20
	22	192.61	245.23	38810.03	12.58	2058.89
	24	208.93	266.02	41659.08	12.51	2210.03
	25	217.02	276.32	43045.19	12.48	2283.56
	26	225.06	286.56	44406.10	12.45	2355.76
	28	240.99	306.84	47053.54	12.38	2496.21
	30	256.73	326.87	49603.83	12.32	2631.50
	32	272.26	346.66	52059.39	12.25	2761.77
	34	287.60	366.19	54422.59	12.19	2887.14
	36	302.74	385.47	56695.78	12.13	3007.73
	38	317.69	404.49	58881.27	12.07	3123.67
	40	332.44	423.27	60981.34	12.00	3235.08
402	10	96.67	123.09	23676.21	13.87	1177.92
	12	115.42	146.95	27987.08	13.80	1392.39
	14	133.96	170.56	32163.24	13.73	1600.16
	15	143.16	182.28	34201.69	13.70	1701.58
	16	152.31	193.93	36207.53	13.66	1801.37
	18	170.46	217.04	40122.77	13.60	1996.16
	20	188.41	239.90	43911.72	13.53	2184.66
	22	206.17	262.50	47577.12	13.46	2367.02
	24	223.73	284.86	51121.71	13.40	2543.37
	25	232.43	295.95	52849.53	13.36	2629.33
	26	241.09	306.97	54548.15	13.33	2713.84
	28	258.26	328.82	57859.11	13.26	2878.56
	30	275.22	350.42	61057.20	13.20	3037.67
	32	291.99	371.78	64145.03	13.14	3191.30
	34	308.56	392.88	67125.16	13.07	3339.56
	36	324.94	413.73	70000.12	13.01	3482.59
	38	341.12	434.32	72772.41	12.94	3620.52
	40	357.10	454.67	75444.51	12.88	3753.46
	42	372.88	474.77	78018.87	12.82	3881.54
	45	396.19	504.44	81702.39	12.73	4064.80

续表

尺寸（mm）		每米重量（kg/m）	截面面积（cm²）	截面特性		
d	t			惯性矩 I（cm⁴）	回转半径 i（cm）	截面模量 W（cm³）
406	10	97.66	124.34	24408.10	14.01	1202.37
	12	116.60	148.46	28856.53	13.94	1421.50
	14	135.34	172.32	33167.39	13.87	1633.86
	15	144.64	184.16	35272.13	13.84	1737.54
	16	153.89	195.94	37343.55	13.81	1839.58
	18	172.24	219.30	41387.85	13.74	2038.81
	20	190.39	242.41	45303.08	13.67	2231.68
	22	208.34	265.27	49092.03	13.60	2418.33
	24	226.10	287.88	52757.44	13.54	2598.89
	25	234.90	299.09	54544.67	13.50	2686.93
	26	243.66	310.23	56302.02	13.47	2773.50
	28	261.02	332.34	59728.47	13.41	2942.29
	30	278.18	354.19	63039.42	13.34	3105.39
	32	295.15	375.80	66237.52	13.28	3262.93
	34	311.92	397.15	69325.35	13.21	3415.04
	36	328.49	418.25	72305.47	13.15	3561.85
	38	344.87	439.10	75180.43	13.08	3703.47
	40	361.04	459.70	77952.72	13.02	3840.04
	42	397.74	506.42	94532.04	13.66	4438.12
	45	422.82	538.35	99123.24	13.57	4653.67
426	10	97.66	124.34	24408.10	14.01	1202.37
	12	116.60	148.46	28856.53	13.94	1421.50
	14	135.34	172.32	33167.39	13.87	1633.86
	15	144.64	184.16	35272.13	13.84	1737.54
	16	153.89	195.94	37343.55	13.81	1839.58
	18	172.24	219.30	41387.85	13.74	2038.81
	20	190.39	242.41	45303.08	13.67	2231.68
	22	208.34	265.27	49092.03	13.60	2418.33
	24	226.10	287.88	52757.44	13.54	2598.89
	25	234.90	299.09	54544.67	13.50	2686.93
	26	243.66	310.23	56302.02	13.47	2773.50
	28	261.02	332.34	59728.47	13.41	2942.29
	30	278.18	354.19	63039.42	13.34	3105.39
	32	295.15	375.80	66237.52	13.28	3262.93
	34	311.92	397.15	69325.35	13.21	3415.04

续表

尺寸（mm）		每米重量（kg/m）	截面面积（cm²）	截面特性		
d	t			惯性矩 I（cm⁴）	回转半径 i（cm）	截面模量 W（cm³）
426	36	328.49	418.25	72305.47	13.15	3561.85
	38	344.87	439.10	75180.43	13.08	3703.47
	40	380.77	484.82	91333.94	13.73	4287.98
	42	397.74	506.42	94532.04	13.66	4438.12
	45	422.82	538.35	99123.24	13.57	4653.67
450	12	129.62	165.04	39637.01	15.50	1761.65
	14	150.53	191.67	45625.38	15.43	2027.79
	15	160.92	204.89	48556.41	15.39	2158.06
	16	171.25	218.04	51445.87	15.36	2286.48
	18	191.77	244.17	57101.64	15.29	2537.85
	20	212.09	270.04	62595.82	15.23	2782.04
	24	252.14	321.03	73111.85	15.09	3249.42
	25	262.03	333.63	75644.69	15.06	3361.99
	26	271.87	346.15	78139.82	15.02	3472.88
	28	291.40	371.02	83018.45	14.96	3689.71
	30	310.73	395.64	87750.73	14.89	3900.03
	32	329.87	420.01	92339.63	14.83	4103.98
	34	348.81	444.12	96788.06	14.76	4301.69
	36	367.55	467.99	101098.93	14.70	4493.29
	40	404.45	514.96	109319.38	14.57	4858.64
	42	422.60	538.07	113234.62	14.51	5032.65
	45	449.46	572.27	118871.54	14.41	5283.18
457	12	131.69	167.68	41566.98	15.74	1819.12
	14	152.95	194.74	47856.86	15.68	2094.39
	15	163.51	208.18	50936.54	15.64	2229.17
	16	174.01	221.56	53973.24	15.61	2362.07
	18	194.88	248.12	59919.35	15.54	2622.29
	20	215.54	274.44	65698.36	15.47	2875.20
	24	256.28	326.31	76767.71	15.34	3359.64
	25	266.34	339.12	79435.52	15.30	3476.39
	26	276.36	351.87	82064.29	15.27	3591.43
	28	296.23	377.18	87206.23	15.21	3816.47
	30	315.91	402.23	92196.58	15.14	4034.86
	32	335.40	427.04	97038.35	15.07	4246.75
	34	354.68	451.59	101734.51	15.01	4452.28

续表

尺寸（mm）		每米重量（kg/m）	截面面积（cm²）	截面特性		
d	t			惯性矩 I（cm⁴）	回转半径 i（cm）	截面模量 W（cm³）
457	36	373.77	475.90	106288.02	14.94	4651.55
	38	392.66	499.95	110701.79	14.88	4844.72
	40	411.35	523.75	114978.71	14.82	5031.89
	42	429.85	547.30	119121.64	14.75	5213.20
	45	457.22	582.16	125090.98	14.66	5474.44
	48	484.15	616.44	130774.62	14.57	5723.18
	50	501.86	638.99	134409.57	14.50	5882.26
480	12	138.50	176.34	48347.69	16.56	2014.49
	15	172.01	219.02	59302.54	16.46	2470.94
	16	183.09	233.11	62858.14	16.42	2619.09
	18	205.09	261.12	69827.85	16.35	2909.49
	20	226.89	288.88	76611.71	16.29	3192.15
	22	248.49	316.39	83213.06	16.22	3467.21
	24	269.90	343.64	89635.21	16.15	3734.80
	25	280.52	357.18	92780.10	16.12	3865.84
	26	291.10	370.65	95881.41	16.08	3995.06
	28	312.12	397.40	101954.92	16.02	4248.12
	30	332.93	423.90	107858.95	15.95	4494.12
	32	353.55	450.15	113596.68	15.89	4733.20
	34	373.97	476.15	119171.27	15.82	4965.47
	36	394.19	501.90	124585.83	15.76	5191.08
	38	414.21	527.39	129843.46	15.69	5410.14
	40	434.04	552.64	134947.23	15.63	5622.80
	42	453.67	577.63	139900.15	15.56	5829.17
	45	482.75	614.66	147053.27	15.47	6127.22
	48	511.38	651.11	153883.76	15.37	6411.82
	50	530.22	675.10	158263.05	15.31	6594.29
500	12	144.42	183.88	54811.88	17.27	2192.48
	15	179.41	228.44	67282.66	17.16	2691.31
	16	190.98	243.16	71334.87	17.13	2853.39
	20	236.75	301.44	87031.91	16.99	3481.28
	24	281.73	358.71	101930.99	16.86	4077.24
	25	292.86	372.88	105534.31	16.82	4221.37
	26	303.93	386.97	109089.91	16.79	4363.60

续表

尺寸（mm）		每米重量（kg/m）	截面面积（cm²）	截面特性		
d	t			惯性矩 I（cm⁴）	回转半径 i（cm）	截面模量 W（cm³）
500	28	325.93	414.98	116059.62	16.72	4642.38
	30	347.73	442.74	122843.49	16.66	4913.74
	32	369.33	470.25	129444.84	16.59	5177.79
	34	390.74	497.50	135866.98	16.53	5434.68
	36	411.95	524.51	142113.18	16.46	5684.53
	38	432.96	551.26	148186.70	16.40	5927.47
	40	453.77	577.76	154090.73	16.33	6163.63
	42	474.39	604.01	159828.46	16.27	6393.14
	45	504.94	642.92	168130.13	16.17	6725.21
	48	535.06	681.25	176075.24	16.08	7043.01
	50	554.88	706.50	181179.00	16.01	7247.16
	55	603.59	768.52	193285.05	15.86	7731.40
	60	651.06	828.96	204494.82	15.71	8179.79
508	12	146.79	186.89	57550.87	17.55	2265.78
	15	182.37	232.20	70665.16	17.44	2782.09
	16	194.14	247.18	74928.29	17.41	2949.93
	20	240.70	306.46	91451.28	17.27	3600.44
	24	286.47	364.74	107148.32	17.14	4218.44
	25	297.79	379.16	110946.81	17.11	4367.98
	26	309.06	393.50	114695.87	17.07	4515.59
	28	331.45	422.02	122047.40	17.01	4805.02
	30	353.65	450.28	129206.32	16.94	5086.86
	32	375.64	478.28	136176.03	16.87	5361.26
	34	397.44	506.04	142959.89	16.81	5628.34
	36	419.05	533.55	149561.25	16.74	5888.24
	38	440.45	560.80	155983.39	16.68	6141.08
	40	461.66	587.81	162229.59	16.61	6386.99
	42	482.67	614.56	168303.10	16.55	6626.11
	45	513.82	654.22	177096.59	16.45	6972.31
	48	544.53	693.31	185519.45	16.36	7303.92
	50	564.75	719.06	190934.02	16.30	7517.09
	55	614.44	782.33	203790.54	16.14	8023.25
	60	662.90	844.03	215713.64	15.99	8492.66

续表

尺寸（mm）		每米重量	截面面积	截面特性		
d	t	（kg/m）	（cm²）	惯性矩 I（cm⁴）	回转半径 i（cm）	截面模量 W（cm³）
610	12	176.97	225.33	100839.60	21.15	3306.22
	15	220.10	280.25	124190.84	21.05	4071.83
	16	234.38	298.43	131815.29	21.02	4321.81
	20	291.01	370.52	161531.14	20.88	5296.10
	24	346.84	441.61	190021.80	20.74	6230.22
	25	360.67	459.23	196957.04	20.71	6457.61
	26	374.46	476.78	203818.37	20.68	6682.57
	30	429.11	546.36	230535.11	20.54	7558.53
	32	456.14	580.77	243463.63	20.47	7982.41
	34	482.97	614.94	256111.11	20.41	8397.09
	36	509.61	648.85	268481.65	20.34	8802.68
	38	536.04	682.51	280579.33	20.28	9199.32
	40	562.28	715.92	292408.18	20.21	9587.15
	42	588.32	749.08	303972.21	20.14	9966.30
	45	627.02	798.35	320830.45	20.05	10519.03
	48	665.27	847.05	337115.12	19.95	11052.95
	50	690.52	879.20	347659.42	19.89	11398.67
	55	752.79	958.49	372955.79	19.73	12228.06
	60	813.83	1036.20	396779.06	19.57	13009.15
	65	873.63	1112.35	419187.57	19.41	13743.85
	70	932.20	1186.92	440238.46	19.26	14434.05
711	15	257.47	327.82	198743.13	24.62	5590.52
	16	274.24	349.17	211094.05	24.59	5937.95
	18	307.63	391.68	235470.54	24.52	6623.64
	20	340.82	433.95	259417.51	24.45	7297.26
	24	406.62	517.72	306043.13	24.31	8608.81
	25	422.94	538.51	317438.97	24.28	8929.37
	28	471.63	600.49	351011.14	24.18	9873.73
	30	503.83	641.50	372885.99	24.11	10489.06
	32	535.85	682.26	394361.31	24.04	11093.15
	34	567.66	722.77	415442.00	23.97	11686.13
	36	599.27	763.02	436132.92	23.91	12268.16
	38	630.69	803.02	456438.91	23.84	12839.35
	40	661.91	842.78	476364.76	23.77	13399.85
	42	692.94	882.28	495915.26	23.71	13949.80

续表

尺寸（mm）		每米重量（kg/m）	截面面积（cm²）	截面特性		
d	t			惯性矩 I（cm⁴）	回转半径 i（cm）	截面模量 W（cm³）
711	45	739.11	941.06	524547.58	23.61	14755.21
	48	784.83	999.27	552361.89	23.51	15537.61
	50	815.06	1037.77	570458.10	23.45	16046.64
	55	889.79	1132.91	614168.92	23.28	17276.20
	60	963.28	1226.48	655751.44	23.12	18445.89
	65	1035.54	1318.49	695275.90	22.96	19557.69
	70	1106.56	1408.92	732811.35	22.81	20613.54
762	20	365.98	465.98	321165.29	26.25	8429.54
	22	401.49	511.19	350487.88	26.18	9199.16
	24	436.80	556.16	379324.47	26.12	9956.02
	25	454.39	578.55	393562.21	26.08	10329.72
	28	506.84	645.33	435561.23	25.98	11432.05
	30	541.57	689.54	462972.11	25.91	12151.50
	32	576.09	733.50	489918.41	25.84	12858.75
	34	610.42	777.21	516405.41	25.78	13553.95
	36	644.55	820.67	542438.36	25.71	14237.23
	38	678.49	863.88	568022.48	25.64	14908.73
	40	712.22	906.83	593162.96	25.58	15568.58
	42	745.76	949.54	617864.95	25.51	16216.93
	45	795.70	1013.12	654106.99	25.41	17168.16
	48	845.20	1076.14	689391.15	25.31	18094.26
	50	877.95	1117.84	712390.19	25.24	18697.91
	55	958.96	1220.99	768091.16	25.08	20159.87
	60	1038.74	1322.57	821287.31	24.92	21556.10
	65	1117.29	1422.58	872054.90	24.76	22888.58
	70	1194.60	1521.02	920468.99	24.60	24159.29
	75	1270.68	1617.89	966603.45	24.44	25370.17
	80	1345.53	1713.18	1010531.01	24.29	26523.12
	85	1419.15	1806.91	1052323.18	24.13	27620.03
813	20	391.13	498.00	392010.05	28.06	9643.54
	22	429.16	546.42	428015.44	27.99	10529.29
	24	466.99	594.59	463463.34	27.92	11401.31
	25	485.83	618.58	480980.04	27.88	11832.23
	28	542.06	690.17	532709.78	27.78	13104.79
	30	579.30	737.59	566519.79	27.71	13936.53

续表

尺寸（mm）		每米重量（kg/m）	截面面积（cm²）	截面特性		
d	t			惯性矩 I（cm⁴）	回转半径 i（cm）	截面模量 W（cm³）
813	32	616.34	784.75	599795.27	27.65	14755.11
	34	653.18	831.66	632541.89	27.58	15560.69
	36	689.83	878.32	664765.27	27.51	16353.39
	38	726.28	924.73	696471.01	27.44	17133.36
	40	762.53	970.89	727664.70	27.38	17900.73
	42	798.59	1016.79	758351.87	27.31	18655.64
	45	852.30	1085.18	803444.96	27.21	19764.94
	48	905.57	1153.01	847429.27	27.11	20846.97
	50	940.84	1197.91	876145.21	27.04	21553.39
	55	1028.14	1309.07	945850.04	26.88	23268.14
	60	1114.21	1418.65	1012642.90	26.72	24911.26
	65	1199.04	1526.67	1076606.04	26.56	26484.77
	70	1282.64	1633.11	1137820.52	26.40	27990.66
	75	1365.01	1737.99	1196366.25	26.24	29430.90
	80	1446.15	1841.30	1252321.93	26.08	30807.43
	85	1526.05	1943.03	1305765.12	25.92	32122.14
914	25	548.10	697.87	690494.28	31.46	15109.28
	28	611.80	778.97	765709.80	31.35	16755.14
	30	654.02	832.73	814984.63	31.28	17833.36
	32	696.05	886.23	863571.91	31.22	18896.54
	34	737.87	939.49	911478.08	31.15	19944.82
	36	779.50	992.49	958709.53	31.08	20978.33
	38	820.93	1045.24	1005272.62	31.01	21997.21
	40	862.17	1097.74	1051173.69	30.94	23001.61
	42	903.20	1149.99	1096419.04	30.88	23991.66
	45	964.39	1227.90	1163071.32	30.78	25450.14
	48	1025.13	1305.24	1228283.39	30.68	26877.10
	50	1065.38	1356.48	1270968.32	30.61	27811.12
	55	1165.13	1483.49	1374961.20	30.44	30086.68
	60	1263.66	1608.94	1475145.31	30.28	32278.89
	65	1360.94	1732.81	1571614.79	30.12	34389.82
	70	1457.00	1855.11	1664462.62	29.95	36421.50
	75	1551.82	1975.85	1753780.59	29.79	38375.94

续表

尺寸（mm）		每米重量 (kg/m)	截面面积 (cm²)	截面特性		
d	t			惯性矩 I（cm⁴）	回转半径 i（cm）	截面模量 W（cm³）
914	80	1645.42	2095.01	1839659.33	29.63	40255.13
	85	1737.77	2212.60	1922188.27	29.47	42061.01
	90	1828.90	2328.62	2001455.69	29.32	43795.53
	95	1918.79	2443.08	2077548.65	29.16	45460.58
	100	2007.45	2555.96	2150553.07	29.01	47058.05
965	25	579.55	737.90	816210.41	33.26	16916.28
	28	647.02	823.81	905598.97	33.16	18768.89
	30	691.76	880.77	964216.23	33.09	19983.76
	32	736.29	937.48	1022061.36	33.02	21182.62
	34	780.64	993.94	1079141.20	32.95	22365.62
	36	824.78	1050.14	1135462.51	32.88	23532.90
	38	868.73	1106.10	1191032.04	32.81	24684.60
	40	912.48	1161.80	1245856.53	32.75	25820.86
	42	956.03	1217.25	1299942.64	32.68	26941.82
	45	1020.99	1299.96	1379701.95	32.58	28594.86
	48	1085.50	1382.10	1457837.26	32.48	30214.24
	50	1128.26	1436.55	1509036.21	32.41	31275.36
	55	1234.31	1571.57	1633961.83	32.24	33864.49
	60	1339.12	1705.02	1754580.15	32.08	36364.36
	65	1442.70	1836.90	1870991.34	31.91	38777.02
	70	1545.04	1967.21	1983294.39	31.75	41104.55
	75	1646.16	2095.95	2091587.09	31.59	43348.96
	80	1746.03	2223.12	2195966.08	31.43	45512.25
	85	1844.68	2348.72	2296526.80	31.27	47596.41
	90	1942.09	2472.75	2393363.54	31.11	49603.39
	95	2038.27	2595.21	2486569.39	30.95	51535.12
	100	2133.22	2716.10	2576236.25	30.80	53393.50
1016	25	610.99	777.94	956332.14	35.06	18825.44
	28	682.24	868.65	1061570.92	34.96	20897.07
	30	729.49	928.81	1130642.58	34.89	22256.74
	32	776.54	988.72	1198852.65	34.82	23599.46
	34	823.40	1048.38	1266208.33	34.75	24925.36
	36	870.06	1107.79	1332716.78	34.68	26234.58
	38	916.52	1166.95	1398385.13	34.62	27527.27
	40	962.78	1225.86	1463220.50	34.55	28803.55

续表

尺寸（mm）		每米重量 (kg/m)	截面面积 (cm²)	截面特性		
d	t			惯性矩 I (cm⁴)	回转半径 i (cm)	截面模量 W (cm³)
1016	42	1008.85	1284.51	1527229.95	34.48	30063.58
	45	1077.58	1372.02	1621710.93	34.38	31923.44
	48	1145.87	1458.97	1714373.09	34.28	33747.50
	50	1191.15	1516.62	1775149.02	34.21	34943.88
	55	1303.48	1659.65	1923643.29	34.05	37866.99
	60	1414.58	1801.10	2067301.10	33.88	40694.90
	65	1524.45	1940.99	2206228.61	33.71	43429.70
	70	1633.08	2079.31	2340530.83	33.55	46073.44
	75	1740.49	2216.06	2470311.58	33.39	48628.18
	80	1846.65	2351.23	2595673.48	33.23	51095.93
	85	1951.59	2484.84	2716718.01	33.07	53478.70
	90	2055.29	2616.88	2833545.44	32.91	55778.45
	95	2157.76	2747.34	2946254.87	32.75	57997.14
	100	2258.99	2876.24	3054944.24	32.59	60136.70
	105	2359.00	3003.57	3159710.29	32.43	62199.02
	110	2457.77	3129.32	3260648.58	32.28	64186.00
	115	2555.30	3253.51	3357853.51	32.13	66099.48
	120	2651.60	3376.13	3451418.29	31.97	67941.30

附录1.3 建筑结构用冷弯矩形钢管规格及截面特性（摘自 JG/T 178—2005）

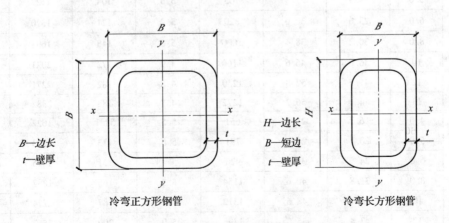

附图1.3 冷弯矩形钢管截面图

建筑结构用冷弯正方形钢管规格及截面特性

附表 1.3-1

边长 (mm)	壁厚 (mm)	理论重量 (kg/m)	截面面积 (cm²)	惯性矩 (cm⁴)	回转半径 (cm)	截面模量 (cm³)	扭转常数	
B	t	M	A	$I_x = I_y$	$r_x = r_y$	$W_{el.x} = W_{el.y}$	I_t (cm⁴)	C_t (cm³)
100	4.0	11.7	11.9	226	3.9	45.3	361	68.1
	5.0	14.4	18.4	271	3.8	54.2	439	81.7
	6.0	17.0	21.6	311	3.8	62.3	511	94.1
	8.0	21.4	27.2	366	3.7	73.2	644	114
	10	25.5	32.6	411	3.5	82.2	750	130
110	4.0	13.0	16.5	306	4.3	55.6	486	83.6
	5.0	16.0	20.4	368	4.3	66.9	593	100
	6.0	18.8	24.0	424	4.2	77.2	695	116
	8.0	23.9	30.4	505	4.1	91.9	879	143
	10	28.7	36.5	575	4.0	104.5	1032	164
120	4.0	14.2	18.1	402	4.7	67.0	635	101
	5.0	17.5	22.4	485	4.6	80.9	776	122
	6.0	20.7	26.4	562	4.6	93.7	910	141
	8.0	26.8	34.2	696	4.5	116	1155	174
	10	31.8	40.6	777	4.4	129	1376	202
130	4.0	15.5	19.8	517	5.1	79.5	815	119
	5.0	19.1	24.4	625	5.1	96.3	998	145
	6.0	22.6	28.8	726	5.0	112	1173	168
	8.0	28.9	36.8	883	4.9	136	1502	209
	10	35.0	44.6	1021	4.8	157	1788	245
	12	39.6	50.4	1075	4.6	165	1998	268
135	4.0	16.1	20.5	582	5.3	86.2	915	129
	5.0	19.9	25.3	705	5.3	104	1122	157
	6.0	23.6	30.0	820	5.2	121	1320	183
	8.0	30.2	38.4	1000	5.0	148	1694	228
	10	36.6	46.6	1160	4.9	172	2021	267
	12	41.5	52.8	1230	4.8	182	2271	294
	13	44.1	56.2	1272	4.7	188	2382	307
140	4.0	16.7	21.3	651	5.5	53.1	1022	140
	5.0	20.7	26.4	791	5.5	113	1253	170
	6.0	24.5	31.2	920	5.4	131	1475	198
	8.0	31.8	40.6	1154	5.3	165	1887	248
	10	38.1	48.6	1312	5.2	187	2274	291
	12	43.4	55.3	1398	5.0	200	2567	321
	13	46.1	58.8	1450	4.9	207	2698	336

续表

边长 (mm) B	壁厚 (mm) t	理论重量 (kg/m) M	截面面积 (cm^2) A	惯性矩 (cm^4) $I_x = I_y$	回转半径 (cm) $r_x = r_y$	截面模量 (cm^3) $W_{el.x} = W_{el.y}$	扭转常数	
							I_t (cm^4)	C_t (cm^3)
150	4.0	18.0	22.9	808	5.9	108	1265	162
	5.0	22.3	28.4	982	5.9	131	1554	197
	6.0	26.4	33.6	1146	5.8	153	1833	230
	8.0	33.9	43.2	1412	5.7	188	2364	289
	10	41.3	52.6	1652	5.6	220	2839	341
	12	47.1	60.1	1780	5.4	237	3230	380
	14	53.2	67.7	1915	5.3	255	3566	414
160	4.0	19.3	24.5	987	6.3	123	1540	185
	5.0	23.8	30.4	1202	6.3	150	1894	226
	6.0	28.3	36.0	1405	6.2	176	2234	264
	8.0	36.9	47.0	1776	6.1	222	2877	333
	10	44.4	56.6	2047	6.0	256	3490	395
	12	50.9	64.8	2224	5.8	278	3997	443
	14	57.6	73.3	2409	5.7	301	4437	486
170	4.0	20.5	26.1	1191	6.7	140	1856	210
	5.0	25.4	32.3	1453	6.7	171	2285	256
	6.0	30.1	38.4	1702	6.6	200	2701	300
	8.0	38.9	49.6	2118	6.5	249	3503	381
	10	47.5	60.5	2501	6.4	294	4232	453
	12	54.6	69.6	2737	6.3	322	4872	511
	14	62.0	78.9	2981	6.1	351	5435	563
180	4.0	21.8	27.7	1422	7.2	158	2210	237
	5.0	27.0	34.4	1737	7.1	193	2724	290
	6.0	32.1	40.8	2037	7.0	226	3223	340
	8.0	41.5	52.8	2546	6.9	283	4189	432
	10	50.7	64.6	3017	6.8	335	5074	515
	12	58.4	74.5	3322	6.7	369	5865	584
	14	66.4	84.5	3635	6.6	404	6569	645
190	4.0	23.0	29.3	1680	7.6	176	2607	265
	5.0	28.5	36.4	2055	7.5	216	3216	325
	6.0	33.9	43.2	2413	7.4	254	3807	381
	8.0	44.0	56.0	3208	7.3	319	4985	486
	10	53.8	68.6	3599	7.2	379	6018	581
	12	62.2	79.3	3985	7.1	419	6982	661
	14	70.8	90.2	4379	7.0	461	7847	733

续表

边长 (mm)	壁厚 (mm)	理论重量 (kg/m)	截面面积 (cm²)	惯性矩 (cm⁴)	回转半径 (cm)	截面模量 (cm³)	扭转常数	
B	t	M	A	$I_x = I_y$	$r_x = r_y$	$W_{el.x} = W_{el.y}$	I_t (cm⁴)	C_t (cm³)
200	4.0	24.3	30.9	1968	8.0	197	3049	295
	5.0	30.1	38.4	2410	7.9	241	3763	362
	6.0	35.8	45.6	2833	7.8	283	4459	426
	8.0	46.5	59.2	3566	7.7	357	5815	544
	10	57.0	72.6	4251	7.6	425	7072	651
	12	66.0	84.1	4730	7.5	473	8230	743
	14	75.2	95.7	5217	7.4	522	9276	828
	16	83.8	107	5625	7.3	562	10210	900
220	5.0	33.2	42.4	3238	8.7	294	5038	442
	6.0	39.6	50.4	3813	8.7	347	5976	521
	8.0	51.5	65.6	4828	8.6	439	7815	668
	10	63.2	80.6	5782	8.5	526	9533	804
	12	73.5	93.7	6487	8.3	590	11149	922
	14	83.9	107	7198	8.2	654	12625	1032
	16	93.9	119	7812	8.1	710	13971	1129
250	5.0	38.0	48.4	4805	10.0	384	7443	577
	6.0	45.2	57.6	5672	9.9	454	8843	681
	8.0	59.1	75.2	7229	9.8	578	11598	878
	10	72.7	92.6	8707	9.7	697	14197	1062
	12	84.8	108	9859	9.6	789	16691	1226
	14	97.1	124	11018	9.4	881	18999	1380
	16	109	139	12047	9.3	964	21146	1520
280	5.0	42.7	54.4	6810	11.2	486	10513	730
	6.0	50.9	64.8	8054	11.1	575	12504	863
	8.0	66.6	84.8	10317	11.0	737	16436	1117
	10	82.1	104	12479	10.9	891	20173	1356
	12	96.1	122	14232	10.8	1017	23804	1574
	14	110	140	15989	10.7	1142	27195	1779
	16	124	158	17580	10.5	1256	30393	1968
300	6.0	54.7	69.6	9964	12.0	664	15434	997
	8.0	71.6	91.2	12801	11.8	853	20312	1293
	10	88.4	113	15519	11.7	1035	24966	1572
	12	104	132	17767	11.6	1184	29514	1829
	14	119	153	20017	11.5	1334	33783	2073
	16	135	172	22076	11.4	1472	37837	2299
	19	156	198	24813	11.2	1654	43491	2608

续表

边长 (mm) B	壁厚 (mm) t	理论重量 (kg/m) M	截面面积 (cm²) A	惯性矩 (cm⁴) $I_x = I_y$	回转半径 (cm) $r_x = r_y$	截面模量 (cm³) $W_{el.x} = W_{el.y}$	扭转常数	
							I_t (cm⁴)	C_t (cm³)
320	6.0	58.4	74.4	12154	12.8	759	18789	1140
	8.0	76.6	97	15653	12.7	978	24753	1481
	10	94.6	120	19016	12.6	1188	30461	1804
	12	111	141	21843	12.4	1365	36066	2104
	14	128	163	24670	12.3	1542	41349	2389
	16	144	183	27276	12.2	1741	46393	2656
	19	167	213	30783	12.0	1924	53485	3022
350	6.0	64.1	81.6	16008	14.0	915	24683	1372
	7.0	74.1	94.4	18329	13.9	1047	28684	1582
	8.0	84.2	108	20618	13.9	1182	32557	1787
	10	104	133	25189	13.8	1439	40127	2182
	12	124	156	29054	13.6	1660	47598	2552
	14	141	180	32916	13.5	1881	54679	2905
	16	159	203	36511	13.4	2086	61481	3238
	19	185	236	41414	13.2	2367	71137	3700
380	8.0	91.7	117	26683	15.1	1404	41849	2122
	10	113	144	32570	15.0	1714	51645	2596
	12	134	170	37697	14.8	1984	61349	3043
	14	154	197	42818	14.7	2253	70586	3471
	16	174	222	47621	14.6	2506	79505	3878
	19	203	259	54240	14.5	2855	92254	4447
	22	231	294	60175	14.3	3167	104208	4968
400	8.0	96.5	123	31269	15.9	1564	48934	2362
	9.0	108	138	34785	15.9	1739	54721	2630
	10	120	153	38216	15.8	1911	60431	2892
	12	141	180	44319	15.7	2216	71843	3395
	14	163	208	50414	15.6	2521	82735	3877
	16	184	235	56153	15.5	2808	93279	4336
	19	215	274	64111	15.3	3206	108410	4982
	22	245	312	71304	15.1	3565	122676	5578
450	9.0	122	156	50087	17.9	2226	78384	3363
	10	135	173	55100	17.9	2449	86629	3702
	12	160	204	64164	17.7	2851	103150	4357
	14	185	236	73210	17.6	3254	119000	4989

续表

边长(mm)	壁厚(mm)	理论重量(kg/m)	截面面积(cm²)	惯性矩(cm⁴)	回转半径(cm)	截面模量(cm³)	扭转常数	
B	t	M	A	$I_x = I_y$	$r_x = r_y$	$W_{el.x} = W_{el.y}$	I_t (cm⁴)	C_t (cm³)
450	16	209	267	81802	17.5	3636	134431	5595
	19	245	312	93853	17.3	4171	156736	6454
	22	279	355	104919	17.2	4663	17791	7257
480	9.0	130	166	61128	19.1	2547	95412	3845
	10	144	184	67289	19.1	2804	105488	4236
	12	171	218	78517	18.9	3272	125698	4993
	14	198	252	89722	18.8	3738	145143	5723
	16	224	285	100407	18.7	4184	164111	6426
	19	262	334	115475	18.6	4811	191630	7428
	22	300	382	129413	18.4	5392	217978	8369
500	9.0	137	174	69324	19.9	2773	108034	4185
	10	151	193	76341	19.9	3054	119470	4612
	12	179	228	89187	19.8	3568	142420	5440
	14	207	264	102010	19.7	4080	164530	6241
	16	235	299	114260	19.6	4570	186140	7013
	19	275	350	131591	19.4	5264	217540	8116
	22	314	400	147690	19.2	5908	247690	9155

注：表中理论重量按钢密度7.85g/cm³计算。

建筑结构用冷弯长方形钢管规格和截面特性　　附表1.3-2

边长(mm)		壁厚(mm)	理论重量(kg/m)	截面面积(cm²)	惯性矩(cm⁴)		回转半径(cm)		截面模量(cm³)		扭转常数	
H	B	t	M	A	I_x	I_y	r_x	r_y	$W_{el.x}$	$W_{el.y}$	I_t (cm⁴)	C_t (cm³)
120	80	4.0	11.7	11.9	294	157	4.4	3.2	49.1	39.3	330	64.9
		5.0	14.4	18.3	353	188	4.4	3.2	58.8	46.9	401	77.7
		6.0	16.9	21.6	106	215	4.3	3.1	67.7	53.7	166	83.4
		7.0	19.1	24.4	438	232	4.2	3.1	73.0	58.1	529	99.1
		8.0	21.4	27.2	476	252	4.1	3.0	79.3	62.9	584	108
140	80	4.0	13.0	16.5	429	180	5.1	3.3	61.4	45.1	411	76.5
		5.0	15.9	20.4	517	216	5.0	3.2	73.8	53.9	499	91.8
		6.0	18.8	24.0	570	248	4.9	3.2	85.3	61.9	581	106
		8.0	23.9	30.4	708	293	4.8	3.1	101	73.3	731	129

续表

边长 (mm)		壁厚 (mm)	理论重量 (kg/m)	截面面积 (cm²)	惯性矩 (cm⁴)		回转半径 (cm)		截面模量 (cm³)		扭转常数	
H	B	t	M	A	I_x	I_y	r_x	r_y	$W_{el.x}$	$W_{el.y}$	I_t (cm⁴)	C_t (cm³)
150	100	4.0	14.9	18.9	594	318	5.6	4.1	79.3	63.7	661	105
		5.0	18.3	23.3	719	384	5.5	4.0	95.9	79.8	807	127
		6.0	21.7	27.6	834	444	5.5	4.0	111	88.8	915	147
		8.0	28.1	35.8	1039	519	5.4	3.9	138	110	1148	182
		10	33.4	42.6	1161	614	5.2	3.8	155	123	1426	211
160	60	4.0	13.0	16.5	500	106	5.5	2.5	62.5	35.4	294	63.8
		4.5	14.5	18.5	552	116	5.5	2.5	69.0	38.9	325	70.1
		6.0	18.9	24.0	693	144	5.4	2.4	86.7	48.0	410	87.0
	80	4.0	14.2	18.1	598	203	5.7	3.3	71.7	50.9	493	88.0
		5.0	17.5	22.4	722	214	5.7	3.3	90.2	61.0	599	106
		6.0	20.7	26.4	836	286	5.6	3.3	104	76.2	699	122
		8.0	26.8	33.6	1036	344	5.5	3.2	129	85.9	876	149
180	65	4.0	14.5	18.5	709	142	6.2	2.8	78.8	43.8	396	79.0
		4.5	16.3	20.7	784	156	6.1	2.7	87.1	48.1	439	87.0
		6.0	21.2	27.0	992	194	6.0	2.7	110	59.8	557	108
180	100	4.0	16.7	21.3	926	374	6.6	4.2	103	74.7	853	127
		5.0	20.7	26.3	1124	452	6.5	4.1	125	90.3	1012	154
		6.0	24.5	31.2	1309	524	6.4	4.1	145	104	1223	179
		8.0	31.5	40.4	1643	651	6.3	4.0	182	130	1554	222
		10	38.1	48.5	1859	736	6.2	3.9	206	147	1858	259
200	100	4.0	18.0	22.9	1200	410	7.2	4.2	120	82.2	984	142
		5.0	22.3	28.3	1459	497	7.2	4.2	146	99.4	1204	172
		6.0	26.1	33.6	1703	577	7.1	4.1	170	115	1413	200
		8.0	34.4	43.8	2146	719	7.0	4.0	215	144	1798	249
		10	41.2	52.6	2444	818	6.9	3.9	244	163	2154	292
200	120	4.0	19.3	24.5	1353	618	7.4	5.0	135	103	1345	172
		5.0	23.8	30.4	1649	750	7.4	5.0	165	125	1652	210
		6.0	28.3	36.0	1929	874	7.3	4.9	193	146	1947	245
		8.0	36.5	46.4	2386	1079	7.2	4.8	239	180	2507	308
		10	44.4	56.6	2806	1262	7.0	4.7	281	210	3007	364
200	150	4.0	21.2	26.9	1584	1021	7.7	6.2	158	136	1942	219
		5.0	26.2	33.4	1935	1245	7.6	6.1	193	166	2391	267
		6.0	31.1	39.6	2268	1457	7.5	6.0	227	194	2826	312
		8.0	40.2	51.2	2892	1815	7.4	6.0	283	242	3664	396
		10	49.1	62.6	3348	2143	7.3	5.8	335	286	4428	471
		12	56.6	72.1	3668	2353	7.1	5.7	367	314	5099	532
		14	64.2	81.7	4004	2564	7.0	5.6	400	342	5691	586

续表

边长 (mm)		壁厚 (mm)	理论重量 (kg/m)	截面面积 (cm²)	惯性矩 (cm⁴)		回转半径 (cm)		截面模量 (cm³)		扭转常数	
H	B	t	M	A	I_x	I_y	r_x	r_y	$W_{el.x}$	$W_{el.y}$	I_t (cm⁴)	C_t (cm³)
220	140	4.0	21.8	27.7	1892	948	8.3	5.8	172	135	1987	224
		5.0	27.0	34.4	2313	1155	8.2	5.8	210	165	2447	274
		6.0	32.1	40.8	2714	1352	8.1	5.7	247	193	2891	321
		8.0	41.5	52.8	3389	1685	8.0	5.6	308	241	3746	407
		10	50.7	64.6	4017	1989	7.8	5.5	365	284	4523	484
		12	58.5	74.5	4408	2187	7.7	5.4	401	312	5206	546
		13	62.5	79.6	4624	2292	7.6	5.4	420	327	5517	575
250	150	4.0	24.3	30.9	2697	1234	9.3	6.3	216	165	2665	275
		5.0	30.1	38.4	3304	1508	9.3	6.3	264	201	3285	337
		6.0	35.8	45.6	3886	1768	9.2	6.2	311	236	3886	396
		8.0	46.5	59.2	4886	2219	9.1	6.1	391	296	5050	504
		10	57.0	72.6	5825	2634	9.0	6.0	466	351	6121	602
		12	66.0	84.1	6458	2925	8.8	5.9	517	390	7088	684
		14	75.2	95.7	7114	3214	8.6	5.8	569	429	7954	759
250	200	5.0	34.0	43.4	4055	2885	9.7	8.2	324	289	5257	457
		6.0	40.5	51.6	4779	3397	9.6	8.1	382	340	6237	538
		8.0	52.8	67.2	6057	4304	9.5	8.0	485	430	8136	691
		10	64.8	82.6	7266	5154	9.4	7.9	581	515	9950	832
		12	75.4	96.1	8159	5792	9.2	7.8	653	579	11640	955
		14	86.1	110	9066	6430	9.1	7.6	725	643	13185	1069
		16	96.4	123	9853	6983	9.0	7.5	788	698	14596	1171
260	180	5.0	33.2	42.4	4121	2350	9.9	7.5	317	261	4695	426
		6.0	39.6	50.4	4856	2763	9.8	7.4	374	307	5566	501
		8.0	51.5	65.6	6145	3493	9.7	7.3	473	388	7267	642
		10	63.2	80.6	7363	4174	9.5	7.2	566	646	8850	772
		12	73.5	93.7	8245	4679	9.4	7.1	634	520	10328	884
		14	84.0	107	9147	5182	9.3	7.0	703	576	11673	988
300	200	5.0	38.0	48.4	6241	3361	11.4	8.3	416	336	6836	552
		6.0	45.2	57.6	7370	3962	11.3	8.3	491	396	8115	651
		8.0	59.1	75.2	9389	5042	11.2	8.2	626	504	10627	838
		10	72.7	92.6	11313	6058	11.1	8.1	754	606	12987	1012
		12	84.8	108	12788	6854	10.9	8.0	853	685	15236	1167
		14	97.1	124	14287	7643	10.7	7.9	952	764	17307	1311
		16	109	139	15617	8340	10.6	7.8	1041	834	19223	1442

续表

边长 (mm)		壁厚 (mm)	理论重量 (kg/m)	截面面积 (cm²)	惯性矩 (cm⁴)		回转半径 (cm)		截面模量 (cm³)		扭转常数	
H	B	t	M	A	I_x	I_y	r_x	r_y	$W_{el.x}$	$W_{el.y}$	I_t (cm⁴)	C_t (cm³)
350	200	5.0	41.9	53.4	9032	3836	13.0	8.5	516	384	8475	647
		6.0	49.9	63.6	10682	4527	12.9	8.4	610	453	10065	764
		8.0	65.3	83.2	13662	5779	12.8	8.3	781	578	13189	986
		10	80.5	102	16517	6961	12.7	8.2	944	696	16137	1193
		12	94.2	120	18768	7915	12.5	8.1	1072	792	18962	1379
		14	108	138	21055	8856	12.4	8.0	1203	886	21578	1554
		16	121	155	23114	9698	12.2	7.9	1321	970	24016	1713
350	250	5.0	45.8	58.4	10520	6306	13.4	10.4	601	504	12234	817
		6.0	54.7	69.6	12457	7458	13.4	10.3	712	594	14554	967
		8.0	71.6	91.2	16001	9573	13.2	10.2	914	766	19136	1253
		10	88.4	113	19407	11588	13.1	10.1	1109	927	23500	1522
		12	104	132	22196	13261	12.9	10.0	1268	1060	27749	1770
		14	119	152	25008	14921	12.8	9.9	1429	1193	31729	2003
		16	134	171	27580	16434	12.7	9.8	1575	1315	34497	2220
350	300	7.0	68.6	87.4	16270	12874	13.6	12.1	930	858	22599	1347
		8.0	77.9	99.2	18341	14506	13.6	12.1	1048	967	25633	1520
		10	96.2	122	22298	17623	13.5	12.0	1274	1175	31548	1852
		12	113	144	25625	20257	13.3	11.9	1464	1350	37358	2161
		14	130	166	28962	22883	13.2	11.7	1655	1526	42837	2454
		16	146	187	32046	25305	13.1	11.6	1831	1687	48072	2729
		19	170	217	36204	28569	12.9	11.5	2069	1904	55439	3107
400	200	6.0	54.7	69.6	14789	5092	14.5	8.6	739	509	12069	877
		8.0	71.6	91.2	18974	6517	14.4	8.5	949	652	15820	1133
		10	88.4	113	23003	7864	14.3	8.4	1150	786	19368	1373
		12	104	132	26248	8977	14.1	8.2	1312	898	22782	1591
		14	119	152	29545	10069	13.9	8.1	1477	1007	25956	1796
		16	134	171	32546	11055	13.8	8.0	1627	1105	28928	1983
400	250	5.0	49.7	63.4	14440	7056	15.1	10.6	722	565	14773	937
		6.0	59.4	75.6	17118	8352	15.0	10.5	856	668	17580	1110
		8.0	77.9	99.2	22048	10744	14.9	10.4	1102	860	23127	1440
		10	96.2	122	26806	13029	14.8	10.3	1340	1042	28423	1753
		12	113	144	30766	14926	14.6	10.2	1538	1197	33597	2042
		14	130	166	34762	16872	14.5	10.1	1738	1350	38460	2315
		16	146	187	38448	19628	14.3	10.0	1922	1490	43083	2570

续表

边长 (mm)		壁厚 (mm)	理论重量 (kg/m)	截面面积 (cm²)	惯性矩 (cm⁴)		回转半径 (cm)		截面模量 (cm³)		扭转常数	
H	B	t	M	A	I_x	I_y	r_x	r_y	$W_{el.x}$	$W_{el.y}$	I_t (cm⁴)	C_t (cm³)
400	300	7.0	74.1	94.4	22261	14376	15.4	12.3	1113	958	27477	1547
		8.0	84.2	107	25152	16212	15.3	12.3	1256	1081	31179	1747
		10	104	133	30609	19726	15.2	12.2	1530	1315	38407	2132
		12	122	156	35284	22747	15.0	12.1	1764	1516	45527	2492
		14	141	180	39979	25748	14.9	12.0	1999	1717	52267	2835
		16	159	203	44350	28535	14.8	11.9	2218	1902	58731	3159
		19	185	236	50309	32326	14.6	11.7	2515	2155	67883	3607
450	250	6.0	64.1	81.6	22724	9245	16.7	10.6	1010	740	20687	1253
		8.0	84.2	107	29336	11916	16.5	10.5	1304	953	27222	1628
		10	104	133	35737	14470	16.4	10.4	1588	1158	33473	1983
		12	132	156	41137	16663	16.2	10.3	1828	1333	39591	2314
		14	141	180	46587	18824	16.1	10.2	2070	1506	45358	2627
		16	159	203	51651	20821	16.0	10.1	2295	1666	50857	2921
450	350	7.0	85.1	108	32867	22448	17.4	14.4	1461	1283	41688	2053
		8.0	96.7	123	37151	25360	17.4	14.3	1651	1449	47354	2322
		10	120	153	45418	30971	17.3	14.2	2019	1770	58458	2842
		12	141	180	52650	35911	17.1	14.1	2340	2052	69468	3335
		14	163	208	59898	40823	17.0	14.0	2662	2333	79967	3807
		16	184	235	66727	45443	16.9	13.9	2966	2597	90121	4257
		19	215	274	76195	51834	16.7	13.8	3386	2962	104670	4889
450	400	9.0	115	147	45711	38225	17.6	16.1	2032	1911	65371	2938
		10	127	163	50259	42019	17.6	16.1	2234	2101	72219	3272
		12	151	192	58407	48837	17.4	15.9	2596	2442	85923	3846
		14	174	222	66554	55631	17.3	15.8	2958	2782	99037	4398
		16	197	251	74264	62055	17.2	15.7	3301	3103	111766	4926
		19	230	293	85024	71012	17.0	15.6	3779	3551	130101	5671
		22	262	334	94835	79171	16.9	15.4	4215	3959	147482	6363
500	200	9.0	94.2	120	36774	8847	17.5	8.6	1471	885	23642	1584
		10	104	133	40321	9671	17.4	8.5	1613	967	26005	1734
		12	123	156	46312	11101	17.2	8.4	1853	1110	30620	2016
		14	141	180	52390	12496	17.1	8.3	2095	1250	34934	2280
		16	159	203	58015	13771	16.9	8.2	2320	1377	38999	2526

续表

边长 (mm)		壁厚 (mm)	理论重量 (kg/m)	截面面积 (cm²)	惯性矩 (cm⁴)		回转半径 (cm)		截面模量 (cm³)		扭转常数	
H	B	t	M	A	I_x	I_y	r_x	r_y	$W_{el.x}$	$W_{el.y}$	I_t (cm⁴)	C_t (cm³)
500	250	9.0	101	129	42199	14521	18.1	10.6	1688	1161	35044	2017
		10	112	143	46324	15911	18.0	10.6	1853	1273	38624	2214
		12	132	168	53457	18363	17.8	10.5	2138	1469	45701	2585
		14	152	194	60659	20776	17.7	10.4	2426	1662	58778	2939
		16	172	219	67389	23015	17.6	10.3	2696	1841	37358	3272
500	300	10	120	153	52328	23933	18.5	12.5	2093	1596	52736	2693
		12	141	180	60604	27726	18.3	12.4	2424	1848	62581	3156
		14	163	208	68928	31478	18.2	12.3	2757	2099	71947	3599
		16	184	235	76763	34994	18.1	12.2	3071	2333	80972	4019
		19	215	274	87609	39838	17.9	12.1	3504	2656	93845	4606
500	400	9.0	122	156	58474	41666	19.4	16.3	2339	2083	76740	3318
		10	135	173	64334	45823	19.3	16.3	2573	2291	84403	3653
		12	160	204	74895	53355	19.2	16.2	2996	2668	100471	4298
		14	185	236	85466	60848	19.0	16.1	3419	3042	115881	4919
		16	209	267	95510	67957	18.9	16.0	3820	3398	130866	5515
		19	245	312	109600	77913	18.7	15.8	4384	3896	152512	6360
		22	279	356	122539	87039	18.6	15.6	4902	4352	173112	7148
500	450	10	143	183	70337	59941	19.6	18.1	2813	2664	101581	4132
		12	170	216	82040	69920	19.5	18.0	3282	3108	121022	4869
		14	196	250	93736	79865	19.4	17.9	3749	3550	139716	5580
		16	222	283	104884	89340	19.3	17.8	4195	3971	157943	6264
		19	260	331	120595	102683	19.1	17.6	4824	4564	184368	7238
		22	297	378	135115	115003	18.9	17.4	5405	5111	209643	8151
500	480	10	148	189	73939	69499	19.8	19.2	2958	2896	112236	4420
		12	175	223	86328	81146	19.7	19.1	3453	3381	133767	5211
		14	203	258	98697	92763	19.6	19.0	3948	3865	154499	5977
		16	229	292	110508	103853	19.4	18.8	4420	4327	174736	6713
		19	269	342	127193	119515	19.3	18.7	5088	4980	204127	7765
		22	307	391	142660	134031	19.1	18.5	5706	5585	232306	8753

附录1.4 热轧H型钢和剖分T型钢规格及截面特性
（摘自 GB/T 11263—2005）

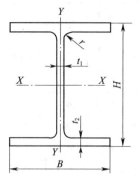

H—高度；B—宽度；t_1—腹板厚度；
t_2—翼缘厚度；r—圆角半径

附图 1.4-1 热轧 H 型钢截面图

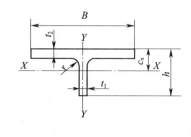

h—高度；B—宽度；t_1—腹板厚度；
t_2—翼缘厚度；c_x—重心；r—圆角半径

附图 1.4-2 剖分 T 型钢截面图

热轧 H 型钢规格及截面特性　　　　　　　　附表 1.4-1

类别	型号 （高度×宽度） （mm×mm）	截面尺寸（mm）					截面面积 （cm²）	理论重量 （kg/m）	惯性矩 （cm⁴）		回转半径 （cm）		截面模量 （cm³）	
		H	B	t_1	t_2	r			I_X	I_Y	i_X	i_Y	W_X	W_Y
HW	100×100	100	100	6	8	8	21.59	16.9	386	134	4.23	2.49	77.1	26.7
	125×125	125	125	6.5	9	8	30.00	23.6	843	293	5.30	3.13	135	46.9
	150×150	150	150	7	10	8	39.65	31.1	1620	563	6.39	3.77	216	75.1
	175×175	175	175	7.5	11	13	51.43	40.4	2918	983	7.53	4.37	334	112
	200×200	200	200	8	12	13	63.53	49.9	4717	1601	8.62	5.02	472	160
		200	204	12	12	13	71.53	56.2	4984	1701	8.35	4.88	498	167
	250×250	244	252	11	11	13	81.31	63.8	8573	2937	10.27	6.01	703	233
		250	250	9	14	13	91.43	71.8	10689	3648	10.81	6.32	855	292
		250	255	14	14	13	103.93	81.6	11340	3875	10.45	6.11	907	304
	300×300	294	302	12	12	13	106.33	83.5	16384	5513	12.41	7.20	1115	365
		300	300	10	15	13	118.45	93.0	20010	6753	13.00	7.55	1334	450
		300	305	15	15	13	133.45	104.8	21135	7102	12.58	7.29	1409	466
	350×350	338	351	13	13	13	133.27	104.6	27352	9376	14.33	8.39	1618	534
		344	348	10	16	13	144.01	113.0	32545	11242	15.03	8.84	1892	646
		344	354	16	16	13	164.65	129.3	34581	11841	14.49	8.48	2011	669
		350	350	12	19	13	171.89	134.9	39637	13582	15.19	8.89	2265	776
		350	357	19	19	13	196.39	154.2	42138	14427	14.65	8.57	2408	808
	400×400	388	402	15	15	22	178.45	140.1	48040	16255	16.41	9.54	2476	809

续表

类别	型号 (高度×宽度) (mm×mm)	截面尺寸 (mm)					截面面积 (cm²)	理论重量 (kg/m)	惯性矩 (cm⁴)		回转半径 (cm)		截面模量 (cm³)	
		H	B	t_1	t_2	r			I_X	I_Y	i_X	i_Y	W_X	W_Y
HW	400×400	394	398	11	18	22	186.81	146.6	55597	18920	17.25	10.06	2822	951
		394	405	18	18	22	214.39	168.3	59165	19951	16.61	9.65	3003	985
		400	400	13	21	22	218.69	171.7	66455	22410	17.43	10.12	3323	1120
		400	408	21	21	22	250.69	196.8	70722	23804	16.80	9.74	3536	1167
		414	405	18	28	22	295.39	231.9	93518	31022	17.79	10.25	4518	1532
HW	400×400	428	407	20	35	22	360.65	283.1	12089	39357	18.31	10.45	5649	1934
		458	417	30	50	22	528.55	414.9	19093	60516	19.01	10.70	8338	2902
		*498	432	45	70	22	770.05	604.5	30473	94346	19.89	1107	12238	4368
	*500×500	492	465	15	20	22	257.95	202.5	115559	33531	21.17	11.40	4698	1442
		502	465	15	25	22	304.45	239.0	145012	41910	21.82	11.73	5777	1803
		502	470	20	25	22	329.55	258.7	150283	43295	21.35	11.46	5987	1842
HM	150×100	148	100	6	9	8	26.35	20.7	995.3	150.3	6.15	2.39	134.5	30.1
	200×150	194	150	6	9	8	38.11	29.9	2586	506.6	8.24	3.65	266.6	67.6
	250×175	244	175	7	11	13	55.49	43.6	5908	983.5	10.32	4.21	484.3	112.4
	300×200	294	200	8	12	13	71.05	55.8	10858	1602	12.36	4.75	738.6	160.2
HM	350×250	340	250	9	14	13	99.53	78.1	20867	3648	14.48	6.05	1227	291.9
	400×300	390	300	10	16	13	133.25	104.6	37363	7203	16.75	7.35	1916	480.2
	450×300	440	300	11	18	13	153.89	120.8	54067	8105	18.74	7.26	2458	540.3
	500×300	482	300	11	15	13	141.17	110.8	57212	6756	20.13	6.92	2374	450.4
		488	300	11	18	13	159.17	124.9	67916	8106	20.66	7.14	2783	540.4
	550×300	544	300	11	15	13	147.99	116.2	74874	6756	22.49	6.76	2753	450.4
		550	300	11	18	13	165.99	130.3	88470	8106	23.09	6.99	3217	540.4
	600×300	582	300	12	17	13	169.21	132.8	97287	7659	23.98	6.73	3343	510.6
		588	300	12	20	13	187.12	147.0	112827	9009	24.55	6.94	3838	600.6
		594	302	14	23	13	217.09	170.4	132179	10572	24.68	6.98	4450	700.1
HN	100×50	100	50	5	7	8	11.85	9.3	191.0	14.7	4.02	1.11	38.2	5.9
	125×60	125	60	6	8	8	16.69	13.1	407.7	29.1	4.94	1.32	65.2	9.7
	150×75	150	75	5	7	8	17.85	14.0	645.7	49.4	6.01	1.66	86.1	13.2
	175×90	175	90	5	8	8	22.90	18.0	1174	97.4	7.16	2.06	134.2	21.6
	200×100	198	99	4.5	7	8	22.69	17.8	1484	113.4	8.09	2.24	149.9	22.9
		200	100	5.5	8	8	26.67	20.9	1753	133.7	9.11	2.24	175.3	26.7
	250×125	248	124	5	8	8	31.99	25.1	3346	254.5	10.23	2.82	269.8	41.1
		250	125	6	9	8	36.97	29.0	3868	293.5	10.23	2.82	309.4	47.0
	300×150	298	149	5.5	8	13	40.80	32.0	5911	441.7	12.04	3.29	396.7	59.3

续表

类别	型号 (高度×宽度) (mm×mm)	截面尺寸 (mm)					截面面积 (cm²)	理论重量 (kg/m)	惯性矩 (cm⁴)		回转半径 (cm)		截面模量 (cm³)	
		H	B	t_1	t_2	r			I_X	I_Y	i_X	i_Y	W_X	W_Y
HN	300×150	300	150	6.5	9	13	46.78	36.7	6829	507.2	12.08	3.29	455.3	67.6
	350×175	346	174	6	9	13	52.45	41.2	10456	791.1	14.12	3.88	604.4	90.9
		350	175	7	11	13	62.91	49.4	12980	983.9	14.36	39.5	741.7	112.4
	400×150	400	150	8	13	13	70.37	55.2	17906	733.2	15.95	3.23	895.3	97.8
	400×200	396	199	7	11	13	71.41	56.1	19023	1446	16.32	4.50	960.8	145.3
		400	200	8	13	13	83.37	65.4	22775	1735	16.53	4.56	1139	173.5
	450×200	446	199	8	12	13	82.97	65.1	27146	1578	18.09	4.36	1217	158.6
		450	200	9	14	13	95.43	74.9	31973	1870	18.30	4.43	1421	187.0
	500×200	496	199	9	14	13	99.29	77.9	39628	1842	19.98	4.31	1598	185.1
		500	200	10	16	13	112.25	88.1	45685	2138	20.17	4.36	1827	213.8
		506	201	11	19	13	129.31	101.5	51478	2577	20.53	4.46	2153	256.4
	550×200	546	199	9	14	13	103.79	81.5	49245	1842	21.78	4.21	1804	185.2
		550	200	10	16	13	149.25	117.2	79515	7205	23.08	6.95	2891	480.3
	600×200	596	199	10	15	13	117.75	92.4	64739	1975	23.45	4.10	2172	198.5
		600	200	11	17	13	131.71	103.4	73749	2273	23.66	4.15	2458	227.3
		606	201	12	20	13	149.77	117.6	86656	2716	24.05	4.26	2860	270.2
	650×300	646	299	10	15	13	152.75	119.9	107794	6688	26.56	6.62	3337	447.4
		650	300	11	17	13	171.21	134.4	122739	7657	26.77	6.69	3777	510.5
		656	301	12	20	13	195.77	153.7	144433	9100	27.16	6.82	4403	604.6
	700×300	692	300	13	20	18	207.54	162.9	164101	9014	28.12	6.59	4743	600.9
		700	300	13	24	18	231.54	181.8	193622	10814	28.92	6.83	5532	720.9
	750×300	734	299	12	16	18	182.70	143.4	155539	7140	29.18	6.25	4238	477.6
	750×300	742	300	13	20	18	214.04	168.0	191989	9015	29.95	6.49	5175	601.0
		750	300	13	24	18	238.04	186.9	225863	10815	30.80	6.74	6023	721.0
		758	303	16	28	18	284.78	223.6	271350	13008	30.87	6.76	7160	858.6
HN	800×300	792	300	14	22	18	239.50	188.0	242399	9919	31.81	6.44	6121	661.3
		800	300	14	26	18	263.50	206.8	280925	11719	32.65	6.67	7023	781.3
	850×300	834	298	14	19	18	227.46	178.6	243858	8400	32.74	6.08	5848	563.8
		842	299	15	23	18	259.72	203.9	291216	10271	33.49	6.29	6917	687.0
		850	300	16	27	18	292.14	229.3	339670	12179	34.10	6.46	7992	812.0
		858	301	17	31	18	324.72	254.9	389234	14125	34.62	6.60	9073	938.5
	900×300	890	299	15	23	18	266.92	209.5	330588	10273	35.19	6.20	7429	687.1
HN	900×300	900	300	16	28	18	305.82	240.1	397241	12631	36.04	6.43	8828	842.1
		912	302	18	34	18	360.06	282.6	484615	15562	36.69	6.59	10628	1037

续表

类别	型号 (高度×宽度) (mm×mm)	截面尺寸（mm）					截面面积 (cm^2)	理论重量 (kg/m)	惯性矩 (cm^4)		回转半径 (cm)		截面模量 (cm^3)	
		H	B	t_1	t_2	r			I_X	I_Y	i_X	i_Y	W_X	W_Y
HN	1000×300	970	297	16	21	18	276.00	216.7	382977	9203	37.25	5.77	7896	619.7
		980	298	17	26	18	315.50	247.7	462157	11508	38.27	6.04	9432	772.3
		990	298	17	31	18	345.30	271.1	535201	13713	39.37	6.30	10812	920.3
		100	300	19	36	18	395.10	310.2	626396	16256	39.82	6.41	12528	1084
		1008	302	21	40	18	439.26	344.8	704572	18437	40.05	6.48	13980	1221
HT	100×50	95	48	3.2	4.5	8	7.62	6.0	109.7	8.4	3.79	1.05	23.1	3.5
		97	49	4	5.5	8	9.38	7.4	141.8	10.9	3.89	1.08	29.2	4.4
	100×100	96	99	4.5	6	8	16.21	12.7	272.7	97.1	4.10	2.45	56.8	19.6
	125×60	118	58	3.2	4.5	8	9.26	7.3	202.4	14.7	4.68	1.26	34.3	5.1
		120	59	4	5.5	8	11.40	8.9	259.7	18.9	4.77	1.29	43.3	6.4
	125×125	119	123	4.5	6	8	20.12	15.8	523.6	186.2	5.10	3.04	88.0	30.3
	150×75	145	73	3.2	4.5	8	11.47	9.0	383.2	29.3	5.78	1.60	52.9	8.0
		147	74	4	5.5	8	14.13	11.1	488.0	37.3	5.88	1.62	66.4	10.1
	150×100	139	97	3.2	4.5	8	13.44	10.5	447.3	68.5	5.77	2.26	64.4	14.1
		142	99	4.5	6	8	18.28	14.3	632.7	97.2	5.88	2.31	89.1	19.6
	150×150	144	148	5	7	8	27.77	21.8	1070	378.4	6.21	3.69	148.6	51.1
		147	149	6	8.5	8	33.68	26.4	1338	468.9	6.30	3.73	182.1	62.9
	175×90	168	88	3.2	4.5	8	13.56	10.6	619.6	51.2	6.76	1.94	73.8	11.6
		171	89	4	6	8	17.59	13.8	852.1	70.6	6.96	2.00	99.7	15.9
	175×175	167	173	5	7	13	33.32	26.2	1731	604.5	7.21	4.26	207.2	69.9
		172	175	6.5	9.5	13	44.65	35.0	2466	849.2	7.43	4.36	286.8	97.1
	200×100	193	98	3.2	4.5	8	15.26	12.0	921.0	70.7	7.77	2.15	95.4	14.4
		196	99	4	6	8	19.79	15.5	1260	97.2	7.89	2.22	128.6	19.6
	200×150	188	149	4.5	6	8	26.35	20.7	1669	331.0	7.96	3.54	177.6	44.4
	200×200	192	198	6	8	13	43.69	34.3	2984	1036	8.26	4.87	310.8	104.6
	250×125	244	124	4.5	6	13	25.87	20.3	2529	190.9	9.89	2.72	207.2	30.8
	250×175	238	173	4.5	8	13	39.12	30.7	4045	690.8	10.17	4.20	339.9	79.9
	300×150	294	148	4.5	6	13	31.90	25.0	4342	324.6	11.67	3.19	295.4	43.9
	300×200	286	198	6	8	13	49.33	38.7	7000	1036	11.91	4.58	489.5	104.6
	350×175	340	173	4.5	6	13	36.97	29.0	6823	518.3	13.58	3.74	401.3	59.9
	400×150	390	148	6	8	13	47.57	37.3	10900	433.2	15.14	3.02	559.0	58.5
	400×200	390	198	6	8	13	55.57	43.6	13819	1036	15.77	4.32	708.7	104.6

注：1. 同一型号的产品，其内侧尺寸高度一致；
  2. 截面面积计算公式为："$t_1(H-2t_2)+2Bt_2+0.858r^2$"；
  3. "*"所示规格表示国内暂不能生产；
  4. HW：宽翼缘H型钢；HM：中翼缘H型钢；HN：窄翼缘H型钢；HT：薄壁H型钢。

剖分 T 型钢规格及截面特性

附表 1.4-2

类别	型号 (高度×宽度) (mm×mm)	截面尺寸 (mm)					截面面积 (cm^2)	理论重量 (kg/m)	惯性矩 (cm^4)		回转半径 (cm)		截面模量 (cm^3)		重心 C_X	对应H型钢系列号
		h	B	t_1	t_2	r			I_X	I_Y	i_X	i_Y	W_X	W_Y		
TW	50×100	50	100	6	8	8	10.79	8.47	16.7	67.7	1.23	2.49	4.2	13.5	1.00	100×100
	62.5×125	62.5	125	6.5	9	8	15.00	11.8	35.2	147.1	1.53	3.13	6.9	23.5	1.19	125×125
	75×150	75	150	7	10	8	19.82	15.6	66.6	271.9	1.83	3.77	10.9	37.6	1.37	150×150
	87.5×175	87.5	175	7.5	11	13	25.71	20.2	115.8	494.4	2.12	4.38	16.1	56.5	1.55	175×175
	100×200	100	200	8	12	13	31.77	24.9	185.6	803.3	2.42	5.03	22.4	80.3	1.73	200×200
		100	204	12	12	13	35.77	28.1	256.3	853.6	2.68	4.89	32.4	83.7	2.09	
	125×250	125	250	9	14	13	45.72	35.9	413.0	1827	3.01	6.32	39.6	146.1	2.08	250×250
		125	255	14	14	13	51.97	40.8	589.3	1491	3.37	6.11	59.4	152.2	2.58	
	150×300	147	302	12	12	13	53.17	41.7	855.8	2760	4.01	7.20	72.2	182.8	2.85	300×300
		150	300	10	15	13	59.23	46.5	798.7	3379	3.67	7.55	63.8	225.3	2.47	
		150	305	15	15	13	66.73	52.4	1107	3554	4.07	7.30	92.6	233.1	3.04	300×300
	175×350	172	348	10	16	13	72.01	56.5	1231	5624	4.13	8.84	84.7	323.2	2.67	350×350
		175	350	12	19	13	85.95	67.5	1520	6794	4.21	8.89	103.9	388.2	2.87	
	200×400	194	402	15	15	22	89.23	70.0	2479	8150	5.27	9.56	157.9	405.5	3.70	400×400
		197	398	11	18	22	93.41	73.3	2052	9481	4.69	10.07	122.9	476.4	3.01	
		200	400	13	21	22	109.35	85.8	2483	1122	4.77	10.13	147.9	561.3	3.21	
		200	408	21	21	22	125.35	98.4	3654	1192	5.40	9.75	229.4	584.7	4.07	
		207	405	18	28	22	147.70	115.9	3634	1553	4.96	10.26	213.6	767.2	3.68	
		214	407	20	35	22	180.33	141.6	4393	1970	4.94	10.45	251.0	968.2	3.90	
TM	75×100	74	100	6	9	8	13.17	10.3	51.7	75.6	1.98	2.39	8.9	15.1	1.56	150×100
	100×150	97	150	6	9	8	19.05	15.0	124.4	253.7	2.56	3.65	15.8	33.8	1.80	200×150
	125×175	122	175	7	11	13	27.75	21.8	288.3	494.4	3.22	4.22	29.1	56.5	2.28	250×175
	150×200	147	200	8	12	13	35.53	27.9	570.0	803.5	4.01	4.76	48.1	80.3	2.85	300×200
	175×250	170	250	9	14	13	49.77	39.1	1016	1827	4.52	6.06	73.1	146.1	3.11	350×250
	200×300	195	300	10	16	13	66.63	52.3	1730	3605	5.10	7.36	107.7	240.3	3.43	400×300
	225×300	220	300	11	18	13	76.95	60.4	2680	4056	5.90	7.26	149.6	270.4	4.09	450×300
	250×300	241	300	11	15	13	70.59	55.4	3399	3381	6.94	6.92	178.0	225.4	5.00	500×300
		244	300	11	18	13	79.59	62.5	3615	4056	6.74	7.14	183.7	270.4	4.72	
	275×300	272	300	11	15	13	74.00	58.1	4789	3381	8.04	6.76	225.4	225.4	5.96	550×300
		275	300	11	18	13	83.00	65.2	5093	4056	7.83	6.99	232.5	270.4	5.59	
	300×300	291	300	12	17	13	84.61	66.4	6324	3832	8.65	6.73	280.0	255.5	6.51	600×300
		294	300	12	20	13	93.61	73.5	6691	4507	8.45	6.94	288.1	300.5	6.17	
		297	302	14	23	13	108.55	85.2	7917	5289	8.54	6.98	339.9	350.3	6.41	
TN	50×50	50	50	5	7	8	5.92	4.7	11.9	7.8	1.42	1.14	3.2	3.1	1.28	100×50

续表

类别	型号（高度×宽度）（mm×mm）	截面尺寸（mm）					截面面积（cm^2）	理论重量（kg/m）	惯性矩（cm^4）		回转半径（cm）		截面模量（cm^3）		重心 C_X	对应H型钢系列号
		h	B	t_1	t_2	r			I_X	I_Y	i_X	i_Y	W_X	W_Y		
TN	62.5×60	62.5	60	6	8	8	8.34	6.6	27.5	14.9	1.81	1.34	6.0	5.0	1.64	125×60
	75×75	75	75	5	7	8	8.92	7.0	42.4	25.1	2.18	1.68	7.4	6.7	1.79	150×75
	87.5×90	87.5	90	5	8	8	11.45	9.0	70.5	49.1	2.48	2.07	10.3	10.9	1.93	175×90
	100×100	99	99	4.5	7	8	11.34	8.9	93.1	57.1	2.87	2.24	12.0	11.5	2.17	200×100
		100	100	5.5	8	8	13.33	10.5	113.9	67.2	2.92	2.25	14.8	13.4	2.31	
	125×125	124	124	5	8	8	15.99	12.6	206.7	127.6	3.59	2.82	21.2	20.6	2.66	250×125
		125	125	6	9	8	18.48	14.5	247.5	147.1	3.66	2.82	25.5	23.5	2.81	
	150×150	149	149	5.5	8	13	20.40	16.0	390.4	223.3	4.37	3.31	33.5	30.0	3.26	300×150
		150	150	6.5	9	13	23.39	18.4	460.4	256.1	4.44	3.31	39.7	34.2	3.41	
	175×175	173	174	6	9	13	26.23	20.6	674.7	398.0	5.07	3.90	49.7	45.8	3.72	350×175
		175	175	7	11	13	31.46	24.7	811.1	494.5	5.08	3.96	59.0	56.5	3.76	
	200×200	198	199	7	11	13	35.71	28.0	1188	725.7	5.77	4.51	76.2	72.9	4.20	400×200
		200	200	8	13	13	41.69	32.7	1392	870.3	5.78	4.57	88.4	87.0	4.26	
	225×200	223	199	8	12	13	41.49	32.6	1863	791.8	6.70	4.37	108.7	79.6	5.15	450×200
		225	200	9	14	13	47.72	37.5	2148	937.6	6.71	4.43	124.1	93.8	5.19	
	250×200	248	199	9	14	13	49.65	39.0	2820	923.8	7.54	4.31	149.8	92.8	5.97	500×200
		250	200	10	16	13	56.13	44.1	3201	1072	7.55	4.37	168.7	107.2	6.03	
		253	201	11	19	13	64.66	50.8	3666	1292	7.53	4.47	189.9	128.5	6.00	
	275×200	273	199	9	14	13	51.90	40.7	3689	924.0	8.43	4.22	180.3	92.9	6.85	550×200
		275	200	10	16	13	58.63	46.0	4182	1072	8.45	4.28	202.9	107.2	6.89	
	300×200	298	199	10	15	13	58.88	46.2	5148	990.6	9.35	4.10	235.3	99.6	7.92	600×300
		300	200	11	17	13	65.86	51.7	5779	1140	9.37	4.16	262.1	114.0	7.95	
		303	201	12	20	13	74.89	58.8	6554	1361	9.36	4.26	292.4	135.4	7.88	
	325×300	323	299	10	15	12	76.27	59.9	7230	3346	9.74	6.62	289.0	223.8	7.28	650×300
		325	300	11	17	13	85.61	67.2	8095	3832	9.72	6.69	321.1	255.4	7.29	
	325×300	328	301	12	20	13	97.89	76.8	9139	4553	9.66	6.82	357.0	302.5	7.20	650×300
	350×300	346	300	13	20	13	103.11	80.9	1126	4510	10.45	6.61	425.3	300.6	8.12	700×300
		350	300	13	24	13	115.11	90.4	1201	5410	10.22	6.86	439.5	360.6	7.65	
	400×300	396	300	14	22	18	119.75	94.0	1766	4970	12.14	6.44	592.1	331.3	9.77	800×300
		400	300	14	26	18	131.75	103.4	1877	5870	11.94	6.67	610.8	391.3	9.27	
	450×300	445	299	15	23	18	133.46	104.8	2589	5147	13.93	6.21	790.0	344.3	11.72	900×300
		450	300	16	28	18	152.91	120.0	2922	6327	13.82	6.43	868.5	421.8	11.35	
		456	302	18	34	18	180.03	141.3	3434	7838	13.81	6.60	1002	519.0	11.34	

注：TW：宽翼缘部分T型钢；TM：中翼缘部分T型钢；TN：窄翼缘部分T型钢。

附录2 典型钢结构施工详图示例

附录2.1 门式刚架结构施工详图示例

施工详图设计说明

一、工程概况

1. 本工程为四周封闭式单跨钢结构轻型门式刚架厂房，车间内不设吊车。
2. 本工程基本设防烈度为六度，地震加速度为0.05g，设计地震分组为第一组，场地类别为Ⅲ类。本工程属丙类建筑，设计使用年限为50年，安全等级为二级。
3. 本工程墙面标高1.2m以下为砖墙，与钢柱相连墙，砖墙压顶圈梁与钢柱也需作拉结筋。1.2m以上墙面和屋面均采用双层压型钢板，内填保温棉的构造做法。钢梁与钢柱刚接，柱脚与基础为铰接。屋面梁间设三道横向水平支撑，屋面和墙面均采用简支冷弯C型钢檩条。
4. 标高以m计，其余尺寸以mm计。

二、施工详图设计遵循的规范、规程、图集依据

1. 施工详图设计主要遵循下列规范

(1)《建筑结构荷载规范》　　　　　　　　　　　GB 50009—2001(2006版)
(2)《建筑抗震设计规范》　　　　　　　　　　　GB 50011—2001(2008版)
(3)《钢结构设计规范》　　　　　　　　　　　　GB 50017—2003
(4)《门式刚架轻型房屋钢结构技术规程》　　　　CECS 102:2002
(5)《冷弯薄壁型钢结构技术规范》　　　　　　　GB 50018—2002

2. 施工详图设计主要依据：钢结构施工设计图纸和施工详图会审记录资料等。

3. 制作与安装应遵循下列规范

(1)《钢结构工程施工质量验收规范》　　　　　　GB 50205—2001
(2)《建筑钢结构焊接技术规程》　　　　　　　　JGJ 81—2002

4. 材料及连接应遵循下列规范

(1)《碳素结构钢》　　　　　　　　　　　　　　GB 700—2006
(2)《低合金高强度结构钢》　　　　　　　　　　GB/T 1591—2008
(3)《钢结构用扭剪型高强度螺栓连接副》　　　　GB/T 3632—2008
(4)《碳钢焊条》　　　　　　　　　　　　　　　GB/T 5117—95
(5)《低合金钢焊条》　　　　　　　　　　　　　GB/T 5118—95
(6)《建筑用压型钢板》　　　　　　　　　　　　GB/T 12755—2008
(7)《彩色涂层钢板及钢带》　　　　　　　　　　GB/T 12754—2006

三、材料

1. 主结构钢材

| 图名 | 施工详图设计说明 | 图号 | MG-01 |

钢柱、钢梁采用Q345B钢材,其质量标准应符合现行国家标准《低合金高强度结构钢》GB/T 1591—2008的要求。隅撑、拉条、屋面支撑、柱间支撑采用Q235B钢材,其质量标准应符合现行国家标准《碳素结构钢》GB 700—2006的要求。应保证材料的抗拉强度、伸长率、屈服点、冷弯试验、冲击韧性合格,并应保证硫、磷、碳含量符合要求。钢材的强屈比不应小于1.2,并应有明显的屈服台阶。

屋面檩条和墙面檩条采用Q235B冷弯薄壁型钢,用热浸镀锌带钢压制而成,镀层标准为A级,镀锌量为275g/m²。

2. 彩钢板钢材

屋面和墙面外板采用0.6厚镀铝锌压型钢板,镀层含量大于220g/m²;正面PVDF氟碳烤漆25μm,背面PE聚酯树脂烤漆10μm,钢板强度等级为S350。屋面和墙面内板采用0.5厚镀铝锌压型钢板,镀层含量大于180g/m²;正面PVDF氟碳烤漆25μm,背面PE聚酯树脂烤漆10μm,钢板强度等级为S250。

3. 保温材料

内外压型钢板间内填75厚离心玻璃棉(容重为14kg/m³,导热系数≤0.039W/m.K,热阻值为2.63m²K/W,防火等级为A级),表面复合半光泽白色金属化防潮防腐蚀聚丙烯)SGI—15贴面。

4. 采光板材料

采光板采用双层FRP加强型玻纤维板材(表面贴覆Melinex301,树脂成分为G299C树脂),上层厚度1.5mm,下层厚度1.2mm。淡蓝色,抗紫外线99%以上,透光率不小于72%;其规格和尺寸应与压型钢板匹配。采光板表面应有保证其性能的保护膜,使用保证年限20年。要求强化玻纤含量≥22%;热膨胀系数≤2.6×10 cm(cm/℃);燃烧性能:-40℃至120℃,氧指数小于20%,可作为防火排烟带使用。

5. 高强螺栓

采用国标10.9级扭剪型高强螺栓擦型连接,应符合《钢结构用扭剪型高强度螺栓连接副》GB 3632—2008的要求。高强螺栓接合面需经喷丸处理,其摩擦面的抗滑移系数:Q345钢为0.5、Q235钢为0.45。在安装前应将铁锈、油漆、涂料及其他附着物完全去除,并做抗滑移试验。

6. 普通螺栓

普通螺栓性能及技术条件应符合现行国家标准《紧固件机械性能螺栓、螺钉和螺柱》GB 3098.1及《六角螺栓》GB 5782的规定。

7. 锚栓

锚栓采用符合现行国家标准《碳素结构钢》GB 700—2006规定的Q235B钢材制成。

四、焊接材料

1. 焊接

焊接材料应与母材相匹配,当被焊接母材的强度不同时,焊接材料应按强度较低的母材的选用。

(1) 手工电弧焊接材料选用见表1。

手工电弧焊接材料选用　　　　　　　　　　表1

钢 种	焊条型号		钢种	焊条型号
HPB235级钢筋Q235	E4315、E4316	E4315、E4316	Q235B	E43(低氢)
HRB345级钢筋Q345	E5015、E5016	E5015、E5016	Q345B	E50(低氢)

(2) 自动及半自动焊接材料选用参见表2。

图名	施工详图设计说明
图号	MG-02

自动及半自动焊接材料选用

表2

钢种	埋弧焊		CO_2保护焊焊丝
	焊剂	焊丝	
Q235B	F4A0	H08A	ER49-1
Q345B	F5011	H10Mn2	ER50-3

（3）手工电弧焊接用焊条应符合现行国家规范《碳钢焊条》GB/T 5117及《低合金钢焊条》GB/T 5118的规定。自动焊及半自动焊的焊丝与焊剂应符合《埋弧焊用碳钢焊丝和焊剂》GB/T 5293、《埋弧焊用低合金钢焊丝和焊剂》GB/T 12470的规定。

2. 焊缝质量等级与检测方法参见表3。

焊缝质量等级及检测方法

表3

焊缝类型	焊接质量要求	焊缝等级	检测方法	探伤比例(%)
梁柱腹板和翼缘与端板的坡口等强焊缝	全熔透	二	超声波	20
加劲板与端板的坡口等强焊缝	全熔透	二	超声波	20
梁柱翼缘和腹板的本体焊缝	角焊缝	三（外观二级）	磁粉	20
梁加劲板与翼缘、腹板角焊缝	角焊缝	三（外观二级）	磁粉	20
板材拼接工厂焊缝	全熔透	一	超声波	100

3. 构件连接除特别注明者外，最小角焊缝尺寸h_f应满足表4要求。

4. 最大角焊缝尺寸应满足$1.5\sqrt{t_1} \leq h_f \leq 1.2 t_1$（$t_1$为较薄板件厚度，$t_2$为较厚板件厚度）。

最小角焊缝尺寸

表4

较厚板件厚度	角焊缝h_f	较厚板件厚度	角焊缝h_f	较厚板件厚度	角焊缝h_f
$t \leq 6$	6	$10 \leq t \leq 12$	8	$17 \leq t \leq 22$	10
$7 \leq t \leq 9$	7	$13 \leq t \leq 16$	9		

五、制作

1. 钢结构构件的几何尺寸应符合设计要求；允许偏差应满足《钢结构工程施工质量验收规范》GB 50205—2001的要求。

2. 焊接时应选择合理的焊接顺序，以减少焊接应力和变形。焊接工艺应符合有关规定，并经评定，焊缝长度及高度除图中注明外，其余为满焊。

3. 钢构件在工厂制作时因材料长度不足需要拼接时，各相邻板的对接焊缝应错开200mm以上，试焊后确定。工厂板材拼接应在构件的剪力较小处，拼接长度应符合相关规范的规定。并应加工焊接错开200mm以上。

4. 钢构件的放样和号料应预留收缩量（包括现场焊接收缩量）及切割、端铣等需要的加工余量。

5. 梁支座支承板下端需刨平顶紧后施焊。

6. 高强度螺栓孔应在车间钻孔，孔的精度为H15级，飞边、毛刺、端铣等应用砂轮清除，孔位必须精确钻制，孔径比螺栓公称直径大1.5mm，孔壁表面粗糙度不大于25μm。

| 图名 | 施工详图设计说明 | 图号 | MG-03 |

7. 柱脚锚栓孔比锚栓直径大12mm，以利安装调整。

六、涂装
1. 钢结构涂装工程应在构件制作质量检验合格后进行。
2. 钢结构涂装前应对构件进行边处理。本工程构件表面除锈处理方法为抛丸除锈，构件除锈等级不低于《涂装前钢材表面锈蚀等级和除锈等级》GB 8923—88中规定的Sa2$\frac{1}{2}$级。
3. 钢结构构件应在出厂前涂防锈漆底漆二道，焊接区除锈后涂专用坡口焊保护漆二道。
4. 高强螺栓连接的摩擦面，柱脚底漆二道，厚度$2\times30\mu m$，现场焊接部位及两侧100mm范围等部位不得涂漆。
5. 涂料要求：环氧富锌底漆两道，厚度$2\times30\mu m$；环氧云铁中间漆一道，厚度$40\mu m$；聚氨酯面漆两道，厚度$2\times30\mu m$。

七、安装
1. 安装前，应对构件进行全面检查，合格后方可安装。
2. 预埋件，锚栓尺寸经复验，必须满足《钢结构工程施工质量验收规范》GB 50205—2001的相关要求，确保锚栓埋设精度。
3. 安装顺序应从靠近山墙的有柱间支撑的两榀刚架开始，在刚架安装完毕后，应将其间的系杆、支撑、檩条、拉条、隅撑等全部装好，并检查垂直度，然后以这两榀刚架为起点，向房屋的另一端安装。
4. 门式刚架安装进行张紧，张紧程度以不将构件拉弯为原则。
5. 钢柱、钢梁吊装完后，应及时安装支撑及其他联系构件，保证结构的稳定性。
6. 高强螺栓安装时应保证螺栓能轻松穿入，严禁强力打入。

八、施工详图的钢构件编号说明

刚架钢柱 Z*└流水号   抗风柱 KFZ*└流水号   刚架钢梁 L*└流水号   柱间支撑 ZC*└流水号   水平支撑 SC*└流水号

系杆 XG*└流水号   屋面檩条 LT*└流水号   墙面檩条 QL*└流水号   隅撑 YC*└流水号   拉条 T*└流水号

撑杆 CG*└流水号

| 图名 | 施工详图设计说明 | 图号 | MG-04 |

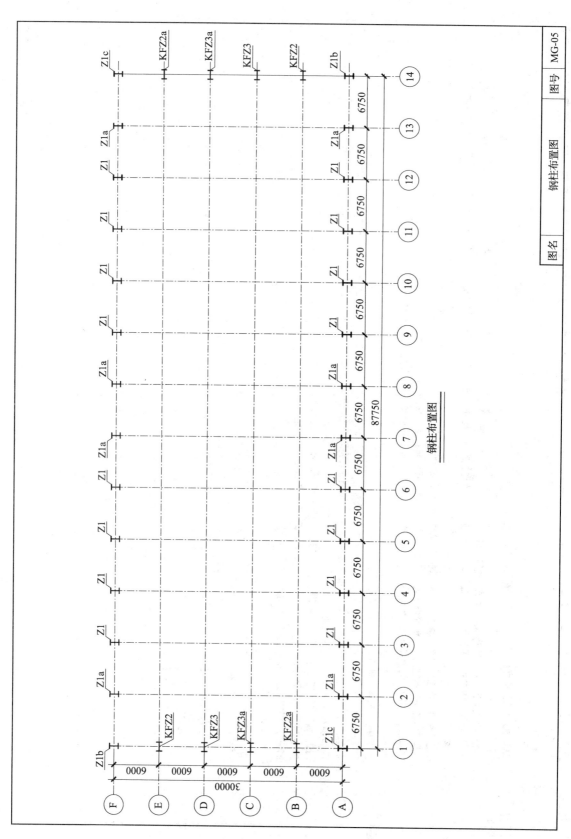

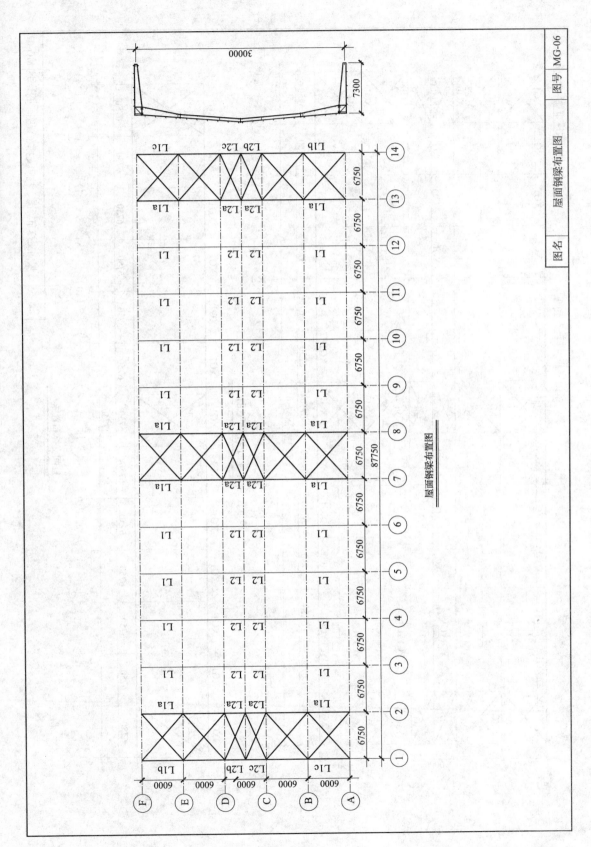

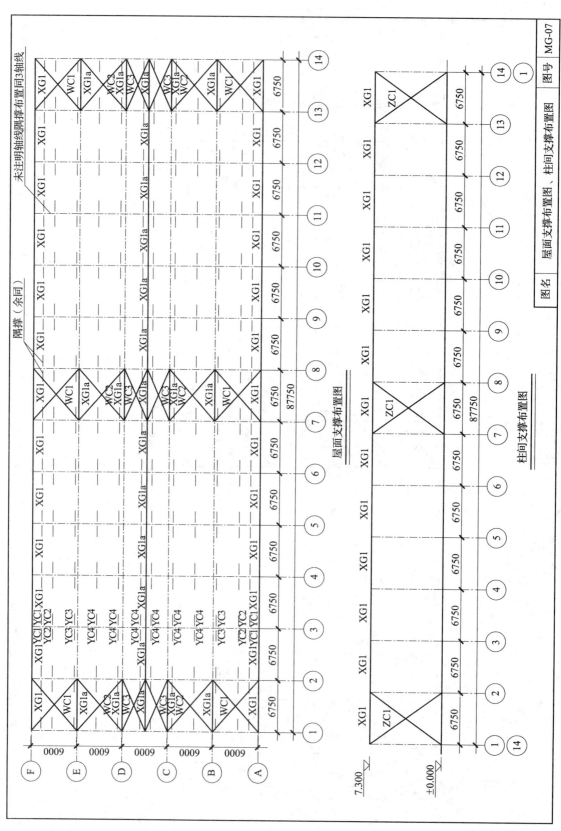

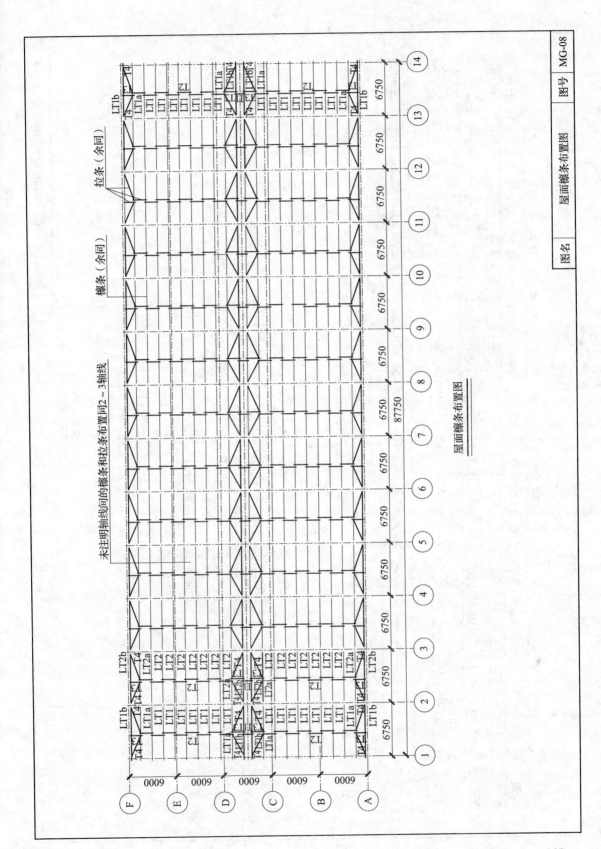

屋面檩条布置图

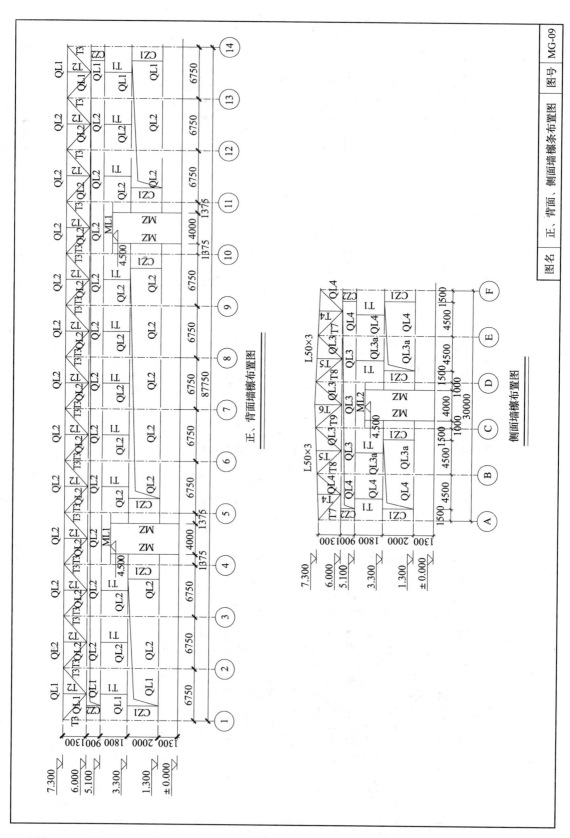

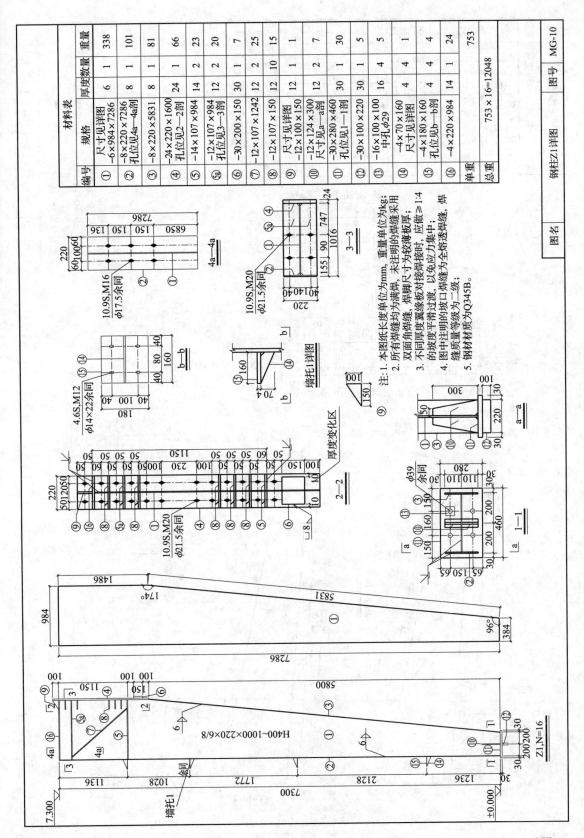

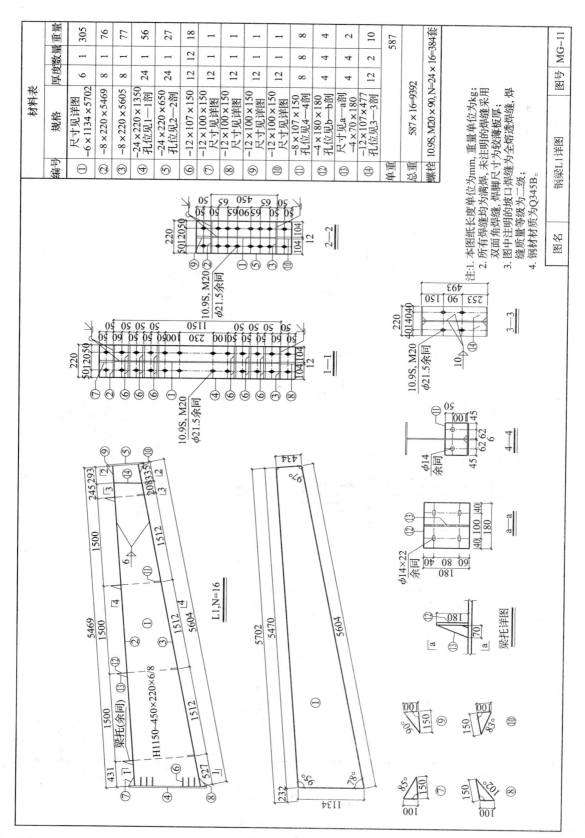

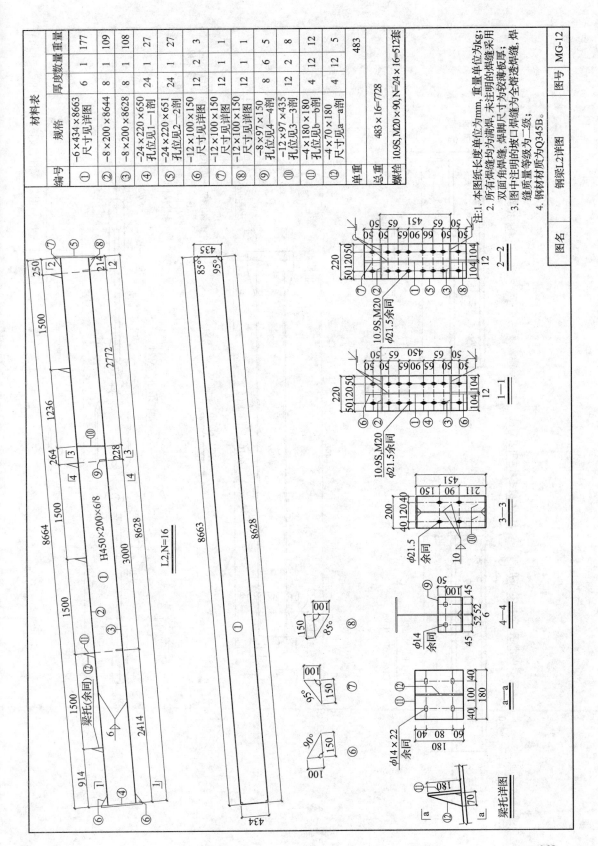

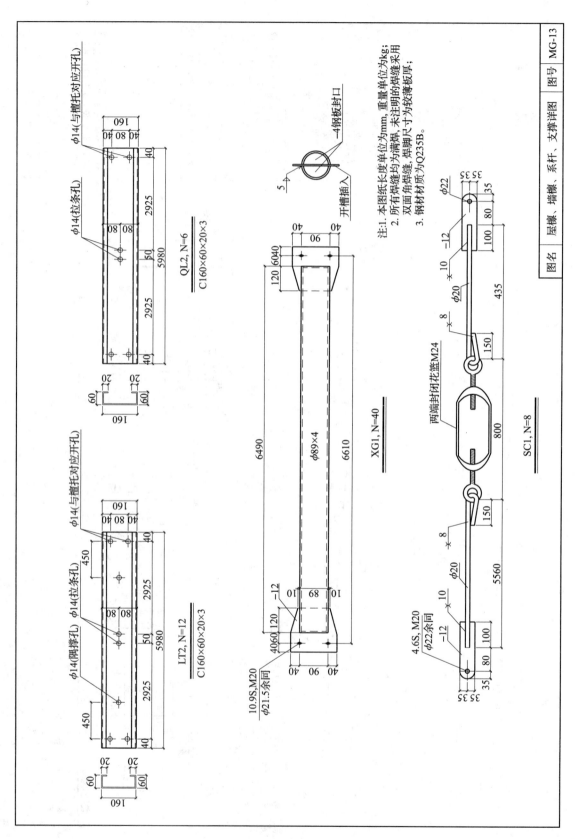

附录2.2 钢管桁架结构施工详图示例

施工详图设计说明

一、工程概况

1. 主厂房为单层钢结构，建筑长度为61.670m，宽度为83.780m，檐口高度24.150m，室内净高为21.480m，室内外地坪高差0.150m。
2. 空间桁架构件、支撑设计安全等级为一级，檩条、墙梁等为二级。
3. 本厂房生产的危险性为丙类，构件耐火等级要求达到二级；屋面防水等级为三级。
4. 本建筑按七度抗震设防，结构抗震等级为四级，设计地震基本加速度值按0.01g进行计算。
5. 上部建筑使用环境为一类，建筑设计安全使用年限50年。
6. 屋面钢梁：圆钢管倒三角形空间桁架，大门上方为圆钢管矩形组合空间桁架。
7. 柱网布置：三角形矩形钢管与圆钢管组成格构式钢柱，柱距为8.3m。
8. 支撑体系：屋面二道支撑，一道柱间支撑，组成纵向无侧移体系。
9. 屋面、墙面板材的选择与安装要求详见建筑设计说明。

二、设计遵循的规范、规程及规定

•《建筑结构荷载规范》	GB 50009—2001（2006版）
•《钢结构设计规范》	GB 50017—2003
•《建筑抗震设计规范》	GB 50011—2001（2008版）
•《建筑设计防火规范》	GB 50016—2006
•《混凝土结构设计规范》	GB 50010—2002
•《冷弯薄壁型钢结构技术规范》	GB 50018—2002
•《建筑钢结构焊接规程》	JGJ 81—2002
•《涂装前钢材表面锈蚀等级和除锈等级》	GB 8923—88
•《钢结构工程施工质量验收规范》	GB 50205—2001
•《工业建筑防腐蚀设计规范》	GB 50046—2008

三、结构计算荷载取定（标准值）及计算机辅助设计软件

1. 屋面恒载：屋面板自重+檩条自重+支撑自重+管线自重=$0.30kN/m^2$
2. 屋面活载=$0.50kN/m^2$
3. 基本风压=$0.35kN/m^2$，地面粗糙度按B类。
4. 考虑正负25° 的温度作用。
5. 选用上海同济大学开发的“3D3S”（V7.0)钢结构辅助设计软件，自动形成结构自重。
6. 选用MIDAS 7.3.03钢结构辅助设计软件进行计算复核。

图名	施工详图设计说明	图号	GHJ-01

四、结构材料的选用
1. 桁架和格构柱为Q235B，采用直缝焊管或无缝钢管。
2. 其他材料为Q235B，并应符合相应标准的规定。

五、连接材料的选用与性能要求
1. 手工焊接采用的焊条：Q235B选用的E43型应符合国家标准《碳钢焊条》GB/T 5117的规定。
2. 自动焊接或半自动焊接采用的焊丝和相应的焊剂应与主体金属力学性能相适应，并应符合现行相关国家标准的规定。
3. 普通螺栓应符合现行国家标准《六角头螺栓》GB/T 5780和《六角头螺栓》GB/T 5782的规定。
4. 本工程选用10.9级摩擦型高强度螺栓，性能应符合现行国家标准《钢结构用高强度大六角头螺栓》GB/T 1228，《钢结构用高强度大六角螺母》GB/T 1229《钢结构用高强度垫圈》GB/T 1230，《标准六角头高强螺栓，大六角螺母、垫圈技术条件》GB/T 1231的规定。
5. 铆钉应采用现行国家标准《钢结构用高强度热轧扁圆钢》GB/T 715中的BL2或BL3号钢制成。
6. 锚栓可采用现行国家标准《碳素结构钢》GB/T 700中规定的Q235钢制成。

六、钢结构的制作与安装
1. 桁架梁、格构柱的弦杆接长的对接焊缝（除注明外）均应符合合一级焊缝质量标准；其他焊缝（除注明外）应符合三级焊缝质量标准。
2. 梁柱的等强度对接焊缝，对接焊缝位置应错开500mm以上，同时采用引弧板或衬管。
3. 不同厚度、宽度钢板的等强度对接焊时，厚板、宽板应作1:2.5的渐变截面。
4. 螺栓连接的孔位均为钻成孔。如有偏差，可用铰刀修整，严禁采用气割扩孔。
5. 大六角高强度螺栓施工时应采用专用设备检测螺栓的预拉力。
6. 高强度螺栓连接接触面应作喷砂等方法处理，抗滑移系数达到μ≥0.45，不得刷油漆和污损。
7. 凡图中未注明的角焊缝，其焊角尺寸为h_f等于较薄构件的厚度，且一律满焊。
8. 等强度焊接构件中当等板厚度≤6mm时，直接离角对接焊。
9. 所有钢构件应作除锈和除油处理，除锈等级达到Sa2 1/2级，钢材表面富锌环氧底漆一中二面，干漆膜总厚度≥125μm。
10. 钢管等空心构件的外露端口采用4mm厚钢板作为封头钢板，并采用焊缝封闭，使管内壁与外界空气隔绝，提高钢管内壁的抗锈蚀性能，并确保加工、组装、安装过程中构件内空不得积水。
11. 钢结构的放样、号料、切割、矫正、成型、边缘加工、制孔、制栓、管节点加工、组装等各项加工，组装试合格后，方可进行操作。
12. 从事钢结构各种焊接工作的焊工，应按JGJ 81—2002的规定，经考试合格后，方可进行操作。
13. 圆钢管相贯节点的焊接采用组合焊缝见图1。剖口焊缝中容许在内侧有2～3mm不熔透，但需在外侧增加3mm角焊缝，焊缝由部分熔透焊过渡到角焊缝。
14. 施焊时应选择合适的焊接方法、焊接工艺参数等措施，以保证焊接质量。
15. 安装应编制施工组织设计，安装程序必须保证结构的稳定性和不导致永久变形。
16. 为减小桁架的竖向挠度，制作时预先起拱130mm。

| 图名 | 施工详图设计说明 | 图号 | GHJ-02 |

17. 本工程大跨度屋面桁架应进行吊装阶段的验算，吊装方案的选定和吊点位置等都应通过计算确定，以保证每个安装阶段屋盖结构的强度和整体稳定。

七、其他

1. 图中尺寸：标高以m为单位；其余均以mm为单位。
2. 未经设计人员认可，不得任意增加吊挂荷载。
3. 图中未尽之处请按现行条文实施，施工、验收规范与工程建设强制性执行条文实施。

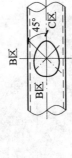
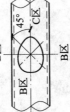
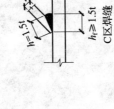

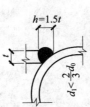
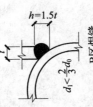
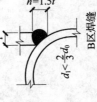

圆管相贯节点焊缝

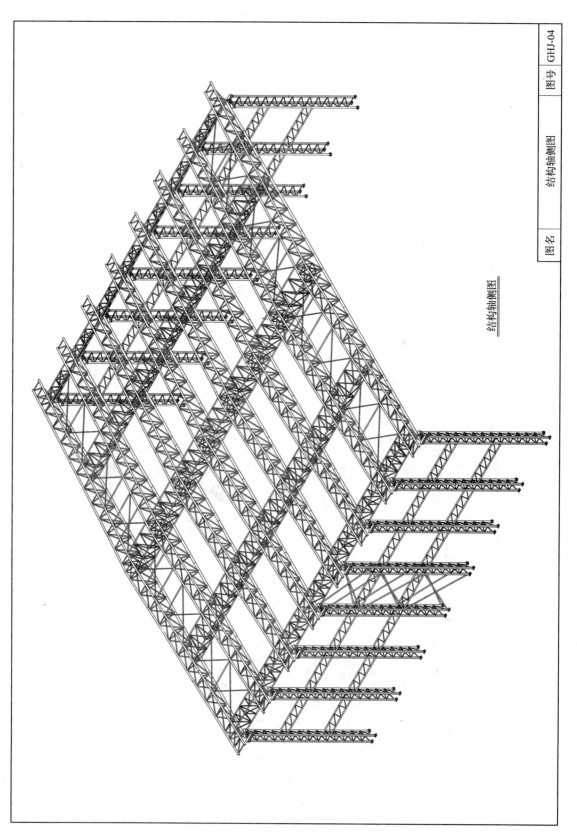

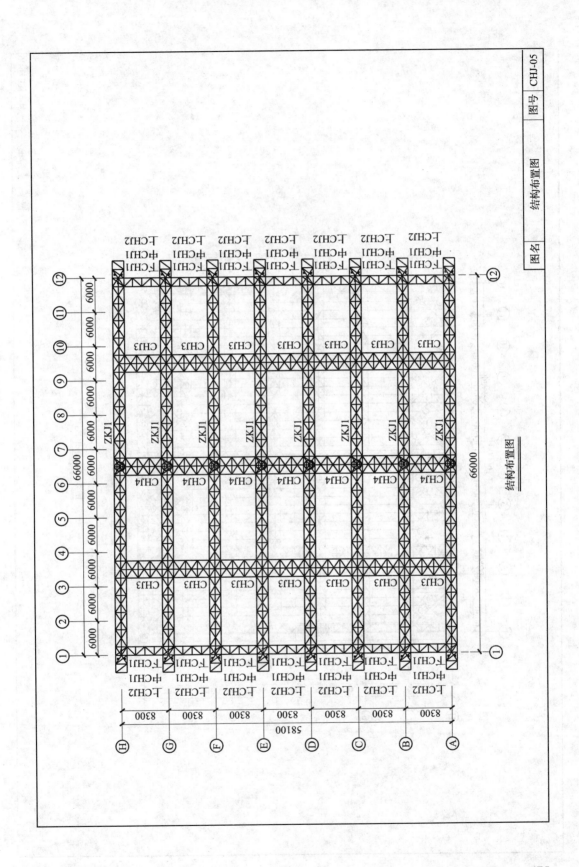

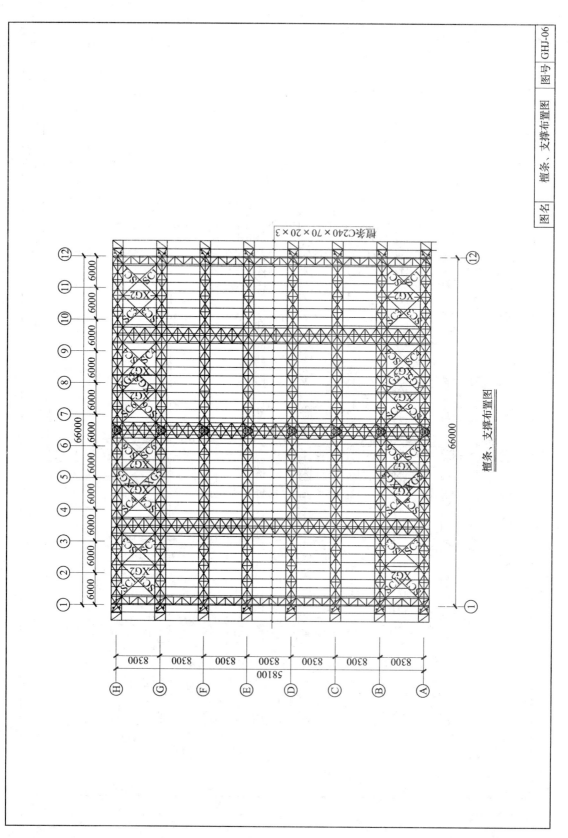

檩条、支撑布置图

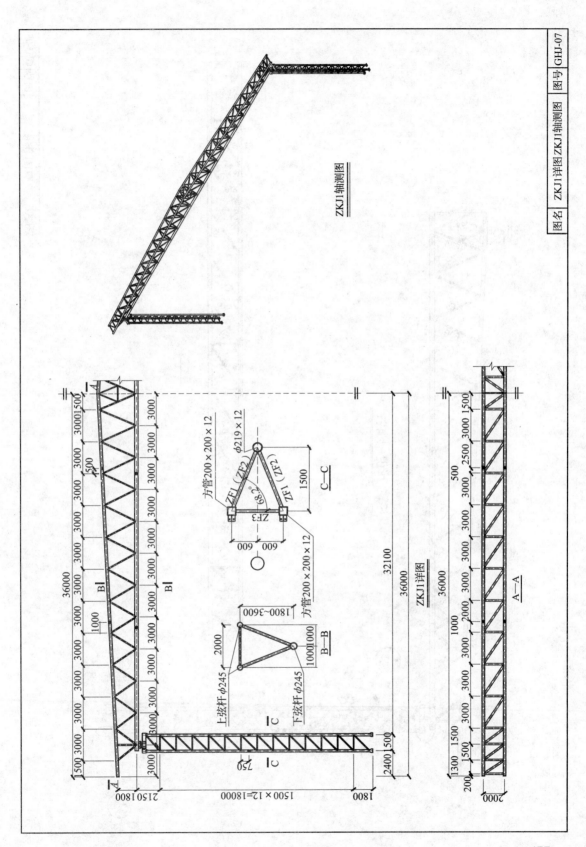

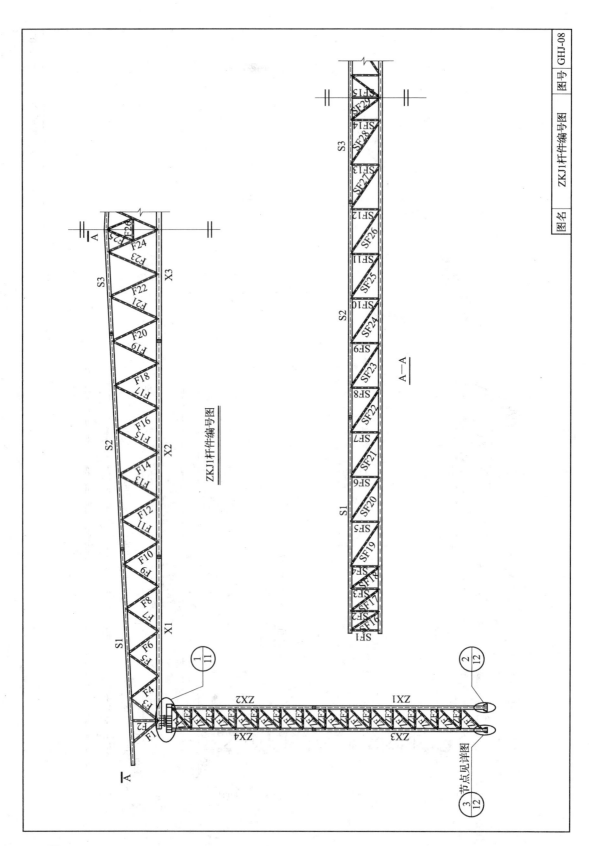

ZKJ1材料表

编号	规格	长度	数量	重量	材质	编号	规格	长度	数量	重量	材质	编号	规格	长度	数量	重量	材质
ZKJ1-S1	φ245×12	14518	4	4006	Q235B	ZKJ1-F18	φ114×5	3564	4	192	Q235B	ZKJ1-SF15	φ102×4	2000	2	39	Q235B
ZKJ1-S2	φ245×12	14518	4	4006	Q235B	ZKJ1-F19	φ114×5	3694	4	199	Q235B	ZKJ1-SF16	φ102×4	2000	2	39	Q235B
ZKJ1-S3	φ245×14	7008	4	2237	Q235B	ZKJ1-F20	φ114×5	3694	4	199	Q235B	ZKJ1-SF17	φ102×4	2501	2	48	Q235B
ZKJ1-X1	φ325×16	11550	2	2818	Q235B	ZKJ1-F21	φ114×5	3826	4	206	Q235B	ZKJ1-SF18	φ102×4	2501	2	48	Q235B
ZKJ1-X2	φ325×16	14500	2	3538	Q235B	ZKJ1-F22	φ114×5	3826	4	206	Q235B	ZKJ1-SF19	φ102×4	3608	2	70	Q235B
ZKJ1-X3	φ325×16	7500	2	1830	Q235B	ZKJ1-F23	φ114×5	3959	4	213	Q235B	ZKJ1-SF20	φ102×4	3608	2	70	Q235B
ZKJ1-F1	φ133×8	2601	4	257	Q235B	ZKJ1-F24	φ114×5	3959	4	213	Q235B	ZKJ1-SF21	φ102×4	3608	2	70	Q235B
ZKJ1-F2	φ133×8	2191	4	216	Q235B	ZKJ1-F25	φ60×3.5	2046	4	40	Q235B	ZKJ1-SF22	φ102×4	3608	2	70	Q235B
ZKJ1-F3	φ133×8	2711	4	268	Q235B	ZKJ1-F26	φ60×3.5	1500	2	15	Q235B	ZKJ1-SF23	φ102×4	3608	2	70	Q235B
ZKJ1-F4	φ114×7	2711	4	200	Q235B	ZKJ1-SF1	φ102×4	2000	2	39	Q235B	ZKJ1-SF24	φ102×4	3608	2	70	Q235B
ZKJ1-F5	φ114×7	2824	4	209	Q235B	ZKJ1-SF2	φ102×4	2000	2	39	Q235B	ZKJ1-SF25	φ102×4	3608	2	70	Q235B
ZKJ1-F6	φ114×6	2824	4	181	Q235B	ZKJ1-SF3	φ102×4	2000	2	39	Q235B	ZKJ1-SF26	φ102×4	3608	2	70	Q235B
ZKJ1-F7	φ114×6	2942	4	188	Q235B	ZKJ1-SF4	φ102×4	2000	2	39	Q235B	ZKJ1-SF27	φ102×4	3608	2	70	Q235B
ZKJ1-F8	φ114×6	2942	4	188	Q235B	ZKJ1-SF5	φ102×4	2000	2	39	Q235B	ZKJ1-SF28	φ102×4	3608	2	70	Q235B
ZKJ1-F9	φ114×6	3061	4	196	Q235B	ZKJ1-SF6	φ102×4	2000	2	39	Q235B	ZKJ1-SF29	φ102×4	2386	2	46	Q235B
ZKJ1-F10	φ114×5	3061	4	165	Q235B	ZKJ1-SF7	φ102×4	2000	2	39	Q235B	ZKJ1-ZX1	φ219×12	11550	2	1416	Q235B
ZKJ1-F11	φ114×5	3184	4	171	Q235B	ZKJ1-SF8	φ102×4	2000	2	39	Q235B	ZKJ1-ZX2	φ219×12	9550	2	1171	Q235B
ZKJ1-F12	φ114×5	3184	4	171	Q235B	ZKJ1-SF9	φ102×4	2000	2	39	Q235B	ZKJ1-ZX3	方管200×200×12	11550	4	3274	Q235B
ZKJ1-F13	φ114×5	3309	4	178	Q235B	ZKJ1-SF10	φ102×4	2000	2	39	Q235B	ZKJ1-ZX4	方管200×200×12	9550	4	2707	Q235B
ZKJ1-F14	φ114×5	3309	4	178	Q235B	ZKJ1-SF11	φ102×4	2000	2	39	Q235B	ZKJ1-ZF1	φ75×3.75	2204	56	814	Q235B
ZKJ1-F15	φ114×5	3435	4	185	Q235B	ZKJ1-SF12	φ102×4	2000	2	39	Q235B	ZKJ1-ZF2	φ75×3.75	1615	52	554	Q235B
ZKJ1-F16	φ114×5	3435	4	185	Q235B	ZKJ1-SF13	φ102×4	2000	2	39	Q235B	ZKJ1-ZF3	φ75×3.75	1200	52	411	Q235B
ZKJ1-F17	φ114×5	3564	4	192	Q235B	ZKJ1-SF14	φ102×4	2000	2	39	Q235B	合计				35049kg	

图名	ZKJ1材料表	图号	GHJ-09

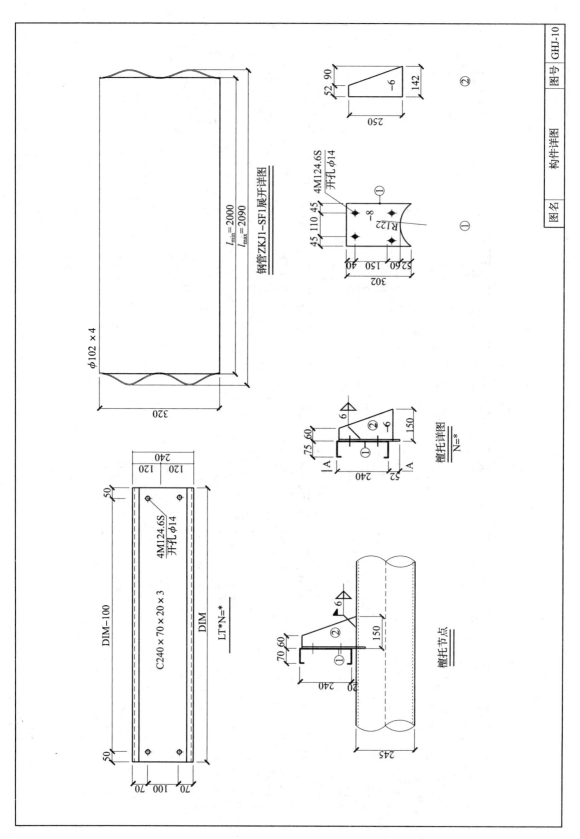

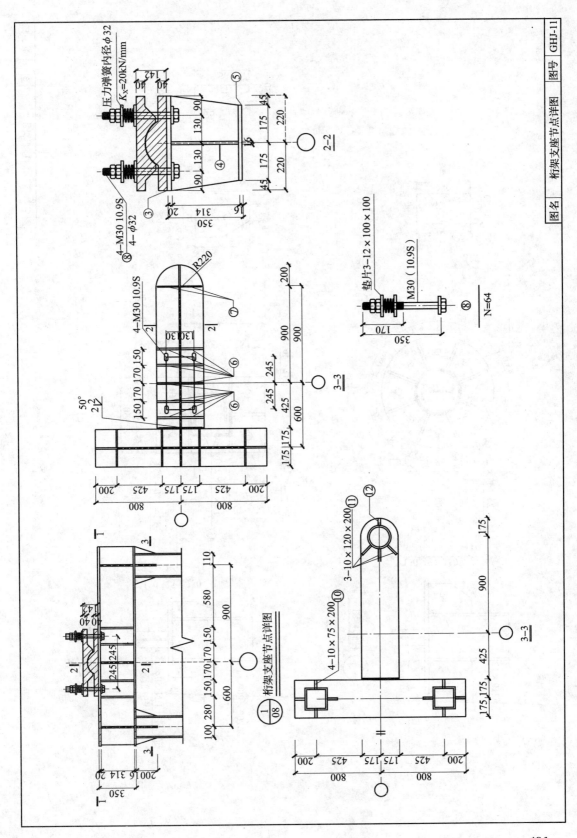

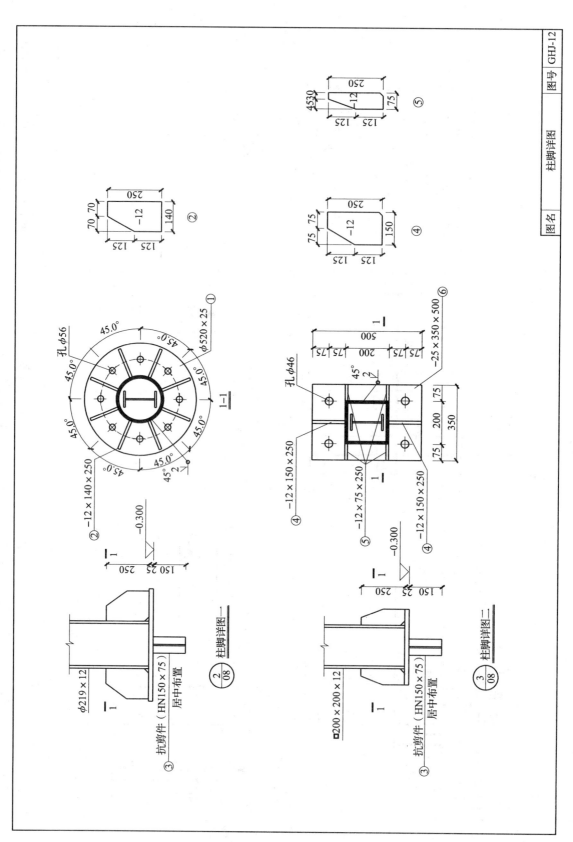

附录2.3 螺栓球节点网架施工详图示例

施工详图设计说明

一、工程概况
1. 网架型式：螺栓球节点正放四角锥网架。
2. 支承形式：上弦周边支承。

二、设计与施工必须遵照以下规范
- 《建筑结构可靠度设计统一标准》 GB 50068—2001
- 《建筑结构荷载规范》 GB 50009—2001（2006年版）
- 《建筑抗震设计规范》 GB 50011—2001（2008年版）
- 《钢结构设计规范》 GB 50017—2003
- 《冷弯薄壁型钢结构技术规范》 GB 50018—2002
- 《网架结构设计与施工规程》 JGJ 7—91
- 《钢结构工程施工质量验收规范》 GB 50205—2001
- 《钢网架螺栓球节点》 JG 10—2009
- 《钢网架检验及验收标准》 JG/T 12—1999

三、材料
1. 钢管：选用GB 700中的Q235B钢，可采用直缝焊接钢管或无缝钢管。
2. 高强度螺栓：选用GB/T 3077中的40Cr或20MnTiB，等级符合GB/T 16939;M12～M36的高强螺栓性能等级为10.9S;M39～M64高强螺栓性能等级为9.8S。
3. 钢球：螺栓球选用GB/T 699中的45号钢锻造。
4. 封板、锥头：选用Q235钢，钢管直径大于等于75时须采用锥头，连接焊缝以及锥头的任何截面应与连接的钢管等强，厚度应保证强度和变形的要求，并有试验报告。
5. 套筒：选用GB/T 699规定的45号钢。
6. 手工焊接采用E43XX系列焊条，自动或半自动焊接采用的焊丝和焊剂应符合相应标准的规定。
7. 材料应具有质量证明及验收报告，钢球须打上工号，所有焊件应编焊工号，《钢网架螺栓球节点》的质量应符合《钢网架螺栓球节点》JG 10—2009、用高强度螺栓》GB/T 16939—1997的规定。

四、设计技术参数
1. 恒荷载：
上弦层：0.3kN/m²。
下弦层：0.3kN/m²。
2. 活荷载：
上弦层：0.5kN/m²。

| 图名 | 施工详图设计说明 | 图号 | LWJ-01 |

3. 基本风压：0.3kN/m²。
4. 基本雪压：0.20kN/m²。
5. 计算机程序自动形成网架自重。
6. 荷载作用在节点上，杆件不承受横向荷载。
7. 设计使用年限50年。

五、其他
1. 本网架工程采用浙江大学空间结构研究中心研制开发的空间网格结构计算机辅助设计系统(MSTCAD2008)进行满应力优化设计。
2. 网架平面图中标"口"为支座位置，旁边数字为支座反力设计值，单位：kN。
3. 图中儿何尺寸为mm。
4. 网架结构的各零部件在涂装前采用抛丸除锈处理，处理后达到Sa2$\frac{1}{2}$级。油漆做法：两道BF-7005环氧富锌底漆（2×30μm），含锌量（干膜重量百分比）≥90%；一道BF-7003环氧云铁中间漆（40μm）。
5. 防火涂料：选用超薄型防火涂料，耐火极限为1.5h，平均厚度≤3mm。
6. 材料表中，所选用规格不得任意替换，若备料确有困难时，须经设计单位同意。
7. 网架安装须在下部结构轴线反预埋板验收合格后进行，安装顺序可由安装单位与设计单位商量确定。

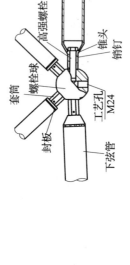

网架下弦节点详图

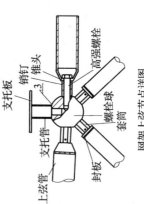

网架上弦节点详图

| 图名 | 施工详图设计说明 | 图号 | LWJ-02 |

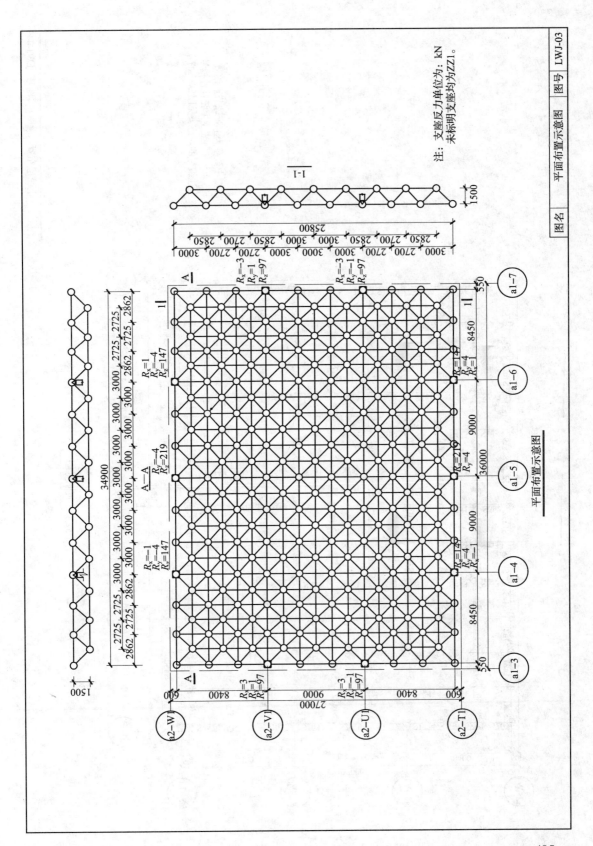

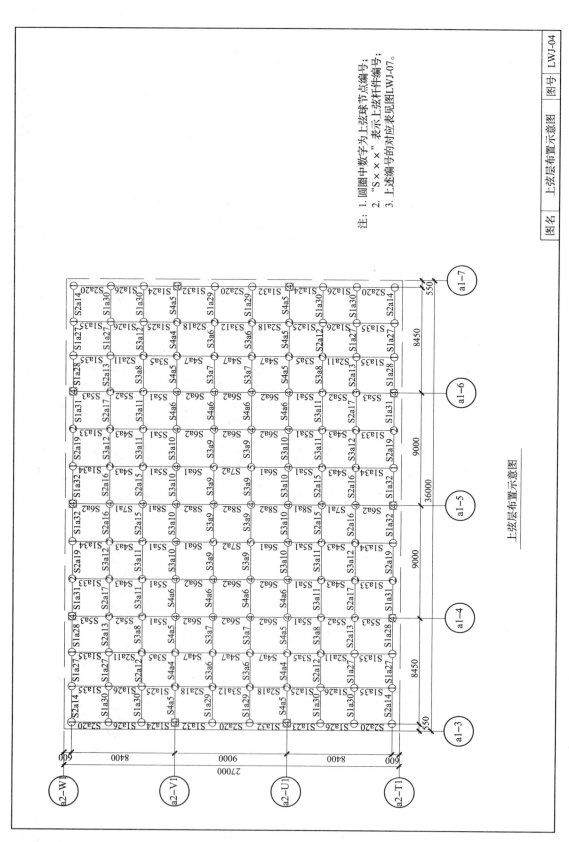

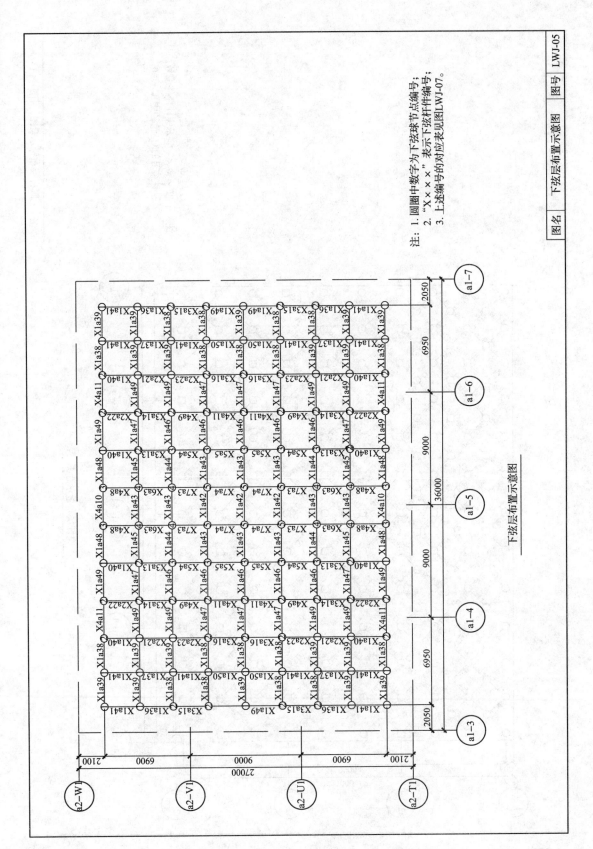

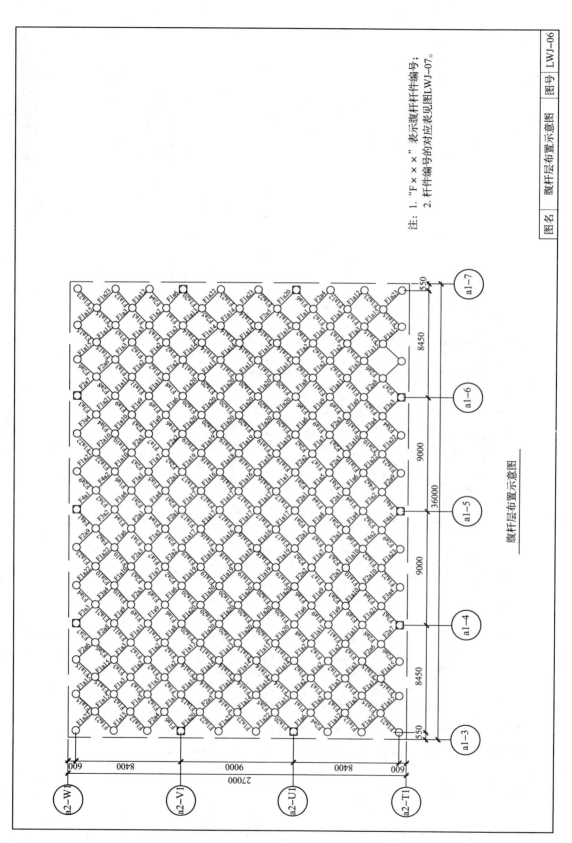

网架杆件材料表

杆件编号	规格	长度(mm)	数量	高强螺栓	杆件编号	规格	长度(mm)	数量	高强螺栓	杆件编号	规格	长度(mm)	数量	高强螺栓
F1a1	48×3.50	2435	4	2M20	S1a30	48×3.50	2862	8	2M20	F2a9	60×3.50	2598	4	2M20
F1a2	48×3.50	2435	32	2M20	S1a31	48×3.50	3000	4	2M20	F2a10	60×3.50	3000	4	2M20
F1a3	48×3.50	2435	28	2M20	S1a32	48×3.50	3000	8	2M20	S2a11	60×3.50	2598	4	2M20
F1a4	48×3.50	2514	8	2M20	S1a33	48×3.50	3000	4	2M20	S2a12	60×3.50	2725	4	2M20
F1a5	48×3.50	2514	4	2M20	S1a34	48×3.50	3000	8	2M20	S2a13	60×3.50	2862	4	2M20
F1a6	48×3.50	2514	16	2M20	S1a35	48×3.50	3000	4	2M20	S2a14	60×3.50	2862	4	2M20
F1a7	48×3.50	2514	8	2M20	S1a36	48×3.50	2700	4	2M20	S2a15	60×3.50	3000	4	2M20
F1a8	48×3.50	2514	4	2M20	S1a37	48×3.50	2700	4	2M20	S2a16	60×3.50	3000	4	2M20
F1a9	48×3.50	2514	16	2M20	S1a38	48×3.50	2725	18	2M20	S2a17	60×3.50	3000	4	2M20
F1a10	48×3.50	2514	12	2M20	S1a39	48×3.50	2725	18	2M20	S2a18	60×3.50	3000	6	2M20
F1a11	48×3.50	2514	12	2M20	X1a40	48×3.50	2850	8	2M20	S2a19	60×3.50	3000	4	2M20
F1a12	48×3.50	2514	8	2M20	X1a41	48×3.50	2850	12	2M20	S2a20	60×3.50	3000	2	2M20
F1a13	48×3.50	2521	16	2M20	X1a42	48×3.50	3000	3	2M20	X2a21	60×3.50	2700	8	2M20
F1a14	48×3.50	2521	28	2M20	X1a43	48×3.50	3000	10	2M20	X2a22	60×3.50	2850	4	2M20
F1a15	48×3.50	2521	24	2M20	X1a44	48×3.50	3000	4	2M20	X2a23	60×3.50	2850	4	2M20
F1a16	48×3.50	2598	8	2M20	X1a45	48×3.50	3000	10	2M20	F3a1	75.5×3.75	2514	4	2M22
F1a17	48×3.50	2598	16	2M20	X1a46	48×3.50	3000	10	2M20	F3a2	75.5×3.75	2598	4	2M22
F1a18	48×3.50	2598	8	2M20	X1a47	48×3.50	3000	4	2M20	F3a3	75.5×3.75	2598	8	2M22
F1a19	48×3.50	2598	16	2M20	X1a48	48×3.50	3000	16	2M20	F3a4	75.5×3.75	2700	4	2M22
F1a20	48×3.50	2598	40	2M20	X1a49	48×3.50	3000	4	2M20	S3a5	75.5×3.75	2725	4	2M22
F1a21	48×3.50	2598	4	2M20	X1a50	48×3.50	3000	4	2M20	S3a6	75.5×3.75	2862	4	2M22
F1a22	48×3.50	2598	12	2M20	F2a1	60×3.50	2598	12	2M20	S3a7	75.5×3.75	2862	4	2M22
F1a23	48×3.50	2598	16	2M20	F2a2	60×3.50	2598	8	2M20	S3a8	75.5×3.75	3000	8	2M22
F1a24	48×3.50	2700	4	2M20	F2a3	60×3.50	2598	12	2M20	S3a9	75.5×3.75	3000	8	2M22
F1a25	48×3.50	2700	4	2M20	F2a4	60×3.50	2514	4	2M20	S3a10	75.5×3.75	3000	8	2M22
F1a26	48×3.50	2700	8	2M20	F2a5	60×3.50	2521	8	2M20	S3a11	75.5×3.75	3000	6	2M22
F1a27	48×3.50	2725	4	2M20	F2a6	60×3.50	2521	8	2M20	S3a12	75.5×3.75	2700	4	2M22
F1a28	48×3.50	2862	4	2M20	F2a7	60×3.50	2598	4	2M20	X3a13	75.5×3.75	2700	4	2M22
F1a29	48×3.50	2862	4	2M20	F2a8	60×3.50	2598	4	2M20	X3a14	75.5×3.75	2598	4	2M22

杆件编号	规格	长度(mm)	数量	高强螺栓
X3a15	75.5×3.75	2598	4	2M22
X3a16	75.5×3.75	3000	4	2M22
F4a1	88.5×4.00	2598	4	2M24
F4a2	88.5×4.00	2725	4	2M24
S4a3	88.5×4.00	2862	8	2M24
S4a4	88.5×4.00	2862	4	2M24
S4a5	88.5×4.00	3000	8	2M24
S4a6	88.5×4.00	3000	8	2M24
S4a7	88.5×4.00	3000	6	2M24
X4a8	88.5×4.00	2850	4	2M24
X4a9	88.5×4.00	2850	4	2M24
X4a10	88.5×4.00	3000	2	2M24
X4a11	88.5×4.00	3000	8	2M24
S5a1	114×4.00	2700	12	2M33
S5a2	114×4.00	2700	4	2M33
S5a3	114×4.00	3000	4	2M33
X5a4	114×4.00	2850	4	2M33
X5a5	114×4.00	3000	8	2M36
S6a1	140×4.00	3000	4	2M36
S6a2	140×4.00	3000	14	2M36
X6a3	140×4.00	2700	4	2M36
S7a1	159×5.00	2700	2	2M42
S7a2	159×5.00	3000	2	2M42
X7a3	159×5.00	2850	4	2M42
X7a4	159×5.00	3000	8	2M39
S8a1	159×7.00	2700	2	2M39
S8a2	159×7.00	3000	3	2M39
总计		13097	864	

高强螺栓材料表

杆件编号	杆件截面	数量	高强螺栓
1	48×3.50	1074	M20
2	60×3.50	236	M22
3	75.5×3.75	164	M24
4	88.5×4.00	120	M27
5	114×4.00	56	M33
6	140×4.00	44	M36
7	159×5.00	24	M42
8	159×7.00	10	M39
总计		1728	

网架球节点材料表

编号	球径	图示	数量
1	BS100	①	80
2	BS120	②	72
3	BS140	③	30
4	BS160	④	46
5	BS180	⑤	10
总计			238

图名	材料表	图号	LWJ-07

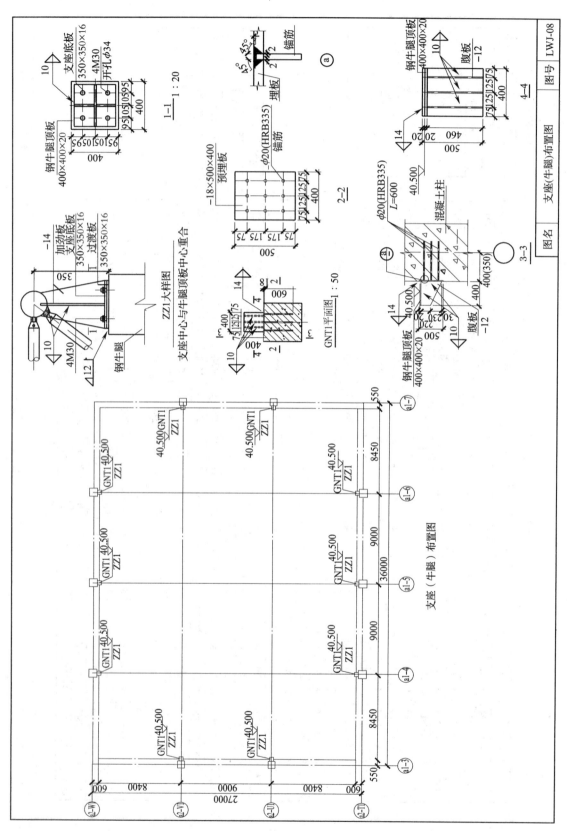

网架杆件配料表

代号	规格	长度	数量	焊后长	高强螺栓	套筒	封板(锥头)	代号	规格	长度	数量	焊后长	高强螺栓	套筒	封板(锥头)
F111	φ48×3.50	2241	4	2269	M20	T34-20	FB48-20	S1127	φ48×3.50	2549	8	2577	M20	T34-20	FB48-20
F112		2250	32	2278				S1128		2659	4	2687			
F113		2259	28	2287				S1129		2677	4	2705			
F114		2284	8	2312				S1130		2686	8	2714			
F115		2294	4	2322				S1131		2788	4	2816			
F116		2302	16	2330				S1132		2797	8	2825			
F117		2304	8	2332				S1133		2806	4	2834			
F118		2311	4	2339				S1134		2815	4	2843			
F119		2312	16	2340				S1135		2824	8	2852			
F1110		2320	12	2348				X1136		2515	4	2543			
F1111		2321	12	2349				X1137		2524	4	2552			
F1112		2338	8	2366				X1138		2540	18	2568			
F1113		2327	16	2355				X1139		2549	18	2577			
F1114		2336	28	2364				X1140		2665	8	2693			
F1115		2345	24	2373				X1141		2674	12	2702			
F1116		2348	8	2376				X1142		2750	3	2778			
F1117		2358	16	2386				X1143		2770	10	2798			
F1118		2368	8	2396				X1144		2780	4	2808			
F1119		2378	16	2406				X1145		2788	4	2816			
F1120		2386	40	2414				X1146		2798	10	2826			
F1121		2396	4	2424				X1147		2806	10	2834			
F1122		2413	12	2441				X1148		2807	4	2835			
F1123		2422	16	2450				X1149		2815	16	2843			
S1124		2497	4	2525				X1150		2824	4	2852			
S1125		2515	4	2543				F211	φ60×3.50	2290	12	2318	M22	T36-22	FB60-22
S1126		2524	8	2552											

注: 1. 钢管材质: Q235B;
2. 封板、锥头材质: Q235B;
3. 套筒材质: 45号钢。

图名	网架杆件配料表(部分)	图号	LWJ-09

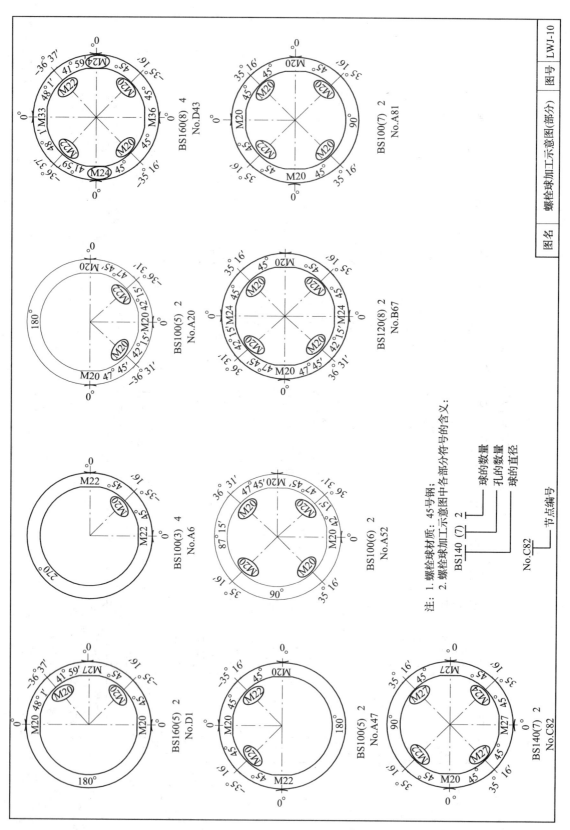

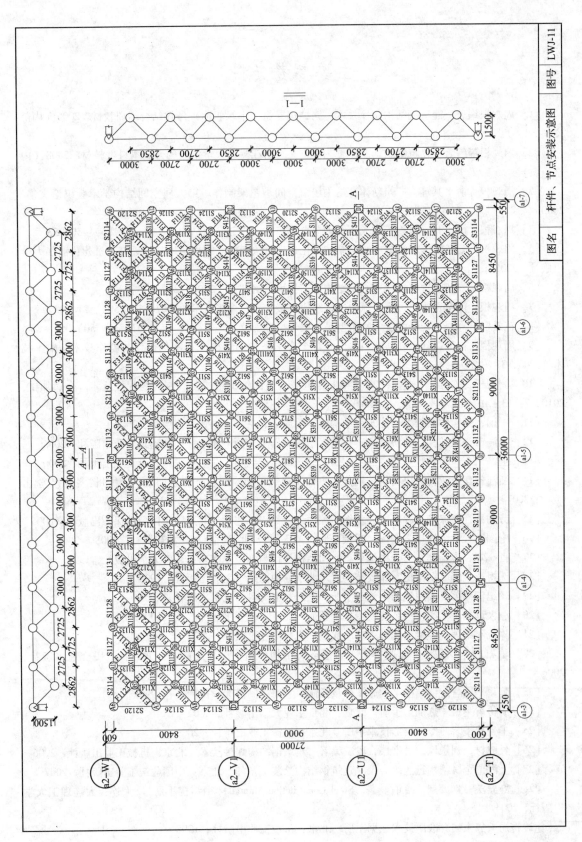

主要参考资料

[1] 周观根编著. 建筑钢结构制作技术. 钢结构专业（中级职称）考评结合培训教材. 2005（内部资料）

[2] 周观根等编著. 建筑钢结构制作工艺学讲义. 浙江树人大学钢结构方向本科生教材. 2008（内部资料）

[3] 周观根, 俞水其等. 广州新体育馆主场馆空间钢屋架制作. 第九届空间结构学术会议论文集. 2000

[4] 周观根, 俞水其. 厚钢板和大型铸钢节点焊接技术研究. 钢结构, 2004, 19（6）：50~53

[5] 周观根, 刘扬. 国家游泳中心钢结构深化设计方法研究. 结构与地基新进展, 杭州：浙江大学出版社, 2005

[6] 周观根, 刘扬. 国家游泳中心钢结构施工技术. 钢结构, 2006, 21（3）：1~5

[7] 周观根, 范希贤等. 国家游泳中心钢结构焊接技术. 焊接技术, 2007, 36（50）：21~23

[8] 范希贤, 周观根, 杨弘生. 特重型吊车梁焊接施工技术. 焊接技术, 2007, 36（50）：51~54

[9] 周观根, 徐健, 刘贵旺. 陕西法门寺合十舍利塔楼钢结构工程深化设计与制作技术. 施工技术, 2008, 37（增刊）：372~374

[10] 周观根, 刘贵旺, 赵鑫. 2010年上海世博会中国馆钢结构工程制作与焊接技术. 金属加工, 2010, 2：13~16

[11] 中国钢结构协会编著. 建筑钢结构施工手册. 北京：中国计划出版社, 2002

[12] 上海市金属结构行业协会编. 建筑钢结构制作工艺师. 北京：中国建筑工业出版社, 2006

[13] 上海市金属结构行业协会编. 建筑钢结构焊接工艺师. 北京：中国建筑工业出版社, 2006

[14] 浙江省建筑业行业协会钢结构分会主编. 建筑钢结构职业技能培训教材. 杭州：浙江大学出版社, 2007

[15] 劳动和社会保障部教材办公室组织编写. 冷作工工艺学. 北京：中国劳动保障出版社, 2005

[16] 中国工程学会焊接学会编. 焊接手册（第3版）. 北京：机械工业出版社, 2008

[17] 肖炽, 李维滨, 马少华编著. 空间结构设计与施工. 南京：东南大学出版社, 1999

[18] 沈祖炎主编. 钢结构制作安装手册. 北京：中国建筑工业出版社, 1998

[19] 顾纪清编著. 实用钢结构施工手册. 上海：上海科学技术出版社, 2005

[20] 熊大远编著. 实用钢结构制造技术手册. 北京：化学工业出版社, 2009

[21] 陈祝年编著. 焊接工程师手册. 北京：机械工业出版社, 2002

[22] 董石麟, 罗尧治, 赵阳等著. 新型空间结构分析、设计与施工. 北京：人民交通出版社, 2006

[23] 陈建平编著. 钢结构工程施工质量控制. 上海：同济大学出版社, 1999年

[24] 胡传炘主编. 热加工手册. 北京：北京工业大学出版社, 2002

[25] 王爱珍编著. 冷作成形技术手册. 北京：机械工业出版社, 2006

[26] 吴成材, 刘景风, 吴京伟, 段斌编著. 建筑钢结构焊接技术. 北京：机械工业出版社, 2006

[27] 上海市金属结构行业协会编. 建筑钢结构涂装工艺师. 北京：中国建筑工业出版社, 2007

[28] 舒立茨, 索贝克, 哈伯曼著. Steel Construction Manual（钢结构手册）. 大连：大连理工大学出版社, 2004

[29] 周大隽主编. 锻压技术数据手册. 北京：机械工业出版社, 1998

[30] 冯炳尧，韩泰荣，殷振海，蒋文森编. 模具设计与制造简明手册. 上海：上海科学技术出版社，1994

[31] 乔治. 哈姆斯（George T. Halmos）[加] 编著，刘继英，艾正青译. 冷弯成型技术手册. 北京：化学工业出版社，2009

[32] 实用钣金技术手册编制组编. 实用钣金技术手册. 北京：机械工业出版社，2006

[33] 日本钢结构协会著，陈以一，傅功义，严敏，黄晓平译. 钢结构技术总览（实例篇）. 北京：中国建筑工业出版社，2004

[34]《机械工程师手册》第二版编辑委员会编. 机械工程师手册（第二版）. 北京：机械工业出版社，2002

[35]《金属热加工实用手册》编写组编. 金属热加工实用手册. 北京：机械工业出版社，1996

[36] 王国凡主编，张元彬，罗辉，张青，霍玉双副主编. 钢结构焊接制造. 北京：化学工业出版社，2004

[37] 夏志斌，姚谏编著. 钢结构 – 原理与设计. 北京：中国建筑工业出版社，2004